# 铝、镁合金标准样品制备技术及其应用

朱学纯　胡永利　易传江　刘静安　编著

北　京
冶金工业出版社
2011

## 内容简介

本书在总结大量实验研究成果与生产实践经验的基础上，全面、系统地介绍了各种铝合金标准样品和镁合金标准样品的制备技术及其应用，包括标准样品的成分设计、熔炼、化学成分的调整、铸造、组织和成分偏析检验、均匀化处理、挤压成形、均匀性检验、数据处理、分析定值、试用分析等，并列举了大量实例，有效地解决了铝、镁标准样品制备中出现的技术关键难点。

本书分上、下两篇。上篇介绍了铝合金标准样品制备技术；下篇介绍了镁合金标准样品制备技术。书中主要内容是作者从事有色金属分析和标样研制20多年的现场生产经验和研究成果总结，其中包括30多个系列国家级标准样品的制备技术和实施效果，内容丰富、实用性强，是铝、镁材生产和应用方面一本重要的参考资料。

本书可供金属材料及其加工行业的生产、科研、设计、应用等部门的工程技术人员和管理人员阅读，亦可供商检等其他部门有关工程技术人员以及大专院校有关专业的师生参考。

**图书在版编目(CIP)数据**

铝、镁合金标准样品制备技术及其应用/朱学纯等编著．—北京：冶金工业出版社，2011.4

ISBN 978-7-5024-5518-7

Ⅰ.①铝… Ⅱ.①朱… Ⅲ.①铝合金—标准样品—试样制备 ②镁合金—标准样品—试样制备 Ⅳ.①TG146.2

中国版本图书馆CIP数据核字(2011)第042105号

出 版 人　曹胜利
地　　址　北京北河沿大街嵩祝院北巷39号，邮编100009
电　　话　(010)64027926　电子信箱　yjcbs@cnmip.com.cn
责任编辑　张登科　美术编辑　彭子赫　版式设计　孙跃红
责任校对　王贺兰　责任印制　张祺鑫
ISBN 978-7-5024-5518-7
北京兴华印刷厂印刷；冶金工业出版社发行；各地新华书店经销
2011年4月第1版，2011年4月第1次印刷
787 mm×1092 mm　1/16；28.75印张；697千字；445页
**80.00**元

**冶金工业出版社发行部　电话：(010)64044283　传真：(010)64027893**
**冶金书店　地址：北京东四西大街46号(100010)　电话：(010)65289081(兼传真)**
(本书如有印装质量问题，本社发行部负责退换)

# 前　言

铝、镁合金标准样品是一种具有特殊功能的合金材料，主要用于铝、镁合金化学成分的检测、仪器的调试、校准、分析方法的评定和商检等。随着经济的全球化，高新技术得到迅猛发展，铝、镁合金高新材料在各个领域得到了广泛应用，国内外各大企业纷纷使用先进的光谱仪器分析、检测材料成分，标准样品作为一种特殊产品，在满足上述需求的过程中发挥着越来越重要的作用。为此，自20世纪70年代以来，ISO/REMCO（国际标准化组织/标准样品委员会）主持发布了一系列有关标准样品方面的国际导则，我国也将其陆续转化为GB/T15000《标准样品工作导则》系列国家标准。这些导则为标准样品的制备和使用提供了坚实的理论基础和广阔的应用前景。

我国西南铝业（集团）有限责任公司作为国家铝、镁合金标准样品定点研制单位，20多年来已研制开发出50多个系列300多种铝、镁合金标准样品，满足了国内外3000多台光谱仪器分析的需求。其规模、工艺、技术和服务在国内处于领先地位，并由此积累了丰富的理论成果和实践经验。多年来，由于国内标准样品研制起步较晚，技术水平参差不齐，在生产及使用过程中并无专业的资料可供参考，作者一直想把铝、镁合金标准样品的制备技术整理成册，以供标准样品生产者和使用者借鉴。2009年，在冶金工业出版社的策划和组织下，作者以我国西南铝业（集团）有限责任公司标准样品研制为背景，在归纳、总结20多年来生产、科研第一线的研究成果与丰富现场生产经验的基础上，大量参阅、整理了国内外最新、最先进的科研成果和文献资料，吸收了众多生产厂家和科研院所的试验数据，经过两年多的辛勤工作，编写出《铝、镁合金标准样品制备技术及其应用》一书，希望对我国的铝、镁合金材料工业，特别是对铝、镁合金标准样品制备技术及其应用的发展有所裨益。

本书作者都是在生产第一线从事生产和科研工作几十年的教授级高级工程师或高级工程师，具有深厚的理论基础和现场生产经验。全书取材新颖、内容全面丰富，数据翔实、实用性强，并且列举了大量典型实例，对于解决生产中的关键技术很有参考价值，是铝、镁材料生产，特别是铝、镁标准样品制备方面一本难得的参考书。

本书分上、下两篇。上篇介绍了铝合金标准样品制备技术及其应用；下篇介绍了镁合金标准样品制备技术及其应用。重点放在铝合金标准样品制备技术及其应用上。本书共分10章，第1、8章由刘静安、朱学纯教授编写，第2、6、9章由朱学纯教授编写，第3、4、5、10章由胡永利高级工程师编写，第7章由易传江高级工程师编写。全书由朱学纯、刘静安教授审定。

本书在编写过程中，参考或引用了国内外专家、学者的一些珍贵资料、研究成果和著作，编入或列举了一些企业或科研院所的实验数据和图表；西南铝业（集团）有限责任公司标样开发部的全体同仁为本书的编写做了大量具体工作，并自始至终得到了冶金工业出版社的大力支持，在此一并表示衷心的感谢。

由于标准样品的制备技术在我国还处于较初级阶段，加之编者水平所限，书中不妥之处，敬请广大读者批评指正。

作 者

2011 年 2 月

# 目　录

## 上篇　铝合金标准样品制备技术及其应用

## 下篇　镁合金标准样品制备技术及其应用

上篇

# 铝合金标准样品制备技术及其应用

# 1 绪 论

## 1.1 铝及铝合金加工工业与技术的发展概况

铝是地壳中分布最广、储量最多的元素之一，约占地壳总质量的8.2%，仅次于氧和硅，比铁（约占5.1%）、镁（约占2.3%）和钛（约占0.6%）的总和还多。它的化学元素符号为Al，在门捷列夫周期表中属于ⅢA族，相对原子质量为26.98154，面心立方晶系，常见的化合价为+3价。

铝是一种年轻的金属，其整个发展历史也不过200年，而有工业生产规模仅仅是20世纪初才开始的。但由于铝合金及其加工材料具有一系列优良特性，诸如密度小、比强度高和比刚度高、弹性好、抗冲击性能好，耐腐蚀、耐磨、高导电、高导热、易表面着色，良好的加工成形以及高的回收再生产性等，因此，在工业领域内，铝一直被认为是"机会金属"或"希望金属"，铝工业一直被认为是"朝阳工业"。发展速度非常快，铝材已广泛用于交通运输、包装容器、建筑装饰、航空航天、机械电器、电子通信、石油化工、能源动力、文体卫生等行业，成为发展国民经济与提高人民物质和文化生活的重要基础材料，在国防军工现代化、交通工具轻量化和国民经济高速持续发展中占有极为重要的地位，是许多国家和地区的重要支柱产业之一。特别是当今世界人类的生存和发展正面临着资源、能源、环保、安全等问题的严峻挑战，加速发展铝工业及铝合金材料加工技术更有着重大的战略意义。

### 1.1.1 铝及铝加工工业进入了一个崭新的发展时期

#### 1.1.1.1 铝是缓解新时期节能、环保、安全三大问题的重要途径

首先，铝及铝材是一种可再生的资源。地壳中铝含量本来就十分丰富，废弃的铝及铝材又可回收重熔，既节能，又少污染。铝似乎成了一种"永不枯竭"的材料，至少可供人类使用一段相当长的时间。

其次，铝及铝材是一种节能和储能材料。在安全和环保的条件下，铝的节能、储能功能远大于钢铁和其他许多材料。

再次，铝材是航空航天、兵器军工、电子电器、石油化工、动力能源、机械制造、交通运输（包括高速列车、地下铁道、轻轨列车、火车、豪华大巴、双层客车、轿车、舰艇、船舶、摩托车、自行车、集装箱等）轻量化、高速化的关键材料。轻量化可使飞机和宇航器飞得更高、更快、更远，可使导弹发射得更快、更远、更准，可使电动汽车零污染、高速行驶，可减小牵引力和节省大量能源，使运输工具既安全、又快捷。

#### 1.1.1.2 铝及铝加工工业的高速发展

由于铝及铝合金具有一系列无可比拟的优点且在地壳中资源丰富，因而获得了十分迅

猛的发展。1940 年全球的铝产量仅 100 万 t,1970 年猛增至 1000 万 t,1985 年达 2000 万 t,2009 年世界铝(含再生铝)的产量、消费量已逾 5000 万 t 以上,并以平均 3% ~5% 的年增长率增长。预计到 2020 年全球的铝产量可达 8000 万 t 以上,加上再生铝可逾 1 亿 t。

85% 以上的原铝和再生铝可被加工成板、带、条、箔、管、棒、型、线、自由锻件、模锻件、粉、铸件、压铸件、冲压件等各类半成品或成品,以广泛用于国民经济的各行各业和人民生活的各个方面。2009 年世界铝材产量、消费量达 4500 万 t 以上,并以年增长率 5% 左右的速度增长。

中国铝及铝材加工工业正处于高速发展时期,2009 年全国原铝产量达 1500 万 t 以上,再生铝产量达 400 万 t 以上,消费量达 1600 万 t 以上,都雄居世界第一位。铝合金材料产量、消费量由 1980 年不到 40 万 t/a 增长到目前的 1600 万 t/a 以上,稳居世界第一位,而且正以比世界平均年增长率大得多的速度增长。我国已成为名副其实的铝业大国,但还不是铝加工强国。因此,应进一步充分利用和合理调配资源,调整产业结构和产品结构,坚持科学发展观,加大技术进步力度,加速发展铝及铝加工产业,确立我国在全球的铝业大国和铝业强国的地位。

#### 1.1.1.3 铝材的广泛应用

在金属材料的应用方面,铝材仅次于钢铁而居第二位。特别是第二次世界大战以后,铝材的应用从军事工业转向民用工业,进而进入日常生活的各个方面,成了发展科学技术和国民经济及提高人民物质、文化生活的重要基础材料。社会需求迅速增长,应用领域不断拓宽。在第一、二次世界大战期间,铝材作为重要的战略物质,主要用来制造飞机、舰艇、坦克、战车、火箭、导弹等军需品,几乎占了铝材总量的 70% 以上。20 世纪 50 年代以后,军品铝材几乎下降到 20% 以下,而民用铝材,如电子电器、机械制造和日用消费品等所用铝材量明显增加。60 年代是建筑业迅速发展的年代,建筑用铝材占耗铝材总量的 25% 以上。其他民用工业用铝材仍在增加,而军用铝材比例则不断下降。70 ~ 80 年代,随着易拉罐和软包装业的兴起,使容器包装用铝材占耗铝材总量的 30% 以上。到 90 年代初,铁道车辆的高速化,客、货列车与汽车的轻量化,使铝材在交通运输上用量达到耗铝材总量的 20% 以上。目前,世界的铝消费量(原铝 + 再生铝)已接近 5000 万 t/a,而铝材的消费量达 4000 万 t/a 以上,其中用于交通运输(包括铁道车辆、汽车、摩托车、自行车、舰艇、船舶以及集装箱、桥梁等)的铝材占 36% 左右,是铝及铝材的第一大用户。用于建筑工业的铝材占 20% 左右,用于包装工业的铝材占 20% 左右,而用于军需工业的铝材已经下降到 3% 以下。

1950 年前,我国的铝工业几乎是空白。20 世纪五六十年代我国的铝工业有了一定发展。特别是进入 80 年代以后,我国的建筑铝型材、容器特薄铝板、软包装铝箔等急剧增加,铝材的应用范围扩大。1980 年我国铝消费量为 52. 9 万 t,其中铝合金材料约 35 万 t,2009 年铝消费量已增加到 1600 万 t 以上,即比 1980 年约增长 30 倍,而铝材消费量比 1980 年增长 45 倍以上。但是,我国人口众多,人均消费量远不及工业发达国家。另外,我国消费的铝材品种结构也不合理,比如铝板、带、箔材的消费量不如铝管、棒、型、线材;航空航天、交通运输等工业用材不及民用建筑工业等民用铝材;高档产品的消费量小于中、低档产品的消费等,这与工业发达国家的消费结构相比有较大的差距,与国内外铝材开发与应用也不协调,因此,应大刀阔斧地改革与调整我国铝材生产与应用的产业结构与产品结构,以适应国内外市场的需求。

#### 1.1.1.4 铝材势必部分替代钢材成为所有工业部门和整个社会的重要基础材料

到目前为止，铝材仍是轻量化的首选材料。在航空航天工业中广泛使用铝材（占飞机用材的80%以上）已是不争的事实。由于节能、环保、安全以及轻量化、高速化、现代化的要求，铝材开始广泛用于交通运输业。目前，交通运输业已成为铝及铝材的第一大用户，其消费量占全球铝产量的36%左右，交通运输工具的全铝化是一种不以人的意志为转移的客观趋势。

人类已经历了石器时代、青铜器时代和钢铁时代。尽管这些传统的材料仍在使用，但铝及铝材作为一种崭新的结构材料、装饰材料和功能材料已充斥整个世界。人们只需睁开眼睛就可看到一个银色的世界，于是国外有人惊呼：铝器时代已经到来。然而笔者认为，现在谈铝器时代尚为时过早。作为新兴材料的铝材仍处于发育成长阶段，竞争对手林立，要称雄于世界尚需时日。不过有一点可以肯定，作为朝阳工业的铝产业由于自身的优越条件和经济及社会需求的推动，其迅猛发展的趋向是势不可挡的，铝材势必部分替代钢铁、铜材、木材和塑料而成为国民经济各部门和人民生活各方面，乃至整个社会的重要基础材料。

### 1.1.2 铝加工业与铝加工技术的发展现状与趋势

#### 1.1.2.1 铝及铝加工业的发展概况

铝加工业包括铝加工的熔炼和铸造，铝及铝合金板、带、条、箔材，管、棒、型、线材，锻件和模锻件，粉材以及深加工产品的生产与经营，是一个涉及面很广、对国防军工现代化、国民经济发展和人民生活水平提高有重大影响的行业，是一个技术含量和附加值很高的产业。铝加工是整个铝业产业链条中最强的一环。

近年来，铝加工产业发展十分迅猛，成了很多国家和地区的支柱产业之一。2009年世界与中国的铝产量（原铝加再生铝）和铝加工材的生产情况见表1-1。

**表1-1 2009年世界与中国铝加工材生产情况**

| 项 目 | 世 界 | 中 国 |
|---|---|---|
| 电解铝（原铝＋再生铝）/万 $t \cdot a^{-1}$ | 3800（＋1600） | 1365＋（450） |
| 铝加工：合计/万 $t \cdot a^{-1}$ | 3400 | 1600＋（电缆线材80） |
| 其中，铝轧制材（板、带＋箔材） | 1850 | 485＋165＝650 |
| 铝挤压材（管、棒、型、线材） | 1550 | 780＋80＝860 |
| 铝轧制材:铝挤压材 | 55:45 | 43:57 |
| 铝合金型材：合计/万 $t \cdot a^{-1}$ | 1250 | 750 |
| 其中，铝建筑型材 | 540 | 520 |
| 铝工业型材 | 710 | 230 |
| 建筑型材:工业型材 | 44:56 | 69:31 |
| 铝铸造材/万 $t \cdot a^{-1}$ | 1900 | 350 |
| 年人均耗铝量/kg | 7.2（美国30、日本28） | 10 |
| 年人均耗铝材量/kg | 5.1（美国28、日本19） | 9.8 |
| 铝及铝材的平均增长率/% | 2~3 | 15~20 |

由表1-1可知，世界铝及铝加工产业发展很快，已具有相当规模，中国已成为铝业大国，但还不是铝业强国，而且产品的比例仍不够协调，需要加大产业与产品结构调整的力度。中国的铝业年增长速度大大高于世界各国，在不久的将来，中国会很快赶上世界先进水平。

#### 1.1.2.2 国外铝加工产业的发展特点与趋势

特点和趋势：

（1）工艺装备更新换代快，更新周期一般为10年左右。设备朝大型化、精密化、紧凑化、成套化、标准化、自动化方向发展。

（2）工艺技术不断推新，朝节能降耗、精简连续、高速高效、广泛交叉的方向发展。

（3）十分重视工具和模具的结构设计、材质选择、加工工艺、热处理工艺和表面处理工艺的不断改进和完善，质量和寿命得到极大提高。

（4）产业结构和产品结构处于大调整时期，为了适应科技的进步和经济、社会的发展及人民生活水平的提高，很多传统和低档的产品将被淘汰，而新型的高档高科技产品将会不断涌现。

（5）十分重视科技进步、技术创新和信息开发，在信息时代和知识经济时代的背景下，铝加工技术显得更为重要。

（6）科学管理全面实现自动化，体制和机制将不断进行调整，以适应社会发展和市场变化的需要。

#### 1.1.2.3 我国铝加工产业的发展情况

截至2009年底，我国铝加工企业在1500家左右，其中铝、板、带、箔企业在600家左右，产能约900万t/a，产量在600万t/a左右。铝挤压企业在900家左右，产能约950万t/a，产量在850万t/a左右，占我国铝材总产量的60%左右（国际水平约为40%），除了进口一部分特殊管材、型材和棒材及特殊板、带、箔等工业用材外，建筑型材和铝箔已大批出口，成为净出口国。由此可见，我国铝加工的产业结构和产品结构是极不合理的，需要大力调整。另外铝加工装备的整体水平还不高，技术自主开发能力还不够强，与国外相比差距较大。虽然近几年新建或在建了一批10～30万t/a及以上的大型铝板、带、箔企业，如西南铝、南山铝的1+4热连轧生产线和1+2、1+5冷连轧生产线以及亚洲铝的1+1+5热连轧生产线等，新建或在建一批大型挤压机生产线，如西南铝的80/90MN，山东丛林的100MN，吉林麦达斯的80MN及忠旺集团的125MN、75MN，青海国鑫的100MN，山东兖州的150MN等大型挤压机列等。同时，引进了大批的关键设备和技术，但是要想彻底改变铝板、带、箔的产量、消费量小于挤压材的产量、消费量；大、中型工业型材少于建筑型材；高档产品少于中、低档产品；大中型现代化铝加工装备少于小型、落后的铝加工装备的局面尚有大量工作要做。

目前，我国正掀起铝加工产业发展的第三次高潮，铝加工产业的发展有如下特点：

（1）铝加工企业正在进行大改组、大合并、上规模、上水平的改造过程。淘汰规模小、设备落后、开工不足和产品质量低劣的企业，建成几个具有国际一流水平的现代化大型综合性铝加工企业。

（2）产品结构大调整，向中、高档和高科技产品发展。淘汰低劣产品，研制开发高新技术产品,替代进口并打入国际市场,满足市场需求。

(3) 大搞科技进步、技术创新和信息开发,建立技术开发中心。更新工艺,使铝加工技术达到国际一流水平。

(4) 大力进行体制与机制调整,与国际铝加工工业接轨,把我国铝加工工业和技术推向国际一体化。创建我国完整的铝加工技术体系和自主知识产权体系。

我国铝加工业正在完成从小到大、由弱变强,从粗放式经营向现代化大企业发展的过程。在建和拟建大批的具有一定规模(10 万 t/a 以上)的较高装备水平的铝板、带、箔生产线(如 1 + 3、1 + 4、1 + 5 热连轧生产线等)和大型(225MN, 125MN、100MN、95MN、80MN 挤压机)、高水平的挤压生产线,以及多条超宽、高速、特薄连续铸轧和连铸连轧生产线,精密模锻生产线和深加工生产线,同时大力开发新产品和新技术,不断提高产品质量,提高生产效率和经济效益。可以预见在不久的将来,中国很快将成为世界铝及铝加工工业大国和强国。

#### 1.1.2.4 国内外铝加工技术的发展趋向

##### A 熔铸技术的发展趋向

发展趋向:

一是优化铝合金的化学成分、主要元素配比和微量元素的含量,不断提高铝合金的纯度。

二是强化和优化铝熔体在线净化处理技术,尽量减少熔体中的气体($H_2$ 等)和夹杂物的含量,如使每 100 gAl 中 $H_2$ 含量小于 0.1 mL、$Na^+$ 离子的质量分数小于 $3\times10^{-4}\%$ 等,不断提高铝合金的纯净度。

三是强化和优化细化处理及变质处理技术,不断改进和完善 Al - Ti - B、Al - Ti - C 等细化工艺,改进 Sr、Na、P 等变质处理工艺。

四是采用先进的熔铝炉型和高效喷嘴,不断提高熔炼技术和热效率。如某厂引进美国瓦尔斯塔夫的 87t 高效熔铸机列是一种圆形、可倾倒、可开盖的计算机自动控制的燃气炉及液压内置式铸造系统。各种炉型正朝大型化和自动化、高效、节能、环保方向发展。

五是采用先进的铸造方法,如电磁铸造、油气混合润滑铸造、矮结晶器铸造等,以提高生产效率和产品质量,节能降耗,降低成本。

六是采用先进均匀化处理设备与工艺,提高铸锭的化学成分、组织与性能的均匀性。

##### B 轧制技术的发展趋势

一是热轧机朝大型化、控制自动化和精密化方向发展。目前世界最大的热轧机为美国的 5580 mm 热轧机组,热轧板的最大宽度为 5000 mm,最长为 30 m。厚度大于 300 mm 的高级预拉伸板已能批量生产。落后的老式轧机将被淘汰,四辊式单机架单卷取将被双卷取所替代,适当发展热粗轧 + 热精轧(即 1 + 1)的生产方式,大力发展 1 + 3、1 + 4、1 + 5 等热连轧生产方式,大大提高生产效率和产品质量。

二是连续铸轧和连铸连轧朝高速、高精、超宽、薄壁方向发展,最近美国研制成功的高速薄壁连铸轧机组可生产宽 2000 mm、厚 2 mm 的连铸轧板材,速度可达 10m/min,可替代冷轧机,直接供给铝箔毛料,有的甚至可用作易拉罐的毛坯料。连铸连轧设备和技术也获得了高速发展,1950 mm、1650 mm、1320 mm 连铸连轧生产线的投产,可高效率、低成本生产各种合金的冷轧坯料，部分替代热轧。

三是冷轧朝宽幅（>2000 mm）、高速（45 m/s）、高精（±2 μm）、高度自动化控制方向发展，冷连轧也开始发展，可大幅度提高生产效率。

四是铝箔轧制朝更宽、更精、更自动化的方向发展，可用不等厚的双合轧制生产0.004mm的特薄铝箔。同时开发了喷雾成形等其他生产铝箔的方法。

C 挤压技术的发展趋势

铝合金挤压材正朝大型化、宽扁化、薄壁化、高精化、复杂化、多品种、多功能、多用途、高质量方向发展。目前世界最大的挤压机为美国的360MN立式反向模锻－挤压机，可生产$\phi$1500 mm以上的管材，俄罗斯的200 MN卧式挤压机可生产2500 mm宽的整体壁板，我国正在设计制造225 MN卧式油压挤压机，将是世界上最大的卧式油压挤压机。全世界共有80 MN以上的挤压机40台左右，分布在中国、美国、俄罗斯、德国、日本等国。主要生产大型、薄壁、宽扁的空心与实心型材，精密大径薄壁管材。扁挤压、组合模挤压、宽展挤压、等温挤压、半固态挤压、高速挤压、高效反向挤压等新工艺不断涌现，工模具结构不断创新，设备、工艺技术、生产管理的全线自动化程度不断提高。高速轧管、双线拉拔技术将得到进一步发展，多坯料挤压、半固态挤压、连续挤压、连铸连挤等新技术会进一步完善。

D 锻压技术的发展趋势

铝合金锻件主要用作重要的受力结构。锻压液压机正在朝大型化和精密化方向发展。俄罗斯的750 MN、法国的650 MN、美国的450 MN以及中国的300 MN等都属于重型锻压水压机，我国正在设计与制造450 MN和800 MN特大型锻压油压机，最大模锻件可达5 $m^2$、最大重量达2.5t以上。无加工余量的精密模锻、多向模锻、等温模锻等新工艺将得到发展。由于铝合金模锻件的品种多、批量小、模具成本昂贵，目前世界上有用预拉伸厚板数控加工的方法代替大型模锻件的趋势。

E 质量检测与质量保证

为了保证产品质量，不仅要逐步建立各种质量保障体系（ISO9000等），还要不断研制开发各种各样的仪器仪表和测试手段来保证产品的尺寸公差、形位精度、化学成分、内部组织、力学性能和特种性能及表面质量，以达到技术标准的要求。系列化、标准化以及标准样品的研制工作有了很大进展。

F 深加工技术的发展

铝材深加工是提高产品附加值、扩大铝材应用的重要途径之一。目前，铝材深度加工技术主要朝新型焊接技术、胶合技术、铆接技术、新型表面处理技术以及机加工和电加工等方向发展。

## 1.2 铝的基本特性、铝合金的分类、化学成分、性能与主要用途

### 1.2.1 铝的基本特性与应用范围

铝是元素周期表中第三周期主族元素，具有面心立方点阵，无同素异构转变。原子序数为13，相对原子质量为26.9815。表1-2列出了纯铝的主要物理性能。表1-3列出了铝的基本特性及主要应用领域。

**表 1-2 纯铝的主要物理性能**

| 性 能 | 高纯铝(99.996%) | 工业纯铝(99.5%) |
|---|---|---|
| 原子序数 | 13 | |
| 相对原子质量 | 26.9815 | |
| 晶格常数(20℃)/m | $4.0494\times10^{-10}$ | $4.04\times10^{-10}$ |
| 密度(20℃)/$kg\cdot m^{-3}$ | 2698 | 2710 |
| (700℃)/$kg\cdot m^{-3}$ | | 2373 |
| 熔点/℃ | 660.24 | 约 655 |
| 沸点/℃ | 2060 | |
| 溶解热/$J\cdot kg^{-1}$ | $3.961\times10^{5}$ | $3.894\times10^{5}$ |
| 燃烧热/$J\cdot kg^{-1}$ | $3.094\times10^{7}$ | $3.108\times10^{7}$ |
| 凝固体积收缩率/% | | 6.6 |
| 质量比热容(100℃)/$J\cdot(kg\cdot K)^{-1}$ | 934.92 | 964.74 |
| 热导率(25℃)/$W\cdot(m\cdot K)^{-1}$ | 235.2 | 222.6(O 状态) |
| 线膨胀系数(20~100℃)/$\mu m\cdot(m\cdot K)^{-1}$ | 24.58 | 23.5 |
| (100~300℃)/$\mu m\cdot(m\cdot K)^{-1}$ | 25.45 | 25.6 |
| 弹性模量/MPa | | 70000 |
| 切变模量/MPa | | 26250 |
| 声音传播速度/$m\cdot s^{-1}$ | | 约 4900 |
| 电导率/% IACS | 64.94 | 59(O 状态)<br>57(H 状态) |
| 电阻率(20℃)/$\mu\Omega\cdot m$ | 0.0267(O 状态) | 0.02922(O 状态)<br>0.03025(H 状态) |
| 电阻温度系数/$\mu\Omega\cdot m\cdot K^{-1}$ | 0.1 | 0.1 |
| 磁导率/$H\cdot m^{-1}$ | $1.0\times10^{-5}$ | $1.0\times10^{-5}$ |
| 反射率($\lambda=2500\times10^{-10}m$)/% | | 87 |
| ($\lambda=5000\times10^{-10}m$)/% | | 90 |
| ($\lambda=20000\times10^{-10}m$)/% | | 97 |
| 折射率①(白光) | | 0.78~1.48 |
| 吸收率①(白光) | | 2.85~3.92 |

① 与材料表面状态有关。

**表 1-3 铝的基本特性与主要应用领域**

| 基本特性 | 主 要 特 点 | 主要应用领域举例 |
|---|---|---|
| 质量轻 | 铝的密度是 $2.7t/m^3$,与铜(密度 $8.9t/m^3$)或铁(密度 $7.9t/m^3$)比较,约为它们的 1/3。铝制品或用铝制造的物品重量轻,可以节省搬运费和加工费用 | 用于制造飞机、轨道车辆、汽车、船舶、桥梁、高层建筑和质量轻的容器等 |
| 强度好,比强度高 | 铝的力学性能不如钢铁,但它的比强度高。可以添加铜、镁、锰、铬等合金元素,制成铝合金,再经热处理,而得到很高的强度。铝合金的强度比普通钢好,也可以和特殊钢媲美 | 用于制造桥梁(特别是吊桥、可动桥)、飞机、压力容器、集装箱、建筑结构材料、小五金等 |
| 加工容易 | 铝的延展性优良,易于挤出形状复杂的中空型材和适于拉伸加工及其他各种冷热塑性成形 | 受力结构部件框架,一般用品及各种容器、光学仪器及其他形状复杂的精密零件 |
| 美观,适于各种表面处理 | 铝及其合金的表面有氧化膜,呈银白色,相当美观。如果经过氧化处理,其表面的氧化膜更牢固,而且还可以用染色和涂刷等方法,制造出各种颜色和光泽的表面 | 建筑用壁板、器具装饰、装饰品、标牌、门窗、幕墙、汽车和飞机蒙皮、仪表外壳及室内外装修材料等 |

续表 1-3

| 基本特性 | 主 要 特 点 | 主要应用领域举例 |
|---|---|---|
| 耐蚀性、耐气候性好 | 铝及其合金，因为表面能生成硬而且致密的氧化薄膜，很多物质对它不产生腐蚀作用。选择不同合金，在工业地区、海岸地区使用，也会有很优良的耐久性 | 门板、车辆、船舶外部覆盖材料，厨房器具，化学装置，屋顶瓦板，电动洗衣机、海水淡化、化工石油、材料、化学药品包装等 |
| 耐化学药品 | 对硝酸、冰醋酸、过氧化氢等化学药品不反应，有非常好的耐药性 | 用于化学装置、包装及酸和化学制品包装等 |
| 导热、导电性好 | 热导率、电导率仅次于铜，约为钢铁的 3～4 倍 | 电线、母线接头、锅、电饭锅、热交换器、汽车散热器、电子元件等 |
| 对光、热、电波的反射性好 | 对光的反射率，抛光铝为 70%，高纯度铝经过电解抛光后为 94%，比银（92%）还高。铝对热辐射和电波也有很好的反射性能 | 照明器具、反射镜、屋顶瓦板、抛物面天线、冷藏库、冷冻库、投光器、冷暖器的隔热材料 |
| 没有磁性 | 铝是非磁性体 | 船用罗盘、天线、操舵室的器具等 |
| 无　毒 | 铝本身没有毒性，它与大多数食品接触时溶出量很微小。同时由于表面光滑、容易清洗，故细菌不易停留繁殖 | 食具、食品包装、鱼罐、鱼舱、医疗器械、食品容器等 |
| 吸声性 | 铝对声音是非传播体，有吸收声波的性能 | 用于室内天棚板等 |
| 耐低温 | 铝在温度低时，它的强度反而增加而无脆性，因此它是理想的低温装置材料 | 冷藏库、冷冻库、南极雪上车辆、氧及氢的生产装置 |

### 1.2.2　铝及铝合金的分类

纯铝比较软，富有延展性，易于成形。在纯铝中可以添加各种合金元素，制造出具有各种性能、功能和用途的铝合金。根据加入合金元素的种类、含量及合金的性能，铝合金可分为变形铝合金和铸造铝合金，如图 1-1 中 1 和 2 所示。

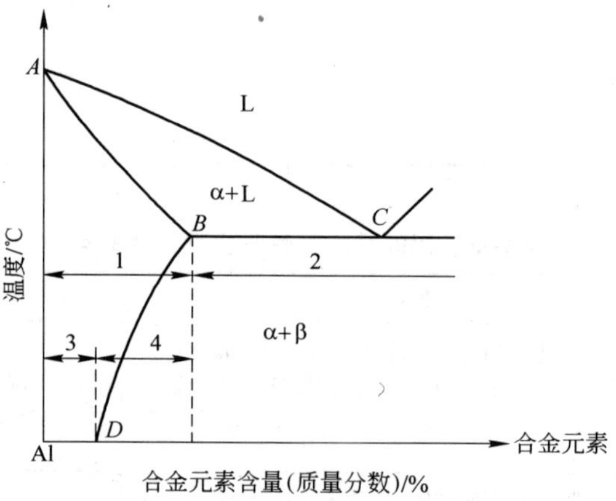


图 1-1　铝合金分类示意图（按状态图）

1—变形铝合金；2—铸造铝合金；3—不可热处理强化的铝合金；4—可热处理强化的铝合金

在变形铝合金中，合金元素含量比较低，一般不超过极限溶解度 $B$ 点成分。按成分和性能特点，可将变形铝合金分为不可热处理强化铝合金和可热处理强化铝合金两大类。不可热处理强化的铝合金和一些热处理强化效果不明显的铝合金的合金元素含量小于图 1-1 中的 $D$ 点。可热处理强化铝合金的合金元素含量对应于状态图 1-1 中 $D$ 点与 $B$ 点之间的合金含量，这类铝合金通过热处理能显著提高力学性能。

铸造铝合金具有与变形铝合金相同的合金体系和强化机理(除形变硬化外),同样可分为可热处理强化型和不可热处理强化型两大类。铸造铝合金与变形铝合金的主要差别在于,铸造铝合金中合金元素硅的最大含量超过多数变形铝合金中的硅含量,但一般都不得超过极限溶解度 *B* 点。铸造铝合金除含有强化元素之外,还必须含有足够量的共晶型元素(通常是硅),以使合金具有相当的流动性,易于填充铸造时铸件的收缩缝。

铝合金既可加工成板、带、条、箔、管、棒、型、线、自由锻件和模锻件等加工材,也可加工成铸件、压铸件等铸造材。加工材和铸造材又可分为可热处理型铝合金材料和不可热处理型铝合金材料两大类。图 1-2 为铝及铝合金材料分类图。

- 铝及铝合金材料
  - 加工材
    - 非热处理型合金
      - 纯铝—1×××系,如 1000 合金
      - Al-Mn 系合金—3×××系,如 3004 合金
      - Al-Si 系合金—4×××系,如 4043 合金
      - Al-Mg 系合金—5×××系,如 5083 合金
    - 热处理型铝合金
      - Al-Cu 系合金—2×××系,如 2024 合金
      - Al-Mg-Si 系合金—6×××系,如 6063 合金
      - Al-Zn-Mg-Cu 系合金—7×××系,如 7075 合金
      - Al-Li 系合金—8×××系,如 8089 合金
  - 铸造材
    - 非热处理型合金
      - 纯铝系
      - Al-Si 系合金,如 ZL102 合金
      - Al-Mg 系合金,如 ZL103 合金
    - 热处理型合金
      - Al-Cu-Si 系合金,如 ZL107 合金
      - Al-Cu-Mg-Si 系合金,如 ZL110 合金
      - Al-Mg-Si 系合金,如 ZL104
      - Al-Mg-Zn 系合金,如 ZL305 合金

图 1-2 铝及铝合金材料按主要合金元素的分类图

### 1.2.3 变形铝合金的分类、牌号及成分

#### 1.2.3.1 变形铝合金的分类

变形铝合金的分类方法很多,目前,世界上绝大部分国家通常按以下三种方法进行分类:

(1) 按合金状态图及热处理特点分为不可热处理强化铝合金和可热处理强化铝合金两大类。不可热处理强化铝合金有纯铝、Al-Mn、Al-Mg、Al-Si 系合金等。可热处理强化铝合金有 Al-Mg-Si、Al-Cu、Al-Zn-Mg 系合金等。

(2) 按合金性能和用途可分为工业纯铝、光辉铝合金、切削铝合金、耐热铝合金、低强度铝合金、中强度铝合金、高强度铝合金(硬铝)、超高强度铝合金(超硬铝)、防锈铝合金、锻造铝合金及特殊铝合金等。

(3) 按合金中所含主要元素成分可分为工业纯铝(1×××系)、Al-Cu 合金(2×××系)、Al-Mn 合金(3×××系)、Al-Si 合金(4×××系)、Al-Mg 合金(5×××系)、Al-Mg-Si 合金(6×××系)、Al-Zn-Mg-Cu 合金(7×××系)、Al-Li 合金(8×××系)及备用合金组(9×××系)。

这三种分类方法各有特点,有时相互交叉,相互补充。在工业生产中,大多数国家按第

三种方法，即按合金中所含主要元素成分的4位数码法分类。这种分类方法能较本质地反映合金的基本性能，也便于编码、记忆和计算机管理。我国目前也采用4位数码法分类。

#### 1.2.3.2　变形铝合金的牌号及状态

A　中国变形铝合金牌号及状态表示方法

a　中国变形铝合金牌号及表示方法

根据新制定的GB/T16474—1996《变形铝及铝合金牌号表示方法》，凡是化学成分与变形铝及铝合金国际牌号注册协议组织（简称国际牌号注册组织）命名的合金相同的所有合金，其牌号直接采用国际4位数字体系牌号，未与国际4位数字体系牌号的变形铝合金接轨的，采用4位字符牌号（但试验铝合金在4位字符牌号前加X）命名，并按要求注册化学成分。4位字符牌号命名方法应符合4位字符体系牌号命名方法的规定。

4位字符体系牌号的第1、3、4位为阿拉伯数字，第2位为英文大写字母（C、I、L、N、O、P、Q、Z字母除外）。牌号的第1位数字表示铝及铝合金的组别，如表1-4所示。除改型合金外，铝合金组别按主要合金元素来确定，1×××系为纯铝，铝含量（质量分数，下同）不小于99.00%，2×××系是以铜为主要合金元素的铝合金，3×××系是以锰为主要合金元素的铝合金，4×××系是以硅为主要合金元素的铝合金，5×××系是以镁为主要合金元素的铝合金，6×××系是以镁和硅为主要合金元素并以$Mg_2Si$相为强化相的铝合金，7×××系是以锌为主要合金元素的铝合金，8×××系是以其他合金元素为主要合金元素的铝合金，9×××系为备用合金组。主要合金元素指极限含量算术平均为最大的合金元素。当有一个以上的合金元素极限含量算术平均值同为最大时，应以Cu、Mn、Si、Zn、其他元素为顺序来确定合金组别。牌号的第2位字母表示原始纯铝或铝合金的改型情况，最后两位数字用以标识同一组中不同铝合金或表示铝的纯度。

（1）纯铝的牌号命名法。铝含量不低于99.00%时为纯铝，其牌号用1×××系列表示。牌号的最后两位数字表示最低铝含量。当最低铝含量精确到0.01%时，牌号的最后两位数字就是最低铝含量中小数点后面的两位。牌号第2位的字母表示原始纯铝的改型情况。如果第2位的字母为A，则表示为原始纯铝；如果是B~Y的其他字母（按国际规定用字母表的次序选用），则表示为原始纯铝的改型，与原始纯铝相比，其元素含量略有改变。

（2）铝合金的牌号命名法。铝合金的牌号用2×××~8×××系列表示。牌号的最后两位数字没有特殊意义，仅用来区分同一组中不同的铝合金。牌号第2位的字母表示原始合金的改型情况。如果牌号第2位的字母是A，则表示为原始合金；如果是B~Y的其他字母（按国际规定用字母表的次序选用），则表示为原始合金的改型合金。改型合金与原始合金相比，化学成分的变化仅限于下列任何一种或几种情况：

1）一个合金元素或一组组合元素形式的合金元素，极限含量算术平均值的变化量符合表1-4的规定。

2）增加或删除了极限含量算术平均值不超过0.30%的一个合金元素；增加或删除了极限含量算术平均值不超过0.40%的一组组合元素形式的合金元素。

3）为了同一目的，用同一个合金元素代替了另一个合金元素。

4）改变了杂质的极限含量。

5）细化晶粒的元素含量有变化。

**表 1-4 极限含量算术平均值变化量**

| 原始合金中的极限含量算术平均值范围/% | ≤1.2 | >1.0~2.0 | >2.0~3.0 | >3.0~4.0 | >4.0~5.0 | >5.0~6.0 | >6.0 |
|---|---|---|---|---|---|---|---|
| 极限含量算术平均值的变化量/% | ≤0.15 | ≤0.20 | ≤0.25 | ≤0.30 | ≤0.35 | ≤0.40 | ≤0.50 |

注:改型合金中的组合元素极限含量的算术平均值,应与原始合金中相同组合元素的算术平均值或各相同元素(构成组合元素的各单个元素)的算术平均值之和相比较。

(3) 中国的变形铝合金的新旧牌号对照。见表 1-5。

**表 1-5 中国的变形铝合金的新旧牌号对照表**

| 新牌号 | 旧牌号 | 新牌号 | 旧牌号 | 新牌号 | 旧牌号 | 新牌号 | 旧牌号 |
|---|---|---|---|---|---|---|---|
| 1A99 | 原 LG5 | 2A17 | 原 LY17 | 4043 | | 6005 | |
| 1A97 | 原 LG4 | 2618 | | 4047A | | 6005A | |
| 1A95 | | 2A20 | 曾用 LY20 | 5019 | | 6351 | |
| 1A93 | 原 LG3 | 2A21 | 曾用 214 | 5050 | | 6A02 | 原 LD2 |
| 1A90 | 原 LG2 | 2A25 | 曾用 225 | 5251 | | 6B02 | 原 LD2-1 |
| 1A85 | 原 LG1 | 2A49 | 曾用 149 | 5052 | | 6A51 | 曾用 651 |
| 1080 | | 2A50 | 原 LD5 | 5154 | | 6060 | |
| 1080A | | 2B50 | 原 LD6 | 5154A | | 6061 | 原 LD30 |
| 1070 | | 2A70 | 原 LD7 | 5454 | | 6063 | 原 LD31 |
| 1070A | 代 L1 | 2B70 | 曾用 LD7-1 | 5554 | | 6063A | |
| 1370 | | 2A80 | 原 LD8 | 5754 | | 6070 | 原 LD2-2 |
| 1060 | 代 L2 | 2A90 | 原 LD9 | 5A01 | 曾用 2021、LF15 | 6181 | |
| 1050 | | 2004 | | 5A02 | 原 LF2 | 6082 | |
| 1050A | | 2011 | | 5A03 | 原 LF3 | 7A01 | 原 LB1 |
| 1A50 | 原 LB2 | 2014 | | 5A05 | 原 LF5 | 7A03 | 原 LC3 |
| 1350 | | 2014A | | 5B05 | 原 LF10 | 7A04 | 原 LC4 |
| 1145 | | 2214 | | 5A06 | 原 LF6 | 7A05 | 曾用 705 |
| 1035 | 原 L4 | 2017 | | 5B06 | 原 LF14 | 7A09 | 原 LC9 |
| 1A30 | 原 L4-1 | 2117 | | 5A12 | 原 LF12 | 7A10 | 原 LC10 |
| 1100 | 代 L5-1 | 2218 | | 5A13 | 原 LF13 | 7A15 | 曾用 LC15、157 |
| 1200 | 代 L5 | 2219 | 曾用 LY19、147 | 5A30 | 曾用 2103、LF16 | 7A19 | 曾用 919、LC19 |
| 1235 | | 2024 | | 5A33 | 原 LF33 | 7A1 | 曾用 183-1 |
| 2A01 | 原 LY1 | 2124 | | 5A41 | 原 LT41 | 7A33 | 曾用 LB733 |
| 2A02 | 原 LY2 | 3A21 | 原 LF21 | 5A43 | 原 LT43 | | |
| 2A04 | 原 LY4 | 3003 | | 5A66 | 原 LT66 | 7A52 | 曾用 LC52、5210 |
| 2A06 | 原 LY6 | 3103 | | 5005 | | 7003 | 原 LC12 |
| 2A10 | LY10 | 3004 | | 5056 | 原 LF5-1 | 7005 | |
| 2A11 | LY11 | 3005 | | 5356 | | 7020 | |
| 2B11 | 原 LY8 | 3165 | | 5456 | | 7022 | |
| 2A12 | 原 LY12 | 4A01 | 原 LT1 | 5082 | | 7050 | |
| 2B12 | 原 LY9 | 4A11 | 原 LD11 | 5182 | | 7075 | |
| 2A13 | 原 LY13 | 4A13 | 原 D13 | 5083 | 原 LF4 | 7475 | |
| 2A14 | 原 LD10 | 4A17 | 原 LT17 | 5183 | | 8A06 | 原 L6 |
| 2A16 | 原 LY16 | 4004 | | 5086 | | 8011 | 曾用 LT96 |
| 2B16 | 曾用 LY16-1 | 4032 | | 6101 | | 8090 | |

注:1. "原"是指化学成分与新牌号相同,且都符合 GB3190—1982 规定的旧牌号。

2. "代"是指与新牌号的化学成分相近似,且符合 GB3190—1982 规定的旧牌号。

3. "曾用"是指已经鉴定,工业生产时曾经用过的牌号,但没有收入 GB3190—1982 中。

（4）中国的变形铝合金牌号及与之近似对应的国外牌号。详见表1-6。

**表1-6 中国的变形铝合金牌号及与之近似对应的国外牌号**

| 中国<br>（GB） | 美国<br>（AA） | 加拿大<br>（CSA） | 法国<br>（NF） | 英国<br>（BS） | 德国<br>（DIN） | 日本<br>（JIS） | 俄罗斯<br>（ГОСТ） | 欧洲铝协会<br>（EAA） | 国　际<br>（ISO） |
|---|---|---|---|---|---|---|---|---|---|
| 1A99<br>（LG5） | 1199 | 9999 | A9 | 1199<br>（S1） | Al99.98R<br>3.0385 | AlN99 | （AB000） | | 1199<br>Al99.90 |
| 1A97<br>（LG4） | | | | | | | （AB00） | | |
| 1A95 | 1195 | | | | | | | | |
| 1A93<br>（LG3） | 1193 | | | | | | （AB0） | | |
| 1A90<br>（LG2） | 1090 | | | | Al99.9<br>3.0305 | （AlN90） | （AB1） | | 1090 |
| 1A85<br>（LG1） | 1085 | | A8 | 1A | Al99.8<br>3.0285 | Al080<br>（A1×s） | （AB2） | | 1080<br>Al99.80 |
| 1080 | 1080 | 9980 | A8 | 1A | Al99.8<br>3.0285 | Al080<br>（Al×s） | | | 1080<br>Al99.80 |
| 1080A | | | 1080A | | | | | 1080A | |
| 1070 | 1070 | 9970 | A7 | 2L.48 | Al99.7<br>3.0275 | Al070<br>（Al×0） | （A00） | | 1070<br>Al99.70 |
| 1070A<br>（L1） | | | 1070A | | Al99.7<br>3.0275 | | （A00） | 1070A | 1070<br>Al99.70（Zn） |
| 1370 | | | 1370 | | | | | | |
| 1060<br>（L2） | 1060 | | | | Al99.6 | A1060<br>（ABC×1） | （A0） | | 1060 |
| 1050 | 1050 | 1050<br>（995） | A5 | 1B | Al99.5<br>3.0255 | Al050<br>（A1×1） | 1011<br>（АД0，Al） | | 1050<br>A199.50 |
| 1050A<br>（L3） | 1050 | 1050<br>（995） | 1050A | 1B | Al99.5<br>3.0255 | A1050<br>（A1×1） | 1011<br>（АД0，Al） | 1050A | 1050<br>A199.50（Zn） |
| 1A50 | 1350 | | | | | | | | |
| 1350 | 1350 | | | | | | | | |
| 1145 | 1145 | | | | | | | | |
| 1035<br>（L4） | 1035 | | | | | | | | |
| 1A30<br>（L4-1） | | | | | | （1N30） | 1013<br>（АД1） | | |
| 1100<br>（L5-1） | 1100 | 1100<br>（990C） | A45 | 1200<br>（1C） | Al99.0 | Al100<br>Al×3 | | | 1100<br>A199.0Cu |
| 1200<br>（L5） | 1200 | 1200<br>（900） | A4 | | Al99<br>3.0205 | Al200 | （A2） | | 1200<br>Al99.00 |
| 1235 | 1235 | | | | | | | | |
| 2A01<br>（LY1） | 2117 | 2117<br>（CG30） | A-U2G | | AlCu2.5Mg0.5<br>3.1305 | A2117 | 1180<br>（Д18） | | 2117<br>AlCu2.5Mg |
| 2A02<br>（LY2） | | | | | | | 1170<br>（ВД17） | | |
| 2A04<br>（LY4） | | | | | | | 1191<br>（Д19П） | | |

续表 1-6

| 中国（GB） | 美国（AA） | 加拿大（CSA） | 法国（NF） | 英国（BS） | 德国（DIN） | 日本（JIS） | 俄罗斯（ГОСТ） | 欧洲铝协会（EAA） | 国 际（ISO） |
|---|---|---|---|---|---|---|---|---|---|
| 2A06（LY6） | | | | | | | 1190（Д19） | | |
| 2A10（LY10） | | | | | | | 1165（B65） | | |
| 2A11（LY11） | 2017 | CM41 | A-U4G | （H15） | AlCuMg1 3. 1325 | A2017 | 1110（Д1） | | 2017A AlCu4Mg1Si |
| 2B11（LY8） | 2017 | CM41 | A-U4G | | | | 1111（Д1П） | | |
| 2A12（LY12） | 2024 | 2024（CG42） | A-U4G1 | GB-24S | AlCuMg2 3. 1355 | A2024（A3 ×4） | 1160（Д16） | | 2024 AlCu4Mg1 |
| 2B12（LY9） | | | | | | | 1161（Д16П） | | |
| 2A13（LY13） | | | | | | | | | |
| 2A14（LD10） | 2014 | 2014（CS41N） | A-U4SG | 2014A（H15） | AlCuSiMn 3. 1255 | A2014 | 1380（AK8） | | 2014 AlCu4SiMg |
| 2A16（LY16） | 2219 | | A-U6MT | | | | （Д20） | | AlCu6Mn |
| 2B16（LY16－1） | | | | | | | | | |
| 2A17（LY17） | | | | | | | （Д21） | | |
| 2A20（LY20） | | | | | | | | | |
| 2A21（214） | | | | | | | | | |
| 2A25（225） | | | | | | | | | |
| 2A49（149） | | | | | | | | | |
| 2A50（LD5） | | | | | | | 1360（AK6） | | |
| 2B50（LD6） | | | | | | | （AK6－1） | | |
| 2A70（LD7） | 2618 | | A-U2GN | 2618A（H16） | | 2N01（A4 ×3） | 1141（AK4－1） | | 2618 AlCu2MgNi |
| 2B70（LD7－1） | | | | | | | | | |
| 2A80（LD8） | | | | | | | 1140（AK4） | | |
| 2A90（LD9） | 2018 | 2018（CN42） | A-U4N | 6L. 25 | | A2018（A4 ×1） | 1120（AK2） | | 2018 |
| 2004 | | | | 2004 | | | | | |
| 2011 | 2011 | 2011（CB60） | | | AlCuBiPb 3. 1655 | 2011 | | | |
| 2014 | 2014 | 2014（CS41N） | A-U4SG | 2014A（H15） | AlCuSiMn 3. 1255 | A2014（A3 ×1） | | | 2014 Al-Cu4SiMg |
| 2014A | | | | | | | | | |

续表 1-6

| 中国（GB） | 美国（AA） | 加拿大（CSA） | 法国（NF） | 英国（BS） | 德国（DIN） | 日本（JIS） | 俄罗斯（ГОСТ） | 欧洲铝协会（EAA） | 国　际（ISO） |
|---|---|---|---|---|---|---|---|---|---|
| 2214 | 2214 | | | | | | | | |
| 2017 | 2017 | CM41 | A-U4G | H14<br>5L. 37 | AlCuMg1<br>3. 1325 | A2017<br>（A3 ×2） | | | |
| 2017A | | | | | | | | 2017A | |
| 2117 | 2117 | 2117<br>（CG30） | A-U2G | L. 86 | AlCuMg0. 5<br>3. 1305 | A2117<br>（A3 ×3） | | | 2117<br>Al-Cu2Mg |
| 2218 | 2218 | | A-U4N | 6L. 25 | | A2218<br>（A4 ×2） | | | |
| 2618 | 2618 | | A-U2GN | H18<br>4L. 42 | | 2N01<br>（2618） | | | |
| 2219<br>（LY19,147） | 2219 | | | | | | | | |
| 2024 | 2024 | 2024<br>（CG42） | A-U4G1 | | AlCuMg2<br>3. 1355 | A2024<br>（A3 ×4） | | | 2024<br>Al-Cu4Mg1 |
| 2124 | 2124 | | | | | | | | |
| 3A21<br>（LF21） | 3003 | M1 | A-M1 | 3103<br>（N3） | AlMnCu<br>3. 0515 | A3003<br>（A2 ×3） | 1400<br>（AMц） | | 3103<br>Al-Mn1 |
| 3003 | 3003 | 3003<br>（MC10） | A-M1 | 3103<br>（N3） | AlMnCu<br>3. 0515 | A3003<br>（A2 ×3） | | | 3003<br>Al-Mn1Cu |
| 3103 | | | | | | | | 3103 | |
| 3004 | 3004 | | A-M1G | | | | | | |
| 3005 | 3005 | | A-MG05 | | | | | | |
| 3105 | 3105 | | | | | | | | |
| 4A01<br>（LT1） | 4043 | S5 | A-S5 | 4043A<br>（N21） | AlSi5 | A4043 | AK | | 4043<br>（AlSi5） |
| 4A11<br>（LD11） | 4032 | SG121 | A-S12UN | （38S） | | A4032<br>（A4 ×5） | 1390<br>（AK9） | | 4032 |
| 4A13<br>（LT13） | 4343 | | | | | A4343 | | | 4343 |
| 4A17<br>（LT17） | 4047 | S12 | A-S12 | 4047A<br>（N2） | AlSi12 | A4047 | | | 4047<br>（AlSi12） |
| 4004 | 4004 | | | | | | | | |
| 4032 | 4032 | SG121 | A-S12UN | | | A4032<br>（A4 ×5） | | | |
| 4043 | 4043 | S5 | | 4043A<br>（N21） | AlSi5<br>3. 2345 | A4043 | | | |
| 4043A | | | | | | | | 4043A | |
| 4047 | 4047 | S12 | | 4047A<br>（N2） | | A4047 | | | |
| 4047A | | | | | | | | 4047A | |
| 5A01<br>（2101,LF15） | | | | | | | | | |
| 5A02<br>（LF2） | 5052 | 5052<br>（GR20） | A-G2C | 5251<br>（N4） | AlMg2. 5<br>3. 3523 | A5052<br>（A2 ×1） | 1520<br>（AMГ2） | | 5052<br>AlMg2. 5 |
| 5A03<br>（LF3） | 5154 | GR40 | A-G3M | 5154A<br>（N5） | AlMg3<br>3. 3535 | A5154<br>（A2 ×9） | 1530<br>（AMГ3） | | 5154<br>AlMg3 |
| 5A05<br>（LF5） | 5456 | GM50R | A-G5 | 5556A<br>（N61） | AMg5 | A5456 | 1550<br>（AMГ5） | | 5456<br>AlMg5Mn0. 4 |

续表 1-6

| 中国<br>（GB） | 美国<br>（AA） | 加拿大<br>（CSA） | 法国<br>（NF） | 英国<br>（BS） | 德国<br>（DIN） | 日本<br>（JIS） | 俄罗斯<br>（ГОСТ） | 欧洲铝协会<br>（EAA） | 国 际<br>（ISO） |
|---|---|---|---|---|---|---|---|---|---|
| 5B05<br>（LF10） | | | | | | | 1551<br>（АМГ5П） | | |
| 5A06<br>（LF6） | | | | | | | 1560<br>（АМГ6） | | |
| 5B06<br>（LF14） | | | | | | | | | |
| 5A12<br>（LF12） | | | | | | | | | |
| 5A13<br>（LF13） | | | | | | | | | |
| 5A30<br>（2103，LF16） | | | | | | | | | |
| 5A33<br>（LF33） | | | | | | | | | |
| 5A41<br>（LT41） | | | | | | | | | |
| 5A43<br>（LF43） | 5457 | | | | | A5457 | | | 5457 |
| 5A66<br>（LT66） | | | | | | | | | |
| 5005 | 5005 | | A-G0. 6 | 5251<br>（N4） | AlMg1<br>3. 3515 | A5005<br>（A2 ×8） | | | |
| 5019 | | | | | | | | 5019 | |
| 5050 | 5050 | | A-G1 | 3L. 44 | AlMg1<br>3. 3515 | | | | |
| 5251 | | | | | | | | 5251 | |
| 5052 | 5052 | 5052<br>（GR20） | A-G2 | 2L. 55<br>2L. 56，<br>L. 80 | AlMg2<br>3. 3515 | A5052<br>（A2 ×1） | | | 5251<br>Al-Mg2 |
| 5154 | 5154 | GR40 | A-G3 | L. 82 | AlMg3<br>3. 3535 | A5154<br>（A2 ×9） | | | 5154<br>Al-Mg3 |
| 5154A | 5154A | | | | | | | | |
| 5454 | 5454 | | | | | | | | |
| 5554 | 5554 | GM31P | | | | A5554 | | | |
| 5754 | 5754 | | | | | | | | |
| 5056<br>（LF5 -1） | 5056 | 5056<br>（GM50R） | A-G5 | 5056A<br>（N6，2L. 58） | AlMg5<br>3. 3555 | A5056<br>（A2 ×2） | | | 5056A<br>Al-Mg5 |
| 5356 | 5356 | 5356<br>（GM50P） | | 5056A<br>（N6，2L. 58） | AlMg5<br>3. 3555 | A5356 | | | |
| 5456 | 5456 | | | | | | | | |
| 5082 | 5082 | | | | | | | | |
| 5182 | 5182 | | | | | | | | |
| 5083 | 5083 | 5083 | | 5083 | AlMg4. 5Mn | A5083 | 1540 | | 5083 |
| （LF4） | | （GM41） | | （N8） | 3. 3547 | （A2 ×7） | （АМГ4） | | Al-Mg4. 5Mn0. 7 |
| 5183 | 5183 | | A-G5 | （N6） | | A5183 | | | Al-Mg5 |

续表 1-6

| 中国<br>(GB) | 美国<br>(AA) | 加拿大<br>(CSA) | 法国<br>(NF) | 英国<br>(BS) | 德国<br>(DIN) | 日本<br>(JIS) | 俄罗斯<br>(ГОСТ) | 欧洲铝协会<br>(EAA) | 国　际<br>(ISO) |
|---|---|---|---|---|---|---|---|---|---|
| 5086 | 5086 | | A-G4MC | | | | | | 5086<br>Al-Mg4 |
| 6A02<br>(LD2) | 6151 | (SG11P) | | | | A6151<br>(A2×6) | 1340<br>(AB) | | 6151 |
| 6B02<br>(LD2-1) | | | | | | | | | |
| 6A51<br>(651) | | | | | | | | | |
| 6101 | 6101 | | A-GS/L | 6101A<br>(91E) | E-AlMgSi0. 5<br>3. 2307 | A6101<br>(ABC×2) | | | |
| 6101A | | | | 6101A<br>(91E) | | | | | |
| 6005 | 6005 | | | | | | | | |
| 6005A | | | 6005A | | | | | | |
| 6351 | 6351 | 6351<br>(SG11R) | A-SGM | 6082<br>(H30) | AlMgSi1<br>3. 2351 | | | | 6351<br>Al-Si1Mg |
| 6060 | | | | | | | | 6060 | |
| 6061<br>(LD30) | 6061 | 6061<br>(GS11N) | A-GSUC | 6061<br>(H20) | AlMgSiCu<br>3. 3211 | A6061<br>(A2×4) | 1330<br>(АД33) | | 6061<br>AlMg1SiCu |
| 6063<br>(LD31) | 6063 | 6063<br>(GS10) | A-GS | 6063<br>(H19) | AlMgSi0. 5<br>3. 3205 | A6063<br>(A2×5) | 1310<br>(АД31) | | 6063<br>AlMg0. 7Si |
| 6063A | | | | 6063A | | | | | |
| 6070<br>(LD2-2) | 6070 | | | | | | | | |
| 6181 | | | | | | | | 6181 | |
| 6082 | | | | | | | | 6082 | |
| 7A01<br>(LB1) | 7072 | | | | AlZn1<br>3. 4415 | A7072 | | | |
| 7A03<br>(LC3) | 7178 | | | | | | 1940<br>(B94) | | AlZn7MgCu |
| 7A04<br>(LC4) | | | | | | | 1950<br>(B95) | | |
| 7A05<br>(705) | | | | | | | | | |
| 7A09<br>(LC9) | 7075 | 7075<br>(ZG62) | A-ZSGU | L95 | AlZnMgCu1. 5<br>3. 4365 | A7075 | | | 7075<br>AlZn5. 5MgCu |
| 7A10<br>(LC10) | 7079 | | | | AlZnMgCu0. 5<br>3. 4345 | A7N11 | | | |
| 7A15<br>(LC15,157) | | | | | | | | | |
| 7A19<br>(919,LC19) | | | | | | | | | |
| 7A31<br>(183-1) | | | | | | | | | |
| 7A33<br>(LB733) | | | | | | | | | |

续表 1-6

| 中国（GB） | 美国（AA） | 加拿大（CSA） | 法国（NF） | 英国（BS） | 德国（DIN） | 日本（JIS） | 俄罗斯（ГОСТ） | 欧洲铝协会（EAA） | 国 际（ISO） |
|---|---|---|---|---|---|---|---|---|---|
| 7A52（LC52,5210） | | | | | | | | | |
| 7003（LC12） | | | | | | A7003 | | | |
| 7005 | 7005 | | | | | 7N01 | | | |
| 7020 | | | | | | | | 7020 | |
| 7022 | | | | | | | | 7022 | |
| 7050 | 7050 | | | | | | | | |
| 7075 | 7075 | 7075（ZG62） | A-Z5GU | | AlZnMgCu1.5 3.4365 | A7075（A3×6） | | | |
| 7475 | 7475 | | | | | | | | |
| 8A06（L6） | | | | | | | АД | | |
| 8011（LT98） | 8011 | | | | | | | | |
| 8090 | | | | | | | | 8090 | |

注：1. GB 为中国国家标准，AA 为美国铝业协会，CSA 为加拿大国家标准，NF 为法国国家标准，BS 为英国国家标准，DIN 为德国国家标准，JIS 为日本工业标准，ГОСТ 为俄罗斯（前苏联）国家标准，EAA 为欧洲铝业协会，ISO 为国际标准化组织；

2. 各国牌号中括号内的是旧牌号；

3. 德国工业标准和国际标准化组织的铝合金牌号有两种表示方法，一种是用字母、元素符号与数字表示，另一种是完全用数字表示；

4. 表内列出的各国相关牌号只是近似对应的，仅供参考。

b 中国变形铝合金状态代号及表示方法

根据 GB/T16475—1996 标准规定，基础状态代号用一个英文大写字母表示。细分状态代号用基础状态代号后跟一位或多位阿拉伯数字表示。

（1）基础代号分为 5 种，如表 1-7 所示。

**表 1-7 基础状态代号**

| 代号 | 名 称 | 说明与应用 |
|---|---|---|
| F | 自由加工状态 | 适用于在成形过程中，对于加工硬化和热处理条件无特殊要求的产品，该状态产品的力学性能不作规定 |
| O | 退火状态 | 适用于经完全退火获得最低强度的加工产品 |
| H | 加工硬化状态 | 适用于通过加工硬化提高强度的产品，产品在加工硬化后可经过（也可不经过）使强度有所降低的附加热处理；<br>H 代号后面必须跟有两位或三位阿拉伯数字 |
| W | 固溶热处理状态 | 一种不稳定状态，仅适用于经固溶热处理后，室温下自然时效的合金，该状态代号仅表示产品处于自然时效阶段 |
| T | 热处理状态（不同于 F、O、H 状态） | 适用于热处理后，经过（或不经过）加工硬化达到稳定状态的产品。T 代号后面必须跟有一位或多位阿拉伯数字 |

（2）细分状态代号：

1）H(加工硬化)的细分状态，即在字母 H 后面添加两位阿拉伯数字(称作 HXX 状态)，或三位阿拉伯数字(称作 HXXX 状态)表示 H 的细分状态。

① HXX 状态：

H 后面的第一位数字表示获得该状态的基本处理程序，如下所示：

H1——单纯加工硬化的状态。适用于未经附加热处理，只经加工硬化即获得所需强度的状态。

H2——加工硬化及不完全退火的状态。适用于加工硬化程度超过成品规定要求后，经不完全退火，使强度降低到规定指标的产品。对于室温下自然时效软化的合金，H2 与对应的 H3 具有相同的最小极限抗拉强度值；对于其他合金，H2 与对应的 H1 有相同的最小极限抗拉强度值，但伸长率比 H1 稍高。

H3——加工硬化及稳定化处理的状态。适用于加工硬化后经低温热处理或因加工过程中的受热作用而使其力学性能达到稳定的产品。H3 状态仅适用于在室温下逐渐时效软化(除非经稳定化处理)的合金。

H4——加工硬化及涂漆处理的状态。适用于加工硬化后，经涂漆处理导致其不完全退火的产品。

H 后面的第二位数字表示产品的加工硬化程度。数字 8 表示硬状态。通常采用 O 状态的最小抗拉强度与表 1-8 规定的强度差值之和来规定 HX8 状态的最小抗拉强度值。对于 O 状态和 HX8 状态之间的状态，应在 HX 代号后分别添加 1 ~7 的数字来表示。在 HX 后添加数字 9 表示比 HX8 加工硬化程度更大的超硬状态。各种 HXX 细分状态代号及对应的加工硬化程度如表 1-9 所示。

**表 1-8 HX8 状态与 O 状态的最小抗拉强度的差值**

| O 状态的最小抗拉强度/MPa | HX8 状态与 O 状态的最小抗拉强度差值/MPa |
|---|---|
| ≤40 | 55 |
| 40 ~60 | 65 |
| 65 ~80 | 75 |
| 85 ~100 | 85 |
| 105 ~120 | 90 |
| 125 ~160 | 95 |
| 165 ~200 | 100 |
| 205 ~240 | 105 |
| 245 ~280 | 110 |
| 285 ~320 | 115 |
| ≥325 | 120 |

注：当按表中确定的 HX1 ~HX9 状态抗拉强度极限值不是以 0 或 5 结尾时，应修正到以 0 或 5 结尾的相邻较大值。

**表 1-9 HXY 细分状态代号与加工硬化程度**

| 细分状态号 | 加工硬化程度 |
|---|---|
| HX1 | 抗拉强度极限为 0 与 HX2 状态的中间值 |

续表 1-9

| 细分状态号 | 加工硬化程度 |
| --- | --- |
| HX2 | 抗拉强度极限为 0 与 HX4 状态的中间值 |
| HX3 | 抗拉强度极限为 HX2 与 HX4 状态的中间值 |
| HX4 | 抗拉强度极限为 0 与 HX8 状态的中间值 |
| HX5 | 抗拉强度极限为 HX4 与 HX6 状态的中间值 |
| HX6 | 抗拉强度极限为 HX4 与 HX8 状态的中间值 |
| HX7 | 抗拉强度极限为 HX6 与 HX8 状态的中间值 |
| HX8 | 硬状态 |
| HX9 | 超硬状态，最小抗拉强度极限值超 HX8 状态至少 10 MPa |

② HXXX 状态。XXX 状态代号如下所示：

H111——适用于最终退火后又进行了适量的加工硬化，但加工硬化程度又不及 H11 状态的产品。

H112——适用于热加工成形的产品。该状态产品的力学性能有规定要求。

H116——适用于镁含量不小于 4.0% 的 5 × × × 系合金制成的产品。这些产品具有规定的力学性能和抗剥落腐蚀性能要求。

2）T 的细分状态，即在字母 T 后面添加一位或多位阿拉伯数字表示 T 的细分状态。

① TX 状态：

在 T 后面添加 0 ~ 10 的阿拉伯数字，表示的细分状态（称作 TX 状态）如表 1-10 所示。T 后面的数字表示对产品的基本处理程序。

② TXX 状态及 TXXX 状态（消除应力状态除外）。

**表 1-10 TX 细分状态代号说明与应用**

| 状态代号 | 说 明 |
| --- | --- |
| T0 | 固溶热处理后，经自然时效再通过冷加工的状态；适用于经冷加工提高强度的产品 |
| T1 | 由高温成形过程冷却，然后自然时效至基本稳定的状态；适用于由高温成形冷却过程后，不再进行冷加工（可进行矫直、矫平，但不影响力学性能极限）的产品 |
| T2 | 由高温成形过程冷却，经冷加工后自然时效至基本稳定的状态；<br>适用于由高温成形冷却过程后，进行冷加工或矫直、矫平以提高强度的产品 |
| T3 | 固溶热处理后进行冷加工，再经自然时效至基本稳定的状态；适用于在固溶热处理后，进行冷加工或矫直、矫平以提高强度的产品 |
| T4 | 固溶热处理后经自然时效至基本稳定的状态；适用于在固溶热处理后，不再进行冷加工（可进行矫直、矫平，但不影响力学性能极限）的产品 |
| T5 | 由高温成形过程冷却，然后进行人工时效的状态；适用于由高温成形冷却过程后，不经过冷加工（可进行矫直、矫平，但不影响力学性能极限），予以人工时效的产品 |
| T6 | 固溶热处理后进行人工时效的状态；适用于在固溶热处理后，不再进行冷加工（可进行矫直、矫平，但不影响力学性能极限）的产品 |
| T7 | 固溶热处理后进行过时效的状态；适用于在固溶热处理后，为获取某些重要特征，在人工时效时，强度在时效曲线上越过了最高峰点的产品 |
| T8 | 固溶热处理后经冷加工，然后进行人工时效的状态；适用于经冷加工或矫直、矫平以提高强度的产品 |

续表 1-10

| 状态代号 | 说　明 |
|---|---|
| T9 | 固溶热处理后人工时效，然后进行冷加工的状态；适用于经冷加工提高强度的产品 |
| T10 | 由高温成形过程冷却后，进行冷加工，然后人工时效的状态；适用于经冷加工或矫直、矫平以提高强度的产品 |

注：某些6×××系的合金，无论是炉内固溶热处理，还是从高温成形过程急冷以保留可溶性组分在固体中，均能达到相同的固溶热处理效果，这些合金的 T3、T4、T6、T7、T8 和 T9 状态可采用上述两种。

在 TX 状态代号后面再添加一位阿拉伯数字（称作 TXX 状态），或添加两位阿拉数字（称作 TXXX 状态），表示经过了明显改变产品特性（如力学性能、抗腐蚀性能等）的特定工艺处理的状态，如表 1-11 所示。

**表 1-11　TXX 及 TXXX 细分代号说明与应用**

| 状态代号 | 说明与应用 |
|---|---|
| T42 | 适用于自 O 或 F 状态固溶热处理后，自然时效到充分稳定状态的产品，也适用于需方任何状态的加工产品热处理后，力学性能达到 T42 状态的产品 |
| T62 | 适用于自 O 或 F 状态固溶热处理后，进行人工时效的产品，也适用于需方对任何状态的加工产品热处理后，力学性能达到 T62 状态的产品 |
| T73 | 适用于固溶热处理后，经过时效达到规定的力学性能和抗腐蚀性能指标的产品 |
| T74 | 与 T73 状态定义相同。该状态的抗拉强度大于 T73 状态，但小于 T76 状态 |
| T76 | 与 T73 状态定义相同。该状态的抗拉强度分别高于 T73、T74 状态，抗应力断裂性能分别低于 T73、T43 状态，但其抗剥落腐蚀性能仍然较好 |
| T7X2 | 适用于自 O 或 F 状态固溶热处理后，进行人工效处理，力学性能及抗腐蚀性能达到 T7X 状态的产品 |
| T81 | 适用于固溶热处理后，经 1% 左右的冷加工变形提高强度，然后进行人工时效的产品 |
| T87 | 适用于固溶热处理后，经 7% 左右的冷加工变形提高强度，然后进行人工时效的产品 |

③ 消除应力状态。在上述 TX 或 TXXX 状态代号后面再添加“51”或“510”或“54”，表示经历了消除应力处理的产品状态代号，如表 1-12 所示。

**表 1-12　消除应力状态代号说明与应用**

| 状态代号 | 说明与应用 |
|---|---|
| TX51<br>TXX51<br>TXXX51 | 适用于固溶热处理或自高温成形过程冷却后，按规定量进行拉伸的厚板、轧制或冷精整的棒材以及模锻件、锻环或轧制环。这些产品拉伸后不再进行矫直。<br>厚板的水久变形量为 1.5% ~3%；轧制成冷精整棒材的永久变形量为 1% ~3%；模锻件、锻环或轧制环的永久变形量为 1% ~5% |
| TX510<br>TXX510<br>TXXX510 | 适用于固溶热处理或自高温成形过程冷却后，按规定量进行拉伸的挤制棒、型、管材，以及拉制管材，这些产品拉伸后不再进行矫直。<br>挤制棒、型、管材的永久变形量为 1% ~3%；拉制管材的永久变形量为 1.5% ~3% |
| TX52<br>TXX52<br>TXXX52 | 适用于固溶热处理或自高温成形过程冷却后，通过压缩来消除应力，以产生 1% ~5% 的永久变形量的产品 |
| TX54<br>TXX54<br>TXXX54 | 适用于在终模锻内通过冷整形来消除应力的模锻件 |

④ W 的消除应力状态。如同 T 的消除应力状态代号表示方法,可在 W 状态代号后面添加相同的数字(如 51、52、54),以表示不稳定的固溶热处理及消除应力的状态。

⑤ 原状态代号与新状态代号的对照。详见表 1-13。

**表 1-13 原状态代号与相应的新状态代号对照表**

| 原(旧)代号 | 新代号 | 原(旧)代号 | 新代号 |
|---|---|---|---|
| M | O | CYS | TX51、TX52 等 |
| R | H112 或 F | CZY | T0 |
| Y | HX8 | CSY | T9 |
| Y1 | HX6 | MCS | T62 |
| Y2 | HX4 | MCZ | T42 |
| Y4 | HX2 | CGS1 | T73 |
| T | HX9 | CGS2 | T76 |
| CZ | T4 | CGS3 | T74 |
| CS | T6 | RCS | T5 |

注:原以 R 状态交货,提供 CZ、CS 试样性能的产品,其状态可分别对应新代号 T42、T62。

B ISO 的变形铝合金牌号及状态表示方法

a ISO 的变形铝合金牌号及表示方法

国际标准化组织(ISO)制定的铝及其合金的牌号是由化学元素符号与代表其成分分数的数字组成( ISO2092 及 ISO2107)。在牌号前冠以“ISO”,如已用文字说明是国际标准牌号,则可省略。

(1) 重熔用纯铝锭。电解厂生产的重熔纯铝锭牌号由铝化学元素符号 Al 与代表其纯度的百分数组成,但应精确到小数点后两位或两位以上,如 Al99. 800。

(2) 加工的工业纯铝及铝合金。加工铝材的变形铝及铝合金的牌号由化学元素符号与代表金属纯度或合金元素含量的百分数数字组成。在工业纯铝产品牌号中,数字只精确到小数点后一位,如 Al99. 0。如果工业纯铝产品还含有最大量不超过 0. 1%(铜则例外,为 0. 2%)的合金元素,则在数字后还应标出该合金元素的化学符号. 如 Al99. 00Cu,即铝含量为 99. 0%,而铜含量小于等于 0. 2% 的工业纯铝。若工业纯铝中的某些杂质受到控制,且有特种用途时,应在表示纯度的数字后附加表示用途的大写拉丁字母,如纯度为 99. 5% Al 的电工铝的牌号为 Al99. 5E。

铝合金的牌号由基本元素符号 Al 及合金元素的化学元素符号—合金元素含量的平均质量分数数字组成。合金元素含量大于 1% 的,只标出其含量整数,如镁含量的平均数约为 3. 0% 的铝 - 镁合金,其牌号为 AlMg3。合金元素含量小于 1% 的,不标数字,如镁及硅的含量分别小于 1% 的铝 - 镁 - 硅合金的牌号为 AlMgSi。为了区别它们的含量关系,也可在其中的一个合金元素的化学元素后附加表示其平均含量的小数数字,如 AlMg0. 5Si。

当合金中的基本金属是用特殊规定成分的纯金属熔炼时,应在基本金属的元素符号后附加其含量(质量分数)的小数点后的两位数字,例如 Al90Mg2 表示一种约含 2% Mg 与用纯度为 99. 90% 的高纯铝锭熔炼的铝 - 镁合金。

在铝合金牌号中,表示合金元素的化学符号依其含量多少,按递减次序排列,如它们的含量大致相等，则按其化学元素符号的字母顺序排列。需指出的是，国际标准中还规定变形铝及铝合金的牌号可用四位数字表示，即用美国铝业协会（AA）的牌号，但去掉数字前的“AA”字母。

b ISO的变形铝合金状态代号

按国际标准规定，铝材的状态代号由拉丁字母与数字组成，标于合金牌号后，用连字符把它们分开。

（1）基本状态代号。加工铝材的基本状态代号如下：

M——制造状态，表示热成形的材料，对其力学性能有一定的要求。

F——加工状态，表示不控制力学性能的热加工的材料所处的状态。

O——退火的，表示处于最低强度性能的完全退火的压力加工产品所处的状态。

H——加工硬化的（仅用于压力加工产品），表示退火的材料（或热成形的）再加以冷加工所处的状态，以使材料达到标定的力学性能；或是冷加工后经部分退火或稳定化退火所处的状态。通常，在字母“H”之后加一数字，在数字后再加一字母，表示材料的最终加工硬化程度。

T——是一种完全不同于M、F、O与H状态的热处理状态，用于通过热处理可使其强度增加的产品。在字母T之后附有第二个字母，以表示不同的热处理状态。材料在热处理之后，既可进行一定量的冷加工，也可不进行冷加工。

（2）基本状态代号的细目：

1）加工硬化状态（H）的细目如下：

H1——加工硬化的；

H2——加工硬化后经部分退火的；

H3——加工硬化后经稳定化处理的。

在数字之后，另加字母，以表示材料的最终加工硬化程度（字母X表示数字1、2、3）；

HXH——充分硬化状态；

HXD——材料的抗拉强度大致介于O状态与HXH状态之间；

FIXB——材料的抗拉强度大致介于O状态与HXD状态之间；

HXF——材料的抗拉强度大致介于HXD状态与HXH状态之间；

HKJ——材料的抗拉强度比HXH状态的大10 MPa以上的状态。

2）热处理状态（T）的细目是在字母T之后再加另一字母，以表示不同的热处理状态。

TA——从热成形工序冷却到室温与自然时效后的状态，适用于热加工（如热挤压）后以一定的降温速度冷却到室温，并自然时效到稳定状态的产品。

TB——固溶热处理与自然时效状态，适用于固溶热处理后不进行冷加工的材料，但矫平与矫直时的冷加工则例外。处于这种状态的某些合金材料的性能是不规定的。

TG——热加工后冷却到室温，再冷加工与自然时效后的状态，适用于从热加工（锻造或挤压）温度以一定的降温速度冷却到室温，再冷加工一定的量以提高其强度的产品。处于这种状态的某些合金的性能是不稳定的。

TD——固溶热处理、冷加工与自然时效后的状态，适用于固溶热处理后进行一定量的冷加工，以提高其强度或降低其内应力的产品。处于这种状态的某些合金材料的性能是不稳定的。

TE——从热成形温度冷却到室温再人工时效后的状态，适用于热挤压产品。

TF——固溶热处理与人工时效后的状态，适用于固溶热处理后不进行冷加工的材料，但可进行必要的矫直与平整。

TG——从热加工温度冷却到室温，再冷加工与人工时效后的状态，适用于少量冷加工可提高其强度的材料。

TH——固溶热处理、冷加工与人工时效后的状态，适用于少量冷加工可提高其强度的材料。

TL——固溶热处理、人工时效与冷加工的状态，适用于冷加工可提高其强度的材料。

TM——固溶热处理与稳定化处理后的状态，适用于固溶热处理后加以稳定化热处理，使其强度越过强度曲线上峰值而具有某些特殊性能的材料。

ISO2107 还规定：如有必要，在状态代号细目之后可再附加一位或两位数字。一个或两个字母，以表示材料状态的精细变化。

加工铝材的国际标准状态代号也可用美国铝业协会的状态代号替换，它们的对应关系如表 1-14 所示。

**表 1-14 国际标准状态代号与美国铝业协会的状态代号对照表**

| ISO 状态代号 | AA 状态代号 |
|---|---|
| M | H112 |
| F | F |
| O | O |
| H1B、H2B、H3B | H12、H22、H32 |
| H1D、H2D、H3D | H14、H24、H34 |
| H1F、H2F、H3F | H16、H26、H36 |
| H1H、H2H、H3H | H18、H28、H38 |
| H1J、H2J、H3J | H19、H29、H39 |
| TA | T1 |
| TB | T4 |
| TC | T2 |
| TD | T3 |
| TE | T5 |
| TF | T6 |
| TG | T10 |
| TH | T8 |
| TL | T9 |
| TM | T7 |

C 美国的变形铝合金牌号及状态表示方法

a 变形铝合金及表示方法

根据美国国家标准 ANSIH351—1978 的规定，美国的变形铝及铝合金的牌号用四位数字表示。该系统是美国铝业协会(The Aluminium Association)1954 年采用的，1957 年由美国标准化协会纳入美国标准。1983年国际标准化组织又将其纳入ISO(E107—1983E)中,作为国际标准之一。

在四位数字牌号中,第一位数字表示合金系列。按铝合金中主要合金元素的分类如下:

| | |
|---|---|
| 工业纯铝($w$(Al)≥99.00%) | 1×××系列 |
| Al-Cu系合金 | 2×××系列 |
| Al-Mn系合金 | 3×××系列 |
| Al-Si系合金 | 4×××系列 |
| Al-Mg系合金 | 5×××系列 |
| Al-Si-Mg系合金 | 6×××系列 |
| Al-Zn系合金 | 7×××系列 |
| 其他元素合金 | 8×××系列 |
| 备用系 | 9×××系列 |

在1×××中,最后两位数字表示最低铝含量中小数点右边的两位数字,如1060是最低铝含量为99.6%的工业纯铝。牌号的第二位数字表示对杂质范围的修改。若是零则表示该工业纯铝的杂质范围为生产中的正常范围;如果为1~9的自然数,则表示生产中应对某一种或几种杂质或合金元素加以专门的控制,例如1350工业纯铝是一种铝含量大于99.50%的电工铝,其中有3种杂质应受到控制。即$w$(V+Ti)≤0.02%,$w$(B)≤0.05%,$w$(Ga)≤0.03%。在2×××~8×××合金系列中,牌号最后两位数字只用来区别该型号中不同牌号的铝合金。第二位数字表示对合金的修改,如为零,则表示原始合金;如为1~9中的任一整数,则表示对合金的修改次数。

对于试验合金的牌号,在四位数字前加"×"。

b 状态名称代号

状态名称代号标在合金牌号后并用破折号隔开。标准的状态名称系统是由一个表示基本状态的字母和一个或几个数字所组成。除了退火和加工状态之外,按不同种类加上一个数字或几个数字以更准确地说明。

(1)四种基本状态:

F——加工状态,用于经过正常加工工序后所获得产品的状态,如热挤压状态与热轧状态。适用于不需要进行专门的热处理或加工硬化的产品,对其力学性能不加以限制;

H——应变硬化状态;

O——退火状态;

T——热处理状态。

(2)基本状态代号H和T的详细分类:

H1n——单纯加工硬化状态,适用于不需要退火的材料,只需通过加工硬化就可获得所需强度,H1后的n代表加工硬化程度的数字。

H2n——加工硬化后进行不完全退火的状态。H2后的数字表示材料经不完全退火后所保留的加工硬化程度。

H3n——加工硬化后再经过稳定化处理的状态。适用于加工硬化后经低温退火使其强度略降、伸长率稍升而使力学性能稳定的材料。冷加工后于130~170℃进行稳定化处理,$n$表示加工硬化程度的数字。

$n=2$,表示 1/4 硬状态;

$n=4$,表示 1/2 硬状态;

$n=6$,表示 3/4 硬状态;

$n=8$,表示全硬状态;

$n=9$,表示超硬状态。

数字 8 表示材料极限抗拉强度与完全退火后受到 75% 冷加工量(加工温度不超过 50℃)获得的强度相当的状态。数字 4 表示极限抗拉强度约为 0 和 8 状态中间值的材料状态。数字 2 表示极限抗拉强度约为 0 与 4 状态的中间值的材料状态。数字 6 表示极限抗拉强度约为 4 和 8 状态中间值的材料状态。数字 9 表示材料的最低抗拉强度比状态 8 的强度还大 10 MPa 以上的状态。对于第二位数字为奇数的两位数字 H 状态,其标定抗拉强度是第二位数字为偶数的相邻的两位数字 H 状态材料的标称值的算术平均值。

H 后三位数字的材料状态的最低抗拉强度与相应的两位数字的材料相当,具体表示如下:

H111——加工硬化程度比 H11 稍小的状态;

H112——一种对加工硬化程度或退火程度未加调整的加工状态,但对材料的力学性能有要求,需做力学性能试验;

H116——Al - Mg 系合金所处的一种专门的加工硬化状态;

H191——加工硬化程度比 H19 的稍低而比 H18 的又略高的状态;

H311——适用于镁含量大于 4% 的加工材料,加工硬化程度比 H31 稍小的状态;

H321——适用于镁含量大于 4% 的加工材料,热加工和冷加工的加工硬化程度都比 H32 稍小的状态;

H323、H343——特殊的加工状态,适用于镁含量大于 4% 的加工材料,处于这种状态的镁含量高的铝材具有相当好的抗应力腐蚀开裂的能力;

Tl——热加工后自然时效状态;

T2——高温热加工冷却后冷加工,然后再进行自然时效的状态;

T3——固溶处理后进行冷加工、然后自然时效的状态;

T4——固溶处理和自然时效能达到充分稳定的状态;

T5——高温热加工冷却后再进行人工时效的状态;

T6——固溶处理后人工时效状态;

T7——固溶处理后再经过稳定化处理的状态;

T8——固溶处理后冷加工再人工时效的状态;

T9——固溶处理后人工时效,再经冷加工的状态;

T10——高温热加工冷却再冷加工及人工时效的状态;

T31、T361、T37——T3 状态材料分别受到 1%、6%、7% 冷加工量的状态;

T41——在热水中淬火的状态,以防止变形与产生较大的热应力,此状态用于锻件;

T42——由用户进行 T 处理的状态;

TX51——消除应力的状态;

TX52——施加 1% ~5% 压缩量消除应力的状态,适用于锻件;

TX53——通过淬火时温度急剧变化引起的热变形消除应力后的状态;

TX54——通过拉伸与压缩相结合的方法消除残余应力后的状态,用于表示在终锻模内通过冷锻消除应力的锻件;

T61——在热水中进行 T6 处理,适用于铸件;

T62——由 O 或 F 状态固溶处理后,再进行人工时效的状态;

T73——为改善材料的抗应力腐蚀开裂的能力而进行过时效处理后的一种状态;

T7352——材料在固溶处理后受 1% ~3% 的永久压缩变形以消除残余应力,然后再经过过时效处理所达到的一种状态;

T736——过时效程度介于 T73 与 T76 之间的状态,这种状态的材料有高的抗应力腐蚀开裂的性能;

T76——过时效处理状态,这种状态的材料有相当高的抗剥落腐蚀的能力;

T81、T861、T87——分别为 T31、T371、T137 的人工时效状态。

D 世界各国变形铝铝合金状态和牌号对照

a 世界各国变形铝铝合金状态对照

变形铝合金的国际标准状态代号也可用美国铝业协会(AA)的状态代号替换,其对应关系如表 1-15 所示。

b 世界各国变形铝铝合金牌号对照

变形铝铝合金牌号对照如表 1-15 所示。

**表 1-15 世界各国变形铝铝合金状态对照表**

| 国际铝材状态代号(ISO2107—1983) | | 中国铝材状态代号(GB) | 国际铝材状态代号(ISO2107—1983) | | 中国铝材状态代号(GB) |
|---|---|---|---|---|---|
| 字母牌号 | 四位数字牌号 | | 字母牌号 | 四位数字牌号 | |
| M | H112 | — | TB | T4 | T4 |
| F | F | F | TC | T2 | T2 |
| O | O | O | TD | T3 | T3 |
| H1B、H2B、H3B | H12、H22、H32 | HX2 | TE | T5 | T5 |
| H1D、H2D、H3D | H14、H24、H34 | HX4 | TE | T6 | T6 |
| H1F、H2F、H3F | H16、H26、H36 | HX6 | TG | T10 | T10 |
| H1H、H2H、H3H | H18、H28、H38 | HX8 | TH | T8 | T8 |
| H1J、H2J、H3J | H19、H29、H39 | HX9 | TL | T9 | T9 |
| TA | T1 | T1 | TM | T7 | T7 |

### 1.2.3.3 变形铝合金的化学成分

A 中国变形铝及铝合金的化学成分

按照国标 GB/T3190—1996 标准的规定,中国变形铝及铝合金的化学成分列于表 1-16。

B ISO 及 AA 标准等规定的变形铝及铝合金的化学成分

ISO 及 AA 标准等规定的变形铝及铝合金的化学成分可参考有关手册及表 1-16 对照确定。

**表 1-16 中国变形铝及铝合金的化学成分**

| 序号 | 牌号 | 化学成分(质量分数)/% | | | | | | | | | | | | | | 备注 |
|---|---|---|---|---|---|---|---|---|---|---|---|---|---|---|---|---|
| | | Si | Fe | Cu | Mn | Mg | Cr | Ni | Zn | | Ti | Zr | 其他 单个 | 其他 合计 | Al | |
| 1 | 1A99 | 0.003 | 0.003 | 0.005 | | | | | | | | | 0.002 | | 99.99 | LG5 |
| 2 | 1A97 | 0.015 | 0.015 | 0.005 | | | | | | | | | 0.005 | | 99.97 | LG4 |
| 3 | 1A95 | 0.030 | 0.030 | 0.010 | | | | | | | | | 0.005 | | 99.95 | |
| 4 | 1A93 | 0.040 | 0.040 | 0.010 | | | | | | | | | 0.007 | | 99.93 | LG3 |
| 5 | 1A90 | 0.060 | 0.060 | 0.010 | | | | | | | | | 0.01 | | 99.90 | LG2 |
| 6 | 1A85 | 0.08 | 0.10 | 0.01 | | | | | | | | | 0.01 | | 99.85 | LG1 |
| 7 | 1A80 | 0.15 | 0.15 | 0.03 | 0.02 | 0.02 | | | 0.03 | Ca 0.03, V 0.05 | 0.03 | | 0.02 | | 99.80 | |
| 8 | 1A80A | 0.15 | 0.15 | 0.03 | 0.02 | 0.02 | | | 0.06 | Ca 0.03 | 0.02 | | 0.02 | | 99.80 | |
| 9 | 1070 | 0.20 | 0.25 | 0.04 | 0.03 | 0.03 | | | 0.04 | V 0.05 | 0.03 | | 0.03 | | 99.70 | |
| 10 | 1070A | 0.20 | 0.25 | 0.03 | 0.03 | 0.03 | | | 0.07 | | 0.03 | | 0.03 | | 99.70 | |
| 11 | 1370 | 0.10 | 0.25 | 0.02 | 0.01 | 0.02 | 0.01 | | 0.04 | Ca 0.03, V + Ti 0.02, B 0.02 | | | 0.02 | 0.10 | 99.70 | |
| 12 | 1060 | 0.25 | 0.35 | 0.05 | 0.03 | 0.03 | | | 0.05 | V 0.05 | 0.03 | | 0.03 | | 99.60 | |
| 13 | 1050 | 0.25 | 0.40 | 0.05 | 0.05 | 0.05 | | | 0.05 | V 0.05 | 0.03 | | 0.03 | | 99.50 | |
| 14 | 1050A | 0.25 | 0.40 | 0.05 | 0.05 | 0.05 | | | 0.07 | | 0.05 | | 0.03 | | 99.50 | |
| 15 | 1A50 | 0.30 | 0.30 | 0.01 | 0.05 | 0.05 | | | 0.03 | Fe + Si 0.45 | | | 0.03 | | 99.50 | LB2 |
| 16 | 1350 | 0.10 | 0.40 | 0.05 | 0.01 | | 0.01 | | 0.05 | Ca 0.03, V + Ti 0.02, B 0.05 | | | 0.03 | 0.10 | 99.50 | |
| 17 | 1145 | Si + Fe 0.55 | | 0.05 | 0.05 | 0.05 | | | 0.05 | V 0.05 | 0.03 | | 0.03 | | 99.45 | |
| 18 | 1035 | 0.35 | 0.60 | 0.10 | 0.05 | 0.05 | | | 0.10 | V 0.05 | 0.03 | | 0.03 | | 99.35 | |
| 19 | 1A30 | 0.10 ~ 0.20 | 0.15 ~ 0.30 | 0.05 | 0.01 | 0.01 | | 0.01 | 0.02 | | 0.02 | | 0.03 | | 99.30 | L4 – 1 |
| 20 | 1100 | Si + Fe 0.95 | | 0.05 ~ 0.20 | 0.05 | | | | 0.10 | ① | | | 0.05 | 0.15 | 99.00 | |
| 21 | 1200 | Si + Fe 1.00 | | 0.05 | 0.05 | | | | 0.10 | | 0.05 | | 0.05 | 0.15 | 99.00 | |

续表 1–16

| 序号 | 牌号 | 化学成分(质量分数)/% | | | | | | | | | | | 其他 | | | 备注 |
|---|---|---|---|---|---|---|---|---|---|---|---|---|---|---|---|---|
| | | Si | Fe | Cu | Mn | Mg | Cr | Ni | Zn | | Ti | Zr | 单个 | 合计 | Al | |
| 22 | 1235 | Si + Fe 0.65 | | 0.05 | 0.05 | 0.05 | | | 0.10 | V 0.05 | 0.06 | | 0.03 | | 99.35 | |
| 23 | 2A01 | 0.50 | 0.50 | 2.2 ~ 3.0 | 0.20 | 0.20 ~ 0.50 | | | 0.10 | | 0.15 | | 0.05 | 0.10 | 余量 | LY1 |
| 24 | 2A02 | 0.30 | 0.30 | 2.6 ~ 3.2 | 0.45 ~ 0.70 | 2.0 ~ 2.4 | | | 0.10 | | 0.15 | | 0.05 | 0.10 | 余量 | LY2 |
| 25 | 2A04 | 0.30 | 0.30 | 3.2 ~ 3.7 | 0.50 ~ 0.80 | 2.1 ~ 2.6 | | | 0.10 | Be 0.001 ~ 0.010 | 0.05 ~ 0.40 | | 0.05 | 0.10 | 余量 | LY4 |
| 26 | 2A06 | 0.50 | 0.50 | 3.8 ~ 4.3 | 0.50 ~ 1.0 | 1.7 ~ 2.3 | | | 0.10 | Be 0.001 ~ 0.005 | 0.03 ~ 0.15 | | 0.05 | 0.10 | 余量 | LY6 |
| 27 | 2A10 | 0.25 | 0.20 | 3.9 ~ 4.5 | 0.30 ~ 0.50 | 0.15 ~ 0.30 | | | 0.10 | | 0.15 | | 0.05 | 0.10 | 余量 | LY10 |
| 28 | 2A11 | 0.70 | 0.70 | 3.8 ~ 4.8 | 0.40 ~ 0.8 | 0.40 ~ 0.80 | | 0.10 | 0.30 | Fe + Ni 0.70 | 0.15 | | 0.05 | 0.10 | 余量 | LY11 |
| 29 | 2B11 | 0.50 | 0.50 | 3.8 ~ 4.5 | 0.40 ~ 0.8 | 0.40 ~ 0.80 | | | 0.10 | | 0.15 | | 0.05 | 0.10 | 余量 | LY8 |
| 30 | 2A12 | 0.50 | 0.50 | 3.8 ~ 4.9 | 0.30 ~ 0.9 | 1.2 ~ 1.8 | | 0.10 | 0.30 | Fe + Ni 0.50 | 0.15 | | 0.05 | 0.10 | 余量 | LY12 |
| 31 | 2B12 | 0.50 | 0.50 | 3.8 ~ 4.5 | 0.30 ~ 0.7 | 1.2 ~ 1.6 | | | 0.10 | | 0.15 | | 0.05 | 0.10 | 余量 | LY9 |
| 32 | 2A13 | 0.7 | 0.60 | 4.0 ~ 5.0 | | 0.30 ~ 0.50 | | | 0.6 | | 0.15 | | 0.05 | 0.10 | 余量 | LY13 |
| 33 | 2A14 | 0.6 ~ 1.2 | 0.70 | 3.9 ~ 4.8 | 0.40 ~ 1.0 | 0.40 ~ 0.80 | | 0.10 | 0.30 | | 0.15 | | 0.05 | 0.10 | 余量 | LD10 |
| 34 | 2A16 | 0.30 | 0.30 | 6.0 ~ 7.0 | 0.40 ~ 0.8 | 0.05 | | | 0.10 | | 0.10 ~ 0.20 | 0.20 | 0.05 | 0.10 | 余量 | LY16 |
| 35 | 2B16 | 0.25 | 0.30 | 5.8 ~ 6.8 | 0.20 ~ 0.40 | 0.05 | | | | V 0.05 ~ 0.15 | 0.08 ~ 0.20 | 0.10、0.25 | 0.05 | 0.10 | 余量 | |
| 36 | 2A17 | 0.30 | 0.30 | 6.0 ~ 7.0 | 0.40 ~ 0.8 | 0.25 ~ 0.45 | | | 0.10 | | 0.10 ~ 0.20 | | 0.05 | 0.10 | 余量 | LY17 |
| 37 | 2A20 | 0.20 | 0.30 | 5.8 ~ 6.8 | | 0.02 | | | 0.10 | V 0.05 ~ 0.15<br>B 0.001 ~ 0.01 | 0.07 ~ 0.16 | 0.10 ~ 0.25 | 0.05 | 0.15 | 余量 | LY20 |

续表1-16

| 序号 | 牌号 | 化学成分(质量分数)/% | | | | | | | | | | | | | | 备注 |
|---|---|---|---|---|---|---|---|---|---|---|---|---|---|---|---|---|
| | | Si | Fe | Cu | Mn | Mg | Cr | Ni | Zn | | Ti | Zr | 其他 | | Al | |
| | | | | | | | | | | | | | 单个 | 合计 | | |
| 38 | 2A21 | 0.20 | 0.20~0.60 | 3.0~4.0 | 0.05 | 0.8~1.2 | | 1.8~2.3 | 0.20 | | 0.05 | | 0.05 | 0.15 | 余量 | |
| 39 | 2A25 | 0.06 | 0.06 | 3.6~4.2 | 0.50~0.7 | 1.0~1.5 | | 0.06 | | | | | 0.05 | 0.10 | 余量 | |
| 40 | 2A49 | 0.25 | 0.8~1.2 | 3.2~3.8 | 0.30~0.6 | 1.8~2.2 | | 0.8~1.2 | | | 0.08~0.12 | | 0.05 | 0.15 | 余量 | |
| 41 | 2A50 | 0.7~1.2 | 0.7 | 1.8~2.6 | 0.40~0.8 | 0.40~0.8 | | 0.10 | 0.30 | Fe + Ni 0.7 | 0.15 | | 0.05 | 0.10 | 余量 | LD5 |
| 42 | 2B50 | 0.7~1.2 | 0.7 | 1.8~2.6 | 0.40~0.8 | 0.40~0.8 | 0.01~0.20 | 0.10 | 0.30 | Fe + Ni 0.7 | 0.02~0.10 | | 0.05 | 0.10 | 余量 | LD6 |
| 43 | 2A70 | 0.35 | 0.9~1.5 | 1.9~2.5 | 0.20 | 1.4~1.8 | | 0.9~1.5 | 0.30 | | 0.02~0.10 | | 0.05 | 0.10 | 余量 | LD7 |
| 44 | 2B70 | 0.25 | 0.9~1.4 | 1.8~2.7 | 0.20 | 1.2~1.8 | | 0.8~1.4 | 0.15 | Pb 0.05, Sn 0.05<br>Ti + Zr 0.20 | 0.10 | | 0.05 | 0.15 | 余量 | |
| 45 | 2A80 | 0.50~1.2 | 1.0~1.6 | 1.9~2.5 | 0.20 | 1.4~1.8 | | 0.9~1.5 | 0.30 | | 0.15 | | 0.05 | 0.10 | 余量 | LD8 |
| 46 | 2A90 | 0.50~1.0 | 0.50~1.0 | 3.5~4.5 | 0.20 | 0.40~0.8 | | 1.8~2.3 | 0.30 | | 0.15 | | 0.05 | 0.10 | 余量 | LD9 |
| 47 | 2004 | 0.20 | 0.20 | 5.5~6.5 | 0.10 | 0.50 | | | 0.10 | | 0.05 | 0.30~0.50 | 0.05 | 0.15 | 余量 | |
| 48 | 2011 | 0.40 | 0.7 | 5.0~6.0 | | | | | 0.30 | Bi 0.20~0.6<br>Pb 0.20~0.6 | | | 0.05 | 0.15 | 余量 | |
| 49 | 2014 | 0.50~1.2 | 0.7 | 3.9~5.0 | 0.40~1.2 | 0.20~0.8 | 0.10 | | 0.25 | ③ | 0.15 | | 0.05 | 0.15 | 余量 | |
| 50 | 2014A | 0.50~0.9 | 0.50 | 3.9~5.0 | 0.40~1.2 | 0.20~0.8 | 0.10 | 0.10 | 0.25 | Ti + Zr 0.20 | 0.15 | | 0.05 | 0.15 | 余量 | |
| 51 | 2214 | 0.50~1.2 | 0.30 | 3.9~5.0 | 0.40~1.2 | 0.20~0.8 | 0.10 | | 0.25 | ③ | 0.15 | | 0.05 | 0.15 | 余量 | |
| 52 | 2017 | 0.20~0.8 | 0.7 | 3.5~4.5 | 0.40~1.0 | 0.40~0.8 | 0.10 | | 0.25 | ③ | 0.15 | | 0.05 | 0.15 | 余量 | |
| 53 | 2017A | 0.20~0.8 | 0.7 | 3.5~4.5 | 0.40~1.0 | 0.40~1.0 | 0.10 | | 0.25 | Ti + Zr 0.25 | | | 0.05 | 0.15 | 余量 | |

续表 1-16

| 序号 | 牌号 | 化学成分(质量分数)/% | | | | | | | | | | | | | | 备注 |
|---|---|---|---|---|---|---|---|---|---|---|---|---|---|---|---|---|
| | | Si | Fe | Cu | Mn | Mg | Cr | Ni | Zn | | Ti | Zr | 其他 | | Al | |
| | | | | | | | | | | | | | 单个 | 合计 | | |
| 54 | 2117 | 0.8 | 0.7 | 2.2~3.0 | 0.20 | 0.20~0.50 | 0.10 | | 0.25 | | | | 0.05 | 0.15 | 余量 | |
| 55 | 2218 | 0.9 | 1.0 | 3.5~4.5 | 0.20 | 1.2~1.8 | 0.10 | 1.7~2.3 | 0.25 | | | | 0.05 | 0.15 | 余量 | |
| 56 | 2618 | 0.10~0.25 | 0.9~1.3 | 1.9~2.7 | | 1.3~1.8 | | 0.9~1.2 | 0.10 | | 0.04~0.10 | | 0.05 | 0.15 | 余量 | |
| 57 | 2219 | 0.20 | 0.30 | 5.8~6.8 | 0.20~0.40 | 0.02 | | | 0.10 | V 0.05~0.15 | 0.20~0.10 | 0.10~0.25 | 0.05 | 0.15 | 余量 | LY19 |
| 58 | 2024 | 0.5 | 0.5 | 3.8~4.9 | 0.30~0.9 | 1.2~1.8 | 0.10 | | 0.25 | ③ | 0.15 | | 0.05 | 0.15 | 余量 | |
| 59 | 2124 | 0.2 | 0.3 | 3.8~4.9 | 0.30~0.9 | 1.2~1.8 | 0.10 | | 0.25 | ③ | 0.15 | | 0.05 | 0.15 | 余量 | |
| 60 | 3A21 | 0.6 | 0.7 | 0.2 | 1.0~1.6 | 0.05 | | | 0.10④ | | 0.15 | | 0.05 | 0.10 | 余量 | LF21 |
| 61 | 3003 | 0.6 | 0.7 | 0.05~0.20 | 1.0~1.5 | | | | 0.10 | | | | 0.05 | 0.15 | 余量 | |
| 62 | 3103 | 0.5 | 0.7 | 0.10 | 0.9~1.5 | 0.30 | 0.10 | | 0.20 | Ti+Zr 0.10 | | | 0.05 | 0.15 | 余量 | |
| 63 | 3004 | 0.3 | 0.7 | 0.25 | 1.0~1.5 | 0.8~1.3 | | | 0.25 | | | | 0.05 | 0.15 | 余量 | |
| 64 | 3005 | 0.6 | 0.7 | 0.30 | 1.0~1.5 | 0.20~0.6 | 0.10 | | 0.25 | | 0.10 | | 0.05 | 0.15 | 余量 | |
| 65 | 3105 | 0.6 | 0.7 | 0.30 | 0.3~0.8 | 0.20~0.8 | 0.20 | | 0.40 | | 0.10 | | 0.05 | 0.15 | 余量 | |
| 66 | 4A01 | 4.5~6.0 | 0.6 | 0.20 | | | | | Zn+Sn 0.10 | | 0.15 | | 0.05 | 0.15 | 余量 | LT1 |
| 67 | 4A11 | 11.5~13.5 | 1.0 | 0.5~1.3 | 0.20 | 0.8~1.3 | 0.10 | 0.50~1.3 | 0.25 | | 0.15 | | 0.05 | 0.15 | 余量 | LD11 |
| 68 | 4A13 | 6.8~8.2 | 0.5 | Cu+Zn 0.15 | 0.50 | 0.05 | | | | Ca 0.10 | 0.15 | | 0.05 | 0.15 | 余量 | LT13 |
| 69 | 4A17 | 11.0~12.5 | 0.5 | Cu+Zn 0.15 | 0.50 | 0.05 | | | | Ca 0.10 | 0.15 | | 0.05 | 0.15 | 余量 | LT17 |

续表1-16

| 序号 | 牌号 | 化学成分(质量分数)/% | | | | | | | | | | | | | | 备注 |
|---|---|---|---|---|---|---|---|---|---|---|---|---|---|---|---|---|
| | | Si | Fe | Cu | Mn | Mg | Cr | Ni | Zn | | Ti | Zr | 其他 | | Al | |
| | | | | | | | | | | | | | 单个 | 合计 | | |
| 70 | 4004 | 9.0~10.5 | 0.8 | 0.25 | 0.10 | 1.0~2.0 | | | 0.20 | | | | 0.05 | 0.15 | 余量 | |
| 71 | 4032 | 11.0~13.5 | 1.0 | 0.50~1.3 | | 0.8~1.3 | 0.10 | 0.50~1.3 | 0.25 | | | | 0.05 | 0.15 | 余量 | |
| 72 | 4043 | 4.5~6.0 | 0.8 | 0.30 | 0.05 | 0.05 | | | 0.10 | ① | 0.20 | | 0.05 | 0.15 | 余量 | |
| 73 | 4043A | 4.5~6.0 | 0.6 | 0.30 | 0.15 | 0.20 | | | 0.10 | ① | 0.15 | | 0.05 | 0.15 | 余量 | |
| 74 | 4047 | 11.0~13.0 | 0.8 | 0.30 | 0.15 | 0.10 | | | 0.20 | ① | | | 0.05 | 0.15 | 余量 | |
| 75 | 4047A | 11.0~13.0 | 0.6 | 0.30 | 0.15 | 0.10 | | | 0.20 | ① | 0.15 | | 0.05 | 0.15 | 余量 | |
| 76 | 5A01 | Si+Fe 0.40 | 0.10 | 0.30~0.7 | 6.0~7.0 | 0.10~0.20 | | 0.25 | | 0.15 | 0.10~0.20 | | 0.05 | 0.15 | 余量 | LF15 |
| 77 | 5A02 | 0.40 | 0.40 | 1.10 | 或Cr0.15~0.40 | 2.0~2.8 | | | | Si+Fe 0.6 | 0.15 | | 0.05 | 0.15 | 余量 | LF2 |
| 78 | 5A03 | 0.50~0.80 | 0.50 | 0.10 | 0.30~0.6 | 3.2~3.8 | | | 0.20 | | 0.15 | | 0.05 | 0.10 | 余量 | LF3 |
| 79 | 5A05 | 0.50 | 0.50 | 0.10 | 0.30~0.6 | 4.8~5.5 | | | 0.20 | | | | 0.05 | 0.10 | 余量 | LF5 |
| 80 | 5B05 | 0.40 | 0.40 | 0.20 | 0.20~0.6 | 4.7~5.7 | | | | Si+Fe 0.6 | 0.15 | | 0.05 | 0.10 | 余量 | LF10 |
| 81 | 5A06 | 0.40 | 0.40 | 0.10 | 0.50~0.8 | 5.8~6.8 | | | 0.20 | Be 0.0001~0.005② | 0.02~0.10 | | 0.05 | 0.10 | 余量 | LF6 |
| 82 | 5B06 | 0.40 | 0.40 | 0.10 | 0.50~0.8 | 5.8~6.8 | | | 0.20 | Be 0.0001~0.005② | 0.10~0.30 | | 0.05 | 0.10 | 余量 | LF14 |
| 83 | 5A12 | 0.30 | 0.30 | 0.05 | 0.40~0.8 | 8.3~9.6 | | 0.10 | 0.20 | Be 0.005<br>Sb 0.004~0.05 | 0.05~0.15 | | 0.05 | 0.10 | 余量 | LF12 |
| 84 | 5A13 | 0.30 | 0.30 | 0.05 | 0.40~0.80 | 9.2~10.5 | | 0.10 | 0.20 | Be 0.005<br>Sb 0.004~0.05 | 0.05~0.15 | | 0.05 | 0.10 | 余量 | LF13 |
| 85 | 5A30 | Si+Fe 0.40 | | 0.10 | 0.50~1.0 | 4.7~5.5 | | | 0.25 | Cr 0.05~0.20 | 0.03~0.15 | | 0.05 | 0.10 | 余量 | LF16 |

续表 1-16

| 序号 | 牌号 | 化学成分(质量分数)/% | | | | | | | | | | | | | | 备注 |
|---|---|---|---|---|---|---|---|---|---|---|---|---|---|---|---|---|
| | | Si | Fe | Cu | Mn | Mg | Cr | Ni | Zn | | Ti | Zr | 其他 | | Al | |
| | | | | | | | | | | | | | 单个 | 合计 | | |
| 86 | 5A33 | 0.35 | 0.35 | 0.10 | 0.10 | 6.0 ~ 7.5 | | | 0.50 ~ 1.5 | Be 0.0005 ~ 0.005② | 0.05 ~ 0.15 | 0.10 ~ 0.30 | 0.05 | 0.10 | 余量 | LF33 |
| 87 | 5A41 | 0.40 | 0.40 | 0.10 | 0.30 ~ 0.6 | 6.0 ~ 7.0 | | | 0.20 | | 0.02 ~ 0.10 | | 0.05 | 0.10 | 余量 | LT41 |
| 88 | 5A43 | 0.40 | 0.40 | 0.10 | 0.15 ~ 0.40 | 0.6 ~ 1.4 | | | | | 0.15 | | 0.05 | 0.15 | 余量 | LF43 |
| 89 | 5A66 | 0.005 | 0.01 | 0.005 | | 1.5 ~ 2.0 | | | | | | | 0.005 | 0.01 | 余量 | LT66 |
| 90 | 5005 | 0.30 | 0.70 | 0.20 | 0.20 | 0.50 ~ 1.1 | 0.10 | | 0.25 | | | | 0.05 | 0.15 | 余量 | |
| 91 | 5019 | 0.40 | 0.50 | 0.10 | 0.10 ~ 0.6 | 4.5 ~ 5.6 | 0.20 | | 0.20 | Mo + Cr 0.1 ~ 0.6 | 0.20 | | 0.05 | 0.15 | 余量 | |
| 92 | 5050 | 0.40 | 0.70 | 0.20 | 0.10 | 1.1 ~ 1.8 | 0.10 | | 0.25 | | | | 0.05 | 0.15 | 余量 | |
| 93 | 5251 | 0.40 | 0.50 | 0.15 | 0.10 ~ 0.50 | 1.7 ~ 2.4 | 0.15 | | 0.15 | | 0.15 | | 0.05 | 0.15 | 余量 | |
| 94 | 5052 | 0.25 | 0.40 | 0.10 | 0.10 | 2.2 ~ 2.8 | 0.15 ~ 0.35 | | 0.10 | | | | 0.05 | 0.15 | 余量 | |
| 95 | 5154 | 0.25 | 0.40 | 0.10 | 0.10 | 3.1 ~ 3.9 | 0.15 ~ 0.35 | | 0.20 | ① | 0.20 | | 0.05 | 0.15 | 余量 | |
| 96 | 5154A | 0.50 | 0.50 | 0.10 | 0.50 | 3.1 ~ 3.9 | 0.25 | | 0.20 | ①<br>Mn + Cr 0.10 ~ 0.50 | 0.20 | | 0.05 | 0.15 | 余量 | |
| 97 | 5454 | 0.25 | 0.40 | 0.10 | 0.50 ~ 1.0 | 2.4 ~ 3.0 | 0.05 ~ 0.20 | | 0.25 | | 0.20 | | 0.05 | 0.15 | 余量 | |
| 98 | 5554 | 0.25 | 0.40 | 0.10 | 0.50 ~ 1.0 | 2.4 ~ 3.0 | 0.05 ~ 0.20 | | 0.25 | ① | 0.05 ~ 0.20 | | 0.05 | 0.15 | 余量 | |
| 99 | 5754 | 0.40 | 0.40 | 0.10 | 0.50 | 2.6 ~ 3.6 | 0.30 | | 0.20 | Mn + Cr 0.10 ~ 0.60 | 0.15 | | 0.05 | 0.15 | 余量 | |
| 100 | 5056 | 0.30 | 0.40 | 0.10 | 0.05 ~ 0.20 | 4.5 ~ 5.5 | 0.05 ~ 0.20 | | 0.10 | | | | 0.05 | 0.15 | 余量 | LF5 - 1 |
| 101 | 5356 | 0.25 | 0.40 | 0.10 | 0.05 ~ 0.20 | 4.5 ~ 5.5 | 0.05 ~ 0.20 | | 0.10 | ① | 0.06 0.20 | | 0.05 | 0.15 | 余量 | |

续表 1-16

| 序号 | 牌号 | 化学成分(质量分数)/% | | | | | | | | | | | 其他 | | | 备注 |
|---|---|---|---|---|---|---|---|---|---|---|---|---|---|---|---|---|
| | | Si | Fe | Cu | Mn | Mg | Cr | Ni | Zn | | Ti | Zr | 单个 | 合计 | Al | |
| 102 | 5456 | 0.25 | 0.40 | 0.10 | 0.50 ~ 1.0 | 4.7 ~ 5.5 | 0.05 ~ 0.20 | | 0.25 | | 0.20 | | 0.05 | 0.15 | 余量 | |
| 103 | 5082 | 0.20 | 0.35 | 0.15 | 0.15 | 4.0 ~ 5.0 | 0.15 | | 0.25 | | 0.10 | | 0.05 | 0.15 | 余量 | |
| 104 | 5182 | 0.20 | 0.35 | 0.15 | 0.20 ~ 0.50 | 4.0 ~ 5.0 | 0.10 | | 0.25 | | 0.10 | | 0.05 | 0.15 | 余量 | |
| 105 | 5083 | 0.40 | 0.40 | 1.0 | | 4.0 ~ 4.9 | 0.05 ~ 0.25 | | 0.25 | | 0.15 | | 0.05 | 0.15 | 余量 | LF4 |
| 106 | 5183 | 0.40 | 0.40 | 0.10 | 0.50 ~ 1.0 | 4.3 ~ 5.2 | 0.05 ~ 0.25 | | 0.25 | ① | 0.15 | | 0.05 | 0.15 | 余量 | |
| 107 | 5086 | 0.40 | 0.50 | 0.10 | 0.20 ~ 0.7 | 3.5 ~ 4.5 | 0.05 ~ 0.25 | | 0.25 | | 0.15 | | 0.05 | 0.15 | 余量 | |
| 108 | 6A02 | 0.50 ~ 1.2 | 0.50 | 0.20 ~ 0.6 | Cr 0.15 ~ 0.35 | 0.45 ~ 0.9 | | | 0.20 | | 0.15 | | 0.05 | 0.10 | 余量 | LD2 |
| 109 | 6B02 | 0.70 ~ 1.1 | 0.40 | 0.10 ~ 0.40 | 0.10 ~ 0.30 | 0.40 ~ 0.8 | | | 0.15 | | 0.01 ~ 0.04 | | 0.05 | 0.10 | 余量 | LD2 - 1 |
| 110 | 6A51 | 0.50 ~ 0.7 | 0.50 | 0.15 ~ 0.35 | | 0.45 ~ 0.6 | | | 0.25 | Sn 0.15 ~ 0.35 | 0.01 ~ 0.04 | | 0.05 | 0.15 | 余量 | |
| 111 | 6101 | 0.30 ~ 0.7 | 0.50 | 0.10 | 0.03 | 0.35 ~ 0.8 | 0.03 | | 0.10 | B 0.06 | | | 0.03 | 0.10 | 余量 | |
| 112 | 6101A | 0.30 ~ 0.7 | 0.40 | 0.05 | | 0.40 ~ 0.9 | | | | | | | 0.03 | 0.10 | 余量 | |
| 113 | 6005 | 0.6 ~ 0.9 | 0.35 | 0.10 | 0.10 | 0.40 ~ 0.6 | 0.10 | | 0.10 | | 0.10 | | 0.05 | 0.15 | 余量 | |
| 114 | 6005A | 0.50 ~ 0.9 | 0.35 | 0.30 | 0.50 | 0.40 ~ 0.7 | 0.30 | | 0.20 | Mn + Cr 0.12 ~ 0.50 | 0.10 | | 0.05 | 0.15 | 余量 | |
| 115 | 6351 | 0.7 ~ 1.3 | 0.50 | 0.10 | 0.40 ~ 0.8 | 0.40 ~ 0.8 | | | 0.20 | | 0.20 | | 0.05 | 0.15 | 余量 | |

续表 1-16

| 序号 | 牌号 | 化学成分(质量分数)/% | | | | | | | | | | | | | 备注 |
|---|---|---|---|---|---|---|---|---|---|---|---|---|---|---|---|
| | | Si | Fe | Cu | Mn | Mg | Cr | Ni | Zn | | Ti | Zr | 其他 | | Al | |
| | | | | | | | | | | | | | 单个 | 合计 | | |
| 116 | 6060 | 0.30 ~ 0.6 | 0.10 ~ 0.3 | 0.10 | 0.10 | 0.35 ~ 0.6 | 0.05 | | 0.15 | | 0.10 | | 0.05 | 0.15 | 余量 | |
| 117 | 6061 | 0.40 ~ 0.8 | 0.7 | 0.15 ~ 0.40 | 0.15 | 0.8 ~ 1.2 | 0.04 ~ 0.35 | | 0.25 | | 0.15 | | 0.05 | 0.15 | 余量 | LD30 |
| 118 | 6063 | 0.20 ~ 0.6 | 0.35 | 0.10 | 0.10 | 0.45 ~ 0.9 | 0.10 | | 0.10 | | 0.10 | | 0.05 | 0.15 | 余量 | LD31 |
| 119 | 6063A | 0.30 ~ 0.6 | 0.15 ~ 0.35 | 0.10 | 0.15 | 0.6 ~ 0.9 | 0.05 | | 0.15 | | 0.10 | | 0.05 | 0.15 | 余量 | |
| 120 | 6070 | 1.0 ~ 1.7 | 0.50 | 0.15 ~ 0.40 | 0.40 ~ 1.0 | 0.50 ~ 1.2 | 0.10 | | 0.25 | | 0.15 | | 0.05 | 0.15 | 余量 | LD2-2 |
| 121 | 6181 | 0.8 ~ 1.2 | 0.45 | 0.10 | 0.15 | 0.6 ~ 1.0 | 0.10 | | 0.20 | | 0.10 | | 0.05 | 0.15 | 余量 | |
| 122 | 6082 | 0.7 ~ 1.3 | 0.50 | 0.10 | 0.40 1.0 | 0.6 ~ 1.2 | 0.25 | | 0.20 | | 0.10 | | 0.05 | 0.15 | 余量 | |
| 123 | 7A01 | 0.30 | 0.30 | 0.01 | | | | | 0.9 ~ 1.3 | Si + Fe 0.45 | | | 0.03 | | 余量 | LB1 |
| 124 | 7A03 | 0.20 | 0.20 | 1.8 ~ 2.4 | 0.10 | 1.2 ~ 1.6 | 0.05 | | 6.0 ~ 6.7 | | 0.02 + 0.08 | | 0.05 | 0.10 | 余量 | LC3 |
| 125 | 7A04 | 0.50 | 0.50 | 1.4 ~ 2.0 | 0.20 ~ 0.6 | 1.8 ~ 2.8 | 0.10 ~ 0.25 | | 5.0 ~ 7.0 | | 0.10 | | 0.05 | 0.10 | 余量 | LC4 |
| 126 | 7A05 | 0.25 | 0.25 | 0.20 | 0.15 ~ 0.40 | 1.1 ~ 1.7 | 0.05 ~ 0.15 | | 4.4 ~ 5.0 | | 0.02 ~ 0.06 | 0.10 ~ 0.25 | 0.05 | 0.15 | 余量 | |
| 127 | 7A09 | 0.50 | 0.50 | 1.2 ~ 2.0 | 0.15 | 2.0 ~ 3.0 | 0.16 ~ 0.30 | | 5.1 ~ 6.1 | | 0.10 | | 0.05 | 0.10 | 余量 | LC9 |
| 128 | 7A10 | 0.30 | 0.30 | 0.50 ~ 1.0 | 0.20 ~ 0.35 | 3.0 ~ 4.0 | 0.10 ~ 0.20 | | 3.2 ~ 4.2 | | 0.10 | | 0.05 | 0.10 | 余量 | LC10 |
| 129 | 7A15 | 0.50 | 0.50 | 0.50 ~ 1.0 | 0.10 ~ 0.40 | 2.4 ~ 3.0 | 0.10 ~ 0.30 | | 4.4 ~ 5.4 | Be 0.005 ~ 0.01 | 0.05 ~ 0.01 | | 0.05 | 0.15 | 余量 | LC15 |

续表1-16

| 序号 | 牌号 | 化学成分(质量分数)/% | | | | | | | | | | | 其他 | | | 备注 |
|---|---|---|---|---|---|---|---|---|---|---|---|---|---|---|---|---|
| | | Si | Fe | Cu | Mn | Mg | Cr | Ni | Zn | | Ti | Zr | 单个 | 合计 | Al | |
| 130 | 7A19 | 0.30 | 0.40 | 0.08~0.30 | 0.30~0.50 | 1.3~1.9 | 0.10~0.20 | | 1.5~5.3 | Be 0.0001~0.004② | | 0.08~0.20 | 0.05 | 0.15 | 余量 | LC19 |
| 131 | 7A31 | 0.30 | 0.6 | 0.10~0.40 | 0.20~0.40 | 2.5~3.3 | 0.10~0.20 | | 3.6~4.5 | Be 0.0001~0.0010 | 0.02~0.10 | 0.08~0.25 | 0.05 | 0.15 | 余量 | |
| 132 | 7A33 | 0.25 | 0.30 | 0.25~0.55 | 0.05 | 2.2~2.7 | 0.10~0.20 | | 4.6~5.4 | | 0.05 | | 0.05 | 0.10 | 余量 | |
| 133 | 7A52 | 0.25 | 0.30 | 0.05~0.20 | 0.20~0.50 | 2.0~2.8 | 0.15~0.25 | | 4.0~4.8 | | 0.05~0.18 | 0.05~0.15 | 0.05 | 0.15 | 余量 | LC52 |
| 134 | 7003 | 0.30 | 0.35 | 0.20 | 0.30 | 0.50~1.0 | 0.20 | | 5.0~6.5 | | 0.20 | 0.05~0.25 | 0.05 | 0.15 | 余量 | LC12 |
| 135 | 7005 | 0.35 | 0.40 | 0.10 | 0.20~0.7 | 1.0~1.8 | 0.06~0.20 | | 4.0~5.0 | | 0.01~0.06 | 0.08~0.20 | 0.05 | 0.15 | 余量 | |
| 136 | 7020 | 0.35 | 0.40 | 0.20 | 0.05~0.50 | 1.0~1.4 | 0.10~0.35 | | 4.0~5.0 | Zr+Ti 0.08~0.25 | | 0.08~0.20 | 0.05 | 0.15 | 余量 | |
| 137 | 7022 | 0.50 | 0.50 | 0.50~1.0 | 0.10~0.40 | 2.6~3.9 | 0.10~0.30 | | 4.3~5.2 | Zr+Ti 0.20 | | | 0.05 | 0.15 | 余量 | |
| 138 | 7050 | 0.12 | 0.15 | 2.0~2.6 | 0.10 | 1.9~2.6 | 0.04 | | 5.7~6.7 | | 0.06 | 0.08~0.15 | 0.05 | 0.15 | 余量 | |
| 139 | 7075 | 0.40 | 0.50 | 1.2~2.0 | 0.30 | 2.1~2.9 | 0.18~0.28 | | 5.1~6.1 | ⑤ | 0.20 | | 0.05 | 0.15 | 余量 | |
| 140 | 7475 | 0.10 | 0.12 | 1.2~1.9 | 0.06 | 1.9~2.6 | 0.18~0.25 | | 5.2~6.2 | | 0.06 | | 0.05 | 0.15 | 余量 | |
| 141 | 8A06 | 0.55 | 0.50 | 0.10 | 0.10 | 0.10 | | | 0.10 | Fe+Si 1.0 | | | 0.05 | 0.15 | 余量 | L6 |
| 142 | 8011 | 0.50~0.9 | 0.6~1.16 | 0.10 | 0.20 | 0.05 | 0.05 | | 0.10 | | 0.08 | | 0.05 | 0.15 | 余量 | |
| 143 | 8090 | 0.20 | 0.30 | 1.0~1.6 | 0.10 | 0.6~1.3 | 0.10 | | 0.25 | Li 2.2~2.7 | 0.10 | 0.04~0.16 | 0.05 | 0.15 | 余量 | |

① 用于电焊条和焊带、焊丝时，铍含量不大于0.0008%。
② 铍含量均按规定量加入，可不做分析。
③ 仅在供需双方商定时，对挤压和锻造产品规定 Ti+Zr 含量不大于0.20%。
④ 作铆钉线材的3A21 合金的锌含量应不大于0.03%。
⑤ 仅在供需双方商定时，对挤压和锻造产品规定 Ti+Zr 含量不大于0.25%。

### 1.2.4 铸造铝合金的特性、分类及主要性能

#### 1.2.4.1 铸造铝合金的一般特性

为了获得各种形状与规格的优质精密铸件,用于铸造的铝合金必须具备以下特性,其中最关键的是流动性和可填充性:

(1) 有填充狭槽窄缝部分的良好流动性;

(2) 有适应其他许多金属所要求的低熔点;

(3) 导热性能好,熔融相的热量能快速向铸模传递,铸造周期较短;

(4) 熔体中的氢气和其他有害气体可通过处理得到有效的控制;

(5) 铝合金铸造时,没有热脆开裂和撕裂的倾向;

(6) 化学稳定性好,有高的抗蚀性能;

(7) 不易产生表面缺陷,铸件表面有良好的光泽和低的表面粗糙度,而且易于进行表面处理;

(8) 铸造铝合金的加工性能好,可用压模、硬(永久)模、生砂和干砂模、熔模、石膏型铸造模进行铸造生产,也可用真空铸造、低压和高压铸造、挤压铸造、半固态铸造、离心铸造等方法成形,生产不同用途、不同品种规格、不同性能的各种铸件。

#### 1.2.4.2 铸造铝合金的牌号与状态表示方法

铸造铝合金可分为热处理强化型和非热处理强化型两大类。目前,世界各国已开发出了大量供铸造的铝合金。但目前基本的合金只有以下6类:

(1) Al-Cu 铸造铝合金;

(2) Al-Cu-Si 铸造铝合金;

(3) Al-Si 铸造铝合金;

(4) Al-Mg 铸造铝合金;

(5) Al-Zn-Mg 铸造铝合金;

(6) Al-Sn 铸造铝合金。

铸造铝合金系分类目前国际上无统一标准,各国(公司)都有自己的合金命名及术语,下面分别简述如下。

A 中国铸造铝合金的牌号与状态表示方法

a 牌号表示方法

按 GB8063 规定,铸造铝合金牌号用化学元素及数字表示,数字表示该元素的平均含量。在牌号的最前面用“Z”表示铸造,例如 ZAlSi7Mg,表示铸造铝合金,平均含硅量为 7%,平均含镁量小于 1%。另外还有用合金代号表示法,合金代号由字母“Z”、“L”(分别是“铸”、“铝”的汉语拼音第一个字母)及其后的三位数字组成。ZL 后面第一个数字表示合金系列,其中 1、2、3、4 分别表示铝硅、铝铜、铝镁、铝锌系列合金,ZL 后面第二位、第三位两个数字表示顺序号。优质合金的数字后面附加字母“A”。

b 合金铸造方法和变质处理代号

S——砂型铸造;

J——金属型铸造；
R——熔模铸造；
K——壳型铸造；
B——变质处理。
c 合金状态代号
F——铸态；
T1——人工时效；
T2——退火；
T4——固溶处理加自然时效；
T5——固溶处理加不完全人工时效；
T6——固溶处理加完全人工时效；
T7——固溶处理加稳定化处理；
T8——固溶处理加软化处理。
d 铸造铝合金化学成分
铸造铝合金化学成分见表1-17，杂质允许含量见表1-18。

**表1-17 铸造铝合金的化学成分**(GB/T1173—1995)

| 序号 | 合金牌号 | 合金代号 | 土要元素(质量分数)/% | | | | | | | |
|---|---|---|---|---|---|---|---|---|---|---|
| | | | Si | Cu | Mg | Zn | Mn | Ti | 其他 | Al |
| 1 | ZAlSi7Mg | ZL101 | 6.5~7.5 | | 0.25~0.45 | | | | | 余量 |
| 2 | ZAlSi7MgA | ZL101A | 6.5~7.5 | | 0.25~0.45 | | | 0.08~0.20 | | 余量 |
| 3 | ZAlSi12 | ZL102 | 10.0~13.0 | | | | | | | 余量 |
| 4 | ZAlSi9Mg | ZL104 | 8.0~10.5 | | 0.17~0.35 | | 0.2~0.5 | | | 余量 |
| 5 | ZAlSi5Cu1Mg | ZL105 | 4.5~5.5 | 1.0~1.5 | 0.4~0.6 | | | | | 余量 |
| 6 | ZAlSi5Cu1MgA | ZL105A | 4.5~5.5 | 1.0~1.5 | 0.4~0.55 | | | | | 余量 |
| 7 | ZAlSi8Cu1Mg | ZL106 | 7.5~8.5 | 1.0~1.5 | 0.3~0.5 | | 0.3~0.5 | 0.10~0.25 | | 余量 |
| 8 | ZAlSi7Cu4 | ZL107 | 6.5~7.5 | 3.5~4.5 | | | | | | 余量 |
| 9 | ZAlSi12Cu2Mg1 | ZL108 | 11.0~13.0 | 1.0~2.0 | 0.4~1.0 | | 0.3~0.9 | | | 余量 |
| 10 | ZAlSi12Cu2Mg1Ni1 | ZL109 | 11.0~13.0 | 0.5~1.5 | 0.8~1.3 | | | | Ni0.8~1.5 | 余量 |
| 11 | ZAlSi5Cu6Mg | ZL110 | 4.0~6.0 | 5.0~8.0 | 0.2~0.5 | | | | | 余量 |
| 12 | ZAlSi9Cu2Mg | ZL111 | 8.0~10.0 | 1.3~1.8 | 0.4~0.6 | | 0.10~0.35 | 0.1~0.35 | | 余量 |
| 13 | ZAlSi7Mg1A | ZL114A | 6.5~7.5 | | 0.45~0.60 | | | 0.10~0.20 | Be0.4~0.07[①] | 余量 |
| 14 | ZAlSi5Zn1Mg | ZL115 | 4.8~6.2 | | 0.4~0.65 | 1.2~1.8 | | | Sb0.1~0.25 | 余量 |
| 15 | ZAlSi8MgBe | ZL116 | 6.5~8.5 | | 0.35~0.55 | | | 0.10~0.30 | Be0.15~0.40 | 余量 |
| 16 | ZAlCu5Mn | ZL201 | | 4.5~5.3 | | | 0.6~1.0 | 0.15~0.35 | | 余量 |
| 17 | ZAlCu5MnA | AL201A | | 4.8~5.3 | | | 0.6~1.0 | 0.15~0.35 | | 余量 |
| 18 | ZAlCu4 | ZL203 | | 4.0~5.0 | | | | | | 余量 |
| 19 | ZAlCu5MnCdA | ZL204A | | 4.6~5.3 | | | 0.6~0.9 | 0.15~0.35 | Cd0.15~0.25 | 余量 |
| 20 | ZAlCu5MnCdVA | ZL205A | | 4.6~5.3 | | | 0.3~0.5 | 0.15~0.35 | Cd0.15~0.25 | 余量 |

续表 1-17

| 序号 | 合金牌号 | 合金代号 | 主要元素(质量分数)/% | | | | | | | |
|---|---|---|---|---|---|---|---|---|---|---|
| | | | Si | Cu | Mg | Zn | Mn | Ti | 其他 | Al |
| 21 | ZAlRE5Cu3Si2 | ZL207RE | 1.6~2.0 | 3.0~3.4 | 0.15~0.25 | | 0.9~1.2 | | V0.05~0.3<br>Zr0.05~0.2<br>B0.005~0.06<br>Ni0.2~0.3<br>RE4.4~5.0② | 余量 |
| 22 | ZAlMg10 | ZL301 | | | 9.5~11.0 | | | | Er0.15~0.25 | 余量 |
| 23 | ZAlMg5Si1 | ZL303 | 0.8~1.3 | | 4.5~5.5 | | 0.1~0.4 | | | 余量 |
| 24 | ZAlMg8Zn1 | ZL305 | | | 7.5~9.0 | 1.0~1.5 | | 0.1~0.2 | Be0.03~0.1 | 余量 |
| 25 | ZAlZn11Si7 | ZL401 | 6.0~8.0 | | 0.1~0.3 | 9.0~13.0 | | | | 余量 |
| 26 | ZAlZn6Mg | ZL402 | | | 0.5~0.65 | 5.0~6.5 | | 0.15~0.25 | Cr0.4~0.6 | 余量 |

① 在保证合金力学性能前提下,可不加铍(Be);

② 混合稀土含各种稀土总量不小于98%,其中铈(Ce)约45%。

**表 1-18 铸造铝合金杂质允许含量(GB/T1173—1995)**

| 序号 | 合金牌号 | 合金代号 | 杂质含量(质量分数,不大于)/% | | | | | | | | | | | | | | |
|---|---|---|---|---|---|---|---|---|---|---|---|---|---|---|---|---|---|
| | | | Fe | | Si | Cu | Mg | Zn | Mn | Ti | Zr | Ti + Zr | Be | Ni | Sn | Pb | 杂质总和 | |
| | | | S | J | | | | | | | | | | | | | S | J |
| 1 | ZAlSi7Mg | ZL101 | 0.5 | 0.9 | | 0.2 | | 0.3 | 0.35 | | | 0.25 | 0.1 | | 0.01 | 0.05 | 1.1 | 1.5 |
| 2 | ZAlSi7MgA | ZL101A | 0.2 | 0.2 | | 0.1 | 0.10 | 0.1 | 0.10 | | 0.20 | | | | 0.01 | 0.03 | 0.7 | 0.7 |
| 3 | ZAlSi12 | ZL102 | 0.7 | 1.0 | | 0.30 | | 0.1 | 0.5 | 0.20 | | | | | | | 2.0 | 2.2 |
| 4 | ZAlSi9Mg | ZL104 | 0.6 | 0.9 | | 0.1 | | 0.25 | | | | 0.15 | | | 0.01 | 0.05 | 1.1 | 1.4 |
| 5 | ZAlSi5Cu1Mg | ZL105 | 0.6 | 1.0 | | | | 0.3 | 0.5 | | | 0.15 | 0.1 | | 0.01 | 0.05 | 1.1 | 1.4 |
| 6 | ZAlSi5Cu1MgA | ZL105A | 0.2 | 0.2 | | | | 0.1 | 0.1 | | | | | | 0.01 | 0.05 | 0.5 | 0.5 |
| 7 | ZAlSi8Cu1Mg | ZL106 | 0.6 | 0.8 | | | | 0.2 | | | | | | | 0.01 | 0.05 | 0.9 | 1.0 |
| 8 | ZAlSi7Cu4 | ZL107 | 0.5 | 0.6 | | | 0.1 | 0.3 | 0.5 | | | | | | 0.01 | 0.05 | 1.0 | 1.2 |
| 9 | ZAlSi12Cu2Mg1 | ZL108 | | 0.7 | | | | 0.2 | | 0.20 | | | | 0.3 | 0.01 | 0.05 | | 1.2 |
| 10 | ZAlSi12Cu1Mg1Ni1 | ZL109 | | 0.7 | | | | 0.2 | 0.2 | 0.20 | | | | | 0.01 | 0.05 | | 1.2 |
| 11 | ZAlSi5Cu6Mg | ZL110 | | 0.8 | | | | 0.6 | 0.5 | | | | | | 0.10 | 0.05 | | 2.7 |
| 12 | ZAlSi9Cu2Mg | ZL111 | 0.4 | 0.4 | | | | 0.1 | | | | | | | 0.01 | 0.05 | 1.0 | 1.0 |
| 13 | ZAlSi7Mg1A | ZL114A | 0.2 | 0.2 | | | 0.1 | | 0.1 | 0.1 | | 0.20 | | | 0.01 | 0.03 | 0.75 | 0.75 |
| 14 | ZAlSi5Zn1Mg | ZL115 | 0.3 | 0.3 | | 0.1 | | | 0.1 | | | | | | 0.01 | 0.05 | 0.8 | 1.0 |
| 15 | ZAlSi8MgBe | ZL116 | 0.60 | 0.6 | | 0.3 | | 0.3 | 0.1 | | 0.20 | B0.10 | | | 0.01 | 0.05 | 1.0 | 1.0 |
| 16 | ZAlCu5Mn | ZL201 | 0.25 | 0.3 | 0.3 | | 0.05 | 0.2 | | | 0.2 | | | 0.1 | | | 1.0 | 1.0 |
| 17 | ZAlCu5MnA | ZL201A | 0.15 | | 0.1 | | 0.05 | 0.1 | | | 0.15 | | | 0.05 | | | 0.4 | |

续表 1-18

| 序号 | 合金牌号 | 合金代号 | 杂质含量(质量分数,不大于)/% | | | | | | | | | | | | | | | |
|---|---|---|---|---|---|---|---|---|---|---|---|---|---|---|---|---|---|---|
| | | | Fe | | Si | Cu | Mg | Zn | Mn | Ti | Zr Ti + | Zr | Be | Ni | Sn | Pb | 杂质总和 | |
| | | | S | J | | | | | | | | | | | | | S | J |
| 18 | ZAlCu4 | ZL203 | 0.8 | 0.8 | 1.2 | | 0.05 | 0.25 | 0.1 | 0.20 | 0.1 | | | | 0.01 | 0.05 | 2.1 | 2.1 |
| 19 | ZAlCu5MnCdA | ZL204A | 0.15 | 0.15 | 0.06 | | 0.05 | 0.1 | | | 0.15 | | | 0.05 | | | 0.4 | |
| 20 | ZAlCu5MnCdVA | ZL205A | 0.15 | 0.15 | 0.06 | | 0.05 | | | | | | | | 0.01 | | 0.3 | 0.3 |
| 21 | ZAlRE5Cu3Si2 | ZL207 | 0.6 | 0.6 | | | | 0.2 | | | | | | | | | 0.8 | 0.8 |
| 22 | ZAlMg10 | ZL301 | 0.3 | 0.3 | 0.30 | 0.10 | | 0.15 | 0.15 | | 0.20 | | 0.07 | 0.05 | 0.01 | 0.05 | 1.0 | 1.0 |
| 23 | ZAlMg5Si1 | ZL303 | 0.5 | 0.5 | | 0.1 | | 0.2 | | 0.15 | | | | | | | 0.7 | 0.7 |
| 24 | ZAlMg8Zn1 | ZL305 | 0.3 | | 0.2 | 0.1 | | | 0.1 | 0.2 | | | | | | | 0.9 | |
| 25 | ZAlZn11Si7 | ZL401 | 0.7 | 1.2 | | 0.6 | | | 0.5 | | | | | | | | 1.8 | 2.0 |
| 26 | ZAlZn6Mg | ZL402 | 0.5 | 0.8 | 0.3 | 0.25 | | | 0.1 | | | | | | 0.01 | | 1.35 | 1.65 |

注:S 为砂型;J 为金属型。

B 美国及 ISO 铸造铝及铝合金

根据美国铝业协会(AA)规定,铸造铝合金用三位数字加小数点表示,小数点后是“0”(即×××.0),表示纯铝及铝合金铸件成分,小数点后是“1”、“2”(即×××.1 或×××.2)表示纯铝或铝合金铸锭。牌号的第一位是“1”表示铸造纯铝,第一位是“2”、“3”、“4”、“5”、“7”、“8”表示铸造铝合金。

美国铝业协会的分类法如下:

1××.×:控制非合金化的成分;

2××.×:含铜且铜作为主要合金化元素的铸造铝合金;

3××.×:含镁或(和)铜的铝硅合金;

4××.×:二元铝硅合金;

5××.×:含镁且镁作为主要合金化元素的铸造铝合金,通常还含有铜、硅、铬、锰等元素;

6××.×:目前尚未使用;

7××.×:含锌且锌作为主要合金化元素的铸铝合金;

8××.×:含锡且锡作为主要合金化元素的铸铝合金;

9×××:目前尚未使用。

UNS 数字系统用 A 加五位数字表示铸造纯铝及铝合金。ISO 标准的铸造纯铝及铝合金中,纯铝铸锭用 Al 加 99 及小数点表示。小数点后为 0,表示铝含量有效值为 99%,例如 Al99.5、Al99.7 等表示铝含量为 99.5%,99.7%。铸造铝合金用 Al 加元素符号及元素的平均含量表示,牌号前加标准号。ISO 铸造铝合金标准号有 R164、R2147 及 3522。例如 3522AlCu4MgTi、R164AlCuMgTi、R214AlCuMgTi 等。美国“AA”、“UNS”及“ISO”的铸造纯铝及铝合金牌号及化学成分可参阅有关参考文献。

C 日本的铸造铝合金

表 1-19 ~ 表 1-21 列出了日本主要铸造铝合金的化学成分及典型特性和用途。

**表 1-19  日本铸造铝合金化学成分(JISH5202—1982)**

| 合金牌号 | 化学成分(质量分数)/% | | | | | | | | | | | |
|---|---|---|---|---|---|---|---|---|---|---|---|---|
| | Si | Fe | Cu | Mn | Mg | Zn | Ni | Ti | Pb | Sn | Cr | Al |
| AC1A | 1.2 | 0.50 | 4.0~5.0 | 0.30 | 0.15 | 0.30 | 0.05 | 0.25 | 0.05 | 0.05 | 0.05 | 余量 |
| AC1B | 0.20 | 0.35 | 4.0~5.0 | 0.10 | 0.15~0.35 | 0.10 | 0.05 | 0.05~0.30 | 0.05 | 0.05 | 0.05 | 余量 |
| AC2A | 4.0~6.0 | 0.8 | 3.0~4.5 | 0.55 | 0.25 | 0.55 | 0.30 | 0.20 | 0.15 | 0.05 | 0.15 | 余量 |
| AC2B | 5.0~7.0 | 1.0 | 2.0~4.0 | 0.50 | 0.50 | 1.0 | 0.35 | 0.20 | 0.20 | 0.10 | 0.20 | 余量 |
| AC3A | 10.0~13.0 | 0.8 | 0.25 | 0.35 | 0.15 | 0.30 | 0.10 | 0.20 | 0.10 | 0.10 | 0.15 | 余量 |
| AC4A | 8.0~10.0 | 0.55 | 0.25 | 0.30~0.6 | 0.30~0.60 | 0.25 | 0.10 | 0.20 | 0.10 | 0.05 | 0.15 | 余量 |
| AC4B | 7.0~10.0 | 1.0 | 2.0~4.0 | 0.50 | 0.50 | 1.0 | 0.35 | 0.20 | 0.20 | 0.10 | 0.20 | 余量 |
| AC4C | 6.5~7.5 | 0.55 | 0.25 | 0.35 | 0.25~0.45 | 0.35 | 0.10 | 0.20 | 0.10 | 0.05 | 0.10 | 余量 |
| AC4CH | 6.5~7.5 | 0.20 | 0.20 | 0.10 | 0.20~0.40 | 0.10 | 0.05 | 0.20 | 0.05 | 0.05 | 0.05 | 余量 |
| AC4D | 4.5~5.5 | 0.6 | 1.0~1.5 | 0.50 | 0.40~0.6 | 0.30 | 0.20 | 0.20 | 0.10 | 0.05 | 0.15 | 余量 |
| AC5A | 0.6 | 0.8 | 3.5~4.5 | 0.35 | 1.2~1.8 | 0.15 | 1.7~2.3 | 0.20 | 0.05 | 0.05 | 0.15 | 余量 |
| AC7A | 0.20 | 0.30 | 0.10 | 0.6 | 3.5~5.5 | 0.15 | 0.05 | 0.20 | 0.05 | 0.05 | 0.15 | 余量 |
| AC7B | 0.20 | 0.30 | 0.10 | 0.10 | 9.5~11.0 | 0.10 | 0.05 | 0.20 | 0.05 | 0.05 | 0.15 | 余量 |
| AC8A | 11.0~13.0 | 0.8 | 0.8~1.3 | 0.15 | 0.7~1.3 | 0.15 | 0.8~1.5 | 0.20 | 0.05 | 0.05 | 0.10 | 余量 |
| AC8B | 8.5~10.5 | 1.0 | 2.0~4.0 | 0.50 | 0.50~1.5 | 0.50 | 0.10~1.0 | 0.20 | 0.10 | 0.10 | 0.10 | 余量 |
| AC8C | 8.5~10.5 | 1.0 | 2.0~4.0 | 0.50 | 0.50~1.5 | 0.50 | 0.50 | 0.20 | 0.10 | 0.10 | 0.10 | 余量 |
| AC9A | 22~24 | 0.8 | 0.50~1.5 | 0.50 | 0.50~1.5 | 0.20 | 0.50~1.5 | 0.20 | 0.10 | 0.10 | 0.10 | 余量 |
| AC9B | 18~20 | 0.8 | 0.50~1.5 | 0.50 | 0.50~1.5 | 0.20 | 0.50~1.5 | 0.20 | 0.10 | 0.10 | 0.10 | 余量 |

注:1. 表中未给出范围数字表示最大允许含量;

2. V、Bi 的含量在 0.05% 以下,V 和 Bi 以及未列出的各个元素只有在订货者提出要求时才进行化学分析。

**表 1-20  日本压铸铝合金化学成分(JISH5302—1976)**

| 合金牌号 | 化学成分(质量分数)/% | | | | | | | | |
|---|---|---|---|---|---|---|---|---|---|
| | Si | Fe | Cu | Mn | Mg | Zn | Ni | Sn | Al |
| ADC1 | 11.0~13.0 | ≤1.3 | ≤1.0 | ≤0.3 | ≤0.3 | ≤0.5 | ≤0.5 | ≤0.1 | 余量 |
| ADC4 | 9.0~10.0 | ≤1.3 | ≤0.6 | ≤0.3 | 0.4~0.6 | ≤0.5 | ≤0.5 | ≤0.1 | 余量 |
| ADC5 | ≤0.3 | ≤1.8 | ≤0.2 | ≤0.3 | 4.0~8.5 | ≤0.1 | ≤0.1 | ≤0.1 | 余量 |
| ADC6 | ≤1.0 | ≤0.8 | ≤0.1 | 0.4~0.6 | 2.5~4.0 | ≤0.4 | ≤0.1 | ≤0.1 | 余量 |
| ADC10 | 7.5~9.5 | ≤1.3 | 2.4~4.0 | ≤0.5 | ≤0.3 | ≤0.1 | ≤0.5 | ≤0.3 | 余量 |
| ADC12 | 9.6~12.0 | ≤1.3 | 1.5~3.5 | ≤0.5 | ≤0.3 | ≤0.1 | ≤0.5 | ≤0.3 | 余量 |

**表 1-21  压铸铝合金的特点和典型用途**

| 合金牌号 | 特 点 | 典型用途举例 |
|---|---|---|
| ADC1 | 铸造性能优良,耐腐蚀性和力学性能良好 | 打字机、照相机、除尘器、测量仪器和飞机零件 |
| ADC3 | 铸造性能优良,耐腐蚀性和力学性能良好 | 离合器壳、洗衣机拨水轮、油泵盖盘轮 |

续表 1-21

| 合金牌号 | 特 点 | 典型用途举例 |
|---|---|---|
| ADC5 | 耐腐蚀性能优良，不宜用作形状复杂的铸件 | 照相机体、熨斗底板、搅拌器、室外开关盒、飞机螺旋桨、管接头 |
| ADC6 | 耐腐蚀性能优良，伸长率和抗拉冲击性良好，铸造性能不好 | 手柄、电机壳、电饭锅零件 |
| ADC10 | 铸造性能和力学性能良好 | 曲轴箱、缝纫机壳、电机壳以及家庭用品 |
| ADC12 | 铸造性能和力学性能良好 | 曲轴箱、齿轮箱、气化器本体、照相机机体、风扇底座 |

D 世界各国铸造铝合金对照

表 1-22 为世界各国铸造铝合金牌号对照表。

**表 1-22 世界各国铸造铝合金牌号对照表**

| 类 别 | 中 国 | | | 前苏联 | 美 国 | | |
|---|---|---|---|---|---|---|---|
| | GB | YB | HB | ГОСТ | ASTM UMS | ANSI AA | SAE |
| 铝硅合金 | ZL101 | ZL11 | HZL101 | АЛ9，АЛ9В | A03560<br>A13560 | 356. 0<br>A356. 0 | 323 |
| | ZL102 | ZL7 | HZL102 | АЛ2 | A14130 | A413. 0 | 305 |
| | ZL104 | ZL14 | | АЛ3，АЛ3В | | | |
| | ZL104 | ZL10 | HZL104 | АЛ4，АЛ4В | A03600<br>A13600 | 360. 0<br>A360. 0 | 309 |
| | ZL105 | ZL13 | HZL105 | АЛ5 | A03550<br>A03550 | 355. 0<br>C355. 0 | 332 |
| | ZL106 | | | АЛ4В | A03280<br>A03281 | 328. 0<br>328. 1 | 331 |
| | ZL107 | | | АЛ－6АЛ7－4 | A03190<br>A03191 | 319. 0 | 326 |
| | ZL108 | ZL8 | | | | SC122(旧) | |
| | ZL109 | ZL9 | | АЛ30 | A03360<br>A03361 | 336. 0<br>336. 1 | |
| | ZL110 | ZL3 | | АЛ10В | | | |
| | ZL111 | | | АЛ4М | A03541<br>A03540 | 354. 0 | |
| 铝铜合金 | ZL201 | | HZL－201 | АЛ19 | | | |
| | | | HZL－202 | 高纯 АЛ19 | | | |
| | ZL202 | ZL1 | | АЛ12 | A03600 | A360. 0 | 309 |
| | ZL203 | ZL2 | HZL－203 | АЛ7 | A02950 | 295. 0<br>B295. 0 | 38 |
| 铝镁合金 | ZL301 | ZL5 | HZL－301 | АЛ8 | A05200<br>A05202 | 520. 0 | 324<br>320 |
| | ZL302 | ZL6 | | АЛ22 | A05140<br>A05141 | 514. 0<br>514. 1 | |
| | | | HZL－303 | АЛ13 | | | |

续表 1-22

| 类别 | 中国 | | | 前苏联 | 美国 | | |
|---|---|---|---|---|---|---|---|
| | GB | YB | HB | ГОСТ | ASTM UMS | ANSI AA | SAE |
| 铝锌合金 | ZL401 | ZL15 | HZL-401 | ALIP1 | | | |
| | ZL402 | | | АЛ24 | A07120<br>A07122 | 712.2 | |
| | | | HZL-501 | АЛ11 | | | |

| 类别 | 英国 | | 法国 | | 德国 | 日本 | ISO |
|---|---|---|---|---|---|---|---|
| | BS | BS/L | NF | AIRLA | DIN | JIS | |
| 铝硅合金 | | | A-S7G | AS7G03 | G-AlSiMg<br>(3.2371.61) | AC4C | AlSi7Mg |
| | LM20 | 4L33 | A-S13 | | G-AlSi12<br>(3.2581.01) | AC3A | AlSi12 |
| | | | | | | AC2B | |
| | LM9 | L75 | A-S9G<br>A-S10G | AS10G | G-AlSi10Mg<br>(3.2381.01) | AC4A | AlSi9Mg<br>AlSi10Mg |
| | LM16 | 3L78 | | | G-AlSi5Cu | AC4D | |
| | LM-24 | | | | G-AlSi8Cu3<br>(3.2151.01) | AC4B | |
| | LM4<br>LM21 | L79 | A-S5UZ<br>A-S903 | | G-AlSi6Cu4<br>(3.2151.01) | AC2B | |
| | LM2 | | | | | | |
| | LM13 | | A-S12UN | | | AC8A | AlSi12Cu |
| | LM1 | | | | G-AlSi(Cu) | | |
| 铝铜合金 | | | A-U5GT | A-U5GT | G-AlCuTiMg<br>(3.1372.61) | | AlCu4MgTi |
| | | | A-U8S | | | | Al-Cu8Si |
| | | 2L91<br>2L92 | A-U5GT | | G-AlCu4Ti<br>(3.1841.61) | AC1A | Al-Cu4MgTi |
| 铝镁合金 | LM10<br>KM5 | 4L53 | | | G-AlMg10<br>(3.3591.43) | AC7B | |
| | | L74 | A-G6<br>A-G3T | | G-AlMg5<br>(3.356.1.01) | AC1A | Al-Mg6<br>Al-Mg3 |
| 铝锌合金 | | | A-Z5G | | | | Al-Zn5Mg |

## 1.3 变形铝合金的冶金特性、主要铝合金的相组成及相图举例

### 1.3.1 变形铝合金的冶金特性与各元素间相互作用

变形铝合金中的各种添加元素在冶金过程中相互之间会产生物理化学作用，从而改变材料的组织结构和相组成，得到不同性能、功能和用途的新材料，合金化对变形铝合金材料

的冶金特性起重要的作用。以下简要介绍铝合金中主要合金元素和杂质对合金组织性能的影响：

（1）铜元素。铜是重要的合金元素，有一定的固溶强化效果，此外时效析出的 $CuAl_2$ 相有着明显的时效强化效果。铝合金中铜含量通常为 2.5% ~5%，铜含量在 4% ~6.8% 时强化效果最好，所以大部分硬铝合金的铜含量处于这个范围。

铝铜合金中可以含有较少的硅、镁、锰、铬、锌、铁等元素。

（2）硅元素。共晶温度 577℃时，硅在固溶体中的最大溶解度为 1.65%。尽管溶解度随温度降低而减小，但这类合金一般是不能热处理强化的。铝硅合金具有极好的铸造性能和抗蚀性。

镁和硅同时加入铝中形成铝镁硅系合金，强化相为 $Mg_2Si$。镁和硅的质量比为 1.73∶1。设计 Al－Mg－Si 系合金成分时，基本上按此比例配置镁和硅的含量。有的 Al－Mg－Si 合金，为了提高强度，加入适量的铜，同时，加入适量的铬以抵消对抗蚀性的不利影响。

变形铝合金中，硅单独加入铝中只限于焊接材料。硅加入铝中亦有一定的强化作用。

（3）镁元素。镁在铝中的溶解度随温度下降而迅速减小，在大部分工业用变形铝合金中，镁的含量均小于 6%，而硅含量也低，这类合金是不能热处理强化的，但可焊性良好，抗蚀性也好，并有中等强度。

镁对铝的强化是明显的，每增加 1% 镁，抗拉强度大约升高 34 MPa。如果加入 1% 以下的锰，可起补充强化作用。因此加锰后可降低镁含量，同时可降低热裂倾向，另外，锰还可以使 Mg5Al5 化合物均匀沉淀，改善抗蚀性和焊接性能。

（4）锰元素。在共晶温度 658℃时，锰在 $\alpha$ 固溶体中的最大溶解度为 1.82%。合金强度随溶解度增加不断增加，锰含量为 0.8% 时，伸长率达最大值。Al－Mn 合金是非时效硬化合金，即不可热处理强化。

锰能阻止铝合金的再结晶过程，提高再结晶温度，并能显著细化再结晶晶粒。再结晶晶粒的细化主要是通过 $MnAl_6$ 化合物弥散质点对再结晶晶粒长大起阻碍作用。$MnAl_6$ 的另一作用是能溶解杂质铁，形成$(Fe、Mn)Al_6$，减小铁的有害影响。

锰是铝合金的重要元素，可以单独加入形成 Al－Mn 二元合金，更多的是和其他合金元素一同加入，因此大多数铝合金中均含有锰。

（5）锌元素。锌单独加入铝中，在变形条件下对合金强度的提高十分有限，同时存在应力腐蚀开裂倾向，因而限制了它的应用。

在铝中同时加入锌和镁，形成强化相 $MgZn_2$，对合金产生明显的强化作用。$MgZn_2$ 含量从 0.5% 提高到 12% 时，可明显增加抗拉强度和屈服强度。镁含量超过形成 $MgZn_2$ 相所需要的量时，还会产生补充强化作用。

由于调整锌和镁的比例可提高抗拉强度和增大应力腐蚀开裂抗力，所以在超硬铝合金中，锌和镁的比例控制在 2.7 左右时，应力腐蚀开裂抗力最大。

如果在 Al－Zn－Mg 基础上加入铜元素，形成 Al－Zn－Mg－Cu 合金，其强化效果在所有铝合金中最大，它们也是航天、航空工业、电力工业上的重要铝合金材料。

（6）微量元素和杂质的影响：

1）铁和硅。铁在 Al－Cu－Mg－Ni－Fe 系锻铝合金中，硅在 Al－Mg－Si 系锻铝中和在

Al - Si 系焊条及铝硅铸造合金中,均作为合金元素加入,在其他铝合金中,硅和铁是常见的杂质元素,对合金性能有明显的影响。它们主要以 $FeAl_3$ 和游离硅存在。当硅大于铁时,形成 $\beta$ - $FeSiAl_5$(或 $Fe_2Si_2Al_9$)相,而铁大于硅时,形成 $\alpha$ - $Fe_2SiAl_8$(或 $Fe_3SiAl_{12}$)相。当铁和硅比例不当时,会引起铸件产生裂纹,铸铝中铁含量过高时会使铸件产生脆性。

2)钛和硼。钛是铝合金中常用的添加元素,以 Al - Ti 或 Al - Ti - B 中间合金形式加入。钛与铝形成 $TiAl_2$ 相,成为结晶时的非自发核心,起细化铸造组织和焊缝组织的作用。Al - Ti 系合金产生包晶反应时,钛的临界含量约为 0.15%,如果有硼存在,则减小到 0.01%。

3)铬。铬是在 Al - Mg - Si 系、Al - Mg - Zn 系、Al - Mg 系合金中常见的添加元素。在 600℃时,铬在铝中溶解度为 0.8%,室温时基本上不溶解。

铬在相中形成(CrFe) $Al_7$ 和(CrMn)$Al_{12}$等金属间化合物,阻碍再结晶的形核和长大过程,对合金有一定的强化作用,还能改善合金韧性和降低应力腐蚀开裂敏感性。但会增加淬火敏感性,使阳极氧化膜呈黄色。

铬在铝合金中的添加量一般不超过 0.35%,并随合金中过渡族元素的增加而降低。

4)锶。锶是表面活性元素,在结晶学上锶能改变金属间化合物相的行为。因此用锶元素进行变质处理能改善合金的塑性加工性能和最终产品质量。由于锶具有变质有效时间长、效果和再现性好等优点,近年来在 Al - Si 铸造合金中取代了钠的使用。对挤压用铝合金中加入 0.015% ~0.03% 锶,使铸锭中 $\beta$ - AlFeSi 相变成 $\alpha$ - AlFeSi 相,减少了铸锭均匀化时间 60% ~70%,提高材料力学性能和塑性加工性;改善制品表面粗糙度。对于高硅(10% ~13%)变形相合金中加入 0.02% ~0.07% 的锶元素,可使初晶硅减少至最低限度,力学性能也显著提高,抗拉强度 $\sigma_b$ 由 233 MPa 提高到 236 MPa,屈服强度 $\sigma_{0.2}$ 由 204 MPa 提高到 210 MPa,伸长率 $\delta_5$ 由 9% 增至 12%。在过共晶 Al - Si 合金中加入锶,能减小初晶硅粒子尺寸,改善塑性加工性能,可顺利地热轧和冷轧。

5)锆元素。锆也是铝合金的常用添加剂。一般在铝合金中加入量为 0.1% ~0.3%,锆和铝形成 $ZrAl_3$ 化合物,可阻碍再结晶过程,细化再结晶晶粒。锆亦能细化铸造组织,但比钛的效果小。有锆存在时,会降低钛和硼细化晶粒的效果。在 Al - Zn - Mg - Cu 系合金中,由于锆对淬火敏感性的影响比铬和锰小,因此宜用锆来代替铬和锰细化再结晶组织。

6)稀土元素。稀土元素加入铝合金中,使铝合金熔铸时增加成分过冷,细化晶粒,减小二次枝晶间距,减少合金中的气体和夹杂,并使夹杂相趋于球化。还可降低熔体表面张力,增加流动性,有利于浇注成锭,对工艺性能有着明显的影响。

各种稀土加入量约 0.1% 为好。混合稀土(La - Ce - Pr - Nd 等混合)的添加,使 Al - 0.65% Mg - 0.61% Si 合金时效 GP 区形成的临界温度降低。含镁的相合金能激发稀土元素的变质作用。

7)杂质元素。在铝合金中有时还存在钒、钙、铅、锡、铋、锑、铍及钠等杂质元素。这些杂质元素由于熔点高低不一,结构不同,与铝形成的化合物亦不相同,因而对铝合金性能的影响各不一样。

钒在铝合金中形成难熔化合物,在熔铸过程中起细化晶粒作用,但比钛和锆的作用小。钒也有细化再结晶组织、提高再结晶温度的作用。

钙在铝中固溶度极低,与铝形成 $CaAl_4$ 化合物,钙又是铝合金的超塑性元素,大约 5% 钙和5%锰的铝合金具有超塑性。钙和硅形成 $CaSi_4$，不溶于铝，由于减小了硅的固溶量，可稍微提高工业纯铝的导电性能。钙能改善铝合金切削性能。$CaSi_2$ 不能使铝合金热处理强化。微量钙有利于去除铝液中的氢。

铅、锡、铋元素是低熔点金属，它们在铝中固溶度不大，略降低合金强度，但能改善切削性能。铋在凝固过程中膨胀，对补缩有利。高镁合金中加入铋可防止钠脆。

锑主要用作铸造铝合金中的变质剂，变形铝合金中很少使用。仅在 Al－Mg 变形铝合金中代替铋防止钠脆。锑元素加入 Al－Zn－Mg－Cu 系合金中，能改善热压与冷压工艺性能。

铍在变形铝合金中可改善氧化膜的结构，减少熔铸时的烧损和夹杂。铍是有毒元素，能使人产生过敏性中毒。因此，用于制造食品和饮料器皿的铝合金中不能含有铍。焊接材料中的铍含量通常控制在8μg/mL以下。用作焊接基体的铝合金也应控制铍的含量。

钠在铝中几乎不溶解，最大固溶度小于0.0025%，熔点低(97.89℃)。合金中存在钠时，在凝固过程中，钠吸附在枝晶表面或晶界；热加工时，晶界上的钠形成液态吸附层，产生脆性开裂，即"钠脆"。当有硅存在时，形成 NaAlSi 化合物，无游离钠存在，不产生"钠脆"。当镁含量超过2%时，镁夺取硅，析出游离钠，产生"钠脆"。因此高镁铝合金不允许使用钠盐熔剂。防止"钠脆"的方法有氯化法，使钠形成 NaCl 排入渣中，加铋使之生成 $Na_3Bi$ 进入金属基体；加锑生成 $Na_3Sb$ 或加入稀土亦可起到相同的作用。

氢气在固态熔点的条件下比在固态的条件下的溶解度要高，所以在液态转化固态时就会形成气孔，氢气可用铝还原空气中的水汽而产生，也可从分解碳氢化合物中产生。固态铝和液态铝都能吸氢，尤其是当某些杂质(如硫的化合物)在铝表面上或在周围空气中时最为明显。在液态铝中能形成氢化物的元素可促进氢吸收，但其他元素如铍、铜、锡和硅则会降低氢的吸收量。

除了在浇铸中形成孔隙外，氢又导致次生孔隙、起泡以及热处理中高温变坏(内部气体沉积)。氢在铝合金中是一种极其有害的杂质，熔体中的氢含量应采用在线除气装置加以限制。

### 1.3.2 主要铝合金的相组成

工业变形铝合金及铝合金半连续铸造状态下的相组成如表1-23所示。

**表1-23 工业变形铝合金及铝合金半连续铸造状态下的相组成**

| 合金 | | | 主要相组成(少量的或可能的) |
|---|---|---|---|
| 类别 | 系 | 牌号 | |
| 1×××系合金 | Al | 1A85～1A99 | $\alpha + FeAl_3$、$Al_{12}Fe_3Si$ |
| | | 1070A～1235 | $\alpha + Al_{12}Fe_3Si$ |
| 2×××系合金 | Al－Cu－Mg | 2A01 | $\theta(CuAl_2)$、$Mg_2Si$、$N(Al_7Cu_2Fe)$、$\alpha(Al_{12}Fe_3Si)$、[S] |
| | | 2A02 | $S(Al_2CuMg)$、$Mg_2Si$、N、$(FeMn)_3SiAl_{12}$、[S]、$(FeMn)Al_6$ |
| | | 2A04 | $S(Al_2CuMg)$、$Mg_2Si$、N、$(FeMn)_3SiAl_{12}$、[S]、$(FeMn)Al_6$ |
| | | 2A06 | $S(Al_2CuMg)$、$Mg_2Si$、N、$(FeMn)_3SiAl_{12}$、[S]、$(FeMn)Al_6$ |
| | | 2A10 | $\theta(CuAl_2)$、$Mg_2Si$、$N(Al_7Cu_2Fe)$、$(FeMn)_3SiAl_{12}$、$S(Al_2CuMg)$、$(FeMn)Al_6$ |

续表 1-23

| 合金 | | | 主要相组成(少量的或可能的) |
|---|---|---|---|
| 类别 | 系 | 牌号 | |
| 2×××系合金 | Al-Cu-Mg | 2A11 | θ($CuAl_2$)、$Mg_2Si$、N($Al_7Cu_2Fe$)、$(FeMn)_3SiAl_{12}$、[S]、$(FeMn)Al_6$ |
| | | 2B11 | θ($CuAl_2$)、$Mg_2Si$、N($Al_7Cu_2Fe$)、$(FeMn)_3SiAl_{12}$、[S]、$(FeMn)Al_6$ |
| | | 2A12 | S($Al_2CuMg$)、θ($CuAl_2$)、$Mg_2Si$、N($Al_7Cu_2Fe$)、$(FeMn)_3SiAl_{12}$、[S]、$(FeMn)Al_6$ |
| | | 2B12 | S($Al_2CuMg$)、θ($CuAl_2$)、$Mg_2Si$、N($Al_7Cu_2Fe$)、$(FeMn)_3SiAl_{12}$、[S]、$(FeMn)Al_6$ |
| | | 2A13 | θ($CuAl_2$)、$Mg_2Si$、N($Al_7Cu_2Fe$)、α($Al_{12}Fe_3Si$)、[S] |
| | Al-Cu-Mn | 2A16 | θ($CuAl_2$)、N($Al_7Cu_2Fe$)、$(FeMn)_3SiAl_{12}$、[$(FeMn)Al_6$、$TiAl_3$、$ZrAl_3$] |
| | | 2A17 | θ($CuAl_2$)、N($Al_7Cu_2Fe$)、$(FeMn)_3SiAl_{12}$、$Mg_2Si$、[S]、$(FeMn)Al_6$ |
| | Al-Cu-Mg-Si-Mn | 2A50 | $Mg_2Si$、W、θ($CuAl_2$)、AlFeMnSi、[S] |
| | | 2B50 | $Mg_2Si$、W、θ($CuAl_2$)、AlFeMnSi、[S] |
| | | 2A14 | $Mg_2Si$、W、θ($CuAl_2$)、AlFeMnSi |
| | Al-Cu-Mg-Fe-Ni-Si | 2A70 | S($Al_2CuMg$)、$FeNiAl_9$、[$Mg_2Si$、N($Al_7Cu_2Fe$)或$Al_6Cu_3Ni$] |
| | | 2A80 | S($Al_2CuMg$)、$FeNiAl_9$、[$Mg_2Si$、N($Al_7Cu_2Fe$)或$Al_6Cu_3Ni$] |
| | | 2A90 | S($Al_2CuMg$)、θ($CuAl_2$)、$FeNiAl_9$、$Mg_2Si$、$Al_6Cu_3Ni$、[α($Al_{12}Fe_3Si$)] |
| 3×××系合金 | Al-Mn | 3A21 | $(FeMn)Al_6$、$(FeMn)_3SiAl_{12}$ |
| 4××× 系合金 | Al-Si | 4A01 | Si(共晶)、β($Al_5FeSi$) |
| | | 4A13 | Si(共晶)、β($Al_5FeSi$)、AlFeMnSi |
| | | 4A17 | Si(共晶)、β($Al_5FeSi$)、AlFeMnSi |
| | | 4A11 | Si(共晶)、S($Al_2CuMg$)、$FeNiAl_9$、$Mg_2Si$、β($Al_5FeSi$)、(初晶硅) |
| | | 4043 | Si(共晶)、α($Fe_2SiAl_8$)、β($Al_5FeSi$)、$FeAl_3$ |
| 5×××系合金 | Al-Mg | 5A02 | $Mg_2Si$、$(FeMn)Al_6$、[β($Al_5FeSi$)] |
| | | 5A03 | $Mg_2Si$、$(FeMn)Al_6$、[β($Al_5FeSi$)] |
| | | 5082 | $Mg_2Si$、$(FeMn)Al_6$、[β($Al_5FeSi$)] |
| | | 5A43 | $Mg_2Si$、$(FeMn)Al_6$、[β($Al_5FeSi$)] |
| | | 5A05 | β($Mg_5Al_8$)、$Mg_2Si$、$(FeMn)Al_6$ |
| | | 5A06 | β($Mg_5Al_8$)、$(FeMn)Al_6$ |
| | | 5B06 | β($Mg_5Al_8$)、$(FeMn)Al_6$、[$TiAl_2$] |
| | | 5A33 | β($Mg_5Al_8$)、$Mg_2Si$、[$(FeMn)Al_6$] |
| | | 5A12 | β(大量)、$Mg_2Si$ |
| | | 5A13 | β(大量)、$Mg_2Si$、$(FeMn)Al_6$ |
| | | 5A41 | β($Mg_5Al_8$)、$Mg_2Si$、$(FeMn)Al_6$ |
| | | 5A66 | [β] |
| | | 5183 | $Mg_2Si$、W、$(FeMn)_3Si_2Al_{15}$、[$(FeCr)_4Si_4Al_{13}$] |
| | | 5086 | $Mg_2Si$、W、$(FeMn)_3Si_2Al_{15}$ |
| 6×××系合金 | Al-Mg-Si及Al-Mg-Si-Cu | 6061 | $Mg_2Si$、$(FeMn)_3Si_2Al_{15}$、$CuAl_2$ |
| | | 6063 | $Mg_2Si$、$(FeMn)_3Si_2Al_{15}$ |
| | | 6070 | $Mg_2Si$、$(FeMn)_3Si_2Al_{15}$ |

续表 1-23

| 合金 | | | 主要相组成(少量的或可能的) |
|---|---|---|---|
| 类 别 | 系 | 牌 号 | |
| 7×××系合金 | Al-Zn-Mg | 7003 | η、T($Al_2Mg_3Zn_3$)、$Mg_2Si$、AlFeMnSi、[$ZnAl_3$ 初晶] |
| | Al-Zn-Mg-Cu | 7A03 | η、T($Al_2Mg_3Zn_3$)、S、[AlFeMnSi、$Mg_2Si$] |
| | | 7A04 | T(AlZnMgCu)、$Mg_2Si$、AlFeMnSi、[η] |
| | | 7A09 | T(AlZnMgCu)、$Mg_2Si$、AlFeMnSi、[$CrAl_7$] |
| | | 7A10 | T(AlZnMgCu)、$Mg_2Si$、AlFeMnSi |
| 8×××系合金 | Al-其他元素 | 8A06 | $FeAl_3$、α(AlFeSi)、β |
| | | 8011 | η、T($Al_2Mg_3Zn_3$)、S、[AlFeMnSi、$Mg_2Si$] |
| | | 8090 | α(Al)、$Al_3Li$、$Al_3Zr$ |

### 1.3.3 铝合金相图选编举例

铝合金相图很多,下面仅选编了几种常见的二元和三元合金相图,以供参考。相图中使用的温标主要是国际温度委员于1968年10月决定采用的新温标(K)和国际实用摄氏温度(℃),它们之间的差值为273.15K。下面选编举例的二元相图有铝-铜、铝-硅、铝-镁等;选编举例的三元相图有铝-铜-镁、铝-镁-硅、铝-镁-锌,如图1-3~图1-9所示。

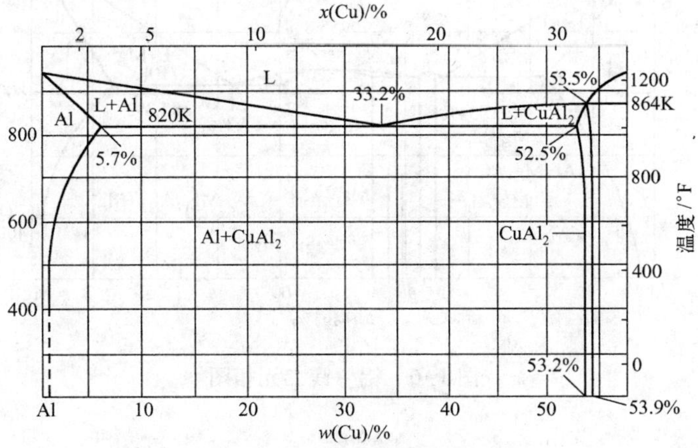


图 1-3 铝-铜二元相图

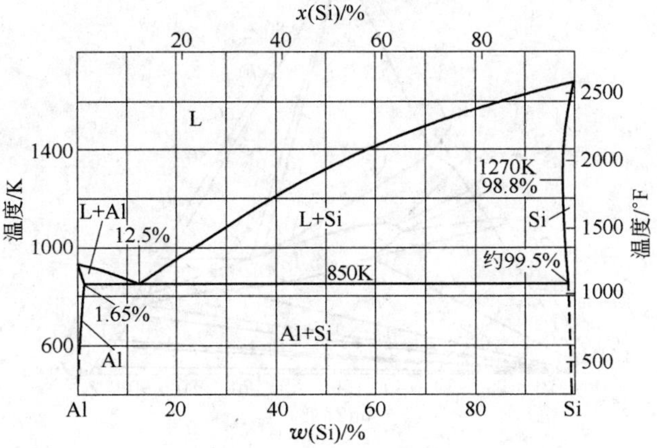


图 1-4 铝-硅二元相图

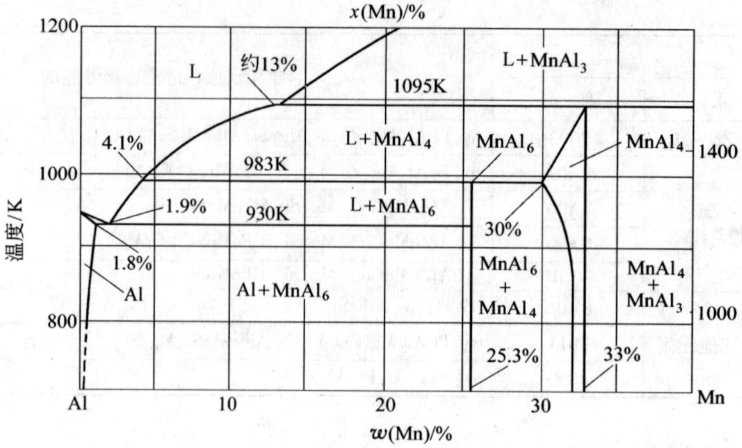


图 1-5　铝－锰二元相图

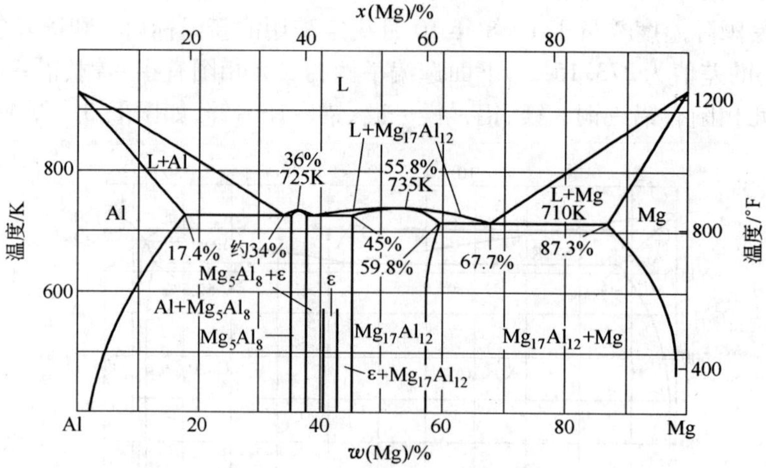


图 1-6　铝－镁二元相图

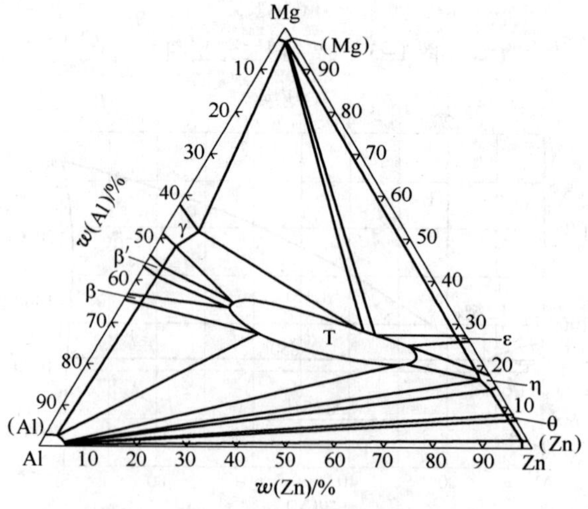


图 1-7　铝－镁－锌三元相图

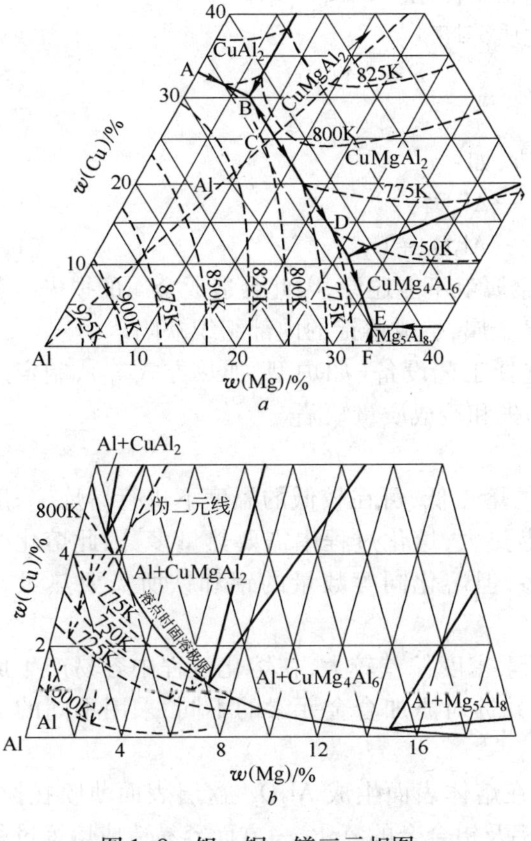


图 1-8 铝-铜-镁三元相图

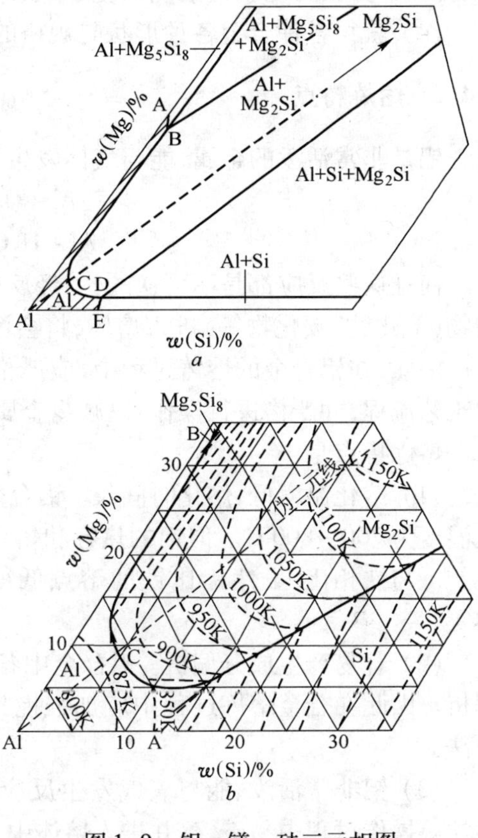


图 1-9 铝-镁-硅三元相图

## 1.4 铝合金的熔铸技术及其发展概况

### 1.4.1 熔铸目的

熔炼的基本目的是:熔炼出化学成分符合要求,并且获得纯洁度高的铝合金熔体,为铸造成各种形状的铸锭创造有利条件。

(1) 获得化学成分均匀并且符合要求的合金。合金材料的组织和性能,除受生产过程中的各种工艺因素影响外,在很大程度上取决于它的化学成分。化学成分均匀指的是金属熔体的合金元素分布均匀,无偏析现象;化学成分符合要求指的是合金的成分和杂质含量应在国家标准范围内,此外,为保证制品的最终性能和加工过程中的工艺性能(包括铸造性能),应将某些元素含量和杂质控制在最佳范围内。

(2) 获得纯洁度高的合金熔体。熔体纯洁度高是指在熔炼过程中通过熔体净化手段,降低熔体中的含气量,减少金属氧化物和其他非金属夹杂物,尽可能避免在铸锭中形成气孔、疏松、夹渣等破坏金属连续性的缺陷。

(3) 熔化不能直接回炉使用的废料使其得到合理使用。不能直接回炉使用的废料包括部分外购废料、加工工序产生的碎屑、被严重污染或严重腐蚀的废料、合金混杂无法分清的废料等。这些废料通过复化重熔,一方面可以提高金属纯洁度,避免直接使用合金污染熔体,另一个方面可以获得准确的化学成分,以利于使用。

(4)获得各种合金各种形状与规格的优质铸坯。

### 1.4.2 熔炼特点

铝是非常活泼的金属,能与气体发生反应,如:

$$Al + O_2 \longrightarrow Al_2O_3 \tag{1-1}$$

$$Al + H_2O \longrightarrow Al_2O_3 + H_2 \tag{1-2}$$

而且这些反应都是不可逆的,一经反应金属就不能还原,因此会造成金属的损失。若生成物(氧化物、碳化物等)进入熔体,将会污染金属,造成铸锭的内部组织缺陷。

因此,在铝合金的熔铸过程中,应严格选择工艺设备(如炉型、加热方式等),制定严谨的工艺流程,并严格进行操作,以减少金属损失和造成质量缺陷。

熔炼特点是:

(1)熔化温度低,熔化时间长。铝合金的熔点低,可在较低的温度下进行熔炼,一般熔化温度为700~800℃。但铝的热容和熔化潜热大,熔化过程中需要热量多,因此熔化时间较长。与铁相比,虽然铝比铁的熔点低得多,但熔化同等数量的铝和铁所需要热量几乎相等。

(2)容易产生成分偏析。铝合金中各元素密度偏差较大,在熔化过程中容易产生成分偏析。因此在合金熔炼过程中应加强搅拌,并针对添加合金元素的不同,采用不同的搅拌方法。

(3)铝非常活泼、能与氧气发生反应。在熔体表面生成 $Al_2O_3$,这层表面薄膜在搅拌、转注等操作过程中易破碎,并进入熔体中。铝及铝合金的氧化,一方面容易造成熔炼过程中的熔体烧损,使金属造成损失,另一方面因 $Al_2O_3$ 的密度与金属熔体的接近,其中质点小、分散度大的 $Al_2O_3$ 在熔体中呈悬浮状态难以除去,易随熔体进入铸锭,造成夹渣缺陷。

因此,在熔化过程中应加强对熔体的覆盖,减少氧化物的生成。

(4)吸气性强。铝具有较强的吸气性,特别在高温熔融状态下,金属熔体与大气中的水分和一系列工艺过程接触的水分、油、碳氢化合物等,都会发生化学反应。一方面可增加熔体的含气量,另一方面其生成物可污染熔体。

因此,在熔化过程中必须采取一切措施尽量减少水分,并对工艺设备、工具和原辅助材料等都严格保持干燥和避免污染,并在不同季节采取不同形式的保护措施。

(5)任何组元加入后均不能去除。铝合金熔化时,任何组元一旦进入熔体,一般都不能去除,所以对铝合金的加入组元必须特别注意。误加入非合金组元或组元加入过多或过少,都可能出现化学成分不符,或影响制品的铸造、加工或使用性能。

如误在高铁铝合金中加入钠含量较高的熔剂,则会引起"钠脆性",造成铸造时的热裂性和压力加工时的热脆性;向7075合金中多加入硅,则会给铸锭成形带来一定的困难。

(6)熔化过程易产生粗大晶粒等组织缺陷。铝合金的熔铸过程中容易产生粗大晶粒、粗大化合物一次晶等组织缺陷,熔铸过程中产生的缺陷在加工过程无法补救,严重影响材料的使用性能。

适当地控制化学成分和杂质含量以及加入变质剂(细化剂),可以改善铸造组织,提高熔体质量。

(7) 铝及铝合金铸造时容易产生裂纹、起皮、拉痕、瘤痕、偏析等缺陷,因此应选择合适的炉型、铸造设备,严格控制铸造参数、结晶器形状与尺寸,优化液穴,加强质量监控,进行均匀化处理等。

### 1.4.3 变形合金材料对铸坯提出了越来越高的要求

随着铝加工技术的发展以及科技进步对材料要求的不断提高,铝合金铸锭质量对于铝合金材料性能至关重要,因而铝合金材料对铸锭组织、性能和质量提出了更高要求,尤其对铸锭的冶金质量提出越来越高的要求。

(1) 对化学成分的要求。根据铝合金材料组织、性能均匀和一致性的要求,材料对合金成分的控制和分析提出了更高要求。首先,为了使组织和性能均匀一致,对合金主元素采取更加精确的控制,确保熔次之间主元素一致,铸锭不同部位成分偏析最小。同时为了提高材料的综合性能,对合金中的杂质和微量元素进行优化配比和控制。其次,对化学成分分析的准确性和控制范围的要求越来越高。

(2) 对冶金质量的要求。铸锭的冶金质量对材料后序加工过程和最终的产品起着决定性作用。长期生产实践表明,约70%缺陷是铝锭带来的,铸锭的冶金缺陷将对材料产生致命的影响,因此,铝合金材料对铝熔体净化质量提出了更高的要求,主要有以下三个方面:

1) 要求铸锭氢含量越来越低,根据不同材料要求,其氢含量控制有所不同,一般制品要求的产品氢含量控制在0.15~0.2 mL/100 gAl以下,而对于特殊要求的航空、航天材料和双零箔等氢含量应控制在0.1 mL/100 gAl以下,当然由于检测方法的不同,所测氢含量值会有所差异,但其趋势是一致的。

2) 对于非金属夹杂物,要求最大限度降低,夹杂物数量要少而小,其单个颗粒应小于10 μm;而对于特殊要求的航空、航天材料和双零箔等制品,非金属夹杂的单个颗粒应小于5 μm。非金属夹杂一般通过铸锭低倍和铝材超声波探伤定性检测,或通过测渣仪定量检测。当今发展可以通过电子扫描等手段对非金属夹杂物组成进行分析和检测。

3) 碱金属控制,碱金属主要是金属钠对材料的加工和性能造成一定的危害,要求在熔炼过程尽量降低其含量,因此碱金属钠(除高硅合金外)一般应控制在$5\times10^{-4}\%$以下,甚至在$2\times10^{-4}\%$以下。

(3) 对铸锭组织的要求。铸锭组织对铝及铝合金材料性能有着直接的影响,铸锭组织缺陷一般有光晶、白斑、花边、粗大化合物等,这些缺陷固然对材料性能会产生相当大影响,要求材料不能有这些组织缺陷。随着铝加工技术的发展,材料对铸锭组织提出更高的要求,一是铸锭晶粒组织更加细小和均匀,要求铸锭晶粒一级以下,甚至比一级还小,使铸锭晶粒尺寸(直径)达到160 μm以下,仅为一级晶粒的一半以下,这对于铸锭生产来说是很难达到的;二是铸锭的化合物尺寸不仅要求小而弥散,而且对化合物形状也提出不同要求。此外,随着铝材质量要求的不断提高,对铸锭的组织也提出更新更高的要求。

(4) 对铸锭几何尺寸和表面质量的要求。随着铝加工技术的发展,为了提高铝材的成材率,对铸锭几何尺寸和表面质量提出了更高的要求,铸锭表面要求平整光滑,减少或消除粗晶层偏析瘤等表面缺陷,铸锭厚差尽可能小,减少底部翘曲和鼓胀等等,使铸锭在热轧前尽可能少铣面或不铣面,挤压等加工前减少车皮或不车皮。

### 1.4.4 现代铝合金熔铸技术的发展趋势

熔铸是铝加工的第一道工序，为轧制、锻造、挤压等生产提供合格的锭坯，铸锭质量的高低直接与各种铝材的最终质量密切相关。20 世纪 90 年代以来，特别是 21 世纪初，国内熔铸技术得到了迅速的发展和提高，不断追求“提质、降耗（降低能耗）和减损（减少烧损）”，某些方面甚至达到了国际先进水平。但在整体上看，我国的熔铸技术水平同国际先进水平相比，还存在一定差距。

#### 1.4.4.1 熔铸设备

多年来熔铸设备的发展一直追求大型、节能、高效和自动化。在国外，大型顶开圆形炉和倾动式静置炉得到广泛应用，容量一般达 30 ~ 60 t，大的达 200 t 以上，熔铝炉装料完全实现机械化。铸造机通常使用液压铸造机，大型液压铸造机可铸 100 t/次以上，最大铸锭重量达 30 t。熔炼炉燃烧系统一般采用中、高速烧嘴，加快炉内燃气和炉料的对流传热，燃烧尾气通过换热器将助燃空气加热到 350 ~ 400℃，从而将熔炼炉的热效率提高到 50% 以上。燃烧系统的新发展是采用快速切换蓄热式燃烧技术，即所谓的“第二代再生燃烧技术”，它采用力学性能可靠，迅速频繁切换的四通换向阀和压力损失小、比表面积大且维护简单方便的蜂窝形蓄热体。实现了极限余热回收和超低 $NO_x$ 排放，同时，用计算机控制熔铸生产全过程已较为普遍。

另外，为了使熔化炉内铝熔体的化学成分更均匀，减轻劳动强度等，发达国家通常都在炉底安装电磁搅拌器，国内亦有应用。

#### 1.4.4.2 晶粒细化

众所周知，在铝液中加入晶粒细化剂，可以明显改善铸锭的组织。晶粒细化的方法有多种，使用最广泛的是二元合金 Al－Ti 和三元合金 Al－Ti－B，产品主要有 Al－4Ti 和 Al－5Ti－1B 块状或棒状细化剂，块状在调整好铝熔体成分后加入，而棒状在铸造流槽中加入，细化效果显著提高。产品有 Al－5Ti－1B、Al－5Ti－0.2B、Al－3Ti－1B、Al－6Ti 等，国内很多厂家在生产高质量产品时，一般采用进口的棒状细化剂。最近 Al－Ti－C 细化剂也开始使用。

#### 1.4.4.3 熔体净化和检测

多年来，铝合金制品对铸锭的内部质量尤其是清洁度的要求不断提高，而熔体净化是提高铝熔体纯洁度的主要手段，熔体净化可分为炉内处理和在线净化两种方式。

A 炉内处理

炉内处理主要有气体精炼、熔剂精炼和喷粉精炼等方式。炉内处理技术的发展较慢，国内只有 20 世纪 90 年代中期出现的喷粉精炼相对较新，其除气除渣效果较气体精炼和熔剂精炼稍好，但因精炼杆靠人工移动，精炼效果波动较大。

国外先进的炉内净化处理采用自动控制，较有代表性的有两种，一种是从炉顶或炉墙向炉内熔体中插入多根喷枪进行喷粉或气体精炼，但由于该技术存在喷枪易碎和密封困难的缺点未广泛应用。另一种是在炉底均匀安装多个可更换的透气塞，由计算机控制精炼气流和精炼时间，该方法是比较有效的炉内处理方法。

B 在线处理

炉内处理对铝合金熔体的净化效果是有限的,要进一步提高熔体纯度,尤其是进一步降低氢含量和去除非金属夹杂物,必须采用高效的在线净化技术。

a 在线除气

在线除气装置是各大铝熔铸厂重点研究和发展对象,种类繁多,典型的有 MINT 等采用固定喷嘴的装置和 SNIF、Alpur 等采用旋转喷头的设备。我国 20 世纪 80 年代末有不少厂家先后从国外购买了一些 MINT、SNIF、Alpur 等装置,此后,在引进装备的基础上,也自行开发了多种除气设备,如西南铝的 SAMRU、DFU、DDF 等等。这些除气装置都采用 $N_2$ 或 Ar 作为精炼气体,能有效去除铝熔体中的氢。如在精炼气体里加入少量的 $Cl_2$、$CCl_4$ 或 $SF_6$ 等物质,还能很好地去除熔体中碱金属和碱土金属。然而,上述除气装置的体积都较大,铸次间放干料多或需加热保温,运行费用高昂。除气装置新的发展方向是在不断提高除气效率的同时,通过减小金属容积,消除或减少铸次间金属的放干,取消加热系统来降低运行费用,如 ALCAN 开发的紧凑型除气装置 ACD,该装置是在一般流槽上用多个小转子进行精炼,转子间用隔板分隔。该装置在铸次间无金属存留,无需加热保温,运行费用有大幅下降,除气效果与传统装置相当或更好。另一种有前途的装置是加拿大 Casthouse technology lit 研制的流槽除气装置,该装置的宽度和高度与流槽接近,在侧面下部安装固定喷嘴供气,占地极少,有极少放干料,操作简单,除气效率高。

b 熔体过滤

过滤是去除铝熔体中非金属夹杂物最有效和最可靠的手段,从原理上讲有饼过滤和深过滤之分。过滤方式有多种,效果最好的有过滤管和泡沫陶瓷过滤板。

床式过滤器体积大,安装和更换过滤介质费时费力,仅适用于大批量单一合金的生产,因而使用的厂家较少,在我国目前还未有应用,其最新的进展是挪威科技大学等正研制的紧凑深床过滤器。该装置中,铝液向下流动,装置底部中央有一透气塞加入惰性气体,与透气塞上方的铝液上升管形成一个气体提升泵,可调节出口金属水平,目的是在提高过滤效率的同时,更有效地利用过滤球,此装置小巧紧凑,易于装填、清空和移动。

刚玉管过滤器过滤效率高,但价格较昂贵,使用不方便,在日本应用较多。西南铝曾在 20 世纪 80 年代研制成功刚玉管过滤器,但因装配质量等问题过滤效果不稳定,在 90 年代已不再使用。该技术近年来未见有进一步发展。

相反,泡沫陶瓷过滤板因使用方便、过滤效果好、价格低,在世界上广泛使用。发达国家有 50% 以上的铝合金熔体都采用泡沫陶瓷过滤板过滤。该技术发展迅速,为满足高质量产品对熔体质量的要求,过滤板的孔径越来越细,国外产品已从 15ppi、20ppi、30ppi、40ppi、50ppi 发展到 60ppi、70ppi。同时还有不少新品种面世,较有前途的一种是 Selee 公司的复合过滤板,该过滤板分为上、下两层,上面 1 英寸(1in = 25.4mm)厚的孔径较大,下面 1 英寸厚的孔径较小,品种有 30/50ppi、30/60ppi、30/70ppi 等,复合过滤板比普通过滤板效率高,通过的金属量更大;另一种是 Vesuvius Hi - Tech Ceramics 生产的新型波浪高表面过流板,此种过滤板的表面积比传统过滤板多 30%,金属通过量有所增加。

对于较高质量要求的制品,发达国家普遍采用双级泡沫陶瓷过滤板过滤,其前面一级过滤板孔径较粗,后一级过滤板孔径较细,如 30/50ppi、30/60ppi,甚至 40/70ppi 配置等,国内西南铝对双零铝箔、PS 板基、制罐料等产品的熔体也采用 30/50ppi 双级泡沫过滤板过滤。

C 检测技术

铝熔体和铸锭内部纯洁度的检测有测氢和夹杂物两种，前者的种类很多，目前世界上使用测氢技术有20多种，如减压凝固法，热真空抽提法，载气熔融法等，但应用最广泛的是以Telegas和ASCAN为代表的闭路循环法，该法数据可靠，是目前唯一适合铸造车间使用的检测方法。

在我国，对铝合金夹杂物检测的研究较少，使用的方法仅限于铸锭的低倍和氧化膜检查，对铝熔体的非金属夹杂物检测几乎是空白，而国外对铝熔体的夹杂物检测研究很多，比较成熟的方法有POPFA、LAIS和LiMCA。其中前两种都是以过滤定量金属后，过滤片上的夹杂物面积除以过滤的金属量作为指标，不能连续测量；LiMCA是一种定量测量方法，其第二代产品LiMCA Ⅱ可同时测量过滤前后的夹杂物含量，过滤前使用硅酸铝取样头，过滤后使用带伸长管的硼硅胶玻璃取样头，伸长管可减少除气装置产生的悬浮气泡对测量结果的影响，LiMCA可连续检测熔体中的20～30 μm夹杂物，是目前最先进的、测量速度最快、测量结果最直观的夹杂物检测仪。

氢含量和夹杂物含量测定有效监控合金熔体净化处理的效果，可为提高和改进工艺措施提供依据，对提高合金材质量意义重大。

D 铸造技术的发展趋势

半连续铸造是世界上应用最普遍、历史最悠久的铝及铝合金铸造技术，我国20世纪50年代初从苏联引进了此技术。对于铝及铝合金铸造，除达到铸锭成形的基本目的之外，还应力图使其表面平整光滑，减少粗晶层、偏析等表面缺陷和裂纹废品，减少铸锭厚差及底部翘曲和肿胀等等，使铸锭在可加工之前尽量减少车皮、铣面量，提高成品率。

铸造技术的新进展和有发展前途的新铸造方法有脉冲水和加气铸造、电磁铸造、气滑铸造、矮结晶器及可调结晶器和低液位铸造(LHC)、ASM新式扁锭结晶器铸造等。

## 1.5 国内外铝及铝合金标准样品制备技术的发展概况

### 1.5.1 铝及铝合金标准样品的主要用途及重要意义

铝合金的化学成分是铝合金的最基本、最重要的技术指标之一，而且对其他技术指标(如性能等)起着至关重要的作用，因此高性能铝合金的生产和研发要求准确地调整和控制各元素的化学成分，其中包括主元素、添加元素和微量杂质元素。而要准确地调整和控制各元素的化学成分，必须有相应的高质量的化学成分均匀、定值准确的标准样品。铝及铝合金标准样品主要用于各种铝合金材料的生产和研发过程中的化学成分的调整控制、最终成品化学成分的确定、成分分析仪器的调试、再校准、分析方法的评定和商检等。因此，高质量的铝及铝合金标准样品是高质量的铝及铝合金材料的生产和研发所必需的技术保障和技术支撑之一。

### 1.5.2 铝及铝合金标准样品的主要制备方法与步骤

铝及铝合金标准样品主要制备方法与步骤如下：

(1) 合理地设计各元素化学成分，各元素合理匹配，各元素含量范围要覆盖产品标准，使用方便等。

(2) 制作均匀的标样铸锭。通过熔炼、铸造、各元素合理正确的加入技术和炉前精确的分析调整化学成分技术,制作出化学成分均匀并符合设计要求的标样铸锭。这是标准样品制作的重要一步,也是影响标样质量的最关键的一步。

(3) 对标样铸锭进行冷热加工。即对标样铸锭进行均匀化热处理,消除铸锭的内应力以提高均匀性,包括车掉铸锭表皮、去掉铸锭头尾及切取偏析检验试片、金相检验试片和挤压毛料。

(4) 进行偏析检验和金相检验,经检验铸锭头尾无偏析,金相组织致密无气孔无夹渣后,方可进入挤压工序。

(5) 对合格的标样铸锭进行挤压,选择合理的挤压参数,确保标样不挤裂。通过挤压既可提高标样的均匀性,又可达到标样要求的规格。

(6) 锯切并打上印记,每个标样最后加工成 $\phi62$ mm × 30 mm 或 $\phi45$ mm × 40 mm 光谱标准样品并取 3 ~ 5 节供加工化学定值样品用。

(7) 加工化学定值样品并委托具有分析定值资质的实验室进行分析。

(8) 对随机抽取的标样进行均匀性检验,经检验合格后方可作为标样。

(9) 数据处理和检验。用自己研发的数据处理软件 StndMtrl 系统对大量繁杂原始数据(偏析检验数据、均匀性检验数据和分析定值结果)进行各种检验和计算,最后给出标准值和标准偏差。

(10) 检查实施效果。

(11) 撰写总结报告。

### 1.5.3 铝及铝合金标准样品的制备流程

#### 1.5.3.1 铝合金(Si < 6.0%)标样制备工艺流程图

市场调研 → 小样试验 → 成分设计 → 熔炼 → 炉前分析 → 补料 → 炉前分析 → 精确调整成分 → 除钠 → 铸造($\phi162$ mm)并取头中尾样 → 切取试片 → 标样铸锭检验 → 均匀化处理 → 加工外委试料 → 车皮 → 挤压($\phi62$ mm) → 锯切($\phi62$ mm × 30 mm)并标记、打号 → 均匀性检验 → 外委分析 → 汇总结果 → 复查 → 数据处理和检验 → 给出标准值 → 工作曲线检查 → 试用报告 → 比对试验 → 撰写研制报告 → 鉴定通过

经过上述 28 道工序,最后完成研制任务。每道工序经检查合格后方可进入下道工序,以确保标样的质量。

#### 1.5.3.2 高硅铝合金标样制备工艺流程图

市场调研 → 小样试验 → 成分设计 → 材料(原材料检验)、工具准备 → 熔炼与成分调整、控制 → 扩散熔炼 → 变质处理 → 铸造 → 切取试片(外委、偏析、金相) → 铸锭检查 → 铸锭成分分析(初步定值) → 均匀化热处理(二次) → 车皮 → 挤压加工 → 锯切 → 标样均匀性检验 → 车屑外委分析 → 收集数据 → 复查结果 → 数据处理及定值 → 工作曲线检查及生产考核 → 撰写研制报告、编制说明书 → 鉴定通过 → 入库、存档

经过上述24道工序，最后完成研制任务。每道工序经检查合格后方可进入下道工序，以确保标样的质量。

### 1.5.4 铝及铝合金标准样品的质量控制

#### 1.5.4.1 铝及铝合金标准样品均匀性控制技术

铝及铝合金标准样品的均匀性和定值的准确性是铝及铝合金标准样品质量的两个最关键的技术指标。铝及铝合金标准样品的质量控制主要是控制这两个指标。

由于各元素的理化性质和在铝中溶解度等不同，因此要区别对待，采用不同措施加以解决。在研制标样过程中，采用以下先进技术和工艺以减少偏析，提高均匀性：

(1) 加大冷却速度，阻止结晶过程中晶粒粗大：采用水冷半连续铸造法；适当减小铸锭直径，增加冷却水压力，增加速度等。

(2) 加强搅拌，即在熔炼和铸造过程中增加搅拌次数，以减少重量偏析（对个别元素如Pb、Sn、Bi、Zn等尤为重要）。

(3) 增加标样铸锭和挤压棒的去头尾长度，以减少密度过高、过低元素的偏析。一般产品去头尾长度为100～150mm，而标样铸锭至少去200mm，最多去500mm。

(4) 车皮：为了解决某些元素（如Cu等）径向偏析问题，把铸锭表面车掉10mm。这样既可除掉铸锭表面氧化皮与夹杂，又可提高均匀性。

(5) 对于高硅铝合金，可采用扩散熔炼技术和变质技术，以减少粗大过共晶硅和初晶硅的生成，使组织致密。

(6) 对标样铸锭进行均匀化处理：采用半连续铸造法浇铸的铸锭一般晶粒粗大，残存内应力和成分偏析。在共晶温度以下（$0.9 \sim 0.95T_M$）进行均匀化处理后，通过高温加热相的溶解和原子的热扩散，减少成分偏析，且可消除内应力，提高加工性能，为通过挤压工序做好准备。

(7) 挤压技术：铸造出的标样铸锭要用油压挤压机挤压成$\phi$62mm棒材。通过大变形量挤压，可把粗大晶粒挤碎，使标样化学成分更加均匀，减少头尾和径向偏析。

(8) 合理地设计各元素成分：同一个号中要求$w(Mn + Fe) \leqslant 1.4\%$，$w(Mn + Zr) \leqslant 0.6\%$，$w(Ti + Zr) \leqslant 0.25\%$等，超过太多易产生化合物，且不均匀；各元素上限含量不得超过最大固溶度太多，否则也不易均匀。

(9) 各元素合理的加入法也是保证标样均匀性的重要条件。

制备出的光谱标准样品的各元素含量完全符合设计成分是十分困难的，尤其是杂质元素含量控制更难。一是有些杂质在铝中属有害杂质，一般铝合金中不得加入，故具体加入方法研究得不多，因此无资料可借鉴；二是有些杂质在铝中溶解度很低，很难加入，但有些特殊用户要求分析（如医药、食品器皿用铝要求$w(As) \leqslant 0.01\%$，反应堆用铝要求$w(Li)$、$w(B)$、$w(Cd) \leqslant 0.0001\%$）；三是用于调整个别元素（如Na、P、As）化学成分的原材料难以选到等等。

#### 1.5.4.2 铝及铝合金标准样品定值准确性的控制技术

(1) 多个实验室协作分析定值法：由多个实验室协作进行标准样品定值，即由参加的实验室构成一个总体、一个测试体系,要求各实验室在测定标准样品性能数值方面具有同等测试技术水平,所提供的结果具有合格的准确度,自然各独立结果之间的差异都是可统计的。采用多个实验室协作定值,一般将每个实验室的平均值作为该性能的无偏估计,各实验室平均值的总平均值作为该性能的最佳估计值。然而,在很不规则分布的情况下,则可使用一个更强的统计量,如中位数、调和平均值等。

(2) 用 StndMtrl 软件系统对大量繁杂原始数据进行各种检验和计算,最后给出标准值和标准偏差。

(3) 在铝及铝合金标准样品的制作过程中,每道工序转入下道工序前,必须经过严格检查合格后方可进行下道工序操作。

### 1.5.5 铝及铝合金标准样品制备技术的发展现状与趋势

#### 1.5.5.1 国内发展概况

A 取得的成绩

改革开放以来尤其是最近 20 年来,在全国标准样品技术委员会有色分委会的领导下,我国铝合金标准样品研发工作发展十分迅速,铝及其合金标准样品(标准物质)的体系框架基本形成,基本可满足国内铝及铝合金材料生产和研发、仪器的调试及商检等对铝及其合金标准样品(标准物质)的需要。20 年来取得以下成绩:

(1) 研制出精铝、纯铝、变形铝合金、铸造铝合金等 50 多个系列 300 多种光谱、化学标样。这些标准样品(标准物质)含 32 个元素,既有常规元素(如 Si、Fe、Cu、Mn、Mg、Zn、Ti、Ni、Cr、Zr、Ga),又有非常规元素(如 Pb、Sn、Sb、Sc、Ce、Na、Ca、Be、P、Hg、In、As、Co、B、Bi、Cd、Sr、V、Ag、Sc 和 Al)。可满足国内外各种变形铝及铝合金、铸造铝合金、压铸铝合金光谱、化学分析对标准样品的需求。

(2) 已形成我国具有自主知识产权的铝标准样品研制体系,已授权的发明专利近十个,具有研制开发各种铝及铝合金标准样品的技术。研制出的标准样品的主要技术指标已达到或超过国外铝标准样品先进水平,完全可替代进口铝标样,满足了我国高速发展的铝工业(包括国防工业用的铝标准样品)对铝标准样品的需要,实现或基本实现了铝标准样品的国产化。

(3) 培养和造就了一支高素质标准样品的专业队伍:其中有获国务院特殊津贴的资深标样专家、教授级高工、高级技师等,他们数十年从事铝标准样品工作,积累了丰富的经验。

(4) 大量、多品种的铝标准样品研制成功,不仅替代了昂贵的进口标样,为国家节约大量外汇,而且打破了国外封锁(涉及国防军工)。经济效益和社会效益十分显著。

B 存在的不足

我国铝合金标准样品虽有长足的发展,但与高速发展的铝材工业对标准样品的需求相比,与当前国内外铝合金化学成分向高合金化、最佳化(可控范围窄)和高纯化发展的趋势,要求铝合金化学成分的控制越来越严、越来越高的需要相比,我国铝合金标准样品还存在一些不足:

(1) 标准样品的品种不全,缺少要求分析和控制非常规元素的合金的标准样品。

(2) 分析方法标准不能满足标准样品定值的需要。

（3）缺少铝中含 H 元素（气体）的标准样品。

（4）缺少高低标标样和控制样，特别是缺少适用于新型铝合金的标准样品。

（5）急需研制一批新的标准样品以满足新产品标准对化学成分分析的需要。

### 1.5.5.2 发展趋势

当前，国内外对铝合金化学成分的要求越来越严，越来越高，其总的趋势是：

（1）朝高合金方向发展。

（2）要求添加一些微量元素以改善合金性能。

（3）高纯化，要求 Fe、Si 等有害杂质含量越来越低。

（4）合金化元素最佳化，各元素可控范围越来越窄。

（5）非常规检验的元素越来越多、越来越微量化，据不完全统计铝中要求分析的元素已达 32 种。这就要求不断研制出高质量的标准样品，以满足铝合金分析检测的需要。

随着产品质量要求的不断提高，对标样研发提出了新的要求：（1）原来不要求分析控制的杂质，现在也要求分析控制成分；（2）有些合金为了提高性能而添加了一些微量元素，需进行分析；（3）用于食品、药品的包装材料，对有毒有害元素要求更加严格控制；（4）某些特殊用途的新合金、新材料需要进行成分的精确分析和严格控制；（5）新的分析仪器的改进，要求大量的高低标和控制样等等，这些都向标样研发提出了新的课题。

总之，今后标准样品的研发一定要与新的产品标准相适应，要与新的分析方法相适应，要与新的分析仪器仪表和装置相适应，才能更好地满足国内外市场的新需求，满足新材料与新产品研发的新需要。

## 参考文献

[1] 肖亚庆，谢水生，刘静安. 铝加工实用技术手册[M]. 北京：冶金工业出版社，2005.

[2] 刘静安，谢水生. 铝合金材的应用与技术开发[M]. 北京：冶金工业出版社，2004.

[3] 刘静安. 国内外铝加工技术发展特点与趋势[J]. 轻合金加工技术，2002(1).

[4] 唐剑，毛德满，刘静安，严文峰. 现代铝加工生产技术丛书：铝合金熔炼与铸造技术[M]. 北京：冶金工业出版社，2009.

[5] 周家荣. 铝合金熔铸生产技术问答[M]. 北京：冶金工业出版社，2008.

[6] 谢水生，刘静安. 铝加工生产技术 500 问[M]. 北京：化学工业出版社，2006.

[7] 刘静安. 现代铝及铝加工业发展特点及国内外发展水平对比[J]. 铝加工，2009(3~4).

[8] 朱学纯，王向红. 我国铝及铝合金成分分析标准样品体系研究[J]. 有色金属工业质量技术监督，2008(9).

[9] 朱学纯，胡永利等. 含 31 个元素铝基光谱标准样品的制备及定值结果[J]. 铝加工，2009(1).

# 2 铝及铝合金标准样品制备的技术基础

## 2.1 铝合金标准样品的定义及分类

### 2.1.1 铝合金标准样品的定义及特点

铝合金标准样品是一种特殊功能的铝合金材料,主要用于铝及铝合金的化学成分的检测,仪器的调试、校准,分析方法的评定和商检等。铝合金标准样品是通过熔炼、铸造、挤压、均匀化、化学成分分析等特种工艺技术制备的,具有一种或多种化学成分均匀、定值准确、并赋有确定的化学成分含量的铝合金材料。铝合金标准样品最关键的两个特性:一是各元素(包括主元素、微量元素和杂质元素)化学成分分布均匀;二是各元素(包括主元素、微量元素和杂质元素)化学成分定值准确。

### 2.1.2 铝合金标准样品的分类

#### 2.1.2.1 分类的原则

分类的原则如下:

(1) 铝合金标准样品分类的方法很多,从不同角度有不同的分类。本书是从与铝合金产品标准配套的角度进行分类。

(2) 含元素的多少(合金的复杂程度)。

(3) 第三元素干扰和基体效应情况。

(4) 满足特殊产品的特殊需要。

#### 2.1.2.2 铝合金标准样品的分类

铝合金分为两大类,变形铝合金和铸造铝合金。标准样品也同样分为两大类:变形铝合金标准样品和铸造铝合金标准样品。

变形铝合金标准样品分 9 类:高纯铝、1×××系列标准样品、2×××系列标准样品、3×××系列标准样品、4×××系列标准样品、5×××系列标准样品、6×××系列标准样品、7×××系列标准样品和特殊要求标准样品。变形铝合金标准样品和铸造铝合金标准样品所含的元素分别见表 2-1 和表 2-2。

**表 2-1 变形铝合金标准样品分类**

| 系 列 | 要求分析和控制的元素 |
|---|---|
| 高纯铝 | Si、Fe、Cu、Mn、Mg、Zn、Ti、Ni、Ga、Cr、Zr、V |
| 1××× | Si、Fe、Cu、Mn、Mg、Zn、Ti、Ni、Ga |

续表 2-1

| 系　列 | 要求分析和控制的元素 |
|---|---|
| 2××× | Si、Fe、Cu、Mn、Mg、Zn、Ti、Ni、Cr、Zr、V、Pb、Bi |
| 3××× | Si、Fe、Cu、Mn、Mg、Zn、Ti、Ni、Pb |
| 4××× | Si、Fe、Cu、Mn、Mg、Zn、Ti、Ni、Sn、Ca、Be |
| 5××× | Si、Fe、Cu、Mn、Mg、Zn、Ti、Ni、Be、Cr、Sb、Zr、Mo、Na、Pb、Cd、V、Ga、Sc |
| 6××× | Si、Fe、Cu、Mn、Mg、Zn、Ti、Ni、Cr、Sn、B、Pb、Bi |
| 7××× | Si、Fe、Cu、Mn、Mg、Zn、Ti、Ni、Cr、Zr、Be、Co、Na、Ca |
| 8××× | Si、Fe、Cu、Mn、Mg、Zn、Ti、Ni、B、Cd、Co、Li |

**表 2-2　铸造铝合金标准样品分类**

| 系　列 | 要求分析与控制的元素 |
|---|---|
| ZLD101 | Si、Fe、Cu、Mn、Mg、Zn、Ti、Ni、Ga、Cr、Zr、V、Be、Pb、Sn |
| ZLD102 | Si、Fe、Cu、Mn、Mg、Zn、Ti、Ni、Ga |
| ZLD103 | Si、Fe、Cu、Mn、Mg、Zn、Ti、Ni、Cr、Zr、V |
| ZLD104 | Si、Fe、Cu、Mn、Mg、Zn、Pb、Sn |
| ZLD105 | Si、Fe、Cu、Mn、Mg、Zn、Ti、Zr、Pb、Sn、Be |
| ZLD106 | Si、Fe、Cu、Mn、Mg、Zn、Ti、Pb、Sn |
| ZLD107 | Si、Fe、Cu、Mn、Mg、Zn、Pb、Sn |
| ZLD108 | Si、Fe、Cu、Mn、Mg、Zn、Ti、Pb、Sn、Ni |
| ZLD109 | Si、Fe、Cu、Mn、Mg、Zn、Ti、Pb、Sn、Ni |
| ZLD110 | Si、Fe、Cu、Mn、Mg、Zn、Sn、Pb |
| ZLD111 | Si、Fe、Cu、Mn、Mg、Zn、Ti、Pb、Sn |
| ZLD114 | Si、Fe、Cu、Mn、Mg、Zn、Ti、Pb、Sn、Be、Zr |
| ZLD115 | Si、Fe、Cu、Mn、Mg、Zn、Pb、Sn、Sb |
| ZLD116 | Si、Fe、Cu、Mn、Mg、Zn、Ti、Pb、Sn、Be、B、Zr |
| ZLD201 | Si、Fe、Cu、Mn、Mg、Zn、Ti、Zr、Ni |
| ZLD203 | Si、Fe、Cu、Mn、Mg、Zn、Ti、Pb、Sn、Zr |
| ZLD204 | Si、Fe、Cu、Mn、Mg、Zn、Ti、Ni、Zr、Cd |
| ZLD205 | Si、Fe、Cu、Mn、Mg、Ti、Cd、V、Zr、B、Sn |
| ZLD207 RE | Si、Fe、Cu、Mn、Mg、Zn、Ni、RE(Ce) |
| ZLD301 | Si、Fe、Cu、Mn、Mg、Zn、Be、Ni、Zr、Pb、Sn、Er |
| ZLD303 | Si、Fe、Cu、Mn、Mg、Zn、Ti |
| ZLD305 | Si、Fe、Cu、Mn、Mg、Zn、Ti、Be |
| ZLD401 | Si、Fe、Cu、Mn、Mg、Zn |
| ZLD402 | Si、Fe、Cu、Mn、Mg、Zn、Ti、Cr、Sn |

## 2.2　铝合金标准样品的总体设计方案

### 2.2.1　铝合金标准样品的关键技术指标及对制备工艺的要求

#### 2.2.1.1　铝合金标准样品的主要技术指标

（1）均匀性。金相组织致密、宏观均匀、化学成分均匀（包括主元素和杂质元素）；晶粒细小,在每个直径为5~7mm的光谱分析工作面上要含有100个以上晶粒。

(2) 准确性。所含各元素(包括主元素和杂质元素)给出的标准值必须准确。

(3) 含量范围。所含各元素(包括主元素和杂质元素)要完全覆盖产品标准。

(4) 工作曲线拟合系数(*PCT*)。*PCT*=99.0%~99.9%。

(5) 稳定性。铝合金标准样品有效期一般在10年以上。

(6) 溯源性。铝合金标准样品可溯源到标准物质。

#### 2.2.1.2 制备工艺的要求

铝合金标准样品的用途和关键技术指标决定了对标样制备工艺的要求是十分严格的。制备铝及铝合金标样铸锭与生产合金铸锭不同,研制标样要比生产铝合金标样铸锭难得多、复杂得多。

(1) 生产合金铸锭只对主元素进行调整,杂质元素一般是半定量符合标准要求即可;而制备铝标样铸锭无论主元素还是杂质元素都必须严格控制达到设计要求(尤其是某些特殊元素及不溶或微溶于铝中的元素)。

(2) 生产合金铸锭要求控制元素少,一般在5个以内,而铝标样铸锭一般含9个元素,多则含13个元素,最多含31个元素:Si、Fe、Mn、Cu、Ni、Ti、Cr、Zr、V、Mg、Be、Zn、Pb、Sn、Bi、Cd、Ga、Sb、Ca、Sr、Sc、B、Na、As、Ce、Li、Co、P、Ag、In和Hg。

(3) 标样铸锭的成分要求严格,成分的调整是非常精细的工作,要反复调整多次。

(4) 特殊微量元素的加入和调整更加困难(如Na、As、P、Hg、Li、Ag等)。如果制备标样铸锭像生产普通产品那样,全部元素一次性加入进行调整,则在精确调整时,有些密度小、熔点低的元素就会严重烧损,有些元素还会因其他元素的加入而增加,很难制备出全部元素尤其是易烧损元素和杂质元素全部符合设计要求的铸锭。

(5) 研究铝及铝合金标样铸锭的相关资料极少,需要独立研发铝中有害杂质元素(如Na、As、Hg等元素)的加入方法。

### 2.2.2 铝合金标准样品的制备难点

制备高质量铝合金标准样品的主要技术难点如下:

(1) 各元素加入且均匀分布难。铝基外31个元素中,各元素理化性质、熔点、在铝中溶解度的差别甚大,且相互作用。因此要制备出各元素化学成分在铝中均匀的、符合设计要求的、各元素化学成分匹配合理的标样铸锭是标准样品研制的第一步,也是最关键的一步。

(2) 炉前化学成分调整难。由于无合适的标样制作工作曲线,给炉前分析和化学成分调整带来很大困难。

(3) 分析定值难。目前,Na、P、Sc、In、Hg、Co、As、Bi和Ag等元素既无国标,又无准确、可靠、公认的分析方法,使得含有这些元素的标样最终定值非常困难;还有些微痕量元素分析定值也非常困难。

(4) 大量繁杂的数据处理难。在制备铝合金标样过程中,有大量的原始数据(偏析检验数据、均匀性检验数据和定值数据等)需要进行各种检验和计算。

(5) 有毒有害元素无害化处理难。在制备铝合金标样过程中,有时要接触Pb、Cd、Be、

As 和 Hg 等有毒有害元素。这些元素的安全加入、妥善保管和劳动保护等问题也是十分棘手的。

## 2.3　铝合金标准样品的均匀性及均匀性检验

### 2.3.1　铝合金标准样品的均匀性

铝合金标准样品主要要用于铝合金化学成分的确定。铝合金标准样品有颗粒状和圆柱状,颗粒状标样一般用于常规化学分析,颗粒状化学标样很细小,又经过混匀过筛,只要称样量足够,其均匀性是可以满足化学分析对标样的要求的。圆柱状标样主要用于仪器分析,即利用标样制作工作曲线确定未知样品某元素的含量。由于铝合金标准样品的均匀性对于标样具有量值的确定和传递功能,因此对其均匀性要求非常严格。铝合金标准样品是一种特殊功能金属材料,作为一种金属材料,微观组织均匀是不可能的,但使仪器在每一个分析工作面上(激发斑点)之间化学成分差别不大还是能做到的,而且对标样也是必需的。铝合金标准样品的均匀性是指在宏观上,标样组织均匀性和各元素化学成分差异性。制备出的铝合金标准样品的均匀性必须满足仪器分析对标准样品均匀性的要求,不大于各元素化学分析允许差的一半。

铝合金高倍晶粒度分析结果表明,铝合金晶粒在均匀化处理前一般约为 50 ~ 100 μm,经均匀化后晶粒约为 115 ~250 μm,见表 2-3。

**表 2-3　各种铝合金晶粒检测结果**

| 合 金 种 类 | 均热前晶粒尺寸/μm | 均热后晶粒尺寸/μm |
|---|---|---|
| 纯铝系列 | 50 ~ 80 | 170 |
| 2000 系列 | 50 ~ 100 | 130 |
| 3000 系列 | 80 ~ 120 | 250 |
| 4000 系列 | 50 ~ 100 | 200 |
| 5000 系列 | 50 ~ 100 | 150 |
| 6000 系列 | 50 ~ 100 | 140 |
| 7000 系列 | 50 ~ 100 | 115 |
| 8000 系列 | 50 ~ 100 | 125 |
| 铸铝系列 | 80 ~ 120 | 220 |

国家标准规定铝合金单个晶粒度尺寸要求:一级小于 180 μm,二级小于 700 μm。均匀化前后金晶粒度大小变化不大。均匀化虽然不能改变晶粒大小,但可通过高温加热使相溶解和原子得到热扩散,减少成分偏析,而且可消除内应力,提高加工性能,防止挤压裂纹的产生。

光谱分析仪器激发斑点一般为 5 ~ 7 mm/个,每个激发斑点包含约 20 ~ 140 个晶粒。一般要求每个激发斑点包含 80 ~ 100 个晶粒,才能平均由于晶粒大小不同引起的分析误差。根据三分之一法原则,一般标样的均匀性要求不大于仪器分析方法误差的三分之一。

### 2.3.2 铝合金标准样品的均匀性检验方法

铝合金标准样品的均匀性检验分为成分偏析检验、金相组织检验和均匀性检验三种。成分偏析检验、金相组织检验是过程检验，主要检查标样铸锭的成分偏析和金相组织情况，均匀性检验则是检查制备出的标样均匀性合格与否。

#### 2.3.2.1 铸锭偏析检验

为确保标样的组织和化学成分的均匀性，对制备出的标样铸锭必须进行成分偏析（纵向、横向）检验。标样铸锭无径向、纵向化学成分偏析后，才能进入下道工序。根据分析结果的数据处理和误差理论，可采用以下方法进行铸锭偏析检验。

A 径向检验（达威特检验）

若 $R/S > d_{\alpha \cdot n}$，则径向有偏析；若 $R/S \leqslant d_{\alpha \cdot n}$，则径向无偏析，其中，$R$ 为极差；$S$ 为标准偏差；$d_{\alpha \cdot n}$为统计常数，可从表 2-4 查得。

**表 2-4 DarVid 检验临界值 $d_{\alpha \cdot n}$**

| 数据数($n$) | $\alpha=0.05$ | $\alpha=0.01$ |
|---|---|---|
| 3 | 1.99 | 2.00 |
| 4 | 2.429 | 2.455 |
| 5 | 2.753 | 2.803 |
| 6 | 3.012 | 3.095 |
| 7 | 3.222 | 3.338 |
| 8 | 3.399 | 3.543 |
| 9 | 3.552 | 3.720 |
| 10 | 3.685 | 3.875 |
| 11 | 3.80 | 4.012 |
| 12 | 3.91 | 4.134 |
| 13 | 4.00 | 4.244 |
| 14 | 4.09 | 4.34 |
| 15 | 4.17 | 4.44 |
| 16 | 4.24 | 4.52 |
| 17 | 4.31 | 4.60 |
| 18 | 4.37 | 4.67 |
| 19 | 4.43 | 4.74 |
| 20 | 4.49 | 4.80 |
| 25 | 4.71 | 5.06 |
| 30 | 4.89 | 5.26 |
| 35 | 5.04 | 5.42 |

**例 2-1**　有一组分析结果：3.40、3.43、3.46、3.47、3.49、3.51、3.54、3.54、3.56、3.70，试判定这些结果是否一致（$\alpha=0.05$）？

**解：**
$$\frac{R}{S}=\frac{3.70-3.40}{0.084}=3.57, S=\sqrt{\frac{\sum X_i^2-(\sum X_i)^2/n}{n-1}} \tag{2-1}$$

查表得：$\alpha=0.05$，$n=10$ 时，$d_{\alpha \cdot n}=3.685$

故 $\frac{R}{S}\leqslant d_{\alpha \cdot n}$，这些结果是一致的。

这里需说明一下，一组分析结果如果是一致的，则认为无偏析；反之，如果不一致，则认为有偏析。

B　纵向偏析检验（$t$-检验）

用 $t$-检验法对标样铸锭纵向（铸锭头尾）偏析情况进行检查。

若 $t_0>t_{\alpha \cdot \nu}$，则纵向有偏析；若 $t_0\leqslant t_{\alpha \cdot \nu}$，则纵向无偏析。

$$t_0=\frac{|\overline{X}_1-\overline{X}_2|}{\sqrt{S_1^2+S_2^2}}\sqrt{n} \tag{2-2}$$

式中　$\overline{X}_1,\overline{X}_2$——两试片各自平均值；

$n$——取点数；

$S_1,S_2$——分别为两试片的标准偏差；

$t_{\alpha \cdot \nu}$——由 $\alpha$ 和 $\nu=n-1$ 决定的统计常数，$t_{\alpha \cdot \nu}$ 可从表 2-5 查得（这里 $t_{\alpha \cdot \nu}$ 取 2.306）。

**例 2-2**　甲、乙两名化验员分析同一样品，得到两组结果：

（Ⅰ）0.782、0.775、0.774、0.763

（Ⅱ）0.750、0.749、0.763、0.754

问两者有无显著差异？

**解：**$n_1=n_2=4$

（1）$\overline{X}_1=\frac{0.782+0.775+0.774+0.763}{4}=0.7735$

$\overline{X}_2=\frac{0.750+0.749+0.763+0.754}{4}=0.7541$

（2）$S_1=\sqrt{\frac{\sum X_{1i}^2-(\sum X_{1i})^2/4}{4-1}}=0.0079$

$S_2=\sqrt{\frac{\sum X_{2i}^2-(\sum X_{2i})^2/4}{4-1}}=0.0064$

（3）按式（2-2）计算 $t_0$ 值

$$t_0=\frac{|0.7735-0.7541|}{\sqrt{0.0079^2+0.0064^2}}\sqrt{4}=3.8162$$

（4）判断：显著水平 $\alpha=0.05$，自由度 $\nu=(n-1)+(n-1)=6$，由表 2-5 查得 $t_{(\alpha,\nu)}=t_{(0.05,6)}=2.447$。

因为 $t_0>t_{(\alpha,\nu)}$，即 $3.8162>2.447$，所以两者有明显差异。

表 2-5 $t$ 值表[$t_{(\alpha \cdot \nu)}$]

| 自由度 | 双侧 $\alpha$ | | | 自由度 | 双侧 $\alpha$ | | |
|---|---|---|---|---|---|---|---|
| $\nu=n-1$ | 0.10 | 0.05 | 0.01 | $\nu=n-1$ | 0.10 | 0.05 | 0.01 |
| 1 | 6.314 | 12.71 | 63.66 | 17 | 1.740 | 2.110 | 2.898 |
| 2 | 2.920 | 4.303 | 9.925 | 18 | 1.734 | 2.101 | 2.878 |
| 3 | 2.353 | 3.182 | 5.841 | 19 | 1.729 | 2.093 | 2.861 |
| 4 | 2.132 | 2.776 | 4.604 | 20 | 1.725 | 2.086 | 2.845 |
| 5 | 2.015 | 2.571 | 4.032 | 21 | 1.721 | 2.080 | 2.831 |
| 6 | 1.943 | 2.447 | 3.707 | 22 | 1.717 | 2.074 | 2.819 |
| 7 | 1.895 | 2.365 | 3.499 | 23 | 1.714 | 2.069 | 2.807 |
| 8 | 1.860 | 2.306 | 3.355 | 24 | 1.711 | 2.064 | 2.797 |
| 9 | 1.833 | 2.262 | 3.250 | 25 | 1.708 | 2.060 | 2.787 |
| 10 | 1.812 | 2.228 | 3.169 | 26 | 1.705 | 2.056 | 2.779 |
| 11 | 1.796 | 2.201 | 3.106 | 27 | 1.703 | 2.052 | 2.771 |
| 12 | 1.782 | 2.179 | 3.055 | 28 | 1.701 | 2.048 | 2.763 |
| 13 | 1.771 | 2.160 | 3.012 | 29 | 1.699 | 2.045 | 2.756 |
| 14 | 1.761 | 2.145 | 2.977 | 30 | 1.697 | 2.042 | 2.750 |
| 15 | 1.753 | 2.131 | 2.947 | ∞ | 1.645 | 1.960 | 2.576 |
| 16 | 1.764 | 2.120 | 2.921 | 单侧 $\alpha$ | 0.05 | 0.025 | 0.005 |

#### 2.3.2.2 铸锭金相组织检验

为了保证制备出的标样铸锭质量,必须进行金相高低倍检查。

(1) 低倍检查:用肉眼(或放大 10 倍以下)检查铸锭有无裂纹、气孔、夹杂、疏松等缺陷;

(2) 高倍检查:用 50 倍以上放大镜检查铸锭有无过烧、组织致密及晶粒度大小等情况。

#### 2.3.2.3 标准样品的均匀性检验

标准样品的均匀性检验是对最后制备出的标样进行总体均匀性检查。根据 GB/T 15000《标准样品工作导则》和 YS/T 409—1998《有色金属产品分析用标准样品技术规范》规定均匀性检查方法有两种:极差法和 F-法。

A 极差法检验标准样品的均匀性

GB/T 15000《标准样品工作导则》规定光谱标样可用极差法进行均匀性检验。总体单元数少于 1000 时抽取 15~20 个;大于或等于 1000 时,抽取数为 $2\times\sqrt[3]{N}$($N$ 为总体单元数)。

极差法检验均匀性具体步骤如下:

(1) 若 $R_0 \leqslant AR$,则总体均匀。

(2) 若 $R_0 > AR$,则总体不均匀。

(3) 计算:

$$R_0 = \overline{X}_{max} - \overline{X}_{min} \tag{2-3}$$
$$R = \sum r_i / m$$

式中　$\overline{X}_{max}$——样品的最大组内平均值；

$\overline{X}_{min}$——样品的最小组内平均值；

$R$——各样品的组内极差平均值；

$r_i$——各样品的组内极差。

（4）确定 $A$ 值，$A$ 值是与抽样数（$m$）、每次火花次数（$n$）及显著水平（$\alpha$）有关的常数，可从表2-6查得。

**表2-6　极差法检验 $A$ 值**

| $n$ / $a$ / $m$ | 2 | 3 | | | 4 |
|---|---|---|---|---|---|
| | 0.05 | 0.10 | 0.05 | 0.01 | 0.05 |
| 15 | | 1.627 | 1.777 | 2.095 | 1.221 |
| 16 | | 1.542 | 1.790 | 2.103 | 1.243 |
| 17 | | 1.655 | 1.802 | 2.108 | 1.252 |
| 18 | | 1.668 | 1.811 | 2.113 | 1.260 |
| 19 | | 1.678 | 1.820 | 2.116 | 1.266 |
| 20 | 2.582 | 1.688 | 1.827 | 2.118 | 1.273 |
| 21 | 3.597 | 1.699 | 1.837 | 2.125 | 1.282 |
| 22 | 3.602 | 1.710 | 1.846 | 2.131 | 1.289 |
| 23 | 3.608 | 1.720 | 1.855 | 2.137 | 1.296 |
| 24 | 3.613 | 1.729 | 1.863 | 2.142 | 1.302 |
| 25 | 3.623 | 1.737 | 1.870 | 2.146 | 1.309 |
| 26 | 3.633 | 1.745 | 1.877 | 2.150 | 1.315 |

B　F－法（又称方差分析法）均匀性检验

此法是通过组间方差和组内方差的比较来判断各组测量值之间有无系统误差，即所谓方差分析的方法。如果两者的比小于系统检验的临界值，则认为样品是均匀的。为检验样品均匀性，设抽取了 $m$ 个样品，用精密度高的实验方法，在相同条件下得 $m$ 组等精度测量数据如下：

$$X_{11}, X_{12}, \cdots, X_{1n}, \text{平均值 } X_1$$
$$X_{21}, X_{22}, \cdots, X_{2n}, \text{ 平均值 } X_2$$
$$X_{m1}, X_{m2}, \cdots, X_{mn}, \text{ 平均值 } X_m$$

设

$$\overline{X} = \frac{\sum_{i=1}^{m} \overline{x}_i}{m} \tag{2-4}$$

$$N = \sum_{n=1}^{m} n_i \tag{2-5}$$

组间平方和：
$$Q_1 = \sum_{i=1}^{m} n_i(\bar{x}_i - \bar{\bar{x}}_i)^2 \tag{2-6}$$

组内平方和：
$$Q_2 = \sum_{i=1}^{m}\sum_{j=1}^{n_i}(x_{ij} - x_i)^2 \tag{2-7}$$

计算统计量 F：
$$F = \frac{Q_1}{v_1}\Big/\frac{Q_2}{v_2} \tag{2-8}$$

$$S_1^2 = \frac{N(m-1)}{N^2 - \sum_{i}^{m} n_i^2}\left(\frac{Q_1}{v_1} - \frac{Q_2}{v_2}\right) \tag{2-9}$$

若各组 $n_i$ 均相同，均为 $n$ 时，则公式成为如下形式：

$$S_1^2 = \frac{1}{n}\left(\frac{Q_1}{v_1} - \frac{Q_2}{v_2}\right) \tag{2-10}$$

**例 2-3** 表 2-7 列出生铁标准物质碳含量（%）均匀性分析数据。

**表 2-7 生铁标准物质碳含量（质量分数）均匀性分析数据** （%）

| 数据名称 \ 样品标号 | 1 | 2 | 3 | 平均值 |
|---|---|---|---|---|
| 1 | 3.59 | 3.57 | 3.57 | 3.58 |
| 2 | 3.59 | 3.58 | 3.58 | 3.58 |
| 3 | 3.57 | 3.56 | 3.57 | 3.57 |
| 4 | 3.57 | 3.60 | 3.59 | 3.59 |
| 5 | 3.56 | 3.56 | 3.59 | 3.57 |
| 6 | 3.59 | 3.59 | 3.59 | 3.59 |
| 7 | 3.57 | 3.57 | 3.56 | 3.57 |
| 8 | 3.56 | 3.57 | 3.57 | 3.57 |
| 9 | 3.57 | 3.59 | 3.57 | 3.58 |
| 10 | 3.56 | 3.57 | 3.57 | 3.57 |
| ⋮ | ⋮ | ⋮ | ⋮ | ⋮ |
| 20 | 3.59 | 3.59 | 3.57 | 3.58 |

由表中数据算得：

$\bar{x} = 3.58$，$Q_1 = 36 \times 10^{-4}$，$Q_2 = 57 \times 10^{-4}$

$F = (36 \times 10^{-4}/19)/(57 \times 10^{-4}/40) = 1.33$

查 $F$ 检验法临界值表得 $F_{0.05}(19,40) = 1.84$。

因为 $F < F_{0.05}(19,40) = 1.84$，所以该样品碳含量是均匀的。

### 2.3.3 标准样品成分和组织均匀性评价判据理论研究和应用评价研究

#### 2.3.3.1 研究背景

标准样品是具有一种或多种足够均匀和很好确定了的特性值，用以校准设备、评价测量方法或给材料赋值的材料或物质。良好的均匀性是标准样品研制的预期目标之一，所以对其成分均匀性的评价与检验也就显得非常重要。然而，迄今为止标准样品铸锭均匀化退火处理后质量的检验还没有统一的标准；且对于一般标样，通常采用极差法或方差法进行成分均匀性检验，但这种检验方法用于块体标样均匀性的检验可能不够完善，需要根据具体情况提出合适的统计方法和评价判据。本课题研究通过显微硬度分布和显微组织结构观察相结合的方法检验铸态、均匀化退火态及挤压态 7050 铝合金标准样品均匀性，并对这种检验方法的可靠性进行相应的评价。

### 2.3.3.2　实验材料与方法

实验所用铸态 7050 铝合金样品编号及化学成分如表 2-8 所示。选定 E8022 样品为热处理对象，并对其分别进行了 465℃ ×8h、465℃ ×16h、465℃ ×24h 的均匀化热处理实验。合格挤压态 7050 铝合金标准样品的编号和化学定值结果组成见表 2-9。

采用光学显微镜（OM）、扫描电子显微镜（SEM）和能谱分析仪（EDS）观察样品的组织和成分均匀性，利用显微硬度计测量铝合金样品不同状态的显微维氏硬度值，所用载荷为 25 g，保压时间 15 s，每个样品从中心至边部依次选取 10 个区域测量。

**表 2-8　铸态 7050 铝合金样品的化学成分**　　（质量分数，%）

| 样品号 | Si | Fe | Cu | Mn | Mg | Cr | Ni | Zn | Ti | Zr |
|---|---|---|---|---|---|---|---|---|---|---|
| E321c | 0.352 | 0.129 | 0.191 | 0.153 | 0.700 | 0.087 | 0.137 | 6.418 | 0.071 | 0.241 |
| E324b | 0.172 | 0.556 | 1.926 | 0.657 | 1.335 | 0.237 | 0.096 | 2.463 | 0.139 | 0.152 |
| E326c | 0.708 | 0.749 | 2.709 | 0.047 | 3.964 | 0.318 | 0.012 | 0.955 | 0.205 | 0.237 |
| E8022 | 0.076 | 0.037 | 1.29 | 0.015 | 1.51 | 0.023 | 0.032 | 7.05 | 0.031 | 0.102 |
| E8024 | 0.166 | 0.231 | 0.630 | 0.080 | 2.00 | 0.061 | 0.111 | 6.03 | 0.075 | 0.205 |

**表 2-9　合格挤压态 7050 铝合金标准样品的化学成分定值结果**　　（质量分数，%）

| 标样号 | 数据名称 | Si | Fe | Cu | Mn | Mg | Cr | Ni | Zn | Ti | Zr | Ca | Na |
|---|---|---|---|---|---|---|---|---|---|---|---|---|---|
| E6311 | 标准值 | 0.147 | 0.283 | 1.83 | 0.043 | 3.17 | 0.0026 | 0.0043 | 7.24 | 0.014 | 0.019 | 0.00048 | 0.00070 |
| | 标准偏差 | 0.003 | 0.004 | 0.01 | 0.001 | 0.04 | 0.0002 | 0.0002 | 0.06 | 0.001 | 0.001 | 0.00006 | 0.00004 |
| | 数据组数 | 8 | 8 | 8 | 8 | 8 | 8 | 8 | 8 | 8 | 8 | 8 | 8 |
| E6312 | 标准值 | 0.130 | 0.239 | 2.17 | 0.110 | 2.75 | 0.036 | 0.037 | 6.42 | 0.050 | 0.092 | 0.0023 | 0.0027 |
| | 标准偏差 | 0.002 | 0.004 | 0.02 | 0.002 | 0.03 | 0.001 | 0.001 | 0.04 | 0.001 | 0.002 | 0.0001 | 0.0002 |
| | 数据组数 | 8 | 8 | 8 | 8 | 8 | 8 | 8 | 8 | 8 | 8 | 8 | 8 |
| E6313 | 标准值 | 0.082 | 0.184 | 2.95 | 0.147 | 2.11 | 0.059 | 0.062 | 5.35 | 0.086 | 0.162 | 0.00023 | 0.00008 |
| | 标准偏差 | 0.001 | 0.002 | 0.02 | 0.003 | 0.02 | 0.001 | 0.001 | 0.04 | 0.002 | 0.003 | 0.00005 | |
| | 数据组数 | 8 | 8 | 8 | 8 | 8 | 8 | 8 | 8 | 8 | 8 | 7 | |
| E6314 | 标准值 | 0.019 | 0.041 | 3.48 | 0.207 | 1.88 | 0.101 | 0.104 | 4.60 | 0.134 | 0.198 | 0.0010 | 0.00014 |
| | 标准偏差 | 0.001 | 0.002 | 0.03 | 0.002 | 0.02 | 0.002 | 0.001 | 0.02 | 0.002 | 0.004 | 0.0001 | 0.00005 |
| | 数据组数 | 8 | 8 | 8 | 8 | 8 | 8 | 8 | 8 | 8 | 8 | 7 | 7 |
| E6315 | 标准值 | 0.055 | 0.113 | 2.43 | 0.254 | 1.40 | 0.130 | 0.133 | 3.95 | 0.164 | 0.207 | 0.0012 | 0.0011 |
| | 标准偏差 | 0.001 | 0.002 | 0.02 | 0.003 | 0.02 | 0.003 | 0.003 | 0.03 | 0.004 | 0.007 | 0.0002 | 0.0002 |
| | 数据组数 | 8 | 8 | 8 | 8 | 8 | 8 | 8 | 8 | 8 | 8 | 7 | 8 |

#### 2.3.3.3　结果及分析

硬度是表征材料软硬程度的一种性能,而压入法硬度则是表征材料的塑性变形抗力及应变硬化能力。硬度值由材料内部组织结构和成分决定,因此组织和化学成分的均匀程度可由硬度值间接反映。

对铸态和均匀化退火态的 E8022 样品进行显微维氏硬度测量,从心部至边部依次测量10 个点,所得硬度结果如表 2-10 所示。可以看出,热处理导致样品的硬度明显下降。但是经 8h 均匀化退火后,E8022 样品不同部位的硬度不均匀性相对于铸态反而增加了,标准差由 7.49 增加至 9.02。当均匀化退火处理时间提高至 16h 和 24h 时,E8022 样品的不同区域硬度值波动显著减小,标准差分别下降至 4.63 和 5.46,说明铸态样品的组织不均匀性和成分偏析在此工艺条件下得到较大程度的改善。

**表 2-10　E8022 样品不同条件的均匀化退火处理后的维氏硬度值(HV)**

| 数据名称 | E8022 | E8022 +8 | E8022 +16 | E8022 +24 |
|---|---|---|---|---|
| 1 | 111.9 | 71.90 | 96.2 | 101.7 |
| 2 | 102.7 | 72 | 95.4 | 85.8 |
| 3 | 102.2 | 69.6 | 96.2 | 93.6 |
| 4 | 127.1 | 82.5 | 91.2 | 94.9 |
| 5 | 112.5 | 94.5 | 105.1 | 98.5 |
| 6 | 114.7 | 95.8 | 103.6 | 94.5 |
| 7 | 101.2 | 88.8 | 94.5 | 100.8 |
| 8 | 109.2 | 89.6 | 103.3 | 104.6 |
| 9 | 117.1 | 92.4 | 102.2 | 104.1 |
| 10 | 112.5 | 86.9 | 103.2 | 100.3 |
| 平均值 | 111.11 | 84.05 | 99.09 | 97.88 |
| 方　差 | 56.09 | 81.31 | 21.44 | 29.78 |
| 标准偏差 | 7.49 | 9.02 | 4.63 | 5.46 |

注:E8022 为铸态样品,E8022 +8、E8022 +16、E8022 +24 分别为在 465℃下均匀化退火 8h、16h、24h 得到的样品。

为了评价显微硬度测量检验均匀化热处理后铝合金样品均匀性的准确程度,对 E8022、E8022 +8、E8022 +16、E8022 +24 四个样品的微观组织结构进行了仔细观察。图 2-1 所示为这四个样品从心部至边部的金相组织。从图中可以看出,E8022 样品各部分具有典型的铸态组织形貌,晶界较厚,分布着粗大的第二相化合物,心部枝晶较发达,说明成分偏析较严重,随着靠近边部枝晶有所减弱;心部、中部、边部显微组织的差异导致样品硬度值分布不均匀,标准差达到 7.49。8h 均匀化退火处理后,晶界偏析和枝晶偏析较大程度上得以消除,但是 E8022 -8 样品不同部位的组织却存在明显差别,样品心部为片状组织,在中部片状的组织逐渐向粒状的晶粒过渡,而在边部就全部变成了粒状的等轴晶粒,这与不同部位硬度值波动幅度较大相一致,样品的硬度标准差高达 9.02。16h 和 24h 热处理后,样品的心部、中部、边部均为片状组织,在晶内或多或少存在均匀分布的第二相黑色质点,总体上来说组织和成分相对于铸态更加均匀,因此 E8022 -16 和 E8022 -24 的显微硬度标准差较小。

由综合显微硬度测量和金相组织观察可知,硬度值较为准确地反映了铸态铝合金样品在不同工艺热处理过程中成分和组织均匀化的变化情况，可作为一种比较可靠的检验均匀化退火处理后标样质量的标准。

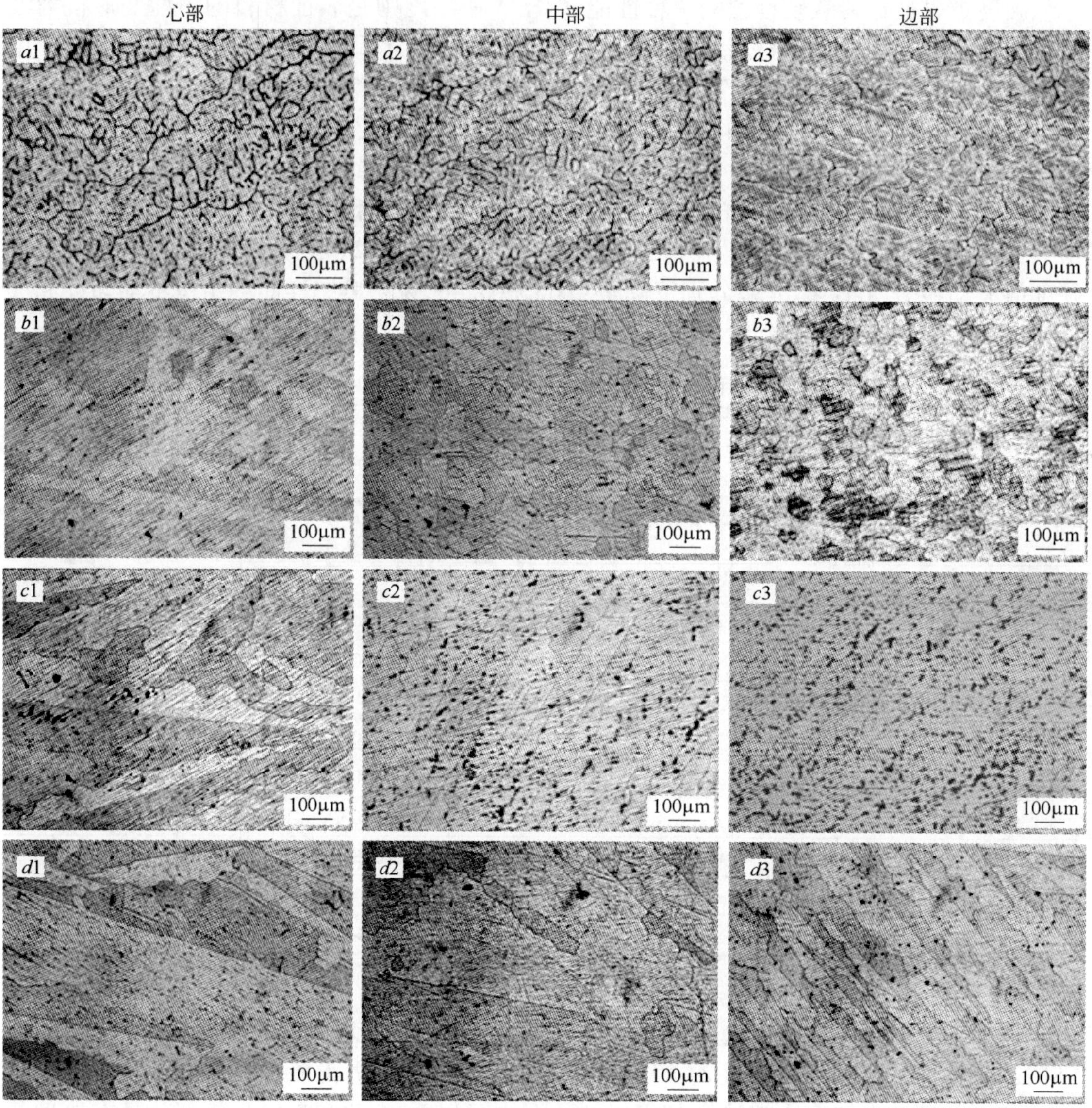


图 2-1　铸态和不同工艺热处理后 E8022 样品的横向金相显微组织

*a*1 ~ *a*3—E8022；*b*1 ~ *b*3—E8022 - 8；*c*1 ~ *c*3—E8022 - 16；*d*1 ~ *d*3—E8022 - 24

#### 2.3.3.4　标准样品总体均匀性的评判依据

对合格的 7050 挤压态标准样品和 7050 铸态样品进行显微维氏硬度测量实验，从心部至边部依次测量 10 个点，所得硬度结果列在表 2-11 中。从表 2-11 可以看出，E8024、E321c、E324b、E326c 四个铸态样品的不同部位显微硬度值分布极不均匀，其硬度标准偏差分别高达 16.10、13.31、18.18、11.02。然而挤压变形后，7050 铝合金样品的硬度分布均匀性大幅度提高，E6311 ~ E6315 五个标准样品的标准偏差降低至 4.53 ~ 7.23，约为 7050 铸态样品的三分之一,表明它们具有高的成分和组织均匀性,满足作为铝合金块体标准样品的要求。总之,利用显微维氏硬度的标准偏差大小作为评判标准可以把合格的挤压态标准样品和不合格的铸态样品区分开。

**表 2-11 合格挤压态铝合金标准样品与铸态铝合金样品的维氏硬度值(HV)**

| 数据名称 | E6311 | E6312 | E6313 | E6314 | E6315 | E8024 | E326c | E321c | E324b |
|---|---|---|---|---|---|---|---|---|---|
| 1 | 107.7 | 125.1 | 95.4 | 107.2 | 99.4 | 107.7 | 71 | 113.1 | 119.5 |
| 2 | 111.4 | 123.2 | 102.2 | 116.5 | 110.9 | 91.6 | 97.1 | 121.9 | 122.5 |
| 3 | 121.9 | 115.3 | 114.2 | 122.5 | 105.1 | 103.2 | 89.6 | 135.5 | 120.1 |
| 4 | 102.2 | 111.9 | 106.6 | 119.5 | 100.3 | 95 | 90.4 | 115.3 | 112.5 |
| 5 | 99.8 | 114.7 | 106.1 | 120.7 | 114.2 | 125.1 | 99.4 | 82.5 | 110.3 |
| 6 | 107.7 | 118.9 | 107.7 | 129.8 | 101.7 | 139.2 | 123.2 | 94.9 | 93.2 |
| 7 | 110.3 | 115.9 | 119.5 | 111.9 | 103.2 | 103.6 | 111.9 | 92 | 134 |
| 8 | 115.9 | 121.9 | 110.3 | 109.8 | 102.7 | 88.8 | 100.3 | 142.3 | 128.4 |
| 9 | 114.7 | 109.8 | 120.7 | 125.8 | 104.1 | 83.9 | 107.2 | 98.9 | 129.1 |
| 10 | 120.1 | 105.1 | 110.3 | 120.1 | 100.8 | 98.9 | 97.6 | 113.1 | 117.1 |
| 平均值 | 111.17 | 116.18 | 109.3 | 118.38 | 104.24 | 103.7 | 98.77 | 110.95 | 118.67 |
| 方　差 | 46.43 | 35.38 | 52.37 | 45.62 | 20.50 | 259.37 | 177.25 | 330.49 | 121.52 |
| 标准偏差 | 6.81 | 5.95 | 7.23 | 6.75 | 4.53 | 16.10 | 13.31 | 18.18 | 11.02 |

为了评价显微硬度测量检验铝合金块体标样总体均匀性的准确程度,对挤压态和铸态样品的显微组织结构和化学成分分布进行仔细观察和分析。图 2-2 为 E321c、E324b、E326c、E8024 四个铸态 7050 铝合金样品的显微组织结构观察照片。可以清楚地看出,四个样品从心部至边部均具有明显的枝晶组织,晶界清楚且较厚,直接导致铸态样品成分偏析严重及组织不均匀,进而出现硬度分布起伏大。其中 E321c 样品的枝晶结构最明显,这与它的最大硬度标准偏差相对应。

图 2-3 是合格的挤压态 7050 铝合金标准样品的横向金相照片。五个挤压态样品的晶粒相对于铸态样品显著细化,从心部至边部每个视场内组织细小而均匀,成分偏析小,尤其是 E6311 和 E6312 样品。值得注意的是,E6312 样品不同部位之间的显微组织结构几乎相同,这正是此样品硬度标准偏差很小(5.95)的内在原因。E6313 样品的心部还在一定程度上保留了枝晶组织,但是在中部和边部几乎观察不到枝晶组织,心部与中部、边部显微组织结构的差异导致了在这五个挤压态标样中 E6313 的硬度值分布的标准偏差最大。因而,显微组织结构观察进一步证实了硬度测量检验块状铝合金标准样品的成分均匀性的准确性。

为了检验标准样品的均匀性,通常从包装好的总体样本中随机抽取一定数量的样品进行化学成分测量,检验的工作量较大。标准样品均匀性检验数理统计方法很多,有方差分析法、极差法、平均值一致性检验法等。近几年来,大多数标准样品的研制者都采用能充分利用测试数据信息的方差分析法。但在实际应用中,往往不能简单地从统计量上做出草率判断,每种统计检验方法都有一定的局限性,均匀性检验的统计结果与测试方法的灵敏性、精密度、样品检验的次序、仪器的稳定性以及取样量都有密切的关系。曾有人提出用化学成分检验和金相检验相结合的方法来综合分析判断标准样品的均匀性是否满足要求,并在合金结构钢仪器分析用标准样品的检验中得到成功应用。

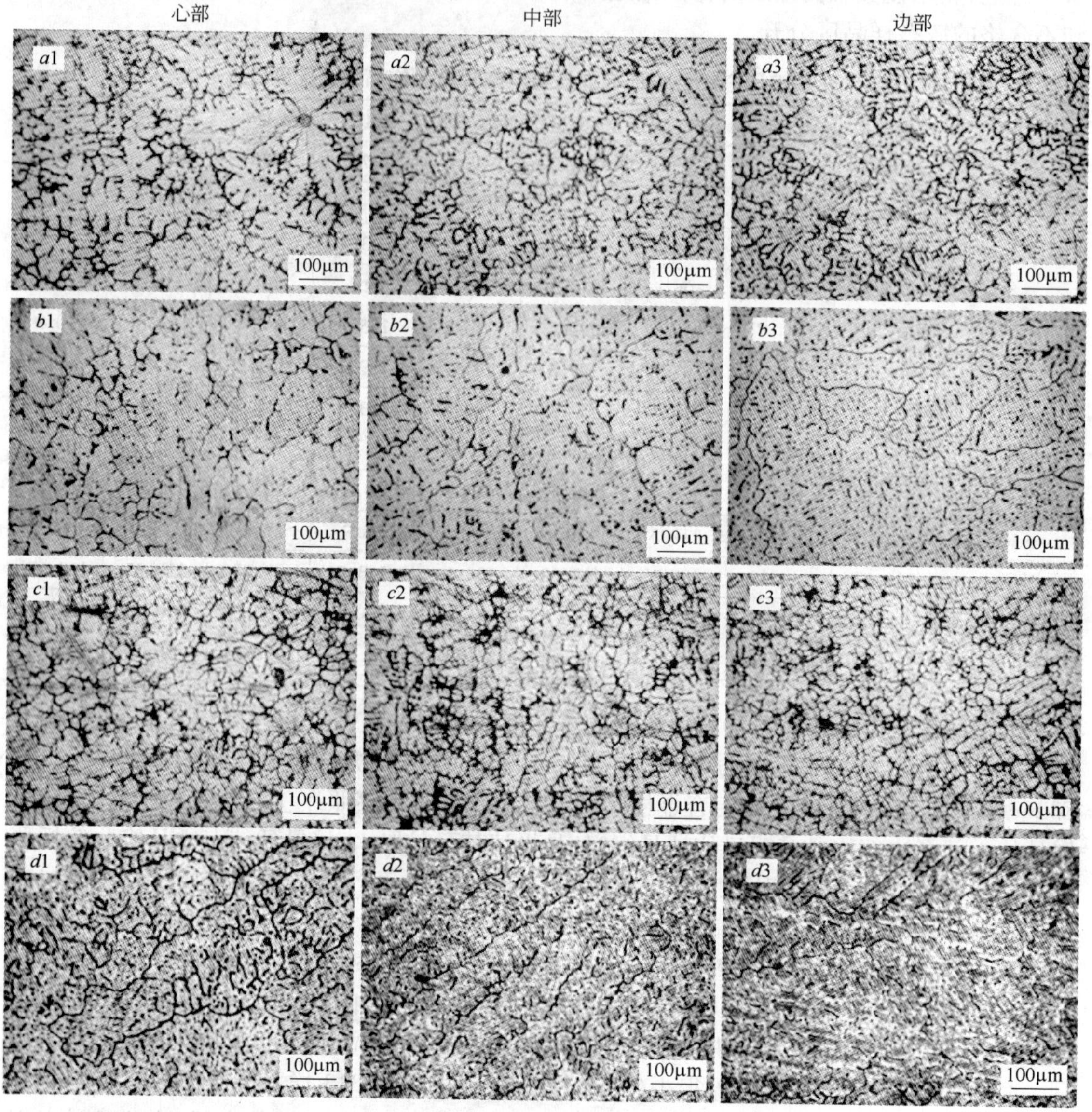


图 2-2 铸态 7050 铝合金样品的横向金相显微组织

*a*1～*a*3—E321c；*b*1～*b*3—E324b；*c*1～*c*3—E326c；*d*1～*d*3—E8024

对于铝合金块状标准样品，现今主要采用化学成分检验分析判断，费用较高。本节主要研究以显微硬度测量为主，并结合组织观察的方法检验 7050 铝合金标准样品的总体均匀性。结果表明，硬度分布标准偏差可较好地评判铝合金标准样品的成分均匀性，根据现有的测量数据可确定硬度标准偏差小于 7.25 的样品的成分是均匀的。为了增加标准样品检验的准确性，应该结合金相显微组织观察，组织为细小等轴晶粒、第二相均匀分布、样品各部分组织状态相似是标准样品化学成分均匀的前提条件，而粗大枝晶和晶界处分布粗大第二相均不利于化学成分的均匀性，均匀化热处理和挤压变形有利于各化学组分的均匀分布。由于硬度测量和金相组织观察的实验过程简单，操作方便，费用相对较低，因此采用这种检验方法具有一定的实际应用价值和前景。

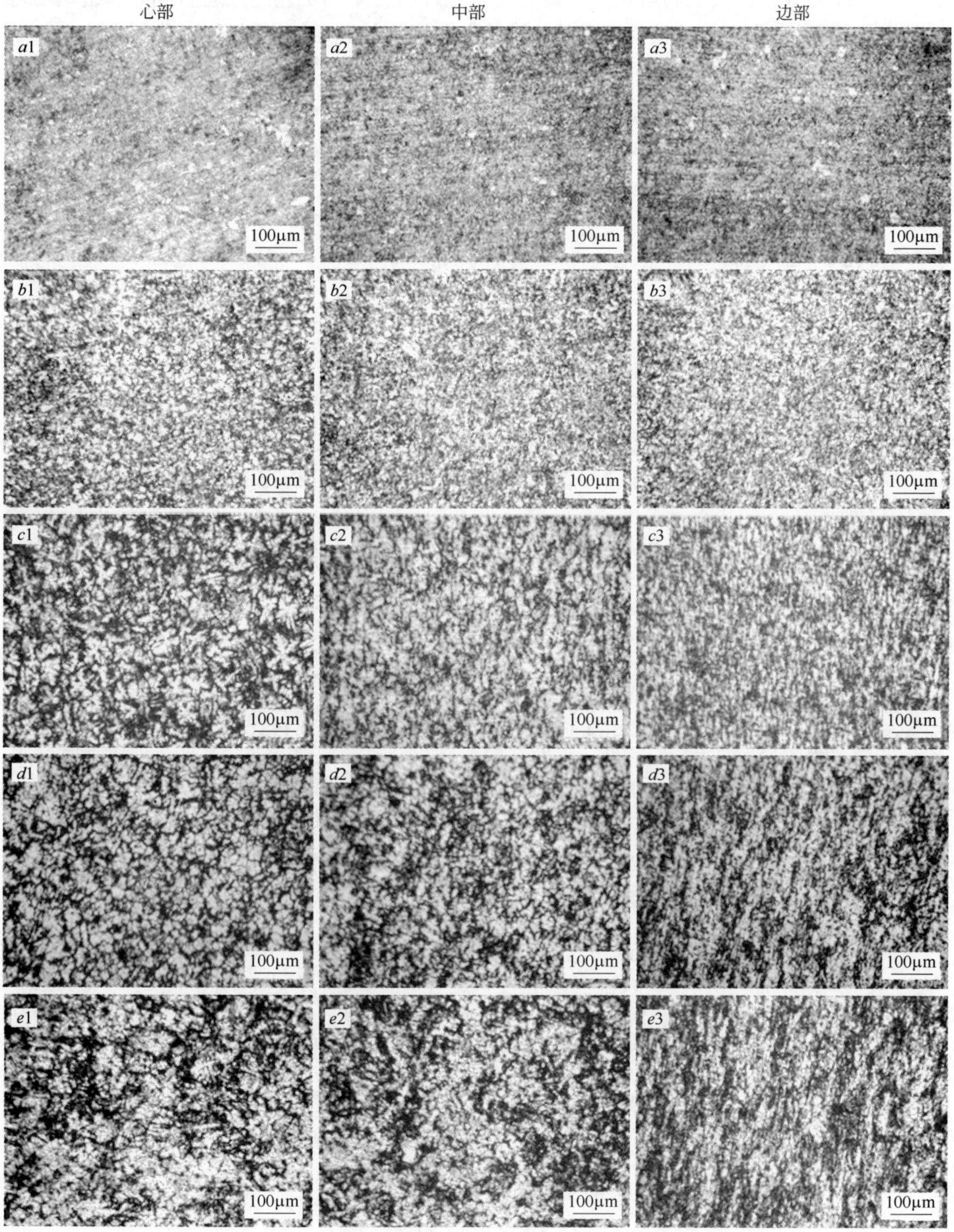


图 2-3　合格的挤压态 7050 铝合金标准样品的横向金相显微组织

*a*1 ~ *a*3—E6311；*b*1 ~ *b*3—6312；*c*1 ~ *c*3—E6313；*d*1 ~ *d*3—E6314；*e*1 ~ *e*3—E6315

2.3.3.5 小结

(1) 硬度分布比较准确地反映了铸态铝合金样品在不同工艺热处理后成分和组织均匀性的变化情况,可作为一种较为可靠的检验均匀化退火处理后标样质量的依据。

(2) 硬度测量和金相组织观察相结合的方法能较好地检验和评判块状铝合金标准样品的总体成分均匀性。硬度标准偏差小于7.25的样品的成分是均匀的,细小的等轴晶粒、第二相均匀分布、样品各部分组织状态接近是铝合金标准样品化学成分均匀的前提条件。

## 2.4 铝合金标准样品铸锭的熔炼与铸造技术

### 2.4.1 化学成分控制

2.4.1.1 内控样的制备

作为铝合金标样铸锭对各元素要求比一般铝合金产品严得多,对一般铝合金产品要求主元素在标准控制范围内,杂质为半定量(小于某一值)即为合格。而铝合金标样铸锭对各元素都要求准确定量,同时每号各元素的控制范围也比一般铝合金产品窄得多。

常用的2A12铝合金产品与2A12铝合金标准样品要求分析控制的元素及成分范围如表2-12所示。

**表2-12 2A12铝合金产品与2A12铝合金标准样品要求分析控制的元素及成分范围**(质量分数,%)

| 成分范围 \ 元素 | Si | Fe | Cu | Mn | Mg | Zn | Ti | Ni |
|---|---|---|---|---|---|---|---|---|
| 2A12产品要求范围 | ≤0.50 | ≤0.50 | 3.8~4.9 | 0.3~0.9 | 1.2~1.8 | ≤0.30 | ≤0.15 | ≤0.10 |
| | 半定量 | 半定量 | 定量 | 定量 | 定量 | 半定量 | 半定量 | 半定量 |
| 2A12标样(以E123号为例) | 0.12±0.01 | 0.35±0.03 | 4.1±0.2 | 0.53±0.04 | 1.5±0.15 | 0.15±0.02 | 0.04±0.01 | 0.035±0.01 |
| | 定量 | 定量 | 定量 | 定量 | 定量 | 定量 | 定量 | 定量 |

为了精确控制标样每号各元素化学成分,首先要制备一些内控标样,然后用这些标样校对工作曲线,建立光谱分析方法,进行标样铸锭化学成分的调整和控制。这些标样可以从生产中挑选,也可以用小坩埚制备。

2.4.1.2 建立光谱分析方法

把制备好的内控标样委托做化学分析,给出准确的含量,用这些标样校对工作曲线,建立光谱分析方法,进行标样铸锭化学成分的调整和控制。此项工作必须由具有丰富经验的专业技术人员进行。

### 2.4.2 分步调整化学成分法

2.4.2.1 分步调整化学成分方法的提出

制备铝及铝合金标样铸锭与生产合金铸锭不同。一是生产合金铸锭只对主元素进行调整,杂质元素一般是半定量符合标准要求即可,而制备铝标样铸锭无论主元素还是杂质元素都必须严格控制达到设计要求；二是生产合金铸锭要求控制元素少，一般在5～6个以内，而铝标样铸锭含元素最多达32个（除基体外还有31个元素：Si、Fe、Mn、Cu、Ni、Ti、Cr、Zr、V、Mg、Be、Zn、Pb、Sn、Bi、Cd、Ga、Sb、Ca、Sr、B、Na、As、Ce、Li、Co、P、Ag、Hg、In、Sc）；三是标样铸锭的成分要求严格，成分的调整是非常精细的工作，要反复调整多次。需要时间也较长，至少30 min，有的长达90 min以上（含的元素越多，合金越复杂，需要时间越长）；四是特殊微量元素（如Na、As、P、Hg、Li、Ag等）的加入和调整更加困难。如果制备标样铸锭像生产普通产品那样，一次全部元素加入进行调整，则在精确调整时，有些密度小、熔点低的元素就会严重烧损，有些元素还会因其他元素的加入而增加，很难制备出全部元素尤其是易烧损元素和杂质元素全部符合设计要求的铸锭。为了制备出各元素全部符合设计要求的标样铸锭，提出并采用《分布调整化学成分法》调整标样铸锭化学成分，很好地解决了铝及铝合金标样铸锭化学成分调整问题。

### 2.4.2.2 分步调整化学成分方法的理论依据

“分步调整化学成分法”中加入和调整化学成分的顺序需遵守以下基本原则。

A 避免加入的化学元素之间相互反应形成高熔点（高于铝熔体温度）、密度小于铝或与铝接近的不易溶解的化合物

当两种化学元素在液态情况下反应生成低熔点化合物时，因其不能在熔体中稳定存在，故不会影响铝合金光谱标样铸锭中化学元素的加入和成分均匀性。当两种元素反应生成高熔点化合物时，要根据其密度的高低区别对待：a类化合物密度显著大于铝（如$ZrFe_2$，见图2-4），这类化合物易沉底，大部分可通过扒渣去除，对标样质量影响较小；b类化合物密

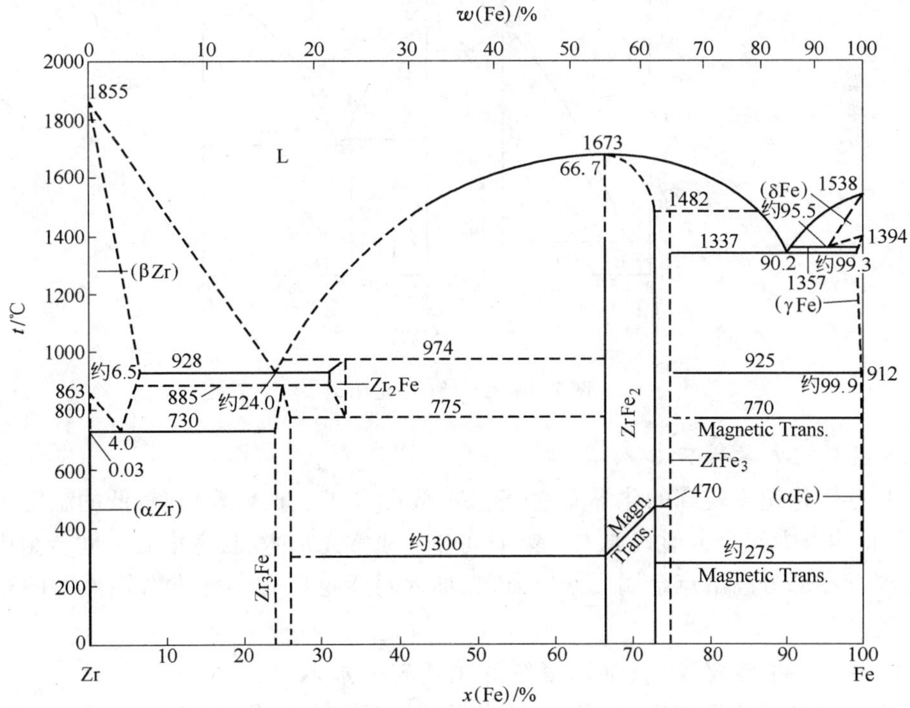


图2-4 Zr－Fe二元相图

度小于铝或与铝接近（如 $Mg_2Si$、$Ca_2Si$ 等，分别见图 2-5 和图 2-6），这类化合物趋向于悬浮在铝熔体之中，浇铸成形后易在铸锭中形成夹杂，会明显影响元素在铝液中的溶入，且降低标样铸锭的质量及化学成分均匀性，这类化合物要尽量避免。因此，能够形成 b 类化合物的元素须按一定先后顺序加入，待前一种元素在铝熔体中充分溶入之后再加入另一种元素，或者两元素以铝中间合金形态加入，这样很大程度上降低了两者发生反应的概率。

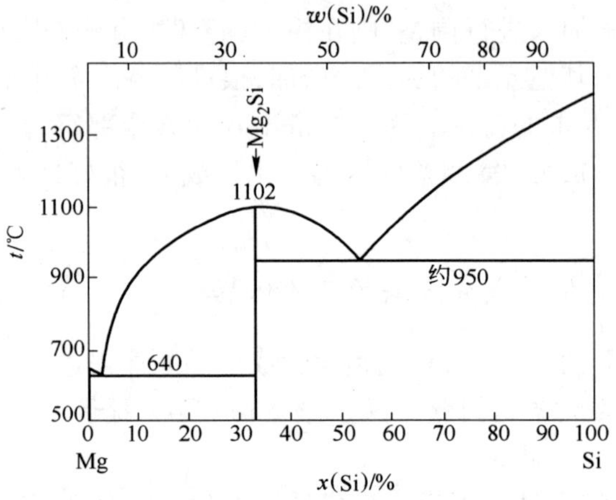


图 2-5　Mg - Si 二元相图

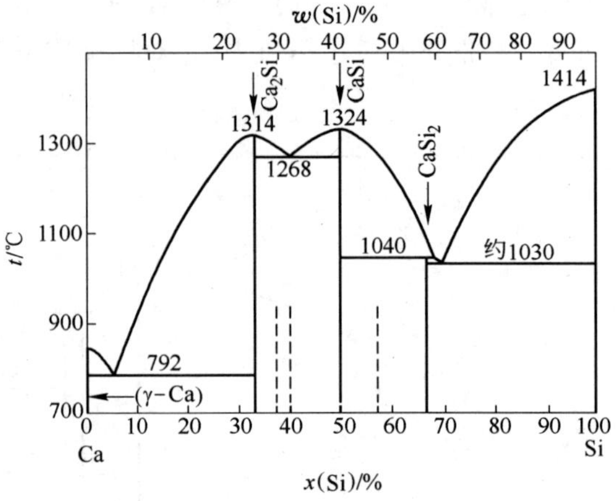


图 2-6　Ca - Si 二元相图

B　熔点高的元素较先加入

为使一些熔化温度较高的化学元素（Si、Fe、Mn、Ni、Ti、Cr、V 等）在较低的温度下加入到铝液中，它们均以中间合金形式加入。铝中间合金通常先加入，且考虑到中间合金中由于质量问题可能存在部分高熔点金属元素单质，先加入对于这些化学元素在铝液中的充分熔化和溶解有利。

C　在铝熔体中溶解度低、难以溶解的元素较先加入

由于难形成易熔共晶产物，熔点、原子半径、晶格类型、电化学性质、电子浓度差异大等原因，一些化学元素在铝液中溶解度较低且溶解速度极慢，如 Fe、Ni、Cr、Zr、V 等元素的最大

溶解度均小于1%(如表2-13所示),为使这些元素有足够多的时间溶解和均匀扩散,在其他条件等同的基础上应考虑较早加入铝熔体中。

**表 2-13 铝合金中各元素的理化性质**

| 序号 | 元素符号 | 密度 /g·cm$^{-3}$ | 熔点 /℃ | 沸点 /℃ | 蒸发热 /J·mol$^{-1}$ | 在铝中最大溶解度 /% | 序号 | 元素符号 | 密度 /g·cm$^{-3}$ | 熔点 /℃ | 沸点 /℃ | 蒸发热 /J·mol$^{-1}$ | 在铝中最大溶解度 /% |
|---|---|---|---|---|---|---|---|---|---|---|---|---|---|
| 1 | Si | 2.33 | 1410 | 2355 | — | 1.65 | 17 | Cd | 8.64 | 320 | 765 | 765 | 0.47 |
| 2 | Fe | 7.86 | 1535 | 2750 | 340 | 0.052 | 18 | Ga | 5.90 | 29 | 2403 | 2403 | 20.0 |
| 3 | Mn | 7.20 | 1244 | 1962 | 224 | 1.82 | 19 | Sb | 6.68 | 630 | 1750 | 175.0 | <0.1 |
| 4 | Cu | 8.92 | 1083 | 2567 | 306 | 5.67 | 20 | Ca | 1.54 | 839 | 1484 | 1484 | <0.1 |
| 5 | Ni | 8.90 | 1453 | 2732 | 374 | 0.05 | 21 | Sr | 2.60 | 769 | 1384 | 1384 | — |
| 6 | Ti | 4.50 | 1660 | 3287 | — | 1.00 | 22 | B | 2.60 | 2300 | 2550 | — | <0.001 |
| 7 | Cr | 7.20 | 1857 | 2672 | 221 | 0.77 | 23 | Na | 0.97 | 97 | 882 | 99.23 | <0.003 |
| 8 | Zr | 6.49 | 1852 | 4377 | — | 0.28 | 24 | As | 5.72 | 817 | 613 | — | — |
| 9 | V | 5.96 | 1890 | 3380 | — | 0.60 | 25 | Ce | 6.65 | 798 | 3257 | — | — |
| 10 | Mg | 1.74 | 648 | 1090 | 127 | 14.9 | 26 | Li | 0.53 | 180 | 1347 | — | 0.15 |
| 11 | Be | 1.85 | 1278 | 2970 | — | 0.036 | 27 | Co | 8.9 | 1495 | 2870 | — | <0.02 |
| 12 | Zn | 7.14 | 419 | 907 | 120 | 82.8 | 28 | P | 8.9 | 44 | 280 | 53.34 | — |
| 13 | Pb | 11.34 | 327 | 1740 | 180 | 0.15 | 29 | Ag | 10.5 | 961 | 2212 | 251 | 55.6 |
| 14 | Sn | 5.75 | 231 | 2270 | 270 | 0.01 | 30 | Hg | 13.6 | -38 | 356 | 59.03 | — |
| 15 | Bi | 9.80 | 271 | 1560 | 172 | <0.1 | 31 | Sc | 2.98 | 1539 | 2832 | | |
| 16 | In | 7.30 | 156 | 2080 | | 0.17 | 32 | Al | 2.7 | 660 | 2467 | 291 | — |

D 具有变质作用的化学元素较后加入

常规铝合金熔铸过程中,变质处理是在精炼之后、浇注之前进行,因此对于在铝液中具有变质细化作用的Bi、P、Sr、Be、Sb、Na等化学元素须较后加入,较好地发挥其变质作用。如此操作有利于铝合金标样铸锭的结构致密、组织细化及成分均匀。

E 化学活泼性强、易烧损的元素后加入

化学元素在合金熔炼过程中的烧损可分为两部分:氧化烧损和挥发烧损。元素氧化烧损的大小主要取决于元素与氧的亲和力和元素表面氧化膜的性质。化学元素与氧的亲和力大,且其氧化膜呈疏松多孔状,则其氧化烧损大。氧化膜的性质主要是其致密度,即用氧化膜致密度性系数 $\alpha$ 来衡量。当 $\alpha>1$ 时,生成的氧化膜一般致密、连续,有保护性作用,氧在这种膜内扩散会遇到较大阻力,元素不易氧化;当 $\alpha<1$ 时,生成的氧化膜疏松多孔,无保护性,元素氧化较快。高温熔炼时会导致有效元素成分的挥发损失,其挥发能力可用其蒸气压或沸点来判断,一般蒸发热小、沸点低的金属较易挥发。

Mg、Li、Na、Ca、Zn等化学元素蒸发热小(均小于150kJ/mol),沸点低,易于挥发;另外它们的化学活性强,与氧的亲和力大,且 $\alpha<1$,故在熔炼中氧化烧损大,这些都不利于熔体元素含量的调整,须后加入。而Cd、Sb、Pb、Bi等元素虽然化学活性不强,但是其蒸发热较小(100~180kJ/mol),容易挥发损失,因此应较后加入到铝熔体中。

F　密度很小或很大的元素较后加入

密度明显小于铝的一些化学元素(如 Be、Na、Li 等)在加入之后容易处在铝熔体上层,与空气中的氧、水蒸气发生反应而损耗的概率较大,宜较后加入。密度很大的元素(如 Pb 等),易在铝熔体中沉底而产生标样铸锭成分偏析,也不宜较早加入。

G　有些元素的含量能通过其他元素加入得到补偿,这些元素较先加入

有些元素会因其他元素的加入而增加,例如 Si、Fe、Cu 等是工业纯铝中常见的杂质元素,在铝和其他元素形成的中间合金中必然普遍存在,因而熔炼过程中中间合金的加入会在一定程度上增加 Si、Fe、Cu 等元素的质量。如果较早加入这些元素,那么随着铝中间合金的加入能弥补由于烧损导致的质量减小,有利于铝合金标样铸锭的化学成分控制。

H　有毒性元素较后加入

一些有毒性元素(如 Cd 等)加入铝液时要开风机抽走毒气,为了减轻它们对工作环境的污染、对操作者的危害以及节约能源,在其他条件等同的情况下,这些元素要较后加入。

上述化学元素加入的基本原则的优先级随其序号的增加依次降低。有些元素的加入可能同时涉及多项原则,须根据这些原则的优先级别加以综合权衡考虑,最后确定出这些元素的加入及调整顺序。

#### 2.4.2.3　分步调整化学成分方法在标准样品研制过程中的应用

分步调整化学成分方法是根据各元素的理化性质,分几步调整,直到各元素全部达到设计成分。具体操作方法如下:

第一步:先调整以中间合金形态加入的熔点较高、密度较大、难挥发和含量较高的元素,如 Si、Fe、Cu、Mn、Zr、Ti、V、Cr、Co、Ce 等。

第二步:调整以纯金属形态且密度较大的元素,如 Zn、Sb、Pb、Sn、Bi 等,并调整第一步已经调整过的元素(精调)。

第三步:调整熔点较低、密度较大的元素,如 Ga、Cd 等,并调整第二步已经调整过的元素(精调)。

第四步:调整密度较小、易烧损的碱土金属元素,如 Mg、Ca 等。

第五步:调整 Li、Na 等碱金属元素。

第六步:调整特殊元素,如 P、Sr(这些元素为变质处理用)。

#### 2.4.2.4　采用分步调整化学成分方法的几点说明

(1) 进行下一步调整的元素不能对以前调整好的元素成分有明显的影响。

(2) 各元素先后调整顺序:各元素调整顺序与各元素加入顺序相同,先加入先调整,后加入后调整。

(3) 各元素加入和调整顺序与其理化性质(熔点、密度、化学活性、沸点、挥发性及在铝中的溶解度)有关,各元素理化性质见表 2-14。

(4) 各元素加入和调整顺序与加入方法(含加入物质形态)有关,各元素加入方法见表 2-15。

**表 2-14 铝合金中各元素加入方法**

| 序号 | 元素 | 加入物质 | 加入方法 | 备注 |
|---|---|---|---|---|
| 1 | Si | Al-20%Si<br>结晶硅 | 低硅($w(Si) \leqslant 6\%$)以下用 Al-Si 随炉料一起加入;<br>高硅($w(Si) > 6\%$)用结晶硅加入,先熔化 50% 的铝,然后加入块状(30~50mm)结晶硅,搅拌使铝把硅包裹好并升温熔化 | $w(Si) > 6\%$ 时,要进行扩散熔炼及 Al-Sr 变质处理;<br>$w(Si) > 14\%$ 时,用特殊变质剂;<br>P-复合变质剂(P-Cu,Al-P,Al-Sr) |
| 2 | Fe | Al-15%Fe | 随炉料一起加入 | 当 $w(Fe) \leqslant 0.3\%$ 时,精调整成分时加入 |
| 3 | Mn | Al-15%Mn | 随炉料一起加入 | 当 $w(Mn) \leqslant 0.2\%$ 时,精调整成分时加入 |
| 4 | Cu | Al-40%Cu | 随炉料一起加入 | 当 $w(Cu) \leqslant 0.5\%$ 时,精调整成分时加入 |
| 5 | Ni | Al-20%Ni | 随炉料一起加入 | 当 $w(Ni) \leqslant 0.1\%$ 时,精调整成分时加入 |
| 6 | Ti | Al-4%Ti<br>Al-5%Ti-1%B | Al-4%Ti 随炉料一起加入;<br>Al-5%Ti-1%B 出炉前加入 | 当 $w(Ti) \leqslant 0.1\%$ 时,精调整成分时加入 |
| 7 | Cr | Al-4%Cr | 随炉料一起加入 | 当 $w(Cr) \leqslant 0.1\%$ 时,精调整成分时加入 |
| 8 | Zr | Al-4%Zr | 随炉料一起加入 | 当 $w(Zr) \leqslant 0.1\%$ 时,精调整成分时加入 |
| 9 | V | Al-4%V | 随炉料一起加入 | 当 $w(V) \leqslant 0.1\%$ 时,精调整成分时加入 |
| 10 | Mg | 纯 Mg | 扒渣后加入 Mg,同时用 2 号熔剂覆盖住 | 当 $w(Mg) \geqslant 3\%$ 时,加 Al-Be,防止 Mg 烧损 |
| 11 | Be | Al-4%Be | 加 Mg 后立刻加入 Al-Be | Be 易烧损,实收率低且不易控制 |
| 12 | Zn | 纯 Zn | 铝熔化后加入 Zn,搅拌,防止 Zn 沉底 | |
| 13 | Pb | 纯 Pb | 铝熔化后加入 Pb,搅拌,防止 Pb 沉底 | |
| 14 | Sn | 纯 Sn | 铝熔化后加入 Sn,搅拌,防止 Sn 沉底 | |
| 15 | Bi | 纯 Bi | 铝熔化后加入 Bi,搅拌,防止 Bi 沉底 | |
| 16 | Cd | 纯 Cd | 用铝箔包裹,置于样勺中,待铝熔化后加入,搅拌,防止沉底 | Cd 有毒,加入时要开风机抽走毒气 |
| 17 | Ga | Ga | 用铝箔包裹,置于样勺中,待铝熔化后加入,搅拌 | Ga 熔点很低,用热水加入盛 Ga 的塑料瓶至 Ga 熔化。然后倒入冷水中,称重 |
| 18 | Sb | 纯 Sb | 待铝熔化后加入 Sb 或用铝箔置于样勺中加入,搅拌,使之均匀 | |
| 19 | Ca | Ca-30%Al | 待其他元素调整好后,在 830~850℃下,将 Ca-Al 置于样勺中,用覆盖剂覆盖 | 实收率低且不易控制 |
| 20 | Sr | Al-10%Sr | 待其他元素调整好后,再加入 Al-Sr,用熔剂覆盖。当 Al-Sr 加入量大于 1.0kg 时,可分两次加入 | Al-Sr 为高硅合金变质剂,实收率低且不易控制。Sr 的实收率约为 30%~50% |
| 21 | B | Al-5%Ti-1%B | 加入 Al-Ti-B,与铸造时间不要间隔太长,加入温度 830~850℃ | 铸造时,尽量增加流槽中液体深度,减小表面积且注意保温 |
| 22 | Na | 纯 Na | 把 Na 置于铝锭空洞中,封固后加入铝液中 | Na 实收率很低且 Na 易燃,遇水易爆;用煤油保护 |
| 23 | As | Cu-As | 异基体加入法。用铝箔包裹 Cu-As,温度不要太高,防止 As 升华 | As 易升华,有毒,用排风机把毒气抽走 |

续表 2-14

| 序号 | 元素 | 加入物质 | 加入方法 | 备注 |
|---|---|---|---|---|
| 24 | Ce | Al-4.5% Ce（或 Al-10% RE） | 可随炉料一起加入 | $w$(Ce)≤0.1%，精调时加入 |
| 25 | Li | 纯 Li | 待其他元素全部调整好后，最后加入。铝箔包裹，用（LiCl + LiF）覆盖住，连同流槽中液面都覆盖住，直至铸造完 | Li 易氧化，注意保存。开封后的 Li 放在干燥器中，并充氩气封存好 |
| 26 | Co | 纯 Co 或 Al-Co 中间合金 | 先把铝熔化后升温至 1100℃，加入 Co 搅拌。在 750~760℃时加入 Al-Co | 自制 Al-2% Co 中间合金 |
| 27 | P | Al-5% P<br>10% P-Cu | 待其他元素调整好后再加 Al-P，加入后用 2 号熔剂覆盖住。<br>10% P-Cu 颗粒状（异基体加入法） | P 易燃，易挥发，加入后搅拌均匀，立刻铸造。P 实收率低且不稳定；<br>Al-P 易产生 P 的富集；<br>用 P-Cu 均匀些 |
| 28 | Hg | $HgCl_2$ | 异基体加入法。在低温下，铝箔包裹置样勺内压入铝液中 | Hg 有毒，注意排风；Hg 实收率低且不易控制 |
| 29 | Ag | 纯 Ag | 把 Ag 条加入铝水样勺中，不断移动 Ag 条直至熔化，再倒入坩埚中 | 纯 Ag 价格十分昂贵，要把废料保管好 |
| 30 | In | 纯 In | 待铝熔化后加入，搅拌，防止 In 沉到炉底 | |
| 31 | Sc | Al-2% Sc | 用 Al-2% Sc 或含 Sc 的废料加入 | Al-2% Sc 价格十分昂贵，要把废料保管好 |
| 32 | Al | 97 铝锭、98 铝锭和高纯铝 | 烘炉后加入，同时要加入一定量的覆盖剂 | |

注：表中元素含量均为质量分数。

**表 2-15 基准曲线实验数据**

| 标准号 | 000 | 04 | 101 | 109 | 901 | 902 | 903 | 904 |
|---|---|---|---|---|---|---|---|---|
| 浓度($C$)/% | 0 | 0.11 | 0.61 | 0.93 | 1.34 | 1.74 | 2.33 | 3.60 |
| 平均读数/μA | -0.2 | 1.6 | 8.6 | 12.8 | 20.4 | 23.3 | 32.2 | 5.03 |
| 平均时间/s | 15 | 15 | 16 | 18 | 18 | 18 | 19 | 21 |

（5）各元素在铝中的溶解作用可用元素与铝的合金相图来确定。通常与铝形成易熔共晶的元素易溶解；与铝形成包晶转变的，特别是熔点相差大的元素难以溶解。一般分三种情况：一是 Mg、Zn、Cu、Li 等元素较易溶解在铝中；二是 Si、Fe、Be 等元素溶解很慢，需要较长时间才能完全溶解；三是 Ti、Zr 等元素很难在铝中溶解，必须以中间合金加入。

（6）加入顺序与挥发性有关：不易挥发的元素（如 Cu、Cr、Fe、Ni、Ti、Si、V、Zr 等）先加入；中度挥发的元素次之；易挥发的元素（如 Mn、Li、Mg、Zn、Na、Ca 等）最后加入。

（7）其他：碱土金属、碱金属后加入；加入量大的元素先加入，加入量小的元素后加入；起变质作用的元素出炉前加入；Be 与 Mg 一起加入。

（8）对于 As、Hg、P、Li、Na 等特殊元素的加入和调整，为了减少挥发和烧损，可按计算量加入。

（9）最后调整时，要兼顾对前面调整的各元素进行微调。

（10）调整化学成分是根据炉前取样结果进行补料或冲洗，可本着只补料不冲淡的原则，尤其是精确调整时更应如此。

（11）要有合适的内控标样（如没有则要制备），供制定炉前分析规程用。

（12）具体分几步，要根据各种标样所含的元素多少、理化性质和实际情况等综合考虑。

#### 2.4.2.5 分步调整化学成分方法的应用举例

早在2000年研制 Al－Li 合金标样时，就提出并采用了分步调整化学成分法制备标样铸锭。在制备 Al－Li 合金标准样品铸锭时，采用四步法调整标样铸锭的化学成分，制备出符合设计要求的标样铸锭。

第一步为调整 Si、Fe、Cu、Mn、Ti、Cr 和 Zr 等9个元素的化学成分：对铸锭和 Al－Si、Al－Fe、Al－Cu、Al－Mn、Al－Ti、Al－Cr 和 Al－Zr 中间合金按成分下限加入，待熔化后取样分析，根据分析结果补料，再取样分析，直至符合要求。

第二步为调整 Zn 和精调第一步的各元素：按设计成分下限加入 Zn，取样分析，补料，再分析，直至符合要求。

第三步为调整 Mg 和精调第一、二两步的各元素：加 Mg，取样分析，补料，直至符合要求。

第四步为调整 Li 及精调前三步各元素化学成分：加 Li，取样分析，补料，再分析，直至各元素全达到设计要求。至此，完成了标样铸锭的制备工作。

### 2.4.3 用基准曲线法控制特殊元素化学成分

#### 2.4.3.1 问题的提出

基准曲线法是国外先进厂家采用的一种光谱分析的标准化方法。目前国内很少采用这种方法，但基准曲线法是我国光谱分析标准化值得借鉴的一种方法。国外将基准曲线法应用于控制标准样品中特殊元素的化学成分，效果良好。

#### 2.4.3.2 方法原理

基准曲线法是分析曲线与基准曲线之间的记录器读数之差随浓度线性变化，根据基准曲线和分析曲线上两点（由标称标样和空白标样决定）绘制分析曲线。然后根据分析曲线求出未知浓度。

假定记录器读数 $Y$ 与浓度 $C\%$ 的关系为：

已知基准曲线：
$$Y_{基} = F_1(C) \tag{2-11}$$

未知分析曲线：
$$Y_{分} = F_2(C) \tag{2-12}$$

两式相减得
$$\Delta Y = Y_{分} - Y_{基} = F_2(C) - F_1(C) \tag{2-13}$$

要使 $\Delta Y - C$ 满足直线关系，则要求
$$\Delta Y = KC + A \tag{2-14}$$

或
$$Y_{分} = Y_{基} + KC + A \tag{2-15}$$

式中 $K, C$——待定常数。

由于 $Y_{基}$ 是已知的，要求得 $Y_{分}$，只需求出 $K$、$A$，则 $Y_{分}$ 与 $C$ 的关系就确定了。

现在讨论式(2-11)，$\Delta Y = KC + A$，对于 $\Delta Y - C$ 是一直线方程，只需知道两点就可以了。

对于标称标样得到第一点（$\Delta Y_N, C_N$），对于空白标样得到第二点（$\Delta Y_B, C_B$），把两点代入式(2-11)得：

$$\Delta Y_N = KC_N + A$$

$$\Delta Y_B = KC_B + A$$

解方程得：

$$K = \frac{\Delta Y_N - \Delta Y_B}{C_N - C_B} \tag{2-16}$$

$$A = \frac{C_N \cdot \Delta Y_B - C_B \cdot \Delta Y_N}{C_N - C_B} \tag{2-17}$$

将式(2-13)、式(2-14)代入式(2-12)并整理后得：

$$Y_{分} = Y_{基} + \Delta Y_B + \frac{C - C_B}{C_N - C_B}(\Delta Y_N - \Delta Y_B) \tag{2-18}$$

式(2-15)即为基准曲线法的基本公式和原理。由此式可制作出分析曲线或算出分析曲线，进而求出待测试样的浓度。

关于基准曲线法的几点说明：

(1) 基准曲线：由一系列二元合金标样得到的记录器读数与浓度的关系。

(2) 空白标样：其组成与分析试样类似，但不含一个待测元素，或者即使含该元素，含量也很低且已知的标样，每个品种和每个待测元素都分别需要空白标样。空白标样常用纯度大于99.99%的高纯金属代替。

(3) 标称标样：其组成、冶金过程及形状、大小等与分析试样类似。标称标样可使用日常试样，但必须均匀性合格且准确知道其浓度。

(4) 用基准曲线法分析微量或痕量元素较困难。

#### 2.4.3.3　应用举例

用基准曲线法对3004合金的镁元素进行分析试验。根据其含量范围及现有条件，选用Al－Mg系LF2合金的几个标准和其他标样作为Al－Mg二元合金镁的标样进行镁的分析。

A　基准曲线的制作

仪器设备：E556型光电直读仪、FS138型组合光源等。

条件：高压火花对极法，$L = 0.015$ Mh，分析间隔为2.5mm，灵敏度粗调A15级Mg4级，预燃30s，自动曝光，水平8.5级。二元合金标样号为901、902、9.3、9.4、109、101、04、000。每样每次打弧两次，得到两个读数，重复三次，共有6个读数，取平均值。最后以读数$Y-C$为坐标画曲线，即为基准曲线。

B　绘制分析曲线

用空白标样802、标称标样3004打弧并记录读数，每次得到两个读数，取平均值。其他条件同上。

根据式(2-15)，算出对应$C_1 = 0.5$，$C_2 = 1.0$，$C_3 = 1.5$各浓度的读数，然后把这三点画在$Y-C$坐标上，最后把$(C_1, Y_1)$、$(C_2, Y_2)$、$(C_3, Y_3)$及$(C_B, Y_B)$、$(C_N, Y_N)$共5点连成曲线，即为分析曲线。

C　分析举例

对1号样进行了数次分析，即求出分析曲线上对应于试样读数的未知浓度。这里是把试样与空白标样、标称标样同时在每次操作中完成。试验结果如下：

（1）基准曲线：根据表2-15实验数据制作基准曲线（见图2-7）。

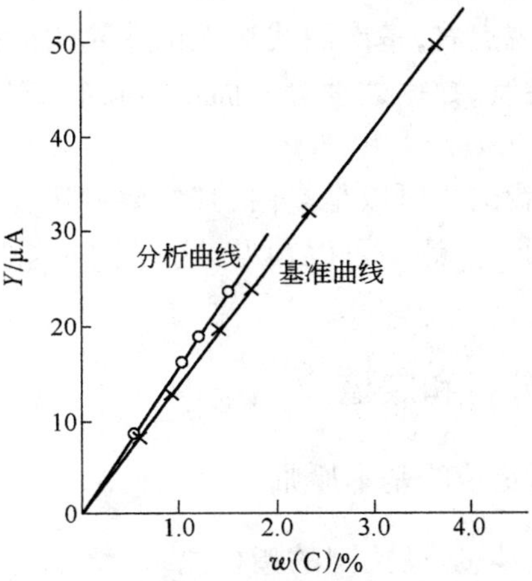


图2-7　镁的基准曲线和分析曲线

从基准曲线上可求出：对应于 $C_N(1.21)$、$C_B(0.061)$、$C_1(0.5)$、$C_2(1.0)$、$C_3(1.5)$ 的读数分别为 $Y_{N0}(17.8)$、$Y_{B0}(1.0)$、$Y_{10}(7.6)$、$Y_{20}(14.9)$、$Y_{30}(21.7)$。

（2）绘制分析曲线及实例分析。对1号样品分析6次，实验数据如表2-16所示。表中 $Y_1$、$Y_2$、$Y_3$ 按下式计算。

**表2-16　基准曲线实验数据**

| 分析次数 | $Y_N$ | $Y_B$ | $\Delta Y_N$ | $\Delta Y_B$ | $\Delta Y_N-\Delta Y_B$ | $Y_1$ | $Y_2$ | $Y_3$ | $Y_X$ | $C_X$/% |
|---|---|---|---|---|---|---|---|---|---|---|
| 第一次 | 19.3 | 0.85 | 1.5 | -0.15 | 1.65 | 8.1 | 16.1 | 23.6 | 17.0 | 1.06 |
| 第二次 | 19.1 | 0.80 | 1.3 | -0.20 | 1.50 | 8.0 | 16.0 | 23.4 | 15.3 | 0.96 |
| 第三次 | 19.5 | 0.80 | 1.7 | -0.20 | 1.90 | 7.9 | 15.4 | 23.9 | 15.0 | 0.99 |
| 第四次 | 18.4 | 0.90 | 0.6 | -0.10 | 0.70 | 7.9 | 15.4 | 22.5 | 15.0 | 0.98 |
| 第五次 | 18.6 | 0.80 | 0.8 | -0.20 | 1.00 | 8.0 | 15.0 | 22.8 | 14.8 | 1.02 |
| 第六次 | 18.5 | 0.85 | 0.7 | -0.15 | 0.85 | 8.0 | 15.4 | 22.6 | 15.7 | 1.05 |

$$Y_i = Y_{i0} + \Delta Y_B + \frac{C_i - C_b}{C_N - C_b}(\Delta Y_N - \Delta Y_B) \quad (i=1,2,3) \tag{2-19}$$

以 $Y-C$ 各对应点连线曲线即为分析曲线（见图2-7）。再从分析曲线上求出1号样的浓度，其平均值 $\overline{C_X}=1.01\%$，标准偏差为0.037%，波动系数为3.70%。

D　结论

（1）用基准曲线法与现行分析法及化学分析法所得结果完全一致，如表2-17所示。

**表2-17　比较结果**

| | | | |
|---|---|---|---|
| 基准曲线法结果（质量分数）/% | 1.01 | 化学法结果（质量分数）/% | 1.03 |
| 现行光谱法结果（质量分数）/% | 1.04 | | |

（2）基准曲线法所用标称标样3004号是从日常分析试样中得到的，因此它的组成和冶金过程等均与试样相似，可消除共存元素和组织结构的影响。

（3）从光谱分析标准化观点看，基准曲线法无论在简化标样数目、种类方面还是在使用计算机存储曲线、过程自动控制、数据处理等方面都有现行方法无可比拟的优点，从而可大大加速我国的标准化工作。

（4）基准曲线法目前在我国之所以是空白，其主要原因是没有制作基准曲线用的二元合金标样，以及计算机的应用不广泛。可以预见，这两个问题的解决将使基准曲线法得到广泛的应用。

## 2.5 铝合金标准样品的分析和定值

### 2.5.1 铝合金标准样品分析定值的基本原则

铝合金标准样品的定值结果是最关键的指标之一，给出的标准值必须准确可靠。GB/T 15000《标准样品工作导则》和YS/T 409—1998《有色金属产品分析用标准样品技术规范》规定如下。

#### 2.5.1.1 定值的一般原则

A 一般概念

标准样品定值是采用技术上正确的方法，确定物料的一个或多个测定值的程序，此程序最后产生标准样品证书或文件。

B 定值方式

标准样品定值一般采用测定法来进行。

采用测定法定值的方式很多，其中主要有以下三种：

（1）在一个实验室中用一种权威测定法（或称绝对测定法或称定义法）进行测定；

（2）在一个实验室中用两种或两种以上准确可靠的方法进行测定；

（3）多个实验室采用一种或多种准确可靠的方法协作进行测定。

以上方法可以单独采用，也可以合并采用。具体采用何种方式，标准样品的研制单位应根据标准样品的类型、其最终使用要求、参加协作实验室的技术水平以及所用测定方法的精度等方面的情况加以选择。

C 标准值及其不确定度

任何测定都会存在误差。因此，性能的标准值并不是性能的真值，它只代表真值的目前最佳估计值。标准值偏离真值不应超过陈述的测定不确定度。

标准值的不确定度表示该标准值的优劣程度，不确定度通常是由下列几种成分组成的（其中有的是以数据为依据的，而有的则没有数据作保证）：

（1）根据数据和统计计算而得出的平均值测定误差限的置信度；

（2）根据数据和统计计算而得出的物料不均匀性的统计容许限；

（3）由实验室之间和（或）操作者以及测定方法之间变化引起的偏差；

（4）根据经验和判断（换言之，没有数据或数据不足作统计计算）所得的、已知可能的系统误差来源的估计界限的合成值（绝对值或者平方和的平方根）。

不确定度可以有许多不同的表达方式,这取决于标准样品是怎样研制的,承担工作的人员情况以及标准样品的预期用途,但不论采用何种表示方法,它所说明的内容都应是不含糊的,有意义的并包含着适用于用户的所有信息。

D 参考值

物料经测定后有时可能得到一些不具备标准值水平的标准样品性能数值,但这对用户尚有参考价值,应予以说明。若该值的可靠性更差,可用信息值发布,但必须有明确的说明。

#### 2.5.1.2 一个实验室定值

A 用权威测定法定值

权威测定法是一种具有严格的理论基础和高精密度水平的测试方法。它对性能的测定,或者基于基本测量单位进行直接测定,或者基于通过物理或化学理论而建立起来的准确数学方程而间接联系到基本单位进行测定,具有可忽略的系统误差。

用权威法定值的实验室应当是该项工作的权威实验室或公认的高水平实验室。

用权威法定值一般要求由两个或多个具有熟练的操作技巧和试验经验的人员独立进行操作,而且最好使用不同的实验设备。

B 平均值的置信区间

a 概念

当物料的不均匀性与分析误差相比较小到可忽略时,对标准样品的定值性能来说,其所有单元可视为具有同样的值,于是每一个单元的值均与所有单元的平均值一致。因此,需要确定平均值的不确定度。在这种情况下,测定误差是不确定度的主要来源,而非这种不确定度最常用的方法即是平均值的置信区间。

b 统计计算

设被测性能的 $n$ 次独立测定得到的数据为:11,12,13,…,1$n$,那么该性能的平均值置信区间具有下列形式:

$$\overline{X} \pm t_{a(n-1)} \frac{S}{\sqrt{n}} \tag{2-20}$$

$$\overline{X} = \frac{1}{n} \sum_{i=1}^{n} X_i \tag{2-21}$$

$$S = \sqrt{\frac{\sum_{i=1}^{n} (X_i - \overline{X})^2}{n-1}} \tag{2-22}$$

式中,$t_{a(n-1)}$ 表示 $t$ 分布表中显著性水平 $\alpha$、自由度 $n-1$ 时的 $t$ 值,称为 $t$ 分布的置信系数。

c 数据的变换

在某些情况下,为了满足正态分布误差的假定,需要将数据加以变换(例如取对数),然后求出变换后分布的平均值和标准偏差,最后将上述的平均值和标准偏差变换成原分布的值,以得到置信区间。另外,如经过变换仍不能满足正态分布的要求,则可采用强的或非参数的统计过程,以得到待测性能数值的有效置信区间。

C　统计容许区间

a　概念

当物料的不均匀性与分析误差相比较不可忽略时，对于标准样品的制定性能来说，单元与单元之间稍有变化，但这种变动性还不至于影响材料的预定用途。在这种情况下，可以用统计容许区间来描述单元与单元材料的变差范围。

b　统计计算

设I1，I2，…，In 为 $n$ 个不同单元得到的独立数据，那么统计允许区间具有下列形式：

$$\overline{X} \pm KS \tag{2-23}$$

$$\overline{X} = \frac{1}{n}\sum_{i=1}^{n} X_i$$

$$S = \sqrt{\frac{\sum_{i=1}^{n}(X_i - \overline{X})}{n-1}} \tag{2-24}$$

式中，$K$ 为与测定样本数 $n$、置信概率 $P_c$ 和允许概率 $P_t$ 有关的参数，称为正态分布的双边允许限因子。

c　数据的变换

当数据需要进行变换以满足正态分布误差的假定时，可参照上述数据的变换。

2.5.1.3　多个实验室协作实验定值

A　一般概念

由多个实验室协作进行标准样品定值，即由参加实验室构成一个总体、一个测试体系，要求各实验室在测定标准样品性能数值方面具有同等测试技术水平，所提供的结果具有合格的准确度，自然各独立结果之间的差异都是可统计的。

采用多个实验室协作定值，一般均将每个实验室的平均值作为该性能的无偏估计，各实验室平均值的总平均值作为该性能的最佳估计值。然而，在很不规则分布的情况下，则可使用一个更强的统计量，如中位数、调和平均值等。

在实际工作中，能参加协作定值的实验室数目是有限的，因此，在大多数情况下，不能完全执行随机设计模式。

B　一般程序

多个实验室协作进行标准样品定值的一般程序如图 2-8 所示。

程序的每一个阶段均有不同的判断标准，只有在它们得到满足后，才可进行下一阶段。

C　实验室协作计划

实验室协作计划必须有清楚的目标、有效的设计和高效率的组织。计划的内容应包括时间安排、参加实验室的数目、测定样品单元数、每一单元重复测定次数、测定方法及如何报出结果等。

a　时间安排

计划组织者必须规定分送样品和报出结果的时间。

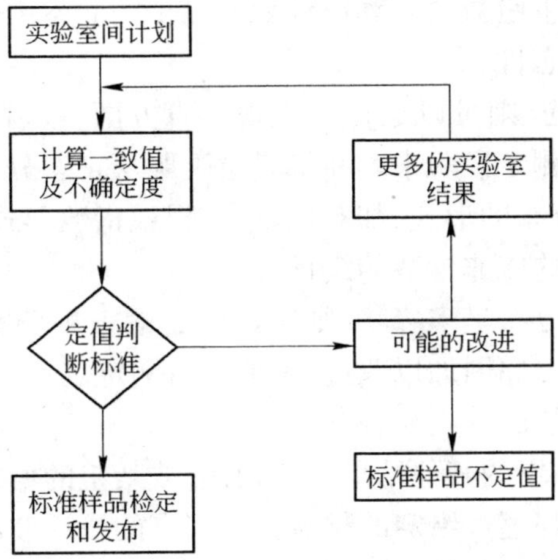


图 2-8 多个实验室协作定值程序

b 参加实验室的数目

参加协作的实验室数目将因测定过程的复杂程度不同而异。过程越复杂,可以预料实验室间的变差越大,因而要得到具有预定精度的一致值,就需要增加参加实验室的数目。然而,过程越复杂,往往有能力完成该过程的实验室越少。

一般情况下,参加实验室的数目以 8 ~ 10 个为宜。在条件不允许的情况下,可以适当减少,根据各个行业实际需要补充决定实验室数目,但按测定方法统计报出的独立测定结果的组数不得少于 8 组。

c 测定样品数及测定次数

每个参加实验室测定一个样品。独立测定次数不得少于 4 次。

d 测定方法

性能的测定应优先采用相应的国家标准或行业标准的分析方法。如没有相应的国家标准或行业标准分析方法,则可选择相应的已被确认是准确可靠的方法。

e 报告结果

各参加实验室报出结果时,应报单个独立结果,而不应报结果的平均值。所报结果的有效数字位数也应按照计划的规定。此外,还应报告使用的测定方法。如果使用的是非标准方法,那么最好还要较详细地报告方法要点及参考文献。

D 结果的初步处理

各参加实验室提供的结果按下述程序处理:为处理方便及供将来参考,应将各实验室提供的所有数据按性能分类列表汇总。表中应标明实验室名称和测定方法或它们的代号、独立结果、平均值等项目。

当一个参加实验室提供按不同测定方法的两组或两组以上的数据时,则每一组都应独立看待,即另一组可当作来自另一实验室的结果。为了后续数据处理的方便,每一种方法报出的单个结果数目应相同。

a 检验和处理技术原因界外值

在进行统计估计之前,必须从技术上审查是否有不符合要求的结果。如有不符合要求的结果,则应通知有关实验室查明原因进行复查,重新报出结果。如仍为界外值,则应剔除。

在剔除界外值后，剩下的结果组数必须和原计划的最少实验室个数一致。

b 考察结果分布的正态性

如果结果分布是单峰的，则可以通过直观观察直方图，或者采用 GB/T 4882 规定的正态检验方法，或者根据有关测定经验来判断结果是否服从正态分布。在一些情况下，结果必须转换成另一种服从正态分布的形式，如对数、平方根或指数形式；如经过变换，仍不能满足正态分布要求，则可采用强的或非参数的统计过程。

如果结果比较分散，其分布呈多峰状，则应该认真检查每个实验室所使用的测定方法、测定条件以及操作过程，找出原因加以改进，重新进行测定。

c 检验和处理统计界外值

如某个结果的偏差和该组的其他结果偏差相比，或某组的偏差和其他各组的偏差相比，不论是精密度还是准确度，都超过给定的频数分布固有的统计波动容许值时，则此单个结果或此组结果应怀疑为统计界外值。

统计界外值的判断和处理按 GB/T 4883 进行。

E 统计计算

设 $X_i$ 是实验室 $i$ 报出的第 $j$ 个结果，$P$ 是数据的组数，$n$ 是报出的每组数据的个数，于是，

$$X_i = \frac{1}{n}\sum_{j=1}^{n} X_{ij} \tag{2-25}$$

总平均值：

$$\overline{\overline{X}} = \frac{1}{p}\sum_{i=1}^{n} \overline{X}_i \tag{2-26}$$

总平均值($\overline{\overline{X}}$)的置信区间：

$$\overline{\overline{X}} \pm t_{1-a/2}(P-1)S \tag{2-27}$$

式中，$t_{1-a/2}(P-1)$是自由度$(P-1)$的 $t$ 分布的 $1-a/2$ 分位数。

F 定值结果的表示

（1）标准值修约按 GB/T 8170 进行。标准偏差按只进不舍的原则进行修约，其位数对齐，一般保留 1 ~2 位有效数字。

（2）定值结果由标准值和不确定度组成，可按下列方式之一表示：

1）用标准值和置信区间表示；

2）用标准值和统计容许区间表示；

3）将每个实验室、每个测定方法测试次数的平均值视为单次测定值。定值结果用标准值和该单次测试值的标准偏差表示，同时给出参与定值的测试数据组数。

### 2.5.2 铝合金标准样品分析定值方法

#### 2.5.2.1 铝合金中各元素理化性质

铝合金标准样品中所含元素包括常规的 Si、Fe、Cu、Mn、Mg、Ni、Zn、Ti、Zr、Cr 等 10 个元素和 Ga、V、B、Be、Pb、Sn、As、Bi、Ag、Ca、Na、Li、Hg、Co、P、Sb、Sc、Sr、In、Ce、Cd 等 21 个非常规元素。各元素性质不同，含量相差悬殊，有的元素含量在 $1\times10^{-4}\%$ 数量级，有的元素含量高达 20% 以上，其分析定值方法也各不相同。其理化性质见表 2-13。

在确定分析方法时，首先，必须参照 GB/T 3190—2008（铝合金国家标准化学分析方法）

中所阐述的分析方法对各元素进行分析定值；其次，对于国标中没有的分析方法和超过国标分析范围的元素就必须采用非常规分析手段，通过大量的试验研究，确定出准确可靠的分析方法。这也是分析定值的最大难点之一。

#### 2.5.2.2　常规元素分析方法

如2.5.2.1节所述，标准样品中常规元素包括Si、Fe、Cu、Mn、Mg、Ni、Zn、Ti、Zr、Cr等10个元素。由于篇幅所限，我们将在以下章节结合多年分析实践经验对各常规元素以及经常分析的钒和锡两个元素的分析原理及经典分析方法作一简单介绍。

A　硅元素的分析定值方法

硅元素的主要分析方法有硅钼蓝分光光度法、重量法和络合滴定法。应用最为广泛也最为经典可靠的是硅钼蓝分光光度法，它也是国标分析方法，其测定范围为0.010% ~ 20%。20%及以上含量的高硅铝合金可采用重量法和络合滴定法进行测定，但并不常用，分析误差也较大。在此仅对硅钼蓝分光光度法作一简单介绍。其分析原理是：试样用氢氧化钠溶解，硝酸酸化。在酸性介质中，硅酸根离子与钼酸根离子络合生成硅钼络离子，然后在草酸存在下用亚铁离子使其还原为硅钼蓝。在其最大吸收波长处（一般选择680 nm）测定吸光度。

B　铁元素的分析定值方法

铁元素的分析方法主要有邻二氮杂菲分光光度法、原子吸收分光光度法、ICP光度法、EDTA－$H_2O_2$光度法以及碘量法等。常用的分析方法是前两种，其测定范围较宽，为0.005% ~4.5%。而对于含量在10%左右的Al－Fe中间合金，一般会选择采用碘量法进行测定。

邻二氮杂菲分光光度法是分析Fe元素的主要分析方法，也是国标分析方法，其特点是快速、准确、测定范围宽、干扰元素少。其分析原理是：试样在盐酸介质中，在盐酸羟胺存在下，控制试液酸度pH值为3.5 ~4.5，Fe离子将与邻二氮杂菲形成红色络合物，于最大吸收波长510 nm处测定其吸光度。

C　铜元素的分析定值方法

铜元素的分析定值方法很多，经典的分析方法有双环已酮草酰二腙（BCO）光度法、火焰原子吸收光度法、DDTC光度法、ICP光度法以及碘量法（仅适合高含量）等。前几种方法的测定范围为0.005% ~1.0%，范围较宽，碘量法则适合测定1.0%以上含量的铝合金。

BCO光度法是国标分析方法，也是标准样品定值时各家分析单位普遍采用的分析方法。其主要分析原理是：试样用盐硝混酸溶解，在pH值为9的缓冲溶液中，以柠檬酸钠隐蔽其他干扰离子，Cu离子在碱性溶液中与BCO显色生成蓝色络合物，于波长600 nm处测定其吸光度。

D　锰元素的分析定值方法

锰元素的分析方法主要有高碘酸钾光度法、火焰原子吸收光度法、过硫酸铵氧化－高锰酸光度法、ICP光度法以及络合滴定法（仅适合高含量）等。前几种方法分析范围一般为0.005% ~1.0%，络合滴定法适合1.0%以上含量的铝合金。高碘酸钾光度法是常用的分析方法之一，主要分析原理是：试样用盐酸、硝酸、磷酸混合溶解，用高锰酸钾将二价锰氧化为七价，于波长 520 nm 处测定络合物吸光度。该分析方法应严格控制其酸度、高锰酸盐的加入速度以及各种干扰离子的消除。

E 镍元素的分析定值方法

镍元素的分析方法有丁二酮肟分光光度法、火焰原子吸收光度法、ICP 光度法以及 EDTA 返滴定法（仅适合高含量）等。前几种方法测定范围为 0.01% ~2.50%，高含量一般采用测定 EDTA 返滴定法，范围在 10% 左右。丁二酮肟分光光度法和火焰原子吸收光度法是国标中常用的分析方法。丁二酮肟分光光度法的分析原理是：试样用盐硝混酸溶解，在碱性溶液并有氧化剂环境中，Ni 离子与丁二酮肟显色剂显色，并于波长 510 nm 处测定吸光度。

F 镁元素的分析定值方法

镁元素是一种很活泼的元素。对于铝合金标样中低含量镁的测定，一般采用原子吸收分光光度法，这也是国标分析方法。

此外，偶氮氯膦 I 光度法也是经典的分析方法之一。偶氮氯膦 I 作为镁离子的灵敏显色剂，稳定性和选择性良好，也被很多实验室采用。其主要分析原理是：试样以盐酸溶解，在适当的酸度范围内，分别加入三乙醇胺、邻二氮杂菲，EGTA、硼砂缓冲液和显色剂，于波长 580 nm 处测定吸光度。测定范围一般为 0.001% ~1.0%。

对于高含量镁，则一般采用 EDTA 络合滴定法，这也是目前国内铝厂炉前普遍采用的分析方法。

G 锌元素的分析定值方法

国标中锌元素的分析方法是原子吸收分光光度法，测定范围为 0.0010% ~1.00%，这也是国内各分析实验室普遍采用的分析方法。而炉前高含量（1.0% 以上）Zn 的分析多采用 EDTA 络合滴定法。

此外，PAN 光度法也是一种较为严谨的分析方法，但因反应复杂、速度较慢，并不常用。其主要分析原理是：在 pH 值为 8 ~10 的氨性溶液中，PAN 与 Zn 离子反应生成难溶于水的红色络合物，再用氯仿、四氯化碳、乙醚、乙酸丁酯等溶液萃取。

H 钛元素的分析定值方法

钛元素的经典检测方法是二安替比林甲烷光度法，测定范围为 0.0010% ~1.0%，也是国标分析方法。其主要分析原理是：试样用盐酸溶解，在硫酸铜存在下，用抗坏血酸将三价铁和五价钒等干扰离子还原。在硫酸介质中，钛离子于二安替比林甲烷显色，于 400 nm 处测定吸光度。

此外，变色酸与四价钛在弱酸性溶液中与钛离子反应生成橙色络合物，也是测定钛的比较灵敏的试剂之一。铝合金常见的合金元素对钛的测定均不干扰，三价铁用抗坏血酸还原后也不干扰测定。

而对于高含量（1.0% 以上）的钛多采用过氧化氢光度法进行测定，该方法简单可行。

I 铬元素的分析定值方法

铬元素是锻铝合金和超硬铝合金中一种常见的添加元素，其化学活性不强，灵敏度不高。对于 0.50% 以下含量常用的分析方法是原子吸收分光光度法、ICP 发射光谱法、硫酸亚铁胺滴定法和二苯偕阱光度法。

原子吸收光度法应采用空气 - 乙炔富燃性火焰。

硫酸亚铁胺滴定法较为粗略,并不常用。其分析原理是:试样用硝硫混酸溶解,在硝酸银存在下,用过硫酸铵将三价铬氧化至六价,加盐酸还原高锰酸为二价锰,以苯代邻基苯甲酸为指示剂,用硫酸亚铁铵标准溶液进行滴定。

二苯偕肼光度法是在微酸性溶液中,六价铬与其反应生成紫红色水溶液络合物。这一反应对测定微量铬也具有较高的灵敏度和选择性。

J　锆元素的分析定值方法

在几种特殊用途的铝合金标样中需添加锆元素作为合金元素,其含量一般不会超过1.0%。其分析定值方法一般采用光度法。其中较为简单的分析方法是偶氮胂Ⅲ光度法。其特点是能够在较强的酸性溶液中进行显色反应,方法的准确性和重现性好,络合物呈蓝色,最大吸收波长665nm。试样用氢氧化钠溶解,加硝酸酸化,在硝酸介质中,加尿素破坏氮氧化物后加入显色剂显色测定其吸光度。

另外,二甲酚橙光度法也是一种常用分析方法。锆元素在酸性溶液中与二甲酚橙反应生成红色络合物,其组成为1:1,最大吸收波长为535~540nm,加入抗坏血酸可有效消除三价铁离子的干扰。

对于4.0%以上高含量锆的分析可采用EDTA滴定法。试样用氢氧化钠溶解,加盐酸酸化,二氯化锡使铁保持二价,以二甲酚橙为指示剂,用EDTA滴定锆。

K　锡元素的分析定值方法

少量的铝合金标样中会含有Sn元素。其主要分析方法是光度法。传统的分析方法是苯基荧光酮光度法。其分析原理是:试样用硫酸溶解,在硫酸介质中,用抗坏血酸还原铁,动物胶为分散剂,苯基荧光酮显色,波长510nm处显色,测定范围为0.005%~0.05%。此外,比较烦琐的光度法还有次磷酸还原-碘酸钾容量法和邻苯二酚紫-十六烷基三甲基溴化铵胶束增溶光度法。二者分析程序较为复杂,并不常用,但其灵敏度和选择性都较好。

L　钒元素的分析定值方法

钒元素的国标分析方法是$H_2O_2$-5-Br-PADAP光度法,测定范围为0.002%~0.50%。试样用氢氧化钠溶解后,硫硝混酸酸化,在酸性介质中,用高锰酸钾将钒氧化为五价,用四乙五胺、柠檬酸铵、CDTA隐蔽干扰离子。用双氧水和5-Br-PADAP显色,于分光光度计598nm处测其吸光度。

对于高含量钒,一般采用硫酸亚铁铵滴定法进行测定。其分析原理是:试样用盐酸溶解,用高锰酸钾将钒氧化至五价,用亚硝酸钠还原过量的高锰酸钾,用尿素破坏剩余的亚硝酸钠。以苯代邻氨基苯甲酸为指示剂,用硫酸亚铁铵标准溶液滴定钒量。

### 2.5.2.3　非常规元素分析方法

非常规元素主要包括Ga、V、B、Be、Pb、Sn、As、Bi、Ag、Ca、Na、Li、Hg、Co、P、Sb、Sc、Sr、In、Ce、Cd等21个元素,其中V和Sn的分析方法已按常规元素作了介绍,在此不再赘述。仅把余下的19个元素的分析原理及方法作一简单介绍。很多元素含量在$1\times10^{-4}$%数量级,而且没有现成的分析方法,分析难度极大。表2-18中,结合实际总结、综合了各家分析单位的分析方法并借鉴了大量分析资料。

表 2-18　非常规元素分析方法及原理

| 序号 | 元素 | 分析方法 | 作用原理 |
|---|---|---|---|
| 1 | Na | AAS 光度法、ICP - AES 光谱法 | 所有水和试剂经过高纯处理,采用标准加入法,利用 Na 原子吸收原理测定吸光度,并利用等离子发射原理测定其强度 |
| 2 | Sc | ICP - AES 光谱法 | 利用等离子发射原理测定其强度 |
| 3 | P | 乙酸丁酯萃取光度法 | 在硝酸介质中,利用乙酸丁酯萃取磷钼黄。用氯化亚锡还原,测定其吸光度 |
| 4 | Co | AAS 光度法、ICP - AES 光谱法 | 所有水和试剂经过高纯处理,采用标准加入法,利用原子吸收原理测定吸光度;利用等离子发射原理测定其强度 |
| 5 | In | 乙基紫分光光度法 | 在特定介质中,利用乙基紫和 In 之间的显色原理测定吸光度 |
| 6 | Bi | 马钱子碱分光光度法 | 在特定介质中,利用马钱子碱和 Bi 之间的显色原理测定吸光度 |
| 7 | Ag | AAS 光度法、ICP - AES 光谱法 | 所有水和试剂经过高纯处理,采用标准加入法,利用原子吸收原理测定吸光度,并利用等离子发射原理测定其强度 |
| 8 | Ca | AAS 光度法、ICP - AES 光谱法 | 所有水和试剂经过高纯处理,加入特殊增敏剂和释放剂,利用原子吸收原理测定吸光度 |
| 9 | Li | AAS 光度法、ICP - AES 光谱法 | 所有水和试剂经过高纯处理,加入特殊增敏剂和释放剂,利用原子吸收原理测定吸光度 |
| 10 | B | 离子选择电极法 | 采用氢氟酸和双氧水等特殊试剂溶解,调节酸度,加入 EDTA 等试剂消除其他干扰离子,利用氟硼酸根离子选择电极测定 |
| 11 | Pb | ICP - AES 光谱法 | 利用等离子发射原理测定其强度 |
| 12 | Ga | 丁基罗丹明 B 萃取光度法 | 以苯萃取 Ga 和丁基罗丹明 B 之间形成的络合物,测定其吸光度 |
| 13 | Sb | 碘化钾光度法 | 利用 Sb 和 KI 在特定酸度和介质中的络合原理,测定其吸光度 |
| 14 | Sr | AAS 光度法、ICP - AES 光谱法 | 所有水和试剂经过高纯处理,采用标准加入法,加入特殊增敏剂和释放剂,利用原子吸收原理测定吸光度,并利用等离子发射原理测定其强度 |
| 15 | Ce | 偶氮氯膦 - MA 法 | 在特定介质中,加入特殊掩蔽剂和显色剂,测定其吸光度 |
| 16 | Be | SCR 光度法 | 在特定介质中,利用 SCR 与铍的显色机理测定其吸光度 |
| 17 | Hg | 冷原子吸收光度法 | 利用冷原子吸收原理测定其吸光度 |
| 18 | As | ICP - AES 光谱法 | 利用冷原子吸收原理测定其吸光度 |
| 19 | Cd | ICP - AES 光谱法 | 利用冷原子吸收原理测定其吸光度 |

## 2.6　铝合金标准样品制备的主要装备

### 2.6.1　熔炼炉

用于标样研制的熔炼炉由于产量小,需要精心操作,设备一般相对简单,多为石墨坩埚。根据所制标样铸锭长度和数量,一般有 500 kg、200 kg、100 kg、80 kg 和 50 kg 容量。熔炼炉和保温炉是同一装置,即火焰反射式固定熔化炉,铸造时通过靠近坩埚底部的流眼靠液位差放出铝液,结构简单,易于操作。

### 2.6.2　铸造机

标样铸锭生产时,采用的是直接水冷(DC)立式半连续铸造机,它可以生产各种合金牌号和规格的标样实心铸锭。

在直接水冷(DC)式铸造中,与铝液接触的结晶器壁带走铝液表面少量热量并形成凝壳,结晶器底部喷射到铝液凝壳上的冷却水(被称为二次冷却水)带走了铝液结晶凝固产生的热量。半连续式铸造机没有锯切机和铸锭输送装置,铸锭铸至最大长度后须终止铸造过程,把铸锭吊离铸造机后,重新开始下一铸造过程。铸造机的牵引动力是钢丝绳。

为了长期稳定地生产出高质量标样铸锭,并且保证铸造过程的安全,委托相关技术人员对铸造系统进行了大量改进。如过程控制器(PLC)已被应用于显示和控制铸造工艺参数,如铸锭长度、铸造速度、冷却水量、铝液温度、铝液流量、结晶器润滑油量、晶粒细化丝的喂入速度等,实现了部分自动化控制。

### 2.6.3 分析仪器

目前,用于标样研制过程化学成分调整控制的仪器主要有光电光谱仪(如 QSG750、ARL4460、日本岛津 PDA6000)、原子吸收光谱仪,ICP 光谱仪等。

### 2.6.4 挤压机

标样研制一般采用 2000t 型油压挤压机,将标样铸锭挤压变形至所需尺寸。

### 2.6.5 其他设备

(1) 钻铣床,用于加工定值样品;
(2) 弓具机,用于锯切成品标样。

## 参考文献


[1] GB/T 15000.1—1994 标准样品工作导则(1). 技术标准中陈述标准样品的一般规定.
[2] GB/T 15000.1—1994 标准样品工作导则(2). 标准样品常用术语及定义.
[3] GB/T 15000.1—1994 标准样品工作导则(3). 标准样品定值的一般原则和统计方法.
[4] GB/T 15000.1—1994 标准样品工作导则(4). 标准样品证书和标签的内容.
[5] GB/T 15000.1—1994 标准样品工作导则(5). 化学成分标准样品技术通则.
[6] GB/T 15000.1—1994 标准样品工作导则(6). 标准样品包装通则.
[7] GB/T 15000.1—1994 标准样品工作导则(7). 标准样品生产者能力的通用要求.
[8] ISO5725:1994 测量方法及结果的准确度(正确度和精密度).
[9] ASTM 标准 E691:1991,采用实验室间合作研究确定检测方法精密度.
[10] ASTM 标准 802:1996,采用实验室间合作研究确定工厂材料检测方法精密度.
[11] ISO Guide 6:1978, Description of reference materials in international standards.
[12] ISO Guide 30:1999, Terms and definitions used in connection with reference materials.
[13] ISO Guide 31:2000, Contents of certificates of references materials.
[14] ISO Guide 32:1997, Calibration in analytical chemistry and uses of reference materials.
[15] ISO Guide 33:2000, Uses of certified reference materials.
[16] ISO Guide 34:2000, General requirements for the competence of reference materials producers.
[17] ISO Guide 35, Cerfication of reference materials , General and statistical principles.
[18] Paul De Bievre, ISO/REMCO 25 years of age ( revisited ), Accreditation and quality assurance, Volume7, Number4, 2002.
[19] N655, Proposed REMCO Business Plan, 2002.

[20] YS/T 409—1998,有色金属产品分析用标准样品技术规范.
[21] 柯瑞华. 试论光谱分析用标准物质标准值的不确定度[C]. 第十一次全国标准物质学术交流会. 1999. 7.
[22] GB/T 3190—1996. 变形铝及铝合金化学成分.
[23] GB/T 1719078—2003. 铸造铝合金锭.
[24] 常文保等. 简明分析化学手册[M]. 北京:北京大学出版社,1983.
[25] 王祝堂等. 铝合金及其加工手册[M]. 长沙:中南工业大学出版社,1989.
[26] 朱学纯. 分步调整化学成分法及在铝标准样品研制中的应用[J]. 有色金属工业质量技术监督,2004(10).
[27] JJF 1059—1999. 测量不确定评定与表示.
[28] GB/T 8170—1987. 数值修约规则.
[29] 朱学纯,范斌. 基准曲线法及应用举例[J]. 轻合金加工技术,1984(11).
[30] 朱学纯等. 提高铝及铝合金光谱标准样品均匀性的探讨[J]. 有色金属工业质量技术监督,2003(6).
[31] 张仕林等. 简明铝合金手册[M]. 上海:上海科学技术文献出版社,2001.

# 3　提高标准样品均匀性的技术

## 3.1　先进的工艺是研制化学成分均匀的光谱标样的关键

### 3.1.1　光谱标准样品（标样）的均匀性是光谱标样最关键的技术指标之一

均匀性的好坏直接影响光谱分析结果的准确性。在GB/T 15000《标准样品工作导则》和YS/T 409《有色金属产品分析用标准样品技术规范》中，都对光谱标准样品的均匀性做了具体规定和要求。

### 3.1.2　先进的工艺是研制化学成分均匀的光谱标样的关键

在光谱标样研制的主要工序中，与均匀性有关的工序有：成分设计、熔炼、铸造、调整成分、切取试片、铸锭检验、均匀化处理、车皮、挤压加工、锯切、均匀性检验和数据处理。对于高硅铝合金标样，均匀性还和变质处理，扩散熔炼等工序有关。每道工序都需要先进的工艺和设备作保障，其中任何一道工序出现问题，都不允许进入下道工序。

### 3.1.3　影响光谱标样均匀性的各种因素及分析

（1）Mg、Li：化学活性强，烧损大，易产生头高尾低等偏析。

（2）Ti、Zr、V：熔点高，在铝中溶解度低，易产生头尾不均匀；尤其是含量高时（超过最大固溶度）更明显；

（3）B：熔点高，且在铝中溶解度很低，易挥发；难以加入铝中，且不均匀；

（4）Na：化学活性很强，密度很小，熔点很低，易挥发，在铝中溶解度极低；勉强加入在铝中，也不易均匀。

（5）As：此元素极易挥发，基本不溶解在铝中。

（6）Ca：密度小，化学活性强，在铝中溶解度很低，易烧损，易产生头高尾低。

（7）Sr 化学活性强，易烧损，在铝中溶解度很低。易产生头高尾低。

（8）Pb、Sn、Bi、Zn、Cd：熔点低，密度大，易产生重量偏析。

（9）Ga：熔点很低（29.78℃），不易加入。

（10）Si：当 $w(Si)\geqslant 6\%$ 时，易产生共晶硅；$w(Si)>14\%$ 时，出现过共晶硅和初结晶硅，晶粒粗大而不均匀。

### 3.1.4　提高各元素在铝中的均匀性的措施

由于各元素理化性质和在铝中溶解度等的不同，因此要区别对待，采取不同措施加以解决。在研制标样过程中，采用如下先进技术和工艺以减少偏析，提高均匀性：

（1）加快冷却速度，阻止结晶过程中晶粒粗大；采用水冷半连续铸造法；适当减小铸锭直径，增加冷却水压力，增加速度等。

（2）加强搅拌，在熔炼和铸造过程中增加搅拌次数以减少重量偏析，对个别元素（如 Pb、Sn、Bi、Zn 等）尤为重要。

（3）增加标样铸锭和挤压棒的去头、切尾长度，以减少密度过高、过低元素的偏析。一般产品去头尾 100～150 mm，而标样铸锭至少去 200 mm，最多去 500 mm。

（4）车皮：为了解决某些元素（如 Cu）径向偏析问题，把铸锭表面车掉 10 mm。这样既可除掉铸锭表面氧化皮、夹杂，又可提高均匀性。

（5）对于高硅铝合金，采用扩散熔炼技术和变质技术，减少粗大过共晶硅和初晶硅的生成，使组织致密。

（6）对标样铸锭进行均匀化处理。采用半连续铸造法浇铸的铸锭一般晶粒粗大，残存内应力和成分偏析。在共晶温度以下（$0.9 \sim 0.95T_M$）进行均匀化处理后，通过高温加热相的溶解和原子的热扩散，减少成分偏析，同时可消除内应力，提高加工性能，为通过挤压工序做好准备。

（7）挤压技术：铸造出的标样铸锭要经过油压挤压机挤压成 $\phi$62 mm 或 $\phi$45 mm 棒材。通过挤压工序研制出的标样经过大变形量挤压，可把粗大晶粒挤碎，使标样化学成分更加均匀，减少头尾和径向偏析。

（8）合理地设计各元素成分：同一个号中要求 $w(\mathrm{Mn+Fe}) \leq 1.4\%$，$w(\mathrm{Mn+Zr}) \leq 0.6\%$，$w(\mathrm{Ti+Zr}) \leq 0.25\%$ 等，超过太多易产生化合物，而不均匀；各元素上限含量不得超过最大固溶度太多，否则也不易均匀。

（9）各元素合理的加入法是保证标样均匀性的重要条件。

光谱标准样品的各元素含量要达到设计成分指标十分困难，尤其是杂质元素含量更难。一是有些杂质在铝中属有害杂质，一般铝合金中不加入，故具体加入方法研究得不多，因此无资料可借鉴；二是有些杂质在铝中溶解度很低，很难加入，但有些特殊用户要求分析，如医药、食品器皿用铝要求 $w(\mathrm{As}) \leq 0.01\%$，反应堆用铝要求 $w(\mathrm{Li、B、Cd}) \leq 0.0001\%$；三是用于配制个别元素的原材料难以选到（如 Na、P、As、Hg）等。

## 3.2 特殊元素的加入技术

通过长期实践，研究出铝及铝合金各种特殊元素的加入技术和方法，包括纯金属加入法、铝中间合金加入法、异基体加入法、化合物加入法、铝箔包裹加入法等。具体加入方法见表 2-14。

## 3.3 工序检验

为了保证研制出的标样均匀性合格，对研制过程中各道关键工序都进行严格检验，合格后方可转入下道工序。

（1）进行标样铸锭检验。标样铸锭的均匀性好坏，是影响研制出标样均匀与否的至关重要工序。可用达威特（DARVID）检验方法检查铸锭径向偏析，用 T 化极差法检验纵向偏析。如果纵向不合格，可再加大切头去尾长度，再检验。如径向不合格，可视情况要么车皮，要么回炉。

（2）均匀化处理后，检验过烧和组织均匀化情况。

（3）对高硅铝合金，变质后检查断口。要求无粗大过共晶硅和初晶硅，组织致密。否则重新进行变质处理。

（4）用极差法检验最后研制出的标样总体均匀性。

（5）对个别不易均匀的元素标样，采用100%挑选法，例如对Al－Fe、Al－Mn等中间合金光谱标样。

## 3.4 提高高硅标样均匀性的技术

### 3.4.1 扩散熔炼技术

根据硅在铝中的溶解理论：当$w(\mathrm{Si}) \leqslant 6\%$时，Si可以完全溶解到铝中；当$w(\mathrm{Si}) = 8\% \sim 10.5\%$时，属亚共晶硅；当$w(\mathrm{Si}) = 11\% \sim 13\%$时，属共晶硅；当$w(\mathrm{Si}) = 16\% \sim 26\%$时，属过共晶硅。在共晶和过共晶的铝硅合金中，还将出现初晶硅。未经变质处理的Al－Si合金，共晶硅呈针状或片状，初晶硅呈粗大多角的板块状，使合金基体严重割裂。变质的目的是使针条状的共晶硅细化为点球状，使几百微米大的初晶硅细化为几十（20～50）微米，分布比较均匀。变质后，改变了共晶硅及初晶硅的生长方向，使硅晶粒细化并分布均匀、组织细密，从而提高力学性能，改善切削性能。对于高硅铝合金，$w(\mathrm{Si}) \geqslant 11\%$时，易产生Si的偏析，尤其是$w(\mathrm{Si}) \geqslant 14\%$时，会产生大量的粗大过共晶硅和初晶硅，使得硅的偏析严重，导致高硅标样中硅不均匀。

各元素在铝中的溶解作用可用铝的合金系相图来决定。通常与铝形成易溶共晶的元素易溶，与铝形成包晶转变的，特别是熔点相差很大的元素难以溶解。如Al－Mg、Al－Zn、Al－Cu、Al－Li等为共晶系，其熔点也较为接近，合金元素较易溶解，在熔炼过程中可直接添加到熔体中；而Al－Si、Al－Fe、Al－Be合金系虽也存在共晶反应，但熔点相差较大，溶解很慢，需要较大的过热才能完全溶解；Al－Ti、Al－Zr、Al－W、Al－Nb等具有包晶型相图，都属难熔金属元素，在铝中的溶解很困难，为了使其在铝中尽快溶解，必须以中间合金形式加入。对于硅元素，由于其在铝中的扩散系数很大，也可直接加入结晶硅。某些元素在铝中的扩散系数（$\mathrm{cm^2/s}$）如下：Ti＝0.66，Mo＝1.38，Co＝0.79，Ni＝1.44，Si＝14.4。根据硅在铝中的扩散系数很大的特性，用直接加入结晶硅，通过长时间（6～8h）扩散熔炼，可保证硅在铝中的均匀分布。一般把铝熔化后，加入结晶硅块20～30 mm，然后进行搅拌，让铝把硅包裹好，过夜。

### 3.4.2 变质技术

#### 3.4.2.1 Al－Si变质的机理

根据熔体的结晶过程，在熔体出现晶核后，晶体长大，液体金属（合金）冷凝结晶为固体时，晶粒大小（$R$）必然取决于成核速率（$N$），成核数（$\mathrm{cm^3 \cdot s}$）和生长率$G$（cm/s）的函数关系：$R = f(N \cdot G)$。实验结果标明：$N$、$G$均随过冷度（$\Delta T$）的增大而增大，但增大速度不同，$N$比$G$快。例如，初晶硅（Si）的变质是由于人工形成的异质晶核（AlP）来促使$N$值增加而实现硅晶粒的细化，而共晶硅则是因变质剂吸附晶核表面，延缓某些晶面的成长速度，即减小$G$来实现硅晶粒的细化。因此，变质剂的作用不是形成异质晶核，而增加成核率就是产生表面吸附效应，抑制晶粒长大，从而使硅晶粒得到细化。

3.4.2.2 Al－Si 合金常用的变质剂

Al－Si 合金随 Si 的增加，其组织中的共晶硅、初晶硅数量也相应增多，当 $w(\mathrm{Si}) > 6\%$ 时，影响材料组织及性能的主要因素是共晶体和初晶硅。一般来说，硅含量在 6% 以下时不用变质处理，大于 6% 时要进行变质处理。常用的变质剂有：对共晶硅有变质作用的元素有 Na、K、Sr、RE、Li、Sb、Bi 等数十种之多；对初晶硅有变质作用的元素有 P、S、As 等。

过共晶 Al－Si 的变质剂：过共晶 Al－Si 的组织由基体共晶体（$\alpha+\beta$）和初晶硅组成，因此除共晶硅变质外，还必须使初晶硅同时变质。由于 AlP、$Al_2S_2$ 及 AlAs 在高温下不分解，它们的晶体和晶格常数与硅很相似，故可成为硅的异质结晶核心。以 P 来变质初晶硅的过共晶 Al－Si 合金的组织，经电镜扫描观察，在初晶硅中间存在的异点，用电子探针分析其成分是 P 和 Al，即硅的异质晶核 AlP。

亚共晶、共晶硅变质剂用钠盐、Al－Sr 等；过共晶（含初晶硅）变质剂用 P、稀土、S、As 等。

### 3.4.3 特殊的挤压技术

一般铝合金标样通过挤压，沿挤压方向产生强度的变形，通过充填、平流阶段、紊流（倒流）三个阶段，可使标样化学成分进一步均匀。然而，对于高硅铝合金，由于铸锭存在粗大的初晶硅、过共晶硅等化合物，这些化合物又脆又硬，加工性能差，不易通过挤压关。合金流变应力的大小决定了变形时所需施加的负荷大小和所需消耗能量的多少，从而影响到加工工艺的制定。变形温度和应变速率是压力加工过程中影响流变应力的重要因素，因此研究变形温度和应变速率对流变应力的影响对指导压力加工过程有重要的理论和实际意义。

经过大量试验研究和生产统计，确定了高硅铝合金的特殊挤压技术及其参数。

（1）Al－Si 高硅铝合金在高温压缩时的流变应力强烈取决于变形温度和应变速率。在同一变形温度下流变应力随应变速率的提高而增大，在同一应变速率下流变应力随温度的上升而减小。在高温压缩变形过程中有明显的动态回复与动态再结晶现象。流变应力经历了过渡变形与稳态变形两个阶段，即流变应力先随应变的增加而迅速升高，出现应力峰值后逐渐下降，后趋于稳态流变应力值，出现近似稳态流变特征。

（2）可采用 Zener－Hollomon 参数的双曲正弦形式来描述 Al－22Si 铝合金高温变形时的流变应力行为；获得的流变应力 $\sigma$ 解析表达式中，$A$、$\alpha$ 和 $n$ 值分别为 $5.75\times1026\mathrm{s}^{-1}$、$0.017086\ \mathrm{MPa}^{-1}$ 和 7.896805；其热变形激活能 $Q$ 为 385.2971 kJ/mol。

（3）合金的变形激活能直接受到变形温度的影响，间接受到应变速率的影响。随着变形温度升高，合金的变形激活能呈现下降趋势；应变速率为 $0.01\sim1\mathrm{s}^{-1}$ 这个区间内，合金的变形激活能先下降后上升。从激活能的角度考虑，并结合真应力－真应变曲线，可以初步确定 Al－Si 的最优的热挤压工艺参数为：$T=400℃$、$\varepsilon=0.1\mathrm{s}^{-1}$。

## 3.5 晶粒细化技术

晶粒细化技术在标样铸锭的生产过程中应用较多，在前面的有关如何提高高硅合金均匀性、变质剂的选择一节中已有阐述。

理想的标样铸锭组织是铸锭整个截面上具有均匀、细小的等轴晶，这是因为等轴晶各向异性小,加工时变形均匀,性能优异,塑性好,有利于铸造及随后的塑性加工。要得到这种组织,通常需要对熔体进行细化处理。凡是能促进形核、抑制晶粒长大的处理,都能细化晶粒。铝工业生产中常采用以下几种方法。

### 3.5.1 控制过冷度

形核率与长大速度都与过冷度有关,过冷度增加,形核率与长大速度都增加,但两者的增加速度不同,形核率的增长率大于长大速度的增长率,如图 3-1 所示。在一般金属结晶时的过冷范围内,过冷度越大,晶粒越细小。

铝及铝合金铸锭生产中增加过冷度的方法主要有降低铸造速度、提高液态金属的冷却速度、降低浇注温度等。

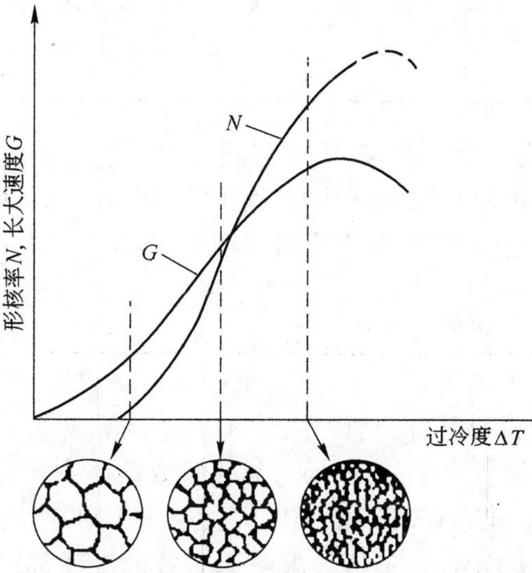


图 3-1 金属结晶时形核率、长大速度与过冷度的关系

### 3.5.2 动态晶粒细化

动态晶粒细化就是对凝固的金属进行振动和搅动,一方面依靠从外面输入能量促使晶核提前形成,另一方面使成长中的枝晶破碎,增加晶核数目。目前已采用的方法有机械搅拌、电磁搅拌、音频振动及超声波振动等。利用机械或电磁感应法搅动液穴中熔体,增加了熔体与冷凝壳的热交换,液穴中熔体温度降低,过冷带增大,破碎了结晶前沿的骨架,出现了大量可作为结晶核的枝晶碎块,从而使晶粒细化。

### 3.5.3 变质处理

变质处理是向金属液中添加少量活性物质,促进液体金属内部生核或改变晶体成长过程的一种方法,生产中常用的变质剂有形核变质剂和吸附变质剂。

#### 3.5.3.1 形核变质剂

形核变质剂的作用机理是向铝熔体中加入一些能够产生非自发晶核的物质,使其在凝固过程中通过异质形核而达到细化晶粒的目的。

A　对形核变质剂的要求

要求所加入的变质剂或其与铝反应生成的化合物具有以下特点：晶格结构和晶格常数与被变质熔体相适应；稳定；熔点高；在铝熔体中分散度高，能均匀分布在熔体中；不污染铝合金熔体。

B　形核变质的种类

变形铝合金标样铸锭一般选用含 Ti、Zr、B、C 等元素的化合物作为晶粒细化剂，其化合物特征见表 3-1。

**表 3-1　铝熔体中常用细化质点特征**

| 化合物 | 密度/g·cm$^{-3}$ | 熔点/℃ |
|---|---|---|
| $TiAl_3$ | 3.11 | 1337 |
| $TiB_2$ | 3.2 | 2920 |
| TiC | 3.4 | 3147 |

Al－Ti 是传统的晶粒细化剂，Ti 在 Al 中包晶反应生成 $TiAl_3$，$TiAl_3$ 与液态金属接触的(001)和(011)面是铝凝固时的有效形核基面，增加了形核率，从而使结晶组织细化。

Al－Ti－B 是目前国内公认的最有效的细化剂之一。Al－Ti－B 与 RE、Sr 等元素共同作用，其细化效果更佳。在研制一些特殊的铝合金标样时，通常会考虑 Al－Ti－B 丝或块与 RE、Sr 同时加入，可起到很好的晶粒细化作用。

在实际生产条件下，受各种因素影响，$TiB_2$ 质点易聚集成块，尤其在加入时熔体局部温度降低，导致加入点附近变得黏稠，流动性差，使 $TiB_2$ 质点更易聚集形成夹杂，影响净化、细化效果；$TiB_2$ 质点除本身易偏析聚集外，还易与氧化膜或熔体中存在的盐类结合形成夹杂；7×××系合金中的 Zr、Cr、V 元素还可以使 $TiB_2$ 失去细化作用，形成粗晶组织。

由于 Al－Ti－B 存在以上不足，于是寻求更为有效的变质剂。随着标样研制难度的加大，现正致力于 Al－Ti－C 变质剂的研究和使用。

C　变质剂的加入方式

(1) 以化合物形式加入。如 $K_2TiF_6$、$KBF_4$、$K_2ZrF_6$、$TiCl_4$、$BCl_3$ 等。经过化学反应，被置换出来的 Ti、Zr、B 等，再重新化合而形成非自发晶核。

(2) 以中间合金形式加入。目前工业用细化剂大多以中间合金形式加入，如 Al－Ti、Al－Ti－B、Al－Ti－C、Al－Ti－B－Sr、Al－Ti－B－RE 等，中间合金做成块状或线状。在标样研制过程中，也常常采用自制的方法。

D　影响细化效果的因素

(1) 细化剂的种类。细化剂不同，细化效果也不同。实践证明，Al－Ti－B 比 Al－Ti 更为有效。

(2) 细化剂的用量。一般来说，细化剂加入越多，细化效果越好。但细化剂加入过多易使熔体中金属间化合物增多并聚集，影响熔体质量。因此在满足晶粒度的前提下，杂质元素加入的越少越好。

从包晶反应的观点出发，为了细化晶粒，Ti 的添加量应大于 0.15%，但在实际变形铝合金中，其他组元(如 Fe)以及自然夹杂物(如 $Al_2O_3$)也参与了形成晶核的作用，一般只加入

0.01% ~0.06%便足够了。

熔体中 B 含量与 Ti 含量有关。要求 B 与 Ti 形成 $TiB_2$后熔体中有过剩 Ti 存在。B 含量与晶粒度的关系见图 3-2。

在使用 Al - Ti - B 作为晶粒细化剂时,500 个 $TiB_2$粒子中有一个使 $\alpha$ - Al 成核,TiC 的形核率是 $TiB_2$的 100 倍,因此一般将加入 TiC 质点数量分数定为 $TiB_2$质点的 50%以下,粒子越少,每个粒子的形核机会就越高,同时也防止粒子碰撞、聚集和沉淀。此外,TiC 的质量分数为 0.001% ~0.01%,晶粒细化就相当有效。

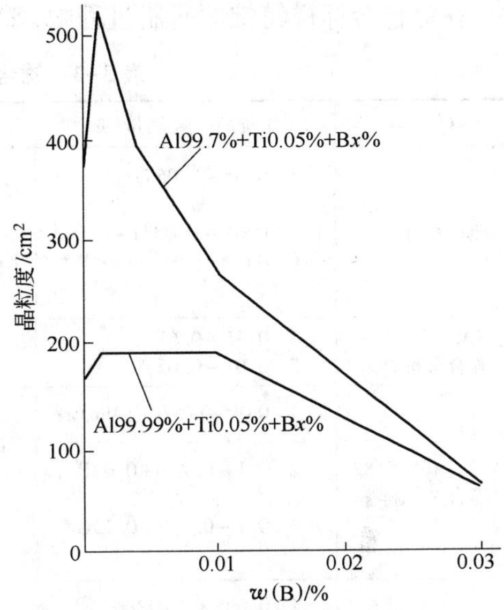


图 3-2 B 含量与晶粒度的关系

(3) 细化剂质量。细化质点的尺寸、形状和分布是影响细化效果的重要因素。质点尺寸小,比表面积小(以点状、球状为最佳),在熔体中弥散分布,则细化效果好。以 $TiAl_3$为例,块状 $TiAl_3$比针状 $TiAl_3$细化效果好,这是因为块状 $TiAl_3$有三个面面向熔体,形核率高。

(4) 细化剂添加时机。$TiAl_3$质点在加入熔体中 10min 时效果最好,40min 后细化效果衰退。$TiB_2$质点的聚集倾向随时间的延长而加大。TiC 质点随时间延长而易分解。因此,细化剂最好于铸造前在线加入。

(5) 细化剂加入时熔体温度。随着温度的提高,$TiAl_3$逐渐溶解,细化效果降低。

#### 3.5.3.2 吸附变质剂

吸附变质剂的特点是熔点低,能显著降低合金的液相线温度,原子半径大,在合金中固溶量小,在晶体生长时富集在相界面上,阻碍晶体长大,又能形成较大的成分过冷,使晶体分枝形成细的缩颈而易于熔断,促进晶体的游离和晶核的增加。其缺点是由于存在于枝晶和晶界间,常引起热脆。吸附性变质剂有以下几种。

##### A 含钠的变质剂

钠是变质共晶硅最有效的变质剂,标样研制过程中以钠盐或纯金属(我们采用的是 LB-BG 加入法,已申请专利)形式加入。钠混合盐组成为 NaF、NaCl、$Na_3AlF_6$等,变质过程中只有 NaF 起作用,其反应如下:

$$6NaF + Al \rightarrow Na_3AlF_6 + 3Na$$

加入混合盐的目的,一方面是降低混合物的熔点(NaF 熔点为 992℃),提高变质速度和效果,另一方面对熔体中钠进行熔剂化保护,防止钠的烧损。熔体中钠的质量分数一般控制在 0.01% ~0.014%,考虑到实际生产条件下不是所有的 NaF 都参与反应,因此计算时钠的质量分数可适当提高,但一般不应超过 0.02%。

##### B 含锶(Sr)变质剂

含锶变质剂有锶盐和中间合金两种。锶盐的变质效果受熔体温度和铸造时间影响大,应用很少。目前国内应用较多的是 Al - Sr 中间合金。与钠盐变质剂相比,锶变质剂无毒,具有长效性，它不仅细化初晶硅，还有细化共晶硅团的作用，对炉子污染小。但使用含锶变质剂时，锶烧损大，要加含锶盐类熔剂保护，同时合金加入锶后吸气倾向增加，易造成最终制品气孔缺陷。

在铝合金标样铸锭的研制过程中，常用变质剂见表 3-2。

**表 3-2  铝合金标样铸锭常用变质剂**

| 标样种类 | 变质剂一般用量/% | 加入方式 | 效果 | 附　注 |
|---|---|---|---|---|
| 纯铝系标样 | 1. 0.01 ~ 0.05Ti；<br>2. 0.01 ~ 0.03Ti + 0.003 ~ 0.01B | 1. Al - Ti 合金；<br>2. Al - Ti - B 合金或 $K_2TiF_6$ + $KBF_4$ | 好<br>好 | 1. 晶核 $TiAl_3$ 或 Ti 的偏析吸附细化晶粒；<br>2. 晶核 $TiAl_3$ 或 $TiB_2$、(Ti, Al)$B_2$，质量分数之比为 B∶Ti = 1∶2 时效果好 |
| 3A21、3104 等合金标样 | 1. 0.45 ~ 0.6Fe；<br>2. 0.01 ~ 0.05Ti | 1. Al - Fe 合金；<br>2. Al - Ti 合金 | 较好<br>较好 | 1. 晶核 $(FeMn)_4Al_6$；<br>2. 晶核 $TiAl_3$ |
| 5A02、5A05、5182 等合金标样 | 1. 0.01 ~ 0.05Zr 或 Mn、Cr；<br>2. 0.1 ~ 0.2Ti + 0.02Be；<br>3. 0.1 ~ 0.2Ti + 0.15C | 1. Al - Zr 合金或锆盐、Al - Mn、Cr 合金；<br>2. Al - Ti - B 合金；<br>3. Al - Ti 合金或炭粉 | 好<br>好<br>好 | 1. 晶核 $ZrAl_3$，用于高镁合金；<br>2. 晶核 $TiAl_3$ 或 $TiAl_x$，用于高镁铝合金；<br>3. 晶核 $TiAl_3$ 或 $TiAl_x$、TiC，用于各种 Al - Mg 系合金 |
| 4032、ADC12 合金标样 | 1. 0.005 ~ 0.01Na；<br>2. 0.01 ~ 0.05P；<br>3. 0.1 ~ 0.5Sr 或 Te、Sb | 1. 纯钠或钠盐；<br>2. 磷粉或 P - Cu 合金；<br>3. 锶盐或纯碲、锑 | 好<br>好<br>较好 | 1. 主要是钠的偏析吸附细化共晶硅，并改变其形貌；常用 67% NaF + 33% NaCl，变质时间少于 25 min；<br>2. 晶核 $Cu_2P$，细化初晶硅；<br>3. Sr、Te、Sb 阻碍晶体长大 |
| 6063 等合金标样 | 1. 0.15 ~ 0.2 Ti；<br>2. 0.1 ~ 0.2 Ti + 0.02B | 1. Al - Ti 合金；<br>2. Al - Ti 或 Al - B 合金或 Al - Ti - B 合金 | 好<br>好 | 1. 晶核 $TiAl_3$ 或 $TiAl_x$；<br>2. 晶核 $TiAl_3$ 或 $TiB_2$、(Al, Ti)$B_2$ |
| 过共晶 Al - Si 合金标样、ZLD117、ZLD118、AC9B | 1. 0.01 ~ 0.05P；<br>2. 0.01 ~ 0.05P；<br>3. 0.01 ~ 0.05P | 1. Al - P；<br>2. P - Cu；<br>3. 六偏磷酸钠 | 较好<br>好<br>偏差 | 1. 易产生 AlP 聚集；<br>2. 产生晶核 $Cu_2P$，细化粗晶硅 |

最近的研究发现，不只晶粒度影响铸锭的质量和力学性能，枝晶的细化程度及枝晶间的疏松、偏析、夹杂对铸锭质量也有很大影响。枝晶的细化程度主要取决于凝固前沿的过冷，这种过冷与铸造结晶速度有关，见图 3-3。靠近结晶前沿区域的过冷度越大，结晶前沿越

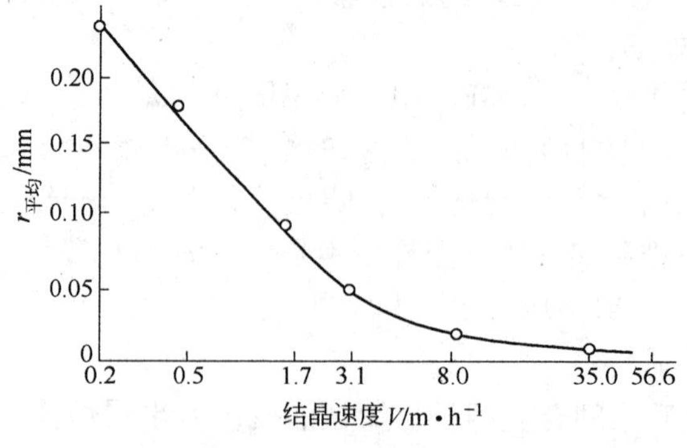


图 3-3  结晶速度对枝晶细化程度的影响

窄,晶粒内部结构就越小。在结晶速度相同的情况下,枝晶细化程度可采用吸附型变质剂加以改变,形核变质剂对晶粒内部结构没有直接影响。

## 3.6 除气除渣技术

铝合金标准样品对样品中所含气体并未作具体的要求,通常在熔体中冲入惰性气体即可。下面重点介绍一下标样研制过程中的除渣原理及应用。

### 3.6.1 除渣原理介绍

#### 3.6.1.1 澄清除渣原理

一般金属氧化物与金属本身的密度总是有差异的。如果这种差异较大,再加上氧化物的颗粒也较大,在一定的过热条件下,金属的悬混氧化物渣可以和金属分离,这种分离作用也称澄清作用,可以用斯托克斯(Stokes)定律来说明,杂质颗粒在熔体中上升或下降的速度为:

$$u=\frac{2r^2(\rho_2-\rho_1)g}{9\eta} \tag{3-1}$$

上升或沉降的时间为:

$$\tau=\frac{9\eta H}{2r^2(\rho_2-\rho_1)g} \tag{3-2}$$

式中 $u$——颗粒平均升降速度,cm/s;

$\tau$——颗粒升降时间,s;

$\eta$——介质(熔融金属)的黏度(或内摩擦系数),g/(cm·s);

$H$——颗粒升降的距离,cm;

$r$——颗粒的半径,cm;

$\rho_1$——颗粒的密度,g/cm$^3$;

$\rho_2$——介质的密度,g/cm$^3$;

$g$——重力加速度。

根据斯托克斯定律可知,在一定的条件下,可以通过介质的黏度、密度,以及悬浮颗粒的大小控制杂质颗粒的升降时间。通常,温度高,介质的黏度减小,从而缩短了升降时间。因此,在熔炼过程中采用稍稍过热的温度,增加金属的流动性,对于利用澄清法除渣是有利的。杂质颗粒直径的大小,对升降所需时间有很大的影响。较大的颗粒,特别是半径大于0.01 cm以上,而且密度差也较大的颗粒,其沉浮所需时间很短,极有利于采用澄清法除渣。但是实际上,在铝合金熔炼时氧化铝的状态十分复杂,它有几种不同的形态。固态时其密度为3.53~4.15 g/cm$^3$,在熔融状态时为2.3~2.4 g/cm$^3$。而且在氧化铝中必然会存在或大或小的空腔和气孔,此外,氧化物的形状也不都是球形的,通常多以片状或树枝状存在,薄片状和树枝状就难以采用斯托克斯公式计算。

澄清法除渣对许多金属,特别是对轻合金不是主要的方法,还必须辅以其他方法。但是,根据物理学基本原理,它仍不失为一种基本方法。

#### 3.6.1.2 吸附除渣原理

吸附净化主要是利用精炼剂的表面作用,当气体精炼剂或熔剂精炼剂在熔体中与氧化物夹杂相遇时，杂质被精炼剂吸附在表面上，从而改变了杂质颗粒的物理性质，随精炼剂一起被除去。若夹杂物能自动吸附到精炼剂上，根据热力学第二定律，熔体、杂质和精炼剂三者之间应满足以下关系：

$$\sigma_{金-杂} + \sigma_{金-剂} > \sigma_{剂-杂} \tag{3-3}$$

式中 $\sigma_{金-杂}$——熔融金属与杂质之间的表面张力；

$\sigma_{金-剂}$——熔融金属与精炼剂之间的表面张力；

$\sigma_{剂-杂}$——精炼剂与杂质之间的表面张力。

因为铝液和氧化物夹杂 $Al_2O_3$ 是相互不润湿的，即金属与杂质之间的接触角 $\theta \geqslant 120°$，如图 3-4 所示。其力的平衡应有如下关系：

$$\cos\theta = \frac{\sigma_{杂-剂} - \sigma_{金-杂}}{\sigma_{金-剂}} < 0 \tag{3-4}$$

因 $\sigma_{金-剂}$ 为正值，故符合热力学的表面能关系。所以，铝液中的夹杂物 $Al_2O_3$ 能自动吸附在精炼剂的表面上而被除去。

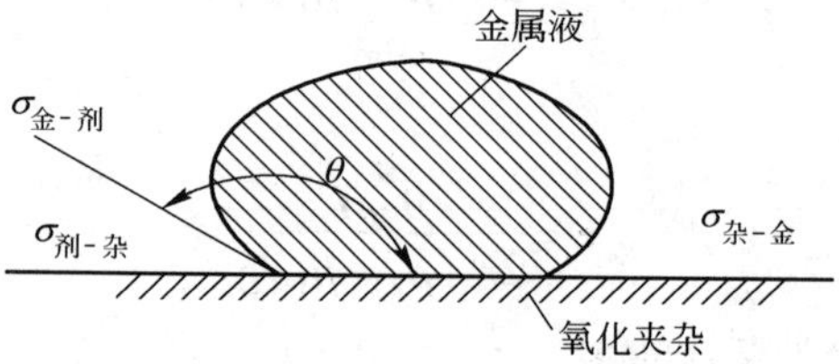


图 3-4 氧化夹杂、铝液、精炼剂三相间表面张力示意图

### 3.6.1.3 过滤除渣原理

上述两类方法都不能将熔体中氧化物夹杂分离得足够干净，常给标样的质量带来不良影响，所以现在采用了过滤除渣的方法，获得了良好效果。

过滤装置种类很多，从过滤方式的除渣机理来看，大致可分机械除渣和物理化学除渣两种。机械除渣主要是靠过滤介质的阻挡作用、摩擦力或流体的压力使杂质沉降及堵滞，从而净化熔体；物理化学除渣主要是靠介质表面的吸附和范德瓦尔力的作用。不论是哪种作用，熔体通过一定厚度的过滤介质时，由于流速的变化、冲击或者反流作用，杂质较容易被分离。通常，过滤介质的空隙越小，厚度越大，金属熔体流速越低，过滤效果越好。

目前，关于熔体过滤的理论研究报道很少。根据 Apelian 等的研究，过滤介质捕捉夹杂物的速度与夹杂物在熔体中的浓度成正比。即：

$$\left(\frac{a\sigma}{at}\right)Z = KC \tag{3-5}$$

式中 $\sigma$——过滤器中捕捉的夹杂量；

$t$——时间；

$Z$——距离；

$C$——熔体中夹杂物的浓度；

$K$——动力学参数（捕捉速度系数）：

$$K = K_0\left(1 - \frac{\sigma}{\sigma_m}\right) \tag{3-6}$$

$\sigma_m$——捕捉的最大夹杂量；

$K_0$——与熔体性质、过滤器网目、夹杂物形状及尺寸等有关的动力学参数。

当上式中 $\sigma$ 近似 $\sigma_m$时，$K$ 值为零，表示过滤完毕。过滤终了时熔体中夹渣浓度可用公式表示：

$$\frac{C_0}{C_1}=\exp\left(-\frac{K_0 L}{U_m}\right) \tag{3-7}$$

式中 $C_1$，$C_0$——分别为过滤前、后熔体中夹杂物的浓度；

$L$——过滤器厚度；

$U_m$——熔体在过滤器中的流速。

过滤效率 $\eta$ 可用公式表示：

$$\eta=\frac{C_1-C_0}{C_1}=1-\exp\left(-\frac{K_0 L}{U_m}\right) \tag{3-8}$$

在标样的研制过程中，可综合采用吸附除渣原理和过滤除渣原理，以保证标样铸锭的质量。

### 3.6.2 标准样品熔体过滤

过滤是去除铝熔体中非金属夹杂物最有效和最可靠的手段，从原理上讲有饼状过滤和深过滤之分。过滤方式有多种多样，最简单的是玻璃丝布过滤，效果最好的是过滤管和泡沫陶瓷过滤板。由于标样研制的条件所限，可采用玻璃丝布过滤方式，以达到除渣目的。

用玻璃丝布过滤铝熔体在国内外已广泛应用，一般用于转注过程和结晶器内熔体过滤，国产玻璃丝布孔眼尺寸为1.2mm×1.5mm，孔目数为30目/cm$^2$，过流量约为200kg/min，此法特点是适应性强，操作简便，成本低。在这种小规模的标样研制过程中过滤效果还是相当稳定的。图3-5所示是一种在研制3104标准样品时所使用的底注玻璃丝布过滤器。

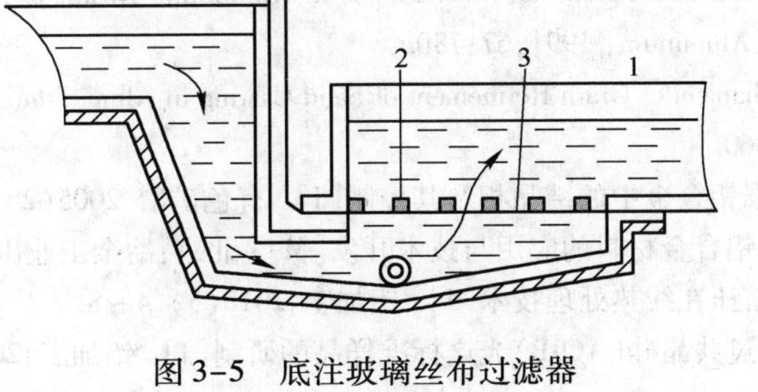


图3-5 底注玻璃丝布过滤器

1—流槽面；2—格子板；3—玻璃丝布

## 参考文献

[1] 肖亚庆，谢水生，刘静安等．铝加工技术实用手册[M]．北京：冶金工业出版社，2005.

[2] 变质剂对高硅铝合金组织均匀性影响研究．重庆大学内部资料，2009.

[3] 陆树荪,乐书华等. 铝压铸件中的硬质点及非金属夹杂物[J]. 特种铸造及有色合金,2000(5).
[4] 多巴特金. 铝合金半成品的组织与性能[M]. 北京:冶金工业出版社,1984.
[5] Brammer Standard Company INC. Quality Analytical Reference Materials form around the word. 1992 - 1993:74 ~ 91.
[6] 李学朝. 现代铝加工生产技术丛书:铝合金材料组织与金相图谱[M]. 北京:冶金工业出版社,2010.
[7] 曹建锋. 国外铝钛硼细化剂及其应用[J]. 轻合金加工技术,1999(7)15 ~ 17.
[8] 《轻金属材料加工手册》编写组. 轻金属材料加工手册[M],北京:冶金工业出版社,1979.
[9] 王祝堂,田荣璋. 铝合金及其加工手册(第二版)[M]. 长沙:中南大学出版社, 2000.
[10] 武恭 ,姚良均. 铝及铝合金材料手册[M]. 北京:科学出版社 ,1994.
[11] 高泽生. 新一代 Al - Ti - C 晶粒细化剂的研究与开发[J]. 轻合金加工技术,1999(3)8 ~ 11.
[12] Banerij A, Reif W. Producing Titanium Carbide Particals in metal matrix and method of using Resulting product to Grain Refine, US patent 4748001, 1986 - 03.
[13] Fing M E Conley J G. Discussing of TiC Particlulate - Reinforced Aluminium Matrix Campsites, Metall Mater Trans A, 1995, 26A, 1887.
[14] Banerji A, Reif W. Development of Al - Ti - C grain containing TiC, Metallurgical transaction A, 1986, 17A, 2127 ~ 2137.
[15] 朱云,谢旭红. 稀土铝钛硼晶粒细化剂的生产及其应用[J]. 轻合金加工技术,1999 ,27(1),19 ~ 21.
[16] 张柏清,马洪涛. 中间合金细化剂的组织及其细化性能[J]. 金属学报,2000,36(4),341 ~ 346.
[17] 迟福全等. Na 元素对铝合金铸造性能的影响[J]. 轻合金加工技术,2002(8),14 ~ 16.
[18] Mohnanty P S G, ruzleski J E. Mechanism of grain Refinement in Aluminium, Acta Metall 1995 43(5), 2003 ~ 2011.
[19] 何建军,陈振华,吴有伍. 不同添加物对铸造铝及铝合金晶粒细化的影响[J]. 矿冶工程,2005(3), 81 ~ 84.
[20] Mohanty P S, Gruzleski J E. Grain Kefinement Mechanism of Hypoeutectic Al - Si Alloys J Acta Mater, 1996, 44(9) :3749 ~ 3760.
[21] Jones G P. The Mechanism of Nucleation of Liquid Aluminium by Al - Ti - B Master Alloys J. ProcInt, Seminaron Refining and Alloying of Liquid Aluminum and Ferro Alloys. Trondheim, Norway, 1985:211 ~ 228.
[22] Larnberg L, Backerud L, Klang H. GrainRefinement of Aluminium J. Metal Technology, 1982, 1:1 ~ 6.
[23] Backerud L, Yidong S. Grain Refining Mechanisms in Aluminium Result of Additions of Titanium and Boron J. Part Ⅰ & Ⅱ, Aluminum, 1991, 67:780.
[24] Cibula A. The Mechanism of Grain Refinement of Sand Casting in Aluminium Alloys, J. J Inst Metals, 1949 ~ 1950 (76):321 ~ 360.
[25] 左玉波等. 超高强铝合金中的结晶相及其控制[J]. 有色矿冶,2005(2),29 ~ 32.
[26] 刘静安,谢水生. 铝合金材料的应用与技术开发[M]. 北京:冶金工业出版社,2004.
[27] 刘静安. 铝合金挤压在线热处理技术[J]. 铝加工,2010(5),4 ~ 8.
[28] 胡永利,朱学纯. 过共晶硅(AC9B)光谱标准样品的研制[J]. 铝加工,2010(5),35 ~ 41.

# 4 铝合金均匀化标准样品铸锭的制备技术

## 4.1 1×××系标准样品铸锭的制备技术

### 4.1.1 1×××系标准样品概述

1×××(纯铝系)标准样品是目前国内铝行业应用最为广泛的标准样品之一。按照国际通用的铝合金分类方法,1×××铝合金主要包含两类:一是高纯铝系列,主要有1A99、1A97、1A95、1A93、1A90、1A85、1A80等合金;二是普通纯铝系列,主要有1050、1060、1070、1100、1145、1200、1235、1350等合金。西南铝研制的1×××系铝合金标准样品也主要涵盖了这两大系列合金:一是高纯铝标准样品;二是新纯铝标准样品。高纯铝标准样品的制备技术比普通纯铝标样难度大且技术复杂,这里仅以高纯铝系列标样为例进行阐述。

### 4.1.2 高纯铝标准样品的制备

#### 4.1.2.1 概述

随着科学技术的不断发展,新型铝材不断被开发投放市场。特别是近几年来,工业高纯铝1A99、1A97、1A93等系列产品因其良好的焊接性能和耐腐蚀性能,应用越来越广泛,附加值极高,市场前景好。但由于国内无适合此系列产品分析所用的标准样品,而进口同类标样价格又十分昂贵,这就给产品化学成分的控制和调整带来很大困难,难以保证产品质量。下面对高纯铝标准样品的制备技术进行详细阐述。

#### 4.1.2.2 主要技术特点

高纯铝标准样品制备难度极大,主要存在以下技术特点:

(1)选料难。高纯铝标样元素最低含量达“μg/g”级,选用的原材料所含各元素(Cu、Mg、Mn、Fe、Si、Zn、Ti、Ni、Ga、Cr、Zr等11个元素)都必须低于设计成分下限。这对原材料的要求极高。

(2)炉前成分调整难。由于无适合如此微量元素的标准样品和炉前分析规程,因此给炉前精确控制成分带来了很大困难。

(3)分析定值难。高纯铝标样中很多元素属微量分析范围,《铝及铝合金化学分析方法》中阐述的各元素的分析方法,有的方法已不再适用。另外,分析所用的水、试剂及药品都要经过特殊处理或提纯,技术难度和工作量都很大。

(4)防止污染难。标样制备过程中最大的问题是防止金属污染。不仅原材料的回炉、补料、冲淡会带进杂质,而且熔炼和铸造过程中所使用的流盘、漏斗、涂料、熔剂、扒渣工具等都有可能造成熔体污染。

#### 4.1.2.3 攻关措施

为保证研制出的标样成分均匀、定值准确，需采取以下措施：

（1）小样试验。首先通过小样试验，找出熔炼过程可能产生的污染情况及最低点子所能达到的下限含量，为成分设计提供可靠依据。

（2）原材料全分析。对所选取的原材料进行全分析，为以后配料计算及成分的精确调整提供依据。制备该标样时，选用了三种高精铝：美国的99.997%铝、俄罗斯的99.99%铝和中国乌鲁木齐铝厂的99.995%铝，作为本项目的原材料，并进行科学搭配。

（3）自制中间合金。由于生产中使用的中间合金，存在着元素含量不均匀且杂质含量太高、定值误差大等问题，不适合作为高纯铝标样的配料和成分调整。为此，以高纯铝和纯金属为原料用石墨小坩埚专门配制了 Al－Cu 等一系列中间合金，供本标样制备用。

（4）制定适用于本标准样品研制的炉前成分控制分析规程。通过购买进口标样、改进光电光谱仪结构和方法试验等措施，制定适合高纯铝炉前分析规程，为精确调整标样成分做好准备。

（5）防止熔体污染。熔炼炉采用石墨坩埚；合理选料、科学搭配，尽量减少冲淡和补料次数；原料清洗干净、烘干；用不锈钢制作耙子、打渣铲及取样勺，刷上进口涂料等。

（6）开展定值分析方法研究，确定准确可靠的定值方法。经过调研、实地考察及召开座谈会，确定协作单位；通过实验及用进口标样核对确定定值方法；个别微量元素数据离散度太大，采用其他分析方法旁证等。

（7）采用先进的熔铸工艺，如矮模低液位铸造、石墨漏斗分液等。

#### 4.1.2.4 主要研制工艺

A 研制程序

研制程序包括：市场调研→查新报告→成分设计→材料工具准备→专用中间合金配制→分析方法确定→小样试验→熔炼与成分调整→铸造→切取试片（外委、偏析、金相）→铸锭检验→铸锭成分分析（初步定值）→均热→车皮→挤压（$\phi$45 mm）→锯切（$\phi$45 mm × 40 mm）标记→均匀性检验→加工定值样品→外委分析→复查→汇总数据和方法→数据处理及定值→撰写研制报告、编制说明书→鉴定通过→入库存档→废料处理等23个主要研制工序。

B 成分设计

a 成分设计原则

本标样所含化学元素及成分范围要符合新标准 GB/T3190—1996 产品标准中的 1 ××× 系列规定的元素和范围；

本标样共 5 个点，含 11 个元素，其含量变化有一定梯度，各元素含量范围如表 4－1 所示。

**表 4－1 高纯铝标准样品元素设计范围**

| 元 素 | Si | Fe | Cu | Mn |
|---|---|---|---|---|
| 含量范围（质量分数）/% | 0.0009～0.044 | 0.0008～0.060 | 0.0002～0.014 | 0.0001～0.012 |

续表 4-1

| 元 素 | Mg | Zn | Ti | Ni |
|---|---|---|---|---|
| 含量范围(质量分数)/% | 0.0004～0.014 | 0.0004～0.016 | 0.0001～0.016 | 0.0003～0.040 |
| 元 素 | Cr | Ga | Zr | |
| 含量范围(质量分数)/% | 0.0005～0.015 | 0.001～0.015 | 0.0003～0.020 | |

各元素下限含量设计，在考虑现有高精铝含量、现行分析方法所能达到的条件下，尽量往下控制；本标样关键在含量最低点，设计上应重点保证。

b 各点设计成分

根据成分设计原则，本标样设计成分见表 4-2，本标样设计 5 点，标号为 E911－E915。

**表 4-2 工业高纯铝标样设计成分**

| 标样编号 | 元素含量/μg·g$^{-1}$ | | | | | | | | | | |
|---|---|---|---|---|---|---|---|---|---|---|---|
| | Si | Fe | Cu | Mn | Mg | Zn | Ti | Ni | Cr | Ga | Zr |
| E911 | 9 | 8 | 10 | 1 | 25 | 4 | 1 | 3 | 5 | | 3 |
| E912 | 16 | 16 | 2 | 20 | 4 | 25 | 8 | 25 | 10 | 30 | 25 |
| E913 | 100 | 120 | 60 | 65 | 80 | 75 | 30 | 65 | 40 | 80 | 55 |
| E914 | 300 | 300 | 120 | 100 | 100 | 100 | 100 | 100 | 70 | 110 | 130 |
| E915 | 70 | 90 | 30 | 40 | 50 | 50 | 20 | 50 | 20 | 10 | 65 |

C 标样铸锭的熔炼与铸造

a 配料计算

为保证设计成分，根据不同的点选择不同的高精铝作为基本材料，适当加入自行配制的中间合金进行成分配料计算。具体见表 4-3。

**表 4-3 工业高纯铝标样配料量** (g)

| 编号 | 高精铝锭/kg | Al－Cu | Al－Cr | Al－Mg | Al－Si | Al－Mn | Al－Fe | Al－Ni | Al－Zr | Al－Ti | Zn | Ga |
|---|---|---|---|---|---|---|---|---|---|---|---|---|
| E911 | 原国产高精铝 100(99.995%) | — | — | — | — | — | — | — | — | — | — | — |
| E912 | 美国铝锭 80(99.997%) | — | — | — | — | 45 | 15 | 35 | 300 | 84 | 0.8 | 1.6 |
| E913 | 92(99.997%) | 110 | 102 | 5.5 | 82 | 307 | 206 | 103 | 882 | 66 | 4.6 | 4.6 |
| E914 | 92(99.997%) | 222 | 212 | 11 | 298 | 502 | 604 | 208 | 1816 | 139 | 10 | 9.5 |
| E915 | 乌鲁木齐铝厂铝锭 90(99.995%) | — | 39 | 3.2 | 46 | 206 | 121 | 92 | 103 | 40 | 3.6 | 1 |

b 熔炼与铸造

E911、E912：用 500 号石墨坩埚，内壁涂进口高温涂料熔炼，熔化后充分搅拌、扒渣，不冲淡，不补料。温度调整到 760℃时，开始铸造，速度为 75 mm/min，用涂有涂料的不锈钢勺连续把铝液舀到流槽中，进行半连续铸造。铸锭尺寸为 $\phi$162 mm×710 mm。

E913～E915：熔化后搅拌，扒渣取样分析，进行成分调整，达到设计要求后，按 E911 条件铸造。铸出铸锭为 $\phi$162 mm×700 mm。

每铸完一炉都要彻底清炉并在坩埚内壁涂上涂料待用。

D 均热

首先，把检验合格的标样铸锭车皮为$\phi$150mm 并加工成长为700mm 的挤压毛料。在整个加工过程中要注意防止污染、异物压入，表面要清洁等。然后把加工好的挤压毛料进行均匀化处理。通过高温加热相的溶解和原子的热扩散，不仅可改善和消除铸锭的成分偏析，还可改善加工性能，实现铸锭成分的进一步均匀。均热处理的主要参数见表4-4。

**表4-4 高纯铝均热处理条件**

| 牌 号 | 炉温/℃ | 金属温度/℃ | 保温时间/h | 冷却方式 |
|---|---|---|---|---|
| 高纯铝 | 550～570 | 550～570 | 7 | 空 冷 |

E 挤压加工

为提高标样的组织和成分的均匀性，把均热的挤压毛料采用大的变形量进行挤压加工。用20MN 卧式水压机，挤压参数见表4-5。挤压完成后，将挤压出的棒材去掉头和尾后，锯切加工为$\phi$45 mm×40 mm 的块，逐个打上编号，铣(或车)平端面，清洁表面，制成块状光谱标样。

**表4-5 纯铝基本挤压条件**

| 牌 号 | 最高炉温/℃ | 挤压温度/℃ | 挤压筒温度/℃ | 挤压速度/m·min$^{-1}$ |
|---|---|---|---|---|
| 高纯铝 | 420 | 400 | 400 | 12 |

### 4.1.2.5 标样均匀性检验

标样的均匀性是标样的最关键指标之一。为了保证标样的均匀性，要对其进行两道检验：即标样铸锭检验和标样均匀性检验。

A 标样铸锭检验

为确保标样的组织和化学成分的均匀性，对制备出的标样铸锭必须进行金相组织(高、低倍)检验和成分偏析(纵向、横向)检验。检验结果表明：标样铸锭组织细密，宏观均匀，无气孔，无夹杂等缺陷，径向、纵向化学成分无成分偏析。

a 金相检验

高、低倍检验表明：标样铸锭组织细密，宏观均匀，无气孔，无夹杂等缺陷(详见图4-1、图4-2)。

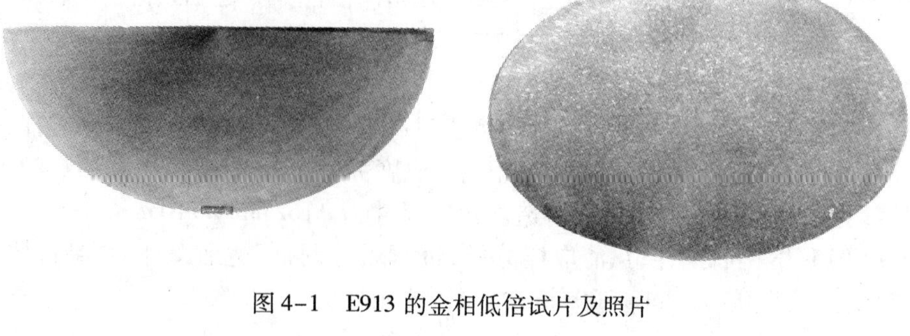

图4-1 E913 的金相低倍试片及照片

观察各样品低倍组织大致相同:粗晶层厚度约4~5 mm,低倍晶粒度均为一级,未见夹渣、气孔、疏松等冶金缺陷。

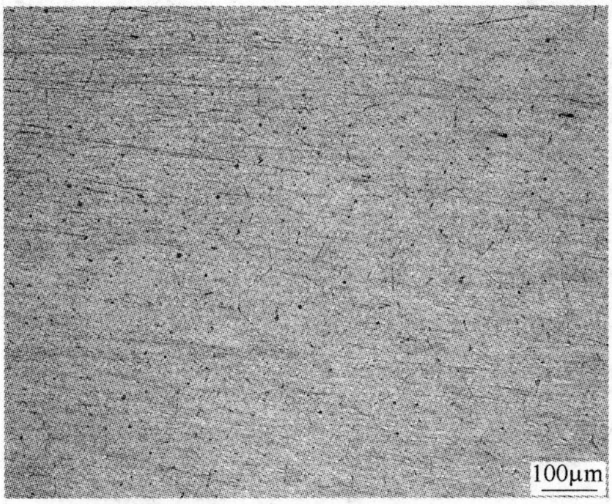


图4-2 E913的金相高倍照片(100×)

从金相高倍组织观察发现:铸锭样品由心部到边部晶粒尺寸分布较为均匀,偏差不大,晶粒细小,大多在50~80 μm,未发现过烧及显微疏松迹象。

b 铸锭成分偏析检验

(1)径向检验(达威特检验):若$R/S > d_{\alpha \cdot n}$,则径向有偏析;若$R/S \leqslant d_{\alpha \cdot n}$,则径向无偏析,其中$R$为极差;$S$为标准偏差;$d_{\alpha \cdot n}$为统计常数(这里取2.753)。

(2)纵向偏析检验($t$检验):若$t_0 > t_{\alpha \cdot v}$,则纵向有偏析;若$t_0 \leqslant t_{\alpha \cdot v}$,则纵向无偏析。

$$t_0 = |\overline{X_1} - \overline{X_2}|\sqrt{n} / \sqrt{S_1^2 + S_2^2} \tag{4-1}$$

式中 $\overline{X_1}$,$\overline{X_2}$——两试片各自平均值;

$S_1$,$S_2$——两试片的标准偏差;

$n$——取点数;

$t_{\alpha \cdot v}$——由$\alpha \cdot v = n-1$决定的统计常数(这里$t_{\alpha \cdot v}$取2.306)。

铸锭偏析检验结果表明径向、纵向均无偏析。

B 标样均匀性检验

标样的均匀性是标样的最关键指标之一。研制出的标样必须经总体均匀性检验合格后方可作为正式标样。采用极差法对每个号进行随机抽样检验总体均匀性。检验方法如下:

若$R_0 \leqslant AR$,则总体均匀;若$R_0 > AR$,则总体不均匀。

$$R_0 = X_{max} - X_{min} \tag{4-2}$$

式中 $X_{max}$——样品的最大组内平均值;

$X_{min}$——样品的最小组内平均值;

$R$——各组极差的平均值,$R = \sum_{i=1}^{m} r_i / m$;

$A$——与抽样数($m$)、每组火花数($n$)及置信度($\alpha$)有关的统计常数。

### 4.1.2.6 定值和数据处理

A 多个试验室协作定值

标样的最终定值也是标样的关键指标之一，定值结果必须准确可靠。根据GB/T 15000—1994《标准样品工作导则》规定，邀请国家轻金属质量监督检验中心等五个单位协作分析定值。各协作单位分析方法见表4-6。

**表4-6 各协作单位定值方法**

| 元素 | 方法 | 国家轻金属质量监督检验中心 | 长安汽车集团公司 | 西南铝加工厂、北京有色金属研究总院测试所 | 抚顺铝厂 | 北京有色金属研究总院 |
|---|---|---|---|---|---|---|
| Cu | 1<br>2 | 新亚铜灵萃取光度法 | ICP光谱法；<br>原子吸收光度法 | BCO光度法；<br>火焰原子吸收光度法 | 新铜试剂光度法 | ICP光谱法；<br>新亚铜灵光度法 |
| Mg | 1<br>2 | 原子吸收光度法 | ICP光谱法 | 原子吸收光度法 | ICP光谱法；<br>原子吸收光度法 | 原子吸收光度法；<br>ICP光谱法 |
| Mn | 1<br>2 | 共沉淀分离高碘酸钾光度法；<br>高碘酸钾光度法 | ICP光谱法 | 高碘酸钾光度法 | 高碘酸钾光度法；<br>ICP光谱法 | 高碘酸钾光度法；<br>ICP光谱法 |
| Fe | 1<br>2 | Phen - SCN - 萃取光度法；<br>邻菲罗啉光度法 | 比色法；<br>ICP光谱法 | 原子吸收光度法；<br>邻二氮杂菲光度法 | 邻二氮杂菲光度法；<br>邻二氮杂菲 - 硫氰酸盐萃取 | 邻二氮杂菲光度法；<br>ICP光谱法 |
| Si | 1<br>2 | 硅钼蓝光度法 | 比色法；<br>ICP光谱法 | 硅钼蓝光度法；<br>ICP光谱法 | 硅钼蓝光度法 | 硅钼蓝光度法 |
| Zn | 1<br>2 | 原子吸收光度法 | 原子吸收光度法；<br>ICP光谱法 | 原子吸收光度法 | 火焰原子吸收光度法；<br>ICP光谱法 | 原子吸收光度法；<br>ICP光谱法 |
| Ti | 1<br>2 | 二安替比林 - SCN萃取光度法；<br>二安替比林甲烷光度法 | ICP光谱法 | 二安替比林甲烷光度法 | 二安替比林甲烷光度法；<br>二安替比林甲烷 - 硫氰酸盐萃取 | 二安替比林甲烷光度法；<br>ICP光谱法 |
| Ni | 1<br>2 | 原子吸收光度法 | ICP光谱法；<br>原子吸收光度法 | 火焰原子吸收光度法 | α - 糠偶酰肟光度法；<br>原子吸收光度法 | 原子吸收光度法；<br>ICP光谱法 |
| Cr | 1<br>2 | 原子吸收光度法 | ICP光谱法 | 火焰原子吸收光度法；<br>石墨炉原子吸收光度法 | 二苯肼光度法 | ICP光谱法；<br>二安基脲光度法 |
| Ga | 1<br>2 | 丁基罗丹明B光度法 | ICP光谱法 | 石墨炉原子吸收光度法；<br>丁基罗丹明光度法 | GB丁基罗丹明光度法 | 丁基罗丹明B光度法；<br>ICP光谱法 |
| Zr | 1<br>2 | 偶氮胂Ⅲ光度法；<br>二甲苯酚橙光度法 | 比色法；<br>ICP光谱法 | 偶氮胂Ⅲ光度法 | 偶氮胂Ⅲ光度法 | ICP光谱法；<br>偶氮胂Ⅲ光度法 |

B 数据处理

为了保证给出的定值和标准偏差准确可靠，采用科学的方法对各协作单位报出的结果进行数理统计处理和检验。检验方法如下：

（1）数字修约：按 GB8710《数值修约规则》进行；

（2）狄克逊检验：按狄克逊检验准则对各协作单位报出的结果进行检验并取舍；

（3）用科克伦准则检验各组结果是否等精度：检验结果表明各组均为等精度或近似等精度；

（4）用格拉布斯检验法检查各组平均值是否异常，如为异常值则舍弃；

（5）各组平均值的正态检验：用夏皮罗法检验各组平均值，其结果符合或近似符合正态分布。

C 最终定值和标准偏差

按下列公式计算最终定值（$X$）和标准偏差（$S$）：

$$X = \frac{1}{m}\sum \overline{X}_i \qquad \overline{X}_i = \frac{1}{n}\sum X_{ij}$$

$$S = \sqrt{\sum (\overline{X}_i - X)^2 / m(m-1)} \tag{4-3}$$

总平均值（$X$）的置信区间为：

$$X \pm t_1 - \alpha(m-1)S$$

式中，$t_1 - \alpha(m-1)$ 为自由度（$m-1$）的 $t$ 分布的（$1-\alpha$）分位数。

4.1.2.7 试用情况报告

A 工作曲线检查

一套光谱标样工作曲线啮合系数是衡量该套标样的重要指标。随机抽取 6 套标样，用进口光谱仪制作工作曲线，其呈线性良好，啮合系数均在 3 个 9 以上，完全可以满足光谱分析使用要求。啮合系数见表 4-7。

**表 4-7 工业高纯铝标样曲线啮合系数**

| 元 素 | Si | Fe | Cu | Mn | Mg | Zn | Ti | Ni | Cr | Ga | Zr |
|---|---|---|---|---|---|---|---|---|---|---|---|
| 啮合系数/% | 99.995 | 99.999 | 99.984 | 99.997 | 99.965 | 99.689 | 99.998 | 99.907 | 99.976 | 99.965 | 99.989 |

B 生产考核

为检验本标样使用情况，用两台进口光谱仪进行试分析，其结果与化学分析结果相符（见表 4-8）。

**表 4-8 生产试分析结果（10 次平均）** （μg/g）

| 仪器型号 | 试样编号 | 元 素 | | | | | | | | | | |
|---|---|---|---|---|---|---|---|---|---|---|---|---|
| | | Cu | Mg | Mn | Fe | Si | Zn | Ti | Ni | Cr | Ga | Zr |
| DV4 | 119 | 10 | 25 | 1 | 8 | 8 | 2 | 5 | 1 | 5 | | 2 |
| | 319 | 61 | 76 | 66 | 125 | 98 | 66 | 33 | 62 | 40 | 82 | 53 |
| E982 | 119 | 8 | 25 | 1 | 14 | 10 | | 3 | 1 | 2 | | 2 |
| | 319 | 60 | 81 | 63 | 117 | 98 | 68 | 30 | 59 | 39 | | 57 |
| 化学仲裁 | 119 | 9 | 25 | 0.7 | 8 | 10 | 4 | 1 | 2 | 5 | | 3 |
| | 319 | 61 | 79 | 66 | 120 | 100 | 70 | 30 | 63 | 40 | 82 | 53 |

#### 4.1.2.8 与国内外同类标样比对实验

为了检验标样的质量和水平,将其与现行国内外同类标样进行比对实验。从比对结果可见,本标样的均匀性、工作曲线啮合系数等衡量光谱标样水平的关键指标均超过国内同类标样水平,并达到进口标样水平。

A 均匀性比较

随机抽取本标样与成分相近的进口标样及国产标样,每个样各激发 6 点,计算其波动系数,结果见表 4-9。

**表 4-9 本标样与进口、国产标样均匀性对比** (%)

| 标样号 | 数据名称 | Cu | Mg | Mn | Fe | Si | Zn | Ti | Ni | Cr | Ga | Zr |
|---|---|---|---|---|---|---|---|---|---|---|---|---|
| E911 | 1 | 0.00088 | 0.0025 | 0.00007 | 0.00083 | 0.00098 | 0.00040 | 0.00011 | 0.00025 | 0.00053 | 0.0001 | 0.00026 |
| | 2 | 0.85 | 1.3 | 0.58 | 0.95 | 0.79 | 0.93 | 1.4 | 1.4 | 0.48 | 0.42 | 3.0 |
| 112(美国) | 1 | 0.0002 | 0.00024 | 0.00003 | 0.00060 | 0.00090 | | 0.00002 | 0.00005 | 0.0005 | 0.00002 | |
| | 2 | 0.73 | 7.3 | 1.5 | 2.2 | 1.2 | | 2.1 | 2.8 | 0.56 | 0.64 | |
| E913 | 1 | 0.00061 | 0.0079 | 0.0066 | 0.012 | 0.010 | 0.0073 | 0.0030 | 0.0063 | 0.0040 | 0.0082 | 0.0053 |
| | 2 | 0.55 | 0.43 | 0.52 | 0.57 | 1.7 | 1.1 | 1.1 | 1.3 | 0.59 | 0.50 | 1.2 |
| 116(美国) | 1 | 0.0071 | 0.0037 | 0.0052 | 0.0115 | 0.0117 | 0.0056 | 0.0047 | 0.0021 | 0.0059 | 0.0018 | 0.0012 |
| | 2 | 0.15 | 0.44 | 1.0 | 1.0 | 0.45 | 0.99 | 0.49 | 0.59 | 1.0 | 0.57 | 2.8 |
| E915 | 1 | 0.0033 | 0.0052 | 0.0041 | 0.0091 | 0.0073 | 0.0047 | 0.0021 | 0.0059 | 0.0018 | 0.0012 | 0.0059 |
| | 2 | 0.48 | 0.41 | 0.52 | 0.31 | 0.49 | 0.80 | 1.3 | 1.2 | 0.55 | 0.80 | 1.9 |
| 004(国内) | 1 | 0.0052 | | | 0.0092 | 0.0069 | 0.0081 | 0.0041 | | | | |
| | 2 | 0.85 | | | 0.78 | 1.1 | 1.4 | 0.56 | | | | |

注:1 为含量;2 为波动系数(与含量相近的进行比较)。

从表 4-9 可见,与进口标样比较三个号 33 个元素,其中 21 个元素的均匀性比进口标样好,12 个元素比进口标样差;而与国内同类标样比较了 5 个元素(国内标样只有 5 个元素),其中有 4 个元素均匀性好于国内同类标样,一个稍差。综合考虑,本标样的均匀性高于进口标样和国内标样。

B 呈线性比较

分别取本标样、进口标样和国产标样各一套,用最佳分析条件制作工作曲线,求出的啮合系数列于表 4-10。

**表 4-10 啮合系数比较** (%)

| 标样号 \ 元素 | Si | Fe | Cu | Mn | Mg | Zn | Ti | Ni | Cr | Ga | Zr |
|---|---|---|---|---|---|---|---|---|---|---|---|
| 本标样 E911 - E915 | 99.987 | 99.999 | 99.965 | 99.991 | 99.971 | 99.652 | 99.978 | 99.981 | 99.990 | 99.952 | 99.993 |
| 进口标样 112 - 124 | 99.983 | 99.954 | 99.966 | 99.958 | 99.486 | 99.974 | 99.933 | 99.979 | 99.966 | 99.840 | 99.720 |
| 国产标样 001 - 006 | 99.987 | 99.997 | 99.998 | | | 99.325 | 99.993 | | | | |

从表 4-10 可见,本标样啮合系数均达到或超过进口和国产同类标样水平。

C 共线情况

把本标样和进口标样同时激发,记录强度值,然后制作工作曲线,两套标样共线的啮合系数如表 4-11 所示。

**表 4-11 本标样和进口标样共线情况**

| 元 素 | Si | Fe | Cu | Mn | Mg | Zn | Ti | Ni | Cr | Ga | Zr |
|---|---|---|---|---|---|---|---|---|---|---|---|
| 啮合系数/% | 99.773 | 99.982 | 99.949 | 99.989 | 99.987 | 99.969 | 99.994 | 99.866 | 99.961 | 99.922 | 98.089 |

从表 4-11 可见,本标样与进口标样各元素工作曲线共线性很好,进而说明本标样定值准确度已达到进口标样水平。

D 分析结果对比

用本标样分析美国试样与美国分析结果相符,见表 4-12。

**表 4-12 本标样与美国标样分析结果对比** (质量分数,%)

| 分析结果 \ 元素 | Cu | Fe | Si | Zn | Ti |
|---|---|---|---|---|---|
| 本标样 | 0.0001 | 0.0010 | 0.0015 | 0.0007 | 0.0003 |
| 美国标样 | 0.0002 | 0.0010 | 0.0015 | 0.001 | 0.0004 |

### 4.1.3 纯铝标准样品的制备

#### 4.1.3.1 概述

纯铝标准样品在铝行业是应用最广泛的标准样品。目前在国内已有 1000 多家单位、4000 多台光电光谱仪应用于纯铝标准样品的制备,市场前景广阔。

#### 4.1.3.2 研制工艺

A 成分设计和定值结果

根据光谱标准样品的特点和光谱分析对标准样品的要求,依据 JB4391—1987《化学和光谱分析标准物质技术规范》和 GB3190—1996《铝及铝合金加工产品化学成分》的规定,并考虑到充分发挥仪器设备的能力和新产品开发的需要,按等级数递变规律设计各套标样成分,成分范围涵盖 1×××系铝合金。这样既可兼顾标准化的要求和国际先进标准的特点(国外铝合金系列不像我国分得过细),同时也满足了控制对样品的要求。

纯铝成分设计和定值结果见表 4-13。

B 熔炼与铸造

根据设计成分要求,选用国产一号或二号工业纯铝为基体,除镁、锌以二号工业纯金属加入外,其余元素以中间合金加入。在熔铸过程中,考虑到中间合金的实际成分和熔铸情况,配制时对设计成分的个别元素作了必要的调整。熔铸中采用小型天然气炉,严格按照特定的工艺制度进行操作,每个标样号投料 100 kg,经炉前分析,进行成分控制和调整,直至合格方才进行铸造。采用半连续铸造机铸造,根据每个标样号元素含量特点,适当调整其铸造参数,最后铸成 $\phi$192 mm × 1000 mm 左右的铸锭。铸造工艺参数见表 4-14。

**表 4-13　纯铝系列配料成分和定值结果**

| 牌　号 | 编号 | 成分类别 | 成分(质量分数)/% | | | | | | | |
|---|---|---|---|---|---|---|---|---|---|---|
| | | | Cu | Mg | Mn | Fe | Si | Zn | Ti | Ni |
| 纯铝系 | E411 | 1 | 0.010 | 0.005 | 0.005 | 0.15 | 0.20 | 0.020 | 0.005 | 0.020 |
| | | 2 | 0.0098 | 0.0069 | 0.006 | 0.159 | 0.224 | 0.018 | 0.0064 | 0.017 |
| | E412 | 1 | 0.0050 | 0.0010 | 0.001 | 0.090 | 0.050 | 0.001 | 0.036 | 0.005 |
| | | 2 | 0.0039 | 0.0010 | 0.0010 | 0.083 | 0.048 | 0.0012 | 0.036 | 0.0043 |
| | E413 | 1 | 0.10 | 0.10 | 0.05 | 1.35 | 1.35 | 0.08 | 0.15 | 0.15 |
| | | 2 | 0.091 | 0.10 | 0.048 | 1.30 | 1.32 | 0.077 | 0.118 | 0.155 |
| | E414 | 1 | 0.050 | 0.020 | 0.02 | 0.30 | 0.35 | 0.035 | 0.020 | 0.050 |
| | | 2 | 0.049 | 0.025 | 0.018 | 0.354 | 0.387 | 0.032 | 0.018 | 0.045 |
| | E415 | 1 | 0.020 | 0.050 | 0.10 | 0.65 | 0.60 | 0.15 | 0.080 | 0.080 |
| | | 2 | 0.022 | 0.043 | 0.105 | 0.640 | 0.617 | 0.157 | 0.081 | 0.086 |
| | E416 | 1 | 0.15 | 0.010 | 0.015 | 1.50 | 1.50 | 0.015 | 0.010 | 0.010 |
| | | 2 | 0.151 | 0.0099 | 0.019 | 1.46 | 1.48 | 0.012 | 0.010 | 0.013 |
| | E417 | 1 | 0.012 | 0.30 | 0.20 | 0.20 | 0.08 | 0.20 | 0.10 | 0.10 |
| | | 2 | 0.010 | 0.239 | 0.193 | 0.201 | 0.066 | 0.216 | 0.098 | 0.110 |

注:1 为配料成分;2 为定值成分。

**表 4-14　铸造工艺参数**

| 牌　号 | 铸造规格/mm | 铸造温度/℃ | 铸造速度/mm·min$^{-1}$ | 冷却水压/Pa | 铺　底 | 回　火 |
|---|---|---|---|---|---|---|
| 纯　铝 | $\phi$192 | 725~740 | 80~95 | 0.7~1.0 | — | — |

C　铸锭质量检查

为确保标样质量,熔铸后的铸锭必须经金相组织检验和成分偏析检验合格后方可作为标样铸锭。取样时,将锭头锭尾各切掉 120~200 mm,接着切取金相低倍试片和外委分析试片。铸锭检验结果必须全部符合 JB4391—1987 标准物质技术条件规定要求,即无气孔、无疏松、无夹渣等缺陷,无成分偏析。检验方法同高纯铝标样。

D　均匀化热处理

为改善和消除铸锭成分偏析,须将纯铝标样铸锭进行均匀化热处理。通过高温加热相的溶解和原子的热扩散,实现铸锭成分的进一步均匀。均热处理的主要参数见表 4-15。

**表 4-15　纯铝均热处理条件**

| 牌　号 | 炉温/℃ | 金属温度/℃ | 保温时间/h | 冷却方式 |
|---|---|---|---|---|
| 纯　铝 | 550~570 | 550~570 | 7 | 空　冷 |

E　挤压加工

合格的铸锭车去表皮 10 mm 后,进行挤压加工为 $\phi$62 mm 的棒材。为提高标样的组织和成分的均匀性,采用大的变形量进行挤压加工。用 2000 t 卧式水压机,挤压参数见表 4-16。挤压完成后,将挤压出的棒材去掉头和尾后,锯切加工为 $\phi$62 mm × 30 mm 的块,逐个打上编号,铣(或车)平端面,清洁表面,制成块状光谱标样。

**表 4-16　纯铝基本挤压条件**

| 牌　号 | 最高炉温/℃ | 挤压温度/℃ | 挤压筒温度/℃ | 挤压速度/m·min$^{-1}$ |
|---|---|---|---|---|
| 纯铝系 | 420 | 400 | 400 | 12 左右 |

F 标样均匀性检查

标样的特性值应该是均匀的。用极差法对同一编号样品进行随机抽样检验其总体均匀性,抽样数按JB4391—1987《化学和光谱分析标准物质技术规范》规定进行。

具体方法如下:

(1) 计算各样品的组内极差:每组3点以上;

(2) 计算组内极差 $\gamma_i$ 的平均值:

$$\overline{\gamma} = \sum_{i=1}^{m} \gamma_i / m \tag{4-4}$$

(3) 数据判断:

1) 检查各组内极差不正常数据:用组内极差一致性条件 $\gamma_i \leqslant d \cdot \overline{\gamma_i}$ 来判断这些数据是否在允许的波动范围内,$\overline{\gamma_i}$ 为剔除可疑数据后的组内极差平均值,$d$ 为与 $\alpha$ 及样品火花过程次数($n$)有关的常数,可查表。

2) 检查再现性方差是否在一定波动范围,应满足:

$$X_p, m(n-1) < \frac{\overline{\gamma}}{d_n} \cdot \frac{1}{\sigma_0} < X'_\alpha, m(n-1) \tag{4-5}$$

式中 $\overline{\gamma}$——组内极差平均值;

$d_n$——统计常数,可查表;

$X_p, m(n-1)$ 和 $X'_\alpha, m(n-1)$——分别为与 $P$、$\alpha$ 有关的常数,可查表;

$\sigma_0$——已知局部均匀的样品的单次火花过程的标准偏差。

(4) 计算允许的均值极差 $R_0$:

$$R_0 = A \cdot \overline{\gamma} \tag{4-6}$$

式中 $A$——与抽样数($m$)、火花数($n$)及($\alpha$)有关的常数,可查表。

(5) 计算均值极差 $R$:

$$R = \overline{X_{max}} - \overline{X_{min}} \tag{4-7}$$

式中 $\overline{X_{max}}$——最大样品分析结果的平均值;

$\overline{X_{min}}$——最小样品分析结果的平均值。

(6) 判断:

若 $R \leqslant R_0$ 时,认为标样总体均匀;

若 $R > R_0$ 时,认为标样总体不均匀。

G 定值及数据处理

a 多个试验室协作定值

根据JB4391—1987技术规范,邀请国内有权威的5个分析实验室(院、所和工厂实验室),进行协作分析定值。每个元素用两种准确度和精密度较高的方法或一种方法由两个有经验的分析人员分析,每个元素要报出8个数据。

b 数据处理

(1) 数字修约:按GB1.1—1981附录C《数据修约规则》进行;

(2) 将各协作单位报回数据按狄克逊(DIXON)准则进行取舍;

(3) 计算各单位数据 $X_i$ 的平均值$\overline{X_i}$及标准偏差 $S_i$；

(4) 用科克伦(Cochran)准则判断各组是否等精度和有无剔除者；

(5) 各组平均值的正态检验:用夏皮罗法检验各组平均值,其结果符合或近似符合正态分布。

H 工作曲线检查与生产考核

a 工作曲线检查

按随机抽样方法各取6套,用最佳分析条件求得平均强度,然后绘制出工作曲线。其曲线啮合系数和误差均须达到标准要求(曲线啮合系数在99.9%以上)。啮合系数见表4-17。

**表4-17 纯铝标样曲线啮合系数**

| 牌号 | 数据名称 | 元素 | | | | | | | |
|---|---|---|---|---|---|---|---|---|---|
| | | Cu | Mg | Mn | Fe | Si | Zn | Ti | Ni |
| 纯铝 | 校正系数/% | 99.996 | 100 | 99.960 | 100 | 99.997 | 99.989 | 99.998 | 99.997 |
| | 误差 | 0 | 0.00002 | 0.00002 | 0.00037 | 0.00014 | 0.00001 | 0 | 0 |

b 生产考核

将纯铝样品各取10个生产样品进行分析,光谱分析结果与化学结果基本一致。并请相关单位进行生产试用,试用结果见表4-18。

**表4-18 生产试用情况**

| 牌号 | 编号 | 分析方法 | 元素含量(质量分数)/% | | | | | | |
|---|---|---|---|---|---|---|---|---|---|
| | | | Cu | Mg | Mn | Fe | Si | Zn | Ti |
| 纯铝 | 1-1132 | 光谱 | 0.0073 | 0.0039 | 0.0106 | 0.205 | 0.150 | 0.0066 | 0.0110 |
| | | 化学 | 0.006 | 0.0037 | 0.010 | 0.223 | 0.15 | 0.0064 | 0.0114 |

## 4.1.4 国内研制的其他1×××系标样

西南铝研制的其他1×××系标样有“医药、食品用铝标样”和“特殊的纯铝系标样”,分别列于表4-19和表4-20中。

**表4-19 医药、食品用铝(含As、Pb、Cd)标样**

| 标样编号 | 标样名称 | 标样成分(质量分数)/% | | | |
|---|---|---|---|---|---|
| | | Pb | Cd | As | Cu |
| E821 | 1×××系(LSY-1) | 0.0022 | 0.0038 | 0.017 | 0.082** |
| E822 | | 0.011 | 0.019 | — | 0.469** |
| E823 | | 0.029 | 0.010 | 0.038 | 0.284** |
| E824 | | 0.019 | 0.027 | 0.011 | 0.080** |
| E825 | | | | 0.0057 | |
| E826 | | | | 0.024 | |

注:本标样适用于医药、食品及器皿用铝中As、Pb、Cd的分析,E825、E826为蘑菇状。

**为信息值。

表 4-20 特殊的纯铝系(含 18 个元素)

| 标样编号 | 标样名称 | 标样成分(质量分数)/% | | | | | | | | | | | | | | | | | |
|---|---|---|---|---|---|---|---|---|---|---|---|---|---|---|---|---|---|---|---|
| | | Si | Fe | Cu | Mn | Mg | Ni | Zn | Ti | V | Pb | Sn | Ga | Cd | Ce | Ca | Sb | Na | B |
| E601 | DL18 | 0.051 | 0.062 | 0.0025 | 0.0008 | 0.0031 | 0.0026 | 0.0018 | 0.0095 | <0.0002 | 0.0046 | 0.0001* | 0.00024 | 0.00078* | 0.00031 | 0.00005* | 0.00004* | 0.0002 | 0.0014** |
| E602 | | 0.194 | 0.193 | 0.015 | 0.017 | 0.011 | 0.014 | 0.030 | 0.036 | 0.237 | | 0.171 | | 0.105 | | | 0.040 | | |
| E603 | | 0.344 | 0.371 | 0.031 | 0.034 | 0.031 | 0.030 | 0.067 | 0.013 | | 0.123 | | | | | | | | |
| E604 | | 0.933 | 0.940 | 0.104 | 0.046 | 0.092 | 0.050 | 0.096 | 0.054 | 0.121 | | 0.119 | | 0.048 | | | 0.0043 | | |
| E605 | | 0.634 | 0.612 | 0.076 | 0.108 | 0.056* | 0.075 | 1.04 | 0.081 | | 0.065 | | 0.0085 | | 0.0080 | | | | 0.0047** |
| E606 | | 0.790 | 0.748 | 0.134 | 0.142 | 0.127 | 0.105 | 0.523 | 0.114 | 0.027 | | 0.071 | | 0.011 | | | 0.097 | | |
| E607 | | 0.491 | 0.505 | 0.048 | 0.070 | 0.021 | 0.133 | 1.50 | 0.138* | | 0.0052 | | 0.032 | | 0.014 | | | | |
| E614 | | | | | | | | | | | | | 0.105 | | 0.026 | 0.015 | | 0.0009 | |
| E615 | | | | | | | | | | | | | | | | 0.048 | | 0.0015 | 0.018** |
| E616 | | | | | | | | | | | | | | | | 0.176 | | 0.014 | |
| E6161 | | | | | | | | | | | | | | | | 0.151 | | 0.0009 | |
| E6162 | | | | | | | | | | | | | | | | 0.161 | | 0.0071 | |
| E6163 | | | | | | | | | | | | | | | | 0.140 | | 0.0005 | |
| E6164 | | | | | | | | | | | | | | | | | | 0.0011 | |

注：* 为参考值；** 为信息值。

## 4.2 2×××系标准样品铸锭的制备技术

### 4.2.1 2×××系标准样品概述

2×××(硬铝系)标准样品是目前国内铝行业应用最为广泛的标准样品之一。按照GB/T3190—2008《变形铝合金化学成分》国家标准分类,2×××(硬铝系)包括:2004、2011、2014、2A01、2A02、2A97和2524等共42种。2×××系列铝合金要求分析和控制的元素有Si、Fe、Cu、Mn、Mg、Zn、Ti、Ni、Zr、Be、B、Li、Cr、Pb和Bi共15个元素。西南铝研制的2×××系铝合金标准样品有2A11、2A12、2A50、2B50、2A70、2A80、2524和2B25等8个系列,基本涵盖了《变形铝合金化学成分》国家标准各元素的含量范围,基本可以满足2×××系列合金各元素化学成分分析和控制对标样的要求。现以2B25标准样品的研制为例对2×××系列标准样品铸锭的制备技术进行阐述。

### 4.2.2 2B25标准样品的制备

#### 4.2.2.1 主要考核的技术指标

(1) 每套有6点,包括Si、Fe、Cu、Mn、Mg、Zn、Ti、Ni、Cr 、Zr和Be共11个元素。
(2) 均匀性:极差法检验合格;
(3) 定值准确性($S$):$2S\leqslant$化学允许差;
(4) 工作曲线啮合系数($PCT$):$PCT\geqslant0.995$;
(5) 有效点数($Q$):$Q\geqslant4$;
(6) 稳定性(有效期$T$):$T=10$年;
(7) 尺寸(单点):$\phi62\text{ mm}\times30\text{ mm}$。

#### 4.2.2.2 主要技术特点

研制本标样的技术难点有以下几点:

(1) 制备出均匀化标样铸锭难:2B25标样含元素多达11个,各元素之间不仅要匹配合理、有一定的梯度分布、各元素化学成分要求均匀,而且在成分设计时要考虑基体效应和第三元素干扰等;

(2) 本标样的成分特点:一是Fe、Si等杂质元素含量很低,普通铝锭不能满足要求;二是Be为$1\times10^{-4}\%$级,Al-Be中间合金不均匀,调控很难;三是各点间成分差异小。这大大增加了配料计算和成分控制的困难;

(3) 炉前化学成分调整难:由于无合适的标样制作工作曲线,给炉前分析和调整化学成分带来很大困难;

(4) 分析定值难:Be、Cr、Ti等微量元素超出国标分析方法范围,各单位分析测定结果差异很大,这给本标样最终定值带来很大难度;

(5) 数据处理难:本项目涉及5940个原始数据(偏析数据、均匀性数据和分析定值数据等)和7种检验方法,产生的中间运算值、检验参数、检验结果及控制信息等数据5万多个,这样大量繁杂的数据处理和检验,需要最新的软件系统和相应的技术支持来保证。

#### 4.2.2.3 攻关措施

为了解决上述技术难点,研制出化学成分均匀、定值准确的标样,可采取以下攻关措施:

(1) 小样实验:通过小坩埚实验,找出普铝、精铝配料比,以保证 Fe、Si 等杂质元素达到设计要求,同时制备出合适的内控样,供炉前调整标样铸锭成分用。

(2) 采用先进的冷、热和挤压加工技术,保证标样的均匀性。

(3) 通过合理地设计和精确地配料计算各点化学成分,保证标样的化学成分达到考核指标。

(4) 样勺、搅拌器、耙子等工具涂上涂料,用于防止熔炼、铸造过程中增铁,用于标样研制的中间合金最好用纯铝配制并给出各元素的准确分析结果。

(5) 用分步调整化学成分法(三步法)进行化学成分调整,先调整 Si、Fe、Cu、Mn、Ni、Ti、Cr、Zr 等 8 个元素,次之调整 Zn ,最后调整 Mg 和 Be。出炉前,再对所有元素进行一次精调。

(6) 用新的 StndMtrl 软件系统,进行标样的均匀性检验、正态检验、狄逊检验和标准值、标准偏差和啮合系数的计算等。

#### 4.2.2.4 主要研制工艺

A 研制程序

2B25(1161)铝合金光谱标准样品的研制要经过:市场调研→小样试验→成分设计→熔炼→炉前分析→补料→炉前分析→精确调整成分→铸造($\phi$162 mm)并取头中尾样→切取试片→铸锭组织检验→标样铸锭检验→车皮→均匀化处理→挤压($\phi$62 mm)、锯切($\phi$62 mm × 30 mm)并标记、打号 →加工外委试料→随机抽样→均匀性检验→外委分析→汇总结果→复查→数据处理和检验→给出标准值→工作曲线检查→试用报告→比对试验→撰写研制报告→鉴定通过等 28 道工序,最后完成研制任务。每道工序经检查合格后方可进入下道工序,以确保标样的质量。

B 成分设计

a 成分设计原则

2B25 按以下原则设计成分:

(1) 符合 GB/T3190 中 2B25(1161)和公司研发航空航天新合金化学成分标准及国内外类似合金化学成分标准。

(2) 考虑基体效应和第三元素影响,各点除基体外各元素总和尽量接近。

(3) 方便操作,高、低标集中 2 ~3 点。

b 各点设计成分

2B25 设计成分见表 4-21。

**表 4-21 2B25(1161)标样成分(质量分数)设计** (%)

| 名 称 | Si | Fe | Cu | Mn | Mg | Cr | Zn | Ti | Ni | Zr | Be |
|---|---|---|---|---|---|---|---|---|---|---|---|
| 产品标准 | 0.05 | 0.15 | 3.35<br>3.85 | 0.4<br>0.7 | 1.4<br>1.8 | 0.04 | 0.05 | 0.03<br>0.07 | 0.05 | 0.08<br>0.16 | 0.0003<br>0.0008 |
| E8011 | 0.03 ± 0.01 | 0.07 ± 0.02 | 3.00 ± 0.15 | 0.35 ± 0.03 | 2.00 ± 0.15 | 0.02 ± 0.01 | 0.10 ± 0.02 | 0.01 ± 0.003 | 0.02 ± 0.01 | 0.04 ± 0.01 | 0.0001 ± 0.00005 |

续表 4-21

| 名称 | Si | Fe | Cu | Mn | Mg | Cr | Zn | Ti | Ni | Zr | Be |
|---|---|---|---|---|---|---|---|---|---|---|---|
| E8012 | 0.06 ± 0.01 | 0.10 ± 0.02 | 3.25 ± 0.15 | 0.50 ± 0.03 | 1.80 ± 0.15 | 0.04 ± 0.01 | 0.08 ± 0.02 | 0.035 ± 0.01 | 0.04 ± 0.01 | 0.08 ± 0.01 | 0.0006 ± 0.0001 |
| E8013 | 0.09 ± 0.02 | 0.14 ± 0.02 | 3.50 ± 0.20 | 0.65 ± 0.03 | 1.60 ± 0.15 | 0.06 ± 0.02 | 0.06 ± 0.02 | 0.060 ± 0.015 | 0.06 ± 0.02 | 0.12 ± 0.02 | 0.0010 ± 0.0002 |
| E8014 | 0.12 ± 0.02 | 0.17 ± 0.02 | 3.75 ± 0.20 | 0.75 ± 0.04 | 1.40 ± 0.10 | 0.08 ± 0.02 | 0.15 ± 0.02 | 0.085 ± 0.015 | 0.08 ± 0.02 | 0.16 ± 0.02 | 0.0021 ± 0.0003 |
| E8015 | 0.16 ± 0.02 | 0.20 ± 0.02 | 4.00 ± 0.20 | 0.90 ± 0.04 | 1.20 ± 0.10 | 0.10 ± 0.03 | 0.02 ± 0.01 | 0.100 ± 0.02 | 0.10 ± 0.02 | 0.20 ± 0.02 | 0.0015 ± 0.0003 |
| E8116 | 0.07 ± 0.01 | 0.12 ± 0.02 | 4.20 ± 0.02 | 0.15 ± 0.03 | 0.80 ± 0.06 | | 0.04 ± 0.01 | 0.020 ± 0.01 | 0.16 ± 0.02 | 0.27 ± 0.02 | 0.0002 ± 0.0001 |

C 标样铸锭的熔炼与铸造

用04号天然气炉进行熔炼，总投料量按100kg计。用99.70%（或99.80%）铝锭、高纯铝、Al-Si、Al-Fe、Al-Mn、Al-Ni、Al-Ti、Al-Cu、Al-Cr、Al-Zr、Al-Cr、Al-Be、纯Mg和纯Zn等进行配料计算。烘炉后，先加入铝锭和中间合金，然后升温熔化。待炉中金属全熔化后，加入纯金属。按规程搅拌、扒渣、测温和取样分析。根据分析结果，采用《分步调整化学成分法——三步法》进行化学成分调整。先调整Si、Fe、Cu、Mn、Ni、Ti、Cr和Zr等8个元素，次之调整Zn，最后调整Mg和Be。

最后采用水冷-热顶-强搅拌式半连续铸造新技术铸成$\phi$162mm的圆锭。经过取试片对铸锭进行检验，检验结果表明标样铸锭成分均匀，组织致密，无气孔、夹杂等缺陷。

D 均热、挤压锯切等加工

把检验合格的标样铸锭进行均热和车皮后，用2000t挤压机挤压成$\phi$62mm棒，最后用切割机切成$\phi62\times30$mm的块状标样并打上印迹。在整个加工过程中要注意防止污染、异物压入，保持表面清洁等。上道工序不合格，不能转入下道工序，以确保标样的质量。

为改善和消除铸锭成分偏析，须将2B25标样铸锭进行均匀化热处理。通过高温加热相的溶解和原子的热扩散，实现铸锭成分的进一步均匀。均热处理的主要参数见表4-22。

**表4-22 2B25均热处理条件**

| 牌号 | 炉温/℃ | 金属温度/℃ | 保温时间/h | 冷却方式 |
|---|---|---|---|---|
| 2B25 | 550~570 | 525 | 24 | 空冷 |

E 挤压加工

合格的铸锭车去表皮10mm后，进行挤压加工成$\phi$62mm的棒材。为提高标样的组织和成分的均匀性，采用大的变形量进行挤压加工。用20MN卧式水压机，挤压参数见表4-23。挤压完成后，将挤压出的棒材去掉头和尾后，锯切加工成$\phi$62mm×30mm的块，逐个打上编号，铣（或车）平端面，清洁表面，制成块状光谱标样。

表 4-23 2B25 基本挤压条件

| 牌号 | 最高炉温/℃ | 挤压温度/℃ | 挤压筒温度/℃ | 挤压速度/m·min$^{-1}$ |
|---|---|---|---|---|
| 2B25 | 450 | 440 | 440 | 1~2 |

### 4.2.3 标样的均匀性检验

#### 4.2.3.1 取样部位

为了确保标样质量,熔铸出的铸锭必须经金相组织检验和成分偏析检验合格后方可作为标样铸锭。铸锭质量检验切片位置如图4-3 所示。将头、尾各切掉120~200mm 长,接着顺次取金相试片、成分偏析试片和外委试片。

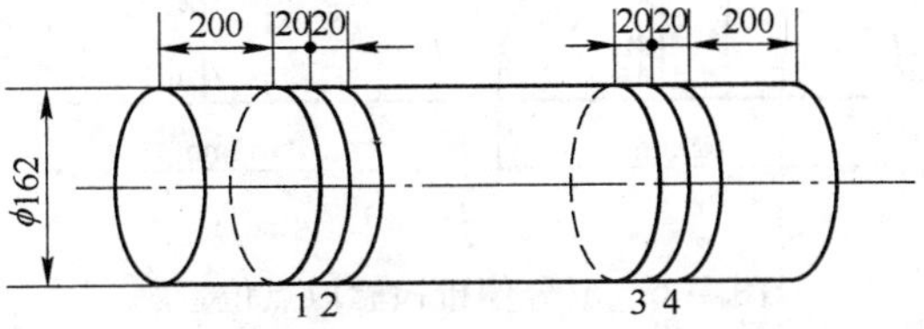


图 4-3 铸锭质量检验取样部位(单位:mm)

1,4—金相试片; 2,3—成分偏析试片

#### 4.2.3.2 标样铸锭检验

为了确保标样的组织和化学成分的均匀性,对制备出的标样铸锭必须进行金相组织(高、低倍)检验和成分偏析(纵向、横向)检验,用来制备标样的铸锭必须是宏观组织均匀、化学成分无明显偏析,否则不能作为标样铸锭。本标样铸锭检验结果表明:标样铸锭组织细密,宏观均匀,无气孔、夹杂等缺陷,径向、纵向化学成分无成分偏析。

A 金相组织检验

通过对1号、4号试片高、低倍检查,结果表明铸锭组织细密、均匀,无气孔、夹杂缺陷(详见图4-4、图4-5)。

观察各样品低倍组织大致相同:粗晶层厚度为5~8mm,低倍晶粒度均为一级,未见夹渣、气孔、疏松等冶金缺陷。

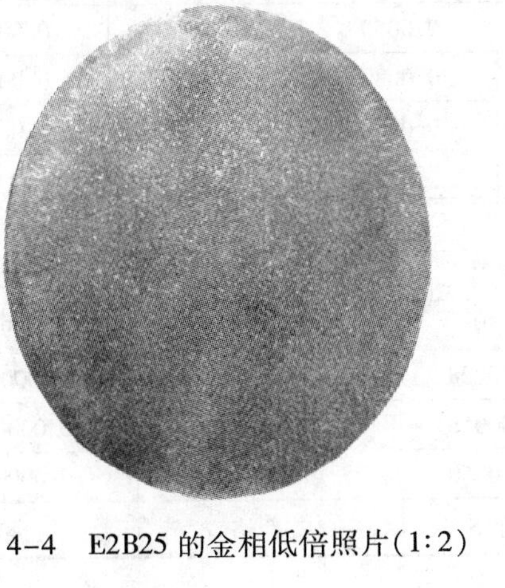

图 4-4 E2B25 的金相低倍照片(1:2)

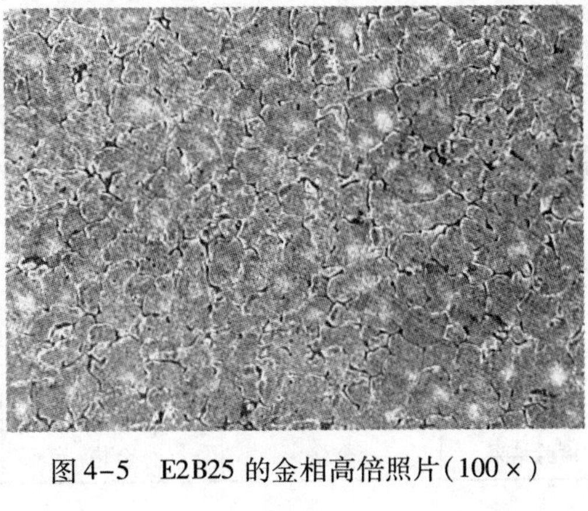

图 4-5 E2B25 的金相高倍照片(100×)

从金相高倍组织观察发现：铸锭样品由心部到边部晶粒尺寸分布较为均匀，偏差不大，晶粒细小，大多为50～100 μm，未发现过烧及显微疏松迹象。

B 铸锭成分偏析检验

为了确保标样成分的均匀性，需对铸锭进行成分偏析检查。把用于检查的试片（2号、3号）按图4-6所示取点进行光谱分析，每号从中心向边缘各取 $A_1 \sim A_5$ 五点，每点值为二次火花过程的平均结果。用五点间成分差异的大小表示铸锭径向成分偏析程度，用铸锭的2号、3号试片各自五点平均值之差的大小表示铸锭纵向偏析程度。具体检查方法同4.1.2节。

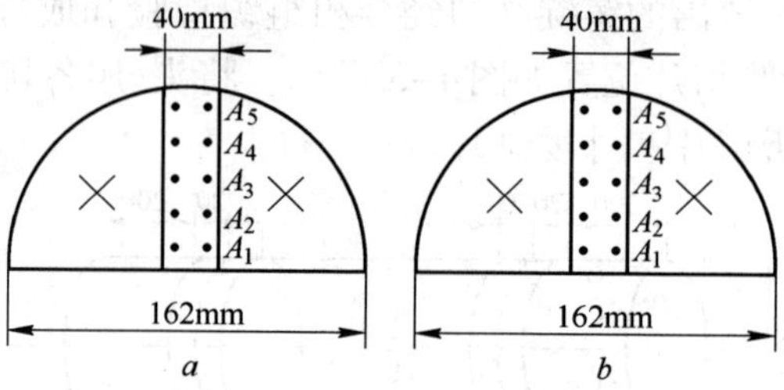


图4-6 成分偏析检验取点位置

*a*—2号试片；*b*—3号试片

#### 4.2.3.3 标样均匀性检验

标准样品经过28道工序最后研制出标准样品（$\phi$62 mm × 30 mm），必须进行均匀性检验，经检验合格后方可作为正式标准样品。根据GB/T15000和YS/T409—1998规定，采用了极差法对随机抽样进行均匀性检验。为消除仪器漂移和光源波动的影响，采用交替操作法替代以前的连续操作法进行均匀性检验。检验方法同4.1.2节。

本标样均匀性检验结果见表4-24。从表4-24可见各元素均匀性全部合格。

**表4-24 2B25（1161）标准样品极差法检验结果** （质量分数，%）

标样号：E8011　　数据组数：16

| 数据名称 | Si | Fe | Cu | Mn | Mg | Cr |
|---|---|---|---|---|---|---|
| Alfa值 | 0.01 | 0.01 | 0.05 | 0.05 | 0.01 | 0.01 |
| 常数 $A$ | 2.103 | 2.103 | 1.790 | 1.790 | 2.103 | 2.103 |
| $R$ | 0.00040 | 0.0025 | 0.030 | 0.0050 | 0.031 | 0.00030 |
| $R \times A$ | 0.00085 | 0.0052 | 0.054 | 0.0089 | 0.065 | 0.00064 |
| $R_0$ | 0.00040 | 0.0043 | 0.052 | 0.0080 | 0.054 | 0.00060 |
| 检验结果 | 合格 | 合格 | 合格 | 合格 | 合格 | 合格 |

| 数据名称 | Ni | Zn | Ti | Zr | Be |
|---|---|---|---|---|---|
| Alfa值 | 0.01 | 0.01 | 0.01 | 0.01 | 0.05 |
| 常数 $A$ | 2.103 | 2.103 | 2.103 | 2.103 | 1.790 |
| $R$ | 0.00031 | 0.0017 | 0.00028 | 0.00048 | 0.0000057 |
| $R \times A$ | 0.00065 | 0.0035 | 0.00058 | 0.00100 | 0.000011 |
| $R_0$ | 0.00050 | 0.0030 | 0.00050 | 0.00080 | 0.000010 |
| 检验结果 | 合格 | 合格 | 合格 | 合格 | 合格 |

续表 4-24

标样号:E8012　　数据组数:16

| 数 据 名 称 | Si | Fe | Cu | Mn | Mg | Cr |
|---|---|---|---|---|---|---|
| Alfa 值 | 0.01 | 0.01 | 0.05 | 0.05 | 0.05 | 0.01 |
| 常数 $A$ | 2.103 | 2.103 | 1.790 | 1.790 | 1.790 | 2.103 |
| $R$ | 0.00064 | 0.0020 | 0.037 | 0.0074 | 0.026 | 0.00066 |
| $R \times A$ | 0.0014 | 0.0043 | 0.067 | 0.014 | 0.046 | 0.0014 |
| $R_0$ | 0.0011 | 0.0040 | 0.058 | 0.013 | 0.035 | 0.0013 |
| 检验结果 | 合格 | 合格 | 合格 | 合格 | 合格 | 合格 |

| 数 据 名 称 | Ni | Zn | Ti | Zr | Be |
|---|---|---|---|---|---|
| Alfa 值 | 0.05 | 0.05 | 0.05 | 0.05 | 0.05 |
| 常数 $A$ | 1.790 | 1.790 | 1.790 | 1.790 | 1.790 |
| $R$ | 0.00059 | 0.0014 | 0.00055 | 0.0014 | 0.0000038 |
| $R \times A$ | 0.0011 | 0.0025 | 0.00098 | 0.0024 | 0.0000068 |
| $R_0$ | 0.0010 | 0.0021 | 0.00090 | 0.0022 | 0.0000060 |
| 检验结果 | 合格 | 合格 | 合格 | 合格 | 合格 |

标样号:E8013　　数据组数:16

| 数 据 名 称 | Si | Fe | Cu | Mn | Mg | Cr |
|---|---|---|---|---|---|---|
| Alfa 值 | 0.01 | 0.05 | 0.05 | 0.01 | 0.01 | 0.01 |
| 常数 $A$ | 2.103 | 1.790 | 1.790 | 2.103 | 2.103 | 2.103 |
| $R$ | 0.0014 | 0.0039 | 0.038 | 0.012 | 0.031 | 0.0011 |
| $R \times A$ | 0.0030 | 0.0069 | 0.067 | 0.024 | 0.064 | 0.0024 |
| $R_0$ | 0.0027 | 0.0060 | 0.067 | 0.024 | 0.062 | 0.0022 |
| 检验结果 | 合格 | 合格 | 合格 | 合格 | 合格 | 合格 |

| 数 据 名 称 | Ni | Zn | Ti | Zr | Be |
|---|---|---|---|---|---|
| Alfa 值 | 0.01 | 0.01 | 0.01 | 0.01 | 0.01 |
| 常数 $A$ | 2.103 | 2.103 | 2.103 | 2.103 | 2.103 |
| $R$ | 0.00099 | 0.0012 | 0.00083 | 0.0016 | 0.000050 |
| $R \times A$ | 0.0021 | 0.0026 | 0.0018 | 0.0033 | 0.00011 |
| $R_0$ | 0.0017 | 0.0021 | 0.0016 | 0.0030 | 0.00010 |
| 检验结果 | 合格 | 合格 | 合格 | 合格 | 合格 |

标样号:E8014　　数据组数:16

| 数 据 名 称 | Si | Fe | Cu | Mn | Mg | Cr |
|---|---|---|---|---|---|---|
| Alfa 值 | 0.01 | 0.01 | 0.05 | 0.01 | 0.01 | 0.01 |
| 常数 $A$ | 2.103 | 2.103 | 1.790 | 2.103 | 2.103 | 2.103 |
| $R$ | 0.0017 | 0.0044 | 0.033 | 0.0099 | 0.019 | 0.0012 |
| $R \times A$ | 0.0036 | 0.0091 | 0.058 | 0.021 | 0.039 | 0.0024 |
| $R_0$ | 0.0030 | 0.0080 | 0.049 | 0.019 | 0.024 | 0.0023 |
| 检验结果 | 合格 | 合格 | 合格 | 合格 | 合格 | 合格 |

续表 4-24

| 数据名称 | Ni | Zn | Ti | Zr | Be |
|---|---|---|---|---|---|
| Alfa 值 | 0.01 | 0.05 | 0.01 | 0.01 | 0.01 |
| 常数 $A$ | 2.103 | 1.790 | 2.103 | 2.103 | 2.103 |
| $R$ | 0.0011 | 0.0022 | 0.0012 | 0.0027 | 0.000065 |
| $R \times A$ | 0.0022 | 0.0040 | 0.0026 | 0.0056 | 0.00014 |
| $R_0$ | 0.0020 | 0.0040 | 0.0023 | 0.0050 | 0.00011 |
| 检验结果 | 合格 | 合格 | 合格 | 合格 | 合格 |

标样号:E8015　　数据组数:16

| 数据名称 | Si | Fe | Cu | Mn | Mg | Cr |
|---|---|---|---|---|---|---|
| Alfa 值 | 0.01 | 0.01 | 0.01 | 0.05 | 0.01 | 0.01 |
| 常数 $A$ | 2.103 | 2.103 | 2.103 | 1.790 | 2.103 | 2.103 |
| $R$ | 0.0020 | 0.0043 | 0.035 | 0.018 | 0.019 | 0.0020 |
| $R \times A$ | 0.0043 | 0.0090 | 0.074 | 0.031 | 0.040 | 0.0041 |
| $R_0$ | 0.0040 | 0.0090 | 0.065 | 0.026 | 0.038 | 0.0031 |
| 检验结果 | 合格 | 合格 | 合格 | 合格 | 合格 | 合格 |

| 数据名称 | Ni | Zn | Ti | Zr | Be |
|---|---|---|---|---|---|
| Alfa 值 | 0.01 | 0.01 | 0.05 | 0.05 | 0.05 |
| 常数 $A$ | 2.103 | 2.103 | 1.790 | 1.790 | 1.790 |
| $R$ | 0.0015 | 0.0011 | 0.0029 | 0.0059 | 0.000044 |
| $R \times A$ | 0.0031 | 0.0022 | 0.0051 | 0.011 | 0.000079 |
| $R_0$ | 0.0029 | 0.0018 | 0.0040 | 0.011 | 0.000070 |
| 检验结果 | 合格 | 合格 | 合格 | 合格 | 合格 |

标样号:E8116　　数据组数:16

| 数据名称 | Si | Fe | Cu | Mn | Mg | Cr |
|---|---|---|---|---|---|---|
| Alfa 值 | 0.05 | 0.05 | 0.05 | 0.05 | 0.05 | 0.05 |
| 常数 $A$ | 1.790 | 1.790 | 1.790 | 1.790 | 1.790 | 1.790 |
| $R$ | 0.0011 | 0.0049 | 0.035 | 0.0042 | 0.013 | |
| $R \times A$ | 0.0019 | 0.0088 | 0.062 | 0.0074 | 0.023 | |
| $R_0$ | 0.0019 | 0.0080 | 0.048 | 0.0060 | 0.016 | |
| 检验结果 | 合格 | 合格 | 合格 | 合格 | 合格 | 合格 |

| 数据名称 | Ni | Zn | Ti | Zr | Be |
|---|---|---|---|---|---|
| Alfa 值 | 0.05 | 0.05 | 0.05 | 0.05 | 0.05 |
| 常数 $A$ | 1.790 | 1.790 | 1.790 | 1.790 | 1.790 |
| $R$ | 0.0046 | 0.0012 | 0.00097 | 0.022 | |
| $R \times A$ | 0.0082 | 0.0021 | 0.0018 | 0.038 | |
| $R_0$ | 0.0060 | 0.0016 | 0.0011 | 0.020 | |
| 检验结果 | 合格 | 合格 | 合格 | 合格 | 合格 |

### 4.2.4 定值和数据处理

#### 4.2.4.1 多个试验室协作定值

标样的最终定值是标样的最关键指标之一，定值必须准确可靠。根据 GB/T15000 和 YS/T409 的规定，可委托国家轻金属质量监督检验中心等 8 个实验室协作分析定值。各实验室分析方法见表 4-25。

表 4-25 2B25(1611)标样定值方法

| 分析单位 | Si | Fe | Cu | Mn | Mg | Zn | Ti | Ni | Cr | Zr | Be |
|---|---|---|---|---|---|---|---|---|---|---|---|
| 郑州轻金属研究院 | 硅钼蓝光度法 | ICP-AES | ICP-AES | ICP-AES | ICP-AES | ICP-AES | 二安替比林甲烷光度法 | ICP-AES | 二苯碳酰二肼光度法 | ICP-AES | ICP-AES |
| 北京有色金属研究总院 | 硅钼蓝光度法 | ICP-AES | ICP-AES | ICP-AES | CP-AES | ICP-AES | ICP-AES | ICP-AES ICP-MS | ICP-AES ICP-MS | ICP-AES | ICP-MS |
| 东北轻合金加工厂 | 硅钼蓝光度法 | AAS ICP-AES | AAS ICP-AES | AAS ICP-AES | AAS ICP-AES | AAS ICP-AES | ICP-AES，二安替比林甲烷光度法 | AAS ICP-AES | AAS ICP-AES | ICP-AES，二甲酚橙光度法 | ICP-AES |
| 长安汽车集团公司 | ICP-AES | ICP-AES | ICP-AES | ICP-AES | ICP-AES | ICP-AES | ICP-AES | ICP-AES | ICP-AES | ICP-AES | ICP-AES |
| 上海材料研究所 | ICP-AES | ICP-AES | ICP-AES | ICP-AES | ICP-AES | ICP-AES | ICP-AES | ICP-AES | ICP-AES | ICP-AES | ICP-AES |
| 济南众标科技公司 | 硅钼蓝光度法 | AAS | AAS | AAS | AAS | AAS | 二安替比林甲烷光度法 | AAS | AAS | 二甲酚橙光度法 | 依莱铬氰蓝R光度法 |
| 西南铝技术中心 | 硅钼蓝光度法 | ICP-AES | ICP-AES 滴定法 | ICP-AES | ICP-AES 滴定法 | ICP-AES 滴定法 | ICP-AES | ICP-AES | ICP-AES | ICP-AES | AAS |
| 山东冶金科学研究院 | 硅钼蓝光度法 | ICP-AES | ICP-AES | ICP-AES | ICP-AES | ICP-AES | 二安替比林甲烷光度法 | ICP-AES | 二苯碳酰二肼光度法 | ICP-AES | ICP-AES |

#### 4.2.4.2 数据处理

标样研制过程中有大量原始数据要进行数理统计处理、检验和计算。可用新研制开发出的软件《StndMtrl》系统对各单位报出的数据进行处理和检验。

检验方法如下：

(1) 数字修约：按 GB8170《数字修约规则》进行，误差用收尾法。

(2) 狄克逊检验：用狄克逊检验准则对各协作实验室报出的结果按平均值进行检验并取舍。检验结果全部合格。狄克逊检验结果见表 4-26。

表4-26 2B25(1161)标准样品狄克逊检验结果 (质量分数,%)

标样号:E8011

| 分析单位及项目 | Si | Fe | Cu | Mn | Mg | Cr |
|---|---|---|---|---|---|---|
| 北京有色金属研究总院 | 0.0273 | 0.0662 | 2.854 | 0.344 | 2.072 | 0.0164 |
| 长安汽车集团公司二厂 | 0.0305 | 0.0648 | 2.830 | 0.351 | 2.152 | 0.0160 |
| 东北轻合金加工厂 | 0.0290 | 0.0632 | 2.830 | 0.347 | 2.104 | 0.0155 |
| 国家轻金属质检中心 | 0.0315 | 0.0595 | 2.870 | 0.333 | 2.020 | 0.0152 |
| 济南众标科技公司 | 0.0327 | 0.0577 | 2.817 | 0.322 | 1.998 | 0.0153 |
| 山东冶金科学研究院 | 0.0282 | 0.0618 | 2.872 | 0.346 | 2.074 | 0.0153 |
| 上海材料研究所 | 0.0292 | 0.0602 | 2.822 | 0.347 | 2.047 | 0.0160 |
| 西南铝技术中心 | 0.0295 | 0.0630 | 2.830 | 0.329 | 2.130 | 0.0154 |
| Alfa值 | 0.050 | 0.050 | 0.050 | 0.050 | 0.050 | 0.050 |
| 临界值 | 0.608 | 0.608 | 0.608 | 0.608 | 0.608 | 0.608 |

| 分析单位及项目 | Ni | Zn | Ti | Zr | Be |
|---|---|---|---|---|---|
| 北京有色金属研究总院 | 0.0200 | 0.114 | 0.00915 | 0.0391 | 0.0000560 |
| 长安汽车集团公司二厂 | 0.0200 | 0.118 | 0.00792 | 0.0408 | 0.0000825 |
| 东北轻合金加工厂 | 0.0198 | 0.117 | 0.00925 | 0.0395 | 0.0000650 |
| 国家轻金属质检中心 | 0.0185 | 0.110 | 0.00990 | 0.0405 | 0.0000475 |
| 济南众标科技公司 | 0.0192 | 0.116 | 0.00919 | 0.0396 | 0.0000716 |
| 山东冶金科学研究院 | 0.0193 | 0.114 | 0.00848 | 0.0412 | 0.0000650 |
| 上海材料研究所 | 0.0190 | 0.111 | 0.00835 | 0.0390 | 0.0000565 |
| 西南铝技术中心 | 0.0185 | 0.116 | 0.00858 | 0.0418 | 0.0000825 |
| Alfa值 | 0.050 | 0.050 | 0.050 | 0.050 | 0.050 |
| 临界值 | 0.608 | 0.608 | 0.608 | 0.608 | 0.608 |

标样号:E8012

| 分析单位及项目 | Si | Fe | Cu | Mn | Mg | Cr |
|---|---|---|---|---|---|---|
| 北京有色金属研究总院 | 0.0523 | 0.0864 | 3.190 | 0.512 | 1.726 | 0.0384 |
| 长安汽车集团公司二厂 | 0.0555 | 0.0870 | 3.167 | 0.498 | 1.743 | 0.0388 |
| 东北轻合金加工厂 | 0.0505 | 0.0880 | 3.110 | 0.500 | 1.729 | 0.0365 |
| 国家轻金属质检中心 | 0.0570 | 0.0845 | 3.170 | 0.490 | 1.698 | 0.0375 |
| 济南众标科技公司 | 0.0497 | 0.0858 | 3.130 | 0.514 | 1.701 | 0.0373 |
| 山东冶金科学研究院 | 0.0566 | 0.0861 | 3.202 | 0.510 | 1.751 | 0.0368 |
| 上海材料研究所 | 0.0532 | 0.0858 | 3.157 | 0.506 | 1.735 | 0.0372 |
| 西南铝技术中心 | 0.0547 | 0.0871 | 3.108 | 0.496 | 1.685 | 0.0357 |
| Alfa值 | 0.050 | 0.050 | 0.050 | 0.050 | 0.050 | 0.050 |
| 临界值 | 0.608 | 0.608 | 0.608 | 0.608 | 0.608 | 0.608 |

续表 4-26

| 分析单位及项目 | Ni | Zn | Ti | Zr | Be |
|---|---|---|---|---|---|
| 北京有色金属研究总院 | 0.0381 | 0.0826 | 0.0346 | 0.0797 | 0.000662 |
| 长安汽车集团公司二厂 | 0.0380 | 0.0822 | 0.0335 | 0.0848 | 0.000765 |
| 东北轻合金加工厂 | 0.0378 | 0.0805 | 0.0352 | 0.0798 | 0.000740 |
| 国家轻金属质检中心 | 0.0382 | 0.0785 | 0.0330 | 0.0822 | 0.000630 |
| 济南众标科技公司 | 0.0362 | 0.0806 | 0.0344 | 0.0802 | 0.000747 |
| 山东冶金科学研究院 | 0.0371 | 0.0792 | 0.0346 | 0.0825 | 0.000645 |
| 上海材料研究所 | 0.0375 | 0.0762 | 0.0342 | 0.0780 | 0.000668 |
| 西南铝技术中心 | 0.0369 | 0.0816 | 0.0314 | 0.0816 | 0.000600 |
| Alfa 值 | 0.050 | 0.050 | 0.050 | 0.050 | 0.050 |
| 临界值 | 0.608 | 0.608 | 0.608 | 0.608 | 0.608 |

标样号:E8013

| 分析单位及项目 | Si | Fe | Cu | Mn | Mg | Cr |
|---|---|---|---|---|---|---|
| 北京有色金属研究总院 | 0.101 | 0.147 | 3.502 | 0.646 | 1.596 | 0.0578 |
| 长安汽车集团公司二厂 | 0.107 | 0.149 | 3.471 | 0.638 | 1.600 | 0.0575 |
| 东北轻合金加工厂 | 0.106 | 0.146 | 3.394 | 0.631 | 1.574 | 0.0525 |
| 国家轻金属质检中心 | 0.106 | 0.148 | 3.404 | 0.621 | 1.592 | 0.0545 |
| 济南众标科技公司 | 0.0998 | 0.142 | 3.410 | 0.639 | 1.540 | 0.0546 |
| 山东冶金科学研究院 | 0.105 | 0.143 | 3.448 | 0.642 | 1.568 | 0.0536 |
| 上海材料研究所 | 0.106 | 0.145 | 3.436 | 0.636 | 1.563 | 0.0542 |
| 西南铝技术中心 | 0.101 | 0.144 | 3.420 | 0.648 | 1.558 | 0.0542 |
| Alfa 值 | 0.050 | 0.050 | 0.050 | 0.050 | 0.050 | 0.050 |
| 临界值 | 0.608 | 0.608 | 0.608 | 0.608 | 0.608 | 0.608 |

| 分析单位及项目 | Ni | Zn | Ti | Zr | Be |
|---|---|---|---|---|---|
| 北京有色金属研究总院 | 0.0578 | 0.0671 | 0.0610 | 0.130 | 0.00102 |
| 长安汽车集团公司二厂 | 0.0615 | 0.0670 | 0.0575 | 0.130 | 0.00118 |
| 东北轻合金加工厂 | 0.0572 | 0.0644 | 0.0575 | 0.132 | 0.00110 |
| 国家轻金属质检中心 | 0.0605 | 0.0628 | 0.0575 | 0.129 | 0.000980 |
| 济南众标科技公司 | 0.0559 | 0.0658 | 0.0574 | 0.134 | 0.000997 |
| 山东冶金科学研究院 | 0.0566 | 0.0641 | 0.0604 | 0.134 | 0.000995 |
| 上海材料研究所 | 0.0565 | 0.0612 | 0.0600 | 0.128 | 0.000985 |
| 西南铝技术中心 | 0.0566 | 0.0664 | 0.0562 | 0.125 | 0.000950 |
| Alfa 值 | 0.050 | 0.050 | 0.050 | 0.050 | 0.050 |
| 临界值 | 0.608 | 0.608 | 0.608 | 0.608 | 0.608 |

续表 4-26

标样号:E8014

| 分析单位及项目 | Si | Fe | Cu | Mn | Mg | Cr |
|---|---|---|---|---|---|---|
| 北京有色金属研究总院 | 0. 125 | 0. 181 | 3. 549 | 0. 783 | 1. 427 | 0. 0785 |
| 长安汽车集团公司二厂 | 0. 130 | 0. 164 | 3. 632 | 0. 756 | 1. 482 | 0. 0778 |
| 东北轻合金加工厂 | 0. 132 | 0. 168 | 3. 544 | 0. 770 | 1. 406 | 0. 0748 |
| 国家轻金属质检中心 | 0. 131 | 0. 171 | 3. 531 | 0. 755 | 1. 420 | 0. 0740 |
| 济南众标科技公司 | 0. 141 | 0. 160 | 3. 551 | 0. 750 | 1. 381 | 0. 0724 |
| 山东冶金科学研究院 | 0. 131 | 0. 164 | 3. 608 | 0. 784 | 1. 390 | 0. 0749 |
| 上海材料研究所 | 0. 130 | 0. 166 | 3. 600 | 0. 767 | 1. 398 | 0. 0745 |
| 西南铝技术中心 | 0. 124 | 0. 168 | 3. 582 | 0. 788 | 1. 366 | 0. 0744 |
| Alfa 值 | 0. 050 | 0. 050 | 0. 050 | 0. 050 | 0. 050 | 0. 050 |
| 临界值 | 0. 608 | 0. 608 | 0. 608 | 0. 608 | 0. 608 | 0. 608 |

| 分析单位及项目 | Ni | Zn | Ti | Zr | Be |
|---|---|---|---|---|---|
| 北京有色金属研究总院 | 0. 0830 | 0. 152 | 0. 0938 | 0. 181 | 0. 00182 |
| 长安汽车集团公司二厂 | 0. 0885 | 0. 159 | 0. 0932 | 0. 176 | 0. 00188 |
| 东北轻合金加工厂 | 0. 0825 | 0. 151 | 0. 0898 | 0. 180 | 0. 00185 |
| 国家轻金属质检中心 | 0. 0855 | 0. 153 | 0. 0895 | 0. 181 | 0. 00182 |
| 济南众标科技公司 | 0. 0796 | 0. 156 | 0. 0917 | 0. 181 | 0. 00197 |
| 山东冶金科学研究院 | 0. 0818 | 0. 147 | 0. 0928 | 0. 182 | 0. 00183 |
| 上海材料研究所 | 0. 0802 | 0. 152 | 0. 0935 | 0. 174 | 0. 00190 |
| 西南铝技术中心 | 0. 0889 | 0. 153 | 0. 0865 | 0. 171 | 0. 00178 |
| Alfa 值 | 0. 050 | 0. 050 | 0. 050 | 0. 050 | 0. 050 |
| 临界值 | 0. 608 | 0. 608 | 0. 608 | 0. 608 | 0. 608 |

标样号:E8015

| 分析单位及项目 | Si | Fe | Cu | Mn | Mg | Cr |
|---|---|---|---|---|---|---|
| 北京有色金属研究总院 | 0. 148 | 0. 217 | 3. 932 | 0. 954 | 1. 179 | 0. 102 |
| 长安汽车集团公司二厂 | 0. 152 | 0. 206 | 3. 938 | 0. 933 | 1. 135 | 0. 0982 |
| 东北轻合金加工厂 | 0. 149 | 0. 193 | 3. 902 | 0. 915 | 1. 142 | 0. 0982 |
| 国家轻金属质检中心 | 0. 154 | 0. 195 | 3. 948 | 0. 910 | 1. 116 | 0. 0948 |
| 济南众标科技公司 | 0. 150 | 0. 175 | 3. 925 | 0. 915 | 1. 106 | 0. 0972 |
| 山东冶金科学研究院 | 0. 154 | 0. 189 | 3. 942 | 0. 918 | 1. 115 | 0. 0945 |
| 上海材料研究所 | 0. 150 | 0. 192 | 3. 934 | 0. 910 | 1. 138 | 0. 0935 |
| 西南铝技术中心 | 0. 148 | 0. 193 | 3. 945 | 0. 939 | 1. 111 | 0. 0942 |
| Alfa 值 | 0. 050 | 0. 050 | 0. 050 | 0. 050 | 0. 050 | 0. 050 |
| 临界值 | 0. 608 | 0. 608 | 0. 608 | 0. 608 | 0. 608 | 0. 608 |

续表 4-26

| 分析单位及项目 | Ni | Zn | Ti | Zr | Be |
|---|---|---|---|---|---|
| 北京有色金属研究总院 | 0.106 | 0.0274 | 0.119 | 0.208 | 0.00120 |
| 长安汽车集团公司二厂 | 0.106 | 0.0235 | 0.116 | 0.202 | 0.00125 |
| 东北轻合金加工厂 | 0.103 | 0.0228 | 0.113 | 0.213 | 0.00122 |
| 国家轻金属质检中心 | 0.100 | 0.0285 | 0.112 | 0.200 | 0.00115 |
| 济南众标科技公司 | 0.102 | 0.0226 | 0.114 | 0.201 | 0.00118 |
| 山东冶金科学研究院 | 0.102 | 0.0215 | 0.116 | 0.212 | 0.00120 |
| 上海材料研究所 | 0.102 | 0.0230 | 0.115 | 0.199 | 0.00120 |
| 西南铝技术中心 | 0.110 | 0.0252 | 0.114 | 0.201 | 0.00118 |
| Alfa 值 | 0.050 | 0.050 | 0.050 | 0.050 | 0.050 |
| 临界值 | 0.608 | 0.608 | 0.608 | 0.608 | 0.608 |

标样号:E8116

| 分析单位及项目 | Si | Fe | Cu | Mn | Mg | Cr |
|---|---|---|---|---|---|---|
| 北京有色金属研究总院 | 0.0650 | 0.116 | 4.018 | 0.143 | 0.822 | |
| 长安汽车集团公司二厂 | 0.0650 | 0.122 | 4.050 | 0.159 | 0.841 | |
| 东北轻合金加工厂 | 0.0652 | 0.116 | 4.002 | 0.164 | 0.829 | |
| 国家轻金属质检中心 | 0.0638 | 0.125 | 4.085 | 0.153 | 0.828 | |
| 济南众标科技公司 | 0.0648 | 0.126 | 4.012 | 0.170 | 0.833 | |
| 山东冶金科学研究院 | 0.0658 | 0.112 | 4.067 | 0.156 | 0.856 | |
| 上海材料研究所 | 0.0635 | 0.126 | 4.040 | 0.156 | 0.835 | |
| 西南铝技术中心 | 0.0636 | 0.118 | 4.055 | 0.154 | 0.837 | |
| Alfa 值 | 0.050 | 0.050 | 0.050 | 0.050 | 0.050 | 0.050 |
| 临界值 | 0.608 | 0.608 | 0.608 | 0.608 | 0.608 | 0.608 |

| 分析单位及项目 | Ni | Zn | Ti | Zr | Be |
|---|---|---|---|---|---|
| 北京有色金属研究总院 | 0.161 | 0.0382 | 0.0225 | 0.304 | 0.000100 |
| 长安汽车集团公司二厂 | 0.166 | 0.0388 | 0.0230 | 0.294 | 0.000125 |
| 东北轻合金加工厂 | 0.162 | 0.0366 | 0.0225 | 0.309 | 0.000110 |
| 国家轻金属质检中心 | 0.163 | 0.0366 | 0.0230 | 0.304 | 0.000100 |
| 济南众标科技公司 | 0.172 | 0.0360 | 0.0213 | 0.288 | 0.000115 |
| 山东冶金科学研究院 | 0.170 | 0.0352 | 0.0226 | 0.298 | 0.000111 |
| 上海材料研究所 | 0.163 | 0.0382 | 0.0223 | 0.299 | 0.000112 |
| 西南铝技术中心 | 0.172 | 0.0388 | 0.0212 | 0.295 | 0.0000900 |
| Alfa 值 | 0.050 | 0.050 | 0.050 | 0.050 | 0.050 |
| 临界值 | 0.608 | 0.608 | 0.608 | 0.608 | 0.608 |

（3）正态检验：用夏皮罗－威尔克法检验各组平均值的正态性。检验结果见表 4-27。

**表 4-27 2B25(1161)标准样品夏皮罗检验结果** （质量分数，%）

标样号：E8011

| 分析单位及项目 | Si | Fe | Cu | Mn | Mg | Cr |
|---|---|---|---|---|---|---|
| 北京有色金属研究总院 | 0. 0273 | 0. 0662 | 2. 854 | 0. 344 | 2. 072 | 0. 0164 |
| 长安汽车集团公司二厂 | 0. 0305 | 0. 0648 | 2. 830 | 0. 351 | 2. 152 | 0. 0160 |
| 东北轻合金加工厂 | 0. 0290 | 0. 0632 | 2. 830 | 0. 347 | 2. 104 | 0. 0155 |
| 国家轻金属质检中心 | 0. 0315 | 0. 0595 | 2. 870 | 0. 333 | 2. 020 | 0. 0152 |
| 济南众标科技公司 | 0. 0327 | 0. 0577 | 2. 817 | 0. 322 | 1. 998 | 0. 0153 |
| 山东冶金科学研究院 | 0. 0282 | 0. 0618 | 2. 872 | 0. 346 | 2. 074 | 0. 0153 |
| 上海材料研究所 | 0. 0292 | 0. 0602 | 2. 822 | 0. 347 | 2. 047 | 0. 0160 |
| 西南铝技术中心 | 0. 0295 | 0. 0630 | 2. 830 | 0. 329 | 2. 130 | 0. 0154 |
| 0. 95 常数 | 0. 818 | 0. 818 | 0. 818 | 0. 818 | 0. 818 | 0. 818 |
| 0. 99 常数 | 0. 749 | 0. 749 | 0. 749 | 0. 749 | 0. 749 | 0. 749 |
| 计算系数值 | 0. 973 | 0. 983 | 0. 848 | 0. 871 | 0. 976 | 0. 864 |
| 检验结果 | 正态 | 正态 | 正态 | 正态 | 正态 | 正态 |

| 分析单位及项目 | Ni | Zn | Ti | Zr | Be |
|---|---|---|---|---|---|
| 北京有色金属研究总院 | 0. 0200 | 0. 114 | 0. 00915 | 0. 0391 | 0. 0000560 |
| 长安汽车集团公司二厂 | 0. 0200 | 0. 118 | 0. 00792 | 0. 0408 | 0. 0000825 |
| 东北轻合金加工厂 | 0. 0198 | 0. 117 | 0. 00925 | 0. 0395 | 0. 0000650 |
| 国家轻金属质检中心 | 0. 0185 | 0. 110 | 0. 00990 | 0. 0405 | 0. 0000475 |
| 济南众标科技公司 | 0. 0192 | 0. 116 | 0. 00919 | 0. 0396 | 0. 0000716 |
| 山东冶金科学研究院 | 0. 0193 | 0. 114 | 0. 00848 | 0. 0412 | 0. 0000650 |
| 上海材料研究所 | 0. 0190 | 0. 111 | 0. 00835 | 0. 0390 | 0. 0000565 |
| 西南铝技术中心 | 0. 0185 | 0. 116 | 0. 00858 | 0. 0418 | 0. 0000825 |
| 0. 95 常数 | 0. 818 | 0. 818 | 0. 818 | 0. 818 | 0. 818 |
| 0. 99 常数 | 0. 749 | 0. 749 | 0. 749 | 0. 749 | 0. 749 |
| 计算系数值 | 0. 895 | 0. 926 | 0. 962 | 0. 926 | 0. 934 |
| 检验结果 | 正态 | 正态 | 正态 | 正态 | 正态 |

标样号：E8012

| 分析单位及项目 | Si | Fe | Cu | Mn | Mg | Cr |
|---|---|---|---|---|---|---|
| 北京有色金属研究总院 | 0. 0523 | 0. 0864 | 3. 190 | 0. 512 | 1. 726 | 0. 0384 |
| 长安汽车集团公司二厂 | 0. 0555 | 0. 0870 | 3. 167 | 0. 498 | 1. 743 | 0. 0388 |
| 东北轻合金加工厂 | 0. 0505 | 0. 0880 | 3. 110 | 0. 500 | 1. 729 | 0. 0365 |
| 国家轻金属质检中心 | 0. 0570 | 0. 0845 | 3. 170 | 0. 490 | 1. 698 | 0. 0375 |
| 济南众标科技公司 | 0. 0497 | 0. 0858 | 3. 130 | 0. 514 | 1. 701 | 0. 0373 |
| 山东冶金科学研究院 | 0. 0566 | 0. 0861 | 3. 202 | 0. 510 | 1. 751 | 0. 0368 |

续表 4-27

| 分析单位及项目 | Si | Fe | Cu | Mn | Mg | Cr |
|---|---|---|---|---|---|---|
| 上海材料研究所 | 0.0532 | 0.0858 | 3.157 | 0.506 | 1.735 | 0.0372 |
| 西南铝技术中心 | 0.0547 | 0.0871 | 3.108 | 0.496 | 1.685 | 0.0357 |
| 0.95 常数 | 0.818 | 0.818 | 0.818 | 0.818 | 0.818 | 0.818 |
| 0.99 常数 | 0.749 | 0.749 | 0.749 | 0.749 | 0.749 | 0.749 |
| 计算系数值 | 0.940 | 0.974 | 0.930 | 0.948 | 0.934 | 0.976 |
| 检验结果 | 正态 | 正态 | 正态 | 正态 | 正态 | 正态 |

| 分析单位及项目 | Ni | Zn | Ti | Zr | Be |
|---|---|---|---|---|---|
| 北京有色金属研究总院 | 0.0381 | 0.0826 | 0.0346 | 0.0797 | 0.000662 |
| 长安汽车集团公司二厂 | 0.0380 | 0.0822 | 0.0335 | 0.0848 | 0.000765 |
| 东北轻合金加工厂 | 0.0378 | 0.0805 | 0.0352 | 0.0798 | 0.000740 |
| 国家轻金属质检中心 | 0.0382 | 0.0785 | 0.0330 | 0.0822 | 0.000630 |
| 济南众标科技公司 | 0.0362 | 0.0806 | 0.0344 | 0.0802 | 0.000747 |
| 山东冶金科学研究院 | 0.0371 | 0.0792 | 0.0346 | 0.0825 | 0.000645 |
| 上海材料研究所 | 0.0375 | 0.0762 | 0.0342 | 0.0780 | 0.000668 |
| 西南铝技术中心 | 0.0369 | 0.0816 | 0.0314 | 0.0816 | 0.000600 |
| 0.95 常数 | 0.818 | 0.818 | 0.818 | 0.818 | 0.818 |
| 0.99 常数 | 0.749 | 0.749 | 0.749 | 0.749 | 0.749 |
| 计算系数值 | 0.917 | 0.939 | 0.886 | 0.970 | 0.914 |
| 检验结果 | 正态 | 正态 | 正态 | 正态 | 正态 |

标样号:E8013

| 分析单位及项目 | Si | Fe | Cu | Mn | Mg | Cr |
|---|---|---|---|---|---|---|
| 北京有色金属研究总院 | 0.101 | 0.147 | 3.502 | 0.646 | 1.596 | 0.0578 |
| 长安汽车集团公司二厂 | 0.107 | 0.149 | 3.471 | 0.638 | 1.600 | 0.0575 |
| 东北轻合金加工厂 | 0.106 | 0.146 | 3.394 | 0.631 | 1.574 | 0.0525 |
| 国家轻金属质检中心 | 0.106 | 0.148 | 3.404 | 0.621 | 1.592 | 0.0545 |
| 济南众标科技公司 | 0.0998 | 0.142 | 3.410 | 0.639 | 1.540 | 0.0546 |
| 山东冶金科学研究院 | 0.105 | 0.143 | 3.448 | 0.642 | 1.568 | 0.0536 |
| 上海材料研究所 | 0.106 | 0.145 | 3.436 | 0.636 | 1.563 | 0.0542 |
| 西南铝技术中心 | 0.101 | 0.144 | 3.420 | 0.648 | 1.558 | 0.0542 |
| 0.95 常数 | 0.818 | 0.818 | 0.818 | 0.818 | 0.818 | 0.818 |
| 0.99 常数 | 0.749 | 0.749 | 0.749 | 0.749 | 0.749 | 0.749 |
| 计算系数值 | 0.819 | 0.975 | 0.938 | 0.944 | 0.946 | 0.861 |
| 检验结果 | 正态 | 正态 | 正态 | 正态 | 正态 | 正态 |

续表 4-27

| 分析单位及项目 | Ni | Zn | Ti | Zr | Be |
|---|---|---|---|---|---|
| 北京有色金属研究总院 | 0. 0578 | 0. 0671 | 0. 0610 | 0. 130 | 0. 00102 |
| 长安汽车集团公司二厂 | 0. 0615 | 0. 0670 | 0. 0575 | 0. 130 | 0. 00118 |
| 东北轻合金加工厂 | 0. 0572 | 0. 0644 | 0. 0575 | 0. 132 | 0. 00110 |
| 国家轻金属质检中心 | 0. 0605 | 0. 0628 | 0. 0575 | 0. 129 | 0. 000980 |
| 济南众标科技公司 | 0. 0559 | 0. 0658 | 0. 0574 | 0. 134 | 0. 000997 |
| 山东冶金科学研究院 | 0. 0566 | 0. 0641 | 0. 0604 | 0. 134 | 0. 000995 |
| 上海材料研究所 | 0. 0565 | 0. 0612 | 0. 0600 | 0. 128 | 0. 000985 |
| 西南铝技术中心 | 0. 0566 | 0. 0664 | 0. 0562 | 0. 125 | 0. 000950 |
| 0. 95 常数 | 0. 818 | 0. 818 | 0. 818 | 0. 818 | 0. 818 |
| 0. 99 常数 | 0. 749 | 0. 749 | 0. 749 | 0. 749 | 0. 749 |
| 计算系数值 | 0. 813 | 0. 925 | 0. 853 | 0. 946 | 0. 829 |
| 检验结果 | 似正态 | 正 态 | 正 态 | 正 态 | 正 态 |

标样号:E8014

| 分析单位及项目 | Si | Fe | Cu | Mn | Mg | Cr |
|---|---|---|---|---|---|---|
| 北京有色金属研究总院 | 0. 125 | 0. 181 | 3. 549 | 0. 783 | 1. 427 | 0. 0785 |
| 长安汽车集团公司二厂 | 0. 130 | 0. 164 | 3. 632 | 0. 756 | 1. 482 | 0. 0778 |
| 东北轻合金加工厂 | 0. 132 | 0. 168 | 3. 544 | 0. 770 | 1. 406 | 0. 0748 |
| 国家轻金属质检中心 | 0. 131 | 0. 171 | 3. 531 | 0. 755 | 1. 420 | 0. 0740 |
| 济南众标科技公司 | 0. 141 | 0. 160 | 3. 551 | 0. 750 | 1. 381 | 0. 0724 |
| 山东冶金科学研究院 | 0. 131 | 0. 164 | 3. 608 | 0. 784 | 1. 390 | 0. 0749 |
| 上海材料研究所 | 0. 130 | 0. 166 | 3. 600 | 0. 767 | 1. 398 | 0. 0745 |
| 西南铝技术中心 | 0. 124 | 0. 168 | 3. 582 | 0. 788 | 1. 366 | 0. 0744 |
| 0. 95 常数 | 0. 818 | 0. 818 | 0. 818 | 0. 818 | 0. 818 | 0. 818 |
| 0. 99 常数 | 0. 749 | 0. 749 | 0. 749 | 0. 749 | 0. 749 | 0. 749 |
| 计算系数值 | 0. 872 | 0. 893 | 0. 925 | 0. 908 | 0. 920 | 0. 883 |
| 检验结果 | 正态 | 正态 | 正态 | 正态 | 正态 | 正态 |

| 分析单位及项目 | Ni | Zn | Ti | Zr | Be |
|---|---|---|---|---|---|
| 北京有色金属研究总院 | 0. 0830 | 0. 152 | 0. 0938 | 0. 181 | 0. 00182 |
| 长安汽车集团公司二厂 | 0. 0885 | 0. 159 | 0. 0932 | 0. 176 | 0. 00188 |
| 东北轻合金加工厂 | 0. 0825 | 0. 151 | 0. 0898 | 0. 180 | 0. 00185 |
| 国家轻金属质检中心 | 0. 0855 | 0. 153 | 0. 0895 | 0. 181 | 0. 00182 |
| 济南众标科技公司 | 0. 0796 | 0. 156 | 0. 0917 | 0. 181 | 0. 00197 |
| 山东冶金科学研究院 | 0. 0818 | 0. 147 | 0. 0928 | 0. 182 | 0. 00183 |
| 上海材料研究所 | 0. 0802 | 0. 152 | 0. 0935 | 0. 174 | 0. 00190 |

续表 4-27

| 分析单位及项目 | Ni | Zn | Ti | Zr | Be |
|---|---|---|---|---|---|
| 西南铝技术中心 | 0.0889 | 0.153 | 0.0865 | 0.171 | 0.00178 |
| 0.95 常数 | 0.818 | 0.818 | 0.818 | 0.818 | 0.818 |
| 0.99 常数 | 0.749 | 0.749 | 0.749 | 0.749 | 0.749 |
| 计算系数值 | 0.907 | 0.948 | 0.881 | 0.832 | 0.939 |
| 检验结果 | 正态 | 正态 | 正态 | 正态 | 正态 |

标样号:E8015

| 分析单位及项目 | Si | Fe | Cu | Mn | Mg | Cr |
|---|---|---|---|---|---|---|
| 北京有色金属研究总院 | 0.148 | 0.217 | 3.932 | 0.954 | 1.179 | 0.102 |
| 长安汽车集团公司二厂 | 0.152 | 0.206 | 3.938 | 0.933 | 1.135 | 0.0982 |
| 东北轻合金加工厂 | 0.149 | 0.193 | 3.902 | 0.915 | 1.142 | 0.0982 |
| 国家轻金属质检中心 | 0.154 | 0.195 | 3.948 | 0.910 | 1.116 | 0.0948 |
| 济南众标科技公司 | 0.150 | 0.175 | 3.925 | 0.915 | 1.106 | 0.0972 |
| 山东冶金科学研究院 | 0.154 | 0.189 | 3.942 | 0.918 | 1.115 | 0.0945 |
| 上海材料研究所 | 0.150 | 0.192 | 3.934 | 0.910 | 1.138 | 0.0935 |
| 西南铝技术中心 | 0.148 | 0.193 | 3.945 | 0.939 | 1.111 | 0.0942 |
| 0.95 常数 | 0.818 | 0.818 | 0.818 | 0.818 | 0.818 | 0.818 |
| 0.99 常数 | 0.749 | 0.749 | 0.749 | 0.749 | 0.749 | 0.749 |
| 计算系数值 | 0.875 | 0.928 | 0.870 | 0.852 | 0.874 | 0.897 |
| 检验结果 | 正态 | 正态 | 正态 | 正态 | 正态 | 正态 |

| 分析单位及项目 | Ni | Zn | Ti | Zr | Be |
|---|---|---|---|---|---|
| 北京有色金属研究总院 | 0.106 | 0.0274 | 0.119 | 0.208 | 0.00120 |
| 长安汽车集团公司二厂 | 0.106 | 0.0235 | 0.116 | 0.202 | 0.00125 |
| 东北轻合金加工厂 | 0.103 | 0.0228 | 0.113 | 0.213 | 0.00122 |
| 国家轻金属质检中心 | 0.100 | 0.0285 | 0.112 | 0.200 | 0.00115 |
| 济南众标科技公司 | 0.102 | 0.0226 | 0.114 | 0.201 | 0.00118 |
| 山东冶金科学研究院 | 0.102 | 0.0215 | 0.116 | 0.212 | 0.00120 |
| 上海材料研究所 | 0.102 | 0.0230 | 0.115 | 0.199 | 0.00120 |
| 西南铝技术中心 | 0.110 | 0.0252 | 0.114 | 0.201 | 0.00118 |
| 0.95 常数 | 0.818 | 0.818 | 0.818 | 0.818 | 0.818 |
| 0.99 常数 | 0.749 | 0.749 | 0.749 | 0.749 | 0.749 |
| 计算系数值 | 0.894 | 0.887 | 0.951 | 0.827 | 0.956 |
| 检验结果 | 正态 | 正态 | 正态 | 正态 | 正态 |

续表 4-27

标样号:E8116

| 分析单位及项目 | Si | Fe | Cu | Mn | Mg | Cr |
| --- | --- | --- | --- | --- | --- | --- |
| 北京有色金属研究总院 | 0.0650 | 0.116 | 4.018 | 0.143 | 0.822 | |
| 长安汽车集团公司二厂 | 0.0650 | 0.122 | 4.050 | 0.159 | 0.841 | |
| 东北轻合金加工厂 | 0.0652 | 0.116 | 4.002 | 0.164 | 0.829 | |
| 国家轻金属质检中心 | 0.0638 | 0.125 | 4.085 | 0.153 | 0.828 | |
| 济南众标科技公司 | 0.0648 | 0.126 | 4.012 | 0.170 | 0.833 | |
| 山东冶金科学研究院 | 0.0658 | 0.112 | 4.067 | 0.156 | 0.856 | |
| 上海材料研究所 | 0.0635 | 0.126 | 4.040 | 0.156 | 0.835 | |
| 西南铝技术中心 | 0.0636 | 0.118 | 4.055 | 0.154 | 0.837 | |
| 0.95 常数 | 0.818 | 0.818 | 0.818 | 0.818 | 0.818 | 0.818 |
| 0.99 常数 | 0.749 | 0.749 | 0.749 | 0.749 | 0.749 | 0.749 |
| 计算系数值 | 0.897 | 0.898 | 0.964 | 0.963 | 0.929 | 0.929 |
| 检验结果 | 正态 | 正态 | 正态 | 正态 | 正态 | 正态 |

| 分析单位及项目 | Ni | Zn | Ti | Zr | Be |
| --- | --- | --- | --- | --- | --- |
| 北京有色金属研究总院 | 0.161 | 0.0382 | 0.0225 | 0.304 | 0.000100 |
| 长安汽车集团公司二厂 | 0.166 | 0.0388 | 0.0230 | 0.294 | 0.000125 |
| 东北轻合金加工厂 | 0.162 | 0.0366 | 0.0225 | 0.309 | 0.000110 |
| 国家轻金属质检中心 | 0.163 | 0.0366 | 0.0230 | 0.304 | 0.000100 |
| 济南众标科技公司 | 0.172 | 0.0360 | 0.0213 | 0.288 | 0.000115 |
| 山东冶金科学研究院 | 0.170 | 0.0352 | 0.0226 | 0.298 | 0.000111 |
| 上海材料研究所 | 0.163 | 0.0382 | 0.0223 | 0.299 | 0.000112 |
| 西南铝技术中心 | 0.172 | 0.0388 | 0.0212 | 0.295 | 0.0000900 |
| 0.95 常数 | 0.818 | 0.818 | 0.818 | 0.818 | 0.818 |
| 0.99 常数 | 0.749 | 0.749 | 0.749 | 0.749 | 0.749 |
| 计算系数值 | 0.856 | 0.893 | 0.840 | 0.979 | 0.963 |
| 检验结果 | 正态 | 正态 | 正态 | 正态 | 正态 |

#### 4.2.4.3 最终定值和标准偏差

根据 GB/T15000 和 YS/T409 规定，本标样各元素全部符合正态分布。按以下公式计算标准值$\overline{\overline{X}}$和合成标准偏差($S$)：

$$\overline{\overline{X}} = \frac{1}{m}\sum \overline{X_i} \tag{4-8}$$

$$S = \sqrt{S_O^2 + S_L^2 + S_W^2}; \tag{4-9}$$

式中 $\overline{X}$——化学定值标准方差，$\overline{X} = \frac{1}{n}\sum X_{ij}$；$S_O^2 = [(X_i - \overline{\overline{X}})^2/m(m-1)]$；

$S_L^2$——块间不均匀方差；

$S_W^2$——块内不均匀方差。

本标样的标准定值结果(标准值、合成标准偏差)分别见表4-28和表4-29。

**表4-28 2B25(1161)标准样品合成标准偏差** （质量分数,%）

| 元素 | 标准定值 | 定值标准偏差 | 块内不均方差 | 块间不均方差 | 合成标准偏差 |
|---|---|---|---|---|---|
| 标样号:E8011 | | | | | |
| Si | 0.0297 | 0.00063 | 0.000000028 | 0.000000002 | 0.00066 |
| Fe | 0.0620 | 0.00100 | 0.0000013 | 0.000000005 | 0.0016* |
| Cu | 2.841 | 0.0077 | 0.00020 | 0.000019 | 0.017* |
| Mn | 0.340 | 0.0037 | 0.0000024 | 0.000000017 | 0.0041 |
| Mg | 2.075 | 0.019 | 0.00022 | 0.000042 | 0.025 |
| Cr | 0.0156 | 0.00016 | 0.000000017 | 0.000000006 | 0.00023* |
| Ni | 0.0193 | 0.00022 | 0.000000016 | 0.000000004 | 0.00027 |
| Zn | 0.114 | 0.0010 | 0.0000012 | 0.000000082 | 0.0016* |
| Ti | 0.00885 | 0.00023 | 0.000000002 | 0.000000001 | 0.00024 |
| Zr | 0.0402 | 0.00037 | 0.000000026 | | 0.00041 |
| Be | 0.0000658 | 0.0000045 | | | 0.0000054 |
| 标样号:E8012 | | | | | |
| 元素 | 标准定值 | 定值标准偏差 | 块内不均方差 | 块间不均方差 | 合成标准偏差 |
| Si | 0.0537 | 0.00097 | 0.000000041 | 0.000000018 | 0.00100 |
| Fe | 0.0863 | 0.0038 | 0.0000072 | 0.000000063 | 0.00097* |
| Cu | 3.154 | 0.013 | 0.000089 | 0.000012 | 0.017 |
| Mn | 0.503 | 0.0031 | 0.0000029 | 0.0000023 | 0.0039 |
| Mg | 1.721 | 0.0084 | 0.00011 | 0.000083 | 0.017* |
| Cr | 0.0373 | 0.00036 | 0.000000085 | 0.000000009 | 0.00048* |
| Ni | 0.0375 | 0.00025 | 0.000000041 | 0.000000004 | 0.00033 |
| Zn | 0.0802 | 0.00076 | 0.000000078 | 0.000000007 | 0.00082 |
| Ti | 0.0339 | 0.00043 | 0.000000012 | 0.000000024 | 0.00047 |
| Zr | 0.0811 | 0.00075 | 0.000000069 | 0.000000021 | 0.00081 |
| Be | 0.000682 | 0.000022 | | | 0.000023 |
| 标样号:E8013 | | | | | |
| 元素 | 标准定值 | 定值标准偏差 | 块内不均方差 | 块间不均方差 | 合成标准偏差 |
| Si | 0.104 | 0.0011 | 0.00000063 | 0.000000098 | 0.0014 |
| Fe | 0.146 | 0.00087 | 0.0000022 | 0.00000021 | 0.0018* |
| Cu | 3.436 | 0.013 | 0.00040 | 0.00013 | 0.027* |
| Mn | 0.638 | 0.0031 | 0.000059 | 0.0000051 | 0.0086* |
| Mg | 1.574 | 0.0074 | 0.00026 | 0.000054 | 0.020* |
| Cr | 0.0549 | 0.00066 | 0.00000033 | 0.0000014 | 0.00096* |
| Ni | 0.0578 | 0.00073 | 0.00000019 | 0.000000007 | 0.00086 |
| Zn | 0.0648 | 0.00075 | 0.00000033 | 0.000000026 | 0.00096 |

续表 4-28

| 元 素 | 标准定值 | 定值标准偏差 | 块内不均方差 | 块间不均方差 | 合成标准偏差 |
|---|---|---|---|---|---|
| Ti | 0. 0584 | 0. 00063 | 0. 00000022 | 0. 000000002 | 0. 00079 |
| Zr | 0. 130 | 0. 0011 | 0. 00000089 | 0. 000000009 | 0. 0015 * |
| Be | 0. 00103 | 0. 000027 | | | 0. 000035 |

标样号:E8014

| 元 素 | 标准定值 | 定值标准偏差 | 块内不均方差 | 块间不均方差 | 合成标准偏差 |
|---|---|---|---|---|---|
| Si | 0. 130 | 0. 0019 | 0. 00000022 | 0. 000000064 | 0. 0020 |
| Fe | 0. 168 | 0. 0023 | 0. 0000038 | 0. 00000037 | 0. 0031 * |
| Cu | 3. 575 | 0. 013 | 0. 00015 | 0. 000092 | 0. 021 * |
| Mn | 0. 769 | 0. 0052 | 0. 000014 | 0. 00000016 | 0. 0065 |
| Mg | 1. 409 | 0. 013 | 0. 000046 | 0. 000011 | 0. 016 |
| Cr | 0. 0752 | 0. 00072 | 0. 00000040 | 0. 00000012 | 0. 0011 * |
| Ni | 0. 0838 | 0. 0013 | 0. 00000026 | 0. 000000035 | 0. 0015 |
| Zn | 0. 153 | 0. 0013 | 0. 0000013 | 0. 00000011 | 0. 0018 * |
| Ti | 0. 0914 | 0. 00091 | 0. 00000043 | 0. 000000004 | 0. 0012 |
| Zr | 0. 178 | 0. 0015 | 0. 00000068 | 0. 00000016 | 0. 0018 |
| Be | 0. 00186 | 0. 000021 | | | 0. 000035 * |

标样号:E8015

| 元 素 | 标准定值 | 定值标准偏差 | 块内不均方差 | 块间不均方差 | 合成标准偏差 |
|---|---|---|---|---|---|
| Si | 0. 151 | 0. 00087 | 0. 0000015 | 0. 00000053 | 0. 0017 * |
| Fe | 0. 195 | 0. 0044 | 0. 0000026 | 0. 00000076 | 0. 0048 |
| Cu | 3. 933 | 0. 0052 | 0. 00029 | 0. 000047 | 0. 020 * |
| Mn | 0. 924 | 0. 0057 | 0. 000025 | 0. 000054 | 0. 011 * |
| Mg | 1. 130 | 0. 0085 | 0. 00016 | 0. 000067 | 0. 018 * |
| Cr | 0. 0966 | 0. 0011 | 0. 00000087 | 0. 00000028 | 0. 0016 * |
| Ni | 0. 104 | 0. 0012 | 0. 00000044 | 0. 000000092 | 0. 0015 |
| Zn | 0. 0243 | 0. 00089 | 0. 00000022 | 0. 000000002 | 0. 0011 |
| Ti | 0. 115 | 0. 00077 | 0. 00000047 | 0. 000000038 | 0. 0011 * |
| Zr | 0. 204 | 0. 0020 | 0. 0000032 | 0. 00000078 | 0. 0029 * |
| Be | 0. 00120 | 0. 000011 | | | 0. 000028 * |

标样号:E8116

| 元 素 | 标准定值 | 定值标准偏差 | 块内不均方差 | 块间不均方差 | 合成标准偏差 |
|---|---|---|---|---|---|
| Si | 0. 0646 | 0. 00030 | 0. 00000016 | 0. 000000017 | 0. 00052 * |
| Fe | 0. 120 | 0. 0019 | 0. 0000017 | 0. 00000052 | 0. 0025 |
| Cu | 4. 041 | 0. 011 | 0. 000076 | 0. 000032 | 0. 016 * |
| Mn | 0. 157 | 0. 0029 | 0. 00000038 | 0. 00000074 | 0. 0031 |
| Mg | 0. 835 | 0. 0037 | 0. 000012 | 0. 00000067 | 0. 0052 * |

续表 4-28

| 元　素 | 标准定值 | 定值标准偏差 | 块内不均方差 | 块间不均方差 | 合成标准偏差 |
|---|---|---|---|---|---|
| Ni | 0. 166 | 0. 0017 | 0. 0000011 | 0. 000000083 | 0. 0021 |
| Zn | 0. 0373 | 0. 00049 | 0. 000000046 | 0. 000000026 | 0. 00056 |
| Ti | 0. 0223 | 0. 00025 | 0. 00000014 | | 0. 00046 * |
| Zr | 0. 299 | 0. 0024 | 0. 000058 | 0. 0000031 | 0. 0082 * |
| Be | 0. 000108 | 0. 0000039 | | | 0. 0000039 |

注：* 表示块内、块间方差不能忽略。

**表 4-29　2B25(1161)标准样品最终定值结果**

数据组数($n$):8

| 标样号 | 数 据 名 称 | Si | Fe | Cu | Mn | Mg | Cr |
|---|---|---|---|---|---|---|---|
| E8011 | 标准值/*wt*%<br>标准偏差/% | 0. 030<br>0. 001 | 0. 062<br>0. 002 | 2. 84<br>0. 02 | 0. 340<br>0. 005 | 2. 08<br>0. 03 | 0. 016<br>0. 001 |
| E8012 | 标准值/*wt*%<br>标准偏差/% | 0. 054<br>0. 00 | 0. 086<br>0. 001 | 3. 15<br>0. 02 | 0. 503<br>0. 004 | 1. 72<br>0. 02 | 0. 037<br>0. 001 |
| E8013 | 标准值/*wt*%<br>标准偏差/% | 0. 104<br>0. 002 | 0. 146<br>0. 002 | 3. 44<br>0. 03 | 0. 638<br>0. 008 | 1. 57<br>0. 02 | 0. 055<br>0. 001 |
| E8014 | 标准值/*wt*%<br>标准偏差/% | 0. 130<br>0. 002 | 0. 168<br>0. 004 | 3. 58<br>0. 03 | 0. 769<br>0. 007 | 1. 41<br>0. 02 | 0. 075<br>0. 002 |
| E8015 | 标准值/*wt*%<br>标准偏差/% | 0. 151<br>0. 002 | 0. 195<br>0. 005 | 3. 93<br>0. 02 | 0. 924<br>0. 008 | 1. 13<br>0. 02 | 0. 097<br>0. 002 |
| E8116 | 标准值/*wt*%<br>标准偏差/% | 0. 065<br>0. 001 | 0. 120<br>0. 003 | 4. 04<br>0. 02 | 0. 157<br>0. 004 | 0. 835<br>0. 006 | |

| 标样号 | 数 据 名 称 | Ni | Zn | Ti | Zr | Be |
|---|---|---|---|---|---|---|
| E8011 | 标准值/*wt*%<br>标准偏差/% | 0. 019<br>0. 001 | 0. 114<br>0. 002 | 0. 0088<br>0. 0003 | 0. 040<br>0. 001 | 0. 000066<br>0. 000006 |
| E8012 | 标准值/*wt*%<br>标准偏差/% | 0. 038<br>0. 001 | 0. 080<br>0. 001 | 0. 034<br>0. 001 | 0. 081<br>0. 001 | 0. 00068<br>0. 00003 |
| E8013 | 标准值/*wt*%<br>标准偏差/% | 0. 058<br>0. 001 | 0. 065<br>0. 001 | 0. 058<br>0. 001 | 0. 130<br>0. 002 | 0. 0010<br>0. 0001 |
| E8014 | 标准值/*wt*%<br>标准偏差/% | 0. 084<br>0. 002 | 0. 153<br>0. 002 | 0. 091<br>0. 002 | 0. 178<br>0. 002 | 0. 0019<br>0. 0001 |
| E8015 | 标准值/*wt*%<br>标准偏差/% | 0. 104<br>0. 002 | 0. 024<br>0. 002 | 0. 115<br>0. 002 | 0. 204<br>0. 003 | 0. 0012<br>0. 0001 |
| E8116 | 标准值/*wt*%<br>标准偏差/% | 0. 166<br>0. 003 | 0. 037<br>0. 001 | 0. 022<br>0. 001 | 0. 299<br>0. 009 | 0. 00011<br>0. 00001 |

注：标准偏差为合成标准偏差，$S=\sqrt{S_0^2+S_L^2+S_W^2}$。

### 4.2.5　试用情况报告

#### 4.2.5.1　工作曲线检查

随机抽取 4 套标样，用进口仪器(QSG750)制作工作曲线，其啮合系数(*PCT*)均达到 3

个9(含两个95)以上,符合设计要求。*PCT* 值见表4-30。

**表4-30 2B25(1161)标样啮合系数**

| 元 素 | Si | Fe | Cu | Mn | Mg | Zn | Zr | Cr | Ti | Ni | Be |
|---|---|---|---|---|---|---|---|---|---|---|---|
| 波长/nm | 288.1 | 239.5 | 327.4 | 239.3 | 279.0 | 213.8 | 349.6 | 425.4 | 324.1 | 341.4 | 313.0 |
| *PCT*/% | 99.988 | 99.979 | 99.903 | 99.995 | 99.985 | 99.974 | 99.987 | 99.932 | 99.991 | 99.992 | 99.971 |

4.2.5.2 生产考核

为了检查本标样的实际结果,取两个不同含量的2B25合金样品,委托重庆铝加工研究所用本标样在QSG750进口光谱仪上制作工作曲线进行分析,其分析结果与化学结果相符,见表4-31。

**表4-31 生产考核结果** (质量分数,%)

| 元 素 | Si | Fe | Cu | Mn | Mg | Zn | Ti | Ni | Cr | Zr | Be | 分析结果 |
|---|---|---|---|---|---|---|---|---|---|---|---|---|
| 22-313 | 0.10 | 0.14 | 3.42 | 0.63 | 1.58 | 0.066 | 0.058 | 0.058 | 0.054 | 0.13 | 0.001 | ① |
| | 0.10 | 0.15 | 3.44 | 0.64 | 1.57 | 0.065 | 0.058 | 0.058 | 0.055 | 0.13 | 0.001 | ② |
| 22-315 | 0.15 | 0.19 | 3.91 | 0.92 | 1.13 | 0.024 | 0.12 | 0.10 | 0.096 | 0.21 | 0.0012 | ① |
| | 0.15 | 0.19 | 3.93 | 0.92 | 1.13 | 0.024 | 0.11 | 0.10 | 0.097 | 0.20 | 0.0012 | ② |

①为光谱(QSG750光谱仪)分析结果;②为化学结果。

### 4.2.6 与国内外同类标样比对实验

由于国内无类似标样,无法比对,国外也无相同的标样。为了考察本标样的水平,采用德国的QSG750光谱仪把本标样与国内外相近的标样进行比对。

4.2.6.1 啮合系数比较

比对结果如表4-32所示。

**表4-32 2B25(1161)标样啮合系数(*PCT*)比较**

| 元 素 | | Si | Fe | Cu | Mn | Mg | Zn | Ni | Ti | Zr | Be | Cr |
|---|---|---|---|---|---|---|---|---|---|---|---|---|
| 波长/nm | | 288.1 | 239.5 | 327.4 | 293.3 | 279.0 | 213.8 | 288.1 | 239.5 | 327.4 | 293.3 | 279.0 |
| *PCT*/% | 本标样 | 99.988 | 99.979 | 99.903 | 99.995 | 99.985 | 99.974 | 99.992 | 99.991 | 99.987 | 99.971 | 99.932 |
| | 英国标样 | 99.992 | 99.901 | 99.916 | 99.993 | 99.920 | 99.995 | 99.904 | 99.996 | | | |

从表4-32可见,本标样7个元素啮合系数比进口标样好,有4个元素接近进口标样。

4.2.6.2 均匀性比较

为了比较标样的均匀性,把本标样(E8013)与进口成分接近的标样在同一时间、用同一台仪器(QSG750)进行检测。每样各激发10点,计算波动系数,用波动系数表示均匀性,比对结果见表4-33。从表中可见,本标样各元素的波动系数全部小于进口标样,本标样各元素的均匀性全部优于进口标样。

**表 4-33　2B25(1161)标样均匀性比较(10 次结果)**

| 元　素 | | Si | Fe | Cu | Mn | Mg | Zn | Ti | 备　注 |
|---|---|---|---|---|---|---|---|---|---|
| 本标样(E8013) | | 0.104 | 0.146 | 3.44 | 0.638 | 1.57 | 0.065 | 0.058 | 含量(质量分数)/% |
| | | 0.46 | 1.8 | 0.6 | 0.74 | 0.77 | 1.2 | 0.73 | 波动系数/% |
| 日本(JAP48) | | 0.223 | 0.756 | 4.34 | 0.595 | 1.47 | 0.058 | 0.016 | 含量(质量分数)/% |
| | | 1.9 | 2.1 | 1.4 | 0.90 | 1.8 | 3.7 | 10 | 波动系数/% |

| 元　素 | Ni | Zr | Cr | Be | 备　注 |
|---|---|---|---|---|---|
| 本标样(E8013) | 0.058 | 0.130 | 0.055 | 0.0010 | 含量(质量分数)/% |
| | 1.1 | 0.47 | 0.69 | 0.81 | 波动系数/% |
| 日本(JAP48) | 0.048 | | | | 含量(质量分数)/% |
| | 1.4 | | | | 波动系数/% |

### 4.2.6.3　其他

本标样含元素多。进口标样无 Cr、Zr 和 Be 三个元素。

综上所述,本标样在均匀性、工作曲线啮合系数和所含元素个数等主要技术指标上均达到或超过同类进口标样水平。

## 4.2.7　国内研制的其他 2 ××× 系标样

近年来,西南铝还成功研制出其他 2 ××× 系铝合金标准样品,主要有 2A11、2A12、2A70、2A80、2219、2011 等。分别见表 4-34 ~ 表 4-40。

**表 4-34　2A11 合金标样 (Al - Cu - Mg - Mn 系)**

| 标样编号 | 标样名称 | 标样成分(质量分数)/% | | | | | | | | | |
|---|---|---|---|---|---|---|---|---|---|---|---|
| | | Si | Fe | Cu | Mn | Mg | Cr | Ni | Zn | Ti | Zr |
| E111 | 2 ××× 系列(LY11) | 1.25 | 0.825 | 1.88 | 1.24 | 0.692 | 0.092 | 0.161 | 0.401 | 0.121 * | 0.191 * |
| E112 | | 0.893 | 0.657 | 2.89 | 0.932 | 0.298 | 0.223 | 0.113 | 0.343 | 0.169 * | 0.250 * |
| E113 | | 0.552 | 0.427 | 4.03 | 0.561 | 0.481 | 0.157 | 0.045 | 0.236 | 0.047 | 0.137 |
| E114 | | 0.236 | 0.188 | 5.47 | 0.241 | 0.108 * | 0.193 | 0.089 | 0.125 | 0.078 | 0.048 |
| E115a | | 1.57 | 1.01 | 0.645 | 1.50 | 0.912 | 0.272 | 0.210 | 0.054 | 0.202 | 0.0058 * |
| E116a | | 0.092 | 0.120 | 6.57 | 0.073 | 0.030 | 0.0099 | 0.0084 | 0.539 | 0.018 | 0.301 |

注:适用于 2B11、2A10、2A13、2A14、2A17 LD5、LD6、LD10、LY16、ZL201 等合金的分析;

* 为参考值。

**表 4-35　2A12 合金标样 (Al - Cu - Mg - Mn 系)**

| 标样编号 | 标样名称 | 标样成分(质量分数)/% | | | | | | | |
|---|---|---|---|---|---|---|---|---|---|
| | | Si | Fe | Cu | Mn | Mg | Ni | Zn | Ti |
| E121a | 2 ××× 系列(LY12) | 0.448 | 0.690 | 2.14 | 0.341 | 2.15 | 0.111 | 0.054 | 0.088 |
| E122a | | 0.525 | 0.453 | 3.25 | 1.00 | 0.737 | 0.021 | 0.134 | 0.017 |
| E123a | | 0.127 | 0.350 | 4.11 | 0.532 | 1.51 | 0.037 | 0.147 | 0.039 |
| E124b | | 0.230 | 0.213 | 5.82 | 0.240 | 0.950 | 0.057 | 0.320 | 0.181 |
| E126b | | 0.103 | 0.772 | 1.21 | 0.084 | 2.64 | 0.210 | 0.712 | 0.013 |

注:适用于 2A12、2B12、2D12、2E12 等合金的分析。

**表 4-36　2A70、2A80 合金标样（Al－Cu－Mg－Fe－Ni 系）**

| 标样编号 | 标样名称 | 标样成分(质量分数)/% | | | | | | | |
|---|---|---|---|---|---|---|---|---|---|
| | | Si | Fe | Cu | Mn | Mg | Ni | Zn | Ti |
| E311 | 2 ××× 系列（LD7.8） | 0.904 | 0.454 | 4.51 | 0.095 | 0.428 | 1.55 | 0.140 | 0.021 |
| E312 | | 0.657 | 1.21 | 2.51 | 0.138 | 1.37 | 1.12 | 0.238 | 0.088 |
| E313 | | 1.22 | 0.908 | 1.51 | 0.239 | 0.897 | 2.02 | 0.334 | 0.120 |
| E314 | | 0.371 | 1.61 | 3.33 | 0.184 | 1.80 | 0.624 | 0.166 | 0.055 |
| E315 | | 1.53 | 1.87 | 0.927 | 0.287 | 2.26 | 0.153 | 0.367 | 0.161 |
| E316 | | 0.090 | 0.115 | 5.55 | 0.054 | 0.074 | 2.25 | 0.084 | 0.00095 |

**表 4-37　ZLD204 合金标样**

| 标样编号 | 标样名称 | 标样成分(质量分数)/% | | | | | | | | | | |
|---|---|---|---|---|---|---|---|---|---|---|---|---|
| | | Si | Fe | Cu | Mn | Mg | Zn | Ti | B | Cd | V | Zr |
| E2231 | 2 ××× 系列 ZLD204 | 0.029 | 0.066 | 3.89 | 0.070 | 0.147 | 0.342 | 0.40 * | 0.038 * | 0.245 | 0.017 | 0.011 |
| E2234 | | 0.107 | 0.181 | 5.34 | 0.458 | 0.023 | 0.081 | 0.118 | 0.019 | 0.119 | 0.188 | 0.156 |
| E2235 | | 0.173 | 0.244 | 5.68 | 0.576 | 0.0079 | 0.028 | 0.067 | 0.0076 | 0.062 | 0.253 | 0.226 |
| E2237 | | 0.046 | 0.090 | 5.08 | 0.437 | 0.050 | 0.112 | 0.310 | 0.060 | 0.181 | 0.116 | 0.116 |
| E2238 | | 0.077 | 0.170 | 4.79 | 0.365 | 0.036 | 0.131 | 0.342 | 0.056 | 0.164 | 0.159 | 0.127 |
| E2239 | | 0.060 | 0.131 | 4.36 | 0.210 | 0.062 | 0.180 | 0.436 | 0.077 | 0.193 | 0.080 | 0.061 |
| E112 | | 0.893 | 0.657 | 2.89 | 0.932 | 0.298 | 0.343 | 0.169 * | 0.223（Cr） | 0.113（Ni） | 0.250 * | |

注：* 为参考值。

**表 4-38　ZLD205A 合金标样**

| 标样编号 | 标样名称 | 标样成分(质量分数)/% | | | | | | | | | | |
|---|---|---|---|---|---|---|---|---|---|---|---|---|
| | | Si | Fe | Cu | Mn | Mg | Zn | Ti | B | V | Zr | Cd |
| E2231 | ZLD205A | 0.029 | 0.066 | 3.89 | 0.070 | 0.147 | 0.342 | 0.40 * | 0.038 * | 0.017 | 0.011 | 0.245 |
| E2234 | | 0.107 | 0.181 | 5.34 | 0.458 | 0.023 | 0.081 | 0.118 | 0.019 | 0.188 | 0.156 | 0.119 |
| E2235 | | 0.173 | 0.244 | 5.68 | 0.576 | 0.0079 | 0.028 | 0.067 | 0.0076 | 0.253 | 0.226 | 0.062 |
| E2236 | | 0.089 | 0.114 | 4.97 | | | | 0.471 * | 0.070 * | 0.018 | | |
| E2237 | | 0.046 | 0.090 | 5.08 | 0.437 | 0.050 | 0.112 | 0.310 | 0.060 | 0.116 | 0.116 | 0.181 |
| E2238 | | 0.077 | 0.170 | 4.79 | 0.365 | 0.036 | 0.131 | 0.342 | 0.056 | 0.159 | 0.127 | 0.164 |
| E2239 | | 0.060 | 0.131 | 4.36 | 0.210 | 0.062 | 0.180 | 0.436 | 0.077 | 0.080 | 0.061 | 0.193 |

注：* 为参考值，本标样也适用于 2219、2B16、2A20 等合金的分析。

**表 4-39　2011 合金标样**

| 标样编号 | 标样名称 | 标样成分(质量分数)/% | | | | | | | | | |
|---|---|---|---|---|---|---|---|---|---|---|---|
| | | Si | Fe | Cu | Mn | Mg | Zn | Ti | Ni | Pb | Bi |
| E7021 | ZLD205A | 0.541 | 0.752 | 3.87 | 0.0092 | 0.095 | 0.471 | 0.077 | 0.079 | 0.650 | 0.089 |
| E7022 | | 0.450 | 0.588 | 4.80 | 0.024 | 0.0093 | 0.368 | 0.050 | 0.045 | 0.410 | 0.649 |
| E7023 | | 0.332 | 0.448 | 5.36 | 0.045 | 0.022 | 0.248 | 0.035 | 0.038 | 0.407 | 0.385 |
| E7024 | | 0.243 | 0.324 | 6.73 | 0.060 | 0.042 | 0.142 | 0.021 | 0.021 | 0.240 | 0.234 |
| E7025 | | 0.144 | 0.176 | 6.16 | 0.067 | 0.058 | 0.051 | 0.0095 | 0.0072 | 0.116 | 0.869 |

表 4-40　2219 合金标样

| 标样编号 | 标样名称 | 标样成分(质量分数)/% | | | | | | | | | |
|---|---|---|---|---|---|---|---|---|---|---|---|
| | | Si | Fe | Cu | Mn | Mg | Zn | Ti | Ni | Zr | V |
| E4121 | 2219 | 0.358 | 0.455 | 4.76 | 0.476 | 0.0020 | 0.007* | 0.0037 | 0.0038 | 0.038 | 0.027 |
| E4122 | | 0.257 | 0.380 | 5.53 | 0.387 | 0.021 | 0.049 | 0.071 | 0.017 | 0.103 | 0.061 |
| E4123 | | 0.198 | 0.302 | 6.21 | 0.318 | 0.040 | 0.105 | 0.160 | 0.041 | 0.157 | 0.175 |
| E4124 | | 0.159 | 0.199 | 6.64 | 0.161 | 0.062 | 0.157 | 0.123 | 0.069 | 0.236 | 0.116 |
| E4125 | | 0.106 | 0.105 | 6.97 | 0.090 | 0.126 | 0.189 | 0.154* | 0.090 | 0.197 | 0.170 |

注：* 为参考值。

## 4.3　3 ××× 系标准样品铸锭的制备技术

### 4.3.1　3 ××× 系标准样品概述

3 ××× 合金又称 Al－Mn 系合金。其合金材料具有良好的成形性能、高的抗蚀性和可焊性，强度比 1 ××× 系合金高。它广泛应用于运输液体产品的槽和罐、储存装置、热交换器、化工设备、飞机油箱、油路导管、反光板、厨房设备、洗衣机缸体、铆钉、焊丝、全铝易拉罐罐身、薄板加工件、建筑挡板、电缆管道、下水管和各种灯具零部件等等。按照 GB/T3190—2008《变形铝合金化学成分》国家标准分类，西南铝研制的 3 ××× 标准样品主要包括 3003、3004、3104、3105、3A21 等。现以含 3003(含 Pb)标准样品的研制为例介绍 3 ××× 系列标准样品铸锭的制备技术。

### 4.3.2　3003 标准样品的制备

该系列标样于 1989 年研制完成。以前研制的 3003 系列标样中不含 Pb，随着 3003 系列在食品、包装等行业的应用不断扩大，要求分析 Pb 的用户会越来越多。为了满足相关领域日益发展的需要，进行了该标准样品的研制。

4.3.2.1　考核的主要技术指标

(1) 每套 6 点，每点含 9 个元素(Pb、Si、Fe、Cu、Mn、Mg、Zn、Ti、Ni)；
(2) 均匀性：极差法检验合格；
(3) 定值准确性($S$)：$2S \leqslant$ 化学允许差；
(4) 工作曲线吻合系数($PCT$)：$PCT \geqslant 0.999$；
(5) 稳定性(有效期 $T$)：$T \geqslant 8$ 年；
(6) 尺寸(单点)：$\phi 62\ \mathrm{mm} \times 30\ \mathrm{mm}$。

4.3.2.2　主要技术特点

研制本标样的技术难点有以下几点：

(1) Pb 的加入并均匀分布到铝中难：Pb 密度大、熔点低，直接加入 Pb 易沉炉底，产生偏析。

(2) 炉前调整成分难：本标样 Pb 设计范围是 $w(\mathrm{Pb}) = 0.001\% \sim 0.01\%$。由于无合适

的标样分析 Pb，给精确调整化学成分带来很大难度。

（3）分析定值难：国标 GB6987 中 Pb 的分析范围为 0.10% ~1.50%，本项目的 Pb 比国标范围低一个数量级，这给本标样最终分析定值带来很大困难。

#### 4.3.2.3　攻关措施

（1）精确称量，样勺加入：把精确称量后的金属 Pb 加入样勺中，再把样勺置于熔化好的铝水中。待 Pb 全部熔化倒入铝水中，并认真搅拌使得 Pb 均匀溶于铝水中。

（2）用小坩埚制备内控样，经化学分析后作为制定炉前调整 Pb 的分析规程用。

（3）进行分析方法研究，提出适用分析本项目的 Pb 的定值方法。

（4）进行光谱法干扰研究，找出 Mn 对 Pb 的干扰规律并进行修正。

#### 4.3.2.4　主要研制工艺

A　研制程序

主要研制程序同 4.1.2 节。

B　成分设计

a　成分设计原则

（1）符合 GB/T3190—2008 中 3003 及国内外类似对 Pb 元素有要求的合金化学成分标准；

（2）考虑基体效应和第三元素的影响，各点除基体外各元素总和尽量接近；

（3）方便操作，高、低标集中 2 ~3 点。

b　各点设计成分

各点设计成分见表 4-41。

**表 4-41　3003 合金（含 Pb）标样设计成分**　　（质量分数，%）

| 标样号 | Pb | Si | Fe | Cu | Mn | Mg | Zn | Ti | Ni |
|---|---|---|---|---|---|---|---|---|---|
| E211a | 0.0045 ± 0.0005 | 0.60 ± 0.05 | 0.65 ± 0.05 | 0.19 ± 0.01 | 0.90 ± 0.03 | 0.010 ± 0.002 | 0.027 ± 0.002 | 0.015 ± 0.005 | 0.015 ± 0.002 |
| E212a | 0.003 ± 0.0005 | 0.40 ± 0.05 | 0.50 ± 0.03 | 0.10 ± 0.01 | 1.2 ± 0.05 | 0.035 ± 0.005 | 0.090 ± 0.010 | 0.030 ± 0.005 | 0.050 ± 0.005 |
| E213a | 0.008 ± 0.001 | 0.30 ± 0.03 | 0.30 ± 0.02 | 0.15 ± 0.01 | 1.50 ± 0.10 | 0.055 ± 0.005 | 0.060 ± 0.005 | 0.060 ± 0.005 | 0.080 ± 0.01 |
| E214a | 0.020 ± 0.002 | 0.15 ± 0.02 | 0.20 ± 0.02 | 0.05 ± 0.005 | 1.80 ± 0.10 | 0.080 ± 0.01 | 0.12 ± 0.015 | 0.090 ± 0.005 | 0.12 ± 0.01 |
| E215a | 0.015 ± 0.001 | 0.75 ± 0.05 | 0.85 ± 0.05 | 0.23 ± 0.01 | 0.60 ± 0.03 | 0.10 ± 0.01 | 0.15 ± 0.02 | 0.12 ± 0.01 | 0.16 ± 0.01 |
| E216a | 0.0015 ± 0.0005 | 0.05 ± 0.01 | 0.15 ± 0.01 | 0.007 ± 0.001 | 2.20 ± 0.10 | 0.005 ± 0.001 | 0.007 ± 0.001 | 0.020 ± 0.005 | 0.005 ± 0.001 |

C　标样铸锭的熔炼与铸造

用 04 号天然气炉进行熔炼，总投料量按 100kg 计。用 70（或 80）铝锭、Al - Si、Al - Fe、Al - Mn、Al - Ni、Al - Ti、Al - Cu、纯 Mg、纯 Zn 和纯 Pb 等进行配料计算。先调整 Si、Fe、Cu、Mn、Ni、Ti 等元素，次之调整 Zn、Pb，最后调整 Mg。

Pb 的加入方法：Pb 熔点低，密度大，易熔化，易沉炉底，使得 Pb 产生偏析。另外，由于原铝锭和中间合金也含有微量 Pb，增加了 Pb 均匀分布并达设计要求的难度。为此，先准确分析原辅材料的 Pb 含量，再根据设计要求，精确计算和称量该补加的 Pb 含量；然后把称好的 Pb 置于样勺中，把样勺放入铝水中，待 Pb 熔化后，边搅拌边把熔化的 Pb 倒入铝水中，再次搅拌。最后用半连续铸造法铸成 $\phi$162 mm 的圆锭。经过取试片对铸锭进行检验，检验结果表明标样铸锭成分均匀，组织致密，无气孔、夹杂等缺陷。

D　均热、挤压、锯切等加工

把检验合格的标样铸锭进行均热和车皮后，用 20MN 挤压机挤压成 $\phi$62 mm 棒，最后用切割机切成 $\phi$62 mm × 30 mm 的块状标样并打上印迹。在整个加工过程中要注意防止污染、异物压入，保持表面清洁等。上道工序不合格，不能转入下道工序，以确保标样的质量。

为改善和消除铸锭成分偏析，须将 3003 标样铸锭进行均匀化热处理。通过高温加热相的溶解和原子的热扩散，实现铸锭成分的进一步均匀。均热处理的主要参数见表 4-42。

**表 4-42　3003 均热处理条件**

| 牌　号 | 炉温/℃ | 金属温度/℃ | 保温时间/h | 冷却方式 |
|---|---|---|---|---|
| 3003 | 610 | 600 ~ 620 | 4 | 空冷 |

合格的铸锭车去表皮 10mm 后，进行挤压加工成 $\phi$62mm 的棒材。为提高标样的组织和成分的均匀性，采用大的变形量进行挤压加工。用 20 MN 卧式水压机，挤压参数见表 4-43。挤压完成后，将挤压出的棒材去掉头和尾后，锯切加工成 $\phi$62 mm × 30 mm 的块，逐个打上编号，铣（或车）平端面，清洁表面，制成块状光谱标样。

**表 4-43　3003 基本挤压条件**

| 牌　号 | 最高炉温/℃ | 挤压温度/℃ | 挤压筒温度/℃ | 挤压速度/m · min$^{-1}$ |
|---|---|---|---|---|
| 3003 | 450 | 440 | 440 | 3 ~ 5 |

## 4.3.3　标样的均匀性检验

### 4.3.3.1　标样铸锭检验

为确保标样的组织和化学成分的均匀性，对制备出的标样铸锭必须进行金相组织（高、低倍）检验和成分偏析（纵向、横向）检验，用来制备标样的铸锭必须是宏观组织均匀、化学成分无明显偏析，否则不能作为标样铸锭。本标样铸锭检验结果表明：标样铸锭组织细密，宏观均匀，无气孔、夹杂等缺陷，径向、纵向化学成分无成分偏析。

观察各样品低倍组织大致相同：粗晶层厚度为 5 ~ 8 mm，低倍晶粒度均为一级，未见夹渣、气孔、疏松等冶金缺陷。

从金相高倍组织观察发现：铸锭样品由心部到边部晶粒尺寸分布较为均匀，偏差不大，晶粒稍大，大多为 80 ~ 120 μm，未发现过烧及显微疏松迹象。高倍照片见图 4-7。

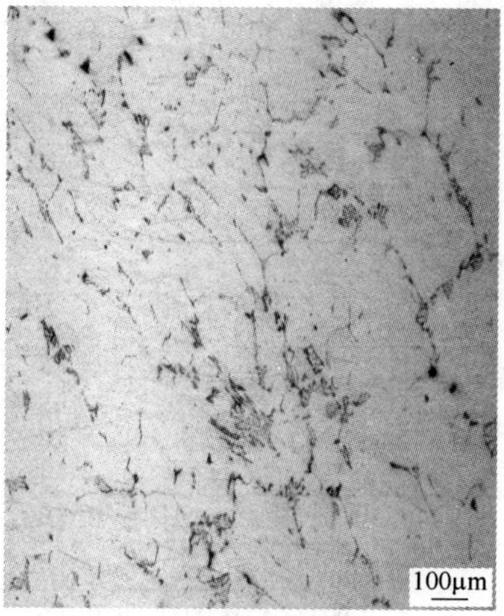

图 4-7　E213a 的金相高倍照片（100 ×）

#### 4.3.3.2　铸锭成分偏析检验

铸锭成分偏析检验方法同4.1.2节。

#### 4.3.3.3　标样均匀性检验

标样均匀性检验方法同4.1.2节。标样均匀性检验结果见表4-44。从表中可见，各元素均匀性全部合格。

**表4-44　3003标准样品极差法检验结果**　　（质量分数，%）

| 标样号:E211a | | | | 数据组数:16 | | | | | |
|---|---|---|---|---|---|---|---|---|---|
| 数据名称 | Si | Fe | Cu | Mn | Mg | Zn | Ti | Ni | Pb |
| Alfa 值 | 0.10 | 0.05 | 0.05 | 0.05 | 0.05 | 0.05 | 0.05 | 0.05 | 0.05 |
| 常数 $A$ | 1.462 | 1.790 | 1.790 | 1.790 | 1.790 | 1.790 | 1.790 | 1.790 | 1.790 |
| $R$ | 0.0079 | 0.0079 | 0.0058 | 0.0064 | 0.0007 | 0.0017 | 0.00053 | 0.00028 | 0.00041 |
| $R\times A$ | 0.013 | 0.015 | 0.011 | 0.012 | 0.014 | 0.0031 | 0.00095 | 0.00050 | 0.00073 |
| $R_0$ | 0.012 | 0.013 | 0.0087 | 0.012 | 0.0011 | 0.0029 | 0.00070 | 0.00040 | 0.00044 |
| 检验结果 | 合格 | 合格 | 合格 | 合格 | 合格 | 合格 | 合格 | 合格 | 合格 |
| 标样号:E212a | | | | 数据组数:16 | | | | | |
| 数据名称 | Si | Fe | Cu | Mn | Mg | Zn | Ti | Ni | Pb |
| Alfa 值 | 0.05 | 0.05 | 0.05 | 0.05 | 0.05 | 0.05 | 0.05 | 0.05 | 0.05 |
| 常数 $A$ | 1.777 | 1.777 | 1.777 | 1.777 | 1.777 | 1.777 | 1.777 | 1.777 | 1.777 |
| $R$ | 0.0028 | 0.0054 | 0.0019 | 0.028 | 0.00072 | 0.0039 | 0.00046 | 0.00054 | 0.00040 |
| $R\times A$ | 0.0049 | 0.0097 | 0.0034 | 0.050 | 0.0013 | 0.0069 | 0.00082 | 0.0012 | 0.00072 |
| $R_0$ | 0.0048 | 0.0060 | 0.0030 | 0.040 | 0.0012 | 0.0033 | 0.00078 | 0.00098 | 0.00045 |
| 检验结果 | 合格 | 合格 | 合格 | 合格 | 合格 | 合格 | 合格 | 合格 | 合格 |
| 标样号:E213a | | | | 数据组数:16 | | | | | |
| 数据名称 | Si | Fe | Cu | Mn | Mg | Zn | Ti | Ni | Pb |
| Alfa 值 | 0.05 | 0.05 | 0.05 | 0.05 | 0.05 | 0.05 | 0.05 | 0.01 | 0.01 |
| 常数 $A$ | 1.790 | 1.790 | 1.790 | 1.790 | 1.790 | 1.790 | 1.790 | 2.103 | 2.103 |
| $R$ | 0.0035 | 0.0025 | 0.0025 | 0.024 | 0.00070 | 0.00092 | 0.0016 | 0.0011 | 0.00050 |
| $R\times A$ | 0.0063 | 0.0063 | 0.0044 | 0.043 | 0.0013 | 0.0017 | 0.0029 | 0.0022 | 0.0011 |
| $R_0$ | 0.044 | 0.040 | 0.0040 | 0.035 | 0.0013 | 0.0016 | 0.0028 | 0.0022 | 0.00095 |
| 检验结果 | 合格 | 合格 | 合格 | 合格 | 合格 | 合格 | 合格 | 合格 | 合格 |
| 标样号:E214a | | | | 数据组数:16 | | | | | |
| 数据名称 | Si | Fe | Cu | Mn | Mg | Zn | Ti | Ni | Pb |
| Alfa 值 | 0.05 | 0.05 | 0.01 | 0.05 | 0.01 | 0.05 | 0.01 | 0.05 | 0.01 |
| 常数 $A$ | 1.790 | 1.790 | 2.103 | 1.790 | 2.103 | 1.790 | 2.103 | 1.790 | 2.103 |
| $R$ | 0.0022 | 0.0021 | 0.0011 | 0.024 | 0.00084 | 0.0021 | 0.00070 | 0.0023 | 0.00079 |
| $R\times A$ | 0.0039 | 0.0037 | 0.0022 | 0.042 | 0.0018 | 0.0038 | 0.0015 | 0.0041 | 0.0017 |
| $R_0$ | 0.0034 | 0.0027 | 0.0021 | 0.040 | 0.0018 | 0.0036 | 0.0014 | 0.0030 | 0.0015 |
| 检验结果 | 合格 | 合格 | 合格 | 合格 | 合格 | 合格 | 合格 | 合格 | 合格 |

续表 4-44

| 标样号:E215a | | | | 数据组数:16 | | | | | |
|---|---|---|---|---|---|---|---|---|---|
| 数据名称 | Si | Fe | Cu | Mn | Mg | Zn | Ti | Ni | Pb |
| Alfa 值 | 0.05 | 0.05 | 0.05 | 0.05 | 0.05 | 0.05 | 0.05 | 0.05 | 0.01 |
| 常数 $A$ | 1.790 | 1.790 | 1.790 | 1.790 | 1.790 | 1.790 | 1.790 | 1.790 | 2.103 |
| $R$ | 0.0072 | 0.0055 | 0.0033 | 0.0035 | 0.0013 | 0.0035 | 0.0031 | 0.0025 | 0.0050 |
| $R\times A$ | 0.013 | 0.0099 | 0.0059 | 0.0063 | 0.0024 | 0.0062 | 0.0055 | 0.0045 | 0.0011 |
| $R_0$ | 0.012 | 0.0090 | 0.0050 | 0.0053 | 0.0021 | 0.0060 | 0.0054 | 0.0037 | 0.0011 |
| 检验结果 | 合格 | 合格 | 合格 | 合格 | 合格 | 合格 | 合格 | 合格 | 合格 |
| 标样号:E216a | | | | 数据组数:16 | | | | | |
| 数据名称 | Si | Fe | Cu | Mn | Mg | Zn | Ti | Ni | Pb |
| Alfa 值 | 0.01 | 0.05 | 0.01 | 0.05 | 0.01 | 0.01 | 0.01 | 0.01 | 0.01 |
| 常数 $A$ | 2.095 | 1.777 | 2.095 | 1.777 | 2.095 | 2.095 | 2.095 | 2.095 | 2.095 |
| $R$ | 0.00058 | 0.0014 | 0.00025 | 0.023 | 0.00024 | 0.00079 | 0.00042 | 0.00018 | 0.00039 |
| $R\times A$ | 0.0013 | 0.0025 | 0.00052 | 0.041 | 0.00051 | 0.0017 | 0.00089 | 0.00037 | 0.00082 |
| $R_0$ | 0.00080 | 0.0017 | 0.00047 | 0.033 | 0.00044 | 0.0013 | 0.00080 | 0.0034 | 0.00080 |
| 检验结果 | 合格 | 合格 | 合格 | 合格 | 合格 | 合格 | 合格 | 合格 | 合格 |

## 4.3.4 定值和数据处理

### 4.3.4.1 多个试验室协作定值

标样的最终定值是标样的最关键指标之一,定值必须准确可靠。根据 GB/T15000 和 YS/T409 的规定,可委托国家轻金属质量监督检验中心等 8 个实验室协作分析定值。各实验室分析方法见表 4-45。

**表 4-45 3003 标样定值方法**

| 分析单位 | Si | Fe | Cu | Mn | Mg | Zn | Ti | Ni | Cr | Zr | Be |
|---|---|---|---|---|---|---|---|---|---|---|---|
| 郑州轻金属研究院 | 硅钼蓝光度法 | ICP-AES | ICP-AES | ICP-AES | ICP-AES | ICP-AES | 二安替比林甲烷光度法 | ICP-AES | 二苯碳酰二肼光度法 | ICP-AES | ICP-AES |
| 北京有色金属研究总院 | 硅钼蓝光度法 | ICP-AES | ICP-AES | ICP-AES | CP-AES | ICP-AES | ICP-AES | ICP-AES ICP-MS | ICP-AES ICP-MS | ICP-AES | ICP-MS |
| 东北轻合金加工厂 | 硅钼蓝光度法 | AAS ICP-AES | AAS ICP-AES | AAS ICP-AES | AAS ICP-AES | AAS ICP-AES | ICP-AES,二安替比林甲烷光度法 | AAS ICP-AES | AAS ICP-AES | ICP-AES 二甲酚橙光度法 | ICP-AES |
| 长安汽车集团 | ICP-AES | ICP-AES | ICP-AES | ICP-AES | ICP-AES | ICP-AES | ICP-AES | ICP-AES | ICP-AES | ICP-AES | ICP-AES |
| 上海材料研究所 | ICP-AES | ICP-AES | ICP-AES | ICP-AES | ICP-AES | ICP-AES | ICP-AES | ICP-AES | ICP-AES | ICP-AES | ICP-AES |

续表 4-45

| 分析单位 | Si | Fe | Cu | Mn | Mg | Zn | Ti | Ni | Cr | Zr | Be |
|---|---|---|---|---|---|---|---|---|---|---|---|
| 济南众标科技公司 | 硅钼蓝光度法 | AAS | AAS | AAS | AAS | AAS | 二安替比林甲烷光度法 | AAS | AAS | 二甲酚橙光度法 | 依莱铬氰蓝 R 光度法 |
| 西南铝技术中心 | 硅钼蓝光度法 | ICP－AES | ICP－AES 滴定法 | ICP－AES | ICP－AES 滴定法 | ICP－AES 滴定法 | ICP－AES | ICP－AES | ICP－AES | ICP－AES | AAS |
| 山东冶金科学研究院 | 硅钼蓝光度法 | ICP－AES | ICP－AES | ICP－AES | ICP－AES | ICP－AES | 二安替比林甲烷光度法 | ICP－AES | 二安替比林甲烷光度法 | ICP－AES | ICP－AES |

### 4.3.4.2 数据处理

标样研制过程中有大量原始数据要进行数理统计处理、检验和计算。可用新研制开发出的软件《StndMtrl 系统》对各单位报出的数据进行处理和检验。检验方法如下：

（1）数字修约：按 GB8170《数字修约规则》进行，误差用收尾法。

（2）正态检验：用夏皮罗－威尔克检验各组平均值的正态性。检验结果如表 4-46 所示。从表中可见，全部元素均为正态和似正态。

（3）狄克逊检验：用狄克逊检验准则对各协作实验室报出的结果按平均值进行检验并取舍，见表 4-47（仅列出其中一个号的结果）。

**表 4-46 标准样品夏皮罗检验结果** （质量分数，%）

| 标样号：E211a | | | | | | | | | |
|---|---|---|---|---|---|---|---|---|---|
| 分析单位及项目 | Si | Fe | Cu | Mn | Mg | Zn | Ti | Ni | Pb |
| 抚顺铝厂 | 0.5817 | 0.6585 | 0.2102 | 0.8957 | 0.0130 | 0.0260 | 0.0190 | 0.0162 | 0.0042 |
| 长安汽车集团一厂 | 0.6392 | 0.6555 | 0.2102 | 0.8840 | 0.0150 | 0.0257 | 0.0177 | 0.0165 | 0.0045 |
| DV－4 | 0.6022 | 0.6712 | 0.1972 | 0.8947 | 0.0125 | 0.0252 | 0.0185 | 0.0160 | 0.0041 |
| 上海材料研究所 | 0.5197 | 0.6592 | 0.2065 | 0.9097 | 0.0138 | 0.0273 | 0.0182 | 0.0156 | 0.0055 |
| 北京有色金属研究总院 | 0.5950 | 0.6675 | 0.1972 | 0.8962 | 0.0133 | 0.0268 | 0.0192 | 0.0151 | 0.0035 |
| 郑州轻金属研究院 | 0.6045 | 0.6650 | 0.2095 | 0.8787 | 0.0120 | 0.0265 | 0.0175 | 0.0155 | 0.0043 |
| E982 | 0.580 | 0.660 | 0.1880 | 0.870 | 0.0116 | 0.0250 | 0.0170 | 0.0145 | 0.0046 |
| 西南铝熔铸厂 | 0.5992 | 0.6510 | 0.2095 | 0.9147 | 0.0122 | 0.0265 | 0.0182 | 0.0158 | 0.0039 |
| 0.95 常数 | 0.818 | 0.818 | 0.818 | 0.818 | 0.818 | 0.818 | 0.818 | 0.818 | 0.818 |
| 0.99 常数 | 0.749 | 0.749 | 0.749 | 0.749 | 0.749 | 0.749 | 0.749 | 0.749 | 0.749 |
| 计算系数值 | 0.988 | 1.02 | 0.934 | 0.988 | 1.13 | 1.19 | 0.977 | 1.07 | 1.03 |
| 检验结果 | 正态 | 正态 | 正态 | 正态 | 正态 | 正态 | 正态 | 正态 | 正态 |
| 标样号：E212a | | | | | | | | | |
| 分析单位及项目 | Si | Fe | Cu | Mn | Mg | Zn | Ti | Ni | Pb |
| 抚顺铝厂 | 0.4175 | 0.5275 | 0.1050 | 1.1700 | 0.03570 | 0.1110 | 0.0330 | 0.0527 | 0.00247 |
| 长安汽车集团一厂 | 0.4125 | 0.5330 | 0.1022 | 1.1835 | 0.03610 | 0.0973 | 0.0315 | 0.0528 | 0.00290 |
| DV－4 | 0.4097 | 0.5380 | 0.0972 | 1.182 | 0.347 | 0.1052 | 0.312 | 0.0510 | 0.00315 |
| 上海材料研究所 | 0.4190 | 0.5292 | 0.1052 | 1.1790 | 0.03745 | 0.1132 | 0.0332 | 0.05237 | 0.00248 |
| 北京有色金属研究总院 | 0.4080 | 0.5365 | 0.0886 | 1.1820 | 0.03852 | 0.1107 | 0.3282 | 0.05310 | 0.00267 |

续表 4-46

| 分析单位及项目 | Si | Fe | Cu | Mn | Mg | Zn | Ti | Ni | Pb |
|---|---|---|---|---|---|---|---|---|---|
| 郑州轻金属研究院 | 0.4232 | 0.5375 | 0.1022 | 1.1905 | 0.0360 | 0.1180 | 0.0320 | 0.05350 | 0.00272 |
| E982 | 0.4100 | 0.5300 | 0.0950 | 1.170 | 0.0330 | 0.1030 | 0.0310 | 0.0510 | 0.00370 |
| 西南铝熔铸厂 | 0.4142 | 0.5254 | 0.1001 | 1.192 | 0.0345 | 0.1167 | 0.0315 | 0.0514 | 0.00297 |
| 0.95 常数 | 0.818 | 0.818 | 0.818 | 0.818 | 0.818 | 0.818 | 0.818 | 0.818 | 0.818 |
| 0.99 常数 | 0.749 | 0.749 | 0.749 | 0.749 | 0.749 | 0.749 | 0.749 | 0.749 | 0.749 |
| 计算系数值 | 1.07 | 1.16 | 1.05 | 0.939 | 1.04 | 0.968 | 1.19 | 1.02 | 1.19 |
| 检验结果 | 正态 | 正态 | 正态 | 正态 | 正态 | 正态 | 正态 | 正态 | 正态 |

标样号：E213a

| 分析单位及项目 | Si | Fe | Cu | Mn | Mg | Zn | Ti | Ni | Pb |
|---|---|---|---|---|---|---|---|---|---|
| 抚顺铝厂 | 0.2830 | 0.3045 | 0.1480 | 1.4027 | 0.0597 | 0.0610 | 0.0685 | 0.0912 | 0.00702 |
| 长安汽车集团一厂 | 0.3000 | 0.3007 | 0.1487 | 1.3645 | 0.05610 | 0.06355 | 0.06570 | 0.08857 | 0.00692 |
| DV-4 | 0.2807 | 0.2985 | 0.1405 | 1.412 | 0.0630 | 0.0577 | 0.0642 | 0.0847 | 0.00797 |
| 上海材料研究所 | 0.2845 | 0.3045 | 0.1490 | 1.4677 | 0.06027 | 0.05862 | 0.06467 | 0.01920 | 0.00605 |
| 北京有色金属研究总院 | 0.2765 | 0.3122 | 0.1445 | 1.4262 | 0.06027 | 0.05862 | 0.06467 | 0.09120 | 0.00605 |
| 郑州轻金属研究院 | 0.2952 | 0.3080 | 0.1482 | 1.4382 | 0.05720 | 0.05570 | 0.0650 | 0.0857 | 0.00687 |
| E982 | 0.2900 | 0.3000 | 0.1450 | 1.380 | 0.0550 | 0.0630 | 0.0660 | 0.0870 | 0.00742 |
| 西南铝熔铸厂 | 0.2835 | 0.3130 | 0.1435 | 1.3950 | 0.05610 | 0.06355 | 0.06570 | 0.08857 | 0.00692 |
| 0.95 常数 | 0.818 | 0.818 | 0.818 | 0.818 | 0.818 | 0.818 | 0.818 | 0.818 | 0.818 |
| 0.99 常数 | 0.749 | 0.749 | 0.749 | 0.749 | 0.749 | 0.749 | 0.749 | 0.749 | 0.749 |
| 计算系数值 | 0.989 | 0.917 | 1.28 | 1.10 | 1.29 | 0.947 | 0.943 | 1.17 | 1.11 |
| 检验结果 | 正态 | 正态 | 正态 | 正态 | 正态 | 正态 | 正态 | 正态 | 正态 |

标样号：E214a

| 分析单位及项目 | Si | Fe | Cu | Mn | Mg | Zn | Ti | Ni | Pb |
|---|---|---|---|---|---|---|---|---|---|
| 抚顺铝厂 | 0.1585 | 0.2187 | 0.04720 | 1.8195 | 0.0810 | 0.1060 | 0.09570 | 0.1145 | 0.0170 |
| 长安汽车集团一厂 | 0.1602 | 0.2162 | 0.04840 | 1.7737 | 0.07617 | 0.09870 | 0.09432 | 0.1135 | 0.01522 |
| DV-4 | 0.1587 | 0.2217 | 0.05037 | 1.8040 | 0.08225 | 0.1075 | 0.09477 | 0.1085 | 0.01582 |
| 上海材料研究所 | 0.1575 | 0.2217 | 0.05037 | 0.18040 | 0.08225 | 0.1075 | 0.09477 | 0.1085 | 0.01582 |
| 北京有色金属研究总院 | 0.1525 | 0.2250 | 0.04560 | 1.8317 | 0.08420 | 0.1070 | 0.09475 | 0.1115 | 0.01477 |
| 郑州轻金属研究院 | 0.1637 | 0.2230 | 0.04620 | 1.9195 | 0.0800 | 0.1130 | 0.0952 | 0.1057 | 0.02050 |
| E982 | 0.1600 | 0.2160 | 0.0470 | 1.180 | 0.0790 | 0.1040 | 0.0950 | 0.1130 | 0.0180 |
| 西南铝熔铸厂 | 0.1617 | 0.2335 | 0.04715 | 1.1817 | 0.07697 | 0.1167 | 0.09480 | 0.1160 | 0.02070 |
| 0.95 常数 | 0.818 | 0.818 | 0.818 | 0.818 | 0.818 | 0.818 | 0.818 | 0.818 | 0.818 |
| 0.99 常数 | 0.749 | 0.749 | 0.749 | 0.749 | 0.749 | 0.749 | 0.749 | 0.749 | 0.749 |
| 计算系数值 | 1.09 | 1.14 | 0.918 | 0.923 | 1.00 | 1.03 | 0.959 | 1.09 | 1.01 |
| 检验结果 | 正态 | 正态 | 正态 | 正态 | 正态 | 正态 | 正态 | 正态 | 正态 |

标样号：E215a

| 分析单位及项目 | Si | Fe | Cu | Mn | Mg | Zn | Ti | Ni | Pb |
|---|---|---|---|---|---|---|---|---|---|
| 抚顺铝厂 | 0.7210 | 0.8677 | 0.2210 | 0.5780 | 0.1050 | 0.1652 | 0.1265 | 0.1737 | 0.1117 |
| 长安汽车集团一厂 | 0.7617 | 0.8627 | 0.2325 | 0.5457 | 0.0952 | 0.1487 | 0.1200 | 0.1725 | 0.0126 |
| DV-4 | 0.7217 | 0.8665 | 0.2097 | 0.5550 | 0.1102 | 0.1597 | 0.1227 | 0.1667 | 0.0155 |
| 上海材料研究所 | 0.7652 | 0.8556 | 0.2323 | 0.5645 | 0.1032 | 0.1685 | 0.1202 | 0.1692 | 0.0169 |

续表 4-46

| 分析单位及项目 | Si | Fe | Cu | Mn | Mg | Zn | Ti | Ni | Pb |
|---|---|---|---|---|---|---|---|---|---|
| 北京有色金属研究总院 | 0.6970 | 0.8860 | 0.2095 | 0.5827 | 0.1065 | 0.1722 | 0.1132 | 0.1865 | 0.0112 |
| 郑州轻金属研究院 | 0.7372 | 0.8765 | 0.2210 | 0.5600 | 0.1032 | 0.1677 | 0.1205 | 0.1557 | 0.0150 |
| E982 | 0.7300 | 0.8600 | 0.2160 | 0.5400 | 0.0960 | 0.1560 | 0.1250 | 0.1700 | 0.0140 |
| 西南铝熔铸厂 | 0.7265 | 0.8667 | 0.2157 | 0.5725 | 0.1015 | 0.1725 | 0.1227 | 0.1757 | 0.0157 |
| 0.95 常数 | 0.818 | 0.818 | 0.818 | 0.818 | 0.818 | 0.818 | 0.818 | 0.818 | 0.818 |
| 0.99 常数 | 0.749 | 0.749 | 0.749 | 0.749 | 0.749 | 0.749 | 0.749 | 0.749 | 0.749 |
| 计算系数值 | 0.990 | 0.862 | 1.09 | 1.09 | 0.946 | 1.02 | 1.12 | 1.06 | 1.13 |
| 检验结果 | 正态 | 正态 | 正态 | 正态 | 正态 | 正态 | 正态 | 正态 | 正态 |
| 标样号：E216a | | | | | | | | | |
| 分析单位及项目 | Si | Fe | Cu | Mn | Mg | Zn | Ti | Ni | Pb |
| 抚顺铝厂 | 0.0580 | 0.1400 | 0.00612 | 2.309 | 0.00607 | 0.00780 | 0.0210 | 0.00432 | 0.00177 |
| 长安汽车集团一厂 | 0.06452 | 0.1360 | 0.00685 | 2.215 | 0.00630 | 0.00760 | 0.01942 | 0.00452 | 0.00147 |
| DV－4 | 0.0540 | 0.1402 | 0.00675 | 2.307 | 0.00637 | 0.00752 | 0.0210 | 0.00432 | 0.00200 |
| 上海材料研究所 | 0.0505 | 0.1422 | 0.00684 | 2.225 | 0.00601 | 0.00645 | 0.0200 | 0.00405 | 0.00191 |
| 北京有色金属研究总院 | 0.0505 | 0.1340 | 0.00652 | 2.375 | 0.00630 | 0.00557 | 0.0203 | 0.00370 | 0.00157 |
| 郑州轻金属研究院 | 0.0585 | 0.1407 | 0.00715 | 2.307 | 0.00582 | 0.00797 | 0.0210 | 0.00565 | 0.00177 |
| E982 | 0.0530 | 0.1370 | 0.00690 | 2.210 | 0.00640 | 0.00610 | 0.0220 | 0.00337 | 0.00190 |
| 西南铝熔铸厂 | 0.0570 | 0.1492 | 0.00670 | 2.375 | 0.00599 | 0.00643 | 0.0184 | 0.00432 | 0.00210 |
| 0.95 常数 | 0.818 | 0.818 | 0.818 | 0.818 | 0.818 | 0.818 | 0.818 | 0.818 | 0.818 |
| 0.99 常数 | 0.749 | 0.749 | 0.749 | 0.749 | 0.749 | 0.749 | 0.749 | 0.749 | 0.749 |
| 计算系数值 | 1.17 | 0.946 | 1.03 | 0.866 | 1.33 | 1.28 | 1.20 | 0.903 | 1.20 |
| 检验结果 | 正态 | 正态 | 正态 | 正态 | 正态 | 正态 | 正态 | 正态 | 正态 |

**表 4-47　3003 标准样品狄克逊检验结果**　　　　（质量分数,%）

| 标样号:E211a | | | | | | | | | |
|---|---|---|---|---|---|---|---|---|---|
| 分析单位及项目 | Si | Fe | Cu | Mn | Mg | Zn | Ti | Ni | Pb |
| 北京有色金属研究总院 | 0.595 | 0.668 | 0.197 | 0.896 | 0.0133 | 0.0265 | 0.0192 | 0.0151 | 0.00345 |
| 长安汽车集团一厂 | 0.639 | 0.656 | 0.210 | 0.884 | 0.0150 | 0.0255 | 0.0178 | 0.0165 | 0.00450 |
| 西南铝熔铸厂 | 0.599 | 0.651 | 0.210 | 0.915 | 0.0122 | 0.0262 | 0.0182 | 0.0158 | 0.00390 |
| 国家轻金属质检中心 | 0.605 | 0.665 | 0.210 | 0.879 | 0.0120 | 0.0265 | 0.0175 | 0.0155 | 0.00432 |
| 抚顺铝厂 | 0.582 | 0.659 | 0.210 | 0.896 | 0.0130 | 0.0260 | 0.0190 | 0.0163 | 0.00420 |
| 铝加工研究院 | 0.580 | 0.660 | 0.188 | 0.870 | 0.0116 | 0.0250 | 0.0170 | 0.0145 | 0.00465 |
| 上海材料研究所 | 0.620 | 0.659 | 0.207 | 0.910 | 0.0138 | 0.0272 | 0.0183 | 0.0156 | 0.00550 |
| 西南铝技术中心 | 0.602 | 0.671 | 0.197 | 0.895 | 0.0125 | 0.0252 | 0.0185 | 0.0160 | 0.00410 |
| Alfa 值 | 0.050 | 0.050 | 0.050 | 0.050 | 0.050 | 0.050 | 0.050 | 0.050 | 0.050 |
| 临界值 | 0.608 | 0.608 | 0.608 | 0.608 | 0.608 | 0.608 | 0.608 | 0.608 | 0.608 |

#### 4.3.4.3　最终定值和标准偏差

本标样的标准定值结果（标准值、合成标准偏差）见表 4-48。

表 4-48 3003 标准样品标准值及合成标准偏差

| 数据组数(*n*):8 | | | | | | | | | | |
|---|---|---|---|---|---|---|---|---|---|---|
| 标样 | 数据名称 | Si | Fe | Cu | Mn | Mg | Zn | Ti | Ni | Pb |
| E211a | 标准值(质量分数)/% | 0.603 | 0.661 | 0.203 | 0.893 | 0.013 | 0.026 | 0.018 | 0.016 | 0.0043 |
| | 标准偏差/% | 0.008 | 0.004 | 0.004 | 0.007 | 0.001 | 0.0011 | 0.001 | 0.001 | 0.0003 |
| E212a | 标准值(质量分数)/% | 0.414 | 0.532 | 0.099 | 1.18 | 0.036 | 0.109 | 0.032 | 0.052 | 0.0028 |
| | 标准偏差/% | 0.003 | 0.0021 | 0.0022 | 0.01 | 0.001 | 0.003 | 0.001 | 0.001 | 0.0002 |
| E213a | 标准值(质量分数)/% | 0.287 | 0.305 | 0.146 | 1.41 | 0.058 | 0.060 | 0.065 | 0.088 | 0.0072 |
| | 标准偏差/% | 0.0032 | 0.003 | 0.002 | 0.02 | 0.0011 | 0.0012 | 0.001 | 0.0012 | 0.00032 |
| E214a | 标准值(质量分数)/% | 0.159 | 0.221 | 0.047 | 1.82 | 0.081 | 0.107 | 0.095 | 0.111 | 0.017 |
| | 标准偏差/% | 0.003 | 0.003 | 0.001 | 0.02 | 0.002 | 0.003 | 0.001 | 0.002 | 0.001 |
| E215a | 标准值(质量分数)/% | 0.732 | 0.869 | 0.220 | 0.562 | 0.103 | 0.164 | 0.121 | 0.171 | 0.014 |
| | 标准偏差/% | 0.009 | 0.004 | 0.004 | 0.006 | 0.002 | 0.004 | 0.0021 | 0.004 | 0.001 |
| E216a | 标准值(质量分数)/% | 0.056 | 0.140 | 0.0068 | 2.29 | 0.0061 | 0.0069 | 0.020 | 0.0043 | 0.0018 |
| | 标准偏差/% | 0.002 | 0.002 | 0.0002 | 0.03 | 0.0002 | 0.0006 | 0.001 | 0.0003 | 0.0003 |

## 4.3.5 试用情况报告

### 4.3.5.1 工作曲线检查

随机抽取5套标样,用进口仪器(E982)制作工作曲线,其啮合系数(*PCT*)均达到3个9(含3个9)以上,符合设计要求。*PCT* 值见表4-49。

表 4-49 3003 合金(含 Pb)标样 *PCT* 值

| 元素 | Si | Fe | Cu | Mn | Mg | Zn | Ti | Ni | Pb |
|---|---|---|---|---|---|---|---|---|---|
| 波长/nm | 288.1 | 239.5 | 327.4 | 293.3 | 279.0 | 213.8 | 324.1 | 341.4 | 405.7 |
| *PCT*/% | 99.958 | 99.989 | 99.888 | 99.989 | 99.999 | 99.968 | 99.979 | 99.982 | 99.992 |

### 4.3.5.2 生产考核

为了检查本标样的实际结果,委托重庆铝加工研究所用本标样在DV4、PDA6000等进口光谱仪上制作工作曲线分析样品,其分析结果与化学结果相符,见表4-50。

表 4-50 生产考核结果 (质量分数,%)

| 元素 | Si | Fe | Cu | Mn | Mg | Zn | Ti | Ni | Pb | 备注 |
|---|---|---|---|---|---|---|---|---|---|---|
| 22-211 | 0.61 | 0.66 | 0.20 | 0.90 | 0.012 | 0.026 | 0.018 | 0.016 | 0.004 | DV4 |
| | 0.60 | 0.66 | 0.20 | 0.89 | 0.010 | 0.025 | 0.018 | 0.015 | 0.004 | PDA6000 |
| | 0.60 | 0.66 | 0.20 | 0.89 | 0.013 | 0.026 | 0.018 | 0.016 | 0.004 | 化学 |
| 3-216 | 0.056 | 0.14 | 0.006 | 2.28 | 0.005 | 0.007 | 0.021 | 0.004 | 0.002 | DV4 |
| | 0.056 | 0.14 | 0.006 | 2.29 | 0.006 | 0.007 | 0.022 | 0.004 | 0.001 | PDA6000 |
| | 0.056 | 0.14 | 0.006 | 2.29 | 0.006 | 0.006 | 0.020 | 0.004 | 0.001 | 化学 |

## 4.3.6 比对试验

### 4.3.6.1 啮合系数比较

啮合系数比较见表4-51。

**表4-51 啮合系数比较**

| 元素 | | Si | Fe | Cu | Mn | Mg | Zn | Ti | Ni | Pb |
|---|---|---|---|---|---|---|---|---|---|---|
| 波长/nm | | 288.1 | 239.5 | 327.4 | 293.3 | 279.0 | 213.8 | 324.1 | 341.4 | 405.7 |
| *PCT/%* | 本标样 | 99.96 | 99.99 | 99.89 | 99.99 | 100.0 | 99.97 | 99.98 | 99.98 | 99.99 |
| | 国内GB101 | 99.98 | 99.98 | 99.99 | 99.87 | 99.65 | 99.79 | 99.69 | 99.94 | — |
| | 美国标样 | 99.79 | 99.96 | 99.84 | 99.86 | 100.0 | 98.43 | 100.0 | 99.79 | — |

从表4-51可见，本标样的啮合系数除Ti外，都比美国标样好。除Si、Cu外，都比国内标样好。

### 4.3.6.2 均匀性比较(表4-52)

**表4-52 均匀性比较**(10次结果)

| 标样 | 数据名称 | Si | Fe | Cu | Mn | Mg | Zn | Ti | Ni | Pb |
|---|---|---|---|---|---|---|---|---|---|---|
| 本标样(E212a) | ① | 0.414 | 0.532 | 0.099 | 1.18 | 0.036 | 0.109 | 0.032 | 0.052 | 0.0028 |
| | ② | 1.0 | 2.8 | 1.0 | 1.3 | 2.2 | 1.5 | 3.2 | 1.0 | 7.6 |
| GB805 | ① | 0.170 | 0.430 | 0.098 | 1.13 | 0.029 | 0.100 | 0.037 | 0.032 | — |
| | ② | 1.4 | 1.3 | 1.1 | 1.4 | 3.0 | 2.0 | 1.3 | 1.1 | — |
| 美国标样(SS3003) | ① | 0.190 | 0.510 | 0.15 | 1.25 | 0.031 | 0.079 | 0.016 | 0.005 | — |
| | ② | 1.3 | 1.8 | 1.0 | 1.6 | 3.3 | 2.7 | 6.1 | 2.8 | — |

① 含量(质量分数),%；
② 波动系数,%。

从表4-52可见，本标样均匀性除Fe外都比美国标样好，除Fe、Ti外，都比国内同类标样好。

### 4.3.6.3 其他方面

本标样含微量的Pb，而美国和国内其他标样均不含Pb，因此本标样适用范围更广。

综上所述，本标样在均匀性、工作曲线啮合系数和应用范围等主要技术指标上均达到或超过美国同类标样水平。

## 4.3.7 国内研制的其他3×××系标样

近年来，西南铝研制的其他3×××系标样主要有3A21、3104、3003Z等(见表4-53～表4-56)。

**表 4-53 3A21 合金标样(Al - Mn 系)**

| 标样编号 | 标样名称 | 标样成分(质量分数)/% | | | | | | | | |
|---|---|---|---|---|---|---|---|---|---|---|
| | | Si | Fe | Cu | Mn | Mg | Ni | Zn | Ti | Pb |
| E211b | 3××× 系列 (LF21) | 0.588 | 0.671 | 0.184 | 0.851 | 0.0097 | 0.024 | 0.028 | 0.018 | 0.0043 |
| E212b | | 0.423 | 0.537 | 0.097 | 1.20 | 0.032 | 0.049 | 0.114 | 0.032 | 0.0027 * |
| E213b | | 0.287 | 0.313 | 0.129 | 1.52 | 0.052 | 0.075 | 0.047 | 0.060 | 0.0067 |
| E214b | | 0.145 | 0.242 | 0.057 | 1.93 | 0.073 | 0.109 | 0.081 | 0.088 | 0.017 |
| E215b | | 0.695 | 0.830 | 0.228 | 0.544 | 0.101 | 0.152 | 0.165 | 0.123 | 0.019 |
| E216b | | 0.050 | 0.149 | 0.0063 | 2.38 | 0.0060 | 0.0046 | 0.017 | 0.010 | 0.0011 |

注:此套标样适合于 LF21、3003、ZLD001 等合金的分析。
* 为参考值。

**表 4-54 罐料用 3104 合金标样(含 Na、Pb、Cd、Ga)**

| 标样编号 | 标样名称 | 标样成分(质量分数)/% | | | | | | | | | | | | |
|---|---|---|---|---|---|---|---|---|---|---|---|---|---|---|
| | | Si | Fe | Cu | Mn | Mg | Zn | Ti | Ni | Cd | V | Na | Ga | Pb |
| E6301 | 3104 合金(含 Na、Pb、Cd、Ga) | 0.658 | 0.847 | 0.030 | 0.687 | 1.39 | 0.052 | 0.039 | 0.0041 | 0.00017 | 0.102 | 0.0012 * | 0.020 | 0.0085 |
| E6302 | | 0.488 | 0.664 | 0.111 | 0.795 | 1.19 | 0.109 | 0.105 | 0.018 | 0.0028 | 0.068 | 0.00025 | 0.034 | 0.016 |
| E6303 | | 0.194 | 0.497 | 0.203 | 0.957 | 1.16 | 0.206 | 0.091 | 0.055 | 0.0042 | 0.056 | 0.00055 | 0.059 | 0.011 |
| E6304 | | 0.342 | 0.332 | 0.380 | 1.05 | 0.869 | 0.271 | 0.156 | 0.071 | 0.0044 | 0.033 | 0.0013 | 0.086 | 0.0051 |
| E6305 | | 0.056 | 0.209 | 0.298 | 1.18 | 0.712 | 0.330 | 0.201 | 0.086 | 0.0058 | 0.018 | 0.0016 * | 0.096 | 0.0016 |

注:* 为参考值。

**表 4-55 3004 合金标样**

| 标样编号 | 标样名称 | 标样成分(质量分数)/% | | | | | | | | | |
|---|---|---|---|---|---|---|---|---|---|---|---|
| | | Si | Fe | Cu | Mn | Mg | Cr | Ni | Zn | Ti | Be |
| E232 | ZLD301 | 0.291 | 0.351 | 0.092 | 0.365 | 5.44 | 0.195 | 0.047 | 0.146 | 0.044 | 0.0028 |
| E233 | | 0.361 | 0.440 | 0.132 | 0.520 | 6.33 | 0.140 | 0.073 | 0.165 | 0.082 | 0.0051 |
| E234a | | 0.459 | 0.584 | 0.229 | 0.677 | 7.04 | 0.246 | 0.169 | 0.586 | 0.087 | 0.0011 |
| E235a | | 0.078 | 0.134 | 0.0074 | 0.065 | 10.14 | 0.0123 | 0.146 | 0.038 | 0.0070 | 0.0087 |
| E236a | | 0.600 | 0.696 | 0.243 | 0.865 | 3.76 | 0.273 | 0.035 | 0.285 | 0.192 | 0.00056 |
| E520 - 1 | | | | | | 8.55 | | | | | |
| E520 - 2 | | | | | | 11.84 | | | | | |

**表 4-56 ZLD305 合金标样**

| 标样编号 | 标样名称 | 标样成分(质量分数)/% | | | | | | | |
|---|---|---|---|---|---|---|---|---|---|
| | | Si | Fe | Cu | Mn | Mg | Zn | Ti | Ni |
| E9011 | 3003Z | 1.20 | 0.151 | 0.235 | 0.976 | 0.032 | 2.00 | 0.110 | 0.027 |
| E9012 | | 0.957 | 0.376 | 0.187 | 1.27 | 0.042 | 1.83 | 0.090 | 0.050 |
| E9013 | | 0.775 | 0.552 | 0.119 | 1.59 | 0.058 | 1.48 | 0.074 | 0.076 |
| E9014 | | 0.548 | 0.687 | 0.074 | 1.90 | 0.073 | 1.20 | 0.054 | 0.102 |
| E9015 | | 0.332 | 0.912 | 0.026 | 2.29 | 0.100 | 0.851 | 0.027 | 0.123 |

## 4.4 4×××系标准样品铸锭的制备技术

### 4.4.1 4×××系标准样品概述

4×××合金属 Al－Si 系合金，其主要合金包括 4A01、4A11、4A13、4A17、4343 等。现以 4A11 铝合金标准样品为例介绍 4×××系列标准样品铸锭的制备技术。

### 4.4.2 4A11 标准样品的制备

4A11 标准样品标样属 Al－Si－Cu－Mg－Ni 系列标样，主要是满足 4A11 铝合金化学成分分析和检验用。4A11 铝合金各元素要求如下：$w(\mathrm{Cu}) = 0.5\% \sim 1.3\%$，$w(\mathrm{Si}) = 11.5\% \sim 13.5\%$，$w(\mathrm{Mg}) = 0.8\% \sim 1.3\%$，$w(\mathrm{Ni}) = 0.5\% \sim 1.3\%$，$w(\mathrm{Fe}) \leqslant 1.0\%$，$w(\mathrm{Mn}) \leqslant 0.20\%$，$w(\mathrm{Zn}) \leqslant 0.25\%$，$w(\mathrm{Cr}) \leqslant 0.10\%$ 和 $w(\mathrm{Ti}) \leqslant 0.15\%$。

研制本标样需攻克熔铸关、成分调整关、挤压关和分析定值关等四个技术难点。

#### 4.4.2.1 主要考核的技术指标

（1）含 9 个元素：Cu、Si、Mg、Mn、Fe、Zn、Ni、Cr 和 Ti；

（2）本套标样共 6 点，每个元素有效点在 4 点以上；

（3）均匀性：按 GB/T15000 导则，极差法检验合格；

（4）定值准确性：标准偏差（$S$）：$S \leqslant$ 化学允许差；

（5）工作曲线啮合系数（$PCT$）：$PCT \geqslant 0.999$；

（6）稳定性：$T \geqslant 8$ 年（有效期）；

（7）尺寸：$\phi 62\,\mathrm{mm} \times 30\,\mathrm{mm}$。

#### 4.4.2.2 技术难点

（1）制备出符合设计要求的成分均匀的铸锭难。尤其是对 Si、Mn、Fe 等元素保证均匀性难度很大。

（2）变质处理难。本套标样硅含量变化很大（6%～14%），在如此宽的范围内，既含有粗晶硅也含有亚共晶和过共晶铝硅合金。对于共晶和过共晶铝硅合金使用变质剂，变质方法各不相同，须针对各号 Si 含量不同而进行实验，找出最佳变质条件。

（3）挤压难。Si 含量高难以挤压成功，需要找出合适的挤压参数。

（4）炉前成分控制难。为了使标样铸锭达到设计成分，需要进行快而准的炉前分析，并制定临时规程来满足成分控制需要。

（5）分析定值难。主要是解决目前国内现有分析方法不适用本套标样个别元素分析的问题。

#### 4.4.2.3 攻关措施

（1）合理选料，各元素成分设计匹配合理。如硅用结晶硅块配料，补料用 Al－Si 中间合金。补料计算时，要考虑各种中间合金的杂质含量和不均匀性对配料计算值的影响，以确保各号标样达到设计值。

（2）采用先进的半连续急冷铸造、玻璃丝布过滤、石墨漏斗分配合金、热顶铸造等先进技术，以保证标样铸锭的质量。

（3）采用先进的扩散熔炼和变质技术，使得初晶硅和共晶硅细化，保证硅的均匀性并提高加工性能，为挤压提供方便。

（4）通过小样试验，摸索最佳工艺参数并制取内控样，为炉前精确调整各元素化学成分做好准备。

#### 4.4.2.4 主要研制工艺

A 研制程序及成分设计原则

研制程序及成分设计原则同4.1.2节，成分设计见表4-57。

**表4-57 4A11标样设计成分** （质量分数，%）

| 编号 | Cu | Mg | Mn | Fe | Si | Zn | Ti | Ni | Cr |
|---|---|---|---|---|---|---|---|---|---|
| E921 | 0.65 | 1.40 | 0.25 | 0.50 | 10.0 | 0.21 | 0.08 | 1.35 | 0.19 |
| E922 | 0.90 | 0.90 | 0.60 | 0.20 | 11.5 | 0.17 | 0.12 | 0.85 | 0.14 |
| E923 | 1.15 | 1.20 | 0.40 | 0.40 | 7.0 | 0.09 | 0.05 | 1.10 | 0.10 |
| E924 | 1.30 | 0.75 | 0.75 | 0.30 | 13.0 | 0.13 | 0.14 | 0.65 | 0.06 |
| E925 | 0.40 | 1.60 | 0.10 | 0.10 | 9.0 | 0.25 | 0.02 | 1.60 | 0.03 |
| E926 | 1.50 | 0.50 | 0.85 | 0.60 | 14.0 | 0.05 | 0.18 | 0.30 | 0.008 |

B 熔炼与铸造

根据设计成分，选用国产2号（A00）铝锭、中间合金（Al－Cu、Al－Fe、Al－Mn、Al－Si、Al－Ti、Al－Cr）及Mg、Zn和结晶硅块等金属作为原材料进行熔炼。在熔炼过程中，考虑到中间合金的实际成分和熔铸情况（Si、Mn、Fe、Ni、Ti、Cr等元素含量过高，不易均匀等），配料时对个别元素进行调整。在熔炼中，采用小型天然气炉，严格按照特定的工艺制度进行操作，每个标样号投料300kg，经炉前分析，进行成分调整及断口检验，直至合格才能进行铸造。除了采用半连续铸造机、玻璃丝布过滤、石墨漏斗分配金属、热顶铸造等先进技术外，还采用了增加扩散熔炼时间和变质技术等新工艺。

a 扩散熔炼

由于Si与Al的熔点相差较大，溶解得很慢，需要较大的过热才能完全溶解。利用Si在铝中扩散系数很大（14.4）的性质，增加时间来保证Si充分溶解到Al中，也就是通常所说的扩散熔炼法。由于本标样中Si和其他元素Mn、Fe含量差异较大，可采用4～5h扩散熔炼 。

b 变质处理

本套标样Si含量不同，变质剂及变质方法也不同。具体所用变质剂见表4-58。

**表 4-58　4A11 标样变质剂及加入量**

| 编　号 | 变质方法 | | 说　明 |
|---|---|---|---|
| | 变质剂种类 | 加入量/% | |
| E921 | 112-3 | 1.2 | Si 含量高多加些，Mn、Fe 含量高也要适当多加些 |
| E922 | 112-3 | 1.2 | |
| E923 | 112-3 | 1.2 | |
| E924 | 112-3 | 1.2 | |
| E925 | 112-3 | 1.2 | |
| E926 | 112-3 | 1.2 | |

c　铸造

在化学成分合格后，进行变质处理并经断口检查，组织致密、无粗大的初晶硅和共晶硅。按下列条件进行铸造（见表 4-59）。

**表 4-59　铸造工艺参数**

| 编　号 | 铸锭规格/mm | 铸造温度/℃ | 铸造速度/mm·min$^{-1}$ | 水压/MPa | 铺　底 | 回　火 |
|---|---|---|---|---|---|---|
| E921-E926 | $\phi$162 | 760~780 | 60~70 | 0.08~0.09 | | |

C　均热、挤压、锯切等加工

把检验合格的标样铸锭进行均热和车皮后，用 20 MN 挤压机挤压成 $\phi$62 mm 棒，最后用切割机切成 $\phi$62 mm × 30 mm 的块状标样并打上印迹。在整个加工过程中要注意防止污染、异物压入，保持表面清洁等。上道工序不合格，不能转入下道工序，以确保标样的质量。

为改善和消除铸锭成分偏析，须将 4A11 标样铸锭进行均匀化热处理。通过高温加热相的溶解和原子的热扩散，实现铸锭成分的进一步均匀。均热处理的主要参数见表 4-60。

**表 4-60　4A11 标样均热处理条件**

| 牌　号 | 炉温/℃ | 金属温度/℃ | 保温时间/h | 冷却方式 |
|---|---|---|---|---|
| 4A11 | 490 | 480~500 | 12 | 空　冷 |

合格的铸锭车去表皮 10mm 后，挤压加工成 $\phi$62mm 的棒材。为提高标样的组织和成分的均匀性，采用大的变形量进行挤压加工。用 20MN 卧式水压机、挤压参数见表 4-61。挤压完成后，将挤压出的棒材去掉头和尾后，锯切加工成 $\phi$62 mm × 30 mm 的块，逐个打上编号，铣（或车）平端面，清洁表面，制成块状光谱标样。

**表 4-61　4A11 标样基本挤压条件**

| 牌　号 | 最高炉温/℃ | 挤压温度/℃ | 挤压筒温度/℃ | 挤压速度/m·min$^{-1}$ |
|---|---|---|---|---|
| 4A11 | 450 | 440 | 440 | 0.2~0.8 |

### 4.4.3　标样的均匀性检验

4.4.3.1　取样部位

为了确保标样质量，熔铸出的铸锭必须经金相组织检验和成分偏析检验合格后方可作为标样铸锭。铸锭质量检验:将头、尾各切掉 120 ~ 200 mm 长,接着顺次取金相试片、成分偏析试片和外委试片。切片位置如图 4-3 所示。

#### 4.4.3.2 标样铸锭检验

为确保标样的组织和化学成分的均匀性,对制备出的标样铸锭必须进行金相组织(高、低倍)检验和成分偏析(纵向、横向)检验,用来制备标样的铸锭必须是宏观组织均匀、化学成分无明显偏析,否则不能作为标样铸锭。本标样铸锭检验结果表明:标样铸锭组织细密,宏观均匀,无气孔、夹杂等缺陷,径向、纵向无成分偏析。

观察各样品低倍组织大致相同:粗晶层厚度为 5 ~ 8 mm,低倍晶粒度均为一级,未见夹渣、气孔、疏松等冶金缺陷。

从金相高倍组织观察发现:铸锭样品由心部到边部晶粒尺寸分布较为均匀,偏差不大,晶粒稍大,大多为 80 ~ 100 μm,未发现过烧及显微疏松迹象(见图 4-8)。

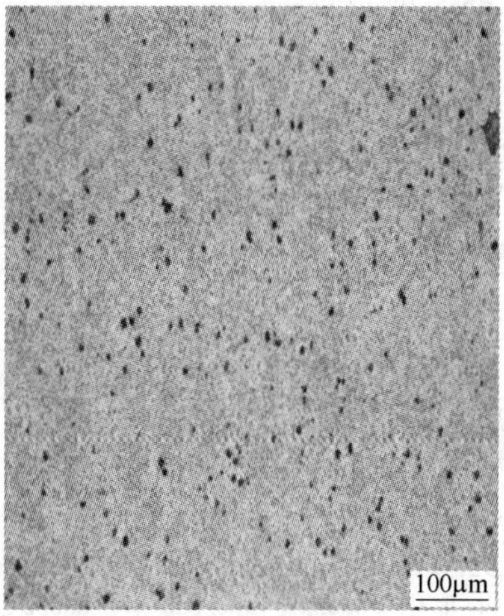

图 4-8 E921 的金相高倍照片(100×)

#### 4.4.3.3 铸锭成分偏析检验

铸锭成分偏析检验方法同 4. 1. 2 节。

#### 4.4.3.4 标样均匀性检验

标样均匀性检验方法同 4. 1. 2 节。

均匀性检验结果见表 4-62。从表中可见,各元素均匀性全部合格。

**表 4-62 4A11 标准样品极差法检验结果** (质量分数,%)

| 标样号:E921 | | | | 数据组数:16 | | | | | |
|---|---|---|---|---|---|---|---|---|---|
| 数据名称 | Si | Fe | Cu | Mn | Mg | Ni | Zn | Ti | Cr |
| Alfa 值 | 0. 050 | 0. 050 | 0. 050 | 0. 050 | 0. 050 | 0. 050 | 0. 050 | 0. 05 | 0. 050 |
| 常数 $A$ | 1. 790 | 1. 790 | 1. 790 | 1. 790 | 1. 790 | 1. 790 | 1. 790 | 1. 790 | 1. 790 |
| $R_0$ | 0. 084 | 0. 016 | 0. 0050 | 0. 015 | 0. 0070 | 0. 0030 | 0. 056 | 0. 00082 | 0. 020 |
| $R \times A$ | 0. 12 | 0. 025 | 0. 0089 | 0. 030 | 0. 011 | 0. 0040 | 0. 059 | 0. 00094 | 0. 021 |
| 检验结果 | 合格 | 合格 | 合格 | 合格 | 合格 | 合格 | 合格 | 合格 | 合格 |
| 标样号:E922 | | | | 数据组数:16 | | | | | |
| 数据名称 | Si | Fe | Cu | Mn | Mg | Ni | Zn | Ti | Cr |
| Alfa 值 | 0. 050 | 0. 050 | 0. 050 | 0. 050 | 0. 050 | 0. 050 | 0. 050 | 0. 050 | 0. 050 |
| 常数 $A$ | 1. 790 | 1. 790 | 1. 790 | 1. 790 | 1. 790 | 1. 790 | 1. 790 | 1. 790 | 1. 790 |
| $R_0$ | 0. 12 | 0. 032 | 0. 049 | 0. 020 | 0. 0041 | 0. 0051 | 0. 014 | 0. 0010 | 0. 016 |
| $R \times A$ | 0. 16 | 0. 063 | 0. 050 | 0. 030 | 0. 0042 | 0. 0062 | 0. 016 | 0. 0011 | 0. 017 |
| 检验结果 | 合格 | 合格 | 合格 | 合格 | 合格 | 合格 | 合格 | 合格 | 合格 |

续表 4-62

| 标样号:E923 | | | | 数据组数:16 | | | | | |
|---|---|---|---|---|---|---|---|---|---|
| 数据名称 | Si | Fe | Cu | Mn | Mg | Ni | Zn | Ti | Cr |
| Alfa 值 | 0.050 | 0.050 | 0.050 | 0.050 | 0.050 | 0.050 | 0.050 | 0.050 | 0.050 |
| 常数 $A$ | 1.790 | 1.790 | 1.790 | 1.790 | 1.790 | 1.790 | 1.790 | 1.790 | 1.790 |
| $R_0$ | 0.13 | 0.037 | 0.034 | 0.022 | 0.0061 | 0.012 | 0.024 | 0.00061 | 0.010 |
| $R\times A$ | 0.19 | 0.059 | 0.045 | 0.024 | 0.0064 | 0.013 | 0.043 | 0.00070 | 0.015 |
| 检验结果 | 合格 | 合格 | 合格 | 合格 | 合格 | 合格 | 合格 | 合格 | 合格 |
| 标样号:E924 | | | | 数据组数:16 | | | | | |
| 数据名称 | Si | Fe | Cu | Mn | Mg | Ni | Zn | Ti | Cr |
| Alfa 值 | 0.050 | 0.050 | 0.050 | 0.050 | 0.050 | 0.050 | 0.050 | 0.050 | 0.05 |
| 常数 $A$ | 1.790 | 1.790 | 1.790 | 1.790 | 1.790 | 1.790 | 1.790 | 1.790 | 1.790 |
| $R_0$ | 0.13 | 0.021 | 0.029 | 0.0071 | 0.0061 | 0.0071 | 0.047 | 0.0016 | 0.0071 |
| $R\times A$ | 0.15 | 0.024 | 0.028 | 0.0091 | 0.0081 | 0.0090 | 0.049 | 0.0018 | 0.0086 |
| 检验结果 | 合格 | 合格 | 合格 | 合格 | 合格 | 合格 | 合格 | 合格 | 合格 |
| 标样号:E925 | | | | 数据组数:16 | | | | | |
| 数据名称 | Si | Fe | Cu | Mn | Mg | Ni | Zn | Ti | Cr |
| Alfa 值 | 0.050 | 0.050 | 0.050 | 0.050 | 0.050 | 0.050 | 0.050 | 0.050 | 0.050 |
| 常数 $A$ | 1.790 | 1.790 | 1.790 | 1.790 | 1.790 | 1.790 | 1.790 | 1.790 | 1.790 |
| $R_0$ | 0.26 | 0.0081 | 0.027 | 0.0021 | 0.011 | 0.011 | 0.051 | 0.00061 | 0.0011 |
| $R\times A$ | 0.40 | 0.012 | 0.027 | 0.0035 | 0.014 | 0.017 | 0.065 | 0.00068 | 0.0011 |
| 检验结果 | 合格 | 合格 | 合格 | 合格 | 合格 | 合格 | 合格 | 合格 | 合格 |
| 标样号:E926 | | | | 数据组数:16 | | | | | |
| 数据名称 | Si | Fe | Cu | Mn | Mg | Ni | Zn | Ti | Cr |
| Alfa 值 | 0.050 | 0.050 | 0.050 | 0.050 | 0.050 | 0.050 | 0.050 | 0.050 | 0.050 |
| 常数 $A$ | 1.790 | 1.790 | 1.790 | 1.790 | 1.790 | 1.790 | 1.790 | 1.790 | 1.790 |
| $R_0$ | 0.099 | 0.030 | 0.060 | 0.0013 | 0.0021 | 0.0021 | 0.0061 | 0.0011 | 0.00062 |
| $R\times A$ | 0.11 | 0.050 | 0.063 | 0.0013 | 0.0022 | 0.0023 | 0.0075 | 0.0013 | 0.00086 |
| 检验结果 | 合格 | 合格 | 合格 | 合格 | 合格 | 合格 | 合格 | 合格 | 合格 |

### 4.4.4 定值和数据处理

#### 4.4.4.1 多个试验室协作定值

标样的最终定值是标样的关键指标之一,定值必须准确可靠。根据 JJG1006—1994《一级标准物质》和 GB/T15000—1994《标准样品工作导则》有关规定,邀请国内三个分析试验室进行协作分析定值。各协作单位定值分析方法见表 4-63。

**表 4-63 4A11 标样定值方法**

| 元 素 | 分析结果 | 国家轻金属质检中心 | 山东泉东标准物质研究所 | 西 南 铝 |
|---|---|---|---|---|
| Si | 1<br>2 | 重量法；<br>钼蓝光度法 | 钼蓝光度法；<br>重量法 | 硅钼蓝光度法 |
| Fe | 1<br>2 | 邻菲罗啉光度法；<br>原子吸收光度法 | 邻菲罗啉光度法；<br>原子吸收光度法 | 邻菲罗啉光度法；<br>原子吸收光度法 |
| Cu | 1<br>2 | 新亚铜灵水相光度法；<br>原子吸收光度法 | BCO 光度法；<br>原子吸收光度法 | 碘量法；<br>原子吸收光度法 |
| Mn | 1<br>2 | 高碘酸钾光度法 | 高碘酸钾光度法；<br>原子吸收光度法 | 高碘酸钾光度法；<br>原子吸收光度法 |
| Mg | 1<br>2 | 原子吸收光度法 | 原子吸收光度法；<br>偶氮氯膦Ⅰ光度法 | 原子吸收光度法 |
| Zn | 1<br>2 | 原子吸收光度法；<br>ICP - AES | 原子吸收光度法；<br>ICP - AES | 原子吸收光度法；<br>ICP - AES |
| Ni | 1<br>2 | 原子吸收光度法 | 原子吸收光度法；<br>丁二肟光度法 | 原子吸收光度法；<br>丁二肟光度法 |
| Ti | 1<br>2 | 二安替比林甲烷光度法 | 二安替林甲烷光度法 | ICP - AES |
| Cr | 1<br>2 | 原子吸收光度法；<br>ICP - AES | 原子吸收光度法；<br>ICP - AES | 原子吸收光度法；<br>ICP - AES |

#### 4.4.4.2 数据处理

标样研制过程中有大量原始数据要进行数理统计处理、检验和计算。可用新研制开发出的软件《StndMtrl 系统》对各单位报出的数据进行处理和检验。检验方法如下：

(1) 数字修约：按 GB8170《数字修约规则》进行，误差用收尾法。

(2) 正态检验：用夏皮罗 - 威尔克检验各组平均值的正态性。检验结果如表 4-64 所示。从表中可见，全部元素均为正态和似正态。

(3) 狄克逊检验：用狄克逊检验准则对各协作实验室报出的结果按平均值进行检验并取舍(见表 4-65)。

**表 4-64 4A11 标准样品夏皮罗检验结果** （质量分数，%）

| 标样号：E921 | | | | | | | | | |
|---|---|---|---|---|---|---|---|---|---|
| 分析单位及项目 | Si | Fe | Cu | Mn | Mg | Ni | Zn | Ti | Cr |
| 北京有色金属研究总院 | 7.518 | 0.661 | 0.503 | 0.703 | 0.473 | 0.153 | 3.030 | 0.0106 | 0.096 |
| 国家轻金属质检中心 | 7.464 | 0.669 | 0.503 | 0.711 | 0.492 | 0.153 | 3.090 | 0.0122 | 0.099 |
| 建设理化中心 | 7.396 | 0.675 | 0.515 | 0.701 | 0.468 | 0.151 | 3.018 | 0.0122 | 0.096 |
| 上海材料研究所 | 7.530 | 0.677 | 0.505 | 0.693 | 0.478 | 0.151 | 3.003 | 0.0101 | 0.093 |
| 西南铝技术中心 | 7.700 | 0.665 | 0.491 | 0.702 | 0.472 | 0.154 | 3.095 | 0.0087 | 0.098 |
| 西南铝熔铸厂 | 7.580 | 0.645 | 0.512 | 0.703 | 0.483 | 0.152 | 2.990 | 0.0096 | 0.096 |
| 0.95 常数 | 0.788 | 0.788 | 0.788 | 0.788 | 0.788 | 0.788 | 0.788 | 0.788 | 0.788 |

续表 4-64

| 分析单位及项目 | Si | Fe | Cu | Mn | Mg | Ni | Zn | Ti | Cr |
|---|---|---|---|---|---|---|---|---|---|
| 0.99 常数 | 0.713 | 0.713 | 0.713 | 0.713 | 0.713 | 0.713 | 0.713 | 0.713 | 0.713 |
| 计算系数值 | 0.976 | 0.915 | 0.933 | 0.907 | 0.943 | 0.907 | 0.883 | 0.920 | 0.929 |
| 检验结果 | 正 态 | 正 态 | 正 态 | 正 态 | 正 态 | 正 态 | 正 态 | 正 态 | 正 态 |

标样号:E922

| 分析单位及项目 | Si | Fe | Cu | Mn | Mg | Ni | Zn | Ti | Cr |
|---|---|---|---|---|---|---|---|---|---|
| 北京有色金属研究总院 | 8.762 | 1.305 | 3.389 | 0.556 | 0.144 | 0.263 | 0.811 | 0.0291 | 0.122 |
| 国家轻金属质检中心 | 8.771 | 1.321 | 3.301 | 0.561 | 0.149 | 0.259 | 0.808 | 0.292 | 0.132 |
| 建设理化中心 | 8.867 | 1.330 | 3.409 | 0.565 | 0.137 | 0.257 | 0.792 | 0.0262 | 0.139 |
| 上海材料研究所 | 8.788 | 1.349 | 3.327 | 0.547 | 0.144 | 0.259 | 0.778 | 0.0272 | 0.137 |
| 西南铝技术中心 | 8.970 | 1.360 | 3.400 | 0.553 | 0.145 | 0.283 | 0.784 | 0.0263 | 0.124 |
| 西南铝熔铸厂 | 9.080 | 1.330 | 3.340 | 0.567 | 0.149 | 0.275 | 0.794 | 0.0279 | 0.122 |
| 0.95 常数 | 0.788 | 0.788 | 0.788 | 0.788 | 0.788 | 0.788 | 0.788 | 0.788 | 0.788 |
| 0.99 常数 | 0.713 | 0.713 | 0.713 | 0.713 | 0.713 | 0.713 | 0.713 | 0.713 | 0.713 |
| 计算系数值 | 0.867 | 0.982 | 0.889 | 0.962 | 0.872 | 0.834 | 0.939 | 0.883 | 0.850 |
| 检验结果 | 正 态 | 正 态 | 正 态 | 正 态 | 正 态 | 正 态 | 正 态 | 正 态 | 正 态 |

标样号:E923

| 分析单位及项目 | Si | Fe | Cu | Mn | Mg | Ni | Zn | Ti | Cr |
|---|---|---|---|---|---|---|---|---|---|
| 北京有色金属研究总院 | 10.018 | 1.049 | 2.638 | 0.400 | 0.230 | 0.338 | 1.355 | 0.0675 | 0.178 |
| 国家轻金属质检中心 | 10.298 | 1.054 | 2.651 | 0.417 | 0.234 | 0.333 | 1.343 | 0.0662 | 0.166 |
| 建设理化中心 | 9.996 | 1.010 | 2.707 | 0.399 | 0.225 | 0.329 | 1.352 | 0.0658 | 0.167 |
| 上海材料研究所 | 10.070 | 1.063 | 2.577 | 0.400 | 0.242 | 0.344 | 1.307 | 0.0609 | 0.178 |
| 西南铝技术中心 | 10.330 | 1.063 | 2.630 | 0.402 | 0.219 | 0.341 | 1.330 | 0.0641 | 0.171 |
| 西南铝熔铸厂 | 10.200 | 1.060 | 2.650 | 0.410 | 0.237 | 0.359 | 1.372 | 0.0613 | 0.166 |
| 0.95 常数 | 0.788 | 0.788 | 0.788 | 0.788 | 0.788 | 0.788 | 0.788 | 0.788 | 0.788 |
| 0.99 常数 | 0.713 | 0.713 | 0.713 | 0.713 | 0.713 | 0.713 | 0.713 | 0.713 | 0.713 |
| 计算系数值 | 0.898 | 0.723 | 0.951 | 0.805 | 0.988 | 0.934 | 0.961 | 0.907 | 0.798 |
| 检验结果 | 正 态 | 正 态 | 正 态 | 正 态 | 正 态 | 正 态 | 正 态 | 正 态 | 正 态 |

标样号:E924

| 分析单位及项目 | Si | Fe | Cu | Mn | Mg | Ni | Zn | Ti | Cr |
|---|---|---|---|---|---|---|---|---|---|
| 北京有色金属研究总院 | 11.990 | 0.870 | 1.949 | 0.264 | 0.298 | 0.465 | 1.845 | 0.0767 | 0.251 |
| 国家轻金属质检中心 | 11.966 | 0.849 | 1.957 | 0.275 | 0.311 | 0.454 | 1.872 | 0.0778 | 0.239 |
| 建设理化中心 | 11.918 | 0.848 | 1.984 | 0.260 | 0.288 | 0.473 | 1.852 | 0.0758 | 0.227 |
| 上海材料研究所 | 11.915 | 0.850 | 1.896 | 0.267 | 0.294 | 0.473 | 1.885 | 0.0750 | 0.250 |
| 西南铝技术中心 | 12.100 | 0.869 | 1.960 | 0.261 | 0.285 | 0.487 | 1.940 | 0.0758 | 0.244 |
| 西南铝熔铸厂 | 11.980 | 0.846 | 1.970 | 0.263 | 0.290 | 0.484 | 1.970 | 0.0745 | 0.241 |
| 0.95 常数 | 0.788 | 0.788 | 0.788 | 0.788 | 0.788 | 0.788 | 0.788 | 0.788 | 0.788 |

续表 4-64

| 分析单位及项目 | Si | Fe | Cu | Mn | Mg | Ni | Zn | Ti | Cr |
|---|---|---|---|---|---|---|---|---|---|
| 0.99 常数 | 0.713 | 0.713 | 0.713 | 0.713 | 0.713 | 0.713 | 0.713 | 0.713 | 0.713 |
| 计算系数值 | 0.869 | 0.751 | 0.851 | 0.870 | 0.904 | 0.952 | 0.891 | 0.961 | 0.919 |
| 检验结果 | 正　态 | 正　态 | 正　态 | 正　态 | 正　态 | 正　态 | 正　态 | 正　态 | 正　态 |

标样号：E925

| 分析单位及项目 | Si | Fe | Cu | Mn | Mg | Ni | Zn | Ti | Cr |
|---|---|---|---|---|---|---|---|---|---|
| 北京有色金属研究总院 | 13.650 | 0.282 | 1.205 | 0.108 | 0.398 | 0.643 | 2.398 | 0.135 | 0.314 |
| 国家轻金属质检中心 | 14.013 | 0.285 | 1.192 | 0.114 | 0.396 | 0.651 | 2.454 | 0.136 | 0.309 |
| 建设理化中心 | 13.775 | 0.296 | 1.219 | 0.106 | 0.377 | 0.634 | 2.431 | 0.122 | 0.303 |
| 上海材料研究所 | 13.800 | 0.293 | 1.146 | 0.109 | 0.401 | 0.672 | 2.385 | 0.128 | 0.319 |
| 西南铝技术中心 | 13.770 | 0.297 | 1.130 | 0.104 | 0.377 | 0.638 | 2.500 | 0.129 | 0.301 |
| 西南铝熔铸厂 | 13.875 | 0.279 | 1.220 | 0.106 | 0.400 | 0.644 | 2.330 | 0.123 | 0.313 |
| 0.95 常数 | 0.788 | 0.788 | 0.788 | 0.788 | 0.788 | 0.788 | 0.788 | 0.788 | 0.788 |
| 0.99 常数 | 0.713 | 0.713 | 0.713 | 0.713 | 0.713 | 0.713 | 0.713 | 0.713 | 0.713 |
| 计算系数值 | 0.948 | 0.896 | 0.878 | 0.912 | 0.755 | 0.867 | 0.994 | 0.909 | 0.952 |
| 检验结果 | 正　态 | 正　态 | 正　态 | 正　态 | 正　态 | 正　态 | 正　态 | 正　态 | 正　态 |

标样号：E926

| 分析单位及项目 | Si | Fe | Cu | Mn | Mg | Ni | Zn | Ti | Cr |
|---|---|---|---|---|---|---|---|---|---|
| 北京有色金属研究总院 | 6.262 | 1.929 | 4.157 | 0.0507 | 0.0649 | 0.0816 | 0.332 | 0.0039 | 0.0525 |
| 国家轻金属质检中心 | 6.207 | 1.914 | 4.421 | 0.0536 | 0.0660 | 0.0797 | 0.344 | 0.0045 | 0.0594 |
| 建设理化中心 | 6.206 | 1.960 | 4.297 | 0.0530 | 0.0600 | 0.0760 | 0.325 | 0.0043 | 0.0510 |
| 上海材料研究所 | 6.279 | 1.921 | 4.086 | 0.0506 | 0.0632 | 0.0814 | 0.314 | 0.0036 | 0.0576 |
| 西南铝技术中心 | 6.315 | 1.895 | 4.190 | 0.0517 | 0.0661 | 0.0781 | 0.336 |  | 0.0506 |
| 西南铝熔铸厂 | 6.340 | 1.930 | 4.110 | 0.0502 | 0.0640 | 0.0750 | 0.331 | 0.0041 | 0.0522 |
| 0.95 常数 | 0.788 | 0.788 | 0.788 | 0.788 | 0.788 | 0.788 | 0.788 | 0.788 | 0.788 |
| 0.99 常数 | 0.713 | 0.713 | 0.713 | 0.713 | 0.713 | 0.713 | 0.713 | 0.713 | 0.713 |
| 计算系数值 | 0.927 | 0.959 | 0.916 | 0.875 | 0.913 | 0.916 | 0.976 | 0.992 | 0.837 |
| 检验结果 | 正　态 | 正　态 | 正　态 | 正　态 | 正　态 | 正　态 | 正　态 | 正　态 | 正　态 |

**表 4-65　4A11 标准样品狄克逊检验结果**　　（质量分数，%）

标样号：E921

| 分析单位及项目 | Si | Fe | Cu | Mn | Mg | Ni | Zn | Ti | Cr |
|---|---|---|---|---|---|---|---|---|---|
| 北京有色金属研究总院 | 7.518 | 0.661 | 0.503 | 0.703 | 0.473 | 0.153 | 3.030 | 0.0106 | 0.096 |
| 国家轻金属质检中心 | 7.464 | 0.669 | 0.503 | 0.711 | 0.492 | 0.153 | 3.090 | 0.0122 | 0.099 |
| 建设理化中心 | 7.396 | 0.675 | 0.515 | 0.701 | 0.468 | 0.151 | 3.018 | 0.0122 | 0.096 |
| 上海材料研究所 | 7.530 | 0.677 | 0.505 | 0.693 | 0.478 | 0.151 | 3.003 | 0.0101 | 0.093 |
| 西南铝技术中心 | 7.700 | 0.665 | 0.491 | 0.702 | 0.472 | 0.154 | 3.095 | 0.0087 | 0.098 |

续表 4-65

| 分析单位及项目 | Si | Fe | Cu | Mn | Mg | Ni | Zn | Ti | Cr |
|---|---|---|---|---|---|---|---|---|---|
| 西南铝熔铸厂 | 7.580 | 0.645 | 0.512 | 0.703 | 0.483 | 0.152 | 2.990 | 0.0096 | 0.096 |
| Alfa 值 | 0.050 | 0.050 | 0.050 | 0.050 | 0.050 | 0.050 | 0.050 | 0.050 | 0.050 |
| 临界值 | 0.628 | 0.628 | 0.628 | 0.628 | 0.628 | 0.628 | 0.628 | 0.628 | 0.628 |

标样号:E922

| 分析单位及项目 | Si | Fe | Cu | Mn | Mg | Ni | Zn | Ti | Cr |
|---|---|---|---|---|---|---|---|---|---|
| 北京有色金属研究总院 | 8.762 | 1.305 | 3.389 | 0.556 | 0.144 | 0.263 | 0.811 | 0.0291 | 0.122 |
| 国家轻金属质检中心 | 8.771 | 1.321 | 3.301 | 0.561 | 0.149 | 0.259 | 0.808 | 0.292 | 0.132 |
| 建设理化中心 | 8.867 | 1.330 | 3.409 | 0.565 | 0.137 | 0.257 | 0.792 | 0.0262 | 0.139 |
| 上海材料研究所 | 8.788 | 1.349 | 3.327 | 0.547 | 0.144 | 0.259 | 0.778 | 0.0272 | 0.137 |
| 西南铝技术中心 | 8.970 | 1.360 | 3.400 | 0.553 | 0.145 | 0.283 | 0.784 | 0.0263 | 0.124 |
| 西南铝熔铸厂 | 9.080 | 1.330 | 3.340 | 0.567 | 0.149 | 0.275 | 0.794 | 0.0279 | 0.122 |
| Alfa 值 | 0.050 | 0.050 | 0.050 | 0.050 | 0.050 | 0.050 | 0.050 | 0.050 | 0.050 |
| 临界值 | 0.628 | 0.628 | 0.628 | 0.628 | 0.628 | 0.628 | 0.628 | 0.628 | 0.628 |

标样号:E923

| 分析单位及项目 | Si | Fe | Cu | Mn | Mg | Ni | Zn | Ti | Cr |
|---|---|---|---|---|---|---|---|---|---|
| 北京有色金属研究总院 | 10.018 | 1.049 | 2.638 | 0.400 | 0.230 | 0.338 | 1.355 | 0.0675 | 0.178 |
| 国家轻金属质检中心 | 10.298 | 1.054 | 2.651 | 0.417 | 0.234 | 0.333 | 1.343 | 0.0662 | 0.166 |
| 建设理化中心 | 9.996 | 1.010 | 2.707 | 0.399 | 0.225 | 0.329 | 1.352 | 0.0658 | 0.167 |
| 上海材料研究所 | 10.070 | 1.063 | 2.577 | 0.400 | 0.242 | 0.344 | 1.307 | 0.0609 | 0.178 |
| 西南铝技术中心 | 10.330 | 1.063 | 2.630 | 0.402 | 0.219 | 0.341 | 1.330 | 0.0641 | 0.171 |
| 西南铝熔铸厂 | 10.200 | 1.060 | 2.650 | 0.410 | 0.237 | 0.359 | 1.372 | 0.0613 | 0.166 |
| Alfa 值 | 0.050 | 0.050 | 0.050 | 0.050 | 0.050 | 0.050 | 0.050 | 0.050 | 0.050 |
| 临界值 | 0.628 | 0.628 | 0.628 | 0.628 | 0.628 | 0.628 | 0.628 | 0.628 | 0.628 |

标样号:E924

| 分析单位及项目 | Si | Fe | Cu | Mn | Mg | Ni | Zn | Ti | Cr |
|---|---|---|---|---|---|---|---|---|---|
| 北京有色金属研究总院 | 11.990 | 0.870 | 1.949 | 0.264 | 0.298 | 0.465 | 1.845 | 0.0767 | 0.251 |
| 国家轻金属质检中心 | 11.966 | 0.849 | 1.957 | 0.275 | 0.311 | 0.454 | 1.872 | 0.0778 | 0.239 |
| 建设理化中心 | 11.918 | 0.848 | 1.984 | 0.260 | 0.288 | 0.473 | 1.852 | 0.0758 | 0.227 |
| 上海材料研究所 | 11.915 | 0.850 | 1.896 | 0.267 | 0.294 | 0.473 | 1.885 | 0.0750 | 0.250 |
| 西南铝技术中心 | 12.100 | 0.869 | 1.960 | 0.261 | 0.285 | 0.487 | 1.940 | 0.0758 | 0.244 |
| 西南铝熔铸厂 | 11.980 | 0.846 | 1.970 | 0.263 | 0.290 | 0.484 | 1.970 | 0.0745 | 0.241 |
| Alfa 值 | 0.050 | 0.050 | 0.050 | 0.050 | 0.050 | 0.050 | 0.050 | 0.050 | 0.050 |
| 临界值 | 0.628 | 0.628 | 0.628 | 0.628 | 0.628 | 0.628 | 0.628 | 0.628 | 0.628 |

标样号:E925

| 分析单位及项目 | Si | Fe | Cu | Mn | Mg | Ni | Zn | Pb | Sn |
|---|---|---|---|---|---|---|---|---|---|
| 北京有色金属研究总院 | 13.650 | 0.282 | 1.205 | 0.108 | 0.398 | 0.643 | 2.398 | 0.135 | 0.314 |

续表 4-65

| 分析单位及项目 | Si | Fe | Cu | Mn | Mg | Ni | Zn | Pb | Sn |
|---|---|---|---|---|---|---|---|---|---|
| 国家轻金属质检中心 | 14.013 | 0.285 | 1.192 | 0.114 | 0.396 | 0.651 | 2.454 | 0.136 | 0.309 |
| 建设理化中心 | 13.775 | 0.296 | 1.219 | 0.106 | 0.377 | 0.634 | 2.431 | 0.122 | 0.303 |
| 上海材料研究所 | 13.800 | 0.293 | 1.146 | 0.109 | 0.401 | 0.672 | 2.385 | 0.128 | 0.319 |
| 西南铝技术中心 | 13.770 | 0.297 | 1.130 | 0.104 | 0.377 | 0.638 | 2.500 | 0.129 | 0.301 |
| 西南铝熔铸厂 | 13.875 | 0.279 | 1.220 | 0.106 | 0.400 | 0.644 | 2.330 | 0.123 | 0.313 |
| Alfa 值 | 0.050 | 0.050 | 0.050 | 0.050 | 0.050 | 0.050 | 0.050 | 0.050 | 0.050 |
| 临界值 | 0.628 | 0.628 | 0.628 | 0.628 | 0.628 | 0.628 | 0.628 | 0.628 | 0.628 |

标样号:E926

| 分析单位及项目 | Si | Fe | Cu | Mn | Mg | Ni | Zn | Ti | Cr |
|---|---|---|---|---|---|---|---|---|---|
| 北京有色金属研究总院 | 6.262 | 1.929 | 4.157 | 0.0507 | 0.0649 | 0.0816 | 0.332 | 0.0039 | 0.0525 |
| 国家轻金属质检中心 | 6.207 | 1.914 | 4.421 | 0.0536 | 0.0660 | 0.0797 | 0.344 | 0.0045 | 0.0594 |
| 建设理化中心 | 6.206 | 1.960 | 4.297 | 0.0530 | 0.0600 | 0.0760 | 0.325 | 0.0043 | 0.0510 |
| 上海材料研究所 | 6.279 | 1.921 | 4.086 | 0.0506 | 0.0632 | 0.0814 | 0.314 | 0.0036 | 0.0576 |
| 西南铝技术中心 | 6.315 | 1.895 | 4.190 | 0.0517 | 0.0661 | 0.0781 | 0.336 | | 0.0506 |
| 西南铝熔铸厂 | 6.340 | 1.930 | 4.110 | 0.0502 | 0.0640 | 0.0750 | 0.331 | 0.0041 | 0.0522 |
| Alfa 值 | 0.050 | 0.050 | 0.050 | 0.050 | 0.050 | 0.050 | 0.050 | 0.050 | 0.050 |
| 临界值 | 0.628 | 0.628 | 0.628 | 0.628 | 0.628 | 0.628 | 0.628 | 0.628 | 0.628 |

### 4.4.4.3 最终定值和标准偏差

本标样的标准定值结果(标准值、合成标准偏差)见表 4-66。

**表 4-66 标准值及标准偏差** (质量分数,%)

| 标样号 | 标准值<br>标准偏差 | Si | Fe | Cu | Mn | Mg | Ni | Zn | Ti | Cr |
|---|---|---|---|---|---|---|---|---|---|---|
| E921 | 1<br>2 | 7.53<br>0.05 | 0.665<br>0.007 | 0.505<br>0.005 | 0.702<br>0.006 | 0.478<br>0.004 | 0.152<br>0.001 | 3.04<br>0.03 | 0.079<br>0.002 | 0.196<br>0.002 |
| E922 | 1<br>2 | 8.87<br>0.07 | 1.33<br>0.02 | 3.35<br>0.03 | 0.558<br>0.004 | 0.145<br>0.003 | 0.266<br>0.005 | 0.794<br>0.007 | 0.115<br>0.002 | 0.149<br>0.004 |
| E923 | 1<br>2 | 10.15<br>0.07 | 1.05<br>0.02 | 2.64<br>0.03 | 0.405<br>0.006 | 0.231<br>0.004 | 0.341<br>0.006 | 1.34<br>0.02 | 0.056<br>0.002 | 0.101<br>0.003 |
| E924 | 1<br>2 | 11.98<br>0.04 | 0.885<br>0.007 | 1.95<br>0.02 | 0.265<br>0.003 | 0.294<br>0.005 | 0.473<br>0.006 | 1.89<br>0.03 | 0.139<br>0.003 | 0.062<br>0.002 |
| E925 | 1<br>2 | 13.82<br>0.100 | 0.289<br>0.004 | 1.19<br>0.02 | 0.108<br>0.002 | 0.392<br>0.006 | 0.647<br>0.007 | 2.42<br>0.03 | 0.021<br>0.001 | 0.031<br>0.001 |
| E926 | 1<br>2 | 6.27<br>0.05 | 1.92<br>0.02 | 4.21<br>0.06 | 0.052<br>0.001 | 0.064<br>0.001 | 0.079<br>0.002 | 0.330<br>0.005 | 0.179<br>0.004 | 0.0081<br>0.0004 |

### 4.4.5 试用情况报告

A 工作曲线检查

随机抽取5套标样,用进口仪器(E982)制作工作曲线,其啮合系数(*PCT*)均达到3个9(含3个9)以上,符合设计要求。*PCT*值见表4-67。

**表4-67 4A11标样*PCT*值**

| 元 素 | Si | Fe | Cu | Mn | Mg | Zn | Ni | Sn | Pb |
|---|---|---|---|---|---|---|---|---|---|
| 波长/nm | 288.1 | 239.5 | 327.4 | 293.3 | 279.0 | 213.8 | 324.1 | 341.4 | 405.7 |
| *PCT*/% | 99.931 | 99.977 | 99.981 | 99.967 | 99.944 | 99.999 | 99.979 | 99.864 | 99.974 |

B 生产考核

为检查本标样的试用情况,用标样在不同进口光谱仪上进行试分析,结果与化学仲裁相符,见表4-68。

**表4-68 生产试分析结果(十次平均结果)**

| 仪器型号 | 分析结果(质量分数)/% | | | | | | | | | |
|---|---|---|---|---|---|---|---|---|---|---|
| | Cu | Mg | Mn | Fe | Si | Zn | Ni | Pb | Sn | 试样号 |
| DV4(美) | 0.51 | 0.54 | 0.74 | 0.24 | 8.64 | 1.93 | 0.17 | 0.019 | 0.010 | 1-91921 |
| | 1.74 | 0.28 | 0.27 | 0.63 | 12.90 | 0.92 | 0.46 | 0.081 | 0.30 | 2-09244 |
| E982(英) | 0.53 | 0.55 | 0.73 | 0.24 | 8.58 | 1.97 | 0.16 | 0.17 | 0.098 | 1-91921 |
| | 1.71 | 0.28 | 0.27 | 0.61 | 12.84 | 0.94 | 0.44 | 0.080 | 0.30 | 2-09244 |
| 化学仲裁 | 0.52 | 0.55 | 0.73 | 0.24 | 8.61 | 2.01 | 0.17 | 0.018 | 0.10 | 1-91921 |
| | 1.75 | 0.27 | 0.27 | 0.63 | 12.84 | 0.96 | 0.47 | 0.081 | 0.30 | 2-09244 |

### 4.4.6 比对试验

#### 4.4.6.1 与国内外同类标样进行比对试验

为了检验本套标样质量和达到的水平,将它与现行国内外同类标样进行比较。

A 均匀性比较

均匀性比较详见表4-69。

**表4-69 本标样与国内外同类标样比较** (质量分数,%)

| 标样种类 | 编号 | 含量及偏差 | 元 素 | | | | | | | | |
|---|---|---|---|---|---|---|---|---|---|---|---|
| | | | Cu | Mg | Mn | Fe | Si | Zn | Ni | Pb | Sn |
| 本标样 | E921 | *X* | 0.522 | 0.553 | 0.730 | 0.243 | 8.61 | 2.01 | 0.170 | 0.018 | 0.100 |
| | | *M* | 0.98 | 0.53 | 0.41 | 0.43 | 0.44 | 0.82 | 0.77 | 1.30 | 1.20 |
| | E923 | *X* | 2.42 | 0.212 | 0.415 | 0.922 | 10.98 | 0.777 | 0.380 | 0.062 | 0.249 |
| | | *M* | 0.32 | 0.50 | 0.68 | 0.70 | 0.35 | 0.23 | 1.10 | 0.56 | 0.32 |

续表 4-69

| 标样种类 | 编号 | 含量及偏差 | 元素 | | | | | | | | |
|---|---|---|---|---|---|---|---|---|---|---|---|
| | | | Cu | Mg | Mn | Fe | Si | Zn | Ni | Pb | Sn |
| 本标样 | E925 | $X$ | 1.05 | 0.389 | 0.114 | 0.470 | 14.07 | 1.29 | 0.572 | 0.127 | 0.370 |
| | | $M$ | 0.56 | 0.36 | 0.49 | 0.63 | 0.26 | 0.34 | 0.70 | 0.84 | 0.83 |
| | | $M$ | 0.68 | 0.47 | 0.54 | 0.60 | 0.36 | 0.54 | 0.89 | 0.96 | 0.71 |
| 国家一级标样 | GBW-02223 | $X$ | 0.624 | 1.35 | 0.251 | 0.504 | 10.89 | 0.208 | 1.33 | 0.016 | 0.022 |
| | | $M$ | 0.56 | 0.97 | 0.56 | 0.66 | 0.60 | 0.87 | 0.91 | 2.50 | 2.60 |
| | GBW-02224 | $X$ | 0.932 | 0.843 | 0.614 | 0.216 | 11.34 | 0.165 | 0.827 | 0.136 | 0.120 |
| | | $M$ | 1.20 | 1.40 | 0.40 | 0.51 | 0.51 | 0.73 | 1.10 | 1.10 | 3.50 |
| | GBW-02226 | $X$ | 1.27 | 0.801 | 0.788 | 0.310 | 12.47 | 0.133 | 0.623 | 0.031 | 0.012 |
| | | $M$ | 1.10 | 1.50 | 0.94 | 0.94 | 0.40 | 0.83 | 1.80 | 1.40 | 2.90 |
| | | $M$ | 1.1 | 1.4 | 0.68 | 0.73 | 0.52 | 0.82 | 1.4 | 2.0 | 3.2 |
| 英国标样 | G26H3 | $X$ | 2.99 | 0.99 | 0.30 | 1.03 | 9.54 | 0.59 | 0.59 | 0.12 | 0.080 |
| | | $M$ | 2.50 | 2.30 | 1.10 | 1.60 | 1.80 | 2.90 | 1.60 | 2.60 | 1.30 |

注：$X$ 为含量；$M$ 为相对标准偏差。

根据误差叠加理论： $\overline{M}=\sqrt{\sum M_i^2/n}, n=10$

式中 $\overline{M}$——平均相对标准偏差。

从表 4-69 可得出结论，本标样各元素的平均相对标准偏差均小于国家一级标准物质（GBW02223，GBW02224，GBW02226）和英国标样（G26H3）的平均相对偏差或相对标准偏差。

B 啮合系数比较

啮合系数比较详见表 4-70。

**表 4-70 啮合系数比较** （质量分数，%）

| 标样类别 | 元素 | | | | | | | | |
|---|---|---|---|---|---|---|---|---|---|
| | Si | Fe | Cu | Mn | Mg | Zn | Ni | Sn | Pb |
| 本标样 | 99.931 | 99.977 | 99.981 | 99.967 | 99.944 | 99.999 | 99.979 | 99.864 | 99.974 |
| GBW02223-02227 | 99.662 | 99.986 | 99.662 | 99.993 | 99.678 | 99.985 | 99.970 | 99.924 | 99.964 |
| 英国标样 | 98.581 | 99.980 | 99.961 | 99.993 | 99.896 | 100.00 | 99.904 | 99.006 | 99.980 |

从表 4-70 可见，本标样主元素 Si、Cu 啮合系数高于 GBW02223~02227 和英国标样，杂质元素相差无几。

## 4.5 5×××系标准样品铸锭的制备技术

### 4.5.1 5×××系标准样品概述

5×××系标准样品是目前国内铝行业应用最为广泛的标准样品之一。按照 GB/T3190—2008《变形铝合金化学成分》国家标准分类，5×××（Al-Mg 系）主要包括 5A02、

5A03、5A05、5A06、5005、5052、5182、5083、5154、5456、5A12、5A70 等合金。该系合金镁含量普遍较高，易使铸锭表面形成疏松的氧化膜，若 Na 含量高，易产生钠脆性。其用途广泛，如 5052 合金，由于具有良好的成形加工性能、抗蚀性、可焊性、疲劳强度与中等的静态强度，被大量用于制造飞机油箱、油管，以及交通车辆、船舶的钣金件、仪表、街灯支架与铆钉线材等，5182 的薄板则用于加工易拉罐盖，汽车车身板、操纵盘、加强件、托架等零部件。

现以 5A70 标准样品的研制为例介绍 5××× 系列标准样品铸锭的制备技术。

### 4.5.2 5A70 标准样品的制备

5A70 属铝钪合金的系列。该合金用微量钪（0.07% ~0.35%）合金化后，与不含钪的同类合金相比，具有强度高、塑韧性好、耐蚀性能和焊接性能优异等特点，是继铝锂合金后的新一代航天、航空、舰船用轻质结构材料。世界各国在 20 世纪 70 年代后，对铝钪合金进行了研发，俄罗斯已研发出 Al - Mg - Sc 等 5 个系列 17 个牌号的铝钪合金。5A70 铝合金标准样品含有 Mg、Mn、Zr、Ti、Sc、Zn、Ni、Cu、Fe、Si、B、Be、Cr 等 13 个元素。

#### 4.5.2.1 考核的主要技术指标

（1）每套 7 点，含 13 个元素（Cu、Mg、Mn、Fe、Si、Zn、Ti、Ni、B、Sc、Cr、Be、Zr）；
（2）成分均匀性：极差法检验合格；
（3）定值准确性：$2S$≤化学允许差；
（4）工作曲线啮合系数（$PCT$）：$PCT \geq 0.995$；
（5）有效点（$Q$）：$Q \geq 4$；
（6）稳定性（有效期）：$T \geq 10$ 年。

#### 4.5.2.2 技术难点

研制本标样的技术难点有以下几点：

（1）5A70 标样含有 Mg、Mn、Zr、Ti、Sc、Zn、Ni、Cu、Fe、Si、B、Be、Cr 等 13 个元素，这些元素理化特性和在铝中溶解度差异很大，而且相互间有影响，因此要把这些元素按设计要求加入且均匀分布十分困难，尤其是 Sc、B 、Zr、Be 、Cr、Ti 等元素按设计要求加入且均匀分布到基体中更难；

（2）分析定值难，尤其是 Sc、B、Be 等元素分析难度很大，Sc 无国标方法，B、Be 含量很低超出国标范围；

（3）炉前调整和控制各元素化学成分难。

#### 4.5.2.3 攻关措施

（1）进行小样试验，找出 Sc 等元素加入方法，并制备含 Sc 的内控样；

（2）用两台光谱仪同时分析化学成分，保证调整控制的精度。

（3）进行定值方法试验，协调定值方法并用多家协作分析定值。

（4）对于高 Sc 的两个号用 5A70 废料重熔并补加 Al - Sc 调整钪，既可提高均匀性，又可节约价格昂贵的 Al - Sc。

（5）用分步调整化学成分法解决不同高熔点、难加入、难控制元素的加入问题。

### 4.5.2.4 主要研制工艺

#### A 研制程序

研制程序和成分设计原则同4.1.2节，成分设计见表4-71。

**表4-71 5A70标样成分设计** （质量分数，%）

| 标样编号 | Si | Fe | Cu | Mn | Mg | Cr | Ni | Zn | Sc | Ti | Zr | Be | B |
|---|---|---|---|---|---|---|---|---|---|---|---|---|---|
| 5A70范围 | ≤0.15 | ≤0.25 | ≤0.05 | 0.30～0.70 | 5.5～6.3 | — | ≤0.05 | ≤0.05 | 0.15～0.30 | 0.02～0.05 | 0.05～0.15 | 5P～50P | — |
| E5101 | 0.25±0.02 | 0.35±0.02 | 0.01±0.005 | 0.10±0.10 | 4.8±0.2 | 0.24±0.03 | 0.011±0.002 | 0.10±0.01 | 0.04±0.01 | 0.01±0.002 | 0.03±0.005 | 0.0001±0.00005 | 0.001±0.0005 |
| E5102 | 0.20±0.02 | 0.25±0.02 | 0.05±0.01 | 0.90±0.10 | 6.0±0.3 | 0.10±0.02 | 0.015±0.002 | 0.03±0.01 | 0.10±0.01 | 0.05±0.01 | 0.15±0.02 | 0.001±0.0005 | 0.002±0.001 |
| E5103 | 0.15±0.02 | 0.20±0.02 | 0.03±0.005 | 0.45±0.05 | 5.5±0.2 | 0.02±0.01 | 0.009±0.001 | 0.05±0.01 | 0.16±0.02 | 0.03±0.005 | 0.10±0.01 | 0.003±0.0005 | 0.004±0.001 |
| E5104 | 0.05±0.005 | 0.15±0.01 | 0.07±0.01 | 0.15±0.02 | 7.0±0.3 | 0.15±0.02 | 0.04±0.01 | 0.15±0.02 | 0.22±0.02 | 0.16±0.02 | 0.20±0.02 | 0.006±0.001 | 0.009±0.001 |
| E5105 | 0.10±0.01 | 0.30±0.02 | 0.10±0.01 | 0.70±0.10 | 7.5±0.3 | 0.06±0.01 | 0.10±0.01 | 0.09±0.02 | 0.27±0.02 | 0.08±0.01 | 0.06±0.01 | 0.0005±0.0001 | 0.006±0.001 |
| E5140 | 0.05±0.005 | 0.09±0.01 | | 0.35±0.05 | 5.1±0.2 | — | — | — | 0.34±0.02 | — | — | — | — |
| E5141 | 0.05±0.005 | 0.08±0.01 | | 0.30±0.05 | 4.5±0.2 | — | — | — | 0.51±0.03 | — | — | — | — |

#### B 标样铸锭的熔炼与铸造

用04号天然气炉进行熔炼，总投料量按50kg计。用70（或80）铝锭、Al-Sc废料、Al-Sc、Al-Cu、Al-Si、Al-Fe、Al-Mn、Al-Ti、Al-Ti-B、Al-Be、Al-Ni、Al-Zr、Al-Cr、纯Mg、纯Zn等进行配料计算。用分步调整法进行化学调整，先调整Si、Fe、Cu、Mn、Cr、Zr、Ni、Ti、B等9个元素，次之调整Sc，再次之调整Zn，最后调整Mg和Be。每次调整时，可对已调整好的元素进行适当微调。

待化学成分调整好后，进行半连续铸造，铸成$\phi$162 mm的圆形标样铸锭。对标样铸锭头、尾各切取3对试片作为偏析检验、加工外委样品和金相检验试片。

#### C 均热、锯切等加工

经检验合格的标样铸锭需要进行均匀化处理、车皮和挤压加工，最后锯成$\phi$45 mm×40 mm的圆柱状光谱标样并打上印记。

为改善和消除铸锭成分偏析，须将5A70标样铸锭进行均匀化热处理。通过高温加热相的溶解和原子的热扩散，实现铸锭成分的进一步均匀。实行双极均热制度。均热处理的主要参数见表4-72。

表 4-72 5A70 均热处理条件

| 牌　　号 | 一级金属温度/℃ | 一级均热时间/h | 二级金属温度/℃ | 二级均热时间/h |
|---|---|---|---|---|
| 5A70 | 475 | 26 | 475 | 26 |

D 挤压加工

合格的铸锭车去表皮10mm后，挤压加工成$\phi$45mm的棒材。为提高标样的组织和成分的均匀性，采用大的变形量进行挤压加工。用20MN卧式水压机，挤压参数见表4-73。挤压完成后，将挤压出的棒材去掉头和尾后，锯切加工成$\phi$45mm×40mm的块，逐个打上编号，铣（或车）平端面，清洁表面，制成块状光谱标样。

表 4-73 5A70 基本挤压条件

| 牌　　号 | 最高炉温/℃ | 挤压温度/℃ | 挤压筒温度/℃ | 挤压速度/m·min$^{-1}$ |
|---|---|---|---|---|
| 5A70 | 450 | 440 | 440 | 1~3 |

### 4.5.3 标样的均匀性检验

#### 4.5.3.1 取样部位

为了确保标样质量，熔铸出的铸锭必须经金相组织检验和成分偏析检验合格后方可作为标样铸锭。铸锭质量检验切片位置如图4-3所示。将头、尾各切掉120~200mm长，接着顺次取金相试片、成分偏析试片和外委试片。

#### 4.5.3.2 标样铸锭检验

为确保标样的组织和化学成分的均匀性，对制备出的标样铸锭必须进行金相组织（高、低倍）检验和成分偏析（纵向、横向）检验，用来制备标样的铸锭必须是宏观组织均匀、化学成分无明显偏析，否则不能作为标样铸锭。本标样铸锭检验结果表明：标样铸锭组织细密，宏观均匀，无气孔、夹杂等缺陷，径向、纵向化学成分无成分偏析。

观察各样品低倍组织大致相同：粗晶层厚度为5~10mm，低倍晶粒度均为一级，未见夹渣、气孔、疏松等冶金缺陷。

观察各样品高倍组织：晶粒呈等轴状分布，没有明显的长大迹象，晶界处也没有明显的过烧迹象。晶界灰色条带十分清晰。高倍组织如图4-9所示。

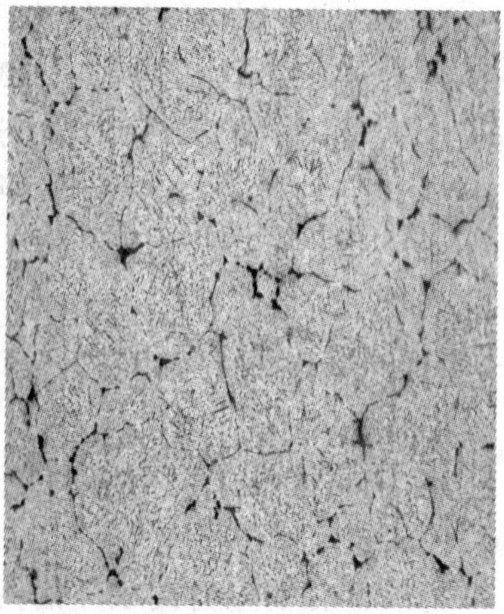

图 4-9 E5103 的双级均热后高倍组织形貌（100×）

#### 4.5.3.3 铸锭成分偏析检验

铸锭成分偏析检验方法同4.1.2节。

#### 4.5.3.4 标样均匀性检验

标样均匀性检验方法同4.1.2节。均匀性检验结果见表4-74。

**表 4-74 5A70 标准样品极差法检验结果** （质量分数,%）

标样号:E5101

| 数据名称 | Si | Fe | Cu | Mn | Mg | Cr | Ni | Zn | Ti | Be | Zr | B | Sc |
|---|---|---|---|---|---|---|---|---|---|---|---|---|---|
| Alfa 值 | 0.05 | 0.05 | 0.05 | 0.05 | 0.05 | 0.05 | 0.05 | 0.05 | 0.05 | 0.05 | 0.05 | 0.05 | 0.05 |
| 常数 $A$ | 1.777 | 1.777 | 1.777 | 1.777 | 1.777 | 1.777 | 1.777 | 1.777 | 1.777 | 1.777 | 1.777 | 1.777 | 1.777 |
| $R$ | 0.0021 | 0.0069 | 0.00015 | 0.037 | 0.054 | 0.0095 | 0.00022 | 0.0016 | 0.0011 | | 0.0011 | 0.00005 | 0.00041 |
| $R*A$ | 0.0037 | 0.013 | 0.00027 | 0.066 | 0.095 | 0.017 | 0.00040 | 0.0028 | 0.0019 | | 0.0019 | 0.00011 | 0.00073 |
| $R_0$ | 0.0030 | 0.010 | 0.00023 | 0.057 | 0.073 | 0.0090 | 0.00030 | 0.0020 | 0.0016 | | 0.0012 | 0.00004 | 0.00040 |
| 检验结果 | 合格 | 合格 | 合格 | 合格 | 合格 | 合格 | 合格 | 合格 | 合格 | 合格 | 合格 | 合格 | 合格 |

标样号:E5102

| 数据名称 | Si | Fe | Cu | Mn | Mg | Cr | Ni | Zn | Ti | Be | Zr | B | Sc |
|---|---|---|---|---|---|---|---|---|---|---|---|---|---|
| Alfa 值 | 0.05 | 0.05 | 0.05 | 0.05 | 0.05 | 0.05 | 0.05 | 0.05 | 0.05 | 0.05 | 0.05 | 0.05 | 0.05 |
| 常数 $A$ | 1.777 | 1.777 | 1.777 | 1.777 | 1.777 | 1.777 | 1.777 | 1.777 | 1.777 | 1.777 | 1.777 | 1.777 | 1.777 |
| $R$ | 0.0021 | 0.0069 | 0.00015 | 0.037 | 0.054 | 0.0095 | 0.00022 | 0.0016 | 0.0011 | | 0.0011 | 0.000058 | 0.00041 |
| $R \times A$ | 0.0037 | 0.013 | 0.00027 | 0.066 | 0.095 | 0.017 | 0.00040 | 0.0028 | 0.0019 | | 0.0019 | 0.00011 | 0.00073 |
| $R_0$ | 0.0030 | 0.010 | 0.00023 | 0.057 | 0.073 | 0.0090 | 0.00030 | 0.0020 | 0.0016 | | 0.0012 | 0.000044 | 0.00040 |
| 检验结果 | 合格 | 合格 | 合格 | 合格 | 合格 | 合格 | 合格 | 合格 | 合格 | 合格 | 合格 | 合格 | 合格 |

标样号:E5103

| 数据名称 | Si | Fe | Cu | Mn | Mg | Cr | Ni | Zn | Ti | Be | Zr | B | Sc |
|---|---|---|---|---|---|---|---|---|---|---|---|---|---|
| Alfa 值 | 0.05 | 0.05 | 0.05 | 0.05 | 0.05 | 0.05 | 0.05 | 0.05 | 0.05 | 0.05 | 0.05 | 0.05 | 0.05 |
| 常数 $A$ | 1.790 | 1.790 | 1.790 | 1.790 | 1.790 | 1.790 | 1.790 | 1.790 | 1.790 | 1.790 | 1.790 | 1.790 | 1.790 |
| $R$ | 0.0022 | 0.0032 | 0.00034 | 0.0076 | 0.062 | 0.00039 | 0.00017 | 0.0012 | 0.00094 | 0.000057 | 0.0013 | 0.00013 | 0.0033 |
| $R \times A$ | 0.0040 | 0.0056 | 0.00061 | 0.014 | 0.11 | 0.00069 | 0.00030 | 0.0020 | 0.0017 | 0.00011 | 0.0022 | 0.00023 | 0.0058 |
| $R_0$ | 0.0030 | 0.0050 | 0.0060 | 0.0070 | 0.088 | 0.00040 | 0.00024 | 0.00090 | 0.0016 | 0.000080 | 0.0019 | 0.00010 | 0.0050 |
| 检验结果 | 合格 | 合格 | 合格 | 合格 | 合格 | 合格 | 合格 | 合格 | 合格 | 合格 | 合格 | 合格 | 合格 |

标样号:E5104

| 数据名称 | Si | Fe | Cu | Mn | Mg | Cr | Ni | Zn | Ti | Be | Zr | B | Sc |
|---|---|---|---|---|---|---|---|---|---|---|---|---|---|
| Alfa 值 | 0.05 | 0.05 | 0.05 | 0.05 | 0.05 | 0.05 | 0.05 | 0.05 | 0.05 | 0.05 | 0.05 | 0.05 | 0.05 |
| 常数 $A$ | 1.777 | 1.777 | 1.777 | 1.777 | 1.777 | 1.777 | 1.777 | 1.777 | 1.777 | 1.777 | 1.777 | 1.777 | 1.777 |
| $R$ | 0.0013 | 0.0036 | 0.0016 | 0.0030 | 0.14 | 0.0053 | 0.00094 | 0.0023 | 0.014 | 0.00011 | 0.011 | 0.00093 | 0.015 |
| $R \times A$ | 0.0023 | 0.0064 | 0.0029 | 0.0054 | 0.24 | 0.0093 | 0.0017 | 0.0040 | 0.024 | 0.00019 | 0.018 | 0.0017 | 0.027 |
| $R_0$ | 0.0017 | 0.0050 | 0.0029 | 0.0050 | 0.22 | 0.0080 | 0.0017 | 0.0030 | 0.018 | 0.00016 | 0.0050 | 0.00084 | 0.021 |
| 检验结果 | 合格 | 合格 | 合格 | 合格 | 合格 | 合格 | 合格 | 合格 | 合格 | 合格 | 合格 | 合格 | 合格 |

续表 4-74

标样号：E5105

| 数据名称 | Si | Fe | Cu | Mn | Mg | Cr | Ni | Zn | Ti | Be | Zr | B | Sc |
|---|---|---|---|---|---|---|---|---|---|---|---|---|---|
| Alfa 值 | 0.05 | 0.05 | 0.05 | 0.05 | 0.05 | 0.05 | 0.05 | 0.05 | 0.05 | 0.05 | 0.05 | 0.05 | 0.05 |
| 常数 $A$ | 1.790 | 1.790 | 1.790 | 1.790 | 1.790 | 1.790 | 1.790 | 1.790 | 1.790 | 1.790 | 1.790 | 1.790 | 1.790 |
| $R$ | 0.0013 | 0.0058 | 0.0012 | 0.012 | 0.074 | 0.0040 | 0.0018 | 0.0013 | 0.0094 | 0.000014 | 0.0056 | 0.00082 | 0.0089 |
| $R\times A$ | 0.0022 | 0.011 | 0.0022 | 0.020 | 0.14 | 0.0071 | 0.0032 | 0.0023 | 0.017 | 0.000024 | 0.010 | 0.0015 | 0.016 |
| $R_0$ | 0.0020 | 0.0070 | 0.0015 | 0.013 | 0.061 | 0.0065 | 0.0030 | 0.0011 | 0.011 | 0.000013 | 0.0070 | 0.00050 | 0.0070 |
| 检验结果 | 合　格 | 合　格 | 合　格 | 合　格 | 合　格 | 合　格 | 合　格 | 合　格 | 合　格 | 合　格 | 合　格 | 合　格 | 合　格 |

标样号：E5140

| 数据名称 | Si | Fe | Mn | Mg | Ti | Zr | Sc | Be | Cu | Zn | Ni |
|---|---|---|---|---|---|---|---|---|---|---|---|
| Alfa 值 | 0.05 | 0.05 | 0.05 | 0.05 | 0.05 | 0.05 | 0.05 | 0.05 | 0.05 | 0.05 | 0.05 |
| 常数 $A$ | 1.790 | 1.790 | 1.790 | 1.790 | 1.790 | 1.790 | 1.790 | 1.790 | 1.790 | 1.790 | 1.790 |
| $R$ | 0.00096 | 0.0021 | 0.0051 | 0.076 | 0.00092 | 0.0029 | 0.0085 | 0.000027 | 0.00020 | 0.00070 | 0.00017 |
| $R\times A$ | 0.0018 | 0.0037 | 0.0091 | 0.14 | 0.0017 | 0.0051 | 0.016 | 0.000049 | 0.00035 | 0.0013 | 0.00030 |
| $R_0$ | 0.00080 | 0.0035 | 0.0080 | 0.11 | 0.0017 | 0.0051 | 0.016 | 0.000030 | 0.00023 | 0.00090 | 0.00023 |
| 检验结果 | 合　格 | 合　格 | 合　格 | 合　格 | 合　格 | 合　格 | 合　格 | 合　格 | 合　格 | 合　格 | 合　格 |

标样号：E5141

| 数据名称 | Si | Fe | Mn | Mg | Ti | Zr | Sc | Be | Cu | Zn | Ni |
|---|---|---|---|---|---|---|---|---|---|---|---|
| Alfa 值 | 0.05 | 0.05 | 0.05 | 0.05 | 0.05 | 0.05 | 0.05 | 0.05 | 0.05 | 0.05 | 0.05 |
| 常数 $A$ | 1.790 | 1.790 | 1.790 | 1.790 | 1.790 | 1.790 | 1.790 | 1.790 | 1.790 | 1.790 | 1.790 |
| $R$ | 0.00062 | 0.0017 | 0.0042 | 0.062 | 0.0018 | 0.0073 | 0.015 | 0.000017 | 0.00015 | 0.00064 | 0.00014 |
| $R\times A$ | 0.0012 | 0.0031 | 0.0075 | 0.11 | 0.0032 | 0.014 | 0.027 | 0.000030 | 0.00026 | 0.0012 | 0.00024 |
| $R_0$ | 0.0010 | 0.0027 | 0.0070 | 0.11 | 0.0026 | 0.011 | 0.021 | 0.000030 | 0.00024 | 0.00070 | 0.00023 |
| 检验结果 | 合　格 | 合　格 | 合　格 | 合　格 | 合　格 | 合　格 | 合　格 | 合　格 | 合　格 | 合　格 | 合　格 |

## 4.5.4　定值和数据处理

### 4.5.4.1　多个试验室协作定值

标样的最终定值也是标样的最关键指标之一，定值必须准确可靠。根据 GB/T15000 和 YS/T409 的规定，委托国家轻金属质量监督检验中心等 8 个实验室协作分析定值。各实验室分析方法见表 4-75。

**表 4-75 5A70 标样定值方法**

| 分析单位 | Si | Fe | Cu | Mn | Mg | Zn | Ti | Ni | Cr | Zr | Be | B | Sc |
|---|---|---|---|---|---|---|---|---|---|---|---|---|---|
| 郑州轻金属研究院 | 硅钼蓝光度法 | 邻菲罗啉光度法 | ICP-AES | 高碘酸钾光度法 | AAS | ICP-AES | ICP-AES | ICP-AES | ICP-AES | ICP-AES | ICP-AES | ICP-AES | ICP-AES |
| 北京有色金属研究总院 | 硅钼蓝光度法 | 邻菲罗啉光度法；ICP-AES | ICP-AES | ICP-AES | ICP-AES | ICP-AES | ICP-AES | ICP-AES<br>ICP-MS | ICP-AES | ICP-AES | ICP-AES | ICP-AES | ICP-AES |
| 抚顺铝厂 | 硅钼蓝光度法 | 邻菲罗啉光度法；ICP-AES | 新亚铜灵光度法 | 高碘酸钾光度法 | AAS | AAS | 二安替比林甲烷光度法 | AAS | 二苯肼光度法 | 偶氮胂Ⅲ光度法 | SCR | | |
| 长安汽车集团公司 | ICP-AES | ICP-AES | ICP-AES | ICP-AES | ICP-AES | ICP-AES | ICP-AES | ICP-AES | ICP-AES | ICP-AES | ICP-AES | ICP-AES | ICP-AES |
| 上海材料研究所 | 硅钼蓝光度法 | 邻菲罗啉光度法 | DCO光度法 | 过硫酸铵氧化光度法 | EDTA | ICP-AES | 二安替比林甲烷光度法 | ICP-AES | ICP-AAS | ICP-AES | ICP-AES | ICP-AES | ICP-AES |
| 西南铝熔铸厂 | 硅钼蓝光度法 | 邻菲罗啉光度法 | AAS | 高碘酸钾光度法 | 滴定法 | 滴定法 | 二安替比林甲烷光度法 | AAS | AAS | 偶氮胂Ⅲ光度法 | SCR | 离子选择电极法 | ICP-AES |
| 西南铝技术中心 | 硅钼蓝光度法 | 邻菲罗啉光度法 | AAS | 高碘酸钾光度法 | 滴定法 | 滴定法 | 二安替比林甲烷光度法 | AAS | AAS | 偶氮胂Ⅲ光度法 | SCR | 离子选择电极法 | |
| 山东冶金研究所 | 硅钼蓝光度法 | 邻菲罗啉光度法 | AAS | AAS | ICP-AES | 滴定法 | 二安替比林甲烷光度法 | ICP-AES | ICP-AES | ICP-AES | ICP-AES | ICP-AES | ICP-AES |

### 4. 5. 4. 2　数据处理

标样研制过程中有大量原始数据要进行数理统计处理、检验和计算。用新研制开发出的软件《StndMtrl》系统对各单位报出的数据进行处理和检验。

检验方法如下：

（1）数字修约：按 GB8170《数字修约规则》进行，误差用收尾法。

（2）狄克逊检验：用狄克逊检验准则对各协作实验室报出的结果按平均值进行检验并取舍，检验结果全部合格。狄克逊检验结果见表 4–76。

（3）正态检验：用夏皮罗 – 威尔克检验各组平均值的正态性。检验结果见表 4–77。

**表 4–76　5A70 标准样品狄克逊检验结果**　　（质量分数，%）

标样号：E5101

| 分析单位及项目 | Si | Fe | Cu | Mn | Mg | Cr | Ni | Zn | Ti | Be | Zr | B | Sc |
|---|---|---|---|---|---|---|---|---|---|---|---|---|---|
| 北京有色金属研究总院 | 0. 2502 | 0. 3547 | 0. 0121 | 1. 1172 | 4. 88 | 0. 219 | 0. 0122 | 0. 0965 | 0. 00885 | 0. 00011 | 0. 0332 | 0. 00098 | 0. 0320 |
| 长安汽车集团公司二厂 | 0. 243 | 0. 3615 | 0. 0125 | 1. 0942 | 4. 82 | 0. 0213 | 0. 0135 | 0. 0982 | 0. 00885 | 0. 00011 | 0. 0332 | 0. 0011 | 0. 030 |
| 抚顺铝厂 | 0. 243 | 0. 355 | 0. 0112 | 1. 085 | 4. 859 | 0. 219 | 0. 0139 | 0. 101 | 0. 00952 | 0. 000154 | 0. 0371 | | |
| 国家轻金属质检中心 | 0. 240 | 0. 356 | 0. 0127 | 1. 091 | 4. 829 | 0. 225 | 0. 0137 | 0. 108 | 0. 00957 | 0. 00010 | 0. 035 | 0. 00095 | 0. 0307 |
| 山东冶金科学研究院 | 0. 248 | 0. 356 | 0. 0127 | 1. 131 | 4. 483 | 0. 221 | 0. 0130 | 0. 0973 | 0. 00927 | 0. 00010 | 0. 0362 | 0. 00096 | 0. 0303 |
| 上海材料研究所 | 0. 240 | 0. 361 | 0. 0153 | 1. 151 | 4. 841 | 0. 201 | 0. 0138 | 0. 102 | 0. 00934 | 0. 000110 | 0. 0341 | 0. 0011 | 0. 0313 |
| 西南铝技术中心 | 0. 260 | 0. 369 | 0. 0112 | 1. 092 | 4. 85 | 0. 211 | 0. 0136 | 0. 103 | 0. 00890 | 0. 000122 | 0. 0327 | 0. 0012 | 0. 029 |
| 西南铝熔铸厂 | 0. 241 | 0. 369 | 0. 0130 | 1. 110 | 4. 867 | 0. 208 | 0. 0137 | 0. 107 | 0. 0100 | 0. 00012 | 0. 0327 | 0. 0012 | 0. 029 |
| Alfa 值 | 0. 05 | 0. 05 | 0. 05 | 0. 05 | 0. 05 | 0. 05 | 0. 05 | 0. 05 | 0. 05 | 0. 05 | 0. 05 | 0. 05 | 0. 05 |
| 临界值 | 0. 608 | 0. 608 | 0. 608 | 0. 608 | 0. 608 | 0. 608 | 0. 608 | 0. 608 | 0. 608 | 0. 608 | 0. 608 | 0. 608 | 0. 608 |

标样号：E5102

| 分析单位及项目 | Si | Fe | Cu | Mn | Mg | Cr | Ni | Zn | Ti | Be | Zr | B | Sc |
|---|---|---|---|---|---|---|---|---|---|---|---|---|---|
| 北京有色金属研究总院 | 0. 2152 | 0. 2652 | 0. 0512 | 0. 848 | 6. 450 | 0. 1275 | 0. 0136 | 0. 0278 | 0. 0605 | 0. 00110 | 0. 1480 | 0. 0017 | 0. 103 |
| 长安汽车集团公司二厂 | 0. 2015 | 0. 2735 | 0. 0497 | 0. 853 | 6. 204 | 0. 1245 | 0. 0140 | 0. 0295 | 0. 0630 | 0. 00117 | 0. 1527 | 0. 0019 | 0. 103 |
| 抚顺铝厂 | 0. 2010 | 0. 2740 | 0. 0496 | 0. 838 | 6. 309 | 0. 1280 | 0. 0148 | 0. 0288 | 0. 0637 | 0. 00130 | 0. 1710 | | |

续表 4-76

| 分析单位及项目 | Si | Fe | Cu | Mn | Mg | Cr | Ni | Zn | Ti | Be | Zr | B | Sc |
|---|---|---|---|---|---|---|---|---|---|---|---|---|---|
| 国家轻金属质检中心 | 0.1997 | 0.2700 | 0.0515 | 0.843 | 6.248 | 0.1307 | 0.0147 | 0.0310 | 0.0652 | 0.00117 | 0.1632 | 0.0021 | 0.103 |
| 山东冶金科学研究院 | 0.2090 | 0.2750 | 0.0525 | 0.852 | 6.251 | 0.1310 | 0.0138 | 0.0286 | 0.0620 | 0.00122 | 0.1750 | 0.0019 | 0.103 |
| 上海材料研究所 | 0.2027 | 0.2687 | 0.0534 | 0.851 | 6.227 | 0.1250 | 0.0133 | 0.0303 | 0.0648 | 0.00125 | 0.1475 | 0.0022 | 0.102 |
| 西南铝技术中心 | 0.2150 | 0.2785 | 0.0520 | 0.862 | 6.335 | 0.1200 | 0.0132 | 0.0289 | 0.0619 | 0.00125 | 0.1765 | 0.0019 | |
| 西南铝熔铸厂 | 0.2050 | 0.2800 | 0.0520 | 0.844 | 6.240 | 0.1280 | 0.0141 | 0.0285 | 0.0590 | 0.00150 | 0.1612 | 0.0019 | 0.103 |
| Alfa 值 | 0.05 | 0.05 | 0.05 | 0.05 | 0.05 | 0.05 | 0.05 | 0.05 | 0.05 | 0.05 | 0.05 | 0.05 | 0.05 |
| 临界值 | 0.608 | 0.608 | 0.608 | 0.608 | 0.608 | 0.608 | 0.608 | 0.608 | 0.608 | 0.608 | 0.608 | 0.608 | 0.608 |

标样号:E5103

| 分析单位及项目 | Si | Fe | Cu | Mn | Mg | Cr | Ni | Zn | Ti | Be | Zr | B | Sc |
|---|---|---|---|---|---|---|---|---|---|---|---|---|---|
| 北京有色金属研究总院 | 0.1355 | 0.1930 | 0.0293 | 0.417 | 5.560 | 0.0223 | 0.0096 | 0.0432 | 0.0277 | 0.00320 | 0.0851 | 0.0022 | 0.183 |
| 长安汽车集团公司二厂 | 0.1310 | 0.2005 | 0.0292 | 0.415 | 5.587 | 0.0225 | 0.0097 | 0.0455 | 0.0290 | 0.00335 | 0.0880 | 0.0033 | 0.182 |
| 抚顺铝厂 | 0.1270 | 0.2010 | 0.0275 | 0.412 | 5.648 | 0.0249 | 0.0097 | 0.0436 | 0.0279 | 0.00327 | 0.0960 | | |
| 国家轻金属质检中心 | 0.1305 | 0.1960 | 0.0297 | 0.412 | 5.592 | 0.0237 | 0.0094 | 0.0440 | 0.0295 | 0.00327 | 0.0932 | 0.0022 | 0.181 |
| 山东冶金科学研究院 | 0.1290 | 0.1980 | 0.0305 | 0.415 | 5.625 | 0.0235 | 0.0089 | 0.0432 | 0.0278 | 0.00331 | 0.0997 | 0.0027 | 0.176 |
| 上海材料研究所 | 0.1280 | 0.1942 | 0.0307 | 0.408 | 5.641 | 0.0221 | 0.0102 | 0.0453 | 0.0321 | 0.00343 | 0.0891 | 0.0030 | 0.184 |
| 西南铝技术中心 | 0.1315 | 0.2032 | 0.0295 | 0.414 | 5.610 | 0.0236 | 0.0098 | 0.0456 | 0.0270 | 0.00375 | 0.0916 | 0.0027 | |
| 西南铝熔铸厂 | 0.1335 | | 0.0299 | 0.415 | 5.615 | 0.0212 | 0.0100 | 0.0460 | 0.0320 | 0.00365 | 0.0912 | 0.0029 | 0.180 |
| Alfa 值 | 0.05 | 0.05 | 0.05 | 0.05 | 0.05 | 0.05 | 0.05 | 0.05 | 0.05 | 0.05 | 0.05 | 0.05 | 0.05 |
| 临界值 | 0.608 | 0.608 | 0.608 | 0.608 | 0.608 | 0.608 | 0.608 | 0.608 | 0.608 | 0.608 | 0.608 | 0.608 | 0.608 |

续表 4-76

标样号:E5104

| 分析单位及项目 | Si | Fe | Cu | Mn | Mg | Cr | Ni | Zn | Ti | Be | Zr | B | Sc |
|---|---|---|---|---|---|---|---|---|---|---|---|---|---|
| 北京有色金属研究总院 | 0. 0492 | 0. 1512 | 0. 0717 | 0. 1435 | 7. 024 | 0. 1455 | 0. 0323 | 0. 1287 | 0. 1847 | 0. 00480 | 0. 2117 | 0. 00810 | 0. 239 |
| 长安汽车集团公司二厂 | 0. 0510 | 0. 1565 | 0. 0705 | 0. 1412 | 7. 188 | 0. 1317 | 0. 0360 | 0. 1355 | 0. 1822 | 0. 00520 | 0. 2210 | 0. 00885 | 0. 237 |
| 抚顺铝厂 | 0. 0504 | 0. 1570 | 0. 0688 | 0. 1410 | 7. 074 | 0. 1400 | 0. 0369 | 0. 1320 | 0. 1690 | 0. 00511 | 0. 2260 | | |
| 国家轻金属质检中心 | 0. 0488 | 0. 1547 | 0. 0715 | 0. 1395 | 7. 206 | 0. 1375 | 0. 0375 | 0. 1412 | 0. 1840 | 0. 00492 | 0. 2187 | 0. 00770 | 0. 238 |
| 山东冶金科学研究院 | 0. 0494 | 0. 1540 | 0. 0726 | 0. 1420 | 7. 020 | 0. 1360 | 0. 0357 | 0. 1330 | 0. 1750 | 0. 00506 | 0. 2250 | 0. 00796 | 0. 234 |
| 上海材料研究所 | 0. 0515 | 0. 1532 | 0. 0737 | 0. 1372 | 7. 069 | 0. 1242 | 0. 0346 | 0. 1332 | 0. 1747 | 0. 00513 | 0. 1845 | 0. 00863 | 0. 236 |
| 西南铝技术中心 | 0. 0520 | 0. 1547 | 0. 0720 | 0. 1415 | 7. 300 | 0. 1275 | 0. 0339 | 0. 1332 | 0. 1817 | 0. 00551 | 0. 2370 | 0. 00840 | |
| 西南铝熔铸厂 | 0. 0490 | 0. 1577 | 0. 0722 | 0. 1367 | 7. 045 | 0. 1320 | 0. 0358 | 0. 1412 | 0. 1757 | 0. 00532 | 0. 2345 | 0. 00890 | 0. 235 |
| Alfa 值 | 0. 05 | 0. 05 | 0. 05 | 0. 05 | 0. 05 | 0. 05 | 0. 05 | 0. 05 | 0. 05 | 0. 05 | 0. 050 | 0. 05 | 0. 05 |
| 临界值 | 0. 608 | 0. 608 | 0. 608 | 0. 608 | 0. 608 | 0. 608 | 0. 608 | 0. 608 | 0. 608 | 0. 608 | 0. 608 | 0. 608 | 0. 608 |

标样号:E5105

| 分析单位及项目 | Si | Fe | Cu | Mn | Mg | Cr | Ni | Zn | Ti | Be | Zr | B | Sc |
|---|---|---|---|---|---|---|---|---|---|---|---|---|---|
| 北京有色金属研究总院 | 0. 0977 | 0. 291 | 0. 0964 | 0. 7890 | 7. 470 | 0. 0941 | 0. 101 | 0. 0727 | 0. 0760 | 0. 00040 | 0. 0537 | 0. 0060 | 0. 2625 |
| 长安汽车集团公司二厂 | 0. 107 | 0. 302 | 0. 0947 | 0. 7817 | 7. 243 | 0. 0655 | 0. 103 | 0. 0755 | 0. 0800 | 0. 00052 | 0. 0560 | 0. 0070 | 0. 2580 |
| 抚顺铝厂 | 0. 0966 | 0. 295 | 0. 0957 | 0. 7680 | 7. 179 | 0. 0697 | 0. 110 | 0. 0760 | 0. 0802 | 0. 00055 | 0. 0602 | | |
| 国家轻金属质检中心 | 0. 0970 | 0. 299 | 0. 0980 | 0. 7825 | 7. 232 | 0. 0697 | 0. 109 | 0. 0807 | 0. 0813 | 0. 00050 | 0. 0580 | 0. 0057 | 0. 02585 |
| 山东冶金科学研究院 | 0. 0986 | 0. 295 | 0. 0985 | 0. 7890 | 7. 076 | 0. 0661 | 0. 103 | 0. 0733 | 0. 0768 | 0. 00049 | 0. 0593 | 0. 0068 | 0. 2550 |
| 上海材料研究所 | 0. 100 | 0. 294 | 0. 0999 | 0. 7915 | 7. 455 | 0. 0624 | 0. 114 | 0. 0753 | 0. 0808 | 0. 00058 | 0. 0464 | 0. 0052 | 0. 2510 |
| 西南铝技术中心 | 0. 101 | 0. 304 | 0. 0972 | 0. 7805 | 7. 370 | 0. 0650 | 0. 110 | 0. 0759 | 0. 0796 | 0. 00051 | 0. 0589 | 0. 0060 | |

续表 4-76

| 分析单位及项目 | Si | Fe | Cu | Mn | Mg | Cr | Ni | Zn | Ti | Be | Zr | B | Sc |
|---|---|---|---|---|---|---|---|---|---|---|---|---|---|
| 西南铝熔铸厂 | 0. 100 | 0. 315 | 0. 0986 | 0. 7825 | 7. 390 | 0. 0670 | 0. 115 | 0. 0802 | 0. 0798 | 0. 00053 | 0. 0479 | 0. 0054 | 0. 2570 |
| Alfa 值 | 0. 05 | 0. 05 | 0. 05 | 0. 05 | 0. 05 | 0. 05 | 0. 05 | 0. 05 | 0. 05 | 0. 05 | 0. 050 | 0. 05 | 0. 05 |
| 临界值 | 0. 608 | 0. 608 | 0. 608 | 0. 608 | 0. 608 | 0. 608 | 0. 608 | 0. 608 | 0. 608 | 0. 608 | 0. 608 | 0. 608 | 0. 608 |

标样号:E5140

| 分析单位及项目 | Si | Fe | Mn | Mg | Ti | Zr | Sc | Be | Cu | Zn | Ni |
|---|---|---|---|---|---|---|---|---|---|---|---|
| 北京有色金属研究总院 | 0. 0446 | 0. 0895 | 0. 353 | 5. 334 | 0. 0426 | 0. 0946 | 0. 359 | 0. 00110 | 0. 0121 | 0. 0078 | 0. 0065 |
| 长安汽车集团公司二厂 | 0. 0480 | 0. 0862 | 0. 339 | 5. 140 | 0. 0410 | 0. 0970 | 0. 346 | 0. 00151 | 0. 0121 | 0. 0082 | 0. 0067 |
| 抚顺铝厂 | 0. 0520 | 0. 0910 | 0. 350 | 5. 170 | 0. 0410 | 0. 0990 | 0. 339 | 0. 00150 | 0. 0120 | 0. 0086 | 0. 0069 |
| 国家轻金属质检中心 | 0. 0490 | 0. 0880 | 0. 330 | 5. 220 | 0. 0380 | 0. 0900 | | 0. 00150 | 0. 0130 | 0. 0081 | 0. 0067 |
| 山东冶金科学研究院 | 0. 0507 | 0. 0880 | 0. 349 | 5. 240 | 0. 0387 | 0. 0990 | 0. 347 | 0. 00131 | 0. 0119 | 0. 0083 | 0. 0068 |
| 上海材料研究所 | 0. 0477 | 0. 0889 | 0. 337 | 5. 122 | 0. 0383 | 0. 101 | 0. 352 | 0. 00119 | 0. 0113 | 0. 0075 | 0. 0062 |
| 西南铝技术中心 | 0. 0462 | 0. 0908 | 0. 323 | 5. 160 | 0. 0389 | 0. 0924 | | 0. 001300 | 0. 0121 | 0. 0079 | 0. 0059 |
| 西南铝熔铸厂 | 0. 0500 | 0. 0912 | 0. 342 | 5. 140 | 0. 0394 | 0. 100 | 0. 351 | 0. 00110 | 0. 0111 | 0. 0088 | 0. 0065 |
| Alfa 值 | 0. 05 | 0. 05 | 0. 05 | 0. 05 | 0. 05 | 0. 05 | 0. 05 | 0. 05 | 0. 05 | 0. 05 | 0. 050 |
| 临界值 | 0. 608 | 0. 608 | 0. 608 | 0. 608 | 0. 608 | 0. 608 | 0. 608 | 0. 608 | 0. 608 | 0. 608 | 0. 608 |

标样号:E5141

| 分析单位及项目 | Si | Fe | Mn | Mg | Ti | Zr | Sc | Be | Cu | Zn | Ni |
|---|---|---|---|---|---|---|---|---|---|---|---|
| 北京有色金属研究总院 | 0. 0410 | 0. 0884 | 0. 311 | 4. 66 | 0. 0375 | 0. 0849 | 0. 545 | 0. 0010 | 0. 0111 | 0. 0072 | 0. 0054 |
| 长安汽车集团公司二厂 | 0. 0444 | 0. 0860 | 0. 307 | 4. 32 | 0. 0394 | 0. 0890 | 0. 532 | 0. 0012 | 0. 0116 | 0. 0073 | 0. 0055 |
| 抚顺铝厂 | 0. 0500 | 0. 0900 | 0. 290 | 4. 54 | 0. 0390 | 0. 0900 | 0. 542 | 0. 0012 | 0. 0120 | 0. 0085 | 0. 0057 |
| 国家轻金属质检中心 | 0. 0450 | 0. 0890 | 0. 315 | 4. 61 | 0. 0380 | 0. 0790 | | 0. 0012 | 0. 0118 | 0. 0073 | 0. 0058 |

续表 4-76

| 分析单位及项目 | Si | Fe | Mn | Mg | Ti | Zr | Sc | Be | Cu | Zn | Ni |
|---|---|---|---|---|---|---|---|---|---|---|---|
| 山东冶金科学研究院 | 0. 0474 | 0. 0864 | 0. 309 | 4. 48 | 0. 0364 | 0. 09123 | 0. 524 | 0. 0010 | 0. 0114 | 0. 0074 | 0. 0062 |
| 上海材料研究所 | 0. 0506 | 0. 0882 | 0. 290 | 4. 49 | 0. 0366 | 0. 0928 | 0. 529 | 0. 00094 | 0. 0112 | 0. 0069 | 0. 0059 |
| 西南铝技术中心 | 0. 0418 | 0. 0928 | 0. 305 | 4. 53 | 0. 0398 | 0. 0890 | | 0. 0011 | 0. 0115 | 0. 0073 | 0. 0053 |
| 西南铝熔铸厂 | 0. 0449 | 0. 0881 | | 4. 34 | 0. 0369 | 0. 0905 | 0. 538 | 0. 00097 | 0. 0105 | 0. 0078 | 0. 0062 |
| Alfa 值 | 0. 05 | 0. 05 | 0. 05 | 0. 05 | 0. 05 | 0. 05 | 0. 05 | 0. 05 | 0. 05 | 0. 05 | 0. 050 |
| 临界值 | 0. 608 | 0. 608 | 0. 608 | 0. 608 | 0. 608 | 0. 608 | 0. 608 | 0. 608 | 0. 608 | 0. 608 | 0. 608 |

**表 4-77 5A70 标准样品夏皮罗检验结果** （质量分数,%）

标样号:E5101

| 分析单位及项目 | Si | Fe | Cu | Mn | Mg | Cr | Ni | Zn | Ti | Be | Zr | B | Sc |
|---|---|---|---|---|---|---|---|---|---|---|---|---|---|
| 山东冶金科学研究院 | 0. 248 | 0. 356 | 0. 0127 | 1. 131 | 4. 843 | 0. 221 | 0. 0130 | 0. 0973 | 0. 00927 | 0. 000100 | 0. 0365 | 0. 000962 | 0. 0303 |
| 抚顺铝厂 | 0. 243 | 0. 355 | 0. 0112 | 1. 085 | 4. 859 | 0. 219 | 0. 0139 | 0. 101 | 0. 00952 | 0. 000154 | 0. 0371 | | |
| 上海材料研究所 | 0. 240 | 0. 361 | 0. 0153 | 1. 151 | 4. 841 | 0. 201 | 0. 0138 | 0. 102 | 0. 00939 | 0. 000110 | 0. 0341 | 0. 00105 | 0. 0313 |
| 北京有色金属研究总院 | 0. 250 | 0. 355 | 0. 0121 | 1. 117 | 4. 880 | 0. 219 | 0. 0122 | 0. 0965 | 0. 00972 | 0. 000100 | 0. 0325 | 0. 000980 | 0. 0320 |
| 西南铝技术中心 | 0. 260 | 0. 369 | 0. 0112 | 1. 092 | 4. 850 | 0. 211 | 0. 0136 | 0. 103 | 0. 00890 | 0. 000122 | 0. 0359 | 0. 000980 | |
| 国家轻金属质检中心 | 0. 240 | 0. 356 | 0. 0127 | 1. 091 | 4. 829 | 0. 225 | 0. 0137 | 0. 108 | 0. 00957 | 0. 000100 | 0. 0350 | 0. 000950 | 0. 0307 |
| 西南铝熔铸厂 | 0. 241 | 0. 369 | 0. 0130 | 1. 110 | 4. 867 | 0. 208 | 0. 0137 | 0. 107 | 0. 0100 | 0. 000121 | 0. 0327 | 0. 00120 | 0. 0290 |
| 长安汽车集团公司二厂 | 0. 243 | 0. 362 | 0. 0125 | 1. 094 | 4. 820 | 0. 213 | 0. 0135 | 0. 0982 | 0. 00885 | 0. 000105 | 0. 0332 | 0. 00110 | 0. 0300 |
| 0. 95 常数 | 0. 818 | 0. 818 | 0. 818 | 0. 818 | 0. 818 | 0. 818 | 0. 818 | 0. 818 | 0. 818 | 0. 818 | 0. 818 | 0. 818 | 0. 818 |
| 0. 99 常数 | 0. 749 | 0. 749 | 0. 749 | 0. 749 | 0. 749 | 0. 749 | 0. 749 | 0. 749 | 0. 749 | 0. 749 | 0. 749 | 0. 749 | 0. 749 |
| 计算系数值 | 0. 829 | 0. 892 | 0. 923 | 1. 16 | 1. 22 | 1. 28 | 0. 820 | 0. 998 | 1. 08 | 0. 892 | 1. 12 | 0. 868 | 0. 978 |
| 检验结果 | 正态 | 正态 | 正态 | 正态 | 正态 | 正态 | 正态 | 正态 | 正态 | 正态 | 正态 | 正态 | 正态 |

续表 4-77

| 标样号:E5102 | | | | | | | | | | | | | |
|---|---|---|---|---|---|---|---|---|---|---|---|---|---|
| 分析单位及项目 | Si | Fe | Cu | Mn | Mg | Cr | Ni | Zn | Ti | Be | Zr | B | Sc |
| 山东冶金科学研究院 | 0. 201 | 0. 274 | 0. 0496 | 0. 838 | 6. 309 | 0. 128 | 0. 0148 | 0. 0288 | 0. 0637 | 0. 00130 | 0. 171 | | |
| 抚顺铝厂 | 0. 200 | 0. 270 | 0. 0515 | 0. 843 | 6. 248 | 0. 131 | 0. 0147 | 0. 0310 | 0. 0652 | 0. 00117 | 0. 163 | 0. 0021 | 0. 1032 |
| 上海材料研究所 | 0. 215 | 0. 265 | 0. 0512 | 0. 848 | 6. 450 | 0. 128 | 0. 0136 | 0. 0278 | 0. 0605 | 0. 00110 | 0. 148 | 0. 0017 | 0. 1025 |
| 北京有色金属研究总院 | 0. 209 | 0. 275 | 0. 0525 | 0. 852 | 6. 251 | 0. 131 | 0. 0138 | 0. 0286 | 0. 0620 | 0. 00122 | 0. 175 | 0. 0019 | 0. 1030 |
| 西南铝技术中心 | 0. 203 | 0. 269 | 0. 0534 | 0. 851 | 6. 227 | 0. 125 | 0. 0133 | 0. 0303 | 0. 0648 | 0. 00125 | 0. 148 | 0. 0022 | 0. 1020 |
| 国家轻金属质检中心 | 0. 215 | 0. 279 | 0. 0520 | 0. 862 | 6. 335 | 0. 120 | 0. 0132 | 0. 0289 | 0. 0619 | 0. 00125 | 0. 177 | 0. 0019 | |
| 西南铝熔铸厂 | 0. 205 | 0. 280 | 0. 0520 | 0. 844 | 6. 240 | 0. 128 | 0. 0142 | 0. 0285 | 0. 0590 | 0. 00150 | 0. 161 | 0. 0019 | 0. 1030 |
| 长安汽车集团公司二厂 | 0. 202 | 0. 274 | 0. 0497 | 0. 853 | 6. 204 | 0. 125 | 0. 0140 | 0. 0295 | 0. 0630 | 0. 00117 | 0. 153 | 0. 0019 | 0. 1030 |
| 0. 95 常数 | 0. 818 | 0. 818 | 0. 818 | 0. 818 | 0. 818 | 0. 818 | 0. 818 | 0. 818 | 0. 818 | 0. 818 | 0. 818 | 0. 818 | 0. 818 |
| 0. 99 常数 | 0. 749 | 0. 749 | 0. 749 | 0. 749 | 0. 749 | 0. 749 | 0. 749 | 0. 749 | 0. 749 | 0. 749 | 0. 749 | 0. 749 | 0. 749 |
| 计算系数值 | 0. 960 | 1. 15 | 0. 925 | 0. 969 | 0. 902 | 0. 952 | 1. 04 | 1. 13 | 0. 958 | 0. 776 | 1. 03 | 1. 31 | 1. 00 |
| 检验结果 | 正态 | 正态 | 正态 | 正态 | 正态 | 正态 | 正态 | 正态 | 正态 | 正态 | 正态 | 正态 | 正态 |

| 标样号:E5103 | | | | | | | | | | | | | |
|---|---|---|---|---|---|---|---|---|---|---|---|---|---|
| 分析单位及项目 | Si | Fe | Cu | Mn | Mg | Cr | Ni | Zn | Ti | Be | Zr | B | Sc |
| 山东冶金科学研究院 | 0. 1290 | 0. 198 | 0. 0305 | 0. 415 | 5. 625 | 0. 0235 | 0. 0089 | 0. 0432 | 0. 0278 | 0. 00331 | 0. 0997 | 0. 0027 | 0. 176 |
| 抚顺铝厂 | 0. 1355 | 0. 193 | 0. 0293 | 0. 417 | 5. 560 | 0. 0223 | 0. 0096 | 0. 0432 | 0. 0277 | 0. 00320 | 0. 0851 | 0. 0022 | 0. 183 |
| 上海材料研究所 | 0. 1305 | 0. 196 | 0. 0297 | 0. 412 | 5. 592 | 0. 0237 | 0. 0094 | 0. 0440 | 0. 0295 | 0. 00327 | 0. 0932 | 0. 0022 | 0. 181 |
| 北京有色金属研究总院 | 0. 1280 | 0. 194 | 0. 0307 | 0. 408 | 5. 641 | 0. 0221 | 0. 0102 | 0. 0453 | 0. 0321 | 0. 00342 | 0. 0891 | 0. 0030 | 0. 184 |
| 西南铝技术中心 | 0. 1315 | 0. 194 | 0. 0295 | 0. 414 | 5. 610 | 0. 0236 | 0. 0098 | 0. 0456 | 0. 0270 | 0. 00375 | 0. 0916 | 0. 0027 | |
| 国家轻金属质检中心 | 0. 1270 | 0. 201 | 0. 0275 | 0. 412 | 5. 648 | 0. 0249 | 0. 0097 | 0. 0436 | 0. 0279 | 0. 00327 | 0. 0960 | | |

续表 4-77

| 分析单位及项目 | Si | Fe | Cu | Mn | Mg | Cr | Ni | Zn | Ti | Be | Zr | B | Sc |
|---|---|---|---|---|---|---|---|---|---|---|---|---|---|
| 西南铝熔铸厂 | 0.1335 | 0.203 | 0.0299 | 0.415 | 5.615 | 0.0212 | 0.0100 | 0.0460 | 0.0320 | 0.00365 | 0.0912 | 0.0029 | 0.180 |
| 长安汽车集团公司二厂 | 0.1310 | 0.201 | 0.0292 | 0.415 | 5.587 | 0.0225 | 0.0097 | 0.0455 | 0.0290 | 0.00335 | 0.0880 | 0.0033 | 0.182 |
| 0.95 常数 | 0.818 | 0.818 | 0.818 | 0.818 | 0.818 | 0.818 | 0.818 | 0.818 | 0.818 | 0.818 | 0.818 | 0.818 | 0.818 |
| 0.99 常数 | 0.749 | 0.749 | 0.749 | 0.749 | 0.749 | 0.749 | 0.749 | 0.749 | 0.749 | 0.749 | 0.749 | 0.749 | 0.749 |
| 计算系数值 | 1.04 | 1.13 | 0.958 | 0.776 | 1.03 | 1.31 | 1.00 | 1.29 | 1.05 | 0.936 | 1.01 | 0.909 | 0.907 |
| 检验结果 | 正态 | 正态 | 正态 | 正态 | 正态 | 正态 | 正态 | 正态 | 正态 | 正态 | 正态 | 正态 | 正态 |

标样号:E5104

| 分析单位及项目 | Si | Fe | Cu | Mn | Mg | Cr | Ni | Zn | Ti | Be | Zr | B | Sc |
|---|---|---|---|---|---|---|---|---|---|---|---|---|---|
| 山东冶金科学研究院 | 0.0494 | 0.154 | 0.0726 | 0.142 | 7.020 | 0.136 | 0.0357 | 0.133 | 0.175 | 0.00506 | 0.225 | 0.00796 | 0.234 |
| 抚顺铝厂 | 0.0504 | 0.157 | 0.0688 | 0.141 | 7.074 | 0.140 | 0.0369 | 0.132 | 0.169 | 0.00511 | 0.226 | | |
| 上海材料研究所 | 0.0515 | 0.153 | 0.0737 | 0.137 | 7.069 | 0.124 | 0.0346 | 0.133 | 0.175 | 0.00513 | 0.185 | 0.00863 | 0.236 |
| 北京有色金属研究总院 | 0.0488 | 0.155 | 0.0715 | 0.140 | 7.206 | 0.138 | 0.0375 | 0.141 | 0.184 | 0.00492 | 0.219 | 0.00770 | 0.234 |
| 西南铝技术中心 | 0.0492 | 0.151 | 0.0717 | 0.144 | 7.024 | 0.146 | 0.0323 | 0.129 | 0.185 | 0.00480 | 0.212 | 0.00881 | 0.239 |
| 国家轻金属质检中心 | 0.0520 | 0.155 | 0.0720 | 0.142 | 7.300 | 0.128 | 0.0339 | 0.132 | 0.182 | 0.00551 | 0.237 | 0.00840 | |
| 西南铝熔铸厂 | 0.0490 | 0.158 | 0.0722 | 0.137 | 7.045 | 0.132 | 0.0358 | 0.141 | 0.176 | 0.00532 | 0.235 | 0.00890 | 0.235 |
| 长安汽车集团公司二厂 | 0.0510 | 0.157 | 0.0705 | 0.141 | 7.188 | 0.132 | 0.0360 | 0.136 | 0.182 | 0.00520 | 0.221 | 0.00885 | 0.237 |
| 0.95 常数 | 0.818 | 0.818 | 0.818 | 0.818 | 0.818 | 0.818 | 0.818 | 0.818 | 0.818 | 0.818 | 0.818 | 0.818 | 0.818 |
| 0.99 常数 | 0.749 | 0.749 | 0.749 | 0.749 | 0.749 | 0.749 | 0.749 | 0.749 | 0.749 | 0.749 | 0.749 | 0.749 | 0.749 |
| 计算系数值 | 1.22 | 0.962 | 1.01 | 0.951 | 0.880 | 1.22 | 0.984 | 0.892 | 1.34 | 1.02 | 0.955 | 0.914 | 0.886 |
| 检验结果 | 正态 | 正态 | 正态 | 正态 | 正态 | 正态 | 正态 | 正态 | 正态 | 正态 | 正态 | 正态 | 正态 |

标样号:E5105

| 分析单位及项目 | Si | Fe | Cu | Mn | Mg | Cr | Ni | Zn | Ti | Be | Zr | B | Sc |
|---|---|---|---|---|---|---|---|---|---|---|---|---|---|
| 山东冶金科学研究院 | 0.0966 | 0.295 | 0.0957 | 0.768 | 7.179 | 0.0697 | 0.110 | 0.0760 | 0.0802 | 0.00055 | 0.0602 | | |

续表 4-77

| 分析单位及项目 | Si | Fe | Cu | Mn | Mg | Cr | Ni | Zn | Ti | Be | Zr | B | Sc |
|---|---|---|---|---|---|---|---|---|---|---|---|---|---|
| 抚顺铝厂 | 0.0970 | 0.299 | 0.0980 | 0.783 | 7.232 | 0.0697 | 0.109 | 0.0807 | 0.0813 | 0.00050 | 0.0580 | 0.0057 | 0.259 |
| 上海材料研究所 | 0.0986 | 0.295 | 0.0985 | 0.789 | 7.076 | 0.0661 | 0.103 | 0.0733 | 0.0768 | 0.00049 | 0.0593 | 0.0068 | 0.255 |
| 北京有色金属研究总院 | 0.1004 | 0.294 | 0.0999 | 0.791 | 7.455 | 0.0624 | 0.114 | 0.0753 | 0.0808 | 0.00058 | 0.0464 | 0.0052 | 0.251 |
| 西南铝技术中心 | 0.1010 | 0.304 | 0.0972 | 0.781 | 7.370 | 0.0650 | 0.110 | 0.0759 | 0.0797 | 0.00051 | 0.0589 | 0.0060 | |
| 国家轻金属质检中心 | 0.0977 | 0.291 | 0.0964 | 0.789 | 7.470 | 0.0641 | 0.101 | 0.0727 | 0.0760 | 0.00040 | 0.0537 | 0.0060 | 0.263 |
| 西南铝熔铸厂 | 0.1000 | 0.315 | 0.0986 | 0.783 | 7.390 | 0.0670 | 0.115 | 0.0803 | 0.0796 | 0.00053 | 0.0479 | 0.0054 | 0.257 |
| 长安汽车集团公司二厂 | 0.1070 | 0.302 | 0.0947 | 0.782 | 7.243 | 0.0665 | 0.103 | 0.0755 | 0.0800 | 0.00052 | 0.0560 | 0.0070 | 0.258 |
| 0.95 常数 | 0.818 | 0.818 | 0.818 | 0.818 | 0.818 | 0.818 | 0.818 | 0.818 | 0.818 | 0.818 | 0.818 | 0.818 | 0.818 |
| 0.99 常数 | 0.749 | 0.749 | 0.749 | 0.749 | 0.749 | 0.749 | 0.749 | 0.749 | 0.749 | 0.749 | 0.749 | 0.749 | 0.749 |
| 计算系数值 | 1.00 | 1.07 | 1.15 | 0.876 | 1.30 | 1.02 | 0.981 | 0.925 | 0.918 | 0.811 | 0.994 | 0.902 | 0.998 |
| 检验结果 | 正态 | 正态 | 正态 | 正态 | 正态 | 正态 | 正态 | 正态 | 正态 | 正态 | 正态 | 正态 | 正态 |

标样号:E5140

| 分析单位及项目 | Si | Fe | Mn | Mg | Ti | Zr | Sc | Be | Cu | Zn | Ni |
|---|---|---|---|---|---|---|---|---|---|---|---|
| 国家轻金属质检中心 | 0.0507 | 0.0880 | 0.349 | 5.24 | 0.0387 | 0.0990 | 0.347 | 0.00131 | 0.0119 | 0.0083 | 0.0068 |
| 抚顺铝厂 | 0.0490 | 0.0880 | 0.330 | 5.22 | 0.0380 | 0.0900 | | 0.00150 | 0.0130 | 0.0081 | 0.0067 |
| 上海材料研究所 | 0.0477 | 0.0889 | 0.337 | 5.12 | 0.0383 | 0.101 | 0.352 | 0.00119 | 0.0113 | 0.0075 | 0.0062 |
| 西南铝技术中心 | 0.0462 | 0.0908 | 0.323 | 5.16 | 0.0389 | 0.0924 | | 0.00130 | 0.0121 | 0.0079 | 0.0059 |
| 长安汽车集团公司一厂 | 0.0520 | 0.0910 | 0.350 | 5.17 | 0.0410 | 0.0990 | 0.339 | 0.00150 | 0.010 | 0.0086 | 0.0069 |
| 北京有色金属研究总院 | 0.0446 | 0.0895 | 0.353 | 5.33 | 0.0426 | 0.0946 | 0.359 | 0.00110 | 0.0121 | 0.0078 | 0.0065 |
| 长安汽车集团公司二厂 | 0.0480 | 0.0862 | 0.339 | 5.14 | 0.0410 | 0.0970 | 0.346 | 0.00151 | 0.0121 | 0.0082 | 0.0067 |
| 西南铝熔铸厂 | 0.0500 | 0.0912 | 0.342 | 5.14 | 0.0394 | 0.100 | 0.351 | 0.00110 | 0.0111 | 0.0088 | 0.0065 |
| 0.95 常数 | 0.748 | 0.818 | 0.818 | 0.818 | 0.818 | 0.818 | 0.818 | 0.818 | 0.818 | 0.818 | 0.818 |

续表 4-77

| 分析单位及项目 | Si | Fe | Mn | Mg | Ti | Zr | Sc | Be | Cu | Zn | Ni |
|---|---|---|---|---|---|---|---|---|---|---|---|
| 0.99 常数 | 0.749 | 0.749 | 0.749 | 0.749 | 0.749 | 0.749 | 0.749 | 0.749 | 0.749 | 0.749 | 0.749 |
| 计算系数值 | 1.24 | 1.06 | 1.04 | 0.905 | 0.931 | 1.11 | 0.000 | 0.863 | 0.980 | 1.09 | 1.12 |
| 检验结果 | 正态 | 正态 | 正态 | 正态 | 正态 | 正态 | 正态 | 正态 | 正态 | 正态 | 正态 |

标样号:E5141

| 分析单位及项目 | Si | Fe | Mn | Mg | Ti | Zr | Sc | Be | Cu | Zn | Ni |
|---|---|---|---|---|---|---|---|---|---|---|---|
| 国家轻金属质检中心 | 0.0474 | 0.0864 | 0.315 | 4.480 | 0.0364 | 0.0912 | 0.524 | 0.0010 | 0.0114 | 0.0074 | 0.0062 |
| 抚顺铝厂 | 0.0506 | 0.0882 | 0.309 | 4.493 | 0.0366 | 0.0928 | 0.529 | 0.00094 | 0.0112 | 0.0069 | 0.0059 |
| 上海材料研究所 | 0.0410 | 0.0884 | 0.311 | 4.664 | 0.0375 | 0.0849 | 0.545 | 0.0010 | 0.0111 | 0.0072 | 0.0054 |
| 西南铝技术中心 | 0.0500 | 0.0900 | 0.310 | 4.540 | 0.0390 | 0.0900 | 0.542 | 0.0012 | 0.0120 | 0.0085 | 0.0057 |
| 长安汽车集团公司一厂 | 0.0418 | 0.0928 | 0.290 | 4.530 | 0.0398 | 0.0890 |  | 0.0011 | 0.0115 | 0.0073 | 0.0053 |
| 北京有色金属研究总院 | 0.0450 | 0.0890 | 0.290 | 4.610 | 0.0380 | 0.0790 | 0.532 | 0.0012 | 0.0118 | 0.0073 | 0.0058 |
| 长安汽车集团公司二厂 | 0.0444 | 0.0860 | 0.307 | 4.320 | 0.0394 | 0.0890 | 0.538 | 0.0012 | 0.0116 | 0.0073 | 0.0055 |
| 西南铝熔铸厂 | 0.0449 | 0.0881 | 0.305 | 4.340 | 0.0369 | 0.0905 |  | 0.00097 | 0.0105 | 0.0078 | 0.0062 |
| 0.95 常数 | 0.818 | 0.818 | 0.818 | 0.818 | 0.818 | 0.818 | 0.818 | 0.818 | 0.818 | 0.818 | 0.818 |
| 0.99 常数 | 0.749 | 0.749 | 0.749 | 0.749 | 0.749 | 0.749 | 0.749 | 0.749 | 0.749 | 0.749 | 0.749 |
| 计算系数值 | 0.927 | 0.980 | 0.989 | 1.05 | 1.06 | 0.934 | 0.902 | 1.01 | 1.02 | 0.845 | 1.07 |
| 检验结果 | 正态 | 正态 | 正态 | 正态 | 正态 | 正态 | 正态 | 正态 | 正态 | 正态 | 正态 |

#### 4.5.4.3 最终定值和标准偏差

标样的最终定值结果(标准值、合成标准偏差)见表 4-78。

**表 4-78 5A70 标准样品合成标准偏差** (质量分数,%)

| 标样号 | 数据名称 | Si | Fe | Cu | Mn | Mg | Cr | Ni | Zn | Ti | Be | Zr | B | Sc | Na |
|---|---|---|---|---|---|---|---|---|---|---|---|---|---|---|---|
| E5101 | 标准值 | 0.246 | 0.361 | 0.013 | 1.11 | 4.85 | 0.214 | 0.013 | 0.101 | 0.0094 | 0.00011 | 0.035 | 0.0010 | 0.031 |  |
|  | 标准偏差 | 0.003 | 0.003 | 0.001 | 0.02 | 0.03 | 0.005 | 0.001 | 0.002 | 0.0004 | 0.0001 | 0.001 | 0.0001 | 0.001 |  |
|  | 数据组数 | 8 | 8 | 8 | 8 | 8 | 8 | 8 | 8 | 8 | 8 | 8 | 7 | 6 |  |

续表 4-78

| 标样号 | 数据名称 | Si | Fe | Cu | Mn | Mg | Cr | Ni | Zn | Ti | Be | Zr | B | Sc | Na |
|---|---|---|---|---|---|---|---|---|---|---|---|---|---|---|---|
| E5102 | 标准值 | 0.206 | 0.273 | 0.051 | 0.849 | 6.28 | 0.127 | 0.014 | 0.029 | 0.062 | 0.0012 | 0.162 | 0.0020 | 0.103 | |
| | 标准偏差 | 0.003 | 0.003 | 0.001 | 0.006 | 0.07 | 0.002 | 0.001 | 0.001 | 0.002 | 0.0001 | 0.002 | 0.0001 | 0.001 | |
| | 数据组数 | 8 | 8 | 8 | 8 | 8 | 8 | 8 | 8 | 8 | 8 | 8 | 7 | 6 | |
| E5103 | 标准值 | 0.131 | 0.197 | 0.029 | 0.413 | 5.61 | 0.023 | 0.0097 | 0.044 | 0.029 | 0.0034 | 0.092 | 0.0027 | 0.181 | |
| | 标准偏差 | 0.002 | 0.002 | 0.001 | 0.004 | 0.03 | 0.001 | 0.0002 | 0.001 | 0.001 | 0.0001 | 0.002 | 0.0002 | 0.003 | |
| | 数据组数 | 8 | 8 | 8 | 8 | 8 | 8 | 8 | 8 | 8 | 8 | 8 | 7 | 6 | |
| E5104 | 标准值 | 0.050 | 0.155 | 0.072 | 0.140 | 7.11 | 0.134 | 0.035 | 0.135 | 0.178 | 0.0051 | 0.220 | 0.0084 | 0.236 | |
| | 标准偏差 | 0.001 | 0.003 | 0.001 | 0.002 | 0.07 | 0.004 | 0.001 | 0.002 | 0.007 | 0.0001 | 0.006 | 0.0003 | 0.007 | |
| | 数据组数 | 8 | 8 | 8 | 8 | 8 | 8 | 8 | 8 | 8 | 8 | 8 | 7 | 6 | |
| E5105 | 标准值 | 0.100 | 0.299 | 0.097 | 0.783 | 7.30 | 0.066 | 0.108 | 0.076 | 0.079 | 0.00051 | 0.055 | 0.0060 | 0.257 | |
| | 标准偏差 | 0.002 | 0.004 | 0.001 | 0.004 | 0.06 | 0.002 | 0.003 | 0.003 | 0.004 | 0.00005 | 0.002 | 0.0003 | 0.005 | |
| | 数据组数 | 8 | 8 | 8 | 8 | 8 | 8 | 8 | 8 | 8 | 8 | 8 | 7 | 6 | |
| E5140 | 标准值 | 0.049 | 0.089 | 0.012 | 0.341 | 5.19 | 0.014* | 0.0066 | 0.0080 | 0.040 | 0.0013 | 0.097* | | 0.349 | 5p** |
| | 标准偏差 | 0.002 | 0.002 | 0.001 | 0.005 | 0.05 | | 0.003 | 0.0003 | 0.001 | 0.0001 | | | 0.005 | |
| | 数据组数 | 8 | 8 | 8 | 8 | 8 | | 8 | 8 | 8 | 8 | | | 6 | |
| E5141 | 标准值 | 0.046 | 0.089 | 0.011 | 0.306 | 4.52 | 0.013* | 0.0058 | 0.0074 | 0.039 | 0.0011 | 0.088 | | 0.535 | 5p** |
| | 标准偏差 | 0.002 | 0.002 | 0.001 | 0.004 | 0.05 | | 0.003 | 0.0003 | 0.003 | 0.0001 | 0.004 | | 0.007 | |
| | 数据组数 | 8 | 8 | 8 | 8 | 8 | | 8 | 8 | 8 | 8 | 8 | | 6 | |

注：* 为参考值；** 为信息值。

### 4.5.5 试用情况报告

#### 4.5.5.1 工作曲线检查

随机抽取 5 套标样，用进口仪器（QSJ750）制作工作曲线，其啮合系数（*PCT*）均达到 3 个 9（含 3 个 9）以上，符合设计要求。*PCT* 值见表 4-79。

**表 4-79 5A70、5A71 铝合金标样 *PCT* 值**

| 元素 | Si | Fe | Cu | Mn | Mg | Zn | Ti | Ni | Zr | B | Be | Cr | Sc |
|---|---|---|---|---|---|---|---|---|---|---|---|---|---|
| 波长/nm | 251.6 | 238.2 | 324.7 | 293.3 | 383.8 | 481.0 | 337.2 | 352.4 | 394.6 | 249.6 | 313.0 | 425.4 | 402.0 |
| *PCT*/% | 99.980 | 99.994 | 99.997 | 99.986 | 99.893 | 99.982 | 99.960 | 99.974 | 99.955 | 99.914 | 99.994 | 99.990 | 99.962 |

注：表中 *PCT* 值为 Fe、Mn、Zr、Zn 扣除 Mg 干扰，Mg 扣除 Zr 干扰后的结果。

#### 4.5.5.2 生产考核

为检查本标样的实际结果，用本标样在 DV4、PDA6000 等进口光谱仪上制作工作曲线，随机取两个标样进行分析，其分析结果与化学结果相符，见表 4-80。

表 4-80 生产考核结果 （质量分数，%）

| 元素 | Si | Fe | Cu | Mn | Mg | Zn | Ti | Ni | Zr | B | Be | Cr | Sc | 备注 |
|---|---|---|---|---|---|---|---|---|---|---|---|---|---|---|
| 22-03 | 0.13 | 0.20 | 0.029 | 0.40 | 5.55 | 0.044 | 0.030 | 0.0096 | 0.086 | 0.0028 | 0.0034 | 0.023 | | DV4 |
| | 0.13 | 0.20 | 0.029 | 0.40 | 5.57 | 0.042 | 0.030 | 0.0092 | 0.091 | 0.0028 | 0.0034 | 0.023 | 0.18 | PDA6000 |
| | 0.13 | 0.20 | 0.029 | 0.41 | 5.61 | 0.044 | 0.029 | 0.0097 | 0.092 | 0.0027 | 0.0034 | 0.023 | 0.18 | 化学 |
| 3-05 | 0.097 | 0.30 | 0.10 | 0.76 | 7.25 | 0.076 | 0.077 | 0.11 | 0.055 | 0.0056 | 0.00050 | 0.066 | | DV4 |
| | 0.10 | 0.30 | 0.097 | 0.78 | 7.29 | 0.077 | 0.076 | 0.11 | 0.058 | 0.0060 | 0.00050 | 0.064 | 0.26 | PDA6000 |
| | 0.10 | 0.30 | 0.097 | 0.78 | 7.30 | 0.076 | 0.079 | 0.11 | 0.055 | 0.0060 | 0.00051 | 0.066 | 0.26 | 化学 |

### 4.5.6 与国内外同类标样比对实验

#### 4.5.6.1 啮合系数比较

由于国内无类似标样，无法比对，国外也无相同的标样。为了考察本标样的水平，用德国 OBLF 公司的 QSJ750 光谱仪把本标样与国内外相近的标样（5000 系列）进行比对，比对结果见表 4-81。

表 4-81 啮合系数（*PCT*）比较

| 元素 | | Si | Fe | Cu | Mn | Mg | Zn | Ti | Ni | Cr |
|---|---|---|---|---|---|---|---|---|---|---|
| 波长/nm | | 251.6 | 238.2 | 324.7 | 293.3 | 383.8 | 481.0 | 337.2 | 352.4 | 425.4 |
| *PCT*/% | 1 | 99.980 | 99.994 | 99.997 | 99.986 | 99.893 | 99.982 | 99.960 | 99.974 | 99.990 |
| | 2 | 99.281 | 94.794 | 99.525 | 99.973 | 99.998 | 96.270 | 99.230 | 99.680 | 99.526 |

注：1 为本标样结果；2 为英国标样结果。

从表中可见，本标样除 Mg 与英国标样接近外，其他各元素（Si、Fe、Cu、Mn、Zn、Ti、Ni、Cr 等）的啮合系数均比英国标样好。

#### 4.5.6.2 均匀性比较

均匀性比较结果见表 4-82。

表 4-82 均匀性比较

| 元素 | Si | Fe | Cu | Mn | Mg | Zn | Ti | Ni | Cr | 备注 |
|---|---|---|---|---|---|---|---|---|---|---|
| 本标样（E5103） | 0.131 | 0.203 | 0.029 | 0.414 | 5.61 | 0.044 | 0.029 | 0.0097 | 0.023 | 含量（质量分数）/% |
| | 0.71 | 1.2 | 0.82 | 0.82 | 0.83 | 1.6 | 1.5 | 0.61 | 0.84 | 波动系数/% |
| 英国（GO5H38） | 0.30 | 0.565 | 0.165 | 0.40 | 4.15 | 0.115 | 0.080 | 0.080 | 0.120 | 含量（质量分数）/% |
| | 2.0 | 2.0 | 1.4 | 1.4 | 1.4 | 1.5 | 1.4 | 1.4 | 1.6 | 波动系数/% |

从表中结果可见，除 Zn、Ti 两元素本标样与英国标样接近外，其他元素（Si、Fe、Cu、Mn、Mg、Ni、Cr 等）的均匀性均比进口标样好。

#### 4.5.6.3 应用范围比较

本标样含元素多(含13个元素),而进口标样无Sc、B、Zr、Be。由此可见,其应用范围超过进口标样。

综上所述,本标样在均匀性、工作曲线啮合系数和应用范围等主要技术指标上均达到或超过同类进口标样水平。

### 4.5.7 国内研制的其他5×××系标样

西南铝研制的其他5×××系标样见表4-83~表4-86。

**表4-83 YLD302合金标样**

| 标样编号 | 标样名称 | 标样成分(质量分数)/% | | | | | | | | | |
|---|---|---|---|---|---|---|---|---|---|---|---|
| | | Si | Fe | Cu | Mn | Mg | Cr | Ni | Zn | Ti | Be |
| E232 | | 0.291 | 0.351 | 0.092 | 0.365 | 5.44 | 0.195 | 0.047 | 0.146 | 0.044 | 0.0028 |
| E233 | | 0.361 | 0.440 | 0.132 | 0.520 | 6.33 | 0.140 | 0.073 | 0.165 | 0.082 | 0.0051 |
| E234a | | 0.459 | 0.584 | 0.229 | 0.677 | 7.04 | 0.246 | 0.169 | 0.586 | 0.087 | 0.0011 |
| E235a | YLD302 | 0.078 | 0.134 | 0.0074 | 0.065 | 10.14 | 0.0123 | 0.146 | 0.038 | 0.0070 | 0.0087 |
| E236a | | 0.600 | 0.696 | 0.243 | 0.865 | 3.76 | 0.273 | 0.035 | 0.285 | 0.192 | 0.00056 |
| E226b | | 0.898 | 0.684 | 0.210 | 0.826 | 0.611 | 0.359 | 0.122 | 0.306 | 0.215 | |
| E423a | | 1.34 | 0.485 | 0.548 | 0.241 | 0.959 | 0.092 | 0.032 | 0.089 | 0.032 | |

**表4-84 YLD306合金标样**

| 标样编号 | 标样名称 | 标样成分(质量分数)/% | | | | | | | | | |
|---|---|---|---|---|---|---|---|---|---|---|---|
| | | Si | Fe | Cu | Mn | Mg | Cr | Ni | Zn | Ti | Na |
| E221a | | 0.247 | 0.220 | 0.045 | 0.184 | 3.79 | 0.290 | 0.035 | 0.083 | 0.090 | 0.0046 |
| E222a | | 0.462 | 0.340 | 0.101 | 0.327 | 2.24 | 0.219 | 0.233 | 0.052 | 0.046 | |
| E223a | | 0.702 | 0.444 | 0.153 | 0.495 | 2.90 | 0.123 | 0.071 | 0.143 | 0.149 | |
| E224a | YLD306 | 0.788 | 0.624 | 0.184 | 0.677 | 1.39 | 0.314 | 0.097 | 0.235 | 0.188 | |
| E225a | | 0.102 | 0.093 | 0.0085 | 0.051 | 5.12 | 0.042 | 0.011 | 0.031 | 0.019 | |
| E226b | | 0.898 | 0.684 | 0.210 | 0.826 | 0.611 | 0.359 | 0.122 | 0.306 | 0.215 | |

**表4-85 罐料用5182合金(含Na、Pb、Cd)**

| 标样编号 | 标样名称 | 标样成分(质量分数)/% | | | | | | | | | | | |
|---|---|---|---|---|---|---|---|---|---|---|---|---|---|
| | | Si | Fe | Cu | Mn | Mg | Cr | Ni | Zn | Pb | Ti | Cd | Na |
| E6011 | | 0.039 | 0.091 | 0.019 | 0.092 | 5.94 | 0.010 | 0.0070 | 0.327 | 0.0011 | 0.011 | 0.0001 | 0.0002 |
| E6012 | | 0.086 | 0.238 | 0.168 | 0.478 | 5.16 | 0.110 | 0.022 | 0.258 | 0.0075 | 0.129 | 0.0068 | 0.0007 |
| E6013 | 5182合金(含Na、Pb、Cd) | 0.138 | 0.314 | 0.072 | 0.370 | 4.56 | 0.067 | 0.044 | 0.197 | 0.0068 | 0.074 | 0.0053 | 0.0014 |
| E6014 | | 0.214 | 0.397 | 0.105 | 0.221 | 3.76 | 0.173 | 0.067 | 0.105 | 0.015 | 0.175 | 0.0087 | 0.0010 |
| E6015 | | 0.296 | 0.471 | 0.209 | 0.601 | 2.94 | 0.220 | 0.107 | 0.050 | 0.023 | 0.235 | 0.019 | 0.0003 |
| E6317 | | 0.116 | 0.284 | 0.056 | 0.342 | 4.25 | 0.041 | 0.022 | 0.055 | 0.0034 | 0.041 | 0.0011 | 0.0001 |

表 4-86 5A66 合金标样

| 标样编号 | 标样名称 | 标样成分(质量分数)/% | | | | | | | |
|---|---|---|---|---|---|---|---|---|---|
| | | Si | Fe | Cu | Mn | Mg | Zn | Ti | Ni |
| E2121 | 5××× 系列 (5A66) | 0.027 | 0.034 | 0.0025 | 0.0017 | 1.20 | 0.0072 | 0.0090 | 0.0093 |
| E2122 | | 0.0033 | 0.0097 | 0.0065 | 0.0017 | 1.88 | 0.013 | 0.00084 | 0.00088 |
| E2123 | | 0.0073 | 0.012 | 0.0038 | 0.0042 | 1.63 | 0.0047 | 0.0042 | 0.0036 |
| E2124 | | 0.013 | 0.027 | 0.011 | 0.011 | 2.10 | 0.0012 | 0.011 | 0.0098 |
| E2125 | | 0.015 | 0.0040 | 0.012 | 0.0013 | 2.13 | 0.0024 | 0.00060 | 0.00028 |

## 4.6 6×××系标准样品铸锭的制备技术

### 4.6.1 6×××系标准样品概述

6×××(Al-Mg-Mn 系)标准样品是目前国内铝行业应用最为广泛的标准样品之一。按照 GB/T3190—2008《变形铝合金化学成分》国家标准分类,6×××(硬铝系)包括 6A02、6005、6009、6061、6063、6066、6070 等。西南铝研制的 6×××系铝合金标准样品主要有 6A02、6005 等几个系列,基本涵盖了《变形铝合金化学成分》国家标准各元素的含量范围,可以满足公司 6×××系列合金各元素化学成分分析和控制对标样的要求。现以 6A02(LD2)标准样品的研制为例介绍 6×××系列标准样品铸锭的制备技术。

### 4.6.2 6A02 标准样品的制备

#### 4.6.2.1 主要技术指标

(1) 每套有 6 点,包括 Si、Fe、Cu、Mn、Mg、Zn、Ti、Ni、Cr 共 9 个元素;
(2) 均匀性:极差法检验合格;
(3) 定值准确性($S$):$2S\leqslant$化学允许差;
(4) 工作曲线啮合系数($PCT$):$PCT\geqslant0.995$;
(5) 有效点数($Q$):$Q\geqslant4$;
(6) 稳定性(有效期 $T$):$T=10$ 年;
(7) 尺寸(单点):$\phi62\,mm\times30\,mm$。

#### 4.6.2.2 主要研制工艺

A 研制程序

研制程序和成分设计原则同 4.1.2 节。

B 标样铸锭的熔炼与铸造

用 04 号天然气炉进行熔炼,总投料量按 100kg 计。用 99.70%(或 99.80%)铝锭、高纯铝、Al-Si、Al-Fe、Al-Mn、Al-Ni、Al-Ti、Al-Cu、Al-Cr、Al-Zr、Al-Cr、纯 Mg 和纯 Zn 等进行配料计算。烘炉后,先加入铝锭和中间合金,然后升温熔化。待炉中金属全熔化后,加入纯金属。按规程搅拌、扒渣、测温和取样分析。根据分析结果,采用《分步调整化学成分法——三步法》进行化学成分调整。先调整 Si、Fe、Cu、Mn、Ni、Ti、Cr 等元素,次之调整 Zn,最后调整 Mg。最后采用水冷—热顶—强搅拌式半连续铸造新技术铸成 $\phi$162 mm 的圆锭。经过取试片对铸锭进行检验,检验结果表明标样铸锭成分均匀,组织致密,无气孔、夹杂等缺陷。铸造工艺参数见表 4-87。

**表 4-87 铸造工艺参数**

| 牌 号 | 铸造规格/mm | 铸造温度/℃ | 铸造速度/mm · min$^{-1}$ | 冷却水压/MPa |
|---|---|---|---|---|
| 6A02 | $\phi$203 | 720 ~ 730 | 60 ~ 65 | 0.6 ~ 1.0 |

C 热处理

为改善和消除铸锭成分偏析,需要将 6A02 铸锭分别进行均匀化热处理。通过高温加热相的溶解和原子的热扩散,实现铸锭成分的进一步均匀。均热处理的主要参数见表 4-88。

**表 4-88 均热处理条件**

| 牌 号 | 炉温/ ℃ | 金属温度/℃ | 保温时间/h | 冷 却 方 式 |
|---|---|---|---|---|
| 6A02 | 555 | 515 ~ 530 | 12 ~ 14 | 空冷 |

D 挤压加工

合格的铸锭车去表皮 10 mm 后,进行挤压加工成 $\phi$62 mm 的棒材。为了提高标样的组织和成分的均匀性,采用大的变形量进行挤压加工。用 20MN 卧式水压机,压模尺寸为 $\phi$62 mm,挤压参数见表 4-89。

**表 4-89 挤压参数**

| 牌 号 | 最高炉温/℃ | 挤压温度/℃ | 挤压筒温度/℃ | 挤压速度/m · min$^{-1}$ |
|---|---|---|---|---|
| 6A02 | 450 | 430 | 430 | 3 ~ 5 |

再将挤压出 $\phi$62 mm 的棒材去掉头和尾 300 ~ 500 mm 后,锯切加工成 $\phi$62 mm × 30 mm 的块,逐个打上编号,铣(或车)平端面,清洁表面,制成块状光谱标样。

## 4.6.3 标样的均匀性检验

### 4.6.3.1 取样部位

取样部位见图 4-3。

### 4.6.3.2 标样铸锭检验

为确保标样的组织和化学成分的均匀性,对制备出的标样铸锭必须进行金相组织(高、低倍)检验和成分偏析(纵向、横向)检验,用来制备标样的铸锭必须是宏观组织均匀、化学成分无明显偏析,否则不能作为标样铸锭。本标样铸锭经检验结果表明:标样铸锭组织细密,宏观均匀,无气孔、夹杂等缺陷,径向、纵向化学成分无成分偏析。

观察各样品低倍组织大致相同:粗晶层厚度为 4 ~ 10 mm,低倍晶粒度均为一级,未见夹渣、气孔、疏松等冶金缺陷。

从金相高倍组织观察发现:铸锭样品由心部到边部晶粒尺寸分布均匀,晶粒细小,大多为400～60 μm，未发现过烧及显微疏松迹象。高倍组织见图4-10。

4.6.3.3 铸锭成分偏析检验

成分偏析检验方法同4.1.2节。

4.6.3.4 标样均匀性检验

均匀性检验方法同4.1.2节。

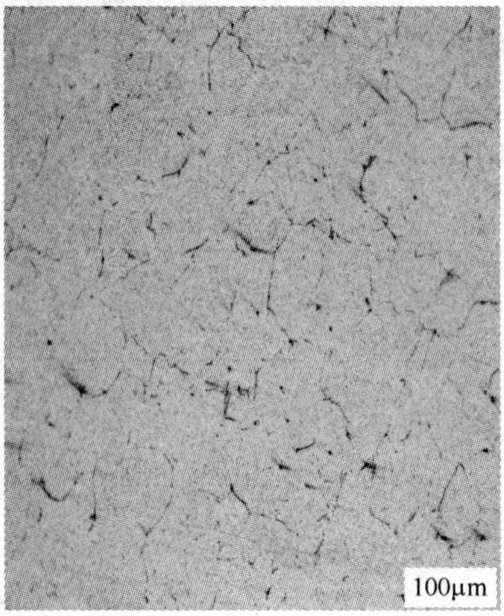


图4-10 E423a的金相高倍照片（100×）

## 4.6.4 定值和数据处理

4.6.4.1 多个试验室协作定值

根据JB4391—1987技术规范，邀请国内有权威的5个分析实验室（院、所和工厂试验室），进行协作分析定值。每个元素用两种准确度和精密度较高的方法或一种方法由两个有经验的分析人员分析，每个元素要报出8个数据。各协作单位所用分析方法见表4-90。

**表4-90 各协作单位所用分析方法**

| 单位 | Cu | Mg | Mn | Fe | Si | Zn | Ti | Ni | Cr |
|---|---|---|---|---|---|---|---|---|---|
| 北京有色金属研究总院 | 电解重量法；原子吸收法 | EDTA容量法；原子吸收法 | 原子吸收法 | 邻菲罗啉光度法 | 硅钼蓝比色法 | 原子吸收法 | 二安替比林甲烷比色法 | 原子吸收法 | 原子吸收法 |
| 郑州轻金属研究院 | 草酰二酰肼光度法；原子吸收法 | 原子吸收法 | 原子吸收法 | 邻菲罗啉光度法 | 硅钼蓝比色法；重量法 | 原子吸收法 | 二安替比林甲烷比色法 | 丁二酮肟光度法；原子吸收法 | 二苯胺基脲光度法；原子吸收法 |
| 东北轻合金加工厂 | 碘量法苯取试剂；光度法 | KCN铜试剂；原子吸收法 | 高碘酸钾光度法；容量法 | 邻菲罗啉光度法；磺基水杨酸光度法 | 硅钼蓝比色法 | 原子吸收法 | 二安替比林甲烷比色法；双氧水法 | 苯取法；原子吸收法 | 容量法；原子吸收法 |
| 抚顺铝厂 | 新铜试剂光度法；原子吸收法 | 原子吸收光度法；容量法 | 高碘酸钾光度法；容量法 | 邻二氮杂菲光度法；原子吸收法 | 硅钼蓝比色法 | 原子吸收法 | 二安替比林甲烷比色法 | α康偶酰肟光度法；原子吸收法 | 二苯肼比色法 |
| 西南铝加工厂 | BCD光度法；碘量法；原子吸收法 | 络合滴定法；原子吸收法 | 氧化还原法；原子吸收法 | 邻菲罗啉比色法；原子吸收法 | 重量法 | 络合滴定法；原子吸收法 | 二安替比林甲烷比色法 | 丁二酮肟光度法；原子吸收法 | 容量法 |

4.6.4.2 数据处理

标样研制过程中有大量原始数据要进行数理统计处理、检验和计算。用新研制开发出的软件《StndMtrl》系统对各单位报出的数据进行处理和检验。

检验方法如下：

（1）数字修约：按 GB8170《数字修约规则》进行，误差用收尾法。

（2）狄克逊检验：用狄克逊检验准则对各协作实验室报出的结果按平均值进行检验并取舍。检验结果全部合格。

（3）正态检验：用夏皮罗－威尔克检验各组平均值的正态性。

（4）最终定值和标准偏差。标样的标准定值结果见表 4-91。

**表 4-91　6A02 定值结果**

| 标样编号 | 标样名称 | 最终定值结果（质量分数）/% | | | | | | | | |
|---|---|---|---|---|---|---|---|---|---|---|
| | | Si | Fe | Cu | Mn | Mg | Cr | Ni | Zn | Ti |
| E421b | 6A02 | 0.526 | 0.212 | 0.035 | 0.864 | 1.16 | 0.085 | 0.059 | 0.294 | 0.108 |
| E422b | | 0.886 | 0.364 | 0.250 | 0.529 | 0.675 | 0.140 | 0.044 | 0.232 | 0.049 |
| E423b | | 1.28 | 0.432 | 0.522 | 0.234 | 0.911 | 0.340 | 0.030 | 0.091 | 0.028 |
| E424a | | 0.183 | 0.644 | 0.743 | 1.17 | 0.454 | 0.244 | 0.095 | 0.162 | 0.074 |
| E425b | | 1.59 | 0.822 | 0.011 | 1.48 | 0.081 | 0.311 | 0.120 | 0.040 | 0.0094 |
| E426b | | 0.048 | 0.099 | 0.990 | 0.043 | 1.50 | 0.043 | 0.016 | 0.367 | 0.160 |
| E427a | | 0.217 | 0.381 | 0.169 | 1.01 | 1.16 | 0.029 | 0.030 | 0.096 | 0.032 |
| E428a | | 0.461 | 0.205 | 0.083 | 0.054 | 0.700 | 0.042 | 0.033 | 0.056 | 0.045 |

## 4.6.5　试用情况报告

### 4.6.5.1　工作曲线检查

按随机抽样方法取 6 套，用最佳分析条件求得平均强度，然后绘制出工作曲线。其曲线啮合系数和误差均达到标准要求（曲线啮合系数在 99.9 以上）。

### 4.6.5.2　生产考核

为了检查标样对不同仪器的适用情况，邀请相关单位用美国 BAIRD 仪器进行生产实验，其结果令人满意，具体见表 4-92。

**表 4-92　生产考核结果**

| 单位及项目 | 仪器型号 | 元素含量（质量分数）/% | | | | | | | | |
|---|---|---|---|---|---|---|---|---|---|---|
| | | Cu | Mg | Mn | Fe | Si | Zn | Ti | Ni | Cr |
| 西北铝加工厂 | BAIRD | 0.313 | 0.674 | 0.565 | 0.338 | 1.04 | 0.210 | 0.037 | 0.041 | 0.181 |
| 镇江铝加工厂 | BAIRD | 0.30 | 0.658 | 0.50 | 0.348 | 1.02 | 0.223 | 0.038 | 0.041 | 0.175 |
| 西南铝加工厂 | GQM－1000 | 0.030 | 0.68 | 0.53 | 0.35 | 1.03 | 0.22 | 0.038 | 0.041 | 0.18 |
| 化学结果 | | 0.309 | 0.675 | 0.527 | 0.349 | 1.04 | 0.227 | 0.037 | 0.042 | 0.181 |

## 4.6.6　国内研制的其他 6×××系标样

国内研制的其他 6×××系标样列于表 4-93 中。

表 4-93 6005 合金标样

| 标样编号 | 标样名称 | 标样成分(质量分数)/% | | | | | | | | |
|---|---|---|---|---|---|---|---|---|---|---|
| | | Si | Fe | Cu | Mn | Mg | Cr | Ni | Zn | Ti |
| E2221 | 6×××系列(6005) | 0.352 | 0.098 | 0.099 | 0.094 | 0.745 | 0.374 | 0.011 | 0.088 | 0.046 |
| E2222 | | 0.547 | 0.215 | 0.200 | 0.198 | 0.580 | 0.275 | 0.042 | 0.126 | 0.092 |
| E2223 | | 0.654 | 0.294 | 0.328 | 0.289 | 0.647 | 0.236 | 0.062 | 0.181 | 0.109 |
| E2224 | | 0.794 | 0.411 | 0.435 | 0.410 | 0.395 | 0.145 | 0.100 | 0.223 | 0.142 |
| E2225 | | 0.972 | 0.517 | 0.540 | 0.539 | 0.277 | 0.072 | 0.138 | 0.277 | 0.173 |

## 4.7 7×××系标准样品铸锭的制备技术

### 4.7.1 7×××系标准样品概述

7×××标准样品是目前国内铝行业应用最为广泛的标准样品之一。按照GB/T3190—2008《变形铝合金化学成分》国家标准分类,7×××(硬铝系)标准样品主要包括7A01、7A04、7A09、7050、7075、7021、7A52、7475、7085等。现以7050(含Na、Ca)标准样品的研制为例介绍7×××系列标准样品铸锭的制备技术。

### 4.7.2 7050标准样品的制备

7050合金是一种广泛应用于航空、航天领域的新型铝材。普通的7×××系合金通常只含Si、Fe、Cu、Mn、Mg、Zn、Ti、Ni和Cr等9个元素,不含Ca、Na和Zr3个元素。某些特殊用途的航空航天7050铝材对化学成分要求非常严格,除了含常规元素外,还要求$w(Na) \leqslant 0.0005\%$、$w(Ca) \leqslant 0.0005\%$、$w(Zr) \leqslant 0.08\% \sim 0.15\%$等元素。该标准样品就是为了准确控制化学成分、提高产品质量而制备的。

#### 4.7.2.1 考核的主要技术指标

(1) 本标样每套有5点,包括Si、Fe、Cu、Mn、Mg、Zn、Ti、Ni、Cr、Zr、Ca和Na共12个元素;

(2) 均匀性:极差法检验合格;

(3) 定值准确性($S$):$2S \leqslant$化学允许差;

(4) 工作曲线啮合系数($PCT$):$PCT \geqslant 0.995$;

(5) 有效点数($Q$):$Q \geqslant 4$;

(6) 稳定性(有效期$T$):$T = 10$年;

(7) 尺寸(单点):$\phi$60 mm×30 mm。

#### 4.7.2.2 技术难点

研制本标样的技术难点有以下几点:

(1) 制备出均匀化标样铸锭难。存在12个元素之间的匹配问题;各元素均匀分布问题;Na、Ca、Zr的加入(包括除Na)问题;防止Na等元素的烧损和偏析等问题。

（2）炉前化学成分调整难。由于无合适的标样制作工作曲线，给炉前分析和调整化学成分带来很大困难。

（3）分析定值难。目前 Na、Ca 等微量元素无国标分析方法，各种分析方法测定结果差异很大，这给本标样最终定值带来很大难度。

#### 4.7.2.3 攻关措施

（1）小样试验：通过小坩埚实验，找出 Na、Ca 等微量元素的加入方法，摸索出最佳工艺参数及各元素相互影响规律；同时制备出含 Na、Ca 等元素的内控样，供炉前调整标样铸锭成分用。

（2）用自制的具有自主知识产权的《LBBG 加钠法》和《ST – BZ 除钠装置》，很好地保证钠含量最高点、最低点的设计要求。

（3）用自制的双层熔炼炉熔炼，用水冷式半连续铸造机铸造。

（4）通过分析方法研究和分析定值研讨会等，确定标样 Na、Ca 等微量元素的定值方法，解决 Na、Ca 等元素各协作单位测定值离散度过大的问题。

#### 4.7.2.4 主要研制工艺

A 研制程序

研制程序和成分设计原则同 4.1.2 节。

本标样设计成分见表 4–94。

**表 4–94 7050 标样成分设计** （质量分数，%）

| 元 素 | Si | Fe | Cu | Mn | Mg | Zn | Ti | Ni | Ca | Zr | Na | Cr |
|---|---|---|---|---|---|---|---|---|---|---|---|---|
| 产品标准 | 0.12 | 0.15 | 2.0 ~ 2.6 | 0.10 | 1.9 ~ 2.6 | 5.7 ~ 6.7 | 0.06 | 0.05 | | 0.05 ~ 0.15 | | 0.04 |
| 内控范围 | 0.05 | 0.13 | 2.1 ~ 2.4 | 0.1 | 2.1 ~ 2.5 | 6.0 ~ 6.3 | 0.05 | 0.05 | $4 \sim 18 \times 10^{-4}$ | 0.09 ~ 0.14 | $2 \sim 25 \times 10^{-4}$ | 0.04 |
| E6311 | 0.16 ±0.02 | 0.28 ±0.02 | 1.8 ±0.1 | 0.05 ±0.01 | 3.1 ±0.2 | 7.0 ±0.4 | 0.01 ±0.005 | 0.01 ±0.005 | $6 \times 10^{-4}$ $\pm 2 \times 10^{-4}$ | 0.03 ±0.01 | $6 \times 10^{-4}$ $\pm 2 \times 10^{-4}$ | 0.01 ±0.005 |
| E6312 | 0.13 ±0.02 | 0.22 ±0.02 | 2.1 ±0.2 | 0.10 ±0.01 | 2.7 ±0.2 | 6.2 ±0.4 | 0.05 ±0.01 | 0.04 ±0.01 | $20 \times 10^{-4}$ $\pm 3 \times 10^{-4}$ | 0.10 ±0.02 | $25 \times 10^{-4}$ $\pm 3 \times 10^{-4}$ | 0.04 ±0.01 |
| E6313 | 0.09 ±0.01 | 0.16 ±0.02 | 2.9 ±0.2 | 0.15 ±0.01 | 2.3 ±0.2 | 5.4 ±0.3 | 0.09 ±0.01 | 0.07 ±0.01 | $3 \times 10^{-4}$ $\pm 1 \times 10^{-4}$ | 0.15 ±0.02 | $1 \times 10^{-4}$ $\pm 1 \times 10^{-4}$ | 0.07 ±0.01 |
| E6314 | 0.02 ±0.005 | 0.05 ±0.01 | 3.4 ±0.2 | 0.20 ±0.02 | 1.9 ±0.1 | 4.7 ±0.2 | 0.14 ±0.01 | 0.10 ±0.01 | $10 \times 10^{-4}$ $\pm 2 \times 10^{-4}$ | 0.19 ±0.02 | $3 \times 10^{-4}$ $\pm 1 \times 10^{-4}$ | 0.10 ±0.01 |
| E6315 | 0.05 ±0.005 | 0.10 ±0.02 | 2.4 ±0.2 | 0.25 ±0.02 | 1.5 ±0.1 | 4.0 ±0.2 | 0.18 ±0.02 | 0.13 ±0.02 | $15 \times 10^{-4}$ $\pm 2 \times 10^{-4}$ | 0.22 ±0.02 | $10 \times 10^{-4}$ $\pm 2 \times 10^{-4}$ | 0.13 ±0.02 |

B 标样铸锭的熔炼与铸造

用 04 号天然气炉进行熔炼，总投料量按 100 kg 计。用 99.70%（或 99.80%）铝锭、高纯铝、Al – Si、Al – Fe、Al – Mn、Al – Ni、Al – Ti、Al – Cu、Al – Cr、Al – Zr、Al – Cr、Ca – Al、纯 Mg、纯 Zn 和纯 Na 等进行配料计算。烘炉后，先加入铝锭和中间合金，然后升温熔化。待炉中金属全熔化后，加入纯金属。按规程搅拌、扒渣、测温和取样分析。根据分析结果，采用《分步调整化学成分法——四步法》进行化学成分调整。先调整 Si、Fe、Cu、Mn、Ni、Ti、Cr 和 Zr 等 8 个元素，次之调整 Zn，再次之调整 Mg，最后调整 Ca 和 Na。

Ca 的加入方法：在加 Na 前，温度控制为 830 ~ 850℃，将 70% Ca - Al 置于样勺中加入，用 LiCl/LiF 覆盖好。Ca 的实收率可达 40% ~50%。

Na 的调整控制方法：采用具有自主知识产权的专利技术《LBBG 加钠法》和《ST - BZ 除钠装置》，保证钠的高、低含量达到设计指标。

最后用半连续铸造法铸成 $\phi$162 mm 的圆锭。经过取试片对铸锭进行检验，检验结果表明，标样铸锭成分均匀，组织致密，无气孔、夹杂等缺陷。

C 均热、锯切等加工

经检验合格的标样铸锭需要进行均匀化处理、车皮和挤压加工，最后锯成 $\phi$60 mm × 30 mm 的圆柱状光谱标样并打上印记。

为改善和消除铸锭成分偏析，须将 7050 标样铸锭进行均匀化热处理。通过高温加热相的溶解和原子的热扩散，实现铸锭成分的进一步均匀。实行双级均热制度。均热处理的主要参数见表 4-95。

**表 4-95 7050 均热处理条件**

| 牌 号 | 一级金属温度/℃ | 一级均热时间/h | 二级金属温度/℃ | 二级均热时间/h |
|---|---|---|---|---|
| 7050 | 465 | 12 | 475 | 24 |

D 挤压加工

合格的铸锭车去表皮 10 mm 后，进行挤压加工成 $\phi$62 mm 的棒材。为提高标样的组织和成分的均匀性，采用大的变形量进行挤压加工。用 20 MN 卧式挤压机，挤压参数见表 4-96。挤压完成后，将挤压出的棒材去掉头和尾后，锯切加工成 $\phi$62 mm × 30 mm 的块，逐个打上编号，铣（或车）平端面，清洁表面，制成块状光谱标样。

**表 4-96 7050 基本挤压条件**

| 牌 号 | 最高炉温/℃ | 挤压温度/℃ | 挤压筒温度/℃ | 挤压速度/m · min$^{-1}$ |
|---|---|---|---|---|
| 7050 | 460 | 450 | 440 | 0.5 ~ 0.8 |

## 4.7.3 标样的均匀性检验

### 4.7.3.1 取样部位

铸锭质量检验切片位置同图 4-3。

### 4.7.3.2 铸锭组织检验

观察各样品低倍组织大致相同：粗晶层厚度为 5 ~ 10 mm，低倍晶粒度均为一级，未见夹渣、气孔、疏松等冶金缺陷。

高倍组织观察表明：在第一级为 465℃/12 h 的情况下，晶界化合物已基本溶入基体，在第二级 475℃/24 h 的情况下，晶界化合物已基本消失，晶内析出质点明显增多且细小。铸锭样品由心部到边部晶粒尺寸分布较为均匀，偏差不大，晶粒细小，大多为 50 ~ 100 μm，未发现过烧及显微疏松迹象。高倍组织见图 4-11。

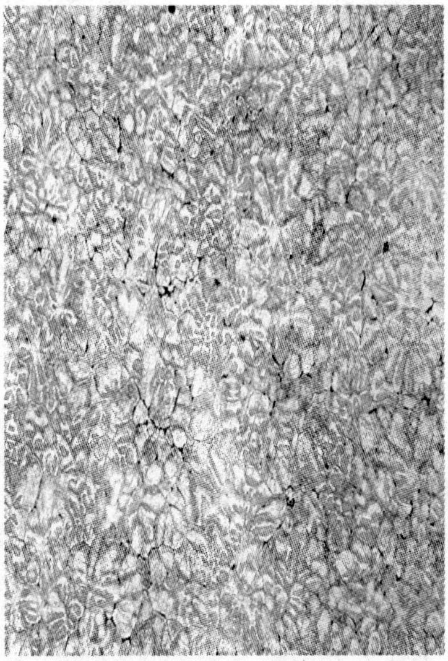

图 4-11 E2613 的双级均热后高倍组织形貌(50×)

#### 4.7.3.3 铸锭成分偏析检验

铸锭偏析检验方法同 4.1.2 节。

#### 4.7.3.4 标样均匀性检验

检验方法同 4.1.2 节。均匀性检验结果见表 4-97(仅以其中的一个号 E2611 为例说明)。

**表 4-97 7050 标准样品极差法检验结果** (质量分数,%)

| 标样号:E2611 | | | | | | |
|---|---|---|---|---|---|---|
| 数据名称 | Si | Fe | Cu | Mn | Mg | Cr |
| Alfa 值 | 0.01 | 0.01 | 0.05 | 0.05 | 0.01 | 0.01 |
| 常数 $A$ | 2.103 | 2.103 | 1.790 | 1.790 | 2.103 | 2.103 |
| $R$ | 0.00040 | 0.0025 | 0.030 | 0.0050 | 0.031 | 0.00030 |
| $R \times A$ | 0.00085 | 0.0052 | 0.054 | 0.0089 | 0.065 | 0.00064 |
| $R_0$ | 0.00040 | 0.0043 | 0.052 | 0.0080 | 0.054 | 0.00060 |
| 检验结果 | 合 格 | 合 格 | 合 格 | 合 格 | 合 格 | 合 格 |

### 4.7.4 定值和数据处理

#### 4.7.4.1 多个试验室协作定值

标样的最终定值是标样的最关键指标之一,定值必须准确可靠。根据 GB/T15000 和 YS/T409 的规定,委托国家轻金属质量监督检验中心等 8 个实验室协作分析定值。各实验室分析方法见表 4-98。

表 4-98 7050 标样定值方法

| 分析单位 | Si | Fe | Cu | Mn | Mg | Zn | Ti | Ni | Cr | Zr | Na | Cd |
|---|---|---|---|---|---|---|---|---|---|---|---|---|
| 郑州轻金属研究院 | 硅钼蓝光度法 | ICP – AES | ICP – AES | ICP – AES | ICP – AES | ICP – AES | ICP – AES | ICP – AES | ICP – AES | ICP – AES | AAS | ICP – AES |
| 北京有色金属研究总院 | 硅钼蓝光度法 | ICP – AES | ICP – AES | ICP – AES | ICP – AES | ICP – AES | ICP – AES | ICP – AES | ICP – AES | ICP – AES | ICP – AES | ICP – AES |
| 东北轻合金加工厂 | ICP – AES；硅钼蓝光度法 | AAS；ICP – AES | AAS；ICP – AES | AAS；ICP – AES | AAS；ICP – AES | AAS；ICP – AES | ICP – AES；二安替比林甲烷光度法 | AAS；ICP – AES | AAS；ICP – AES | ICP – AES；二甲酚橙光度法 | AAS；ICP – AES | AAS；ICP – AES |
| 长安汽车集团公司 | 硅钼蓝光度法 | ICP – AES | ICP – AES | ICP – AES | ICP – AES | ICP – AES | ICP – AES | ICP – AES | ICP – AES | ICP – AES | AAS | ICP – AES |
| 上海材料研究所 | 硅钼蓝光度法 | 邻菲罗啉光度法 | BCO 光度法 | 高碘酸钾光度法 | ICP – AES | ICP – AES | 二安替比林甲烷光度法 | ICP – AES | ICP – AES | ICP – AES | AAS | ICP – AES |
| 西南铝熔铸厂 | 硅钼蓝光度法 | 邻菲罗啉光度法 | AAS | 高碘酸钾光度法 | AAS | AAS | 二安替比林甲烷光度法 | AAS | AAS | 偶氮胂Ⅲ光度法 | AAS | AAS |
| 西南铝技术中心 | 硅钼蓝光度法 | ICP – AES | ICP – AES | ICP – AES | ICP – AES | ICP – AES | 二安替比林甲烷光度法 | ICP – AES | ICP – AES | ICP – AES | AAS | ICP – AES |
| 山东冶金科学研究院 | 硅钼蓝光度法 | ICP – AES | AAS | ICP – AES | ICP – AES | ICP – AES | 二安替比林甲烷光度法 | ICP – AES | ICP – AES | ICP – AES | AAS | ICP – AES |

#### 4.7.4.2 数据处理

数据检验方法同4.1.2节。

(1) 数字修约:按GB8170《数字修约规则》进行,误差用收尾法。

(2) 狄克逊检验:用狄克逊检验准则对各协作实验室报出的结果按平均值进行检验并取舍,检验结果全部合格。狄克逊检验结果见表4-99(仅以其中的一个号E2611为例说明)。

(3) 正态检验:用夏皮罗-威尔克检验各组平均值的正态性。检验结果见表4-100(仅以其中的一个号E2611为例说明)。

**表4-99 7050标准样品狄克逊检验结果** (质量分数,%)

| 标样号:E2611 | | | | | | |
|---|---|---|---|---|---|---|
| 分析单位及项目 | Si | Fe | Cu | Mn | Mg | Cr |
| 北京有色金属研究总院 | 0.0273 | 0.0662 | 2.854 | 0.344 | 2.072 | 0.0164 |
| 长安汽车集团公司二厂 | 0.0305 | 0.0648 | 2.830 | 0.351 | 2.152 | 0.0160 |
| 东北轻合金加工厂 | 0.0290 | 0.0632 | 2.830 | 0.347 | 2.104 | 0.0155 |
| 国家轻金属质检中心 | 0.0315 | 0.0595 | 2.870 | 0.333 | 2.020 | 0.0152 |
| 济南众标科技公司 | 0.0327 | 0.0577 | 2.817 | 0.322 | 1.998 | 0.0153 |
| 山东冶金科学研究院 | 0.0282 | 0.0618 | 2.872 | 0.346 | 2.074 | 0.0153 |
| 上海材料研究所 | 0.0292 | 0.0602 | 2.822 | 0.347 | 2.047 | 0.0160 |
| 西南铝技术中心 | 0.0295 | 0.0630 | 2.830 | 0.329 | 2.130 | 0.0154 |
| Alfa值 | 0.050 | 0.050 | 0.050 | 0.050 | 0.050 | 0.050 |
| 临界值 | 0.608 | 0.608 | 0.608 | 0.608 | 0.608 | 0.608 |

**表4-100 7050标准样品夏皮罗检验结果** (质量分数,%)

| 标样号:E2611 | | | | | | |
|---|---|---|---|---|---|---|
| 分析单位及项目 | Si | Fe | Cu | Mn | Mg | Cr |
| 北京有色金属研究总院 | 0.0273 | 0.0662 | 2.854 | 0.344 | 2.072 | 0.0164 |
| 长安汽车集团公司二厂 | 0.0305 | 0.0648 | 2.830 | 0.351 | 2.152 | 0.0160 |
| 东北轻合金加工厂 | 0.0290 | 0.0632 | 2.830 | 0.347 | 2.104 | 0.0155 |
| 国家轻金属质检中心 | 0.0315 | 0.0595 | 2.870 | 0.333 | 2.020 | 0.0152 |
| 济南众标科技公司 | 0.0327 | 0.0577 | 2.817 | 0.322 | 1.998 | 0.0153 |
| 山东冶金科学研究院 | 0.0282 | 0.0618 | 2.872 | 0.346 | 2.074 | 0.0153 |
| 上海材料研究所 | 0.0292 | 0.0602 | 2.822 | 0.347 | 2.047 | 0.0160 |
| 西南铝技术中心 | 0.0295 | 0.0630 | 2.830 | 0.329 | 2.130 | 0.0154 |
| 0.95常数 | 0.818 | 0.818 | 0.818 | 0.818 | 0.818 | 0.818 |
| 0.99常数 | 0.749 | 0.749 | 0.749 | 0.749 | 0.749 | 0.749 |
| 计算系数值 | 0.973 | 0.983 | 0.848 | 0.871 | 0.976 | 0.864 |
| 检验结果 | 正 态 | 正 态 | 正 态 | 正 态 | 正 态 | 正 态 |

#### 4.7.4.3　最终定值和标准偏差

本标样的标准定值结果(标准值、合成标准偏差)见表4-101。

**表4-101　7050标准样品合成标准偏差**

标样号:E2611

| 元素 | 标准定值/% | 定值标准偏差/% | 块内不均方差/% | 块间不均方差/% | 合成标准偏差/% |
|---|---|---|---|---|---|
| Si | 0.0297 | 0.00063 | 0.000000028 | 0.000000002 | 0.00066 |
| Fe | 0.0620 | 0.00100 | 0.0000013 | 0.000000005 | 0.0016* |
| Cu | 2.841 | 0.0077 | 0.00020 | 0.000019 | 0.017* |
| Mn | 0.340 | 0.0037 | 0.0000024 | 0.000000017 | 0.0041 |
| Mg | 2.075 | 0.019 | 0.00022 | 0.000042 | 0.025 |
| Cr | 0.0156 | 0.00016 | 0.000000017 | 0.000000006 | 0.00023* |
| Ni | 0.0193 | 0.00022 | 0.000000016 | 0.000000004 | 0.00027 |
| Zn | 0.114 | 0.0010 | 0.0000012 | 0.000000082 | 0.0016* |
| Ti | 0.00885 | 0.00023 | 0.000000002 | 0.000000001 | 0.00024 |
| Zr | 0.0402 | 0.00037 | 0.000000026 | | 0.00041 |

注:*为参考值。

### 4.7.5　试用情况报告

#### 4.7.5.1　工作曲线检查

随机抽取4套标样,用进口仪器(QSJ750)制作工作曲线,其啮合系数(*PCT*)均达到3个9(含3个9)以上,符合设计要求。*PCT*值见表4-102。

**表4-102　7050合金标样*PCT*值**

| 元素 | Si | Fe | Cu | Mn | Mg | Zn | Zr | Ti | Ni | Cr | Na | Ca |
|---|---|---|---|---|---|---|---|---|---|---|---|---|
| 波长/nm | 288.1 | 239.5 | 327.4 | 239.3 | 279.0 | 213.8 | 349.6 | 324.1 | 341.4 | 425.4 | 589.0 | 393.37 |
| *PCT*/% | 99.981 | 99.976 | 99.951 | 99.989 | 99.973 | 99.949 | 99.977 | 99.993 | 99.926 | 99.984 | 99.984 | 99.970 |

#### 4.7.5.2　生产考核

为了检查本标样的实际结果,委托相关单位用本标样在QSJ750进口光谱仪上制作工作曲线,随机取两个标样进行分析,其分析结果与化学结果相符,见表4-103。

**表4-103　生产考核结果**　　(质量分数,%)

| 元　素 | Si | Fe | Cu | Mn | Mg | Zn | Zr | Ti | Ni | Cr | Na | Ca | 分析结果 |
|---|---|---|---|---|---|---|---|---|---|---|---|---|---|
| 22-313 | 0.083 | 0.18 | 2.92 | 0.15 | 2.10 | 5.30 | 0.15 | 0.087 | 0.061 | 0.058 | $2\times10^{-4}$ | $4\times10^{-4}$ | ① |
| | 0.082 | 0.18 | 2.95 | 0.15 | 2.11 | 5.35 | 0.16 | 0.085 | 0.062 | 0.059 | $2\times10^{-4}$ | $4\times10^{-4}$ | ② |
| 23-3315 | 0.055 | 0.11 | 2.43 | 0.25 | 1.40 | 3.94 | 0.19 | 0.15 | 0.13 | 0.13 | $10\times10^{-4}$ | $13\times10^{-4}$ | ① |
| | 0.055 | 0.11 | 2.43 | 0.25 | 1.40 | 3.95 | 0.20 | 0.16 | 0.13 | 0.13 | $11\times10^{-4}$ | $14\times10^{-4}$ | ② |

①光谱(QSJ750光谱仪)结果;②化学结果。

### 4.7.6 与国内外同类标样比对实验

由于国内无类似标样，无法比对，国外也无相同的标样。为了考察本标样的水平，用德国的 QSJ750 光谱仪把本标样与国内外相近的标样进行比对，比对结果见表 1-104。

#### 4.7.6.1 啮合系数比较

啮合系数比较见表 4-104。

**表 4-104 啮合系数（*PCT*）比较**

| 元素 | | Si | Fe | Cu | Mn | Mg | Zn | Zr | Ti | Ni | Na | Cr | Ca |
|---|---|---|---|---|---|---|---|---|---|---|---|---|---|
| 波长/nm | | 288.1 | 239.5 | 327.4 | 293.3 | 279.0 | 213.8 | 349.6 | 324.1 | 341.4 | 589.0 | 425.4 | 393.37 |
| *PTC*/% | 本标样 | 99.981 | 99.976 | 99.951 | 99.989 | 99.973 | 99.949 | 99.977 | 99.996 | 99.926 | 99.984 | 99.984 | 99.970 |
| | 英国标样 | 99.984 | 99.851 | 99.964 | 99.960 | 99.645 | 99.401 | | 99.998 | 99.952 | | 99.594 | |

从表 4-104 中可见，本标样除 Si、Cu、Ni 和 Ti 四个元素啮合系数与日本标样接近外，其他 8 个元素（包括英国标样中不含的 Na、Ca 和 Zr 三个元素）的啮合系数均比英国标样好。

#### 4.7.6.2 均匀性比较

为了比较标样的均匀性，将本标样（E6313）与英国标样成分接近的标样（G77 - J3）在同一时间、同一台仪器上（QSJ750）进行检测。每样各激发 10 点，计算波动系数，用波动系数表示均匀性，比对结果见表 4-105。

**表 4-105 均匀性比较（10 次结果）**

| 元素 | Si | Fe | Cu | Mn | Mg | Zn | Zr | Ti | Ni | Na | Cr | Ca | 备注 |
|---|---|---|---|---|---|---|---|---|---|---|---|---|---|
| 本标样（E6313） | 0.082 | 0.184 | 2.95 | 0.147 | 2.11 | 5.35 | 0.162 | 0.086 | 0.062 | $0.77\times10^{-4}$ | 0.059 | $2.3\times10^{-4}$ | 含量（质量分数）/% |
| | 0.92 | 1.2 | 0.41 | 0.59 | 0.77 | 0.61 | 0.95 | 0.83 | 1.1 | $2.8\times10^{-4}$ | 0.76 | $1.1\times10^{-4}$ | 波动系数/% |
| 英国（G77 - J3） | 0.28 | 0.89 | 1.43 | 0.43 | 2.47 | 5.03 | | 0.16 | 0.52 | | 0.13 | | 含量（质量分数）/% |
| | 1.8 | 3.1 | 1.8 | 1.4 | 2.3 | 3.1 | | 2.9 | 1.1 | | 1.5 | | 波动系数/% |

从表 4-105 中可见：在参加比较的 12 个元素中，只有 Ni 元素的波动系数为本标样与英国标样相同，其余 11 个元素（包括英国标样中不含的 Na、Ca 和 Zr 三个元素）的波动系数全部小于英国标样，即本标样各元素的均匀性全部优于英国标样的均匀性。

#### 4.7.6.3 应用范围

本标样含元素多，而英国标样无 Na、Ca 和 Zr。

综上所述，本标样在均匀性、工作曲线啮合系数和所含元素个数等主要技术指标上均达到或超过同类进口标样水平。

### 4.7.7 国内研制的其他 7××× 系标样

国内研制的其他 7××× 系标样列于表 4-106 ~ 表 4-109 中。

**表 4-106　7005 合金标样**

| 标样编号 | 标样名称 | 标样成分(质量分数)/% | | | | | | | | | |
|---|---|---|---|---|---|---|---|---|---|---|---|
| | | Si | Fe | Cu | Mn | Mg | Cr | Ni | Zn | Ti | Zr |
| E2211 | 7×××系列(7005) | 0. 044 | 0. 122 | 0. 015 | 0. 095 | 0. 842 | 0. 021 | 0. 011 | 5. 78 | 0. 010 | 0. 067 |
| E2212 | | 0. 115 | 0. 206 | 0. 041 | 0. 243 | 1. 16 | 0. 077 | 0. 039 | 5. 20 | 0. 019 | 0. 104 |
| E2213 | | 0. 177 | 0. 312 | 0. 086 | 0. 397 | 1. 35 | 0. 119 | 0. 067 | 4. 41 | 0. 035 | 0. 138 |
| E2214 | | 0. 284 | 0. 396 | 0. 116 | 0. 556 | 1. 94 | 0. 179 | 0. 099 | 3. 50 | 0. 059 | 0. 204 |
| E2215 | | 0. 401 | 0. 481 | 0. 119 | 0. 719 | 1. 76 | 0. 222 | 0. 145 | 2. 78 | 0. 073 | 0. 235 |

**表 4-107　LC4 合金标样**

| 标样编号 | 标样名称 | 标样成分(质量分数)/% | | | | | | | | | |
|---|---|---|---|---|---|---|---|---|---|---|---|
| | | Si | Fe | Cu | Mn | Mg | Cr | Ni | Zn | Ti | Zr |
| E321b | 7×××系列(LC4) | 0. 312 | 0. 141 | 0. 201 | 0. 152 | 0. 739 | 0. 098 | 0. 153 | 6. 03 | 0. 073 | 0. 266 |
| E322a | | 0. 455 | 0. 261 | 0. 684 | 0. 501 | 2. 95 | 0. 186 | 0. 076 | 4. 53 | 0. 104 | 0. 059 |
| E323b | | 0. 275 | 0. 358 | 1. 37 | 0. 329 | 2. 19 | 0. 143 | 0. 037 | 5. 15 | 0. 037 | 0. 106 |
| E324a | | 0. 168 | 0. 584 | 2. 09 | 0. 664 | 1. 40 | 0. 262 | 0. 128 | 2. 83 | 0. 156 | 0. 154 |
| E325b | | 0. 078 | 0. 430 | 1. 54 | 0. 819 | 0. 274 | 0. 367 | 0. 205 | 8. 30 | 0. 0061 | 0. 0085 |
| E326b | | 0. 756 | 0. 770 | 2. 88 | 0. 066 | 4. 07 | 0. 129 | 0. 015 | 1. 27 | 0. 260 | 0. 203 |

注:此标样还适合于 5210 等合金的分析。

**表 4-108　1933(7A12)合金标样**

| 标样编号 | 标样名称 | 标样成分(质量分数)/% | | | | | | | | | |
|---|---|---|---|---|---|---|---|---|---|---|---|
| | | Si | Fe | Cu | Mn | Mg | Cr | Ni | Zn | Ti | Zr |
| E8021 | 7×××系列(1933) | 0. 035 | 0. 099 | 1. 64 | 0. 032 | 1. 27 | 0. 0053 | 0. 0077 | 7. 55 | 0. 0098 | 0. 050 |
| E8022 | | 0. 076 | 0. 037 | 1. 29 | 0. 015 | 1. 53 | 0. 023 | 0. 032 | 7. 03 | 0. 031 | 0. 100 |
| E8023 | | 0. 121 | 0. 165 | 0. 951 | 0. 053 | 1. 79 | 0. 046 | 0. 051 | 6. 57 | 0. 053 | 0. 169 |
| E8024 | | 0. 165 | 0. 231 | 0. 631 | 0. 080 | 2. 00 | 0. 060 | 0. 111 | 6. 03 | 0. 075 | 0. 202 |
| E8025 | | 0. 194 | 0. 073 | 0. 337 | 0. 114 | 2. 28 | 0. 093 | 0. 076 | 6. 34 | 0. 103 | 0. 257 |

**表 4-109　1973(7D04)合金标样**

| 标样编号 | 标样名称 | 标样成分(质量分数)/% | | | | | | | | | |
|---|---|---|---|---|---|---|---|---|---|---|---|
| | | Si | Fe | Cu | Mn | Mg | Cr | Ni | Zn | Ti | Zr |
| E8031 | 7×××系列(1973) | 0. 034 | 0. 094 | 2. 45 | 0. 039 | 1. 31 | 0. 034 | 0. 037 | 7. 10 | 0. 0061 | 0. 043 |
| E8032 | | 0. 088 | 0. 120 | 2. 25 | 0. 088 | 1. 86 | 0. 084 | 0. 075 | 6. 38 | 0. 021 | 0. 084 |
| E8033 | | 0. 124 | 0. 163 | 1. 90 | 0. 119 | 2. 13 | 0. 118 | 0. 113 | 5. 91 | 0. 048 | 0. 113 |
| E8034 | | 0. 156 | 0. 195 | 1. 52 | 0. 161 | 2. 53 | 0. 150 | 0. 152 | 5. 53 | 0. 073 | 0. 160 |
| E8035 | | 0. 203 | 0. 234 | 1. 14 | 0. 199 | 2. 94 | 0. 191 | 0. 178 | 5. 09 | 0. 098 | 0. 182 |

## 参考文献

[1] 孝云祯,马宏声. 有色金属熔炼与铸锭[M]. 沈阳:东北大学出版社 ,1994.
[2] 彭学仕,王蔼茹,匡永祥. 半连续铸锭缺陷及其预防措施[J]. 铝加工,1993(4):1~12.
[3] 周家荣. 铝合金熔铸问答[M]. 北京:冶金工业出版社,1987.
[4] 江斌等. 2219 合金熔铸工艺的改进[J]. 轻合金加工技术,2001(8):15~17.
[5] 黄积荣,林建生等. 金属的凝固及其控制[M]. 北京:机械工业出版社 ,1983.
[6] 郭焕林,吴欣凤,郑宪. 7005 铝合金熔铸工艺研究[J]. 轻合金加工技术,1996(24):9~10.
[7] 刘贤能. 7005 合金管材的试制研究[J]. 轻合金加工技术,1998(3):26~29.
[8] 唐剑等. 现代铝加工生产技术丛书:铝合金熔炼与铸造技术[M]. 北京:冶金工业出版社,2009.
[9] Brets P. E. 4th International Aluminum Lithium Conference Paris J Journal de physique,1987.
[10] 范云强,谢绍俊 Al-Mg-Li-Zr 系合金熔铸工艺研究[J]. 材料科学与工艺,1999(3):83~88.
[11] 苏堪祥. Al-Mg 系合金的熔铸工艺特点[J]. 轻合金加工技术,2004(5):19~20.
[12] 王得满. Al-Si 系变形铝合金的熔铸工艺特点[J]. 轻合金加工技术,2005(6):11~13.
[13] 彭学仕. 铝合金半连续铸造中在液穴内精炼熔体的初探[J]. 轻合金加工技术 ,2003(4):5~6.
[14] 黄良余. 铸造有色合金及其熔炼[M]. 北京:国防工业出版社,1980.
[15] 黄恢元,刘伯操,蔡宗德等. 铸造手册[M]. 第三卷,北京:机械工业出版社 ,1997.
[16] 唐剑等. 铝合金熔铸技术的现状及发展趋势[J]. 铝加工,2001(4),19~22.
[17] LIB,AHCCCP,1991(2):214~216.
[18] Okamoto H ,Phase J. Equilibria,1991 12(5):612~613.
[19] 张景祥等. 变形铝合金晶粒细化的进展[J]. 轻合金加工技术,2000(7).
[20] Sheet Metal Industries 1988,65 (3):150.
[21] 朱学纯. 纯铝、LY12 铝合金系列光谱块状标准物质(标样)研制报告(内部资料). 1988. 9.
[22] 朱学纯. 5A70/5A71 光谱块状标准样品研制报告(内部资料). 2006. 1.
[23] 朱学纯. 含 Ag 的 2195 铝锂合金光谱标样研制报告(内部资料). 2003. 11.
[24] 朱学纯,李成利. 分析工业高纯铝用光谱块标准样品的制备和定值[J]. 铝加工,1998(5).
[25] 朱学纯,谢绍俊. Al-Li 合金光谱标准样品的制备和定值[J]. 光谱实验室,2000(17).

# 5 铸造铝合金标样、铝中间合金标样和特殊铝合金标样的制备技术

本章重点介绍铸造铝合金标样、铝中间合金标样和特殊铝合金标样的制备技术。

## 5.1 铸造铝合金标样的制备技术

### 5.1.1 铸造铝合金 ZLD205A 标准样品的制备

ZLD205A 高强度铸铝合金主要用于航天、航空工业。此种合金化学成分范围如表 5-1 所示。从 ZLD205A 化学成分范围可见，此合金与普通 Al - Cu 合金不同，加入了 Zr、Cd、B、V、Ti、Mn 等元素，而且 Fe、Si 含量很低。一般铝合金中不含 B、Cd、V 等元素。

**表 5-1 ZLD205A 合金成分范围**

| 合 金 | 主要元素（质量分数）/% | | | | | | | 杂质元素（质量分数）/% | | | |
|---|---|---|---|---|---|---|---|---|---|---|---|
| | Cu | Mn | Ti | Zr | Cd | B | V | Si | Fe | Mg | Zn |
| ZLD205A | 4.6<br>5.3 | 0.3<br>0.5 | 0.15<br>0.35 | 0.05<br>0.20 | 0.15<br>0.25 | 0.01<br>0.06 | 0.05<br>0.30 | ≤0.05 | ≤0.10 | ≤0.05 | ≤0.1 |

#### 5.1.1.1 技术难点和攻关措施

A 技术难点

a 标样铸锭熔铸难

B、V、Cd 为特殊元素，在铝中很少加入，其工艺参数和加入方法等尚需实验确定；Ti、Zr 含量高（$w(\text{Ti})\geqslant 0.25\%$，$w(\text{Zr})\geqslant 0.20\%$）时，在铝中加入很困难且易偏析；Fe、Si 含量很低时，用普通铝锭难以满足要求；本标样含 11 个元素，各元素熔点、挥发情况差异很大，同时按设计成分加入并均匀分布难度很大。

b 化学成分调整难

炉前化学成分调整难。本标样中最高含量为 $w(\text{Ti})=0.40\%$，$w(\text{Cd})=0.30\%$，$w(\text{V})=0.35\%$，$w(\text{B})=0.10\%$，以前的标样中没有如此高的含量，既缺少标样，又无适合本标样化学成分分析的炉前分析规程，因此给调整成分带来很大困难，且 B、Ti 等元素实收率低，不稳定，难以控制。

c 分析定值准确难

本标样含 11 个元素，有些元素无国标分析方法，要给出标准样品所含各元素准确可靠的含量值，难度很大。

B 攻关措施

（1）合理设计成分。设计成分时，既要考虑 Fe、Si 含量很低，需要用高纯铝作为原材

料,又要考虑配制其他元素所用的中间合金所带入的Fe、Si等杂质。

(2)精心选料、计算。用Al-Ti-B和Al-Ti中间合金配制Ti、B,成分微调时也可适当选用Fe、Mn等添加剂。

(3)采用特殊元素加入法。Ti、Zr等元素加入时,适当提高温度且加强搅拌,Cd用铝箔包裹纯Cd加入。

(4)采用分步调整化学成分法,以解决Mg等易烧损元素的调整问题。

(5)预先配制控制样(ZLD205A)并建立适用于本标样化学成分调整用的炉前分析规程。

(6)采用多家协作定值及极差法等,以保证定值准确、成分均匀。

(7)用新的《StndMtrl》系统软件进行数据处理,保证各种检验科学合理。

(8)在研制过程中,还采用一些先进工艺、技术,如热顶铸造技术,增加流槽液体深度,减小液面表面积,减小流槽长度,以解决B、Ti的加入及氧化难题。

#### 5.1.1.2 主要研制工艺

A 研制程序

研制程序和成分设计原则同4.1.2节。标样各点设计成分如表5-2所示.

表5-2 ZLD205A标样设计成分 (质量分数,%)

| 合金 | 标样号 | Si | Fe | Cu | Mn | Mg | Cd | B | V | Zr | Zn | Ti |
|---|---|---|---|---|---|---|---|---|---|---|---|---|
| ZLD205A | E2231 | 0.02 | 0.05 | 3.8 | 0.08 | 0.15 | 0.25 | 0.04 | 0.01 | 0.01 | 0.30 | 0.4 |
| | E2234 | 0.11 | 0.20 | 5.3 | 0.50 | 0.020 | 0.11 | 0.01 | 0.20 | 0.15 | 0.08 | 0.15 |
| | E2235 | 0.18 | 0.25 | 5.7 | 0.60 | 0.008 | 0.06 | 0.007 | 0.25 | 0.20 | 0.03 | 0.08 |
| | E2236 | 0.09 | 0.12 | 1.9 | — | — | — | 0.08 | 0.03 | — | — | 0.50 |
| | E2237 | 0.035 | 0.09 | 5.1 | 0.40 | 0.050 | 0.18 | 0.07 | 0.10 | 0.10 | 0.11 | 0.30 |
| | E2238 | 0.07 | 0.16 | 4.7 | 0.30 | 0.035 | 0.16 | 0.06 | 0.15 | 0.125 | 0.15 | 0.35 |
| | E2239 | 0.05 | 0.14 | 4.3 | 0.20 | 0.070 | 0.20 | 0.09 | 0.08 | 0.05 | 0.20 | 0.45 |

注:由于B、Ti等元素不易加入和实收率不稳定等原因,在研制时进行了适当调整。

B 标样铸锭的熔炼与铸造

用03号炉(石墨坩埚)进行熔炼,每炉投料量60~80kg。熔炼所用材料为高纯铝、Al-Ti、Al-5Ti-1B,Al-5Ti0.2B,Al-Si,Al-Fe,Al-Mn,Al-Zr、Al-V、Al-Cu中间合金和Mg、Cd、Zn纯金属,按《熔炼工艺规程》和《特殊元素加入方法》加入各元素,并用《分步调整化学成分法》精确调整化学成分,直至达到设计成分为止。用Al-Ti和Al-Ti-B调整Ti的成分,先把Al-Ti和铝锭一起加入炉中,计算Ti的加入量时,要扣除后面调B用的Al-Ti-B中的Ti含量。实际加入量要根据实收率和经验确定。由于B的实收率不稳定和变质有效性,最后微调时可不等分析结果而直接铸造。铸造时,要轻轻搅拌,减少B、Ti的偏析。当本标样的B、Ti头、尾不均匀时,可根据情况再次去掉头、尾,如仍不合格,则回炉或放弃。铸造条件:$T=770\sim780$℃,$P=0.09\sim0.10$ MPa,$v=65\sim70$ mm/min。注意保持流槽温度。

C 均热、锯切等加工

经检验合格的标样铸锭需要进行均匀化处理、车皮,最后锯成$\phi150$ mm×700 mm的铸锭并打上印记供挤压用。为改善和消除铸锭成分偏析,须将 ZLD205A 标样铸锭进行均匀化热处理。通过高温加热相的溶解和原子的热扩散,实现铸锭成分的进一步均匀。实行双级均热制度。均热处理的主要参数见表 5-3。

**表 5-3 ZLD205 标样均热处理条件**

| 合金牌号 | 一级金属温度/℃ | 一级均热时间/h | 二级金属温度/℃ | 二级均热时间/h |
|---|---|---|---|---|
| ZLD205A | 470 | 12 | 470 | 12 |

D 挤压加工

合格的铸锭车去表皮 10mm 后,进行挤压加工成 $\phi$45 mm 的棒材。为提高标样的组织和成分的均匀性,采用大的变形量进行挤压加工。用 20MN 卧式挤压机,挤压参数见表 5-4。挤压完成后,将挤压出的棒材去掉头和尾后,锯切加工成 $\phi$45 mm × 30 mm 的块,逐个打上编号,铣(或车)平端面,清洁表面,制成块状光谱标样。

**表 5-4 ZLD205 标样基本挤压条件**

| 合金牌号 | 最高炉温/℃ | 挤压温度/℃ | 挤压筒温度/℃ | 挤压速度/m·min$^{-1}$ |
|---|---|---|---|---|
| ZLD205A | 440 | 430 | 430 | 1.0~1.4 |

E 标样均匀性检验

标样铸锭金相组织、成分偏析检验、均匀性检验方法同 4.1.2 节。极差法检验结果见表 5-5。个别 Ti、B 不均,给参考值。

**表 5-5 ZLD205A 标样极差法检验结果** (质量分数,%)

标样号:E2231 数据组数:16

| 元素 | Si | Fe | Cu | Mn | Mg | Zn | Ti | B | V | Zr | Cd |
|---|---|---|---|---|---|---|---|---|---|---|---|
| 置信度 $\alpha$ | 0.010 | 0.010 | 0.050 | 0.010 | 0.050 | 0.050 | 0.050 | 0.010 | 0.010 | 0.010 | 0.050 |
| 常数 $A$ | 2.103 | 2.103 | 1.790 | 2.103 | 1.790 | 1.790 | 1.790 | 2.103 | 2.103 | 2.103 | 1.790 |
| $R_0$ | 0.0010 | 0.0010 | 0.090 | 0.0020 | 0.0033 | 0.0077 | 0.044 | 0.087 | 0.0017 | 0.0011 | 0.0080 |
| $R\times A$ | 0.0015 | 0.0014 | 0.12 | 0.0024 | 0.0033 | 0.0085 | 0.044 | 0.0080 | 0.0032 | 0.0013 | 0.0083 |
| 检验结果 | 合格 | 合格 | 合格 | 合格 | 合格 | 合格 | 合格 | 不合格 | 合格 | 合格 | 合格 |

标样号:E2234 数据组数:16

| 元素 | Si | Fe | Cu | Mn | Mg | Zn | Ti | B | V | Zr | Cd |
|---|---|---|---|---|---|---|---|---|---|---|---|
| 置信度 $\alpha$ | 0.050 | 0.010 | 0.050 | 0.050 | 0.010 | 0.010 | 0.050 | 0.010 | 0.050 | 0.050 | 0.050 |
| 常数 $A$ | 1.790 | 1.790 | 1.790 | 1.790 | 2.103 | 2.103 | 1.790 | 2.103 | 1.790 | 1.790 | 1.790 |
| $R_0$ | 0.0023 | 0.0034 | 0.17 | 0.0096 | 0.0016 | 0.0025 | 0.013 | 0.018 | 0.0074 | 0.0020 | 0.0043 |
| $R\times A$ | 0.0031 | 0.0036 | 0.17 | 0.0098 | 0.0018 | 0.0025 | 0.013 | 0.0046 | 0.0088 | 0.0026 | 0.0043 |
| 检验结果 | 合格 | 合格 | 合格 | 合格 | 合格 | 合格 | 合格 | 不合格 | 合格 | 合格 | 合格 |

标样号:E2235 数据组数:16

| 元素 | Si | Fe | Cu | Mn | Mg | Zn | Ti | B | V | Zr | Cd |
|---|---|---|---|---|---|---|---|---|---|---|---|
| 置信度 $\alpha$ | 0.050 | 0.050 | 0.050 | 0.050 | 0.010 | 0.010 | 0.010 | 0.010 | 0.050 | 0.050 | 0.010 |
| 常数 $A$ | 1.790 | 1.790 | 1.790 | 1.790 | 2.103 | 2.103 | 2.103 | 2.103 | 1.790 | 1.790 | 1.790 |
| $R_0$ | 0.0030 | 0.0047 | 0.14 | 0.0083 | 0.0010 | 0.0014 | 0.0017 | 0.00033 | 0.0080 | 0.0030 | 0.0025 |
| $R\times A$ | 0.0030 | 0.0053 | 0.15 | 0.0085 | 0.0012 | 0.0018 | 0.0024 | 0.00070 | 0.013 | 0.0032 | 0.0031 |
| 检验结果 | 合格 | 合格 | 合格 | 合格 | 合格 | 合格 | 合格 | 合格 | 合格 | 合格 | 合格 |

续表 5-5

| 标样号:E2236 | | | | | 数据组数:16 | | | | | | |
|---|---|---|---|---|---|---|---|---|---|---|---|
| 元素 | Si | Fe | Cu | Mn | Mg | Zn | Ti | B | V | Zr | Cd |
| 置信度 $\alpha$ | 0.010 | 0.050 | 0.050 | 0.050 | 0.050 | 0.050 | 0.050 | 0.050 | 0.010 | 0.050 | 0.050 |
| 常数 $A$ | 2.103 | 1.790 | 1.790 | 1.790 | 1.790 | 1.790 | 1.790 | 1.790 | 2.103 | 1.790 | 1.790 |
| $R_0$ | 0.0020 | 0.0023 | 0.077 | | | | 0.049 | 0.18 | 0.0023 | | |
| $R \times A$ | 0.0020 | 0.0026 | 0.080 | | | | 0.025 | 0.027 | 0.0030 | | |
| 检验结果 | 合格 | 合格 | 合格 | 合格 | 合格 | 合格 | 不合格 | 不合格 | 合格 | 合格 | 合格 |
| 标样号:E2237 | | | | | 数据组数:16 | | | | | | |
| 元素 | Si | Fe | Cu | Mn | Mg | Zn | Ti | B | V | Zr | Cd |
| 置信度 $\alpha$ | 0.010 | 0.010 | 0.050 | 0.010 | 0.010 | 0.050 | 0.050 | 0.010 | 0.050 | 0.050 | 0.050 |
| 常数 $A$ | 2.103 | 2.103 | 1.790 | 1.790 | 2.103 | 1.790 | 1.790 | 2.103 | 1.790 | 1.790 | 1.790 |
| $R_0$ | 0.0023 | 0.0036 | 0.17 | 0.0093 | 0.0020 | 0.0037 | 0.010 | 0.0083 | 0.0087 | 0.0033 | 0.0050 |
| $R \times A$ | 0.0030 | 0.0036 | 0.17 | 0.0100 | 0.0023 | 0.0046 | 0.012 | 0.0096 | 0.0093 | 0.0038 | 0.0055 |
| 检验结果 | 合格 | 合格 | 合格 | 合格 | 合格 | 合格 | 合格 | 合格 | 合格 | 合格 | 合格 |
| 标样号:E2238 | | | | | 数据组数:16 | | | | | | |
| 元素 | Si | Fe | Cu | Mn | Mg | Zn | Ti | B | V | Zr | Cd |
| 置信度 $\alpha$ | 0.010 | 0.050 | 0.050 | 0.050 | 0.010 | 0.050 | 0.050 | 0.010 | 0.050 | 0.050 | 0.050 |
| 常数 $A$ | 2.103 | 1.790 | 1.790 | 1.790 | 2.103 | 1.790 | 1.790 | 2.103 | 1.790 | 1.790 | 1.790 |
| $R_0$ | 0.0023 | 0.0033 | 0.11 | 0.0057 | 0.0023 | 0.0056 | 0.013 | 0.0060 | 0.016 | 0.0063 | 0.012 |
| $R \times A$ | 0.0027 | 0.0034 | 0.11 | 0.0060 | 0.0026 | 0.0063 | 0.014 | 0.0061 | 0.017 | 0.0072 | 0.012 |
| 检验结果 | 合格 | 合格 | 合格 | 合格 | 合格 | 合格 | 合格 | 合格 | 合格 | 合格 | 合格 |
| 标样号:E2239 | | | | | 数据组数:16 | | | | | | |
| 元素 | Si | Fe | Cu | Mn | Mg | Zn | Ti | B | V | Zr | Cd |
| 置信度 $\alpha$ | 0.010 | 0.050 | 0.050 | 0.050 | 0.010 | 0.050 | 0.050 | 0.010 | 0.010 | 0.010 | 0.050 |
| 常数 $A$ | 2.103 | 1.790 | 1.790 | 1.790 | 2.103 | 1.790 | 1.790 | 2.103 | 2.103 | 2.103 | 1.790 |
| $R_0$ | 0.0020 | 0.0027 | 0.085 | 0.0027 | 0.0026 | 0.0073 | 0.0090 | 0.0068 | 0.0052 | 0.0017 | 0.0094 |
| $R \times A$ | 0.0026 | 0.0030 | 0.093 | 0.0036 | 0.0030 | 0.0080 | 0.0091 | 0.0068 | 0.0068 | 0.0022 | 0.0098 |
| 检验结果 | 合格 | 合格 | 合格 | 合格 | 合格 | 合格 | 合格 | 合格 | 合格 | 合格 | 合格 |

注:$R$ 为各组极差平均值;$R_0$ 为组最大平均值与最小平均值之差;如 $R_0 \leqslant R \times A$,样品均匀,否则不均匀。

#### 5.1.1.3 定值和数据处理

A 多个试验室协作定值

标样的最终定值也是标样的最关键指标之一,定值必须准确可靠。根据 GB/T15000《工作导则》和 YS/T409—1998《技术规范》规定,邀请国家轻金属质量监督检验中心等 5 个单位协作分析定值,共 10 组数据。各组平均值和分析方法见表 5-6、表 5-7。

**表 5-6 ZLD205A 各单位平均分析结果** (质量分数,%)

| 分析单位:各组平均值 | | | | | 标样号:E2231 | | | | | | |
|---|---|---|---|---|---|---|---|---|---|---|---|
| 分析单位及项目 | Si | Fe | Cu | Mn | Mg | Zn | Ti | B | V | Zr | Cd |
| 北京有色金属研究总院 | 0.02675 | 0.07030 | 3.7705 | 0.07110 | 0.1462 | 0.3432 | 0.4130 | 0.03915 | 0.01192 | 0.01082 | 0.2457 |
| 北京有色金属研究总院 | 0.02632 | 0.06935 | 3.8245 | 0.07150 | 0.1470 | 0.3275 | 0.4225 | 0.03985 | 0.01195 | 0.01090 | 0.2437 |
| 西南铝技术中心 | 0.02955 | 0.06722 | 3.885 | 0.06910 | 0.1330 | 0.3430 | 0.3795 | 0.0382 | 0.02260 | 0.00867 | 0.2465 |
| 西南铝技术中心 | 0.02887 | 0.06777 | 3.870 | 0.06707 | 0.1340 | 0.3375 | 0.3682 | 0.0382 | 0.02357 | 0.00932 | 0.2447 |
| 西南铝 | 0.03210 | 0.06405 | 3.932 | 0.07137 | 0.1495 | 0.3350 | 0.3702 | 0.03482 | 0.02045 | 0.01220 | 0.2472 |

续表 5-6

| 分析单位及项目 | Si | Fe | Cu | Mn | Mg | Zn | Ti | B | V | Zr | Cd |
|---|---|---|---|---|---|---|---|---|---|---|---|
| 西南铝 | 0.03210 | 0.06500 | 3.970 | 0.07155 | 0.1492 | 0.3367 | 0.3737 | 0.03495 | 0.02145 | 0.01255 | 0.2445 |
| 郑州轻金属研究总院 | 0.02760 | 0.06515 | 3.857 | 0.06697 | 0.1472 | 0.3370 | 0.4195 | 0.03882 | 0.01175 | 0.01125 | 0.2445 |
| 郑州轻金属研究总院 | 0.02792 | 0.06515 | 3.882 | 0.06732 | 0.1472 | 0.3367 | 0.4197 | 0.03852 | 0.01170 | 0.01127 | 0.2455 |
| 长安汽车集团公司 | 0.02730 | 0.06262 | 4.0445 | 0.06910 | 0.1510 | 0.3612 | 0.4297 | 0.03832 | 0.01452 | 0.01365 | 0.2420 |
| 长安汽车集团公司 | 0.02822 | 0.06347 | 3.9040 | 0.06995 | 0.1507 | 0.3625 | 0.4297 | 0.03867 | 0.01542 | 0.01405 | 0.2442 |
| 置信度 $\alpha$ | 0.050 | 0.050 | 0.050 | 0.050 | 0.050 | 0.050 | 0.050 | 0.050 | 0.050 | 0.050 | 0.050 |
| 临界值 | 0.530 | 0.530 | 0.530 | 0.530 | 0.530 | 0.530 | 0.530 | 0.530 | 0.530 | 0.530 | 0.530 |

分析单位:各组平均值　　　　标样号:E2234

| 分析单位及项目 | Si | Fe | Cu | Mn | Mg | Zn | Ti | B | V | Zr | Cd |
|---|---|---|---|---|---|---|---|---|---|---|---|
| 西南铝 | 0.1140 | 0.1842 | 5.455 | 0.4762 | 0.02265 | 0.08840 | 0.1157 | 0.02112 | 0.2077 | 0.1487 | 0.1277 |
| 西南铝 | 0.1177 | 0.1807 | 5.412 | 0.4802 | 0.02277 | 0.08777 | 0.1177 | 0.02062 | 0.2017 | 0.1565 | 0.1210 |
| 西南铝技术中心 | 0.1035 | 0.1945 | 5.547 | 0.4442 | 0.02210 | 0.07720 | 0.1165 | 0.0185 | 0.1997 | 0.1747 | 0.1132 |
| 西南铝技术中心 | 0.1025 | 0.1880 | 5.540 | 0.4475 | 0.02220 | 0.07657 | 0.1157 | 0.0180 | 0.1967 | 0.1747 | 0.1137 |
| 北京有色金属研究总院 | 0.10102 | 0.1735 | 5.2357 | 0.4817 | 0.02385 | 0.08350 | 0.1190 | 0.01892 | 0.1807 | 0.1425 | 0.1162 |
| 北京有色金属研究总院 | 0.09957 | 0.1710 | 5.1840 | 0.4870 | 0.02380 | 0.08357 | 0.1212 | 0.01827 | 0.1815 | 0.1447 | 0.1157 |
| 郑州轻金属研究院 | 0.1072 | 0.1820 | 5.285 | 0.4525 | 0.02320 | 0.07520 | 0.1215 | 0.01647 | 0.1757 | 0.1532 | 0.1185 |
| 郑州轻金属研究院 | 0.1075 | 0.1822 | 5.285 | 0.4525 | 0.02317 | 0.07517 | 0.1217 | 0.01670 | 0.1757 | 0.1530 | 0.1192 |
| 长安汽车集团公司 | 0.1057 | 0.1750 | 5.2425 | 0.4250 | 0.02342 | 0.08285 | 0.1150 | 0.01815 | 0.1842 | 0.1557 | 0.1230 |
| 长安汽车集团公司 | 0.1090 | 0.1770 | 5.2570 | 0.4335 | 0.02360 | 0.08335 | 0.1162 | 0.01835 | 0.1795 | 0.1567 | 0.1180 |
| 置信度 $\alpha$ | 0.050 | 0.050 | 0.050 | 0.050 | 0.050 | 0.050 | 0.050 | 0.050 | 0.050 | 0.050 | 0.050 |
| 临界值 | 0.530 | 0.530 | 0.530 | 0.530 | 0.530 | 0.530 | 0.530 | 0.530 | 0.530 | 0.530 | 0.530 |

分析单位:各组平均值　　　　标样号:E2235

| 分析单位及项目 | Si | Fe | Cu | Mn | Mg | Zn | Ti | B | V | Zr | Cd |
|---|---|---|---|---|---|---|---|---|---|---|---|
| 西南铝 | 0.1750 | 0.2407 | 5.890 | 0.6007 | 0.007280 | 0.02985 | 0.07010 | 0.00870 | 0.2687 | 0.2190 | 0.06322 |
| 西南铝 | 0.1805 | 0.2397 | 5.815 | 0.5905 | 0.007362 | 0.02947 | 0.06957 | 0.00827 | 0.2742 | 0.2125 | 0.06392 |
| 西南铝技术中心 | 0.1707 | 0.2682 | 5.932 | 0.5617 | 0.00830 | 0.02667 | 0.06697 | 0.00770 | 0.2617 | 0.2462 | 0.06077 |
| 西南铝技术中心 | 0.1717 | 0.2555 | 5.912 | 0.5780 | 0.00805 | 0.02740 | 0.06617 | 0.00760 | 0.2595 | 0.2467 | 0.06127 |
| 北京有色金属研究总院 | 0.1685 | 0.2300 | 5.5035 | 0.6110 | 0.00755 | 0.02890 | 0.06525 | 0.00787 | 0.2472 | 0.2100 | 0.05937 |
| 北京有色金属研究总院 | 0.1635 | 0.2370 | 5.5195 | 0.6165 | 0.00757 | 0.02927 | 0.06612 | 0.00722 | 0.2485 | 0.2062 | 0.05945 |
| 郑州轻金属研究院 | 0.1750 | 0.2457 | 5.572 | 0.5577 | 0.00790 | 0.02770 | 0.06785 | 0.00605 | 0.2397 | 0.2217 | 0.06182 |
| 郑州轻金属研究院 | 0.1745 | 0.2470 | 5.600 | 0.5555 | 0.00790 | 0.02770 | 0.06770 | 0.00595 | 0.2390 | 0.2217 | 0.06312 |
| 长安汽车集团公司 | 0.1472 | 0.2402 | 5.5455 | 0.5475 | 0.00882 | 0.02852 | 0.06547 | 0.00845 | 0.2447 | 0.2365 | 0.06482 |
| 长安汽车集团公司 | 0.1770 | 0.2362 | 5.5390 | 0.5415 | 0.00875 | 0.02862 | 0.06585 | 0.00835 | 0.2432 | 0.2367 | 0.06317 |
| 置信度 $\alpha$ | 0.050 | 0.050 | 0.050 | 0.050 | 0.050 | 0.050 | 0.050 | 0.050 | 0.050 | 0.050 | 0.050 |
| 临界值 | 0.530 | 0.530 | 0.5 | | | | | | | | |

分析单位:各组平均值　　　　标样号:E2236

| 分析单位及项目 | Si | Fe | Cu | Mn | Mg | Zn | Ti | B | V | Zr | Cd |
|---|---|---|---|---|---|---|---|---|---|---|---|
| 北京有色金属研究总院 | 0.08295 | 0.1145 | 4.8645 | — | — | — | 0.4760 | 0.06592 | 0.01302 | — | — |
| 北京有色金属研究总院 | 0.07925 | 0.1107 | 4.8267 | — | — | — | 0.4597 | 0.06285 | 0.01260 | — | — |
| 长安汽车集团公司 | 0.1037 | 0.1125 | 5.1712 | — | — | — | 0.4685 | 0.07672 | 0.01687 | — | — |

续表 5-6

| 分析单位及项目 | Si | Fe | Cu | Mn | Mg | Zn | Ti | B | V | Zr | Cd |
|---|---|---|---|---|---|---|---|---|---|---|---|
| 长安汽车集团公司 | 0.1037 | 0.1147 | 4.9240 | — | — | — | 0.4725 | 0.07705 | 0.01580 | — | — |
| 郑州轻金属研究院 | 0.08680 | 0.1105 | 4.937 | — | — | — | 0.4777 | 0.06575 | 0.01187 | — | — |
| 郑州轻金属研究院 | 0.08667 | 0.110 | 5.002 | — | — | — | 0.4765 | 0.06625 | 0.01167 | — | — |
| 西南铝技术中心 | 0.08800 | 0.1165 | 4.957 | — | — | — | 0.4870 | 0.0692 | 0.02595 | — | — |
| 西南铝技术中心 | 0.08710 | 0.1215 | 4.970 | — | — | — | 0.4805 | 0.0695 | 0.02415 | — | — |
| 西南铝 | 0.08770 | 0.1152 | 4.997 | — | — | — | 0.4547 | 0.07347 | 0.02525 | — | — |
| 西南铝 | 0.08830 | 0.1157 | 5.087 | — | — | — | 0.4575 | 0.07400 | 0.02690 | — | — |
| 置信度 $\alpha$ | 0.050 | 0.050 | 0.050 | 0.050 | 0.050 | 0.050 | 0.050 | 0.050 | 0.050 | 0.050 | 0.050 |
| 临界值 | 0.530 | 0.530 | 0.530 | 0.530 | 0.530 | 0.530 | 0.530 | 0.530 | 0.530 | 0.530 | 0.530 |

单位:各组平均值　　　　　　　　　标样号:E2237

| 分析单位及项目 | Si | Fe | Cu | Mn | Mg | Zn | Ti | B | V | Zr | Cd |
|---|---|---|---|---|---|---|---|---|---|---|---|
| 北京有色金属研究总院 | 0.04580 | 0.08797 | 4.8702 | 0.4625 | 0.05027 | 0.1122 | 0.3072 | 0.06242 | 0.1115 | 0.1102 | 0.1777 |
| 北京有色金属研究总院 | 0.04567 | 0.08770 | 4.8907 | 0.4610 | 0.05030 | 0.1120 | 0.3092 | 0.06215 | 0.1122 | 0.1095 | 0.1775 |
| 西南铝技术中心 | 0.04562 | 0.09227 | 5.127 | 0.4375 | 0.04797 | 0.1090 | 0.3115 | 0.0592 | 0.1255 | 0.1155 | 0.1747 |
| 西南铝技术中心 | 0.04445 | 0.09400 | 5.130 | 0.4257 | 0.04745 | 0.1105 | 0.3115 | 0.0595 | 0.1417 | 0.1147 | 0.1740 |
| 西南铝 | 0.04760 | 0.08857 | 5.300 | 0.4545 | 0.05062 | 0.1130 | 0.2925 | 0.05435 | 0.1175 | 0.1145 | 0.1940 |
| 西南铝 | 0.04817 | 0.08982 | 5.240 | 0.4540 | 0.04865 | 0.1182 | 0.2972 | 0.05517 | 0.1185 | 0.1197 | 0.2002 |
| 郑州轻金属研究院 | 0.04600 | 0.08880 | 5.005 | 0.4305 | 0.04985 | 0.1027 | 0.3100 | 0.05712 | 0.1027 | 0.1170 | 0.1812 |
| 郑州轻金属研究院 | 0.04612 | 0.08905 | 5.020 | 0.4300 | 0.04962 | 0.1027 | 0.3105 | 0.05700 | 0.1022 | 0.1165 | 0.1817 |
| 长安汽车集团公司 | 0.04490 | 0.09075 | 5.2700 | 0.4060 | 0.05105 | 0.1155 | 0.3227 | 0.06592 | 0.1145 | 0.1220 | 0.1785 |
| 长安汽车集团公司 | 0.04617 | 0.09267 | 4.9942 | 0.4070 | 0.04987 | 0.1212 | 0.3240 | 0.06480 | 0.1127 | 0.1207 | 0.1735 |
| 置信度 $\alpha$ | 0.050 | 0.050 | 0.050 | 0.050 | 0.050 | 0.050 | 0.050 | 0.050 | 0.050 | 0.050 | 0.050 |
| 临界值 | 0.530 | 0.530 | 0.530 | 0.530 | 0.530 | 0.530 | 0.530 | 0.530 | 0.530 | 0.530 | 0.530 |

分析单位:各组平均值　　　　　　　　　标样号: E2238

| 分析单位及项目 | Si | Fe | Cu | Mn | Mg | Zn | Ti | B | V | Zr | Cd |
|---|---|---|---|---|---|---|---|---|---|---|---|
| 北京有色金属研究总院 | 0.07575 | 0.1615 | 4.6400 | 0.3865 | 0.03660 | 0.1307 | 0.3442 | 0.05770 | 0.1530 | 0.1160 | 0.1670 |
| 北京有色金属研究总院 | 0.07310 | 0.16090 | 4.6112 | 0.3825 | 0.03672 | 0.1327 | 0.3360 | 0.05680 | 0.1512 | 0.1145 | 0.1687 |
| 西南铝技术中心 | 0.07177 | 0.1827 | 4.897 | 0.3587 | 0.03557 | 0.1302 | 0.3415 | 0.0590 | 0.1697 | 0.1462 | 0.1612 |
| 西南铝技术中心 | 0.07037 | 0.1770 | 4.895 | 0.3595 | 0.03482 | 0.1305 | 0.3460 | 0.0597 | 0.1717 | 0.1430 | 0.1600 |
| 西南铝 | 0.08505 | 0.1715 | 4.980 | 0.3807 | 0.03567 | 0.1297 | 0.3202 | 0.05190 | 0.1737 | 0.1250 | 0.1660 |
| 西南铝 | 0.08577 | 0.1722 | 4.970 | 0.3892 | 0.03545 | 0.1315 | 0.3247 | 0.05200 | 0.1687 | 0.1302 | 0.1667 |
| 郑州轻金属研究院 | 0.07532 | 0.1702 | 4.725 | 0.3547 | 0.03595 | 0.1225 | 0.3477 | 0.05562 | 0.1470 | 0.1220 | 0.1592 |
| 郑州轻金属研究院 | 0.07547 | 0.1687 | 4.785 | 0.3545 | 0.03607 | 0.1225 | 0.3477 | 0.0545 | 0.1472 | 0.1227 | 0.1605 |
| 长安汽车集团公司 | 0.07700 | 0.1645 | 4.7407 | 0.3392 | 0.03657 | 0.1392 | 0.3557 | 0.05507 | 0.1555 | 0.1272 | 0.1717 |
| 长安汽车集团公司 | 0.08040 | 0.1665 | 4.6892 | 0.3450 | 0.03655 | 0.1397 | 0.3567 | 0.05465 | 0.1517 | 0.1275 | 0.1637 |
| 置信度 $\alpha$ | 0.050 | 0.050 | 0.050 | 0.050 | 0.050 | 0.050 | 0.050 | 0.050 | 0.050 | 0.050 | 0.050 |
| 临界值 | 0.530 | 0.530 | 0.530 | 0.530 | 0.530 | 0.530 | 0.530 | 0.530 | 0.530 | 0.530 | 0.530 |

分析单位:各组平均值　　　　　　　　　标样号:E2239

| 分析单位及项目 | Si | Fe | Cu | Mn | Mg | Zn | Ti | B | V | Zr | Cd |
|---|---|---|---|---|---|---|---|---|---|---|---|
| 北京有色金属研究总院 | 0.06072 | 0.1257 | 4.2510 | 0.2220 | 0.06250 | 0.1820 | 0.4310 | 0.078207 | 0.07797 | 0.05762 | 0.1957 |
| 北京有色金属研究总院 | 0.05840 | 0.1245 | 4.2000 | 0.2217 | 0.06305 | 0.1800 | 0.4425 | 0.08072 | 0.07737 | 0.05852 | 0.1965 |
| 西南铝技术中心 | 0.05682 | 0.1345 | 4.315 | 0.2102 | 0.06035 | 0.1787 | 0.4367 | 0.0772 | 0.08180 | 0.05910 | 0.1857 |
| 西南铝技术中心 | 0.05787 | 0.1382 | 4.310 | 0.2100 | 0.06022 | 0.1787 | 0.4372 | 0.0755 | 0.08285 | 0.06100 | 0.1867 |

续表 5-6

| 分析单位及项目 | Si | Fe | Cu | Mn | Mg | Zn | Ti | B | V | Zr | Cd |
|---|---|---|---|---|---|---|---|---|---|---|---|
| 西南铝 | 0.06425 | 0.1340 | 4.512 | 0.2065 | 0.06152 | 0.1910 | 0.4232 | 0.06960 | 0.07977 | 0.06507 | 0.1975 |
| 西南铝 | 0.06547 | 0.1355 | 4.570 | 0.2110 | 0.06240 | 0.1842 | 0.4177 | 0.07000 | 0.0797 | 0.06437 | 0.1965 |
| 郑州轻金属研究院 | 0.05862 | 0.1310 | 4.345 | 0.2122 | 0.06082 | 0.1677 | 0.4400 | 0.07612 | 0.0795 | 0.06090 | 0.1925 |
| 郑州轻金属研究院 | 0.05890 | 0.1310 | 4.375 | 0.2117 | 0.06082 | 0.1677 | 0.4400 | 0.07562 | 0.0810 | 0.06095 | 0.1940 |
| 长安汽车集团公司 | 0.05882 | 0.1280 | 4.3807 | 0.1972 | 0.06125 | 0.1835 | 0.4475 | 0.084107 | 0.08102 | 0.06280 | 0.1987 |
| 长安汽车集团公司 | 0.06047 | 0.1247 | 4.3392 | 0.1997 | 0.06222 | 0.1825 | 0.4462 | 0.08172 | 0.07967 | 0.06232 | 0.1860 |
| 置信度 $\alpha$ | 0.050 | 0.050 | 0.050 | 0.050 | 0.050 | 0.050 | 0.050 | 0.050 | 0.050 | 0.050 | 0.050 |
| 临界值 | 0.530 | 0.530 | 0.530 | 0.530 | 0.530 | 0.530 | 0.530 | 0.530 | 0.530 | 0.530 | 0.530 |

**表 5-7 ZLD205A 标样分析方法**

| 元素 | 定值方法 | | | | |
|---|---|---|---|---|---|
| | 郑州轻金属研究院 | 长安汽车集团公司 | 北京有色金属研究总院 | 重庆铝加工所 | 西南铝加工厂 |
| Si | 硅钼蓝光度法 | 硅钼蓝光度法;ICP | 硅钼蓝光度法 | 硅钼蓝光度法 | 硅钼蓝光度法 |
| Fe | 邻二氮杂菲光度法 | 邻二氮杂菲光度法;ICP | ICP;AAS | 邻二氮杂菲光度法;AAS | 邻二氮杂菲光度法;AAS |
| Cu | 新亚铜灵水相光度法 | BCO 光度法;ICP | AAS;ICP | 碘量法 | AAS;碘量法 |
| Mn | 高碘酸钾氧化光度法 | ICP | AAS;ICP | 高碘酸钾氧化光度法;AAS | 高碘酸钾氧化光度法;AAS |
| Mg | AAS | ICP | AAS;ICP | AAS;偶氮氯磷 I 光度法 | AAS;偶氮氯磷 I 光度法 |
| Zn | AAS | ICP | ICP;AAS | AAS | AAS |
| Ti | 二安替比林甲烷光度法 | DAPM 光度法;ICP | 二安替比林甲烷光度法 | 二安替比林甲烷光度法 | 二安替比林甲烷光度法 |
| B | $BF_4^-$ 电极法 | ICP | ICP | $BF_4^-$ 电极法 | 胭脂红光度法 |
| V | 钽试剂萃取光度法 | ICP | 钽试剂萃取光度法;ICP | $C-H_2O_2-5-Br-$PADAP 光度法 | $C-H_2O_2-5-Br-$PADAP 光度法 |
| Zr | 二甲苯酸橙光度法 | ICP | 二甲苯酸橙光度法;ICP | 偶氮胂Ⅲ光度法 | 二甲苯酸橙光度法;偶氮胂Ⅲ光度法 |
| Cd | AAS | ICP | AAS ICP | AAS | AAS |

B 数据处理

数据处理方法同 4.1.2 节。在此仅列出 ZLD205A 合金标样的夏皮罗(正态)检验结果,见表 5-8。从表 5-8 可见,有个别元素为非正态,给参考值。

**表 5-8 ZLD205A 夏皮罗(正态)检验结果** (质量分数,%)

| 标样号:E2231 | | | | | | | | | | | |
|---|---|---|---|---|---|---|---|---|---|---|---|
| 分析单位及项目 | Si | Fe | Cu | Mn | Mg | Zn | Ti | B | V | Zr | Cd |
| 北京有色金属研究总院 | 0.02675 | 0.07030 | 3.7705 | 0.07110 | 0.1462 | 0.3432 | 0.4130 | 0.03915 | 0.01192 | 0.01082 | 0.2457 |
| 北京有色金属研究总院 | 0.02632 | 0.06935 | 3.8245 | 0.07150 | 0.1470 | 0.3275 | 0.4225 | 0.03985 | 0.01195 | 0.01090 | 0.2437 |
| 西南铝技术中心 | 0.02955 | 0.06722 | 3.885 | 0.06910 | 0.1330 | 0.3430 | 0.3795 | 0.0382 | 0.02260 | 0.00867 | 0.2465 |
| 西南铝技术中心 | 0.02887 | 0.06777 | 3.870 | 0.06707 | 0.1340 | 0.3375 | 0.3682 | 0.0382 | 0.02357 | 0.00932 | 0.2447 |
| 西南铝 | 0.03210 | 0.06405 | 3.932 | 0.07137 | 0.1495 | 0.3350 | 0.3702 | 0.03482 | 0.02045 | 0.01220 | 0.2472 |
| 西南铝 | 0.03210 | 0.06500 | 3.970 | 0.07155 | 0.1492 | 0.3367 | 0.3737 | 0.03495 | 0.02145 | 0.01255 | 0.2445 |
| 郑州轻金属研究院 | 0.02760 | 0.06515 | 3.857 | 0.06697 | 0.1472 | 0.3370 | 0.4195 | 0.03882 | 0.01175 | 0.01125 | 0.2445 |

续表 5-8

| 分析单位及项目 | Si | Fe | Cu | Mn | Mg | Zn | Ti | B | V | Zr | Cd |
|---|---|---|---|---|---|---|---|---|---|---|---|
| 郑州轻金属研究院 | 0.02792 | 0.06515 | 3.882 | 0.06732 | 0.1472 | 0.3367 | 0.4197 | 0.03852 | 0.01170 | 0.01127 | 0.2455 |
| 长安汽车集团公司 | 0.02730 | 0.06262 | 4.0445 | 0.06910 | 0.1510 | 0.3612 | 0.4297 | 0.03832 | 0.01452 | 0.01365 | 0.2420 |
| 长安汽车集团公司 | 0.02822 | 0.06347 | 3.9040 | 0.06995 | 0.1507 | 0.3625 | 0.4297 | 0.03867 | 0.01542 | 0.01405 | 0.2442 |
| 0.95 常数 | 0.842 | 0.842 | 0.842 | 0.842 | 0.842 | 0.842 | 0.842 | 0.842 | 0.842 | 0.842 | 0.842 |
| 0.98 常数 | 0.781 | 0.781 | 0.781 | 0.781 | 0.781 | 0.781 | 0.781 | 0.781 | 0.781 | 0.781 | 0.781 |
| 计算系数值 | 0.879 | 0.941 | 0.974 | 0.860 | 0.736 | 0.829 | 0.808 | 0.777 | 0.830 | 0.964 | 0.973 |
| 检验结果 | 正态 | 正态 | 正态 | 正态 | 非正态 | 似正态 | 似正态 | 非正态 | 似正态 | 正态 | 正态 |

标样号:E2234

| 分析单位及项目 | Si | Fe | Cu | Mn | Mg | Zn | Ti | B | V | Zr | Cd |
|---|---|---|---|---|---|---|---|---|---|---|---|
| 西南铝 | 0.1140 | 0.1842 | 5.455 | 0.4762 | 0.02265 | 0.08840 | 0.1157 | 0.02112 | 0.2077 | 0.1487 | 0.1277 |
| 西南铝 | 0.1177 | 0.1807 | 5.412 | 0.4802 | 0.02277 | 0.08777 | 0.1177 | 0.02062 | 0.2017 | 0.1565 | 0.1210 |
| 西南铝技术中心 | 0.1035 | 0.1945 | 5.547 | 0.4442 | 0.02210 | 0.07720 | 0.1165 | 0.0185 | 0.1997 | 0.1747 | 0.1132 |
| 西南铝技术中心 | 0.1025 | 0.1880 | 5.540 | 0.4475 | 0.02220 | 0.07657 | 0.1157 | 0.0180 | 0.1967 | 0.1747 | 0.1137 |
| 北京有色金属研究总院 | 0.10102 | 0.1735 | 5.2357 | 0.4817 | 0.02385 | 0.08350 | 0.1190 | 0.01892 | 0.1807 | 0.1425 | 0.1162 |
| 北京有色金属研究总院 | 0.09957 | 0.1710 | 5.1840 | 0.4870 | 0.02380 | 0.08357 | 0.1212 | 0.01827 | 0.1815 | 0.1447 | 0.1157 |
| 郑州轻金属研究院 | 0.1072 | 0.1820 | 5.285 | 0.4525 | 0.02320 | 0.07520 | 0.1215 | 0.01647 | 0.1757 | 0.1532 | 0.1185 |
| 郑州轻金属研究院 | 0.1075 | 0.1822 | 5.285 | 0.4525 | 0.02317 | 0.07517 | 0.1217 | 0.01670 | 0.1747 | 0.1530 | 0.1192 |
| 长安汽车集团公司 | 0.1057 | 0.1750 | 5.2425 | 0.4250 | 0.02342 | 0.08285 | 0.1150 | 0.01815 | 0.1842 | 0.1557 | 0.1230 |
| 长安汽车集团公司 | 0.1090 | 0.1770 | 5.2570 | 0.4335 | 0.02360 | 0.08335 | 0.1162 | 0.01835 | 0.1795 | 0.1567 | 0.1180 |
| 0.95 常数 | 0.842 | 0.842 | 0.842 | 0.842 | 0.842 | 0.842 | 0.842 | 0.842 | 0.842 | 0.842 | 0.842 |
| 0.98 常数 | 0.781 | 0.781 | 0.781 | 0.781 | 0.781 | 0.781 | 0.781 | 0.781 | 0.781 | 0.781 | 0.781 |
| 计算系数值 | 0.945 | 0.969 | 0.877 | 0.919 | 0.932 | 0.883 | 0.861 | 0.913 | 0.885 | 0.867 | 0.947 |
| 检验结果 | 正态 | 正态 | 正态 | 正态 | 正态 | 正态 | 正态 | 正态 | 正态 | 正态 | 正态 |

标样号:E2235

| 分析单位及项目 | Si | Fe | Cu | Mn | Mg | Zn | Ti | B | V | Zr | Cd |
|---|---|---|---|---|---|---|---|---|---|---|---|
| 西南铝 | 0.1750 | 0.2407 | 5.890 | 0.6007 | 0.007280 | 0.02985 | 0.07010 | 0.00870 | 0.2687 | 0.2190 | 0.06322 |
| 西南铝 | 0.1805 | 0.2397 | 5.815 | 0.5905 | 0.007362 | 0.02947 | 0.06957 | 0.00827 | 0.2742 | 0.2125 | 0.06392 |
| 西南铝技术中心 | 0.1707 | 0.2682 | 5.932 | 0.5617 | 0.00830 | 0.02667 | 0.06697 | 0.00770 | 0.2617 | 0.2462 | 0.06077 |
| 西南铝技术中心 | 0.1717 | 0.2555 | 5.912 | 0.5780 | 0.00805 | 0.02740 | 0.06617 | 0.00760 | 0.2595 | 0.2467 | 0.06127 |
| 北京有色金属研究总院 | 0.1685 | 0.2300 | 5.5035 | 0.6110 | 0.00755 | 0.02890 | 0.06525 | 0.00787 | 0.2472 | 0.2100 | 0.05937 |
| 北京有色金属研究总院 | 0.1635 | 0.2370 | 5.5195 | 0.6165 | 0.00757 | 0.02927 | 0.06612 | 0.00722 | 0.2485 | 0.2062 | 0.05945 |
| 郑州轻金属研究院 | 0.1750 | 0.2457 | 5.572 | 0.5577 | 0.00790 | 0.02770 | 0.06785 | 0.00605 | 0.2397 | 0.2217 | 0.06182 |
| 郑州轻金属研究院 | 0.1745 | 0.2470 | 5.600 | 0.5555 | 0.00790 | 0.02770 | 0.06770 | 0.00595 | 0.2390 | 0.2217 | 0.06312 |
| 长安汽车集团公司 | 0.1742 | 0.2402 | 5.5455 | 0.5475 | 0.00882 | 0.02852 | 0.06547 | 0.00845 | 0.2447 | 0.2365 | 0.06482 |
| 长安汽车集团公司 | 0.1770 | 0.2362 | 5.5390 | 0.5415 | 0.00875 | 0.02862 | 0.06585 | 0.00835 | 0.2432 | 0.2367 | 0.06317 |
| 0.95 常数 | 0.842 | 0.842 | 0.842 | 0.842 | 0.842 | 0.842 | 0.842 | 0.842 | 0.842 | 0.842 | 0.842 |
| 0.98 常数 | 0.781 | 0.781 | 0.781 | 0.781 | 0.781 | 0.781 | 0.781 | 0.781 | 0.781 | 0.781 | 0.781 |
| 计算系数值 | 0.959 | 0.901 | 0.802 | 0.922 | 0.925 | 0.965 | 0.899 | 0.879 | 0.901 | 0.913 | 0.939 |
| 检验结果 | 正态 | 正态 | 似正态 | 正态 | 正态 | 正态 | 正态 | 正态 | 正态 | 正态 | 正态 |

标样号:E2236

| 分析单位及项目 | Si | Fe | Cu | Mn | Mg | Zn | Ti | B | V | Zr | Cd |
|---|---|---|---|---|---|---|---|---|---|---|---|
| 北京有色金属研究总院 | 0.08295 | 0.1145 | 4.8645 | — | — | — | 0.4760 | 0.06592 | 0.01302 | — | — |
| 北京有色金属研究总院 | 0.07925 | 0.1107 | 4.8267 | — | — | — | 0.4597 | 0.06285 | 0.01260 | — | — |
| 长安汽车集团公司 | 0.1037 | 0.1125 | 5.1712 | — | — | — | 0.4685 | 0.07672 | 0.01687 | — | — |
| 长安汽车集团公司 | 0.1037 | 0.1147 | 4.9240 | — | — | — | 0.4725 | 0.07705 | 0.01580 | — | — |

续表 5-8

| 分析单位及项目 | Si | Fe | Cu | Mn | Mg | Zn | Ti | B | V | Zr | Cd |
|---|---|---|---|---|---|---|---|---|---|---|---|
| 郑州轻金属研究总院 | 0.08680 | 0.1105 | 4.937 | — | — | — | 0.4777 | 0.06575 | 0.01187 | — | — |
| 郑州轻金属研究总院 | 0.08667 | 0.110 | 5.002 | — | — | — | 0.4765 | 0.06625 | 0.01167 | — | — |
| 西南铝技术中心 | 0.08800 | 0.1165 | 4.957 | — | — | — | 0.4870 | 0.0692 | 0.02595 | — | — |
| 西南铝技术中心 | 0.08710 | 0.1215 | 4.970 | — | — | — | 0.4805 | 0.0695 | 0.02415 | — | — |
| 西南铝 | 0.08770 | 0.1152 | 4.997 | — | — | — | 0.4547 | 0.07347 | 0.02525 | — | — |
| 西南铝 | 0.08830 | 0.1157 | 5.087 | — | — | — | 0.4575 | 0.07400 | 0.02690 | — | — |
| 0.95 常数 | 0.842 | 0.842 | 0.842 | 0.842 | 0.842 | 0.842 | 0.842 | 0.842 | 0.842 | 0.842 | 0.842 |
| 0.98 常数 | 0.781 | 0.781 | 0.781 | 0.781 | 0.781 | 0.781 | 0.781 | 0.781 | 0.781 | 0.781 | 0.781 |
| 计算系数值 | 0.790 | 0.918 | 0.962 | | | | 0.938 | 0.926 | 0.830 | | |
| 检验结果 | 似正态 | 正态 | 正态 | | | | 正态 | 正态 | 似正态 | | |

标样号:E2237

| 分析单位及项目 | Si | Fe | Cu | Mn | Mg | Zn | Ti | B | V | Zr | Cd |
|---|---|---|---|---|---|---|---|---|---|---|---|
| 北京有色金属研究总院 | 0.04580 | 0.08797 | 4.8702 | 0.4625 | 0.05027 | 0.1122 | 0.3072 | 0.06242 | 0.1115 | 0.1102 | 0.1777 |
| 北京有色金属研究总院 | 0.04567 | 0.08770 | 4.8907 | 0.4610 | 0.05030 | 0.1120 | 0.3092 | 0.06215 | 0.1122 | 0.1095 | 0.1775 |
| 西南铝技术中心 | 0.04562 | 0.09227 | 5.127 | 0.4375 | 0.04797 | 0.1090 | 0.3115 | 0.0592 | 0.1255 | 0.1155 | 0.1747 |
| 西南铝技术中心 | 0.04445 | 0.09400 | 5.130 | 0.4257 | 0.04745 | 0.1105 | 0.3115 | 0.0595 | 0.1417 | 0.1147 | 0.1740 |
| 西南铝 | 0.04760 | 0.08857 | 5.300 | 0.4545 | 0.05062 | 0.1130 | 0.2925 | 0.05435 | 0.1175 | 0.1145 | 0.1940 |
| 西南铝 | 0.04817 | 0.08982 | 5.240 | 0.4540 | 0.04865 | 0.1182 | 0.2972 | 0.05517 | 0.1185 | 0.1197 | 0.2002 |
| 郑州轻金属研究院 | 0.04600 | 0.08880 | 5.005 | 0.4305 | 0.04985 | 0.1027 | 0.3100 | 0.05712 | 0.1027 | 0.1170 | 0.1812 |
| 郑州轻金属研究院 | 0.04612 | 0.08905 | 5.020 | 0.4300 | 0.04962 | 0.1027 | 0.3105 | 0.05700 | 0.1022 | 0.1165 | 0.1817 |
| 长安汽车集团公司 | 0.04490 | 0.09075 | 5.2700 | 0.4060 | 0.05105 | 0.1155 | 0.3227 | 0.06592 | 0.1145 | 0.1220 | 0.1785 |
| 长安汽车集团公司 | 0.04617 | 0.09267 | 4.9942 | 0.4070 | 0.04987 | 0.1212 | 0.3240 | 0.06480 | 0.1127 | 0.1207 | 0.1735 |
| 0.95 常数 | 0.842 | 0.842 | 0.842 | 0.842 | 0.842 | 0.842 | 0.842 | 0.842 | 0.842 | 0.842 | 0.842 |
| 0.98 常数 | 0.781 | 0.781 | 0.781 | 0.781 | 0.781 | 0.781 | 0.781 | 0.781 | 0.781 | 0.781 | 0.781 |
| 计算系数值 | 0.918 | 0.914 | 0.933 | 0.910 | 0.918 | 0.950 | 0.914 | 0.951 | 0.894 | 0.951 | 0.802 |
| 检验结果 | 正态 | 正态 | 正态 | 正态 | 正态 | 正态 | 正态 | 正态 | 正态 | 正态 | 似正态 |

标样号:E2238

| 分析单位及项目 | Si | Fe | Cu | Mn | Mg | Zn | Ti | B | V | Zr | Cd |
|---|---|---|---|---|---|---|---|---|---|---|---|
| 北京有色金属研究总院 | 0.07575 | 0.1615 | 4.6400 | 0.3865 | 0.03660 | 0.1307 | 0.3442 | 0.05770 | 0.1530 | 0.1160 | 0.1670 |
| 北京有色金属研究总院 | 0.07310 | 0.16090 | 4.6112 | 0.3825 | 0.03672 | 0.1327 | 0.3360 | 0.05680 | 0.1512 | 0.1145 | 0.1687 |
| 西南铝技术中心 | 0.07177 | 0.1827 | 4.897 | 0.3587 | 0.03557 | 0.1302 | 0.3415 | 0.0590 | 0.1697 | 0.1462 | 0.1612 |
| 西南铝技术中心 | 0.07037 | 0.1770 | 4.895 | 0.3595 | 0.03482 | 0.1305 | 0.3460 | 0.0597 | 0.1717 | 0.1430 | 0.1600 |
| 西南铝 | 0.08505 | 0.1715 | 4.980 | 0.3807 | 0.03567 | 0.1297 | 0.3202 | 0.05190 | 0.1737 | 0.1250 | 0.1660 |
| 西南铝 | 0.08577 | 0.1722 | 4.970 | 0.3892 | 0.03545 | 0.1315 | 0.3247 | 0.05200 | 0.1687 | 0.1302 | 0.1667 |
| 郑州轻金属研究院 | 0.07532 | 0.1702 | 4.725 | 0.3547 | 0.03595 | 0.1225 | 0.3477 | 0.05562 | 0.1470 | 0.1220 | 0.1592 |
| 郑州轻金属研究院 | 0.07547 | 0.1687 | 4.785 | 0.3545 | 0.03607 | 0.1225 | 0.3477 | 0.0545 | 0.1472 | 0.1227 | 0.1605 |
| 长安汽车集团公司 | 0.07700 | 0.1645 | 4.7407 | 0.3392 | 0.03657 | 0.1392 | 0.3557 | 0.05507 | 0.1555 | 0.1272 | 0.1717 |
| 长安汽车集团公司 | 0.08040 | 0.1665 | 4.6892 | 0.3450 | 0.03655 | 0.1397 | 0.3567 | 0.05465 | 0.1517 | 0.1275 | 0.1637 |
| 0.95 常数 | 0.842 | 0.842 | 0.842 | 0.842 | 0.842 | 0.842 | 0.842 | 0.842 | 0.842 | 0.842 | 0.842 |
| 0.98 常数 | 0.781 | 0.781 | 0.781 | 0.781 | 0.781 | 0.781 | 0.781 | 0.781 | 0.781 | 0.781 | 0.781 |
| 计算系数值 | 0.912 | 0.958 | 0.923 | 0.901 | 0.921 | 0.893 | 0.915 | 0.951 | 0.846 | 0.909 | 0.937 |
| 检验结果 | 正态 | 正态 | 正态 | 正态 | 正态 | 正态 | 正态 | 正态 | 正态 | 正态 | 正态 |

续表 5-8

| 标样号:E2239 | | | | | | | | | | | |
|---|---|---|---|---|---|---|---|---|---|---|---|
| 分析单位及项目 | Si | Fe | Cu | Mn | Mg | Zn | Ti | B | V | Zr | Cd |
| 北京有色金属研究总院 | 0.06072 | 0.1257 | 4.2510 | 0.2220 | 0.06250 | 0.1820 | 0.4310 | 0.078207 | 0.07797 | 0.05762 | 0.1957 |
| 北京有色金属研究总院 | 0.05840 | 0.1245 | 4.2000 | 0.2217 | 0.06305 | 0.1800 | 0.4425 | 0.08072 | 0.07737 | 0.05852 | 0.1965 |
| 西南铝技术中心 | 0.05682 | 0.1345 | 4.315 | 0.2102 | 0.06035 | 0.1787 | 0.4367 | 0.0772 | 0.08180 | 0.05910 | 0.1857 |
| 西南铝技术中心 | 0.05787 | 0.1382 | 4.310 | 0.2100 | 0.06022 | 0.1787 | 0.4372 | 0.0755 | 0.08285 | 0.06100 | 0.1867 |
| 西南铝 | 0.06425 | 0.1340 | 4.512 | 0.2065 | 0.06152 | 0.1910 | 0.4232 | 0.06960 | 0.07977 | 0.06507 | 0.1975 |
| 西南铝 | 0.06547 | 0.1355 | 4.570 | 0.2110 | 0.06240 | 0.1842 | 0.4177 | 0.07000 | 0.0797 | 0.06437 | 0.1965 |
| 郑州轻金属研究院 | 0.05862 | 0.1310 | 4.345 | 0.2122 | 0.06082 | 0.1677 | 0.4400 | 0.07612 | 0.0795 | 0.06090 | 0.1925 |
| 郑州轻金属研究院 | 0.05890 | 0.1310 | 4.375 | 0.2117 | 0.06082 | 0.1677 | 0.4400 | 0.07562 | 0.0810 | 0.06095 | 0.1940 |
| 长安汽车集团公司 | 0.05882 | 0.1280 | 4.3807 | 0.1972 | 0.06125 | 0.1835 | 0.4475 | 0.084107 | 0.08102 | 0.06280 | 0.1987 |
| 长安汽车集团公司 | 0.06047 | 0.1247 | 4.3392 | 0.1997 | 0.06222 | 0.1825 | 0.4462 | 0.08172 | 0.07967 | 0.06232 | 0.1860 |
| 0.95 常数 | 0.842 | 0.842 | 0.842 | 0.842 | 0.842 | 0.842 | 0.842 | 0.842 | 0.842 | 0.842 | 0.842 |
| 0.98 常数 | 0.781 | 0.781 | 0.781 | 0.781 | 0.781 | 0.781 | 0.781 | 0.781 | 0.781 | 0.781 | 0.781 |
| 计算系数值 | 0.862 | 0.932 | 0.933 | 0.921 | 0.938 | 0.892 | 0.915 | 0.949 | 0.963 | 0.963 | 0.849 |
| 检验结果 | 正态 | 正态 | 正态 | 正态 | 正态 | 正态 | 正态 | 正态 | 正态 | 正态 | 正态 |

注:$W > W(0.05,n)$为正态;$W(0.05,n) > W(0.01,n)$为似正态。

### C 标准值和不确定度

根据《工作导则》和有关规定,符合正态分布(或似正态分布)的元素按平均值给出标准值;对非正态分布的元素,应按中位数给出标准值(但中位数与平均值相差无几,仍按平均值给出标准值)。本标样的标准值和不确定度见表 5-9。

**表 5-9 ZLD205A 标样定值结果**

| 数据组数:10 | | | | | | | | | | | | |
|---|---|---|---|---|---|---|---|---|---|---|---|---|
| 标样号 | 元素 | Si | Fe | Cu | Mn | Mg | Zn | Ti | B | V | Zr | Cd |
| E2231 | 标准值(质量分数)/% | 0.029 | 0.066 | 3.89 | 0.070 | 0.147 | 0.342 | 0.40 * | 0.038 * | 0.017 | 0.011 | 0.245 |
| | 标准偏差/% | 0.001 | 0.001 | 0.04 | 0.001 | 0.003 | 0.005 | | | 0.0016 | 0.001 | 0.001 |
| E2234 | 标准值(质量分数)/% | 0.107 | 0.181 | 5.34 | 0.458 | 0.023 | 0.081 | 0.118 | 0.019 | 0.188 | 0.156 | 0.119 |
| | 标准偏差/% | 0.002 | 0.003 | 0.08 | 0.008 | 0.001 | 0.002 | 0.004 | 0.006 | 0.005 | 0.004 | 0.002 |
| E2235 | 标准值(质量分数)/% | 0.173 | 0.244 | 5.68 | 0.576 | 0.0079 | 0.028 | 0.067 | 0.0076 | 0.253 | 0.226 | 0.062 |
| | 标准偏差/% | 0.002 | 0.004 | 0.08 | 0.009 | 0.0004 | 0.001 | 0.001 | 0.0004 | 0.006 | 0.005 | 0.002 |
| E2236 | 标准值(质量分数)/% | 0.089 | 0.114 | 4.97 | | | | 0.471 * | 0.070 * | 0.018 | | |
| | 标准偏差/% | 0.003 | 0.002 | 0.04 | | | | | | 0.003 | | |
| E2237 | 标准值(质量分数)/% | 0.046 | 0.090 | 5.08 | 0.437 | 0.050 | 0.112 | 0.310 | 0.060 | 0.116 | 0.116 | 0.181 |
| | 标准偏差/% | 0.001 | 0.002 | 0.08 | 0.008 | 0.001 | 0.003 | 0.004 | 0.003 | 0.005 | 0.002 | 0.004 |
| E2238 | 标准值(质量分数)/% | 0.077 | 0.170 | 4.79 | 0.365 | 0.036 | 0.131 | 0.342 | 0.056 | 0.159 | 0.127 | 0.164 |
| | 标准偏差/% | 0.002 | 0.003 | 0.06 | 0.006 | 0.001 | 0.003 | 0.005 | 0.002 | 0.005 | 0.004 | 0.005 |
| E2239 | 标准值(质量分数)/% | 0.060 | 0.131 | 4.36 | 0.210 | 0.062 | 0.180 | 0.436 | 0.077 | 0.080 | 0.061 | 0.193 |
| | 标准偏差/% | 0.002 | 0.002 | 0.05 | 0.003 | 0.001 | 0.004 | 0.005 | 0.003 | 0.002 | 0.001 | 0.003 |

注:1. * 为参考值;

2. 标准偏差为定值偏差、块内偏差、块间偏差之总和;

3. E2231 之 Mg 为非正态,按中位数给出标准值。

#### 5.1.1.4　试用情况报告

A　工作曲线检查

为了检验本标样适用情况,随机抽取5套标样,用进口光谱仪(E982、DV4)选择最佳条件进行激发测量其强度,用含量与平均强度绘制工作曲线。啮合系数均在99.9%以上,满足光谱分析需要。啮合系数见表5-10。

表5-10　ZLD205A标样工作曲线啮合系数

| 元　素 | Si | Fe | Cu | Mg | Mn | Zn | Ti | B | V | Zr | Cd |
|---|---|---|---|---|---|---|---|---|---|---|---|
| 波长/nm | 288.1 | 239.5 | 510.5 | 299.0 | 293.3 | 213.8 | 324.1 | 249.6 | 318.5 | 339.2 | 228.8 |
| 啮合系数/% | 99.99 | 99.94 | 99.90 | 100.0 | 99.98 | 100.0 | 99.99 | 99.96 | 99.93 | 99.96 | 99.90 |

B　试用分析

用本标样绘制工作曲线,进行生产样品分析,其结果与化学仲裁相符。分析实例见表5-11。

表5-11　分析实例　(质量分数,%)

| 试样号 | 分析结果 | Si | Fe | Cu | Mn | Mg | Zn | Ti | B | V | Zr | Cd |
|---|---|---|---|---|---|---|---|---|---|---|---|---|
| 8-341 | 1 | 0.028 | 0.066 | 3.89 | 0.069 | 0.14 | 0.34 | 0.37 | 0.037 | 0.016 | 0.010 | 0.25 |
| | 2 | 0.029 | 0.066 | 3.89 | 0.070 | 0.14 | 0.34 | 0.40 | 0.038 | 0.017 | 0.011 | 0.24 |
| 8-389 | 1 | 0.076 | 0.17 | 4.76 | 0.36 | 0.036 | 0.13 | 0.33 | 0.055 | 0.16 | 0.12 | 0.16 |
| | 2 | 0.077 | 0.17 | 4.79 | 0.36 | 0.036 | 0.13 | 0.34 | 0.056 | 0.16 | 0.13 | 0.16 |

注:1为进口标样光谱分析结果(十次平均结果);2为化学分析结果。

### 5.1.2　过共晶铝硅合金标样的制备

过共晶Al-Si合金属高硅铝合金,含量达14%以上。根据硅在铝中的溶解理论:当$w$(Si)≤6%时,Si可以完全溶解到铝中;当$w$(Si)=8%~10.5%时,属亚共晶硅;当$w$(Si)=11%~13%时,属共晶硅;当$w$(Si)=14%~26%时,属过共晶硅。过共晶Al-Si合金具有良好的耐磨性,广泛用于汽车、摩托车行业。目前市面上已开发出AC9B、YLD117等过共晶Al-Si合金。但由于这种合金要求高、难度大,至今没有研发出合适的标准样品,这就给该合金的研发和生产带来很大困难。

为满足AC9B合金生产和研发的需要,进行了过共晶硅标样的研制。通过大量的试验和研究,确定了Ca、P、Na等微量元素的加入方法,对高硅合金变质剂的使用进行了深入探讨,采用扩散熔炼法和特殊的挤压技术等,保证了该标准样品的均匀性。

#### 5.1.2.1　成分设计

设计AC9B合金标准样品化学成分时首先必须满足GB/T3190—2008国标要求,同时参照原AC9B合金化学成分进行设计。原AC9B合金含量范围要求如表5-12所示。实际设计时,将AC9B合金标准样品主元素按中限、杂质元素按中上限进行设计。如表5-13所示。

**表 5-12 AC9B 要求成分范围** (质量分数,%)

| 元素 | Si | Fe | Cu | Mn | Mg | Cr | Ni | Zn |
|---|---|---|---|---|---|---|---|---|
| AC9B | 19 ~ 20 | 0. 35 ~ 0. 45 | 0. 9 ~ 1. 2 | ≤0. 15 | 0. 9 ~ 1. 2 | ≤0. 1 | 0. 9 ~ 1. 2 | ≤0. 15 |
| 元素 | Pb | Sn | Ti | Zr | Ca | P | V | Na |
| AC9B | ≤0. 05 | ≤0. 05 | 0. 10 ~ 0. 14 | ≤0. 05 | 0. 001 ~ 0. 002 | 0. 004 ~ 0. 007 | ≤0. 05 | 5P ~ 15P |

**表 5-13 AC9B 光谱标准样品设计成分** (质量分数,%)

| 元 素 | Si | Fe | Cu | Mn | Mg | Cr | Ni | Zn |
|---|---|---|---|---|---|---|---|---|
| AC9B (E6103) | 19. 5 ±1. 2 | 0. 40 ±0. 05 | 1. 05 ±0. 2 | 0. 10 ±0. 02 | 1. 05 ±0. 2 | 0. 07 ±0. 02 | 1. 05 ±0. 2 | 0. 10 ±0. 02 |
| 元 素 | Pb | Sn | Ti | Zr | Ca | P | V | Na |
| AC9B (E6103) | 0. 04 ±0. 005 | 0. 03 ±0. 005 | 0. 12 ±0. 01 | 0. 03 ±0. 003 | 0. 0015 ±0. 0005 | 0. 006 ±0. 002 | 0. 04 ±0. 005 | 0. 001 ±0 005 |

#### 5. 1. 2. 2 主要技术难点和攻关措施

A 技术难点

(1) 均匀性难于保证:在共晶和过共晶的铝硅合金中,尤其是当 $w(\text{Si}) \geq 14\%$ 时,会产生大量的粗大过共晶硅和初晶硅,使得硅的偏析严重,导致高硅标样中的硅极不均匀。

(2) 挤压变形难:在标样制备过程中,需要把铸锭挤压成棒材。由于过共晶的铝硅合金中硅含量太高,加工性能不好,挤压时易产生裂纹(鱼皮裂纹)。

(3) 变质难:虽然用于铸铝的变质剂有很多,但是要找出适合过共晶的铝硅合金标准样品变质用得不多。

(4) 各元素加入难:本标样含 16 个元素,各元素匹配加入并达到设计要求很难,尤其是参与变质的元素更难。

B 攻关措施

(1) 小样试验。通过小坩埚实验,找出 Na、Pb、Cd 等微量元素的加入方法,摸索出最佳工艺参数及各元素相互影响规律;同时制备出含 Na、Pb、Cd 等元素的内控样,供炉前调整标样铸锭成分用。

(2) 选择合适的变质剂。用 Al - 2. 5% P 和 10% P - Cu 进行比对实验,选择 10% P - Cu 作变质剂并调整磷元素含量。加 P - Cu 时,用覆盖剂覆盖好,防止磷的烧损。

(3) 通过挤压实验研究,选择适合 AC9B 标样的挤压条件。由于本标样 Si 含量高达 20% 以上,加工性能极差,用正常挤压条件挤压 AC9B 标样,会产生鱼皮裂纹。挤压温度和挤压速度实验研究证明,挤压温度越低,越易形成鱼皮裂纹;挤压速度越高,越易形成鱼皮裂纹。最后,采用高温极低速挤压法,获得成功。挤压温度为 410 ~ 430℃,挤压速度为 0. 1 ~ 0. 2 m/min。

(4) 通过研究和试验,找出各元素的加入方法。

(5) 用纯钠调整钠元素,用 70% Ca - Al 调整 Ca 元素。加 Na、Ca 等金属活性高于镁的金属时,不能用 2 号熔剂,最好用 LiCl、LiF 等作覆盖剂。其他元素加入方法如表 5 - 14 所示。

**表5-14 各元素加入方法**

| 序号 | 加入元素 | 加入物质 | 加入方法 | 备注 |
| --- | --- | --- | --- | --- |
| 1 | Fe | Al－15%Fe | 随炉料一起加入 | |
| 2 | Cu | Al－40%Cu | 随炉料一起加入 | |
| 3 | Mn | Al－15%Mn | 随炉料一起加入 | |
| 4 | Mg | 纯Mg | 第一次扒渣后加入Mg，同时用2号熔剂覆盖 | 当 $w$(Mg)≥3%时，加Al－Be，防止Mg烧损 |
| 5 | Ni | Al－20%Ni | 随炉料一起加入 | |
| 6 | Cr | Al－4%Cr | 随炉料一起加入 | |
| 7 | Zn | 纯Zn | 铝熔化后加入，搅拌，防止Zn沉底 | |
| 8 | Pb | 纯Pb | 与Zn同时加入，Pb密度大，易沉炉底 | |
| 9 | Sn | 纯Sn | 铝熔化后加入，搅拌，防止Sn沉底 | |
| 10 | Ti | Al－4%Ti<br>Al－5%Ti－1%B | 随炉料一起加入<br>出炉前加入 | |
| 11 | Zr | Al－4%Zr | 随炉料一起加入 | |
| 12 | V | Al－4%V | 随炉料一起加入 | |
| 13 | P | Cu－P(10%) | 异基体加入法，先把铝熔化，再把Cu－P砸成小颗粒状加入，升温熔化 | P在铝中溶解度极低且不易控制，P易挥发，难激发 |

(6)采用扩散熔炼法，使结晶硅充分溶解在铝中。本标样含元素多达16个，普通Al－Si中间合金Si含量为18%～22%，偏低且硅及杂质含量不准确，因此不能用Al－Si中间合金调控硅，必须用结晶硅配硅的成分。用普通方法把结晶硅加入铝中，制出的标样有粗大初晶硅，使得硅严重偏析。为解决硅的偏析和不均匀问题，根据硅在铝中的扩散系数比其他元素大的特性，可通过长时间扩散熔炼技术，使硅均匀分布在铝中，达到硅均匀溶解于铝中的目的。即先把纯铝锭加入炉中，待铝熔化后，把20～40mm结晶硅块加入炉中，充分搅拌，让铝把硅包裹好，经6～8h，使得硅充分溶解于铝中。

#### 5.1.2.3 变质剂的选择

A 高硅变质剂种类及特点

高硅铸造合金常用的变质剂如表5-15所示。

**表5-15 高硅铸造合金常用的变质剂**

| 硅含量(质量分数)/% | 铝中溶解状态 | 常用变质剂 |
| --- | --- | --- |
| ≤6 | 全部溶解 | 一般不用 |
| 8～10.5 | 亚共晶硅 | Na盐、Al－Sr等 |
| 11～13 | 共晶硅 | Na盐、Al－Sr等 |
| 14～26 | 过共晶硅 | Al－P、P－Cu、六偏磷酸钠等 |

B 各种变质剂的特点

(1)纯钠或钠盐：主要是钠的偏析吸附细化共晶硅，并改变其形貌；常用67%NaF＋33%NaCl变质，时间不超过25min。一般用量为0.005%～0.01%Na。

(2) Al－10% Sr:阻碍晶体长大,时间不超过60 min。

(3) Al－2.5% P:生成晶核 AlP,细化初晶硅。时间不超过60 min。易产生 AlP 的聚集。一般用量为0.01% ~0.05% P。

(4) 10% P－Cu:生成晶核 $Cu_2P$,细化初晶硅。一般用量为0.01% ~0.05% P。

C 变质剂的选择

为了选择合适的高硅变质剂,进行了大量实验,采用金相组织观察,研究不加变质剂和添加不同变质剂(Al－P、P－Cu、Al－Sr)对铝合金铸锭组织细化和成分均匀化的影响,以优化确定几种变质剂的种类和成分含量。

### 5.1.2.4 过共晶铝硅实验

(1)为了研究不同变质剂对过共晶铝硅标样的影响,选择不同变质剂和不同的熔炼时间,对于成分相似的6个过共晶铝硅样品进行实验。每个样品投料量50 kg,用小石墨坩埚进行熔炼,最后铸成 $\phi$124 mm 的铸锭。铸造参数:$T = 830 \sim 850$℃ ,$P = 0.07 \sim 0.08$ MPa,$v = 80 \sim 85$ m/min。

(2) 设计6个过共晶铝硅样品的化学成分,见表5-16。

**表5-16 6个过共晶铝硅样品的化学成分** (质量分数,%)

| 试样号 | Si | Cu | Mg | Ni | Sr | P |
|---|---|---|---|---|---|---|
| ES801 | 19.3 | 1.13 | 1.17 | 1.09 | 0.0052 | |
| ES802 | 16.1 | 1.04 | 0.88 | 1.07 | 0.0059 | |
| ES803 | 17.9 | 1.03 | 0.94 | 0.86 | | 0.004 ~0.016 |
| ES804 | 17.8 | 1.32 | 1.09 | 0.97 | | |
| ES805 | 16.9 | 0.94 | 0.95 | 0.82 | 0.036 | |
| E2021 | 21.8 | 1.28 | 0.41 | | | |

(3) 6个过共晶铝硅样品的变质情况:详见表5-17。

**表5-17 6个过共晶铝硅样品的变质情况**

| 试样号 | 变质剂 | 加硅的方法 | 熔炼时间/h | 变质效果 |
|---|---|---|---|---|
| ES801 | 不用变质剂 | Al－Si | 3 | 有小亮点,部分灰白 |
| ES802 | Al－Sr | Al－Si | 3 | 有小亮点,部分灰白 |
| ES803 | Al－P | Al－Si | 8(扩散熔炼) | 灰白,P有富集现象(不均) |
| ES804 | P－Cu | Al－Si | 3 | 灰白,无亮点,组织致密,P均匀 |
| ES805 | Al－Sr | Al－Si | 8(扩散熔炼) | 灰白,无亮点 |
| E2021 | 不用变质剂 | 结晶硅 | 3(扩散熔炼) | 晶粒粗大,亮点多,Si、Fe不均 |

(4) 不同变质剂对金相组织的影响。实验方法:通过腐蚀液(5% HCl +2% HF +3% HCl +90% $H_2O$)对4种样品进行腐蚀,观察不同变质剂对金相组织的影响,分别见图5-1 ~图5-4。

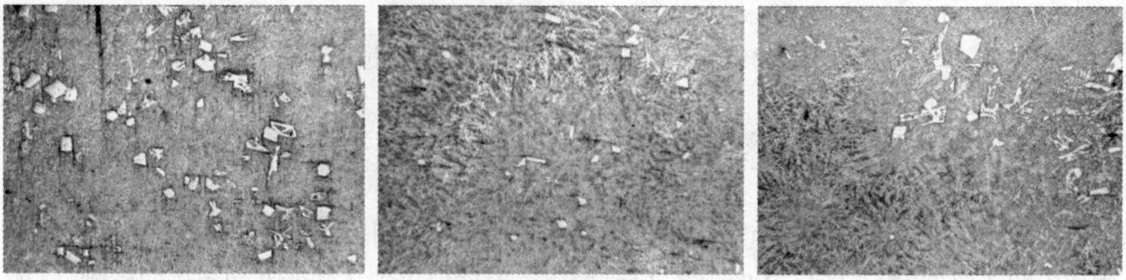

试样1(心部)　试样1(中部)　试样1(边部)

图 5-1　试样 1:未加变质剂

从图 5-1 可以看出,试样的心部几乎没有枝晶,但从心部到边部的过程中,枝晶逐步增加。此外,在试样的心部和边部白色的硅颗粒较粗大并聚集在一起,而在试样的中部硅颗粒细小且较弥散。

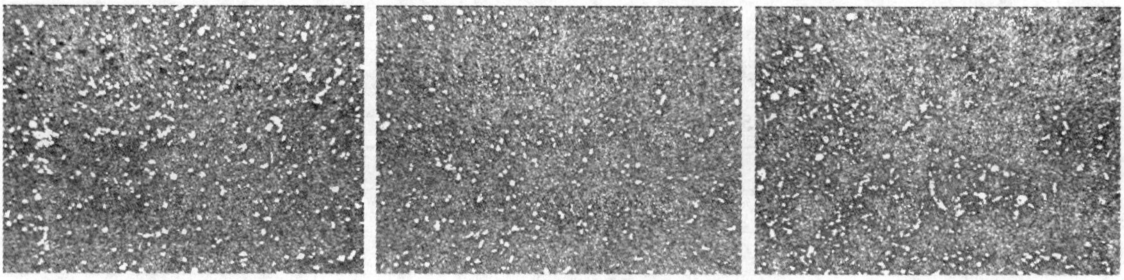

试样2(心部)　试样2(中部)　试样2(边部)

图 5-2　试样 2:添加 Al - P 变质剂

从图 5-2 可以看出,试样在添加了 Al - P 变质剂后,组织得到了细化,硅颗粒明显变小,尤其是中部颗粒最为细小,且分布较均匀。由心部到边部,都未发现枝晶。

试样3(心部)　试样3(中部)　试样3(边部)

图 5-3　试样 3:添加 P - Cu 变质剂

从图 5-3 可以看出,试样在添加了 P - Cu 变质剂后,整个试样的硅颗粒弥散程度较高,但中部的弥散程度最高,分布最均匀且颗粒较细小,整个试样中未见枝晶。

从图 5-4 可以看出,硅颗粒在整个试样中分布并不均匀;而在心部和中部有很多羽毛状的物质,且在中部枝晶很多,边部则无明显的枝晶产生,也无羽毛状物质,但边部可看见类似晶粒的东西。

试样4(心部) 试样4(中部) 试样4(边部)

图 5-4 试样 4:添加 Al - Sr 变质剂

从金相照片中可以观察到:经过腐蚀的样品,金相照片中均可清晰看见一些白色块状物,一部分样品还可见枝晶组织、羽毛状物质和一些类似晶界的东西。分析认为白色块状物正是初晶硅。

不同的样品中初晶硅的大小和分布的均匀性都不相同。未添加变质剂的样品中初晶硅十分粗大,而且棱角明锐,分布也极不均匀,另外还具有较大的枝晶组织。添加了 Al - Sr 变质剂后,样品中的初晶硅虽有一定细化,但变化并不明显,且分布仍不均匀,同时枝晶组织也同样存在。而当添加了 P - Cu 和 Al - P 变质剂后,样品的形貌发生了较大的改观,组织得到了充分的细化,初晶硅全部表现为不规则的多边形,棱角钝化,尺寸大大减小,尤其是样品中部颗粒最为细小,且分布十分均匀。由心部到边部,也都未发现枝晶。因此认为是 P 元素促进了组织的均匀化,细化了初晶硅,使组织得到了较大改善。相关理论表明:正是由于磷的变质作用,增加了初晶硅的晶核数目,抑制了初晶硅的长大,使晶粒减少,数量增多,分布更加均匀,降低了初晶硅对合金变形的不利影响。

在本标准样品的研制过程中,采用了添加 P - Cu 变质剂的方法,使得研制出来的过共晶铝硅合金标准样品组织致密、晶粒细小、成分更加均匀。

### 5.1.2.5 研制程序

研制程序同 4.1.2 节。

### 5.1.2.6 均匀性检验

均匀性检验方法同 4.1.2 节。极差法检验结果见表 5-18。

**表 5-18 AC9B 极差法检验结果** (质量分数,%)

| 数据名称 | Si | Fe | Cu | Mn | Mg | Cr | Ni | Zn |
|---|---|---|---|---|---|---|---|---|
| Alfa 值 | 0.05 | 0.05 | 0.05 | 0.05 | 0.05 | 0.05 | 0.05 | 0.05 |
| 常数 $A$ | 1.777 | 1.777 | 1.777 | 1.777 | 1.777 | 1.777 | 1.777 | 1.777 |
| $R$ | 0.94 | 0.021 | 0.021 | 0.0029 | 0.037 | 0.0021 | 0.025 | 0.0028 |
| $R \times A$ | 1.659 | 0.037 | 0.037 | 0.0051 | 0.066 | 0.0038 | 0.044 | 0.005 |
| $R_0$ | 1.472 | 0.033 | 0.033 | 0.0035 | 0.034 | 0.0028 | 0.034 | 0.0037 |
| 检验结果 | 合格 | 合格 | 合格 | 合格 | 合格 | 合格 | 合格 | 合格 |

续表 5-18

| 数据名称 | Ti | Ca | Pb | Sn | Zr | Na | P | V |
|---|---|---|---|---|---|---|---|---|
| Alfa 值 | 0.05 | 0.05 | 0.05 | 0.05 | 0.05 | 0.05 | 0.05 | 0.05 |
| 常数 $A$ | 1.777 | 1.777 | 1.777 | 1.777 | 1.777 | 1.777 | 1.777 | 1.777 |
| $R$ | 0.0034 | 0.00027 | 0.0024 | 0.0014 | 0.0013 | 0.000041 | 0.011 | 0.0018 |
| $R \times A$ | 0.0060 | 0.00048 | 0.0042 | 0.0025 | 0.0022 | 0.000072 | 0.019 | 0.0031 |
| $R_0$ | 0.0040 | 0.00038 | 0.0033 | 0.0019 | 0.0015 | 0.000070 | 0.017 | 0.023 |
| 检验结果 | 合格 | 合格 | 合格 | 合格 | 合格 | 合格 | 合格 | 合格 |

### 5.1.2.7 定值和数据处理

#### A 多个实验室协作定值

根据 GB/T15000—1994《标准样品工作导则》规定，邀请多个实验室协作分析定值。各元素方法见表 5-19。

**表 5-19 各元素分析方法**

| 元 素 | 分 析 方 法 | 元 素 | 分 析 方 法 |
|---|---|---|---|
| Si | 硅钼蓝光度法 | V | 5 - Br - PADAP 光度法；ICP - AES 法 |
| Fe | 邻二氮杂菲光度法；ICP - AES 法 | Sn | 苯基荧光酮光度法；ICP - AES 法 |
| Cu | 原子吸收光度法；ICP - AES 法 | Pb | 原子吸收光度法；ICP - AES 法 |
| Mn | 原子吸收光度法；ICP - AES 法 | Zr | 二甲酚橙光度法；ICP - AES 法 |
| Mg | 原子吸收光度法；ICP - AES 法 | P | ICP - AES 法；乙酸丁酯萃取磷钼蓝光度法 |
| Cr | 原子吸收光度法；ICP | Ti | 二安替比林甲烷光度法；ICP - AES 法 |
| Ni | 原子吸收光度法；ICP | Na | AAS 法 |
| Zn | 原子吸收光度法；ICP - AES 法 | Ca | AAS 法 |

#### B 最终定值结果

根据标准样品工作导则，标样最终定值结果用标准值和总的标准偏差及测试数据组数表示，见表 5-20。

**表 5-20 AC9B 标准值及标准偏差** （质量分数，%）

| 编 号 | 定值结果 | Si | Fe | Cu | Mn | Mg | Cr | Ni | Zn |
|---|---|---|---|---|---|---|---|---|---|
| AC9B | 标准值 | 21.03 | 0.503 | 1.02 | 0.080 | 0.871 | 0.045 | 0.868 | 0.071 |
| | 标准偏差 | 0.50 | 0.005 | 0.04 | 0.003 | 0.003 | 0.002 | 0.006 | 0.003 |
| | 数据组数 | 5 | 4 | 4 | 4 | 4 | 4 | 4 | 4 |
| 编 号 | 定值结果 | V | Sn | Pb | Zr | P | Ti | Na | Ca |
| AC9B | 标准值 | 0.038 | 0.028 | 0.035 | 0.034 | 0.0062 * | 0.111 | 0.00012 | 0.00036 |
| | 标准偏差 | 0.004 | 0.003 | 0.003 | 0.001 | | 0.004 | | |
| | 数据组数 | 4 | 4 | 4 | 4 | | 4 | | |

注：* 为参考值。

#### C 数据处理

数据处理方法同 4.1.2 节。狄克逊检验结果和夏皮罗检验结果分别见表 5-21 和

表 5-22。狄克逊检验和夏皮罗检验结果均表明样品合格。

**表 5-21 AC9B 狄克逊检验结果** （质量分数，%）

| 分析单位及项目 | Si | Fe | Cu | Mn | Mg | Cr | Ni | Zn |
|---|---|---|---|---|---|---|---|---|
| 1 | 21. 362 | 0. 500 | 1. 120 | 0. 0712 | 0. 910 | 0. 0482 | 0. 865 | 0. 0805 |
| 2 | 20. 178 | 0. 508 | 1. 022 | 0. 0768 | 0. 863 | 0. 0473 | 0. 879 | 0. 0768 |
| 3 | 20. 988 | 0. 500 | 0. 925 | 0. 0833 | 0. 857 | 0. 0448 | 0. 867 | 0. 0688 |
| 4 | 20. 610 | 0. 504 | 1. 00 | 0. 0806 | 0. 854 | 0. 0431 | 0. 859 | 0. 0676 |
| Alfa 值 | 0. 01 | 0. 05 | 0. 05 | 0. 05 | 0. 01 | 0. 05 | 0. 05 | 0. 05 |
| 临界值 | 0. 926 | 0. 829 | 0. 829 | 0. 829 | 0. 926 | 0. 829 | 0. 829 | 0. 829 |
| 分析单位及项目 | Ti | Ca | Pb | Sn | Zr | Na | P | V |
| 1 | 0. 108 | 0. 00039 | 0. 0422 | 0. 0328 | 0. 0328 | 0. 00011 | 0. 0063 | 0. 0390 |
| 2 | 0. 114 | 0. 00032 | 0. 0378 | 0. 0302 | 0. 0338 | 0. 00014 | 0. 0072 | 0. 0365 |
| 3 | 0. 105 | | 0. 0297 | 0. 0261 | 0. 0342 | | | 0. 0388 |
| 4 | 0. 115 | | 0. 0318 | 0. 0235 | 0. 0338 | | 0. 0053 | 0. 0396 |
| Alfa 值 | 0. 05 | | 0. 05 | 0. 05 | 0. 05 | | | 0. 05 |
| 临界值 | 0. 829 | | 0. 829 | 0. 829 | 0. 829 | | | 0. 829 |

**表 5-22 AC9B 夏皮罗检验结果** （质量分数，%）

| 分析单位及项目 | Si | Fe | Cu | Mn | Mg | Cr | Ni | Zn |
|---|---|---|---|---|---|---|---|---|
| 1 | 21. 362 | 0. 500 | 1. 120 | 0. 0712 | 0. 910 | 0. 0482 | 0. 865 | 0. 0805 |
| 2 | 20. 178 | 0. 508 | 1. 022 | 0. 0768 | 0. 863 | 0. 0473 | 0. 879 | 0. 0768 |
| 3 | 20. 988 | 0. 500 | 0. 925 | 0. 0833 | 0. 857 | 0. 0448 | 0. 867 | 0. 0688 |
| 4 | 20. 610 | 0. 504 | 1. 00 | 0. 0806 | 0. 854 | 0. 0431 | 0. 859 | 0. 0676 |
| 0. 95 常数 | 0. 748 | 0. 748 | 0. 748 | 0. 748 | 0. 748 | 0. 748 | 0. 748 | 0. 748 |
| 0. 99 常数 | 0. 678 | 0. 678 | 0. 678 | 0. 678 | 0. 678 | 0. 678 | 0. 678 | 0. 678 |
| 计算系数值 | 0. 934 | 0. 865 | 0. 972 | 0. 972 | 0. 756 | 0. 946 | 0. 940 | 0. 893 |
| 检验结果 | 正态 | 正态 | 正态 | 正态 | 正态 | 正态 | 正态 | 正态 |
| 分析单位及项目 | Ti | Ca | Pb | Sn | Zr | Na | P | V |
| 1 | 0. 108 | 0. 00039 | 0. 0422 | 0. 0328 | 0. 0328 | 0. 00011 | 0. 0063 | 0. 0390 |
| 2 | 0. 114 | 0. 00032 | 0. 0378 | 0. 0302 | 0. 0338 | 0. 00014 | 0. 0072 | 0. 0365 |
| 3 | 0. 105 | | 0. 0297 | 0. 0261 | 0. 0342 | | | 0. 0388 |
| 4 | 0. 115 | | 0. 0318 | 0. 0235 | 0. 0338 | | 0. 0053 | 0. 0396 |
| 0. 95 常数 | 0. 748 | | 0. 748 | 0. 748 | 0. 748 | | | 0. 748 |
| 0. 99 常数 | 0. 687 | | 0. 687 | 0. 687 | 0. 687 | | | 0. 687 |
| 计算系数值 | 0. 900 | | 0. 945 | 0. 971 | 0. 866 | | | 0. 845 |
| 检验结果 | 正态 | | 正态 | 正态 | 正态 | | | 正态 |

5.1.2.8 生产试用报告

A 工作曲线检查

AC9B 属 Al－Si－Cu－Mg－Ni 铸造铝合金系列，与 ZLD109 合金类似。为了检查两个控制样与类似 ZLD109 标样(E811－E816)等共线情况，将现有的同系列标样，在同一台光谱仪(德国 OBF 公司的 QSJ750 )上，用相同的条件进行检测并制作工作曲线，计算其啮合系数，见表 5-23。

**表 5-23 AC9B 控制样与类似标样共线情况(啮合系数)**

| 元 素 | Si | Fe | Cu | Mn | Mg | Cr | Ni | Zn |
|---|---|---|---|---|---|---|---|---|
| 波长/nm | 390.5 | 324.8 | 223.0 | 293.3 | 285.2 | 425.4 | 352.4 | 481.0 |
| *PCT/%* | 99.639 | 99.934 | 99.932 | 99.940 | 99.569 | 99.976 | 99.916 | 99.978 |
| 其他标样 | E511－E516<br>E709/E713<br>E3111/E3112<br>E2021/E2022 | E511－E516 | E511－E516 | E511－E516 | E511－E516 | E2701－E2706 | E811－E816 | E511－E516 |
| 干扰元素 | | | | | | Si/Cu | Si | |
| 元 素 | Ti | Zr | Pb | Sn | Na | Ca | P | V |
| 波长/nm | 337.3 | 349.6 | 405.8 | 317.5 | 589.0 | 393.4 | 178.3 | 437.9 |
| *PCT/%* | 99.972 | 99.913 | 99.965 | 99.963 | 99.997 | 99.788 | 99.881 | 99.966 |
| 其他标样 | E511－E516 | E3031－E3035 | E511－E516 | E511－E516 | E614－E616 | E2701－E2706 | E3131－E3137 | E4121－E4125<br>E601/E602<br>E604/E606 |
| 干扰元素 | Ni | | | Cu | Cu/Si | | Si/Cu | |

从表中可见，过共晶铝硅合金 AC9B 控制样与类似的铸造铝合金标样(E811－E816、E511－E516)共线或基本共线，即工作曲线的啮合系数均在 2 个 95 以上。

B 生产考核情况

为考核 AC9B 控制样实际应用效果，用 AC9B 做控制样分析生产试样，结果与化学结果完全符合，见表 5-24。

**表 5-24 生产考核结果** （质量分数，%）

| 元 素 | | Si | Fe | Cu | Mn | Mg | Zn | Ti | Ni | 备 注 |
|---|---|---|---|---|---|---|---|---|---|---|
| AC9B | | 22.00 | 0.490 | 1.04 | 0.080 | 0.890 | 0.070 | 0.112 | 0.869 | 光谱结果 |
| | | 21.03 | 0.503 | 1.02 | 0.080 | 0.871 | 0.070 | 0.111 | 0.868 | 化学结果 |
| 元 素 | | Cr | Zr | Pb | Sn | Na | Ca | P | V | |
| AC9B | | 0.044 | 0.033 | 0.036 | 0.028 | 1.2P | 3.9P | 0.0063 | 0.039 | 光谱结果 |
| | | 0.045 | 0.034 | 0.035 | 0.028 | 1.2P | 3.9P | 0.0062 | 0.038 | 化学结果 |

#### 5.1.2.9 小结

过共晶铝硅合金 AC9B 属 Al - Si - Cu - Mg - Ni 铸造铝合金系列,含 P、Na、Ca 等 16 个元素,其主要技术指标已达国际同类标样先进水平。在研制过程中,解决了微量元素的加入并均匀分布的难题,确定了高硅合金变质剂的选择,采用了特殊的熔炼扩散和挤压技术,保证了标准样品的均匀性,通过多家权威分析单位的协作定值,保证了各元素化学成分的真实可信。生产试用表明:该标样可完全满足生产及研发的需要,填补了国内外类似合金标样的空白。

### 5.1.3 国内研制的其他铸造铝合金系列标准样品

国内研制的其他铸造铝合金系列标准样品列于表 5-25 ~ 表 5-48 中。

**表 5-25 ZL 铸造铝合金**

| 标样编号 | 标样名称 | 化学成分(质量分数)/% | | | | | | | | | | |
|---|---|---|---|---|---|---|---|---|---|---|---|---|
| | | Si | Fe | Cu | Mn | Mg | Ni | Zn | Ti | Pb | Sn | Sr |
| E511c | ZL | 10.3 | 1.02 | 0.41 | 0.30 | 0.17 | 0.137 | 0.387 | 0.055 | 0.226 | 0.096 | 0.129 |
| E512c | | 6.91 | 0.84 | 1.41 | 0.45 | 0.88 | 0.099 | 0.711 | 0.078 | 0.098 | 0.047 | 0.086 |
| E513e | | 12.6 | 0.21 | 2.07 | 0.54 | 0.75 | 0.066 | 0.216 | 0.042 | 0.074 | 0.021 | 0.062 |
| E514c | | 3.49 | 0.32 | 3.56 | 0.97 | 1.21 | 0.054 | 0.977 | 0.112 | 0.033 | 0.007 | 0.039 |
| E515c | | 7.90 | 0.48 | 0.07 | 0.80 | 0.04 | 0.174 | 0.049 | 0.022 | 0.014 | 0.002 | 0.023 |
| E516c | | 0.89 | 1.37 | 5.08 | 0.07 | 1.53 | 0.025 | 1.33 | 0.182 | 0.174 | 0.107 | 0.005 |
| E517a | | 4.76 | 0.17 | 7.44 | 0.17 | 0.31 | 0.012 | 0.301 | 0.060 | 0.024 | 0.002 | 0.048 |
| E518a | | 9.02 | 0.27 | 1.51 | 0.24 | 0.51 | 0.0099 | 0.133 | 0.274 | 0.026 | 0.003 | 0.053 |

注:此标样适合于铸铝 ZLD101 ~ 108、Y112 等合金的分析;E517a、E518a 为选购样。

**表 5-26 ZLD101A 铸造铝合金**

| 标样编号 | 标样名称 | 化学成分(质量分数)/% | | | | | | | | | | | |
|---|---|---|---|---|---|---|---|---|---|---|---|---|---|
| | | Si | Fe | Cu | Mn | Mg | Zn | Ti | Pb | Sn | Be | Zr | Sr |
| E2161 | ZL101A | 6.03 | 0.194 | 0.303 | 0.411 | 0.095 | 0.375 | 0.228 | 0.020 | 0.011 | 0.0086 | 0.047 | 0.0083 * |
| E2162 | | 6.36 | 0.413 | 0.254 | 0.317 | 0.207 | 0.257 | 0.188 | 0.031 | 0.021 | 0.013 | 0.085 | 0.0106 * |
| E2163 | | 7.15 | 0.654 | 0.412 | 0.248 | 0.301 | 0.225 | 0.132 | 0.063 | 0.031 | 0.017 | 0.162 | 0.0090 * |
| E2164 | | 7.55 | 0.911 | 0.158 | 0.165 | 0.401 | 0.061 | 0.088 | 0.088 | 0.048 | 0.024 | 0.208 | 0.0080 * |
| E2165 | | 8.19 | 1.12 | 0.065 | 0.070 | 0.501 | 0.0068 | 0.043 | 0.123 | 0.061 | 0.055 | 0.260 | 0.015 * |

注:* 为参考值。

**表 5-27 ZLD102 铸造铝合金**

| 标样编号 | 标样名称 | 化学成分(质量分数)/% | | | | | | |
|---|---|---|---|---|---|---|---|---|
| | | Si | Fe | Cu | Mn | Mg | Zn | Ti |
| E3021 | ZLD102 | 8.90 | 0.655 | 0.041 | 0.348 | 0.043 | 0.021 | 0.032 |
| E3022 | | 10.32 | 0.490 | 0.543 | 0.456 | 0.079 | 0.129 | 0.078 |
| E3023 | | 10.71 | 0.417 | 0.233 | 0.541 | 0.093 | 0.067 | 0.092 |
| E3024 | | 12.33 | 0.342 | 0.314 | 0.237 | 0.130 | 0.092 | 0.196 |
| E3025 | | 14.28 | 0.247 | 0.468 | 0.150 | 0.163 | 0.157 | 0.195 |

### 表 5-28 ZLD104 铸造铝合金

| 标样编号 | 标样名称 | 化学成分(质量分数)/% | | | | | | | | | |
|---|---|---|---|---|---|---|---|---|---|---|---|
| | | Si | Fe | Cu | Mn | Mg | Zn | Pb | Sn | Ti | Zr |
| E3031 | ZLD104 | 6.92 | 0.090 | 0.017* | 0.101 | 0.538 | 0.295 | 0.010* | 0.0096* | 0.027 | 0.028 |
| E3032 | | 8.24 | 0.165 | 0.049 | 0.395 | 0.371 | 0.136 | 0.105 | 0.018* | 0.069 | 0.207 |
| E3033 | | 9.21 | 0.435 | 0.079 | 0.608 | 0.303 | 0.234 | 0.046 | 0.0068 | 0.175 | 0.111 |
| E3034 | | 10.02 | 0.392 | 0.081 | 0.240 | 0.183 | 0.215 | 0.085 | 0.013 | 0.135 | 0.078 |
| E3035 | | 11.30 | 0.269 | 0.132 | 0.512 | 0.089 | 0.079 | 0.129 | 0.018 | 0.275 | 0.150 |

注：* 为参考值。

### 表 5-29 ZLD105 铸造铝合金

| 标样编号 | 标样名称 | 化学成分(质量分数)/% | | | | | | | | | | |
|---|---|---|---|---|---|---|---|---|---|---|---|---|
| | | Si | Fe | Cu | Mn | Mg | Zn | Pb | Sn | Ti | Zr | Be |
| E3041 | ZLD105A | 4.36 | 0.475 | 2.52 | 0.187 | 0.163 | 0.010 | 0.0090 | 0.0063* | 0.041 | 0.181 | 0.0047 |
| E3042 | | 3.69 | 0.364 | 2.01 | 0.134 | 0.317 | 0.067 | 0.029 | 0.017 | 0.118 | 0.172 | 0.021 |
| E3043 | | 4.89 | 0.294 | 1.45 | 0.245 | 0.421 | 0.151 | 0.051 | 0.019 | 0.154 | 0.107 | 0.011 |
| E3044 | | 5.05 | 0.186 | 1.02 | 0.347 | 0.600 | 0.201 | 0.088 | 0.014* | 0.175 | 0.137 | 0.014 |
| E3045 | | 5.67 | 0.110 | 0.514 | 0.497 | 0.686 | 0.305 | 0.142 | 0.022 | 0.234 | 0.040 | 0.014 |

注：* 为参考值。

### 表 5-30 ZLD106 铸造铝合金

| 标样编号 | 标样名称 | 化学成分(质量分数)/% | | | | | | | | | | |
|---|---|---|---|---|---|---|---|---|---|---|---|---|
| | | Si | Fe | Cu | Mn | Mg | Ni | Zn | Ti | Pb | Sn | Sr |
| E921b | ZLD106 | 7.53 | 0.665 | 0.505 | 0.702 | 0.478 | 0.152 | 3.04 | 0.018 | 0.011 | 0.096 | 0.0021 |
| E922b | | 8.87 | 1.33 | 3.35 | 0.558 | 0.145 | 0.266 | 0.794 | 0.0093 | 0.028 | 0.129 | 0.0061 |
| E923b | | 10.15 | 1.05 | 2.64 | 0.405 | 0.231 | 0.341 | 1.34 | 0.040 | 0.064 | 0.171 | 0.108 |
| E924b | | 11.98 | 0.855 | 1.95 | 0.265 | 0.294 | 0.473 | 1.89 | 0.013 | 0.076 | 0.242 | 0.038 |
| E925d | | 13.82 | 0.289 | 1.19 | 0.108 | 0.392 | 0.647 | 2.42 | 0.020 | 0.129 | 0.310 | 0.029 |
| E926a | | 6.27 | 1.92 | 4.21 | 0.052 | 0.064 | 0.079 | 0.330 | 0.0060 | 0.0041 | 0.054 | 0.0002* |

注：* 为参考值。

### 表 5-31 ZLD107 铸造铝合金

| 标样编号 | 标样名称 | 化学成分(质量分数)/% | | | | | | | | | | |
|---|---|---|---|---|---|---|---|---|---|---|---|---|
| | | Si | Fe | Cu | Mn | Mg | Ni | Zn | Ti | Pb | Sn | Sr |
| E511c | ZLD107 | 10.38 | 1.02 | 0.413 | 0.309 | 0.178 | 0.137 | 0.387 | 0.055 | 0.226 | 0.096 | 0.129 |
| E512c | | 6.91 | 0.840 | 1.41 | 0.452 | 0.888 | 0.099 | 0.711 | 0.078 | 0.098 | 0.047 | 0.086 |
| E513e | | 12.64 | 0.212 | 2.07 | 0.540 | 0.753 | 0.066 | 0.216 | 0.042 | 0.074 | 0.021 | 0.062 |
| E514c | | 3.49 | 0.324 | 3.56 | 0.970 | 1.21 | 0.054 | 0.977 | 0.112 | 0.033 | 0.0079 | 0.039 |
| E515c | | 7.90 | 0.486 | 0.076 | 0.800 | 0.041 | 0.174 | 0.049 | 0.022 | 0.014 | 0.0027 | 0.023 |
| E516c | | 0.894 | 1.37 | 5.08 | 0.078 | 1.53 | 0.025 | 1.33 | 0.182 | 0.174 | 0.107 | 0.0057 |

**表 5-32 ZLD108 铸造铝合金**

| 标样编号 | 标样名称 | 化学成分(质量分数)/% | | | | | | | | | | |
|---|---|---|---|---|---|---|---|---|---|---|---|---|
| | | Si | Fe | Cu | Mn | Mg | Ni | Zn | Ti | Pb | Sn | Sr |
| E511c | ZLD108 | 10.38 | 1.02 | 0.413 | 0.309 | 0.178 | 0.137 | 0.387 | 0.055 | 0.226 | 0.096 | 0.129 |
| E512c | | 6.91 | 0.840 | 1.41 | 0.452 | 0.888 | 0.099 | 0.711 | 0.078 | 0.098 | 0.047 | 0.086 |
| E513e | | 12.64 | 0.212 | 2.07 | 0.540 | 0.753 | 0.066 | 0.216 | 0.042 | 0.074 | 0.021 | 0.062 |
| E514c | | 3.49 | 0.324 | 3.56 | 0.970 | 1.21 | 0.054 | 0.977 | 0.112 | 0.033 | 0.0079 | 0.039 |
| E515c | | 7.90 | 0.486 | 0.076 | 0.800 | 0.041 | 0.174 | 0.049 | 0.022 | 0.014 | 0.0027 | 0.023 |
| E516c | | 0.894 | 1.37 | 5.08 | 0.078 | 1.53 | 0.025 | 1.33 | 0.182 | 0.174 | 0.107 | 0.0057 |

**表 5-33 ZLD109 铸造铝合金**

| 标样编号 | 标样名称 | 化学成分(质量分数)/% | | | | | | | | | | |
|---|---|---|---|---|---|---|---|---|---|---|---|---|
| | | Si | Fe | Cu | Mn | Mg | Cr | Ni | Zn | Ti | Pb | Sn |
| E811 | ZLD109 | 10.89 | 0.504 | 0.624 | 0.251 | 1.35 | | 1.33 | 0.208 | 0.079 | 0.016 | 0.022 |
| E812 | | 11.34 | 0.216 | 0.932 | 0.614 | 0.843 | | 0.827 | 0.165 | 0.115 | 0.136 | 0.120 |
| E813 | | 7.08 | 0.55** | 1.13 | 0.82** | 1.14 | | 1.00 | 0.098 | 0.056 | 0.039 | 0.0085 |
| E814 | | 12.47 | 0.310 | 1.27 | 0.788 | 0.801 | | 0.623 | 0.133 | 0.139 | 0.031 | 0.012 |
| E815 | | 8.69 | 0.082 | 0.410 | 0.092 | 1.55 | | 1.58 | 0.252 | 0.021 | 0.0025 | 0.019 |
| E816 | | 14.56* | 0.40** | 1.46 | 0.41** | 0.513 | 0.0063 | 0.353 | 0.049 | 0.179 | 0.043 | 0.013 |

注:此标样还适合于 LD11 合金的分析。

* 为参考值; ** 为信息值。

**表 5-34 ZLD110 铸造铝合金**

| 标样编号 | 标样名称 | 化学成分(质量分数)/% | | | | | | | | | | |
|---|---|---|---|---|---|---|---|---|---|---|---|---|
| | | Si | Fe | Cu | Mn | Mg | Ni | Zn | Ti | Pb | Sn | Sr |
| E512c | 4×××系列(ZLD110) | 6.91 | 0.840 | 1.41 | 0.452 | 0.888 | 0.099 | 0.711 | 0.078 | 0.098 | 0.047 | 0.086 |
| E513e | | 12.64 | 0.212 | 2.07 | 0.540 | 0.753 | 0.066 | 0.216 | 0.042 | 0.074 | 0.021 | 0.062 |
| E514c | | 3.49 | 0.324 | 3.56 | 0.970 | 1.21 | 0.054 | 0.977 | 0.112 | 0.033 | 0.0079 | 0.039 |
| E515c | | 7.90 | 0.486 | 0.076 | 0.800 | 0.041 | 0.174 | 0.049 | 0.022 | 0.014 | 0.0027 | 0.023 |
| E516c | | 0.894 | 1.37 | 5.08 | 0.078 | 1.53 | 0.025 | 1.33 | 0.182 | 0.174 | 0.107 | 0.0057 |
| E517a | | 4.76 | 0.173 | 7.44 | 0.173 | 0.316 | 0.012 | 0.301 | 0.060 | 0.024 | 0.0026 | 0.048 |

**表 5-35 ZLD111 铸造铝合金**

| 标样编号 | 标样名称 | 化学成分(质量分数)/% | | | | | | | | | | |
|---|---|---|---|---|---|---|---|---|---|---|---|---|
| | | Si | Fe | Cu | Mn | Mg | Ni | Zn | Ti | Pb | Sn | Sr |
| E511c | ZLD111 | 10.38 | 1.02 | 0.413 | 0.309 | 0.178 | 0.137 | 0.387 | 0.055 | 0.226 | 0.096 | 0.129 |
| E513e | | 12.64 | 0.212 | 2.07 | 0.540 | 0.753 | 0.066 | 0.216 | 0.042 | 0.074 | 0.021 | 0.062 |
| E514c | | 3.49 | 0.324 | 3.56 | 0.970 | 1.21 | 0.054 | 0.977 | 0.112 | 0.033 | 0.0097 | 0.039 |
| E515c | | 7.90 | 0.486 | 0.076 | 0.800 | 0.041 | 0.174 | 0.049 | 0.022 | 0.014 | 0.0027 | 0.023 |
| E517a | | 4.76 | 0.173 | 7.44 | 0.173 | 0.316 | 0.012 | 0.301 | 0.060 | 0.024 | 0.0026 | 0.048 |
| E518a | | 9.02 | 0.279 | 1.51 | 0.246 | 0.516 | 0.0099 | 0.133 | 0.274 | 0.026 | 0.0037 | 0.053 |
| E2239 | | 0.060 | 0.131 | 4.36 | 0.210 | 0.062 | | 0.180 | 0.436 | | | |

注:E2239 为选购样。

**表 5-36 ZLD114A 铸造铝合金**

| 标样编号 | 标样名称 | 化学成分(质量分数)/% | | | | | | |
|---|---|---|---|---|---|---|---|---|
| | | Si | Fe | Cu | Mn | Mg | Zn | Ti |
| E2131 | ZLD114A | 6.03 | 0.076 | 0.080 | 0.040 | 0.140 | 0.038 | 0.083 |
| E2132 | | 6.53 | 0.238 | 0.131 | 0.130 | 0.211 | 0.121 | 0.127 |
| E2133 | | 7.17 | 0.396 | 0.179 | 0.211 | 0.290 | 0.206 | 0.136 |
| E2134 | | 7.79 | 0.571 | 0.243 | 0.313 | 0.381 | 0.304 | 0.219 |
| E2135 | | 8.00 | 0.758 | 0.295 | 0.404 | 0.494 | 0.422 | 0.223 |
| E2701a | | 5.57 | 0.076 | 0.065 | 0.011 | 0.584 | 0.013 | 0.0070 |

**表 5-37 含 Sb 铸造铝合金**

| 标样编号 | 标样名称 | 化学成分(质量分数)/% | | | | |
|---|---|---|---|---|---|---|
| | | Si | Fe | Mg | Sb | Ti |
| E2401 | 含 Sb 铸铝 | 7.5 | 0.14 | 0.29 | 0.045 | 0.074 |
| E2402 | | 7.4 | 0.14 | 0.28 | 0.088 | 0.061 |
| E2403 | | 7.0 | 0.17 | 0.30 | 0.119 | 0.054 |
| E2404 | | 7.4 | 0.14 | 0.30 | 0.179 | 0.063 |
| E2405 | | 7.0 | 0.14 | 0.32 | 0.218 | 0.066 |

注:除 Sb 外,其他为参考值。

**表 5-38 ZLD115 铸造铝合金**

| 标样编号 | 标样名称 | 化学成分(质量分数)/% | | | | | | | | | | |
|---|---|---|---|---|---|---|---|---|---|---|---|---|
| | | Si | Fe | Cu | Mn | Mg | Ni | Zn | Ti | Pb | Sn | Sr |
| E512c | ZLD115 | 6.91 | 0.840 | 1.41 | 0.452 | 0.888 | 0.099 | 0.711 | 0.078 | 0.098 | 0.047 | 0.086 |
| E513e | | 12.64 | 0.212 | 2.07 | 0.540 | 0.753 | 0.066 | 0.216 | 0.042 | 0.074 | 0.021 | 0.062 |
| E514c | | 3.49 | 0.324 | 3.56 | 0.970 | 1.21 | 0.054 | 0.977 | 0.112 | 0.033 | 0.0079 | 0.039 |
| E515c | | 7.90 | 0.486 | 0.076 | 0.800 | 0.041 | 0.174 | 0.049 | 0.022 | 0.014 | 0.0027 | 0.023 |
| E516c | | 0.894 | 1.37 | 5.08 | 0.078 | 1.53 | 0.025 | 1.33 | 0.182 | 0.174 | 0.107 | 0.0057 |
| E517a | | 4.76 | 0.173 | 7.44 | 0.173 | 0.316 | 0.012 | 0.301 | 0.060 | 0.024 | 0.0026 | 0.048 |

注:分析 Sb 可选用 E2401 - E2405。

**表 5-39 ZLD116 铸造铝合金**

| 标样编号 | 标样名称 | 化学成分(质量分数)/% | | | | | | | | | | |
|---|---|---|---|---|---|---|---|---|---|---|---|---|
| | | Si | Fe | Cu | Mn | Mg | Zn | Ti | Pb | Sn | Be | Zr |
| E2161 | ZLD116 | 6.03 | 0.194 | 0.303 | 0.411 | 0.095 | 0.375 | 0.228 | 0.020 | 0.011 | 0.0086 | 0.047 |
| E2162 | | 6.36 | 0.413 | 0.254 | 0.317 | 0.207 | 0.257 | 0.188 | 0.031 | 0.021 | 0.013 | 0.085 |
| E2163 | | 7.15 | 0.654 | 0.412 | 0.248 | 0.301 | 0.225 | 0.132 | 0.063 | 0.031 | 0.017 | 0.162 |
| E2164 | | 7.55 | 0.911 | 0.158 | 0.165 | 0.401 | 0.061 | 0.088 | 0.088 | 0.048 | 0.024 | 0.208 |
| E2165 | | 8.19 | 1.12 | 0.065 | 0.070 | 0.501 | 0.0068 | 0.043 | 0.123 | 0.061 | 0.055 | 0.260 |
| E2237 | | 0.046 | 0.090 | 5.08 | 0.437 | 0.050 | 0.112 | 0.310 | | | | 0.116 |

**表 5-40　ZLD118 铸造铝合金**

| 标样编号 | 标样名称 | 化学成分（质量分数）/% | | | | |
|---|---|---|---|---|---|---|
| | | Si | Fe | Cu | Mg | Ni |
| E3111 | ZLD118 | 23.04 | 0.10 * | 0.950 * | 0.848 * | 0.966 * |
| E3112 | | 18.06 | 0.21 * | 1.08 * | 0.987 * | 1.09 * |
| E3113 | | 17.41 | 0.22 * | 1.01 * | 1.08 * | 0.951 * |
| E3115 | | 15.68 | 0.19 * | 0.914 * | 0.953 * | 1.03 * |

注：* 为参考值，蘑菇状。

**表 5-41　A356 铸造铝合金**

| 标样编号 | 标样名称 | 化学成分（质量分数）/% | | | | | | |
|---|---|---|---|---|---|---|---|---|
| | | Si | Fe | Cu | Mn | Mg | Zn | Ti |
| E2131 | A356 | 6.03 | 0.076 | 0.080 | 0.040 | 0.140 | 0.038 | 0.083 |
| E2132 | | 6.53 | 0.238 | 0.131 | 0.130 | 0.211 | 0.121 | 0.127 |
| E2133 | | 7.17 | 0.396 | 0.179 | 0.211 | 0.290 | 0.206 | 0.136 |
| E2134 | | 7.79 | 0.571 | 0.243 | 0.313 | 0.381 | 0.304 | 0.219 |
| E2135 | | 8.00 | 0.758 | 0.295 | 0.404 | 0.494 | 0.422 | 0.223 |

**表 5-42　A356 -2 铸造铝合金**

| 标样编号 | 标样名称 | 化学成分（质量分数）/% | | | | | | | | | | | | |
|---|---|---|---|---|---|---|---|---|---|---|---|---|---|---|
| | | Si | Fe | Cu | Mn | Mg | Cr | Ni | Zn | Ti | Pb | Sn | Sr | Ca |
| E2701a | A356 -2 | 5.57 | 0.076 | 0.065 | 0.011 | 0.584 | 0.123 | 0.0011 | 0.013 | 0.0070 | 0.092 | 0.099 | 0.025 | 0.040 |
| E2702a | | 5.94 | 0.214 | 0.0074 | 0.056 | 0.500 | 0.070 | 0.0053 | 0.069 | 0.049 | 0.073 | 0.014 | 0.144 * | 0.036 |
| E2703a | | 7.71 | 0.054 | 0.101 | 0.161 | 0.377 | 0.015 | 0.0097 | 0.012 | 0.014 | 0.0077 | 0.0065 | 0.033 | 0.030 |
| E2704a | | 6.95 | 0.099 | 0.015 | 0.110 | 0.102 | 0.111 | 0.0050 | 0.105 | 0.148 | 0.086 | 0.0059 | 0.028 | 0.011 |
| E2705a | | 6.62 | 0.220 | 0.0042 | 0.117 | 0.198 | 0.030 | 0.029 | 0.039 | 0.179 | 0.027 | 0.046 | 0.067 | 0.0077 |
| E2706a | | 8.62 | 0.278 | 0.027 | 0.109 | 0.313 | 0.040 | 0.020 | 0.034 | 0.105 | 0.045 | 0.033 | 0.0033 * | 0.0021 |

注：* 为参考值。

**表 5-43　含 P 的铸造铝合金**

| 标样编号 | 标样名称 | 化学成分（质量分数）/% | | | | |
|---|---|---|---|---|---|---|
| | | P | Cu | Mg | Ni | Si |
| E3131 | 含 P 铸铝 | 0.0022 | 1.20 | 0.900 | 0.854 | 11.12 |
| E3132 | | 0.019 | 1.06 | 0.923 | 0.862 | 10.69 |
| E3133 | | 0.0055 | 1.07 | 0.939 | 0.898 | 10.94 |
| E3134 | | 0.0079 | 1.05 | 0.952 | 0.877 | 10.85 |
| E3135 | | 0.0048 | 1.26 | 0.865 | 0.883 | 10.94 |
| E3136 | | 0.0058 | 1.48 | 0.766 | 0.879 | 10.48 |
| E3137 | | 0.0037 | 1.07 | 0.908 | 0.957 | 11.43 |

注：除 P 元素外，其余均为参考值，$\phi$45 mm × 25 mm。

**表 5-44 YLD102 铸造铝合金**

| 标样编号 | 标样名称 | 化学成分(质量分数)/% | | | | | | |
|---|---|---|---|---|---|---|---|---|
| | | Si | Fe | Cu | Mn | Mg | Zn | Ti |
| E3021 | YLD102 | 8.90 | 0.655 | 0.041 | 0.348 | 0.043 | 0.021 | 0.032 |
| E3022 | | 10.32 | 0.490 | 0.543 | 0.456 | 0.079 | 0.129 | 0.078 |
| E3023 | | 10.71 | 0.417 | 0.233 | 0.541 | 0.093 | 0.067 | 0.092 |
| E3024 | | 12.33 | 0.342 | 0.314 | 0.237 | 0.130 | 0.092 | 0.196 |
| E3025 | | 14.28 | 0.247 | 0.468 | 0.150 | 0.163 | 0.157 | 0.195 |

**表 5-45 YLD104 铸造铝合金**

| 标样编号 | 标样名称 | 化学成分(质量分数)/% | | | | | | | | | |
|---|---|---|---|---|---|---|---|---|---|---|---|
| | | Si | Fe | Cu | Mn | Mg | Zn | Pb | Sn | Ti | Zr |
| E3031 | YLD104 | 6.92 | 0.090 | 0.017* | 0.101 | 0.538 | 0.295 | 0.010* | 0.0096* | 0.027 | 0.028 |
| E3032 | | 8.24 | 0.165 | 0.049 | 0.395 | 0.371 | 0.136 | 0.105 | 0.018* | 0.069 | 0.207 |
| E3033 | | 9.21 | 0.435 | 0.079 | 0.608 | 0.303 | 0.234 | 0.046 | 0.0068 | 0.175 | 0.111 |
| E3034 | | 10.02 | 0.392 | 0.081 | 0.240 | 0.183 | 0.215 | 0.085 | 0.013 | 0.135 | 0.078 |
| E3035 | | 11.30 | 0.269 | 0.132 | 0.512 | 0.089 | 0.079 | 0.129 | 0.018 | 0.275 | 0.150 |

注：* 为参考值。

**表 5-46 YLD112 铸造铝合金**

| 标样编号 | 标样名称 | 化学成分(质量分数)/% | | | | | | | | |
|---|---|---|---|---|---|---|---|---|---|---|
| | | Si | Fe | Cu | Mn | Mg | Zn | Ni | Pb | Sn |
| E2141 | YLD112 | 6.78 | 0.166 | 4.64 | 0.531 | 0.063 | 0.097 | 0.024 | | |
| E2142 | | 7.55 | 0.443 | 4.00 | 0.451 | 0.124 | 0.374 | 0.024 | 0.0059 | 0.043 |
| E2143a | | 8.54 | 0.706 | 3.31 | 0.326 | 0.172 | 0.244 | 0.736 | 0.019 | 0.072 |
| E2144 | | 9.10 | 0.998 | 2.92 | 0.204 | 0.239 | 0.977 | 0.414 | 0.065 | 0.113 |
| E2145 | | 9.99 | 1.32 | 2.49 | 0.099 | 0.292 | 1.08 | 0.515 | 0.112 | 0.146 |

**表 5-47 YLD113 铸造铝合金**

| 标样编号 | 标样名称 | 化学成分(质量分数)/% | | | | | | | | | | |
|---|---|---|---|---|---|---|---|---|---|---|---|---|
| | | Si | Fe | Cu | Mn | Mg | Ni | Zn | Ti | Pb | Sn | Sr |
| E921b | YLD113 | 7.53 | 0.665 | 0.505 | 0.702 | 0.478 | 0.152 | 3.04 | 0.018 | 0.011 | 0.096 | 0.0021 |
| E922b | | 8.87 | 1.33 | 3.35 | 0.558 | 0.145 | 0.266 | 0.794 | 0.0093 | 0.028 | 0.129 | 0.0061 |
| E923b | | 10.15 | 1.05 | 2.64 | 0.405 | 0.231 | 0.341 | 1.34 | 0.040 | 0.064 | 0.171 | 0.108 |
| E924b | | 11.98 | 0.855 | 1.95 | 0.265 | 0.294 | 0.473 | 1.89 | 0.013 | 0.076 | 0.242 | 0.038 |
| E925d | | 13.82 | 0.289 | 1.19 | 0.108 | 0.392 | 0.647 | 2.42 | 0.020 | 0.129 | 0.310 | 0.029 |
| E926a | | 6.27 | 1.92 | 4.21 | 0.052 | 0.064 | 0.079 | 0.330 | 0.0060 | 0.0041 | 0.054 | 0.0002* |

注：* 为参考值。

表 5-48 YLD117 铸造铝合金

| 标样编号 | 标样名称 | 化学成分(质量分数)/% | | | | | | | | | | |
|---|---|---|---|---|---|---|---|---|---|---|---|---|
| | | Si | Fe | Cu | Mn | Mg | Ni | Zn | Ti | Pb | Sn | Sr |
| E512c | YLD117 | 6.91 | 0.840 | 1.41 | 0.452 | 0.888 | 0.099 | 0.711 | 0.078 | 0.095 | 0.047 | 0.086 |
| E513e | | 12.64 | 0.212 | 2.07 | 0.540 | 0.753 | 0.066 | 0.216 | 0.042 | 0.074 | 0.021 | 0.062 |
| E514c | | 3.49 | 0.324 | 3.56 | 0.970 | 1.21 | 0.054 | 0.977 | 0.112 | 0.033 | 0.0097 | 0.039 |
| E515c | | 7.90 | 0.486 | 0.076 | 0.800 | 0.041 | 0.174 | 0.049 | 0.022 | 0.014 | 0.0027 | 0.023 |
| E516c | | 0.894 | 1.37 | 5.08 | 0.078 | 1.53 | 0.025 | 1.33 | 0.182 | 0.174 | 0.107 | 0.0057 |
| E517a | | 4.76 | 0.173 | 7.44 | 0.173 | 0.316 | 0.012 | 0.301 | 0.060 | 0.024 | 0.0026 | 0.048 |
| E3112 | | 18.06 | | 1.08 * | | 0.987 * | 1.09 * | | | | | |
| E3115 | | 15.68 | | 0.914 * | | 0.953 * | 1.03 * | | | | | |

注：* 为参考值。

## 5.2 铝中间合金标样的制备技术

本节包括 Al-Si、Al-Mn、Al-Fe 等中间合金标样的制作，这些标样主要用于对应的中间合金化学成分的分析和控制。

### 5.2.1 Al-Fe 中间合金光谱标准样品的制备

#### 5.2.1.1 主要技术难点

(1) 缺乏资料。目前只能查到 Al-Fe 中间合金锭有关化学成分及简单的产品的检验规则，其他有关资料很少，至于 Al-Fe 中间合金标样资料尚未见报道。国外标样目录中，铝合金标样中最高 Fe 含量为 2.0%(HM-5)。一般铝合金，尤其是常用铝合金，工艺研究的资料、文献较多，加工性能也比较熟悉，标样研制各道程序可借鉴，而Al-Fe标样则无经验可借鉴。因此，Al-Fe 标样研制难度要比一般铝合金标样难度大得多。

(2) 挤压难。一般铝合金标样，需要通过挤压 $\phi62 \times 30$ mm 圆柱状标样。而 Al-Fe 很脆，挤压易截断，难以挤压形成。可以说挤压关是 Al-Fe 标样研制的瓶颈。

(3) 分析定值难。Al-Fe 标样中 Fe 含量高达 10% ~14%，对其他杂质干扰将影响这些杂质元素的准确分析定值。

(4) 保证均匀性问题是研制本标样的又一个瓶颈。由于形成 $FeAl_3$化合物，此化合物有初晶和共晶两种状态，初晶呈粗大块状，共晶呈粗针状，这些化合物严重影响 Al-Fe 标样的均匀性。

(5) 炉前调整成分难。由于无合适的炉前分析方法和合适的标样，给准确补料及调整到设计成分带来很大困难。

#### 5.2.1.2 攻关措施

(1) 采用新的浇铸技术(多模直接浇铸技术)。通过小样试验后确定用小型天然气炉(02 号,50 kg 容量)熔炼，用多模(4 个水冷蘑菇样模)直接浇铸成标样。分析定值样取头、中、尾三个样。

(2) 用小坩埚制备控制样,为建立炉前分析标样用规程做好准备。制定临时 Al - Fe 分析规程。此规程可对 Fe、Mn、Mg、Si、Cu、Zn 和 Ni 等各元素进行定量分析,供调整 Al - Fe 标样化学成分用。

(3) 采用 100% 挑选法。对铁模浇铸的样品,按照各样之间允许差在 2 ~ 3 倍定值误差为限进行 100% 挑选,去掉有夹杂、气孔等缺陷及偏差大的样品。然后,再用极差法对挑选合格的样品进行均匀性检验。

(4) 铁添加剂的采用。因为现有的 Al - Fe 中间合金 Fe 含量为 10%,而本标样中 Fe 含量大于 10% 有两点,用铁添加剂配制此两点。同时,补 Fe 时,也用铁添加剂,以免带进其他杂质。用的铁添加剂含 70% Fe,在 800℃ 以上温度加入,至少焖 40 min,使 Fe 熔化且均匀分布到铝锭中。

(5) 为减少浇铸过程中 Mg 的烧损,尽量缩短浇铸时间,15 ~ 20 min 内完成取样工作。为防止浇铸过程中 Mg 烧损,边浇铸边补加 2 号熔剂覆盖液面,防止 Mg 烧损。

(6) 开展对 Al - Fe 各元素分析定值方法研究,制定适合 Al - Fe 标样的定值方法。在最终定值时,对标样块内块间不均匀性也一并考虑给出总的标准偏差,使定值更加科学合理。

(7) 由于普通纯铝锭杂质含量高,必须用高纯铝作原材料配制。

#### 5.2.1.3 成分设计及主要技术指标

A 设计原则

根据以下几个原则设计 Al - Fe 中间合金光谱标样:

(1) 符合 GB8735—1988《铝中间合金锭》和工厂《中间合金制作工艺规程》。

(2) 本标样共 5 点,每个元素各点有一定梯度,有效点至少 4 点。

(3) 各元素含量范围(质量分数,%):Fe(7 ~ 14)、Si(0.08 ~ 0.70)、Cu(0.04 ~ 0.20)、Mn(0.09 ~ 0.30)、Mg(0.06 ~ 0.30)、Zn(0.05 ~ 0.30)、Ni(0.05 ~ 0.22)。

B 成分设计

根据 Al - Fe 标样设计原则,具体成分设计见表 5-49 所示。

**表 5-49 Al - Fe 中间合金设计成分**

| 标样号 | 化学成分(质量分数)/% | | | | | | |
|---|---|---|---|---|---|---|---|
| | Fe | Si | Cu | Mn | Mg | Zn | Ni |
| FA | 7.0 | 0.15 | 0.20 | 0.35 | 0.05 | 0.32 | 0.04 |
| FB | 14.0 | 0.70 | 0.04 | 0.08 | 0.20 | 0.05 | 0.22 |
| FC | 9.5 | 0.45 | 0.07 | 0.16 | 0.10 | 0.10 | 0.17 |
| FD | 11.0 | 0.30 | 0.11 | 0.12 | 0.15 | 0.15 | 0.12 |
| FE | 9.0 | 0.08 | 0.12 | 0.26 | 0.30 | 0.22 | 0.08 |

注:由于中间合金杂质不均等原因,在实际研制过程中对设计成分进行了调整。

C 主要技术指标

根据对 Al - Fe 中间合金光谱标样的要求,本标样必须达到以下主要技术指标:

(1) 各元素成分均匀性:$R_0/R \leqslant 2.103$;

（2）定值准确性（$S$）：$S\leqslant$化学允许差；

（3）工作曲线啮合系数（$PCT$）：$PCT\geqslant 0.995$。

#### 5.2.1.4　Al－Fe 标样的熔炼与浇铸

根据《Al－Fe 中间合金制作工艺规程》，先加入高纯铝（或铝锭）待熔化后，扒渣、搅拌、取样分析。然后，根据分析结果，对其化学成分进行调整直到达到设计要求，最后用多模同时浇铸成蘑菇状样品。

#### 5.2.1.5　标样初验

浇铸成的蘑菇样，尺寸如图 5-5 所示。要求样品无霉斑、油污和夹杂等；头、中、尾取断口样，要求断口组织致密，无熔渣和明显偏析等。

#### 5.2.1.6　标样均匀性检验

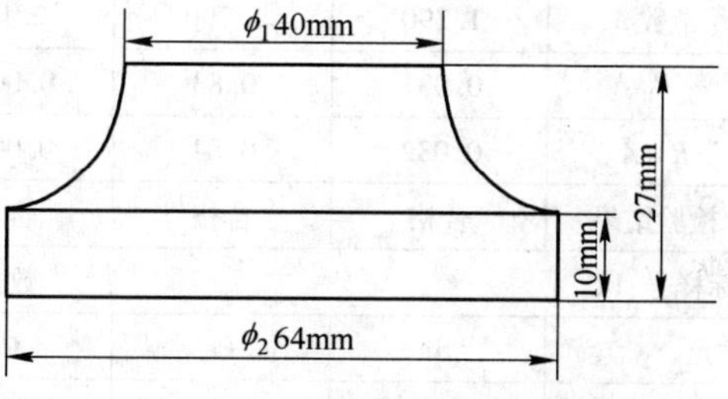

图 5-5　标样的尺寸

光谱标样的均匀性是标样的最关键指标之一，研制出的标样必须经均匀性检验合格方可作为正式标样。《标准样品工作导则》规定，对某些不易均匀的样品（如模铸样品），根据实际情况要增加受检样品，必要时逐个进行检查。采用 100% 挑选法，先对样品全部检查，挑选准则是各样允许差在 2～3 倍的定值误差以内视为合格。把挑选合格的样品重新标记，再用极差法进行均匀性检验。极差法检验公式如下：

若 $R_0\leqslant AR$，则总体均匀；

若 $R_0>AR$，则总体不均匀。

$$R_0=\overline{X}_{\max}-\overline{X}_{\min} \tag{5-1}$$

式中　$\overline{X}_{\max}$——样品的最大组内平均值；

$\overline{X}_{\min}$——样品的最小组内平均值；

$$R=\sum_{i=1}^{m} r_i/m \tag{5-2}$$

$A$——与抽样数（$m$）、每组火花次数（$n$）及置信度（$\alpha$）有关的统计常数。极差法检验结果见表 5-50。从表中可见，除 FB 的 Mg，FC、FD、FE 的 Fe、Mg 不合格外，其他各元素均匀性合格。这些不合格的元素给参考值。

#### 5.2.1.7　定值和数据处理

##### A　多个试验室协作定值

标样的最终定值是标样的最关键指标之一。根据《标准样品工作导则》（GB/T 15000）和《有色金属产品分析用标准样品技术规范》规定，邀请国家轻金属质量监督检验中心等多个实验室进行协作分析定值。分析方法见表 5-51。

**表 5-50 Al-Fe 标样极差法检验结果** （质量分数,%）

| 标样号:FA | 数据组数:16 | | | | | | |
|---|---|---|---|---|---|---|---|
| 元　素 | Si | Fe | Cu | Mn | Mg | Zn | Ni |
| α 置信度 | 0.050 | 0.050 | 0.050 | 0.050 | 0.010 | 0.050 | 0.010 |
| 常数 $A$ | 1.790 | 1.790 | 1.790 | 1.790 | 1.790 | 1.790 | 2.103 |
| $R_0$ | 0.0061 | 0.39 | 0.016 | 0.015 | 0.0038 | 0.0081 | 0.0037 |
| $R \times A$ | 0.0065 | 0.40 | 0.016 | 0.016 | 0.0062 | 0.0087 | 0.0037 |
| 检验结果 | 合格 | 合格 | 合格 | 合格 | 合格 | 合格 | 合格 |
| 标样号:FB | 数据组数:16 | | | | | | |
| 元　素 | Si | Fe | Cu | Mn | Mg | Zn | Ni |
| α 置信度 | 0.050 | 0.050 | 0.010 | 0.010 | 0.010 | 0.010 | 0.050 |
| 常数 $A$ | 1.790 | 1.790 | 2.103 | 2.103 | 1.790 | 2.103 | 1.790 |
| $R_0$ | 0.031 | 0.83 | 0.0027 | 0.0052 | 0.16 | 0.0048 | 0.0094 |
| $R \times A$ | 0.032 | 0.84 | 0.0029 | 0.0053 | 0.013 | 0.0051 | 0.011 |
| 检验结果 | 合格 | 合格 | 合格 | 合格 | 合格 | 合格 | 合格 |
| 标样号:FC | 数据组数:16 | | | | | | |
| 元　素 | Si | Fe | Cu | Mn | Mg | Zn | Ni |
| α 置信度 | 0.050 | 0.050 | 0.010 | 0.050 | 0.050 | 0.050 | 0.050 |
| 常数 $A$ | 1.790 | 1.790 | 2.103 | 1.790 | 1.790 | 1.790 | 1.790 |
| $R_0$ | 0.015 | 0.98 | 0.0045 | 0.0100 | 0.065 | 0.0048 | 0.016 |
| $R \times A$ | 0.024 | 0.62 | 0.0048 | 0.011 | 0.0027 | 0.0049 | 0.016 |
| 检验结果 | 合格 | 合格 | 合格 | 合格 | 合格 | 合格 | 合格 |
| 标样号:FD | 数据组数:16 | | | | | | |
| 元　素 | Si | Fe | Cu | Mn | Mg | Zn | Ni |
| α 置信度 | 0.050 | 0.050 | 0.050 | 0.050 | 0.050 | 0.050 | 0.050 |
| 常数 $A$ | 1.790 | 1.790 | 1.790 | 1.790 | 1.790 | 1.790 | 1.790 |
| $R_0$ | 0.015 | 0.92 | 0.012 | 0.0092 | 0.024 | 0.0047 | 0.0098 |
| $R \times A$ | 0.015 | 0.56 | 0.012 | 0.0096 | 0.0073 | 0.0061 | 0.011 |
| 检验结果 | 合格 | 合格 | 合格 | 合格 | 合格 | 合格 | 合格 |
| 标样号:FE | 数据组数:15 | | | | | | |
| 元　素 | Si | Fe | Cu | Mn | Mg | Zn | Ni |
| α 置信度 | 0.050 | 0.050 | 0.050 | 0.050 | 0.050 | 0.050 | 0.050 |
| 常数 $A$ | 1.777 | 1.777 | 1.777 | 1.777 | 1.777 | 1.777 | 1.777 |
| $R_0$ | 0.033 | 0.83 | 0.081 | 0.014 | 0.14 | 0.0068 | 0.0065 |
| $R \times A$ | 0.033 | 0.69 | 0.011 | 0.015 | 0.014 | 0.0068 | 0.0067 |
| 检验结果 | 合格 | 合格 | 合格 | 合格 | 合格 | 合格 | 合格 |

注：$R$ 为各组极差平均值；$R_0$ 为组最大平均值与最小平均值之差：如 $R_0 \leqslant R \times A$，样品均匀，否则不均匀。

**表 5-51　各协作单位定值方法**

| 元　素 | 定值方法 | | | |
|---|---|---|---|---|
| | 郑州轻金属研究院 | 长安汽车集团公司 | 重庆铝加工所 | 西南铝 |
| Fe | A | B | A | A、C |
| Si | A | B | A | A |
| Cu | A | B | A | A、C |
| Mn | A | B | A | A、C |
| Mg | A | B | A | A |
| Zn | A | B | A | A、C |
| Ni | A | B | A | A、C |

注：表中各字母所代表方法如下：

Fe：A 为邻菲罗啉光度法；B 为 ICP－AES 法；C 为 AAS 法。

Si：A 为硅钼蓝光度法；B 为 ICP－AES 法。

Cu：A 为 AAS 法；B 为 ICP－AES 法；C 为碘量法。

Mn：A 为 $KIO_4$ 氧化光度法；B 为 ICP－AES 法；C 为高碘酸钾光度法。

Mg：A 为 AAS 法；B 为 ICP－AES 法。

Zn：A 为 AAS 法；B 为 ICP－AES 法；C 为 EDTA 滴定法。

Ni：A 为 AAS 法；B 为 ICP－AES 法；C 为丁二酮肟光度法。

B　数据处理

为了保证给出的定值和标准偏差准确可靠，采用科学方法对各协作单位报出的结果进行数理统计处理和检验。检验的方法如下：

（1）数字修约：按 GB8710《数值修约规则进行》；

（2）狄克逊检验：用狄克逊检验准则对各协作单位报出的结果按组平均值进行检验并取舍；

（3）用科克伦准则检验各组结果是否等精度；

（4）正态性检验：用夏皮罗－威尔克检验检查各组平均值的正态性。从正态检验结果可见，除 FB 的 Cu 为非正态外，其他全部为正态分布。对 FB 的 Cu，经分析偏高，但在化学允许差范围内，且满足使用要求。

（5）标样定值及合成标准偏差。Al－Fe 中间合金标样各号的定值及合成标准偏差计算结果见表 5-52。定值结果详见表 5-53。

**表 5-52　Al－Fe 标样定值标准偏差及块内、块间方差**

| 标样名：FA | | | | | |
|---|---|---|---|---|---|
| 元　素 | 标准定值（质量分数）/% | 定值标准偏差（$S$）/% | 块内不均匀方差（$S_W^2$）/‰ | 块间不均匀方差（$S_L^2$）/‰ | 合成标准偏差（$S_{总}$）/% |
| Si | 0.15067 | 0.0043 | 0.0000022 | 0.00000013 | 0.0046 |
| Fe | 6.73287 | 0.072 | 0.0096 | 0.0015 | 0.13 |
| Cu | 0.19880 | 0.0020 | 0.000021 | 0.00000076 | 0.0051 |
| Mn | 0.33527 | 0.0055 | 0.000012 | 0.0000016 | 0.0067 |
| Mg | 0.06088 | 0.0011 | 0.000000096 | 0.00000099 | 0.0016 |
| Zn | 0.33357 | 0.0071 | 0.0000055 | 0.00000039 | 0.0076 |
| Ni | 0.04043 | 0.00087 | 0.00000056 | 0.00000004 | 0.0012 |

续表 5-52

标样名：FB

| 元　素 | 标准定值（质量分数）/% | 定值标准偏差（$S$）/% | 块内不均匀方差（$S_W^2$）/‰ | 块间不均匀方差（$S_L^2$）/‰ | 合成标准偏差（$S_{总}$）/% |
|---|---|---|---|---|---|
| Si | 0.70485 | 0.0053 | 0.000095 | 0.000012 | 0.012 |
| Fe | 15.07875 | 0.041 | 0.035 | 0.00031 | 0.20 |
| Cu | 0.03219 | 0.00049 | 0.00000058 | 0.000000027 | 0.00093 |
| Mn | 0.08722 | 0.00031 | 0.0000020 | 0.000000070 | 0.0015 |
| Mg | 0.17525 | 0.0018 | 0.0021 | 0.0000014 | 0.046 |
| Zn | 0.05375 | 0.00058 | 0.0000016 | 0.000000008 | 0.0015 |
| Ni | 0.22352 | 0.0037 | 0.0000045 | 0.00000040 | 0.0044 |

标样名：FC

| 元　素 | 标准定值（质量分数）/% | 定值标准偏差（$S$）/% | 块内不均匀方差（$S_W^2$）/‰ | 块间不均匀方差（$S_L^2$）/‰ | 合成标准偏差（$S_{总}$）/% |
|---|---|---|---|---|---|
| Si | 0.42860 | 0.0020 | 0.000019 | 0.0000056 | 0.0054 |
| Fe | 8.98730 | 0.033 | 0.070 | 0.0017 | 0.28 |
| Cu | 0.06125 | 0.00097 | 0.0000019 | 0.00000026 | 0.0018 |
| Mn | 0.16567 | 0.00041 | 0.0000098 | 0.00000058 | 0.0033 |
| Mg | 0.10194 | 0.0017 | 0.00045 | 0.000000035 | 0.022 |
| Zn | 0.11325 | 0.00100 | 0.0000017 | 0.000000020 | 0.0017 |
| Ni | 0.17430 | 0.0018 | 0.0000092 | 0.0000019 | 0.0038 |

标样名：FD

| 元　素 | 标准定值（质量分数）/% | 定值标准偏差（$S$）/% | 块内不均匀方差（$S_W^2$）/‰ | 块间不均匀方差（$S_L^2$）/‰ | 合成标准偏差（$S_{总}$）/% |
|---|---|---|---|---|---|
| Si | 0.31672 | 0.0011 | 0.000014 | 0.00000040 | 0.0040 |
| Fe | 10.55500 | 0.14 | 0.091 | 0.00094 | 0.34 |
| Cu | 0.12350 | 0.0054 | 0.0000100 | 0.000000066 | 0.0063 |
| Mn | 0.12290 | 0.0011 | 0.0000070 | 0.00000063 | 0.0030 |
| Mg | 0.15100 | 0.0018 | 0.000050 | 0.000000037 | 0.0074 |
| Zn | 0.11750 | 0.00095 | 0.00000093 | 0.00000013 | 0.0015 |
| Ni | 0.12447 | 0.00074 | 0.0000041 | 0.00000038 | 0.0023 |

标样名：FE

| 元　素 | 标准定值（质量分数）/% | 定值标准偏差（$S$）/% | 块内不均匀方差（$S_W^2$）/‰ | 块间不均匀方差（$S_L^2$）/‰ | 合成标准偏差（$S_{总}$）/% |
|---|---|---|---|---|---|
| Si | 0.08702 | 0.0047 | 0.00000085 | 0.000000008 | 0.0049 |
| Fe | 8.96112 | 0.090 | 0.067 | 0.0023 | 0.28 |
| Cu | 0.12155 | 0.0061 | 0.0000051 | 0.00000033 | 0.0066 |
| Mn | 0.26887 | 0.0021 | 0.000017 | 0.00000097 | 0.0048 |
| Mg | 0.35772 | 0.0059 | 0.0015 | 0.00000075 | 0.040 |
| Zn | 0.23130 | 0.0051 | 0.0000048 | 0.00000015 | 0.0056 |
| Ni | 0.08402 | 0.0017 | 0.0000029 | 0.00000014 | 0.0025 |

表 5-53 Al－Fe 标准样品定值结果

| 数据组数:8 | | | | | | | | |
|---|---|---|---|---|---|---|---|---|
| 标样号 | 定值结果 | Si | Fe | Cu | Mn | Mg | Zn | Ni |
| FA | 标准值(质量分数)/%<br>总标准偏差/% | 0.151<br>0.005 | 6.7<br>0.2 | 0.199<br>0.006 | 0.335<br>0.007 | 0.061<br>0.002 | 0.334<br>0.008 | 0.040<br>0.002 |
| FB | 标准值(质量分数)/%<br>总标准偏差/% | 0.70<br>0.02 | 15.1<br>0.20 | 0.032<br>0.001 | 0.087<br>0.002 | 0.18 * | 0.054<br>0.002 | 0.224<br>0.005 |
| FC | 标准值(质量分数)/%<br>总标准偏差/% | 0.429<br>0.006 | 9.0 * | 0.061<br>0.002 | 0.166<br>0.004 | 0.10 * | 0.113<br>0.002 | 0.174<br>0.004 |
| FD | 标准值(质量分数)/%<br>总标准偏差/% | 0.317<br>0.004 | 10.1 * | 0.123<br>0.0063 | 0.123<br>0.003 | 0.15 * | 0.117<br>0.0015 | 0.124<br>0.0023 |
| FE | 标准值(质量分数)/%<br>总标准偏差/% | 0.087<br>0.005 | 9.0 * | 0.122<br>0.007 | 0.269<br>0.005 | 0.36 * | 0.231<br>0.002 | 0.084<br>0.003 |

注：* 为参考值。

#### 5.2.1.8 试用情况报告

A 工作曲线检查

光谱标样工作曲线啮合系数是衡量该标样的重要指标。随机抽取 5 套标样，用进口仪器制作工作曲线，检查其呈线性情况。检查结果表明呈线性良好，啮合系数均在 2 个 95（含 2 个 95）以上，完全满足光谱分析 Al－Fe 中间合金的要求。啮合系数见表 5-54。

表 5-54 Al－Fe 标样工作曲线啮合系数

| 元素 | Si | Fe | Cu | Mn | Mg | Zn | Ti | 备注 |
|---|---|---|---|---|---|---|---|---|
| 波长/nm | 2881 | 2714 | 3274 | 2933 | 2790 | 2138 | 3414 | 用英国进口光谱仪 E982 |
| 啮合系数/% | 99.857 | 99.531 | 99.902 | 99.832 | 99.870 | 99.863 | 99.901 | |

注：由于 Al－Fe 中间合金 Fe 含量很高，要选择无自蚀的谱线。

B 生产考核

为检查本标样使用情况，委托相关单位用本标样与进口光谱仪 DV4 和 E982 制作工作曲线进行分析，其结果与化学结果相符。详见表 5-55。

表 5-55 Al－Fe 标样生产试分析结果

| 试样号 | 分析结果(质量分数)/% | | | | | | | | 备注 |
|---|---|---|---|---|---|---|---|---|---|
| | 元素 | Si | Fe | Cu | Mn | Mg | Zn | Ni | |
| FE－FC－60 | E982<br>化学 | 0.45<br>0.43 | 8.79<br>8.99 | 0.065<br>0.061 | 0.16<br>0.17 | 0.16<br>0.15 | 0.12<br>0.11 | 0.18<br>0.17 | 5 次平均结果 |
| FE－FB－50 | DV4<br>化学 | 0.74<br>0.71 | 14.75<br>15.0 | 0.034<br>0.032 | 0.088<br>0.087 | 0.192<br>0.18 | 0.055<br>0.054 | 0.24<br>0.22 | 5 次平均结果 |
| FE－FA－91 | DV4<br>化学 | 0.17<br>0.15 | 6.72<br>6.73 | 0.20<br>0.20 | 0.34<br>0.34 | 0.065<br>0.061 | 0.34<br>0.33 | 0.042<br>0.040 | 5 次平均结果 |

#### 5.2.1.9 与国内外同类标样比对情况

从调研情况和查新报告的结果可见，在此标样之前国内外均无 Al－Fe 中间合金光谱标样和铁含量在 7% 以上的铝合金标样商品出售，因此无法比对。本标样研制成功，使我国在同类标样研制领域居世界领先水平。

### 5.2.2 Al－Si 中间合金光谱标准样品的制备

#### 5.2.2.1 主要技术难点

（1）Si 中间合金 Si 含量为 17%～24%，属过共晶 Al－Si 合金。要保证如此高硅含量的 Al－Si 标准样品主要元素和杂质元素化学成分均匀是很困难的，也无资料可借鉴。

（2）炉前调整成分困难：由于无相应炉前分析规程，尤其 Cr、Pb、Sn 等元素无分析规程。

（3）分析定值困难：由于 Si 含量太高，不仅溶样困难，而且有些元素受 Si 干扰严重，这给分析定值带来很大难度。

（4）过共晶 Al－Si 合金中的硅含量太高，挤压困难。

#### 5.2.2.2 攻关措施

（1）变质处理技术：用特殊变质剂（含 P 的复合变质剂）进行变质处理，可使粗晶硅和过共晶硅晶粒细化，组织致密，改善 Al－Si 的加工性能，方便后续工序进行。

（2）扩散熔炼：由于 Si 扩散系数大于其他杂质元素，采用长时间（8 h 以上）扩散熔炼，使 Si 均匀分布到铝液中。

（3）制定临时分析规程（含 11 个元素）作为标样铸锭调整成分专用。

（4）进行定值方法研究，建立适用于 Al－Si 标样的分析方法。

（5）采用高挤压温度、极低速挤压法。

#### 5.2.2.3 研制程序和成分设计

研制程序和成分设计原则同 4.1.2 节。

根据 GB8735—1988《铝中间合金锭》和工厂《中间合金制作工艺规程》中的主元素和杂质化学元素要求，适当放宽上、下限设计本 Al－Si 标样化学成分，见表 5-56。

**表 5-56 Al－Si 光谱标准样品设计成分**　　（质量分数，%）

| 标样号 | Cu | Mn | Ti | Ni | Cr | Fe | Zn | Mg | Pb | Sn | Si |
|---|---|---|---|---|---|---|---|---|---|---|---|
| E2021 | 0.09 | 0.40 | 0.02 | 0.04 | 0.04 | 1.10 | 0.08 | 0.40 | 0.02 | 0.02 | 22 |
| E2022 | 0.15 | 0.30 | 0.05 | 0.10 | 0.07 | 0.90 | 0.11 | 0.28 | 0.05 | 0.05 | 18 |
| E2023 | 0.25 | 0.20 | 0.08 | 0.15 | 0.10 | 0.75 | 0.15 | 0.18 | 0.08 | 0.08 | 21 |
| E2024 | 0.20 | 0.15 | 0.13 | 0.18 | 0.15 | 0.50 | 0.20 | 0.10 | 0.14 | 0.14 | 20 |
| E2025 | 0.22 | 0.10 | 0.20 | 0.22 | 0.20 | 0.25 | 0.26 | 0.04 | 0.20 | 0.20 | 24 |

#### 5.2.2.4 Al－Si 标样的制备

按照设计成分，通过配料、熔铸、变质处理、均热、挤压加工和锯切等加工工序，最后制成 $\phi$62 mm × 30 mm 的圆柱状光谱标样。前一道工序不合格，不进入下一道工序。在挤压时，由于 E2025 的 Si 含量高，头部挤断两节，表面裂纹严重，除去有缺陷的部分后再进行锯切。

### 5.2.2.5 标样均匀性检验

标样均匀性检验同4.1.2节。极差法检验结果见表5-57,极差法检验结果表明均匀性全部合格。

**表5-57 Al-Si标样极差法检验结果**

标样号:E2021 数据组数:17

| 元素 | Si | Fe | Cu | Mn | Mg | Zn | Ti | Ni | Cr | Pb | Sn |
|---|---|---|---|---|---|---|---|---|---|---|---|
| $\alpha$ 置信度 | 0.010 | 0.010 | 0.010 | 0.010 | 0.010 | 0.010 | 0.010 | 0.010 | 0.010 | 0.010 | 0.010 |
| 常数 $A$ | 2.108 | 2.108 | 2.108 | 2.108 | 2.108 | 2.108 | 2.108 | 2.108 | 2.108 | 2.108 | 2.108 |
| $R_0$ | 0.98 | 0.055 | 0.0048 | 0.017 | 0.015 | 0.0062 | 0.00081 | 0.0022 | 0.0027 | 0.0017 | 0.0025 |
| $R\times A$ | 1.13 | 0.058 | 0.0066 | 0.017 | 0.018 | 0.0065 | 0.00095 | 0.0024 | 0.0028 | 0.0017 | 0.0025 |
| 检验结果 | 合格 | 合格 | 合格 | 合格 | 合格 | 合格 | 合格 | 合格 | 合格 | 合格 | 合格 |

标样号:E2022 数据组数:16

| 元素 | Si | Fe | Cu | Mn | Mg | Zn | Ti | Ni | Cr | Pb | Sn |
|---|---|---|---|---|---|---|---|---|---|---|---|
| $\alpha$ 置信度 | 0.010 | 0.010 | 0.010 | 0.010 | 0.010 | 0.010 | 0.010 | 0.010 | 0.010 | 0.010 | 0.010 |
| 常数 $A$ | 2.103 | 2.103 | 2.103 | 2.103 | 2.103 | 2.103 | 2.103 | 2.103 | 2.103 | 2.103 | 2.103 |
| $R_0$ | 0.31 | 0.017 | 0.0057 | 0.0044 | 0.0054 | 0.0031 | 0.00074 | 0.0021 | 0.0018 | 0.0016 | 0.0021 |
| $R\times A$ | 0.31 | 0.017 | 0.0069 | 0.0054 | 0.0060 | 0.0044 | 0.00082 | 0.0025 | 0.0021 | 0.0020 | 0.0022 |
| 检验结果 | 合格 | 合格 | 合格 | 合格 | 合格 | 合格 | 合格 | 合格 | 合格 | 合格 | 合格 |

标样号:E2023 数据组数:15

| 元素 | Si | Fe | Cu | Mn | Mg | Zn | Ti | Ni | Cr | Pb | Sn |
|---|---|---|---|---|---|---|---|---|---|---|---|
| $\alpha$ 置信度 | 0.010 | 0.010 | 0.010 | 0.010 | 0.010 | 0.010 | 0.010 | 0.010 | 0.010 | 0.010 | 0.010 |
| 常数 $A$ | 2.095 | 2.095 | 2.095 | 2.095 | 2.095 | 2.095 | 2.095 | 2.095 | 2.095 | 2.095 | 2.095 |
| $R_0$ | 11.24 | 0.073 | 0.045 | 0.024 | 0.029 | 0.034 | 0.011 | 0.013 | 0.018 | 0.016 | 0.0096 |
| $R\times A$ | 5.20 | 0.081 | 0.051 | 0.030 | 0.029 | 0.044 | 0.011 | 0.018 | 0.023 | 0.017 | 0.018 |
| 检验结果 | 不合格 | 合格 | 合格 | 合格 | 合格 | 合格 | 合格 | 合格 | 合格 | 合格 | 合格 |

标样号:E2024 数据组数:17

| 元素 | Si | Fe | Cu | Mn | Mg | Zn | Ti | Ni | Cr | Pb | Sn |
|---|---|---|---|---|---|---|---|---|---|---|---|
| $\alpha$ 置信度 | 0.010 | 0.010 | 0.010 | 0.010 | 0.010 | 0.010 | 0.010 | 0.010 | 0.010 | 0.010 | 0.010 |
| 常数 $A$ | 2.108 | 2.108 | 2.108 | 2.108 | 2.108 | 2.108 | 2.108 | 2.108 | 2.108 | 2.108 | 2.108 |
| $R_0$ | 0.77 | 0.0094 | 0.0068 | 0.0028 | 0.0032 | 0.013 | 0.0021 | 0.0038 | 0.0051 | 0.0048 | 0.0044 |
| $R\times A$ | 0.86 | 0.011 | 0.0081 | 0.0037 | 0.0035 | 0.014 | 0.0024 | 0.0044 | 0.0056 | 0.0058 | 0.0051 |
| 检验结果 | 合格 | 合格 | 合格 | 合格 | 合格 | 合格 | 合格 | 合格 | 合格 | 合格 | 合格 |

标样号:E2025 数据组数:15

| 元素 | Si | Fe | Cu | Mn | Mg | Zn | Ti | Ni | Cr | Pb | Sn |
|---|---|---|---|---|---|---|---|---|---|---|---|
| $\alpha$ 置信度 | 0.010 | 0.010 | 0.010 | 0.010 | 0.010 | 0.010 | 0.010 | 0.010 | 0.010 | 0.010 | 0.010 |
| 常数 $A$ | 2.095 | 2.095 | 2.095 | 2.095 | 2.095 | 2.095 | 2.095 | 2.095 | 2.095 | 2.095 | 2.095 |
| $R_0$ | 2.39 | 0.016 | 0.018 | 0.0067 | 0.0030 | 0.034 | 0.0081 | 0.016 | 0.017 | 0.019 | 0.013 |
| $R\times A$ | 3.18 | 0.018 | 0.019 | 0.0082 | 0.0037 | 0.034 | 0.011 | 0.016 | 0.018 | 0.019 | 0.015 |
| 检验结果 | 不合格 | 合格 | 合格 | 合格 | 合格 | 合格 | 合格 | 合格 | 合格 | 合格 | 合格 |

注:$R$ 为各极差平均值;$R_0$ 为组最大平均值与最小平均值之差;如 $R_0 \leqslant R\times A$,样品均匀,否则不均匀。

### 5.2.2.6　定值和数据处理

A　多个试验室协作定值

各协作实验室分析结果和方法见表5-58。

**表5-58　各协作单位定值方法**

| 元素＼单位 | 定值方法 | | | |
|---|---|---|---|---|
| | 郑州轻金属研究院 | 长安汽车集团公司 | 重庆铝加工所 | 西南铝加工厂 |
| Fe | 国标邻二氮杂菲光度法 | ICP - AES 法 | 邻二氮杂菲光度法 | AAS 法 |
| Si | 国标重量法 | 重量法 | 滴定法 | 钼蓝光度法 |
| Cu | 国标 AAS 法 | ICP - AES 法 | AAS 法 | AAS 法 |
| Mn | 国标高碘酸钾光度法 | ICP - AES 法 | AAS 法 | AAS 法 |
| Mg | 国标 AAS 法 | ICP - AES 法 | AAS 法 | AAS 法 |
| Cr | 国标 AAS 法 | ICP - AES 法 | AAS 法 | AAS 法 |
| Zn | 国标 AAS 法 | ICP - AES 法 | AAS 法 | AAS 法 |
| Ti | 国标二安替比林甲烷光度法 | ICP - AES 法 | 二安替比林甲烷光度法 | 二安替比林甲烷光度法 |
| Ni | 国标 AAS 法 | ICP - AES 法 | AAS 法 | AAS 法 |
| Sn | 国标苯基荧光酮光度法 | ICP - AES 法 | 苯基荧光酮光度法 | 苯基荧光酮光度法 |
| Pb | 国标 AAS 法 | ICP - AES 法 | AAS 法 | AAS 法 |

B　数据处理

为了保证给出的值和不确定度准确可靠,采用科学的方法对各协作单位报出的结果进行数理统计处理和检验。检验方法如下:

(1) 数字修约:按 GB8710《数值修约规则》进行;

(2) 狄克逊检验:用狄克逊检验准则对各协作单位报出的结果按组平均值进行检验并取舍。检验结果虽有个别元素为异常值,但在允许差内,故100%选用。

(3) 用科克伦准则检验各组结果是否等精度:检验结果表明各组均为等精度或近似等精度。

(4) 用夏皮罗 - 威尔克检验各组平均值,结果表明符合正态分布或似正态分布。

C　标样定值及合成标准偏差

根据标准样品工作导则,计算 Al - Si 标样各样的定值结果及合成标准偏差,见表5-59。最终定值结果用标准值和合成标准偏差及测试数据组数表示,见表5-60。

**表5-59　Al - Si 标样的定值标准偏差及块内、块间方差**

| 标样名:E2021 | | | | | |
|---|---|---|---|---|---|
| 元　素 | 标准定值(质量分数)/% | 定值标准偏差($S$)/% | 块内不均匀方差($S_W^2$)/‰ | 块间不均匀方差($S_L^2$)/‰ | 合成标准偏差($S_{总}$)/% |
| Si | 20.97450 | 0.32 | 0.060 | 0.024 | 0.44 |
| Fe | 1.21037 | 0.025 | 0.00013 | 0.000016 | 0.028 |
| Cu | 0.07396 | 0.0011 | 0.00000018 | 0.000000098 | 0.0013 |

续表 5-59

| 元 素 | 标准定值(质量分数)/% | 定值标准偏差(S)/% | 块内不均匀方差($S_W^2$)/‰ | 块间不均匀方差($S_L^2$)/‰ | 合成标准偏差($S_总$)/% |
|---|---|---|---|---|---|
| Mn | 0.43480 | 0.0031 | 0.0000092 | 0.000000036 | 0.0044 |
| Mg | 0.44297 | 0.0051 | 0.0000042 | 0.00000095 | 0.0056 |
| Zn | 0.09188 | 0.0029 | 0.0000024 | 0.000000016 | 0.0034 |
| Ti | 0.02218 | 0.00074 | 0.000000025 | 0.000000003 | 0.00076 |
| Ni | 0.04337 | 0.00093 | 0.00000021 | 0.000000002 | 0.0011 |
| Cr | 0.03969 | 0.00043 | 0.00000040 | 0.000000027 | 0.00079 |
| Pb | 0.02453 | 0.0011 | 0.00000012 | 0.000000015 | 0.0012 |
| Sn | 0.03206 | 0.00046 | 0.00000053 | 0.000000011 | 0.00087 |

标样名：E2022

| 元 素 | 标准定值(质量分数)/% | 定值标准偏差(S)/% | 块内不均匀方差($S_W^2$)/‰ | 块间不均匀方差($S_L^2$)/‰ | 合成标准偏差($S_总$)/% |
|---|---|---|---|---|---|
| Si | 17.49325 | 0.34 | 0.0069 | 0.0011 | 0.36 |
| Fe | 0.80782 | 0.0080 | 0.000023 | 0.000000025 | 0.0094 |
| Cu | 0.13477 | 0.0018 | 0.0000026 | 0.0000011 | 0.0027 |
| Mn | 0.32587 | 0.0018 | 0.0000018 | 0.00000021 | 0.0024 |
| Mg | 0.25125 | 0.0022 | 0.0000014 | 0.00000073 | 0.0027 |
| Zn | 0.11427 | 0.0012 | 0.00000019 | 0.00000055 | 0.0015 |
| Ti | 0.05302 | 0.0019 | 0.000000036 | | 0.0020 |
| Ni | 0.07675 | 0.00065 | 0.00000024 | 0.000000075 | 0.00086 |
| Cr | 0.05543 | 0.00084 | 0.00000019 | 0.00000012 | 0.0011 |
| Pb | 0.05216 | 0.0012 | 0.00000014 | 0.000000094 | 0.0014 |
| Sn | 0.06077 | 0.0021 | 0.00000041 | 0.00000013 | 0.0023 |

标样名：E2023

| 元 素 | 标准定值(质量分数)/% | 定值标准偏差(S)/% | 块内不均匀方差($S_W^2$)/‰ | 块间不均匀方差($S_L^2$)/‰ | 合成标准偏差($S_总$)/% |
|---|---|---|---|---|---|
| Si | 24.35305 | 0.41 | 9.67 | 0.15 | 3.17 * |
| Fe | 0.78870 | 0.012 | 0.00011 | 0.000066 | 0.018 * |
| Cu | 0.23847 | 0.0041 | 0.000069 | 0.0000067 | 0.0097 * |
| Mn | 0.21480 | 0.0022 | 0.000029 | 0.0000064 | 0.0064 * |
| Mg | 0.18020 | 0.0043 | 0.000044 | 0.0000079 | 0.0084 * |
| Zn | 0.20767 | 0.0047 | 0.000056 | 0.000019 | 0.0099 * |
| Ti | 0.08233 | 0.0017 | 0.0000071 | 0.0000016 | 0.0035 * |
| Ni | 0.13727 | 0.0033 | 0.0000084 | 0.0000076 | 0.0052 * |
| Pb | 0.09466 | 0.0048 | 0.0000092 | 0.00000027 | 0.0058 |
| Sn | 0.08385 | 0.0026 | 0.000013 | 0.0000014 | 0.0046 * |

续表 5-59

标样名:E2024

| 元素 | 标准定值（质量分数）/% | 定值标准偏差（$S$）/% | 块内不均匀方差（$S_W^2$）/‰ | 块间不均匀方差（$S_L^2$）/‰ | 合成标准偏差（$S_{总}$）/% |
|---|---|---|---|---|---|
| Si | 18.18625 | 0.082 | 0.054 | 0.0018 | 0.26 |
| Fe | 0.47812 | 0.014 | 0.0000043 | 0.00000015 | 0.015 |
| Cu | 0.19057 | 0.0042 | 0.0000044 | 0.0000015 | 0.0049 |
| Mn | 0.12272 | 0.0018 | 0.00000049 | 0.000000094 | 0.0020 |
| Mg | 0.10985 | 0.0025 | 0.00000090 | 0.00000016 | 0.0028 |
| Zn | 0.26375 | 0.0039 | 0.000014 | 0.000000014 | 0.0055 |
| Ti | 0.12867 | 0.00072 | 0.00000023 | 0.000000011 | 0.00088 |
| Ni | 0.15422 | 0.0030 | 0.0000015 | 0.00000035 | 0.0034 |
| Cr | 0.12950 | 0.0033 | 0.0000024 | 0.0000012 | 0.0039 |
| Pb | 0.12765 | 0.0029 | 0.000012 | 0.0000011 | 0.0033 |
| Sn | 0.13662 | 0.0046 | 0.0000017 | 0.00000071 | 0.0049 |

标样名:E2025

| 元素 | 标准定值（质量分数）/% | 定值标准偏差（$S$）/% | 块内不均匀方差（$S_W^2$）/‰ | 块间不均匀方差（$S_L^2$）/‰ | 合成标准偏差（$S_{总}$）/% |
|---|---|---|---|---|---|
| Si | 20.86700 | 0.51 | 0.092 | 0.012 | 0.61 |
| Fe | 0.27885 | 0.0083 | 0.0000090 | 0.00000062 | 0.0089 |
| Cu | 0.18837 | 0.0036 | 0.000016 | 0.000000064 | 0.0054 |
| Mn | 0.10261 | 0.0026 | 0.0000023 | 0.00000016 | 0.0031 |
| Mg | 0.04573 | 0.00044 | 0.00000051 | 0.000000042 | 0.00087 |
| Zn | 0.33980 | 0.0096 | 0.000058 | 0.0000061 | 0.013 |
| Ti | 0.19270 | 0.0019 | 0.0000018 | 0.00000050 | 0.0025 |
| Ni | 0.22762 | 0.0063 | 0.0000080 | 0.00000086 | 0.0070 |
| Cr | 0.19292 | 0.0039 | 0.0000087 | 0.0000020 | 0.0052 |
| Pb | 0.20737 | 0.0087 | 0.000024 | 0.0000013 | 0.011 |
| Sn | 0.18575 | 0.0054 | 0.0000056 | 0.0000018 | 0.0061 |

注：* 为参考值。

**表 5-60 Al-Si 标样定值结果**

数据组数:8

| 标样号 | 元素 | Si | Fe | Cu | Mn | Mg | Zn | Ti | Ni | Cr | Pb | Sn |
|---|---|---|---|---|---|---|---|---|---|---|---|---|
| E2021 | 标准值/wt% | 20.97 | 1.21 | 0.074 | 0.435 | 0.443 | 0.092 | 0.022 | 0.043 | 0.040 | 0.025 | 0.032 |
| | 总标准偏差/% | 0.44 | 0.028 | 0.0013 | 0.0044 | 0.0056 | 0.0034 | 0.0076 | 0.0011 | 0.001 | 0.0012 | 0.001 |
| E2022 | 标准值/wt% | 17.49 | 0.808 | 0.135 | 0.326 | 0.251 | 0.114 | 0.053 | 0.077 | 0.055 | 0.052 | 0.061 |
| | 总标准偏差/% | 0.36 | 0.0094 | 0.0027 | 0.0024 | 0.0027 | 0.0015 | 0.0020 | 0.001 | 0.0011 | 0.0014 | 0.0023 |
| E2023 | 标准值/wt% | 24.35 * | 0.789 | 0.238 | 0.215 | 0.180 | 0.208 | 0.082 | 0.137 | 0.096 | 0.095 | 0.084 |
| | 总标准偏差/% | | 0.018 | 0.0017 | 0.0064 | 0.0084 | 0.0099 | 0.0035 | 0.0052 | 0.0046 | 0.0058 | 0.0046 |
| E2024 | 标准值/wt% | 18.19 | 0.478 | 0.191 | 0.123 | 0.110 | 0.264 | 0.129 | 0.154 | 0.129 | 0.128 | 0.137 |
| | 总标准偏差/% | 0.26 | 0.015 | 0.0049 | 0.002 | 0.0028 | 0.0055 | 0.001 | 0.0034 | 0.0039 | 0.0033 | 0.0049 |
| E2025 | 标准值/wt% | 20.87 * | 0.279 | 0.188 | 0.103 | 0.046 | 0.340 | 0.193 | 0.228 | 0.193 | 0.207 | 0.186 |
| | 总标准偏差/% | | 0.0089 | 0.0054 | 0.0021 | 0.001 | 0.0013 | 0.0025 | 0.0070 | 0.0052 | 0.011 | 0.0061 |

注：* 为参考值。

#### 5.2.2.7 试用情况报告

A 工作曲线检查

光谱标样工作曲线啮合系数是衡量该标样的重要指标之一。随机抽取5套标样制作工作曲线,其啮合系数达2个95以上(含2个95),满足光谱分析需要。啮合系数见表5-61。

表5-61 铝硅标样工作曲线啮合系数

| 元素 | Cu | Mn | Ti | Ni | Cr | Fe | Zn | Mg | Pb | Sn | Si |
|---|---|---|---|---|---|---|---|---|---|---|---|
| 啮合系数/% | 99.80 | 100 | 99.90 | 100.0 | 99.90 | 99.90 | 99.90 | 99.90 | 99.70 | 99.80 | 97.00 |

B 生产考核

为检验Al-Si标样试用情况,用本标样和进口英国光谱仪制作工作曲线进行试分析,其结果与化学结果相符,详见表5-62。

表5-62 Al-Si标准样品生产考核结果 (质量分数,%)

| 仪器型号 | 试样编号 | 元素 | | | | | | | | | |
|---|---|---|---|---|---|---|---|---|---|---|---|
| | | Cu | Mg | Mn | Fe | Zn | Ti | Ni | Cr | Pb | Sn |
| E982光谱 | 20-22 | 0.14 | 0.26 | 0.33 | 0.83 | 0.11 | 0.050 | 0.079 | 0.058 | 0.046 | 0.061 |
| 化学法 | | 0.14 | 0.26 | 0.33 | 0.81 | 0.11 | 0.050 | 0.079 | 0.058 | 0.051 | 0.063 |
| E982光谱 | 20-24 | 0.20 | 0.11 | 0.12 | 0.46 | 0.23 | 0.13 | 0.15 | 0.13 | 0.12 | 0.14 |
| 化学法 | | 0.20 | 0.11 | 0.12 | 0.47 | 0.24 | 0.13 | 0.15 | 0.13 | 0.12 | 0.14 |

#### 5.2.2.8 与国内外同类标样比对实验

据查新报告,国内外市场尚未发现有Al-Si中间合金标样出售。因此,本标样为国内首创,居国际领先水平。

### 5.2.3 国内研制的其他铝中间合金标准样品

国内研制的其他中间合金标样列于表5-63~表5-67中。

表5-63 Al-Mn中间合金标样

| 标样编号 | 标样名称 | 化学成分(质量分数)/% | | | | | | | | | | |
|---|---|---|---|---|---|---|---|---|---|---|---|---|
| | | Si | Fe | Cu | Mg | Mn | Zn | Ti | Ni | Cr | Pb | Sn |
| MB | Al-Mn | 0.353 | 0.426 | 0.144 | 0.228 | 12.87* | 0.225 | 0.043 | 0.077 | 0.067 | 0.148 | 0.162 |
| MC | | 0.531 | 0.806 | 0.110 | 0.0066 | 13.56* | 0.204 | 0.118 | 0.120 | 0.105 | 0.075 | 0.056 |
| MD | | 0.60 | 0.154 | 0.214 | 0.155 | 18.67* | 0.373 | 0.229 | 0.025 | 0.022 | 0.142 | 0.106 |
| ME | | 0.121 | 0.629 | 0.061 | 0.465 | 12.63* | 0.062 | 0.023 | 0.075 | 0.035 | 0.022 | 0.00043* |
| MF | | 0.270 | 1.02 | 0.042 | 0.337 | 9.48* | 0.229 | 0.137 | 0.217 | 0.161 | 0.208 | 0.171 |

注:*为参考值,蘑菇状。

表 5-64 Al-Ce 稀土标样

| 标样编号 | 标样名称 | 化学成分(质量分数)/% | | | | | | | | | | |
|---|---|---|---|---|---|---|---|---|---|---|---|---|
| | | Si | Fe | Cu | Mn | Mg | Cr | Ni | Zn | Ti | Ga | Ce |
| E2151 | Al-Ce | 0.038 | 0.009 | 0.005 | 0.002 | 0.017 | 0.001 | 0.0005 | 0.01 | 0.0028 | 0.0006 | 0.0075 |
| E2152 | | 0.033 | 0.098 | 0.012 | 0.013 | 0.022 | 0.001 | 0.002 | 0.015 | 0.002 | 0.009 | 0.031 |
| E2153 | | 0.036 | 0.093 | 0.0015 | 0.0009 | 0.002 | 0.0007 | 0.0016 | 0.005 | 0.0016 | 0.009 | 0.049 |
| E2154 | | 0.041 | 0.14 | 0.0009 | 0.0028 | 0.0042 | 0.0015 | 0.004 | 0.014 | 0.0025 | 0.014 | 0.099 |
| E2155 | | 0.032 | 0.098 | 0.0016 | 0.0013 | 0.0016 | 0.0014 | 0.0026 | 0.011 | 0.0018 | 0.013 | 0.150 |

注:除 Ce 外,其他元素均为参考值。

表 5-65 Al-Cu 标样

| 标样编号 | 标样名称 | 化学成分(质量分数)/% | | | | | | | |
|---|---|---|---|---|---|---|---|---|---|
| | | Si | Fe | Cu | Mn | Mg | Zn | Ti | Ni |
| Cu0 | Al-Cu | 0.05* | 0.07* | 20.52 | 0.003* | 0.002 | 0.01* | 0.03* | 0.02* |
| Cu1 | | 0.04* | 0.06* | 16.26 | | | | | |
| Cu2 | | 0.29* | 0.09* | (14.74) | | 0.02* | | 0.06* | |
| Cu3 | | 0.26* | 0.04* | 13.00 | 0.011* | 0.0011* | 0.006* | 0.071* | 0.0076* |
| Cu4 | | 0.25* | 0.05* | 15.06 | 0.046* | 0.0017* | 0.0071* | 0.073* | 0.0096* |
| Cu5 | | 0.30* | 0.06* | 17.51 | 0.040* | 0.0084* | 0.0090* | 0.080* | 0.005* |

注:* 为信息值;(  )为偏离曲线,蘑菇状。

表 5-66 Al-Ag 标样

| 标样编号 | AG1 | AG2 | AG3 | AG4 |
|---|---|---|---|---|
| Ag 含量(质量分数)/% | 1.08 | 3.06 | 1.76 | 0.20 |

注:* 为信息值;(  )为偏离曲线,蘑菇状。

表 5-67 Al-Sn 标样

| 标样编号 | 标样名称 | 标样化学成分(质量分数)/% | | | | | | | |
|---|---|---|---|---|---|---|---|---|---|
| | | Si | Fe | Cu | Mn | Mg | Ti | Ni | Sn |
| E2311 | Al-Sn | 3.53 | 0.496 | 0.617 | 0.017 | 0.019 | 0.062 | 0.609 | 4.85 |
| E2312 | | 3.04 | 0.167 | 0.836 | 0.044 | 0.042 | 0.097 | 0.744 | 5.48 |
| E2313 | | 2.50 | 0.298 | 1.03 | 0.073 | 0.083 | 0.160 | 0.937 | 5.57 |
| E2314 | | 2.12 | 0.396 | 1.69 | 0.178 | 0.170 | 0.223 | 1.15 | 7.58 |
| E2315 | | 1.73 | 0.144 | 1.36 | 0.151 | 0.149 | 0.240* | 1.41 | 7.26 |

注:* 为参考值。

## 5.3 特殊铝合金标准样品的制备技术

在国内外铝合金产品中,除了要求分析、控制主元素和常规杂质元素(如 Si、Fe、Cu、Mn、Mg、Zn、Ti、Ni、Cr、Zr)外,有些合金和产品还要求分析控制其他元素。

一是为了提高性能有些合金添加了某种元素，如5A70/5A71高镁合金加入0.20%～0.50%的钪元素，可提高高温性能；5A12合金加入0.004%～0.05%的锑元素，2195合金加入0.20%～0.50%的银元素，可提高焊接性能和低温性能；5A90加入1.9%～2.3%的锂元素，可降低材料密度和提高强度；6262合金加入0.40%～0.70%的铅和0.40%～0.70%的铋，可提高焊接性能等等。

二是有些特殊用途的铝合金对某些元素有特殊要求：(1)如食品行业用铝及铝合金材料应控制$w(Cd+Hg+Pb+Cr)\leqslant 0.01\%$，$w(As)\leqslant 0.01\%$；电器、电子设备行业用铝及铝合金材料应控制$w(Pb)\leqslant 0.1\%$，$w(Hg)\leqslant 0.1\%$，$w(Cd)\leqslant 0.1\%$，$w(Cr)\leqslant 0.1\%$；(2)如用于反应堆的铝及铝合金材料要求控制$w(Ga)\leqslant 0.04\%$，$w(Li)\leqslant 0.008\%$，$w(Cd)\leqslant 0.003\%$，$w(B)\leqslant 0.001\%$，$w(Co)\leqslant 0.001\%$等。

三是有些元素在铝及铝合金中起着变质和细化晶粒作用：(1)如在铝及铝合金中加入一定量的钛和硼（以Al－Ti或Al－Ti－B中间合金形式加入），可起细化铸造组织和焊缝组织的作用；(2)如在共晶铝硅合金和过共晶铝硅合金中分别加入一定量的锶和磷元素可起到对共晶铝硅合金和过共晶铝硅合金变质的作用，使得粗大的共晶铝硅、过共晶铝硅和初晶硅细化，组织致密、化学成分均匀且提高加工性能；(3)稀土元素（如铈元素等）加入铝合金中，使铝合金熔铸时晶粒细化，减少合金中的气体和夹杂，并使夹杂相趋于球化，还可降低熔体表面张力，增加流动性，有利于浇铸成锭，对工艺性能有着明显的影响。

四是在铝合金中有时还存在钒、钙、铅、锡、铋、锑、铍及钠等杂质元素。这些杂质元素由于熔点高低不一、结构不同，与铝形成的化合物亦不相同，因而对铝合金性能的影响各不一样。如Na元素，当镁含量超过2%时，镁夺取钠，析出游离钠，产生“钠脆”。铍在变形铝合金中可改善氧化膜的结构，减少熔铸时的镁的烧损和夹杂。铍是有毒元素，能使人产生过敏性中毒。因此，用于制造食品和饮料器皿的铝合金中不能含有铍。焊接材料中的铍含量通常控制在8 μg/mL以下。用作焊接基体的铝合金也应控制铍的含量。

由此可见，在国内外铝合金产品中，除了要求分析、控制主元素和常规杂质元素外，为了满足铝及铝合金对化学成分分析控制的特殊要求，还必须有特殊铝合金标准样品。本节主要介绍这些特殊铝合金标准样品的制备。

### 5.3.1 含Ag的2195铝锂合金标准样品的制备

2195铝锂合金是一种非常特殊的合金，含Ag、Cu、Li、Mg、Ti和Zr等6个元素，用于某些特种行业。为了保证2195合金的质量和新材料的顺利生产，需研制出相应的标准样品来严控其化学成分。

#### 5.3.1.1 技术难点和攻关措施

##### A 技术难点

2195合金光谱标样Li含量范围为0.5%～1.5%。由于锂本身的化学性活泼，进入熔体中易形成夹杂物，遇水爆炸，敏感性比纯铝大得多，因此使得2195合金标样研制要比普通铝合金标样研制的困难大得多。主要技术难点如下：

（1）缺乏资料：铝锂合金属新开发的金属材料，工艺还不十分成熟，至于2195合金光谱标准样品的资料就更少了。

（2）熔炼和铸造难：

1）由于Li的化学性活泼，决定了Li元素加入技术和操作工艺难以掌握，用2号熔剂覆盖不住。

2）Ag加入困难，目前国内还没有在Al中加入Ag的标样，Ag为重金属，易产生重量偏析等。

3）Al－Li合金结晶温度低（600～650℃），且流动性好，故很难铸造成形，易拉裂和产生中心裂纹。

（3）化学成分控制难：

1）无适合于2195标准样品成分调整的分析规程，尤其是Ag元素，目前国内无铝中含Ag的光谱分析报道。

2）Li易烧损且实收率难以控制，把Li调整到设计成分很困难。

（4）均匀性问题：Al－Li合金易产生熔剂杂质和非金属化合物，严重影响标样化学成分均匀性。

（5）定值准确性问题：目前，铝中Ag的分析方法无国标，也无含Ag的铝标样，增大了本标样最终定值的难度。

（6）安全技术问题：Li元素遇水易发生激烈反应甚至发生爆炸，因此熔炼和铸造过程中安全操作十分重要，必须万无一失。

B 攻关措施

为了解决2195标准样品研制过程中存在的技术难题，保证研制出定值准确、化学成分均匀的标样，采取以下攻关措施：

（1）资料调研、查新：在收集资料、查新、调研、参观学习及召开研讨会等的基础上，提出可行性报告和实验大纲。

（2）小样试验：通过小样试验，摸索标样铸造的制备工艺、Ag的加入方法和实收率，同时制取控制样，为制定炉前分析规程、精确调整标样成分做好准备。

（3）自制Ar气保护装置，结晶器用Ar气保护。

（4）用LiCl＋LiF（或LiF）覆盖熔体和流槽表面，防止氧化烧损，并不断添加以覆盖被破坏的保护层。

（5）采用“间隙式半连续铸法”新技术进行半连续铸造（即每铸3～4 cm长，停3～5 s），可减少拉裂。

（6）采用小直径结晶器（$\phi$124 mm），防止中心裂纹；

（7）用分步调整成分法（四步法）调整化学成分：

第一步：调整除Ag、Mg、Li外其他各元素的化学成分；

第二步：调整除Mg、Li外其他各元素化学成分；

第三步：调整除Li外其他各元素化学成分；

第四步：调整Li的化学成分。

（8）Li的加入方法：采用计算加入法。

（9）Ag的加入方法：按80%～90%的实收率，采用样勺加入法。

#### 5.3.1.2 主要研制工艺

A 研制程序

研制程序同4.1.2节。

B 2195合金标样设计成分

设计成分如表5-68所示。

表5-68 2195合金标样设计成分 （质量分数，%）

| 标样号 | Ag | Li | Cu | Mg | Ti | Zr |
|---|---|---|---|---|---|---|
| E3101 | 0.20±0.02 | 2.0±0.25 | 2.5±0.10 | 0.60±0.03 | 0.10±0.01 | 0.04±0.005 |
| E3102 | 0.25±0.02 | 1.7±0.20 | 3.0±0.15 | 0.50±0.03 | 0.08±0.01 | 0.07±0.01 |
| E3103 | 0.45±0.03 | 0.50±0.15 | 4.0±0.15 | 0.40±0.025 | 0.01±0.01 | 0.10±0.01 |
| E3104 | 0.50±0.04 | 1.4±0.2 | 4.5±0.15 | 0.30±0.02 | 0.05±0.01 | 0.12±0.01 |
| E3105 | 0.60±0.04 | 1.0±0.15 | 5.5±0.15 | 0.20±0.01 | 0.03±0.01 | 0.15±0.01 |

注：Li、Mg成分控制困难，可适当放宽。

C 2195标样的熔炼与铸造

由于2195合金本身处在研制和开发时期，其生产工艺仍需不断改进、完善，有的尚处于保密之中，因此很难找到2195标样铸造资料。又由于铝锂合金自身的一些特性，熔炼铸造难度相当大。

2195合金标样熔炼和铸造程序如下：烘炉→加入铝锭、Al－Cu、Al－Ti、Al－Zr→熔化后取样分析→调整Cu、Ti、Zr的含量→加入Ag并调整其含量→加入Mg并调整其含量→加入Li并调整其含量→达到设计要求后Ar气精炼→静置→铸造。

铸造注意事项：

（1）用“间隙式半连续铸造法”铸成$\phi$124 mm的圆锭；

（2）加Li后要用（LiCl＋LiF）覆盖，并不断补充确保完全覆盖熔体表面；

（3）结晶器表面用Ar气保护液面；

（4）最佳铸造参数：水压为0.04 MPa，速度为90 mm/min，温度为800℃；

（5）Ag的加入方法（样勺加入法）：用样勺舀出800℃的铝水，把称量好的Ag条放在铝水中边搅拌边熔化直至Ag全部熔化后，把样勺中铝水倒入炉中，再搅拌使之均匀。

D 均热、挤压、锯切等加工

把检验合格的标样铸锭按要求的均热条件（表5-69）进行均匀化处理，热处理后车皮，然后用2000 t油压挤压机挤压成$\phi$45 mm棒材（挤压条件见表5-70），最后锯切成$\phi$45 mm×25 mm的标样并打印迹。在整个加工过程中，要注意防止污染和异物压入，保持表面清洁（在挤压前，要除掉表面夹渣、化合物等缺陷）。各道工序都经过严格把关，上道工序不合格，不能转入下道工序，以确保标样质量。

表5-69 标样铸锭均匀化条件

| 合金 | 炉温/℃ | 保温/℃ | 保温时间/h | 备注 |
|---|---|---|---|---|
| 2195（E3101－3105） | 470～475 | 455～460 | 32 | 随炉冷却至室温 |

表 5-70 标样挤压条件

| 合　金 | 挤压筒尺寸/mm × mm | 加热温度/℃ | 挤压速度/m · min$^{-1}$ |
|---|---|---|---|
| 2195(E3101 - 3105) | $\phi$170 × 45 | 400 | 1.0 ~ 1.2 |

5.3.1.3 均匀性检验

均匀性检验方法同 4.1.2 节。均匀性检验结果表明各元素全部合格。

5.3.1.4 定值和数据处理

A 多个实验室协作定值法

标样的最终定值是标样的最关键指标之一,定值必须准确可靠。根据 GB/T15000 和 YS/T409 的规定,委托国家轻金属质量监督检验中心等 8 个实验室协作分析定值。各实验室分析方法见表 5-71。

表 5-71 各单位分析方法

| 单　位 | Ag | Cu | Mg | Li | Ti | Zr |
|---|---|---|---|---|---|---|
| 郑州轻金属研究院 | AAS | 新亚铜灵光度法 | AAS | AAS | 二安替比林甲烷光度法 | 二甲酚橙光度法 |
| 北京有色金属研究总院 | ICP - AES | ICP - AES | ICP - AES | ICP - AES | ICP - AES | ICP - AES |
| 抚顺铝厂 | 硫氰酸钾滴定法 | 新亚铜灵光度法 | AAS | AAS | 二安替比林甲烷光度法 | 二甲酚橙光度法 |
| 长安公司 | ICP - AES | ICP - AES | ICP - AES | ICP - AES | ICP - AES | ICP - AES |
| 上海材料研究所 | ICP - AES | ICP - AES | ICP - AES | ICP - AES | DAM 光度法 | ICP - AES |
| 西南铝熔铸厂 | AAS | AAS | AAS | AAS | 二安替比林甲烷光度法 | 偶氮胂Ⅲ光度法 |
| 西南铝技术中心 | AAS | AAS | AAS | AAS | AAS | AAS |
| 铝合金研究所 | AAS | AAS | AAS | AAS | AAS | AAS |

B 数据处理

数据处理方法同 4.1.2 节。

计算出的标准值、标准偏差(或不确定度)如表 5-72 所示。

表 5-72 含 Ag 的 2195 标样定值结果　　(质量分数,%)

| 数据组数:8 | | | | | | | |
|---|---|---|---|---|---|---|---|
| 标样号 | 数据名称 | Ag | Cu | Mg | Li | Ti | Zr |
| E3101 | 标准值 | 0.224 | 2.45 | 0.584 | 1.76 | 0.104 | 0.045 |
| | 标准偏差 | 0.004 | 0.02 | 0.005 | 0.02 | 0.002 | 0.001 |
| E3102 | 标准值 | 0.234 | 3.12 | 0.473 | 1.28 | 0.092 | 0.062 |
| | 标准偏差 | 0.003 | 0.03 | 0.003 | 0.011 | 0.002 | 0.002 |
| E3103 | 标准值 | 0.425 | 3.83 | 0.417 | 0.387 | 0.025 | 0.097 |
| | 标准偏差 | 0.004 | 0.03 | 0.002 | 0.005 | 0.001 | 0.002 |
| E3104 | 标准值 | 0.455 | 4.57 | 0.274 | 1.23 | 0.052 | 0.126 |
| | 标准偏差 | 0.0061 | 0.04 | 0.003 | 0.012 | 0.001 | 0.002 |
| E3105 | 标准值 | 0.591 | 5.43 | 0.190 | 0.954 | 0.027 | 0.142 |
| | 标准偏差 | 0.0094 | 0.04 | 0.002 | 0.0082 | 0.001 | 0.002 |

注:标准偏差为合成标准偏差,$S_{总} = \sqrt{S_0^2 + S_L^2 + S_W^2}$。

### 5.3.1.5 工作曲线检查和生产考核

A 工作曲线检查

为了检查本标样呈线性，随机抽取 3 套标样，用 DV4 和 E982 光谱仪选择最佳条件，制作工作曲线，其啮合系数（*PCT*）均达到 3 个 9 以上，各元素啮合系数见表 5-73。

**表 5-73 含 Ag 的 2195 标样工作曲线啮合系数**

| 元 素 | Ag | Cu | Mg | Li | Ti | Zr |
|---|---|---|---|---|---|---|
| 波长/nm | 328.0 | 324.7 | 285.2 | 323.2 | 337.2 | 349.6 |
| *PCT*/% | 99.976 | 99.997 | 99.910 | 99.938 | 99.937 | 99.953 |

注：Li 为 DV4 结果，其他均为 E982 结果（Ag、Cu 为修正干扰后值）。

B 生产考核

为了检查本标样的实际应用效果，委托相关单位用本标样在 PDA6000（日本岛津）光谱仪上制作工作曲线分析样品，其分析结果与化学结果相符，见表 5-74。

**表 5-74 生产考核结果** （质量分数，%）

| 元 素 | Ag | Cu | Mg | Li | Ti | Zr | 备 注 |
|---|---|---|---|---|---|---|---|
| 1 号 | 0.22 | 2.48 | 0.59 | 1.73 | 0.10 | 0.045 | PDA6000 |
| | 0.22 | 2.45 | 0.59 | 1.76 | 0.10 | 0.045 | 化学 |
| 5 号 | 0.59 | 5.45 | 0.17 | 0.94 | 0.026 | 0.14 | PDA6000 |
| | 0.59 | 5.43 | 0.19 | 0.96 | 0.027 | 0.14 | 化学 |

### 5.3.1.6 比对试验

为了考察本标样的水平，将本标样与国内外同类标样进行比对。

A 啮合系数比较（表 5-75）

**表 5-75 啮合系数比较** （%）

| 元 素 | Ag | Cu | Mg | Li | Ti | Zr |
|---|---|---|---|---|---|---|
| 本标样 | 99.976 | 99.997 | 99.910 | 99.938 | 99.937 | 99.953 |
| GSB94-1309 | — | 99.954 | 99.903 | 99.851 | 99.934 | 99.876 |
| 371-376（俄罗斯标样） | — | 99.881 | 99.857 | 99.542 | 99.812 | 99.849 |

从表中可见，本标样各元素啮合系数均比国标和俄罗斯同类标样好。

B 均匀性比较

每个标样各激发 10 次，取其平均值并计算波动系数，用波动系数表示标样的均匀性。各标样均匀性如表 5-76 所示。

**表 5-76 均匀性比较**

| 元 素 | | Ag | Cu | Mg | Li | Ti | Zr |
|---|---|---|---|---|---|---|---|
| 本标样（E3103） | ① | 0.224 | 2.45 | 0.584 | 1.76 | 0.104 | 0.045 |
| | ② | 2.8 | 1.2 | 0.9 | 1.0 | 1.1 | 0.8 |

续表 5-76

| 元素 | | Ag | Cu | Mg | Li | Ti | Zr |
|---|---|---|---|---|---|---|---|
| GSB04 - 1309—2000 | ① | — | 1.46 | 0.291 | 1.35 | 0.026 | 0.057 |
| | ② | — | 1.2 | 1.1 | 1.4 | 1.4 | 1.3 |
| 375(俄罗斯) | ① | — | 2.95 | 0.29 | 2.79 | 0.062 | 0.094 |
| | ② | — | 3.4 | 3.5 | 2.9 | 3.3 | 1.3 |

① 含量(质量分数),%;② 波动系数,%。

从表中可见,本标样各元素的均匀性均优于国标和进口标样。

C 其他方面比较

本标样含 Ag 元素,可分析 Ag。相当的俄罗斯标样和 GSB04 - 1309 不含 Ag,不能分析 Ag。

通过比对,可得出结论:本标样在工作曲线啮合系数、均匀性等主要技术指标上均超过国内外同类标样,达到国际先进水平。

### 5.3.2 反应堆(FYD)用铝材标准样品的制备

反应堆(FYD)用铝材含以下特殊要求元素:$w(\mathrm{Ga}) \leqslant 0.04\%$,$w(\mathrm{Li}) \leqslant 0.008\%$,$w(\mathrm{Cd}) \leqslant 0.003\%$,$w(\mathrm{B}) \leqslant 0.001\%$,$w(\mathrm{Co}) \leqslant 0.001\%$ 等。以前我国研制的相类似铝合金标样中无 Ga、Li、Cd、B 和 Co 等 5 个元素。这 5 个微量元素对该材料性能影响十分关键。由于无合适的光谱标准样品,给研制开发这种新材料带来很大困难,无法准确控制上述 5 元素的化学成分,难以保证产品质量。国际市场类似标样很少见,价格十分昂贵且不完全适用。

#### 5.3.2.1 技术难点和攻关措施

A 技术难点

研制 FYD 标样的主要技术难点如下:

(1) 微量元素加入且均匀分布难(Li、B、Ga、Cd、Co 为 $1\times10^{-4}\%$ 级);

(2) 炉前调整化学成分难,无分析规程;

(3) DV4 光谱仪无 Co 通道;

(4) 分析定值难,没有合适的分析方法($1\times10^{-4}\%$ 数量级超出国标范围);

(5) 原辅材料选择难(低 B 铝锭)。

B 攻关措施

(1) 小样试验:通过小样试验,摸索研制工艺,确定实验大纲,并制备内控样,为正式研制做好前期准备;

(2) 进行定值方法研究,找出适合微量元素(Li、B、Ga、Cd、Co)的分析方法;

(3) 对 DV4 光路进行改造,增加 Co 通道;

(4) 挑选低 B 铝锭:对各种铝锭、精铝进行分析,挑选出低 B 铝锭,供配料用;

(5) 用分步调整化学成分法调整化学成分,第一步调整 B、Co,第二步调整 Cd、Ga,第三步调整 Mg,第四步调整 Li;

(6) 制定供本标样成分调整的炉前分析规程,为精确控制化学成分做好准备;

(7) 合理选用坩埚:低 B 点子用铁坩埚,低 Co 点子用石墨坩埚;
(8) 所有工具(样勺、样模、搅拌器等)均要烘干后涂上钛白粉,防止污染。

#### 5.3.2.2 主要研制工艺

A 研制程序

研制程序和成分设计原则同 4.1.2 节。标样各点设计成分如表 5-77 所示。

**表 5-77 FYD 标样设计成分** (质量分数,%)

| 标样号 | Ga | Li | Cd | B | Co | Mg |
|---|---|---|---|---|---|---|
| E3012 | 0.020 ±0.005 | 0.006 ±0.001 | 0.005 ±0.001 | 0.006 ±0.001 | 0.005 ±0.001 | 1.00 ±0.1 |
| E3013 | — | 0.0002 ±0.0001 | 0.0002 ±0.0001 | 0.0005 ±0.0005 | — | 1.10 ±0.1 |
| E3014 | 0.005 ±0.005 | 0.0005 ±0.0001 | 0.0003 ±0.0001 | 0.001 ±0.0005 | 0.0004 ±0.0001 | 0.09 ±0.01 |
| E3015 | 0.01 ±0.005 | 0.03 ±0.01 | 0.020 ±0.005 | 0.003 ±0.001 | 0.003 ±0.001 | 0.10 ±0.01 |
| E3121 | 0.3 ±0.1 | 0.0001 ±0.0001 | 0.0001 ±0.0001 | 0.002 ±0.001 | 0.0002 ±0.0001 | 2.60 ±0.10 |
| E3126 | 0.060 ±0.10 | 0.004 ±0.001 | 0.05 ±0.005 | 0.0005 ±0.0002 | 0.009 ±0.001 | 0.60 ±0.05 |
| E3127 | 0.040 ±0.005 | 0.002 ±0.001 | 0.002 ±0.0005 | 0.004 ±0.001 | 0.015 ±0.005 | 2.00 ±0.1 |

注:由于 $1\times10^{-4}\%$ 数量级含量调整成分十分困难,分析误差大,难以精确控制,因此在实际研制过程中对设计成分进行了适当调整。

B 标样铸锭的熔炼与铸造

用 500 号坩埚,总投料量按 80 kg 计。选用 99.80% 铝锭、高精铝锭、纯金属锂、纯镁、纯镓、纯镉、Al - Co 和进口 Al - Ti - B 丝作为原辅材料。先把铝锭加入烘好的天然气坩埚中,升温熔化,熔化后取样全分析。根据取样分析结果,用分步调整化学成分法(四步法)调整各元素的化学成分,直到全部元素合格后,进行测温、精炼,最后用半连续铸造机铸造成 $\phi$162 mm 的标样铸棒。

C 均匀化、车皮、挤压等加工

经检查合格的标样铸锭须进行均匀化热处理、车皮和挤压加工,最后锯成 $\phi$60 mm × 30 mm的圆柱状光谱标样并打上印迹。

#### 5.3.2.3 标样均匀性检验

A 铸锭金相组织检验

通过金相试片高低倍检验,证明铸锭组织致密、均匀,无气孔、疏松和夹杂等缺陷。

B 铸锭成分偏析检验

检验方法同 4.1.2 节。

偏析检验结果表明径向、纵向均无偏析。

C 标样均匀性检验

均匀性检验方法同 4.1.2 节。

#### 5.3.2.4 定值和数据处理

A 多个实验室协作定值法

各实验室分析方法见表 5-78。

表 5-78 各单位分析方法

| 分析单位＼元素 | Ga | Li | Cd | B | Co | Mg |
|---|---|---|---|---|---|---|
| 郑州轻金属研究院 | ICP - AES | ICP - AES | ICP - AES | ICP - AES | ICP - AES | ICP - AES |
| 抚顺铝厂 | 丁基罗明丹 B 光度法 | AAS | AAS | 离子选择电极 | AAS | AAS |
| 长安一厂 | ICP - AES | ICP - AES | ICP - AES | ICP - AES | ICP - AES | ICP - AES |
| 上海材料研究所 | ICP - AES | ICP - AES | ICP - AES | ICP - AES | ICP - AES | ICP - AES |
| 北京有色金属研究总院 | ICP - AES | ICP - AES | ICP - AES | ICP - AES | ICP - AES | ICP - AES |
| 铝合金研究所 | 丁基罗明丹 B 光度法 | AA | AAS | 离子选择电极 | AAS | AAS |
| 西南铝技术中心 | 丁基罗明丹 B 光度法 | AA | AAS | 离子选择电极 | AAS | AAS |
| 西南铝熔铸厂 | 丁基罗明丹 B 光度法 | AA | AAS | 离子选择电极 | AAS | AAS |

B 数据处理

数据处理方法同 4. 1. 2 节。本标样标准值、标准偏差(或不确定度)见表 5-79。

表 5-79 FYD 标样定值结果 (质量分数,%)

| 标样号 | 数据名称 | Ga | Li | Cd | B | Co | Mg |
|---|---|---|---|---|---|---|---|
| 数据组数:8 | | | | | | | |
| E3012 | 标准值 | 0. 018 | 0. 0054 | 0. 0045 | 0. 0068 | 0. 0052 | 1. 04 |
| | 标准偏差 | 0. 001 | 0. 0002 | 0. 0003 | 0. 0004 | 0. 0002 | 0. 02 |
| E3013 | 标准值 | | 0. 00012 | 0. 00022 * | 0. 0010 | | 1. 09 |
| | 标准偏差 | — | 0. 00001 | | 0. 0002 | — | 0. 02 |
| E3014 | 标准值 | 0. 0093 | 0. 00058 | 0. 00023 | 0. 0011 | 0. 00025 | 0. 092 |
| | 标准偏差 | 0. 00021 | 0. 000031 | 0. 00007 | 0. 00009 | 0. 000042 | 0. 002 |
| E3015 | 标准值 | 0. 0097 | 0. 039 | 0. 019 | 0. 0032 | 0. 0037 | 0. 106 |
| | 标准偏差 | 0. 0003 | 0. 0021 | 0. 001 | 0. 0002 | 0. 0002 | 0. 002 |
| E3121 | 标准值 | 0. 411 | 0. 00010 | 0. 00012 | 0. 0015 | 0. 00013 * | 2. 67 |
| | 标准偏差 | 0. 007 | 0. 000011 | 0. 00007 | 0. 00011 | | 0. 021 |
| | 数据组数 | 8 | 8 | 8 | 8 | | 8 |
| E3126 | 标准值 | 0. 069 | 0. 0042 | 0. 052 | 0. 00067 | 0. 0098 | 0. 629 |
| | 标准偏差 | 0. 001 | 0. 0002 | 0. 001 | 0. 00005 | 0. 0002 | 0. 009 |
| E3127 | 标准值 | 0. 040 | 0. 0023 | 0. 0015 | 0. 0040 | 0. 011 | 2. 01 |
| | 标准偏差 | 0. 001 | 0. 00012 | 0. 0001 | 0. 0005 | 0. 001 | 0. 022 |

注: * 为参考值(E3013 的 Cd 均匀性不好;E3121 的 Co 受 Ga 干扰)。

### 5. 3. 2. 5 工作曲线和生产考核

A 工作曲线检查

为了检查本标样工作曲线啮合系数,随机抽出 5 套标样,采用进口仪器(DV4 光谱仪),取平均强度,制作工作曲线,求其啮合系数(*PCT*),结果见表 5-80。

表 5-80 FYD 标样啮合系数

| 元 素 | Ga | Li | Cd | B | Co | Mg |
|---|---|---|---|---|---|---|
| 波长/nm | 417.2 | 670.7 | 228.8 | 249.6 | 341.2 | 285.2 |
| *PCT*/% | 99.999 | 99.998 | 99.999 | 99.835 | 99.798 | 99.9827 |

注:Co 为扣除 Ga 干扰的结果。

B 生产考核

为了检查本标样的实际应用效果,委托相关单位用日本岛津 PDA6000 光谱仪进行生产考核,其分析结果与化学结果相符,详见表 5-81。

表 5-81 生产考核结果 (质量分数,%)

| 样 号 | Ga | Li | Cd | B | Co | Mg | 备 注 |
|---|---|---|---|---|---|---|---|
| 12 | 0.019 | 0.0056 | 0.0045 | 0.0067 | 0.0051 | 1.03 | PDA6000 |
|  | 0.018 | 0.0054 | 0.0044 | 0.0067 | 0.0052 | 1.04 | 化学 |
| 27 | 0.041 | 0.0026 | 0.0016 | 0.0041 | 0.011 | 2.03 | PDA6000 |
|  | 0.040 | 0.0023 | 0.0015 | 0.0040 | 0.011 | 2.01 | 化学 |

### 5.3.2.6 比对试验

由于国内外均无 FYD 标样,只能把本标样和类似的或者某几个元素类似的国内外标样进行比对。

A 啮合系数比较(表 5-82)

表 5-82 啮合系数比较 (%)

| 元 素 | Ga | Li | Cd | B | Co | Mg |
|---|---|---|---|---|---|---|
| 本标样 | 0.99999 | 0.99998 | 0.99999 | 0.99835 | 0.99798 | 0.99982 |
| GBW02228～022237 | 0.99860 | — | 0.99946 | 0.99840 | — | 0.99906 |
| 512A(英国) | 0.99852 | 0.99927 | 0.99839 | 0.98881 | 0.99943 | 0.99960 |

从表中可见,本标样 Ga、Cd、Mg 等 3 个元素的啮合系数均比国标好,只有 B 接近国标;Ga、Li、Cd、Mg 等 4 个元素比英国标样好,只有 Co 接近英国标样。

B 均匀性比较(表 5-83)

表 5-83 均匀性比较(10 次结果)

| 元 素 |  | Ga | Li | Cd | B | Co | Mg |
|---|---|---|---|---|---|---|---|
| 本标样 E3012 | ① | 0.018 | 0.0054 | 0.0044 | 0.0067 | 0.0052 | 1.04 |
|  | ② | 1.5 | 1.5 | 2.5 | 3.2 | 4.7 | 0.86 |
| 本标样 E3015 | ① | 0.0097 | 0.039 | 0.019 | 0.0032 | 0.0037 | 0.106 |
|  | ② | 2.8 | 1.6 | 1.2 | 4.2 | 5.9 | 1.2 |
| GSB02232 | ① | 0.0085 | — | — | 0.0047 | — | 0.056 |
|  | ② | 3.7 | — | — | 7.0 | — | 1.8 |

续表 5-83

| 元素 | | Ga | Li | Cd | B | Co | Mg |
|---|---|---|---|---|---|---|---|
| GSB02233 | ① | — | — | 0.011 | — | — | 0.127 |
| | ② | — | — | 2.0 | — | — | 1.3 |
| 英国 512A-114 | ① | 0.0003 | 0.00012 | 0.0033 | 0.021 | — | — |
| | ② | 4.8 | 5.2 | 5.0 | 1.0 | — | — |
| 英国 512A-117 | ① | 0.0012 | 0.0003 | 0.0007 | 0.0018 | 0.0016 | — |
| | ② | 20 | 1.6 | 12 | 8.2 | 11 | — |

①含量(质量分数),%;②波动系数,%。

从表中可见,本标样 Ga、B、Mg 三元素均匀性优于国标(GSB),Cd 接近于国标(GSB),国标中无 Li、Co 两元素,故无法比较。本标样 Ga、Li、Cd、Co 四元素均匀性优于英国标样,B 接近于英国标样,英国标样无 Mg,故无法比较。

C 其他方面

本标样含有 Li、Cd 等元素,GBW02228~022237 不含这两个元素;英国标样不含 Mg,也不适合 FYD 合金分析。

综上所述,本标样在均匀性、工作曲线啮合系数和所含元素个数等主要技术指标上均达到或超过英国类似标样水平。

### 5.3.3 食品行业用铝材(含 Pb、Cd、As)标准样品的制备

GB/T3190 新铝标准中要求食品、药品包装及器皿用铝中 As、Cd 和 Pb 含量不大于 0.01%,以前由于工艺没有严格要求,且无适合的含 As、Cd、Pb 的标样,因此给分析上述铝材中的 As、Cd、Pb 带来很大困难。为了配合食品行业用铝材对 As、Cd 和 Pb 的分析检验的要求,特进行食品行业用铝材(含 Pb、Cd、As)标准样品的制备。

#### 5.3.3.1 技术难关及攻关措施

A 技术难关

(1) 根据铝合金相图,砷不溶解于铝中且砷又极易挥发,因此很难把砷加入到铝中,至于按设计成分均匀分布在铝中则更难。

(2) 成分控制难。由于无炉前分析规程及砷实收率低且变化很大,给成分调整带来很大困难。

(3) 确定标准值难。由于砷无国标分析方法,本套标样中铅的下限已超出国标的范围,这也给标样定值带来很大难度。

B 攻关措施

(1) 采用“间接加入法”:以 Cu—As 中间合金形式加入 As。由于 As 不溶于铝中,提出先把砷溶于铜中,研制出 Cu—As 中间合金,再以 Cu—As 中间合金形式把 As 加入到铝中的方法,即“间接加入法”。最后通过试验获得成功。

(2) 小坩埚试验法:为了取得“间接加入法”的成功经验,先用小石墨坩埚试验,摸索砷的实收率及加入条件等,为正式研制标样积累经验,同时制取内控样,为调整标样成分做好

其他准备。

(3) 100%初选法:由于砷不溶解于铝中,即使用间接加入法,勉强能溶于铝中,其均匀性也不太好。为了确保标样均匀性,根据 GB/T15000 标准,对含砷标样进行 100%初选,再进行均匀性检验。

(4) 采用科学的数据处理方法:由于砷的均匀性不同于其他元素,对于砷元素,考虑了样品不均匀性引起的偏差,并把此偏差一并加入到总标准偏差中。

(5) 制定炉前分析规程,精心调整成分达到设计要求。由于无合适砷标样,而且砷条件又难掌握,给炉前调整成分带来很大困难。通过试验,在光谱仪上采取了增加冲洗时间等措施,满足了炉前调整砷成分的需求。

(6) 分析定值方法的确定:通过试验找到了砷的化学分析方法,并对铅的国标分析方法进行了修改,满足了本标样分析定值的需要。

#### 5.3.3.2 制备工艺

A 成分设计

a 设计原则

(1) 满足 GB3190 新标准要求;

(2) 每元素至少有 4 点,每点含量按等差级数变化;

(3) 考虑基体效应;

(4) 各元素含量范围(质量分数,%):As 为 0.005% ~0.035%; Pb 为 0.003% ~0.03%; Cd 为 0.0035% ~0.025%。

b 各点设计成分

食品行业用铝合金(含 Pb、Cd、As)标准样品的设计成分见表 5-84。

**表 5-84 食品行业用铝(含 As、Cd、Pb)标样设计成分** (质量分数,%)

| 编号 | As | Pb | Cd |
|---|---|---|---|
| E821 | 0.018 | 0.003 | 0.002 |
| E822 | 0.030 | 0.012 | 0.020 |
| E823 | 0.036 | 0.030 | 0.010 |
| E824 | 0.012 | 0.021 | 0.030 |
| E825 | 0.006 | | |
| E826 | 0.024 | | |

B 研制程序

研制程序同 4.1.2 节。

C 熔炼与铸造

在研制过程中,不仅采用了半连续铸造、玻璃丝布过滤和石墨漏斗分液等新工艺,而且首创出“间接加入法”加入砷的新技术,用 Cu - As 加入 As,用纯金属 Cd、Pb 加入铅和镉。铸造时,加强搅拌,防止重金属沉底,保证 Pb 等元素的均匀性。研制的每个工序都经过严格的质量检查,上道工序不合格不得转入下道工序,保证了研制标样的质量。

#### 5.3.3.3 标样均匀性检验

根据《标准样品工作导则》(简称《导则》),采用极差法检验均匀性,先对砷进行100%初选,砷初选合格范围为:

E821:0.0155%~0.0185%

E823:0.036%~0.040%

E824:0.0108%~0.0132%

E825:0.0043%~0.0067%

E826:0.0237%~0.0263%

砷经初选后和铅、镉随机抽样进行总体均匀性检验。经均匀性检验,总体均匀性合格。

#### 5.3.3.4 定值和数据处理

A 多个实验室协作定值

根据《导则5》,采用8组不同实验室、不同方法定值,每组报出4个独立数据。分析方法见表5-85。

**表5-85 协作单位分析方法**

| 元素 | 分析方法 | | | | | |
|---|---|---|---|---|---|---|
| | 兵器工业西南理化检测中心 | 国家轻金属质量监督检验中心 | 西南铝加工研究所 | 北京有色金属研究总院 | 西南铝加工熔铸分厂 | 西南铝加工厂中心试验室 |
| Pb | 1. ICP法;<br>2. AAS法 | 1. 极谱法;<br>2. 原子吸收 | 原子吸收 | 原子吸收 | 原子吸收 | 原子吸收 |
| Cd | 1. AAS法;<br>2. ICP法 | 1. 极谱法;<br>2. 原子吸收 | 原子吸收 | 原子吸收 | 原子吸收 | 原子吸收 |
| As | 1. 砷钼蓝光度法;<br>2. ICP法 | 砷钼蓝光度法 | 砷钼蓝光度法 | 1. 直接光度法;<br>2. HGAAS法 | 钼蓝萃取光度法;<br>直接比色法 | 砷钼蓝光度法 |

B 数据处理

数据处理方法同4.1.2节。

#### 5.3.3.5 试用情况

A 校正曲线检查

为检查本标样呈线性,随机抽取6套,用DV4光谱仪绘制工作曲线,求其啮合系数。各元素呈线性良好,均满足生产要求。啮合系数见表5-86。

**表5-86 工作曲线啮合系数**

| 元素 | As | Cd | Pb |
|---|---|---|---|
| 啮合系数/% | 98.985 | 99.996 | 99.986 |

B 实例分析

为检查本标样适用情况,用其绘制的校正曲线进行实例分析,其结果与化学仲裁结果相符,详见表5-87。

**表5-87　实例分析**　（质量分数,%）

| 元　素 | As | Cd | Pb |
|---|---|---|---|
| DV4光谱分析结果 | 0.0023 | 0.0038 | 0.015 |
| 化学分析结果 | 0.0022 | 0.0038 | 0.017 |

## 5.3.4　含P元素铸造铝合金标准样品的制备技术

### 5.3.4.1　问题的提出

ZLD109、AC9A等铸造铝合金是制造汽车、摩托车、轻轨列车等交通运输工具活塞的重要材料。为了提高上述合金的性能,目前国内有些厂家在上述合金中加入微量P元素。加入P后,不仅提高了变质效果,使合金组织更加致密,而且大大提高了活塞的耐磨性能和使用寿命。然而,由于国内无含P元素的光谱标样,无法分析P的含量,有些生产单位只能根据金相检查断口和显微组织来判断变质好坏,而不知道合金中P的准确含量。而且P在铝中溶解度极小,实收率很不稳定,难以控制。因此给ZLD109、AC9A等含P新材料的开发研制,尤其是给P元素的成分控制和深入研究带来很大困难。为了满足ZLD109、AC9A等新材料对P元素成分控制和分析检测的需要,特进行含P元素的铸铝光谱标准样样品的研制。

### 5.3.4.2　主要制备工艺

A　成分设计

按以下原则设计本标样:

(1) P元素含量(质量分数)范围:0.002%～0.016%;

(2) 其他成分按ZLD109合金元素含量的中限设计(Si为11%,Cu为1.0%,Mg为0.9%,Ni为0.9%);

(3) 本标样含高、低标共有7点,即由7种各元素含量不同的标样组成。

B　铸锭的熔炼和铸造

把400号石墨坩埚预热到400～450℃,按设计成分加入铝锭和中间合金Al-Si、Al-Ni、Al-Cu并撒入一定量熔剂,然后升温熔化。待金属全部熔化后,再加入纯Mg,最后加入P-Cu中间合金进行变质处理,搅拌、扒渣、取样分析各元素含量,根据分析结果调整各元素含量(或补料或冲淡),直至达到设计要求。成分调整合格后,用半连续铸造机铸成$\phi$124mm的铸锭。

C　标样化学成分调整

用分步调整化学成分——三步法调整化学成分。第一步先调整Si、Ni、Cu;第二步调整Si、Ni、Cu、Mg;第三步调整P、Si、Ni、Cu、Mg,直到全部达到要求为止。

D　变质效果检查

对制备出的标样铸锭变质效果进行检查,即取变质前后断口样,用金相显微镜检查其组织结构情况。从放大200倍的金相照片可看出：变质前，有粗大的初晶硅和过共晶硅；变质后，无粗大的初晶硅和过共晶硅，组织致密，符合标样铸锭的要求。

E 标准样品的成形过程

把合格的标准样品铸锭进行均匀化处理，使之化学成分充分均匀，然后车去 $\phi$5 mm 表皮，最后挤压成 $\phi$45 mm 棒材，再锯切成 $\phi$45 mm × 25 mm 圆柱状并打上印迹，即制成 E3131、E3132、E3133、E3134、E3135、E3136 和 E3137 光谱标准样品。

#### 5.3.4.3 标样均匀性检验

检验方法同4.1.2节。经极差法检验，均匀性全部合格。检验数据见表5-88 和 表5-89。

**表5-88 含P铸铝标样极差法检验结果** （质量分数，%）

| 标样号 | 元素 | 置信度 $\alpha$ 值 | 统计常数 $A$ | 极差 $R_0$ | $AR$ | 检验结果 |
|---|---|---|---|---|---|---|
| E3131 | P | 0.01 | 2.095 | 0.00033 | 0.00047 | 合格 |
| E3132 | | 0.01 | 2.095 | 0.0029 | 0.0031 | 合格 |
| E3131 | | 0.01 | 2.095 | 0.00048 | 0.00054 | 合格 |
| E3134 | | 0.01 | 2.095 | 0.00075 | 0.00087 | 合格 |
| E3135 | | 0.01 | 2.095 | 0.00081 | 0.00087 | 合格 |
| E3136 | | 0.01 | 2.095 | 0.00097 | 0.0013 | 合格 |
| E3137 | | 0.01 | 2.095 | 0.00041 | 0.00043 | 合格 |

**表5-89 其他各元素极差法检验结果（以E3131为例）** （质量分数，%）

| 标样号 | 元素 | 置信度 $\alpha$ 值 | 统计常数 $A$ | 极差 $R_0$ | $AR$ | 检验结果 |
|---|---|---|---|---|---|---|
| E3131 | P | 0.01 | 2.095 | 0.00033 | 0.00047 | 合格 |
| | Cu | 0.05 | 2.095 | 0.0029 | 0.0031 | 合格 |
| | Mg | 0.05 | 2.095 | 0.00048 | 0.00054 | 合格 |
| | Ni | 0.05 | 2.095 | 0.00075 | 0.00087 | 合格 |
| | Si | 0.05 | 2.095 | 0.00081 | 0.00087 | 合格 |

#### 5.3.4.4 定值和数据处理

A 定值方法

根据GB/T15000标准样品工作导则，采用各家实验室协同定值法对P元素进行分析。经调研，邀请国家轻金属质量监督检验中心等6家协同定值，共报出8组数据。各实验室分析方法见表5-90。

**表5-90 各实验室分析P元素方法**

| 分析方法 | 实验室1 | 实验室2 | 实验室3 | 实验室4 | 实验室5 | 实验室6 |
|---|---|---|---|---|---|---|
| 方法1 | ICP－AEC | ICP－AEC | ICP－MS | 磷钼蓝萃取光度法 | 磷钼蓝萃取光度法 | 磷钼蓝萃取光度法 |
| 方法2 | | 磷钼蓝萃取光度法 | 磷钼蓝萃取光度法 | | | |

续表 5-90

| 其他各元素分析方法 | | | | |
|---|---|---|---|---|
| 元　素 | Cu | Mg | Ni | Si |
| 方　法 | AAS | AAS | 丁二酮肟光度法 | 钼蓝光度法 |

注:上述方法均为国标 GB/T6987—2001。

B　定值结果

本光谱标准样品的最终定值结果如表 5-91 所示。

**表 5-91　含 P 光谱标样 P 的定值结果**　（质量分数,%）

| 标样编号 | E3131 | E3132 | E3133 | E3134 | E3135 | E3136 | E3137 |
|---|---|---|---|---|---|---|---|
| 标准值 | 0.0022 | 0.019 | 0.0055 | 0.0079 | 0.0048 | 0.0058 | 0.0037 |
| 标准偏差 | 0.0001 | 0.001 | 0.0001 | 0.0002 | 0.0003 | 0.0005 | 0.0002 |

| 其他各元素定值结果 | | | | |
|---|---|---|---|---|
| 标 样 号 | Cu | Mg | Ni | Si |
| E3131 | 1.20 | 0.900 | 0.854 | 11.12 |
| E3132 | 1.06 | 0.923 | 0.862 | 10.69 |
| E3133 | 1.07 | 0.939 | 0.898 | 10.94 |
| E3134 | 1.05 | 0.952 | 0.877 | 10.85 |
| E3135 | 1.26 | 0.865 | 0.883 | 10.94 |
| E3136 | 1.48 | 0.766 | 0.879 | 10.48 |
| E3137 | 1.07 | 0.908 | 0.957 | 11.43 |

### 5.3.4.5　试用情况报告

A　工作曲线检查

为了检查本标样适用情况,随机抽取 5 套标样,用进口光谱仪（PDA6000 型）,分析波长为 178.3 nm,选择最佳工作条件进行激发,测其强度,用含量及平均强度绘制工作曲线。啮合系数均为 99.932%,完全满足光谱分析的需要。

B　生产考核

为了考核本标样实际分析结果与化学结果相符情况,相关单位用本标样分析样品,其光谱结果与化学结果完全一致,见表 5-92。

**表 5-92　生产考核结果**　（质量分数,%）

| 试 样 号 | 北京汽车修造总厂 | 抚顺铝厂 | 西南铝加工厂化学结果 |
|---|---|---|---|
| 3131 | 0.0020 | 0.0021 | 0.0022 |
| 3135 | 0.0052 | 0.0054 | 0.0055 |
| 3137 | 0.0035 | 0.0038 | 0.0037 |

### 5.3.4.6　与进口标样比对试验

A　共线性

把本标样与进口标样（美国）在同一条件下进行操作,用平均强度绘制工作曲线。两套曲线完全重合(*PCT* 为99.925%)。实验数据见表5-93。

**表5-93 本标样与进口标样比对实验**

| 标样号 | E3131 | E3132 | E3131 | E3134 | E3135 | E3136 | E3137 | 124/03 | 121/03 | 122/03 | 113/02 |
|---|---|---|---|---|---|---|---|---|---|---|---|
| 强度/μA | 3.2996 | 4.4828 | 3.5423 | 3.7322 | 3.5064 | 3.5770 | 3.3753 | 3.0760 | 3.5799 | 3.6990 | 3.1235 |
| 含量/% | 0.0022 | 0.019 | 0.0055 | 0.0079 | 0.0048 | 0.0058 | 0.0037 | 0.001 | 0.0058 | 0.0070 | 0.0007 |

B 均匀性比对

用两对含量相近的标样(E3134 与 122/03,E3136 与 122/03)测量 8 次,计算其标准偏差,用标准偏差表示标样均匀性。比较结果见表5-94。

**表5-94 本标样与进口标样均匀性比对结果** (质量分数,%)

| 标 样 | E3134 | 122/03 | E3136 | 121/04 |
|---|---|---|---|---|
| 1 | 0.00772 | 0.00690 | 0.00559 | 0.00573 |
| 2 | 0.00783 | 0.00725 | 0.00584 | 0.00570 |
| 3 | 0.00756 | 0.00741 | 0.00543 | 0.00534 |
| 4 | 0.00766 | 0.00704 | 0.00554 | 0.00563 |
| 5 | 0.00754 | 0.00732 | 0.00548 | 0.00573 |
| 6 | 0.00781 | 0.00697 | 0.00585 | 0.00566 |
| 7 | 0.00799 | 0.00739 | 0.00584 | 0.00564 |
| 8 | 0.00754 | 0.00704 | 0.00556 | 0.00564 |
| 平均值 | 0.00771 | 0.00716 | 0.00564 | 0.00562 |
| 标准偏差 | 0.00016 | 0.00020 | 0.00017 | 0.00013 |

由比对结果可见,本标样与进口标样共线,其均匀性已达到进口标样先进水平。

### 5.3.5 含 Pb、Bi 元素的铝合金标准样品的制备技术

在铝合金中添加一定量的铅和铋元素可提高合金的焊接性能和防渗漏性,如2011 合金和6262 合金中加入0.40% ~0.70%的Pb 和0.40% ~0.70%的Bi 可提高焊接性能,本节主要介绍含铅和铋的2011 铝合金标准样品的制备过程。

#### 5.3.5.1 技术难点和攻关措施

A 技术难点

研制2011(含 Pb、Bi 等元素)光谱标样技术难点如下:

(1) 各元素加入、合理匹配且保证各元素的均匀分布难。尤其是 Pb、Bi 等元素在铝中很少加入,没有加入方法,易产生重量偏析等。

(2) 分析定值难。Bi 等元素无国标分析方法,且铝中很少分析,这给准确定值带来很大难度。

(3) 炉前调整成分难。

(4) 数据处理难。

B 攻关措施

(1) 进行小样试验,找出各元素加入方法,并制备内控样;

(2) 建立炉前分析及成分控制规程;

(3) 进行定值方法试验,协调 Bi 等元素的定值方法并采用多家协作分析定值。

(4) 采用分步调整化学成分法——三步法进行化学成分调整,先调整 Si、Fe、Cu、Mn、Ni、Ti 等 6 个元素,次之调整 Zn、Pb、Bi,最后调整 Mg。

(5) 对 Pb、Bi 等密度大、难控制的元素,加强搅拌(在铸造过程中也适当搅拌),以保证研制出标样的均匀性。

(6) 用 StndMtrl 数据处理软件进行检验和处理标样研制过程的大量数据,并给出标准值。

C 主要技术指标

(1) 每套 5 点,含 10 个元素(Cu、Mg、Mn、Fe、Si、Zn、Ti、Ni、Pb 和 Bi);

(2) 成分均匀性:极差法检验合格;

(3) 定值准确性:$2S \leqslant$ 化学允许差;

(4) 工作曲线啮合系数($PCT$):$PCT \geqslant 0.995$;

(5) 有效点($Q$):$Q \geqslant 4$;

(6) 稳定性(有效期):$T = 10$ 年。

### 5.3.5.2 主要研制工艺

主要研制工艺和成分设计原则同 4.1.2 节。设计成分见表 5-95。

**表 5-95 2011 标样设计成分** (质量分数,%)

| 标样号 | Si | Fe | Cu | Mn | Mg | Ni | Zn | Ti | Pb | Bi |
|---|---|---|---|---|---|---|---|---|---|---|
| 2011 标准 | 0.40 | 0.7 | 5.0<br>6.0 | 0.05 | 0.05 | 0.05 | 0.30 | 0.05 | 0.20<br>0.60 | 0.20<br>0.60 |
| E7021 | 0.54 ± 0.02 | 0.75 ± 0.04 | 4.0 ± 0.2 | 0.008 ± 0.002 | 0.10 ± 0.01 | 0.070 ± 0.007 | 0.45 ± 0.03 | 0.075 ± 0.006 | 0.70 ± 0.05 | 0.09 ± 0.02 |
| E7022 | 0.44 ± 0.02 | 0.60 ± 0.03 | 5.0 ± 0.3 | 0.025 ± 0.005 | 0.010 ± 0.002 | 0.045 ± 0.006 | 0.35 ± 0.02 | 0.050 ± 0.006 | 0.55 ± 0.05 | 0.76 ± 0.05 |
| E7023 | 0.34 ± 0.02 | 0.45 ± 0.03 | 5.5 ± 0.3 | 0.045 ± 0.005 | 0.025 ± 0.005 | 0.035 ± 0.005 | 0.25 ± 0.02 | 0.035 ± 0.005 | 0.45 ± 0.05 | 0.43 ± 0.04 |
| E7024 | 0.24 ± 0.01 | 0.32 ± 0.03 | 6.5 ± 0.3 | 0.060 ± 0.006 | 0.046 ± 0.005 | 0.020 ± 0.005 | 0.15 ± 0.02 | 0.025 ± 0.004 | 0.25 ± 0.03 | 0.24 ± 0.03 |
| E7025 | 0.14 ± 0.01 | 0.20 ± 0.02 | 6.0 ± 0.3 | 0.070 ± 0.006 | 0.065 ± 0.006 | 0.008 ± 0.002 | 0.05 ± 0.01 | 0.010 ± 0.002 | 0.11 ± 0.02 | 0.86 ± 0.06 |

### 5.3.5.3 标样均匀性检验

均匀性检验同 4.1.2 节。

### 5.3.5.4 定值和数据处理

A 多个实验室协作定值法

各实验室分析方法见表 5-96。

**表 5-96 各单位分析方法**

| 分析单位 | Si | Fe | Cu | Mn | Mg | Zn | Ti | Ni | Pb | Bi |
|---|---|---|---|---|---|---|---|---|---|---|
| 郑州轻金属研究院 | 硅钼蓝光度法 | ICP-AES | ICP-AES | ICP-AES | ICP-AES | ICP-AES | ICP-AES | ICP-AES | ICP-AES | ICP-AES |
| 北京有色金属研究总院 | 硅钼蓝光度法 | ICP-AES | ICP-AES | ICP-AES | ICP-AES | ICP-AES | ICP-AES | ICP-AES | ICP-AES | ICP-AES |
| 上海友尼公司 | 硅钼蓝光度法 | ICP-AES | ICP-AES | ICP-AES | ICP-AES | ICP-AES | ICP-AES | ICP-AES | ICP-AES | ICP-AES |
| 长安公司 | 硅钼蓝光度法 | ICP-AES | ICP-AES | ICP-AES | ICP-AES | ICP-AES | ICP-AES | ICP-AES | ICP-AES | ICP-AES |
| 上海材料研究所 | 硅钼蓝光度法 | ICP-AES | ICP-AES | ICP-AES | ICP-AES | ICP-AES | ICP-AES | ICP-AES | ICP-AES | AAS |
| 西南铝熔铸厂 | 硅钼蓝光度法 | 邻菲罗啉光度法 | AAS | AAS | AAS | AAS | 二安替比林甲烷光度法 | AAS | AAS | AAS |
| 西南铝技术中心 | 硅钼蓝光度法 | ICP-AES | 滴定法 | ICP-AES | ICP-AES | ICP-AES | ICP-AES | ICP-AES | ICP-AES | ICP-AES |
| 东北轻合金加工厂 | 硅钼蓝光度法 | ICP-AES | AAS | ICP-AES | ICP-AES | ICP-AES | 二安替比林甲烷光度法 | ICP-AES | ICP-AES | ICP-AES |

B 数据处理及定值结果

数据处理方法同 4.1.2 节。最终定值结果见表 5-97。

**表 5-97 2011 铝合金标样定值结果** （质量分数,%）

数据组数:8

| 标样号 | 数据名称 | Si | Fe | Cu | Mn | Mg | Zn | Ti | Ni | Pb | Bi |
|---|---|---|---|---|---|---|---|---|---|---|---|
| E7021 | 标准值 | 0.541 | 0.752 | 3.87 | 0.0092 | 0.095 | 0.471 | 0.077 | 0.079 | 0.650 | 0.089 |
| | 标准偏差 | 0.005 | 0.005 | 0.01 | 0.0003 | 0.002 | 0.005 | 0.001 | 0.001 | 0.005 | 0.002 |
| E7022 | 标准值 | 0.450 | 0.588 | 4.80 | 0.024 | 0.0093 | 0.368 | 0.050 | 0.045 | 0.410 | 0.649 |
| | 标准偏差 | 0.004 | 0.005 | 0.03 | 0.001 | 0.0006 | 0.005 | 0.001 | 0.002 | 0.005 | 0.005 |
| E7023 | 标准值 | 0.0332 | 0.448 | 5.36 | 0.045 | 0.022 | 0.248 | 0.035 | 0.038 | 0.407 | 0.385 |
| | 标准偏差 | 0.004 | 0.005 | 0.04 | 0.001 | 0.001 | 0.004 | 0.001 | 0.001 | 0.004 | 0.005 |
| E7024 | 标准值 | 0.243 | 0.324 | 6.73 | 0.060 | 0.042 | 0.142 | 0.021 | 0.021 | 0.240 | 0.234 |
| | 标准偏差 | 0.003 | 0.005 | 0.05 | 0.002 | 0.002 | 0.002 | 0.001 | 0.001 | 0.005 | 0.004 |
| E7025 | 标准值 | 0.144 | 0.176 | 6.16 | 0.067 | 0.058 | 0.051 | 0.0095 | 0.0072 | 0.116 | 0.869 |
| | 标准偏差 | 0.004 | 0.002 | 0.03 | 0.002 | 0.003 | 0.0020 | 0.0002 | 0.0005 | 0.005 | 0.005 |

注:标准偏差为合成标准偏差:$S_{总} = \sqrt{S_0^2 + S_L^2 + S_W^2}$。

### 5.3.5.5 工作曲线和生产考核

A 工作曲线检查

随机抽取 5 套标样,用进口仪器(QSJ750)制作工作曲线,其啮合系数(*PCT*)均达到 3 个 9(含 3 个 9)以上,符合设计要求。*PCT* 值见表 5-98。

表 5-98 2011 铝合金标样 *PCT* 值

| 元素 | Si | Fe | Cu | Mn | Mg | Zn | Ti | Ni | Pb | Bi |
|---|---|---|---|---|---|---|---|---|---|---|
| 波长/nm | 288.1 | 239.5 | 327.4 | 239.3 | 279.0 | 213.8 | 324.1 | 341.4 | 231.1 | 306.8 |
| *PCT*/% | 100 | 99.989 | 99.997 | 99.994 | 99.972 | 99.993 | 99.984 | 99.997 | 99.987 | 99.999 |

注:Pb 为扣除 Bi 干扰后的结果;Bi 为扣除 Cu 干扰后的结果。

B 生产考核

为了检查本标样的实际结果,委托相关单位用本标样在 DV4、PDA6000 等进口光谱仪上制作工作曲线,随机取两个样品进行分析,其分析结果与化学结果相符,见表 5-99。

表 5-99 生产考核结果 (质量分数,%)

| 元素 | Si | Fe | Cu | Mn | Mg | Zn | Ti | Ni | Pb | Bi | 备注 |
|---|---|---|---|---|---|---|---|---|---|---|---|
| 22-203 | 0.33 | 0.44 | 5.30 | 0.046 | 0.025 | 0.26 | 0.037 | 0.033 | 0.42 | 0.40 | DV4 |
| | 0.33 | 0.44 | 5.35 | 0.046 | 0.023 | 0.25 | 0.035 | 0.036 | 0.43 | 0.41 | PDA6000 |
| | 0.33 | 0.45 | 5.36 | 0.045 | 0.022 | 0.25 | 0.035 | 0.038 | 0.41 | 0.39 | 化学结果 |
| 3-2205 | 0.14 | 0.18 | 6.11 | 0.068 | 0.061 | 0.050 | 0.098 | 0.068 | 0.11 | 0.86 | DV4 |
| | 0.15 | 0.19 | 6.14 | 0.069 | 0.060 | 0.053 | 0.0095 | 0.075 | 0.13 | 0.87 | PDA6000 |
| | 0.14 | 0.18 | 6.16 | 0.067 | 0.058 | 0.051 | 0.0095 | 0.0072 | 0.12 | 0.87 | 化学结果 |

#### 5.3.5.6 比对试验

由于国内无类似标样,无法比对,国外也无相同的标样。为了考察本标样的水平,用进口仪器(QSJ750)把本标样与国内外相近的标样进行比对。

A 啮合系数比较(表 5-100)

表 5-100 啮合系数(*PCT*)比较

| 元 素 | | Si | Fe | Cu | Mn | Mg | Zn | Ti | Ni | Pb | Bi |
|---|---|---|---|---|---|---|---|---|---|---|---|
| 波长/nm | | 288.1 | 239.5 | 327.4 | 293.3 | 279.0 | 213.8 | 324.1 | 341.4 | 231.1 | 306.8 |
| *PCT*/% | 本标样 | 100 | 99.989 | 99.997 | 99.994 | 99.972 | 99.993 | 99.984 | 99.997 | 99.987 | 99.999 |
| | 英国 | 99.99 | 99.978 | 99.613 | 99.993 | 99.896 | 99.997 | 99.996 | 99.904 | — | — |

从表中可见,本标样除 Zn、Ti 与英国标样接近外,其他 6 个元素(Si、Fe、Cu、Mn、Mg、Ni)啮合系数均比英国标样好。

B 均匀性比较(表 5-101)

表 5-101 均匀性比较(10 次结果)

| 元素 | Si | Fe | Cu | Mn | Mg | Zn | Ti | Ni | Pb | Bi | 备 注 |
|---|---|---|---|---|---|---|---|---|---|---|---|
| 本标样(E7023) | 0.332 | 0.449 | 5.36 | 0.045 | 0.022 | 0.252 | 0.035 | 0.038 | 0.407 | 0.385 | 含量(质量分数)/% |
| | 0.83 | 0.73 | 0.34 | 1.1 | 2.4 | 0.74 | 0.86 | 0.98 | 3.5 | 3.3 | 波动系数/% |

续表 5-101

| 元素 | Si | Fe | Cu | Mn | Mg | Zn | Ti | Ni | Pb | Bi | 备注 |
|---|---|---|---|---|---|---|---|---|---|---|---|
| 英国（JAP48） | 0.223 | 0.756 | 4.34 | 0.595 | 1.47 | 0.058 | 0.016 | 0.048 | — | — | 含量（质量分数）/% |
| | 1.88 | 2.02 | 1.39 | 0.898 | 2.74 | 3.61 | 10.4 | 1.4 | — | — | 波动系数/% |

从表 5-101 可见，本标样与日本标样成分接近的元素（Si、Fe、Cu、Mn）的均匀性比对结果，说明本标样均匀性比进口标样好。

C 其他

本标样含元素多，而进口标样无 Pb、Bi。

综上所述，本标样在均匀性、工作曲线啮合系数和应用范围等主要技术指标上均达到或超过同类进口标样水平。

5.3.5.7 小结

在 2011（含 Pb、Bi 等元素）合金光谱标准样品研制过程中，通过成分设计、熔炼等 28 个主要工序，采用了水冷—热顶—强搅拌式半连续铸造新技术和样勺加入 Bi、Pb 法，成功解决了 Bi、Pb 等元素的加入和均匀分布难的问题；用 StndMtrl 数据处理软件进行检验和处理标样研制过程的大量数据，保证了标样定值的准确性，加快了标样研制的速度。通过生产试用分析，其结果与化学结果相符，通过比对实验，其主要技术达到国际类似标样的先进水平，填补了国内无 2011（含 Pb、Bi 等元素）合金标样的空白，经济效益、社会效益显著。

### 5.3.6 含 Hg 等元素的铝合金标准样品的制备技术

5.3.6.1 概述

铝基材料是当代最重要的有色金属材料之一，品种、用量最多，用途最广，可以说国民经济、国防各个领域都离不开铝基材料。当前铝基材料朝着高合金化、控制范围窄化、杂质高纯化和环保化方向发展。化学成分的精确调整和控制是高质量的铝基材料最重要的环节之一，高质量的标准样品又是化学成分的精确调整和控制的技术保障。

《GB3190—2008》变形铝及铝合金化学成分标准中要求食品行业用铝合金材料应控制 $w(Hg + Cd + Pb) \leqslant 0.01\%$，单个元素应控制 $w(Hg) \leqslant 0.01\%$，$w(Cd) \leqslant 0.01\%$，$w(Pb) \leqslant 0.01\%$。由于国内没有含 Hg 的标准样品，无法分析和控制 Hg 的含量，因此无法实施标准中要求食品行业用铝合金材料控制 $w(Hg + Cd + Pb) \leqslant 0.01\%$ 的要求。

5.3.6.2 技术难关及攻关措施

A 技术难关

（1）根据铝合金相图，Hg 元素很难溶解于铝中，而且 Hg 常温为液态又极易挥发。因此很难把 Hg 直接加入到铝中，需要寻找一种含 Hg 物质或化合物，而且该种物质或化合物中的 Hg 可溶于铝液中。国内外很难查到有关如何把 Hg 加入铝中的报道，因此没有任何资料可借鉴。

（2）加入的工艺条件和参数：找到一种含 Hg 物质或化合物后，还需要进一步实验，摸索加入的工艺条件和参数、实收率等。

（3）成分控制难：由于无炉前分析规程，汞实收率低且变化很大，给成分调整带来很大困难。

（4）确定标准值难：由于汞无国标分析方法，且本套标样中铅的下限已超出国标分析法的范围，这给标样定值带来很大难度。

B 攻关措施

（1）采用“异基体加入法”：用铝箔包裹氯化汞（固态）加入汞。由于汞常温下为液态且易挥发，无法加入铝中。根据反应原理：$HgCl_2 + Al \rightarrow AlCl_3 + Hg$，用铝箔包裹氯化汞，在750℃以下加入铝液中，并用覆盖剂覆盖。

（2）Cd、Pb：用纯金属加入。

（3）分析定值方法的确定。通过试验找到了分析 Hg 的方法，并对铅和镉的国标分析法进行了修改，满足了本标样分析定值的需要。

（4）采用科学的数据处理方法。由于 Hg 的均匀性不同于其他元素，对 Hg 元素，考虑到样品不均匀性引起的偏差，并将此偏差一并加入总标准偏差中。

（5）制定炉前分析规程，精心调整成分达到设计要求。由于无合适 Hg 标样，而且 Hg 成分又难掌握，给炉前调整成分带来很大困难。通过试验采取了增加冲洗时间和精心操作等措施，满足了炉前调整 Hg 成分的需求。

（6）分析定值方法的确定。通过试验找到了分析 Hg 的方法，并对铅的国标分析法进行了修改，满足了本标样分析定值的需要。

C 研制工艺

a 成分设计

成分设计原则同 4.1.2 节。本标样各点成分如表 5-102 所示。

**表 5-102 设计成分** （质量分数，%）

| 标样号 | Hg | Cd | Pb |
|---|---|---|---|
| E4141 | 0.0038 | 0.0017 | 0.0023 |
| E4142 | 0.039 | 0.0047 | 0.0060 |
| E4143 | 0.059 | 0.0088 | 0.011 |
| E4144 | 0.0027 | 0.0085 | 0.010 |
| E4145 | 0.0039 | 0.017 | 0.019 |
| E4146 | 0.0062 | 0.037 | 0.035 |

b 研制程序

为研制出满足设计成分并均匀、定值准确的标样，采用如下研制程序：市场调研→成分设计→材料、工具准备→小坩埚实验→熔炼及成分调整→铸造→切取试片→标样铸锭初验→均匀化热处理→车皮→挤压加工→标样均匀性检验→外委分析→数据和方法汇总→复查→试用→起草研制报告→通过鉴定→包装入库→废料处理。

在研制过程中，不仅采用了半连续铸造、玻璃丝布过滤和石墨漏斗分液等新工艺，而且首创出“间接加入法”加入 Hg 的新技术。研制的每个工序都经过严格的质量检查，上道工序不合格不得转入下道工序，保证了研制标样的质量。

c 标样的熔铸及冷热加工

（1）烘炉：先用小火将炉温升至 400℃，再中火升至 700℃。

（2）加铝锭：在 700℃时，撒入覆盖剂，然后加入铝锭，再撒入覆盖剂，继续升温熔化使铝锭完全熔化。

(3) 取样分析:待铝锭完全熔化后扒渣取样,在750℃时取样分析(Hg、Cd、Pb)。

(4) 加入Pb、Cd:根据分析结果和设计成分加入纯Pb、Cd并搅拌(2~3次),使Pb、Cd均匀分布于铝液中,再取样分析;根据分析结果补Pb、Cd或用铝冲淡直至合格为止。

(5) 加入Hg:根据分析结果和设计成分加入氯化汞。把炉温调整到730~740℃,用铝箔包裹称量好的氯化汞加入到铝液中并用覆盖剂覆盖。然后搅拌2~3次,使汞均匀地分布在铝液里。待搅拌均匀后,扒除炉渣再取样分析Hg。根据分析结果补Hg(氯化汞)或用铝冲淡直至合格为止。

(6) 精确调整(Hg、Cd、Pb):由于烧损和后面加的材料对前面调整好的元素的影响,需要对Hg、Cd、Pb三个元素做最后的精确调整,直至Hg、Cd、Pb三个元素全部合格。

(7) 铸造:待Hg、Cd、Pb三个元素全部合格后,用半连续铸造机铸成直径$\phi$162 mm的铸锭。铸造工艺参数(温度为760℃,水压为0.08 MPa,速度为70 mm/min)。

(8) 均匀化处理:把合格的铸锭车去表皮到直径$\phi$152 mm,然后进行均匀化处理,均匀化条件为金属温度550~570℃,保温时间7 h。

(9) 挤压加工:用油压挤压机把经均匀化处理的铸锭挤压成$\phi$62 mm的棒材,挤压参数为挤压温度400℃,速度12 m/min。

(10) 锯切及打号:用切割机把$\phi$62 mm的棒材锯切成$\phi$62 mm×30 mm圆柱,即标样。

d 标样均匀性检验

根据GB/T15000《标准样品工作导则》,采用极差法对本标样进行了均匀性检验。经随机抽样均匀性检验,总体均匀性合格。见表5-103。

**表5-103 含Hg等元素的铝基光谱标准样品均匀性检验**

| 标样号:E4141 | 数据组数:16 | | | 标样号:E4142 | 数据组数:16 | | |
|---|---|---|---|---|---|---|---|
| 数据名称 | Hg | Cd | Pb | 数据名称 | Hg | Cd | Pb |
| Alfa值 | 0.05 | 0.05 | 0.05 | Alfa值 | 0.05 | 0.05 | 0.05 |
| 常数$A$ | 1.790 | 1.790 | 1.790 | 常数$A$ | 1.790 | 1.790 | 1.790 |
| 组内极差平均值($R$) | 0.0011 | 0.00016 | 0.0011 | 组内极差平均值($R$) | 0.0025 | 0.00075 | 0.00083 |
| $A\times R$ | 0.0019 | 0.00028 | 0.0019 | $A\times R$ | 0.0045 | 0.0014 | 0.0015 |
| $R_0$ | 0.00052 | 0.00024 | 0.00092 | $R_0$ | 0.0026 | 0.0011 | 0.0011 |
| 检验结果 | 合格 | 合格 | 合格 | 检验结果 | 合格 | 合格 | 合格 |
| 标样号:E4143 | 数据组数:16 | | | 标样号:E4144 | 数据组数:16 | | |
| 数据名称 | Hg | Cd | Pb | 数据名称 | Hg | Cd | Pb |
| Alfa值 | 0.05 | 0.05 | 0.05 | Alfa值 | 0.05 | 0.05 | 0.05 |
| 常数$A$ | 1.790 | 1.790 | 1.790 | 常数$A$ | 1.790 | 1.790 | 1.790 |
| 组内极差平均值($R$) | 0.0012 | 0.0010 | 0.0015 | 组内极差平均值($R$) | 0.00086 | 0.00086 | 0.0011 |
| $A\times R$ | 0.0022 | 0.0018 | 0.0027 | $A\times R$ | 0.0016 | 0.0016 | 0.0020 |
| $R_0$ | 0.0015 | 0.0014 | 0.0021 | $R_0$ | 0.00072 | 0.0015 | 0.0014 |
| 检验结果 | 合格 | 合格 | 合格 | 检验结果 | 合格 | 合格 | 合格 |

续表 5-103

| 标样号:E4145 | 数据组数:16 | | | 标样号:E4146 | 数据组数:16 | | |
|---|---|---|---|---|---|---|---|
| 数据名称 | Hg | Cd | Pb | 数据名称 | Hg | Cd | Pb |
| Alfa 值 | 0.05 | 0.05 | 0.05 | Alfa 值 | 0.05 | 0.05 | 0.05 |
| 常数 $A$ | 1.790 | 1.790 | 1.790 | 常数 $A$ | 1.790 | 1.790 | 1.790 |
| 组内极差平均值($R$) | 0.00092 | 0.00098 | 0.0011 | 组内极差平均值($R$) | 0.00041 | 0.0012 | 0.0016 |
| $A \times R$ | 0.0017 | 0.0018 | 0.0018 | $A \times R$ | 0.00073 | 0.0028 | 0.0022 |
| $R_0$ | 0.00043 | 0.0014 | 0.0016 | $R_0$ | 0.00033 | 0.0016 | 0.0026 |
| 检验结果 | 合格 | 合格 | 合格 | 检验结果 | 合格 | 合格 | 合格 |

注:1. $R_0$ 为标样最大组内平均值与最小组内平均值之差;
2. $R$ 为各标样组内极差的平均值;
3. 如 $R_0 \leqslant A \times R$,则合格,如 $R_0 > A \times R$,则不合格。

D 定值和数据处理

a 多个实验室协作定值

根据《导则 5》,采用三个实验室(四组)不同方法定值,每组报出 4 个独立数据。最后取平均值。各组报出数据见表 5-104,分析方法见表 5-105。

**表 5-104 各实验室(四组)分析结果** (质量分数,%)

| 标样号 | Hg | | Cd | | Pb | |
|---|---|---|---|---|---|---|
| E4141 | 0.0039 | 0.0040 | 0.0016 | 0.0017 | 0.0020 | 0.0021 |
| | 0.0037 | 0.0036 | 0.0018 | 0.0017 | 0.0024 | 0.0026 |
| E4142 | 0.041 | 0.040 | 0.0047 | 0.0046 | 0.0059 | 0.0058 |
| | 0.039 | 0.037 | 0.0047 | 0.0048 | 0.0061 | 0.0062 |
| E4143 | 0.060 | 0.061 | 0.0089 | 0.0090 | 0.012 | 0.010 |
| | 0.057 | 0.058 | 0.0086 | 0.0088 | 0.011 | 0.010 |
| E4144 | 0.0028 | 0.0027 | 0.0085 | 0.087 | 0.010 | 0.010 |
| | 0.0025 | 0.0027 | 0.0084 | 0.0083 | 0.011 | 0.010 |
| E4145 | 0.0041 | 0.0039 | 0.018 | 0.019 | 0.019 | 0.020 |
| | 0.0037 | 0.0038 | 0.017 | 0.015 | 0.019 | 0.018 |
| E4146 | 0.0062 | 0.0063 | 0.039 | 0.037 | 0.035 | 0.036 |
| | 0.0060 | 0.0063 | 0.036 | 0.037 | 0.034 | 0.035 |

**表 5-105 各实验室(四组)分析方法**

| 元 素 | 分析方法 | | |
|---|---|---|---|
| | 广州有色金属研究院 | 山东冶金科学研究院 | USL 公司 |
| Pb | 原子吸收光度法 | 1. 原子吸收光度法;<br>2. ICP-AES 法 | 原子吸收光度法 |
| Cd | 原子吸收光度法 | 1. 原子吸收光度法;<br>2. ICP-AES 法 | 原子吸收光度法 |
| Hg | 冷原子吸收法 | 1. 氢化发生-ICP 法;<br>2. ICP-AES 法 | 冷原子吸收法 |

b 含 Hg 等元素的铝基光谱标准样品的标准值

最后给出含 Hg 等元素的铝基光谱标准样品的标准值和标准偏差,见表 5-106。

**表 5-106 标准值和标准偏差** （质量分数,%）

| 标样号 | Hg | | Cd | | Pb | |
|---|---|---|---|---|---|---|
| | 1 | 2 | 1 | 2 | 1 | 2 |
| E4141 | 0.0038 | 0.0004 | 0.0017 | 0.0003 | 0.0023 | 0.0002 |
| E4142 | 0.039 | 0.005 | 0.0047 | 0.0004 | 0.006 | 0.0004 |
| E4143 | 0.059 | 0.003 | 0.0088 | 0.0005 | 0.011 | 0.002 |
| E4144 | 0.0027 | 0.0002 | 0.0085 | 0.0004 | 0.010 | 0.002 |
| E4145 | 0.0039 | 0.0005 | 0.017 | 0.002 | 0.019 | 0.003 |
| E4146 | 0.0062 | 0.0004 | 0.037 | 0.003 | 0.035 | 0.002 |

注:1 为标准值;2 为标准偏差。

### 5.3.7 含 31 个元素的系列铝合金再校准标准样品的制备

#### 5.3.7.1 概述

光谱分析离不开标准样品。现代光谱分析所涉及的标准样品有再校准样(高低标样品)、类型标准化样品、控制样品、系列(专用)标准样品、监控样品等。各企业可根据自己所分析的对象、产品的要求,选择合适的标准样品以满足分析要求。然而,由于缺少标样,有些元素无法调试和分析,影响了仪器效能的充分发挥。另外,随着仪器分析的发展和对工业分析提出快速、准确的要求,标准样品的研制和应用领域也发生了新的变化,给标样研制人员提出了新的课题。目前,我国铝合金(含变形铝合金和铸造铝合金)要求分析和控制的化学元素,包括主元素、杂质元素、微量添加元素和有毒有害元素,多达 31 种。合理地选择国内外先进的仪器可以满足对该 31 种元素分析检测的需要。然而,调试和校正仪器需要合适的标准样品。根据资料介绍,国内铝基标样中最多只含 18 种元素(Si、Fe、Cu、Mn、Mg、Zn、Ti、Ni、V、Pb、Sn、Ga、Cd、Ce、Ca、Sb、Na 和 B),远远满足不了我国铝基合金要求分析和控制 31 种化学元素的需要,也无法满足调试校正仪器的需要。

由于没有含如此多元素、成分均匀且定值准确的标准化(高低标)光谱标准样品,因此,即使仪器有分析检测该 31 种元素的能力,也无法进行调试校正和该 31 种元素分析。为了适应铝基合金高合金化、高纯化和成分控制精确化的需要,满足先进的光谱仪器在调整、校对铝基合金各元素化学成分对标样的需要,研制一套(9~10 点)铝合金标准化(高低标)光谱标准样品,用于铝合金中 31 种元素的调试校正和分析,非常必要。

#### 5.3.7.2 技术难点和攻关措施

A 技术难点

研制本标样的技术难点有以下几点:

(1) 制备出符合设计要求的标样铸锭难:本套标样含 31 种元素,除常规 10 种元素外还包括 Ga、V、B、Be、Pb、Sn、As、Bi、Ag、Ca、Na、Li、Hg、Co、P、Sb、Sc、Sr、In、Ce 和 Cd 等 21 种非

常规元素。由于含元素多,其理化性质相差悬殊,有些元素相互作用严重,易产生共沉和偏析,要使各元素在熔体中溶解并且均匀分布、成分匹配就异常困难,难以制备出成分均匀、组织致密、完全符合设计要求的标样铸锭。

(2) 21 个非常规元素加入难:本套标样所含的 21 个非常规元素中,有些元素在铝中溶解度极低,有些元素在铝中溶解度极不稳定,有些元素在常温下为非固态。值得一提的是,这些元素大部分都没有加入方法。因此,采用何种方法,在何种条件下,把这些元素加入铝中,又要均匀、又要达到设计标准,其难度之大是可想而知的。

(3) 化学成分调整控制难:由于无合适的标样制作分析规程,给炉前分析和调整化学成分带来很大困难;另外,由于铸造过程中某些元素的烧损和沉底等,又加大了成分调整控制难度。

(4) 分析定值难:本标样中许多元素没有分析方法(目前,As、Na、Hg、Bi、Sc、P、In、Ce 等微量元素既无国标,又无准确可靠公认的分析方法);另外,有些元素含量范围已大大超出了国标的分析范围,使得本标样最终定值非常困难。

(5) 大量数据处理和检验难:本项目涉及上万个原始数据(偏析数据、均匀性数据和分析定值数据等),产生中间、结果和控制数据 5 万多个,7 种检验方法,复杂的数据处理和检验需要最新的软件系统和相应的技术支持来保证。

B 攻关措施

(1) 创造出了科学合理的成分设计技术:在设计本标样各元素化学成分时,主要考虑了覆盖 GB/T 3190—2008《变形铝及铝合金化学成分》所涉及各元素范围、铝中各元素间的相互作用、各元素在铝中的溶解情况、各元素间匹配和仪器的分析能力等 5 项设计原则。

(2) 小样试验:通过长期研究和实践,创造出了铝及铝合金中 31 个元素的加入技术(31 个元素加入技术见表 2 - 15)。同时用小坩埚制备出相应的内控样,供炉前调整标样铸锭成分用。

(3) 采用自制的具有自主知识产权的 LBBG 加钠法和 ST - BZ 除钠装置,很好地保证了钠含量最高、最低点的设计要求。

(4) 用自制的双层熔炼炉熔炼,用水冷式半连续铸造机铸造。

(5) 通过分析方法研究和试验,确定了 As、Na、Hg、Sc、P、In、Co、Ag、Bi 等 9 个微量元素的定值方法,同时修订和完善了 Sr、Ti、Zr、Ca、Li、B、Pb、Sn、Ga、Zn 等元素低含量(超出国标下限)的分析定值方法。

(6) 研发出了最新的数据处理软件"StndMtrl"系统,可处理 40 个元素(旧软件最多只能处理 20 个元素),而且新软件增加了绘制工作曲线等功能。

(7) 安全措施:在加入有毒有害元素时,操作人员需佩戴好劳保用品,提供良好的通风;原辅材料、熔剂和工具预先烘干;有毒有害物资的领用、保管严格按有关规定执行。

(8) 自制 Al - Co、Al - Ce 等中间合金,供配料调整成分用。

C 主要技术指标

(1) 本标样每套有 10 点,包括 Si、Fe、Cu、Mn、Mg、Zn、Ti、Ni、Cr、Pb、Cd、Na、Ga、V、B、Be、Sn、Zr、As、Bi、Ag、Ca、Li、Hg、Co、P、Sb、Sc、Sr、In 和 Ce 等 31 个元素。

(2) 均匀性:极差法检验合格;

(3) 定值准确性($S$):$2S \leqslant$ 化学允许差;

(4) 有效点数($Q$):$Q \geqslant 2$;

(5) 稳定性(有效期 $T$):$T = 10$ 年;

(6) 尺寸(单点):$\phi 62\ \text{mm} \times 30\ \text{mm}$,$\phi 45\ \text{mm} \times 30\ \text{mm}$。

### 5.3.7.3 31 个元素加入技术

A 铝中常规元素

Si、Fe、Cu、Mn、Mg、Zn、Ti、Ni、Zr 为铝中常规元素,其加入技术见前面有关章节。

B 非常规元素的加入技术

(1) Cr、V、Co 的加入方法:以中间合金 Al - 4% Cr、Al - 4% V、Al - 4% Co 形式加入;可随炉料一起加入,也可在 760 ~ 780℃下加入。由于中间合金不均匀和易低不易高的配料原则,因此配料时要留有一定的余量。Cr、V、Co 的实收率为 85% ~95%。

(2) Pb、Sn、Bi、Cd、Sb、In 的加入方法:以纯金属形式加入。这些元素熔点不高,在铝中均有一定的溶解度,把准确称量好的纯金属置于钟罩或样勺中,在合适的温度下加入。加入后要充分搅拌。值得注意的是,为了保证均匀性,在铸造时也要搅拌,以防止重金属沉底。搅拌时不要使液面翻滚,以免杂质搅入液体中。这些纯金属实收率均在 85% 以上。

(3) Ag 的加入方法:以纯金属银的形式加入。把准确称量好的纯金属银置于钟罩或样勺中,在 760℃的温度下加入。加入后要充分搅拌。纯金属银为贵金属,注意回收和保管。

(4) 钠和钙的加入方法:钠和钙属活性强的碱金属元素,且在铝中溶解度很低,尤其是钠基本不溶于铝中。钠可用纯金属钠加入,把 Na 置于铝锭洞穴中,固封,也可用铝箔包裹后加入铝液中。钠的实收率只有 5% ~15%,不稳定,在高镁合金中实收率要高些。

钙可用 Ca - 30% Al 中间合金加入。在 830 ~ 850℃下,将 Ca - Al 置于样勺中,待其他元素调整好后再加入 Ca - Al,要覆盖好(LiCl/LiF 覆盖)。实收率低(40% ~50%)且不易控制。钠和钙加入后都要用覆盖剂(LiCl/LiF 覆盖)覆盖好,以防止烧损。

(5) 锶和磷的加入方法:锶和磷都是用于高硅铝合金变质剂。用 Al - 10% Sr 加入锶,磷用异基体加入法,即用 Cu - P(10%)加入磷。待其他元素成分全部调整好后,加入 Al - Sr,要覆盖好,锶的实收率为 30% ~40%。锶用于 $w(\text{Si}) \leqslant 14\%$ 的合金变质,磷用于 $w(\text{Si}) > 14\%$ 的合金变质。

先把 Cu - P 砸成小颗粒状加入,置于钟罩或样勺中,在 760℃的温度下加入。加入后要充分搅拌。磷的实收率为 20% ~40% 且不稳定。Al - Sr 和 Cu - P 加入后,在炉中停留时间不要过长,以免锶和磷损失太大。

(6) 铍的加入方法:在高镁合金中加入一定量的铍,目的是减少镁的烧损。一般用 Al - 4% Be 加铍,加镁后及时加入 Al - 4% Be。Be 实收率低只有 30% ~50%,且不易控制。

(7) 镓的加入方法:用纯金属镓加入。由于 Ga 熔点很低,要用热水加热装 Ga 的塑料瓶至 Ga 熔化后,然后倒入冷水中使其凝固,称重。把经准确称重的镓用铝箔包裹,置于样勺加入铝液中,待铝熔化后搅拌。

(8) 钪的加入方法:用 Al-2% Sc 加入。Al-2% Sc 价格十分昂贵,要把废料保管好。

(9) 铈的加入方法:用 Al-10% Ce 加入。可随炉料一起加入,也可在调整锶时加入。铈易烧损,加后用覆盖剂覆盖好。

(10) 砷的加入方法:用异基体加入法,即用 Cu-As 加入。用铝箔包裹,加入盛有铝水的样勺中,待 Cu-As 熔化后,倒入炉中。温度不要太高,防止 As 升华。加 Cu-As 时,开风机抽走毒气。As 在 Al 中溶解度极低且不稳定。As 容易挥发,属难激发元素。加后用覆盖剂覆盖好。

(11) 汞的加入方法:用异基体加入法。即用 $HgCl_2$ 加入,用铝箔包裹,出炉前加入炉中。Hg 在 Al 中溶解度低且不稳定。Hg 容易挥发且有毒,加 $HgCl_2$ 时,开风机。在炉中的停留时间不能过长。加入后用覆盖剂覆盖好。

(12) 锂的加入方法:用纯金属锂加入。待其他元素全部调整好后,最后加入 Li,并用(LiCl+LiF)覆盖住,连同流槽中液体都要覆盖住,直至铸造完。Li 易氧化,注意保存。开封后的 Li 应放在干燥器中,并充氩气封存好备用。

(13) 硼的加入方法:用进口 Al-5% Ti-1% B 丝加入。加入 Al-Ti-B 后到铸造的间隔时间不要太长,加入温度 830～850℃。铸造时,尽量增加流槽中液体深度,减小表面积,且注意流槽保温。铸造时要加强搅拌,确保硼等元素的均匀性。硼的实收率为 20%～50%,且不易控制。

#### 5.3.7.4　主要研制工艺

A　研制程序

研制程序同 4.1.2 节。

B　成分设计

本标样设计成分范围(质量分数,%)如下:

Si 为 0.002～12.0、Fe 为 0.008～1.1、Cu 为 0.0005～5.0、Mn 为 0.0007～1.7、Mg 为 0.001～4.5、Zn 为 0.0006～3.9、Ti 为 0.0004～0.3、Ni 为 0.0006～1.4、Cr 为 0.0004～0.21、Pb 为 0.0004～0.57、Cd 为 0.00013～0.18、Na 为 0.00005～0.0019、Ga 为 0.00026～0.11、V 为 0.0003～0.14、B 为 0.0006～0.06、Be 为 0.00002～0.0035、Sn 为 0.0007～5.8、Zr 为 0.00024～0.28、As 为 0.0002～0.014、Bi 为 0.00002～0.06、Ag 为 0.0005～0.34、Ca 为 0.00001～0.22、Li 为 0.0004～0.028、Hg 为 0.00015～0.063、Co 为 0.00016～0.27、P 为 0.00068～0.0048、Sb 为 0.00028～0.22、Sc 为 0.0003～0.53、Sr 为 0.0002～0.066、In 为 0.00017～0.18、Ce 为 0.0002～0.44。

C　标样铸锭的熔炼与铸造

用01 号天然气炉进行熔炼,总投料量为 100 kg。用高精铝和 80 铝锭、Al-Si、Al-Fe、Al-Mn、Al-Ni、Al-Ti、Al-Ti-B、Al-Cu、Al-Cr、Al-Zr、Al-Be、Al-Ce、Al-Sr、Al-Sc、Al-V、Al-Co、Cu-P、Ca-Al、Cu-As、纯 Mg、纯 Zn、纯 Li、纯 Na、纯 Bi、纯 Ga、纯 Cd、纯 In、纯 Ag、纯 Sb、纯 Sn、纯 Pb 和 $HgCl_2$ 等进行配料计算。装炉时,先装铝锭和 2 kg 以上的中间合金(Al-Si、Al-Fe、Al-Mn、Al-Ni、Al-Ti、Al-Cu、Al-Cr、Al-Zr、Al-V、Al-Co),待熔化后测温取样分析。

根据分析结果,进行化学成分调整。采用《分步(五步)调整化学成分方法》进行各元素成分的调整：

第一步：调整 Si、Fe、Cu、Mn、Ni、Ti、Zr 和 Cr 八个元素；

第二步：调整 V、Zr、Sc、Co、Ce 五个元素；

第三步：调整 Zn、Pb、Sn、Sb、In、Ga、Ag、Bi、Cd、B 十个元素；

第四步：调整 Mg、Be、Li、Ca、Na 五个元素；

第五步：调整 P、As、Hg 三个元素。

分步调整化学成分方法的几点说明：

(1) 进行下一步调整的元素不能对以前调整好的元素成分有明显的影响。

(2) 各元素先后调整顺序：各元素调整顺序与各元素加入顺序相同，先加入先调整，后加入后调整。

(3) 各元素加入和调整顺序与其理化性质（熔点、密度、化学活性、沸点、挥发性及在铝中的溶解度）有关，与其加入方法（含加入物质形态）有关。

(4) 各元素在铝中的溶解作用可用元素与铝的合金相图来确定。通常与铝形成易熔共晶的元素易溶解；与铝形成包晶转变的，特别是熔点相差大的元素难以溶解。一般分为三种情况：第一种是 Mg、Zn、Cu、Li 等元素较易溶解在铝中；第二种是 Si、Fe、Be 等元素溶解很慢，需要较长时间才能完全溶解；第三种是 Ti、Zr 等元素很难在铝中溶解，必须以中间合金加入。

(5) 加入顺序与挥发性有关：不易挥发的元素（如 Cu、Cr、Fe、Ni、Ti、Si、V、Zr 等）先加入；中度挥发的元素次之；易挥发的元素（如 Mn、Li、Mg、Zn、Na、Ca 等）最后加入。As、Hg、P、Li、Na 等特殊元素的加入和调整，为了减少挥发和烧损，是按计算量加入的。

(6) 其他：碱土金属、碱金属后加入；加入量大的元素先加入，加入量小的元素后加入；起变质作用的元素出炉前加入；Be 与 Mg 一起加入。

(7) 调整化学成分是根据炉前取样结果进行补料或冲淡，采取只补料不冲淡的原则，尤其是精确调整时更应如此。最后调整时，要兼顾对前面调整的各元素进行微调。具体分几步，要根据各号标样所含的元素多少、理化性质和实际情况等综合考虑。

(8) 要有合适的内控标样（如没有则要制备），供制定炉前分析规程用。

(9) 最后用半连续铸造法铸成 $\phi$162 mm 的圆锭。经过取试片对铸锭进行检验，检验结果表明标样铸锭成分均匀，组织致密，无气孔、夹杂等缺陷。

D　均匀化、车皮、挤压等加工

经检验合格的标样铸锭需要进行均匀化处理、车皮和挤压加工，最后锯成 $\phi$62 mm × 30 mm 或 $\phi$45 mm × 30 mm 的圆柱状光谱标样并打上印迹。

E　标样均匀性检验

标样均匀性是标样的最关键指标之一，标样化学成分必须均匀。根据 GB/T15000 和 YS/T409—1998 规定，采用极差法对随机抽样进行均匀性检验。为了消除仪器漂移和光源波动的影响，采用交替操作法替代以前的连续操作法进行均匀性检验。在 As、Hg、Cd、Nd 等 4 个元素含量过低时，直接测定强度进行均匀性检验，避免数据处理中出现零为分母的错误。

均匀性检验结果见表 5-107。

**表 5-107 标准样品极差法检验结果** （质量分数,%）

标样号:E6021　　数据组数:16

| 数据名称 | Si | Fe | Cu | Mn | Mg | Cr | Ni | Zn |
|---|---|---|---|---|---|---|---|---|
| Alfa 值 | 0.01 | 0.05 | 0.01 | 0.01 | 0.01 | 0.05 | 0.05 | 0.01 |
| 常数 $A$ | 2.103 | 1.790 | 2.103 | 2.103 | 2.103 | 1.790 | 1.790 | 2.103 |
| $R$ | 0.00015 | 0.00039 | 0.000050 | 0.000088 | 0.00012 | 0.000040 | 0.00011 | 0.00012 |
| $R\times A$ | 0.00031 | 0.00070 | 0.00011 | 0.00019 | 0.00025 | 0.000071 | 0.00020 | 0.00025 |
| $R_0$ | 0.00029 | 0.00053 | 0.00010 | 0.00015 | 0.00024 | 0.000040 | 0.00018 | 0.00018 |
| 检验结果 | 合格 | 合格 | 合格 | 合格 | 合格 | 合格 | 合格 | 合格 |

| 数据名称 | Ti | Ag | As | B | Be | Bi | Ca | Cd |
|---|---|---|---|---|---|---|---|---|
| Alfa 值 | 0.01 | 0.05 | 0.01 | 0.05 | 0.05 | 0.05 | 0.05 | 0.01 |
| 常数 $A$ | 2.103 | 1.790 | 2.103 | 1.790 | 1.790 | 1.790 | 1.790 | 2.103 |
| $R$ | 0.000031 | 0.000022 | 4.18 | 0.00014 | 0.88 | 0.00013 | 0.000023 | 3.75 |
| $R\times A$ | 0.000064 | 0.000039 | 8.80 | 0.00025 | 1.56 | 0.00022 | 0.000041 | 7.88 |
| $R_0$ | 0.000047 | 0.000026 | 7.00 | 0.00024 | 1.33 | 0.00017 | 0.000030 | 6.00 |
| 检验结果 | 合格 | 合格 | 合格 | 合格 | 合格 | 合格 | 合格 | 合格 |

| 数据名称 | Ce | Co | Ga | Hg | In | Li | Na | P |
|---|---|---|---|---|---|---|---|---|
| Alfa 值 | 0.01 | 0.01 | 0.05 | 0.01 | 0.05 | 0.05 | 0.01 | 0.05 |
| 常数 $A$ | 2.103 | 2.103 | 1.790 | 2.103 | 1.790 | 1.790 | 2.103 | 1.790 |
| $R$ | 0.00036 | 0.000046 | 0.000031 | 7.81 | 0.000060 | 0.00011 | 1.75 | 0.00039 |
| $R\times A$ | 0.00075 | 0.000095 | 0.000055 | 16.42 | 0.00011 | 0.00019 | 3.68 | 0.00070 |
| $R_0$ | 0.00072 | 0.000050 | 0.000033 | 14.00 | 0.000080 | 0.00013 | 2.00 | 0.00058 |
| 检验结果 | 合格 | 合格 | 合格 | 合格 | 合格 | 合格 | 合格 | 合格 |

| 数据名称 | Pb | Sb | Sc | Sn | Sr | V | Zr |
|---|---|---|---|---|---|---|---|
| Alfa 值 | 0.05 | 0.05 | 0.05 | 0.05 | 0.01 | 0.05 | 0.01 |
| 常数 $A$ | 1.790 | 1.790 | 1.790 | 1.790 | 2.103 | 1.790 | 2.103 |
| $R$ | 0.00015 | 0.0031 | 0.000020 | 0.00021 | 0.000012 | 0.000083 | 2.37 |
| $R\times A$ | 0.00026 | 0.0054 | 0.000035 | 0.00036 | 0.000025 | 0.00015 | 4.99 |
| $R_0$ | 0.00016 | 0.0017 | 0.000026 | 0.00015 | 0.000020 | 0.00013 | 3.33 |
| 检验结果 | 合格 | 合格 | 合格 | 合格 | 合格 | 合格 | 合格 |

标样号:E6023　　数据组数:16

| 数据名称 | Si | Fe | Cu | Mn | Mg | Ni |
|---|---|---|---|---|---|---|
| Alfa 值 | 0.05 | 0.05 | 0.05 | 0.05 |  | 0.05 |
| 常数 $A$ | 1.790 | 1.790 | 1.790 | 1.790 | 1.790 | 1.790 |
| $R$ | 0.44 | 0.011 | 0.24 | 0.017 | 0.017 | 0.013 |
| $R\times A$ | 0.79 | 0.19 | 0.42 | 0.030 | 0.030 | 0.022 |
| $R_0$ | 0.78 | 0.015 | 0.29 | 0.021 | 0.020 | 0.014 |
| 检验结果 | 合格 | 合格 | 合格 | 合格 | 合格 | 合格 |

续表 5-107

| 标样号:E6023 | | | 数据组数:16 | | | |
|---|---|---|---|---|---|---|
| 数据名称 | Zn | Ti | Li | P | Sn | Sr |
| Alfa 值 | 0. 05 | 0. 01 | 0. 05 | 0. 01 | 0. 05 | 0. 01 |
| 常数 $A$ | 1. 790 | 2. 103 | 1. 790 | 2. 103 | 1. 790 | 2. 103 |
| $R$ | 0. 0069 | 0. 00088 | 0. 0016 | 0. 00094 | 0. 0065 | 0. 0023 |
| $R \times A$ | 0. 013 | 0. 0019 | 0. 0028 | 0. 0020 | 0. 012 | 0. 0048 |
| $R_0$ | 0. 012 | 0. 0017 | 0. 0023 | 0. 0020 | 0. 0070 | 0. 0044 |
| 检验结果 | 合格 | 合格 | 合格 | 合格 | 合格 | 合格 |

| 标样号:E6024 | | | 数据组数:15 | | | |
|---|---|---|---|---|---|---|
| 数据名称 | Si | Fe | Mg | Cr | Ni | Zn |
| Alfa 值 | 0. 05 | 0. 05 | 0. 05 | 0. 05 | 0. 05 | 0. 05 |
| 常数 $A$ | 1. 777 | 1. 777 | 1. 777 | 1. 777 | 1. 777 | 1. 777 |
| $R$ | 0. 0033 | 0. 023 | 0. 14 | 0. 011 | 0. 027 | 0. 073 |
| $R \times A$ | 0. 0059 | 0. 041 | 0. 24 | 0. 020 | 0. 047 | 0. 13 |
| $R_0$ | 0. 0050 | 0. 024 | 0. 21 | 0. 014 | 0. 032 | 0. 12 |
| 检验结果 | 合格 | 合格 | 合格 | 合格 | 合格 | 合格 |
| 数据名称 | Ti | Ag | B | Be | Li | Na |
| Alfa 值 | 0. 05 | 0. 05 | 0. 01 | 0. 01 | 0. 05 | 0. 01 |
| 常数 $A$ | 1. 777 | 1. 777 | 2. 095 | 2. 095 | 1. 777 | 2. 095 |
| $R$ | 0. 015 | 0. 0070 | 0. 00086 | 0. 00012 | 0. 0033 | 0. 00030 |
| $R \times A$ | 0. 026 | 0. 013 | 0. 0019 | 0. 00024 | 0. 0058 | 0. 00063 |
| $R_0$ | 0. 019 | 0. 0060 | 0. 0015 | 0. 00010 | 0. 0047 | 0. 00060 |
| 检验结果 | 合格 | 合格 | 合格 | 合格 | 合格 | 合格 |

| 标样号:E6025 | | | | 数据组数:16 | | | | | |
|---|---|---|---|---|---|---|---|---|---|
| 数据名称 | Si | Fe | Cu | Mn | Mg | Ni | Zn | Ti | As |
| Alfa 值 | 0. 05 | 0. 01 | 0. 05 | 0. 05 | 0. 05 | 0. 01 | 0. 01 | 0. 01 | 0. 01 |
| 常数 $A$ | 1. 790 | 2. 103 | 1. 790 | 1. 790 | 1. 790 | 2. 103 | 2. 103 | 2. 103 | 2. 103 |
| $R$ | 0. 020 | 0. 0032 | 0. 011 | 0. 019 | 0. 014 | 0. 0011 | 0. 0024 | 0. 0013 | 0. 0014 |
| $R \times A$ | 0. 036 | 0. 0068 | 0. 020 | 0. 034 | 0. 024 | 0. 0023 | 0. 0050 | 0. 0027 | 0. 0029 |
| $R_0$ | 0. 024 | 0. 0050 | 0. 010 | 0. 016 | 0. 021 | 0. 0020 | 0. 0043 | 0. 0014 | 0. 0027 |
| 检验结果 | 合格 | 合格 | 合格 | 合格 | 合格 | 合格 | 合格 | 合格 | 合格 |

| 数据名称 | Ca | Ce | Co | Ga | Hg | Sn | V | Zr |
|---|---|---|---|---|---|---|---|---|
| Alfa 值 | 0. 05 | 0. 01 | 0. 05 | 0. 05 | 0. 05 | 0. 01 | 0. 05 | 0. 05 |
| 常数 $A$ | 1. 790 | 2. 103 | 1. 790 | 1. 790 | 1. 790 | 2. 103 | 1. 790 | 1. 790 |
| $R$ | 0. 0028 | 0. 020 | 0. 0066 | 0. 0035 | 0. 0049 | 0. 15 | 0. 019 | 0. 016 |
| $R \times A$ | 0. 0050 | 0. 041 | 0. 012 | 0. 0062 | 0. 0087 | 0. 31 | 0. 034 | 0. 028 |
| $R_0$ | 0. 0050 | 0. 016 | 0. 0090 | 0. 0050 | 0. 0084 | 0. 20 | 0. 024 | 0. 017 |
| 检验结果 | 合格 | 合格 | 合格 | 合格 | 合格 | 合格 | 合格 | 合格 |

续表 5-107

| 标样号:E6026 | | | 数据组数:16 | | | |
|---|---|---|---|---|---|---|
| 数据名称 | Si | Fe | Cu | Mn | Mg | Ni |
| Alfa 值 | 0.01 | 0.01 | 0.01 | 0.05 | 0.01 | 0.01 |
| 常数 $A$ | 2.103 | 2.103 | 2.103 | 1.790 | 2.103 | 2.103 |
| $R$ | 0.0011 | 0.0025 | 0.000045 | 0.00011 | 0.0042 | 0.000068 |
| $R \times A$ | 0.0022 | 0.0052 | 0.000095 | 0.00020 | 0.0087 | 0.00015 |
| $R_0$ | 0.0013 | 0.0040 | 0.000060 | 0.00019 | 0.0069 | 0.00014 |
| 检验结果 | 合格 | 合格 | 合格 | 合格 | 合格 | 合格 |
| 数据名称 | Zn | Ti | B | Ga | Hg | In |
| Alfa 值 | 0.01 | 0.05 | 0.01 | 0.01 | 0.01 | 0.05 |
| 常数 $A$ | 2.103 | 1.790 | 2.103 | 2.103 | 2.103 | 1.790 |
| $R$ | 0.00021 | 0.000048 | 0.00019 | 0.00037 | 0.00027 | 0.0021 |
| $R \times A$ | 0.00043 | 0.000086 | 0.00040 | 0.00077 | 0.00057 | 0.0037 |
| $R_0$ | 0.00037 | 0.000083 | 0.00027 | 0.00070 | 0.00055 | 0.0033 |
| 检验结果 | 合格 | 合格 | 合格 | 合格 | 合格 | 合格 |
| 标样号:E6027 | | | 数据组数:16 | | | |
| 数据名称 | Si | Fe | Cu | Mn | Mg | Ni |
| Alfa 值 | 0.05 | 0.01 | 0.01 | 0.01 | 0.01 | 0.01 |
| 常数 $A$ | 1.790 | 2.103 | 2.103 | 2.103 | 2.103 | 2.103 |
| $R$ | 0.00087 | 0.0025 | 0.000041 | 0.00013 | 0.00094 | 0.000097 |
| $R \times A$ | 0.0016 | 0.0052 | 0.000086 | 0.00028 | 0.0020 | 0.00021 |
| $R_0$ | 0.0013 | 0.0050 | 0.000074 | 0.00028 | 0.0011 | 0.00020 |
| 检验结果 | 合格 | 合格 | 合格 | 合格 | 合格 | 合格 |
| 数据名称 | Zn | Ti | B | Ga | Hg | In |
| Alfa 值 | 0.01 | 0.01 | 0.01 | 0.01 | 0.01 | 0.05 |
| 常数 $A$ | 2.103 | 2.103 | 2.103 | 2.103 | 2.103 | 1.790 |
| $R$ | 0.00018 | 0.000065 | 0.00014 | 0.00030 | 0.00012 | 0.0095 |
| $R \times A$ | 0.00036 | 0.00014 | 0.00029 | 0.00064 | 0.00024 | 0.017 |
| $R_0$ | 0.00034 | 0.000044 | 0.00027 | 0.00050 | 0.00014 | 0.012 |
| 检验结果 | 合格 | 合格 | 合格 | 合格 | 合格 | 合格 |
| 标样号:E5141 | | | 数据组数:16 | | | |
| 数据名称 | Si | Fe | Cu | Mn | Mg | Ni |
| Alfa 值 | 0.05 | 0.05 | 0.05 | 0.05 | 0.05 | 0.05 |
| 常数 $A$ | 1.790 | 1.790 | 1.790 | 1.790 | 1.790 | 1.790 |
| $R$ | 0.00062 | 0.0017 | 0.00015 | 0.0042 | 0.062 | 0.00014 |
| $R \times A$ | 0.0012 | 0.0031 | 0.00026 | 0.0075 | 0.11 | 0.00024 |
| $R_0$ | 0.0010 | 0.0027 | 0.00024 | 0.0070 | 0.11 | 0.00023 |
| 检验结果 | 合格 | 合格 | 合格 | 合格 | 合格 | 合格 |

续表 5-107

标样号:E5141 数据组数:16

| 数据名称 | Zn | Ti | Be | Sc | Zr |
|---|---|---|---|---|---|
| Alfa 值 | 0.05 | 0.05 | 0.05 | 0.05 | 0.05 |
| 常数 $A$ | 1.790 | 1.790 | 1.790 | 1.790 | 1.790 |
| $R$ | 0.00064 | 0.0018 | 0.000017 | 0.015 | 0.0073 |
| $R\times A$ | 0.0012 | 0.0032 | 0.000030 | 0.027 | 0.014 |
| $R_0$ | 0.00070 | 0.0026 | 0.000030 | 0.021 | 0.011 |
| 检验结果 | 合格 | 合格 | 合格 | 合格 | 合格 |

标样号:E6262-3 数据组数:16

| 数据名称 | Si | Fe | Cu | Mg | Cr | Bi | Pb |
|---|---|---|---|---|---|---|---|
| Alfa 值 | 0.01 | 0.01 | 0.01 | 0.05 | 0.01 | 0.01 | 0.01 |
| 常数 $A$ | 2.103 | 2.103 | 2.103 | 1.790 | 2.103 | 2.103 | 2.103 |
| $R$ | 0.0059 | 0.0074 | 0.0039 | 0.011 | 0.0015 | 0.016 | 0.0091 |
| $R\times A$ | 0.013 | 0.016 | 0.0082 | 0.019 | 0.0032 | 0.033 | 0.020 |
| $R_0$ | 0.012 | 0.015 | 0.0080 | 0.017 | 0.0030 | 0.020 | 0.017 |
| 检验结果 | 合格 | 合格 | 合格 | 合格 | 合格 | 合格 | 合格 |

标样号:E2237 数据组数:16

| 数据名称 | Si | Fe | Cu | Mn | Mg | Zn |
|---|---|---|---|---|---|---|
| Alfa 值 | 0.05 | 0.01 | 0.05 | 0.05 | 0.01 | 0.05 |
| 常数 $A$ | 1.790 | 2.103 | 1.790 | 1.790 | 2.103 | 1.790 |
| $R$ | 0.0014 | 0.0017 | 0.090 | 0.0057 | 0.0011 | 0.0026 |
| $R\times A$ | 0.0025 | 0.0036 | 0.17 | 0.011 | 0.0023 | 0.0046 |
| $R_0$ | 0.0023 | 0.0033 | 0.17 | 0.010 | 0.0020 | 0.0040 |
| 检验结果 | 合格 | 合格 | 合格 | 合格 | 合格 | 合格 |

| 数据名称 | Ti | B | Cd | V | Zr |
|---|---|---|---|---|---|
| Alfa 值 | 0.05 | 0.05 | 0.05 | 0.05 | 0.05 |
| 常数 $A$ | 1.790 | 1.790 | 1.790 | 1.790 | 1.790 |
| $R$ | 0.0066 | 0.0046 | 0.0030 | 0.0052 | 0.0021 |
| $R\times A$ | 0.012 | 0.0082 | 0.0054 | 0.0093 | 0.0037 |
| $R_0$ | 0.0090 | 0.0082 | 0.0050 | 0.0090 | 0.0030 |
| 检验结果 | 合格 | 合格 | 合格 | 合格 | 合格 |

标样号:E2405 数据组数:16

| 数据名称 | Si | Fe | Mg | Ti | Sb |
|---|---|---|---|---|---|
| Alfa 值 | 0.01 | 0.01 | 0.05 | 0.05 | 0.01 |
| 常数 $A$ | 2.103 | 2.103 | 1.790 | 1.790 | 2.103 |
| $R$ | 0.100 | 0.0031 | 0.0065 | 0.0010 | 0.0077 |
| $R\times A$ | 0.21 | 0.0065 | 0.012 | 0.0018 | 0.017 |
| $R_0$ | 0.15 | 0.0050 | 0.0070 | 0.0018 | 0.014 |
| 检验结果 | 合格 | 合格 | 合格 | 合格 | 合格 |

#### F 定值和数据处理

##### a 多个实验室协作定值法

标样的最终定值是标样的最关键指标之一,最终定值必须准确可靠。根据国标 GB/T15000 和 YS/T409 的规定,委托国家轻金属质量监督检验中心等 8 个实验室协作分析定值。各实验室分析方法见表 5-108。

**表 5-108 各单位分析方法**

| 分析单位 | Si | Fe | Cu | Mn | Mg | Zn | Ti | Ni |
|---|---|---|---|---|---|---|---|---|
| 郑州轻金属研究院 | 硅钼蓝光度法<br>GB/T 20975.5 | ICP－AES | ICP－AES | ICP－AES | ICP－AES | ICP－AES | ICP－AES | ICP－AES |
| 北京有色金属研究总院 | 硅钼蓝光度法<br>GB/T 20975.5 | ICP－AES | ICP－AES | ICP－AES | ICP－AES | ICP－AES | ICP－AES | ICP－AES |
| 上海友尼公司 | 重量法<br>GB/T 20975.5 | AAS | AAS<br>GB/T 20975.3 | AAS | AAS<br>GB/T 20975.16 | AAS<br>GB/T 20975.8 | AAS | AAS<br>GB/T 20975.14 |
| 长安集团 | ICP－AES | ICP－AES | ICP－AES | ICP－AES | ICP－AES | ICP－AES | ICP－AES | ICP－AES |
| 重庆铝加工研究所 | 硅钼蓝光度法<br>GB/T 20975.5 | 邻菲罗啉光度法<br>GB/T 20975.4 | BCO 光度法<br>GB/T 20975.3 | 高碘酸钾光度法； | ICP－AES | ICP－AES | 二安替比林<br>甲烷光度法<br>GB/T 20975.12 | ICP－AES |
| 西南铝熔铸厂 | 硅钼蓝光度法<br>GB/T 20975.5 | 邻菲罗啉光度法<br>GB/T 20975.4 | AAS<br>GB/T 20975.3 | AAS | AAS<br>GB/T 20975.16 | AAS<br>GB/T 20975.8 | 二安替比林<br>甲烷光度法<br>GB/T 20975.12 | AAS<br>GB/T 20975.14 |
| 西南铝技术中心 | 硅钼蓝光度法<br>GB/T 20975.5 | 邻菲罗啉光度法<br>GB/T 20975.4 | 碘量法 | AAS | AAS<br>GB/T 20975.16 | AAS<br>GB/T 20975.8 | 二安替比林<br>甲烷光度法<br>GB/T 20975.12 | AAS<br>GB/T 20975.14 |
| 中铝板带公司 | 硅钼蓝光度法<br>GB/T 20975.5 | 邻菲罗啉光度法<br>GB/T 20975.4 | AAS<br>GB/T 20975.3 | AAS | AAS<br>GB/T 20975.16 | AAS<br>GB/T 20975.8 | 二安替比林<br>甲烷光度法<br>GB/T 20975.12 | AAS<br>GB/T 20975.14 |
| 分析单位 | Cr | Ag | As | B | Be | Bi | Ca | Cd |
| 郑州轻金属研究院 | ICP－AES | AAS | 原子荧光 | ICP－AES | ICP－AES | ICP－AES | ICP－AES | ICP－AES |
| 北京有色金属研究总院 | ICP－AES | ICP－AES | ICP－AES | ICP－AES | ICP－AES | ICP－AES | ICP－AES | ICP－AES |
| 上海友尼公司 | AAS<br>GB/T 20975.18 | AAS | AAS | ICP－AES | AAS | AAS | AAS<br>GB/T 20975.21 | AAS<br>GB/T 20975.6 |
| 长安集团 | ICP－AES | ICP－AES | ICP－AES | ICP－AES | ICP－AES | ICP－AES | ICP－AES | ICP－AES |

续表 5-108

| 分析单位 | Cr | Ag | As | B | Be | Bi | Ca | Cd |
|---|---|---|---|---|---|---|---|---|
| 重庆铝加工研究所 | ICP－AES | AAS | 砷钼蓝分光光度法<br>GB/T 20975.2 | 胭脂红分光光度法<br>GB/T 20975.15 | ICP－AES | ICP－AES | AAS<br>GB/T 20975.21 | ICP－AES |
| 西南铝熔铸厂 | AAS<br>GB/T 20975.18 | AAS | 砷钼蓝分光光度法<br>GB/T 20975.2 | 离子选择电极<br>GB/T 20975.15 | SCR 光度法<br>GB/T 20975.22 | AAS | AAS<br>GB/T 20975.21 | AAS<br>GB/T 20975.6 |
| 西南铝技术中心 | ICP－AES | AAS | 砷钼蓝分光光度法<br>GB/T 20975.2 | 离子选择电极<br>GB/T 20975.15 | SCR 光度法<br>GB/T 20975.22 | AAS | AAS<br>GB/T 20975.21 | AAS<br>GB/T 20975.6 |
| 中铝板带公司 | AAS<br>GB/T 20975.18 | AAS | 砷钼蓝分光光度法<br>GB/T 20975.2 | 离子选择电极<br>GB/T 20975.15 | SCR 光度法<br>GB/T 20975.22 | AAS | AAS<br>GB/T 20975.21 | AAS<br>GB/T 20975.6 |
| 分析单位 | Ce | Co | Ga | Hg | In | Li | Na | P |
| 郑州轻金属研究院 | ICP－AES | ICP－AES | ICP－AES | 原子荧光 | ICP－AES | ICP－AES | AAS | 磷钼蓝光度法 |
| 北京有色金属研究总院 | 三溴偶氮胂分光光度法<br>GB/T 20975.24 | ICP－AES | ICP－AES | ICP－AES | ICP－AES | ICP－AES | ICP－AES | ICP－AES |
| 上海友尼公司 | ICP－AES | AAS | ICP－AES | ICP－AES | AAS | AAS<br>GB/T 20975.9 | AAS | ICP－AES |
| 长安集团 | ICP－AES | ICP－AES | ICP－AES | ICP－AES | ICP－AES | ICP－AES | ICP－AES | ICP－AES |
| 重庆铝加工研究所 | ICP－AES | AAS | 丁基罗丹明 B<br>GB/T 20975.20 | 冷原子吸收<br>GB/T 20975.1 | ICP－AES | ICP－AES | ICP－AES | ICP－AES |
| 西南铝熔铸厂 | 三溴偶氮胂分光光度法<br>GB/T 20975.24 | AAS | 丁基罗丹明 B<br>GB/T 20975.20 | ICP－AES | 乙基紫分光光度法 | AAS<br>GB/T 20975.9 | AAS | 磷钼蓝光度法 |
| 西南铝技术中心 | 三溴偶氮胂分光光度法<br>GB/T 20975.24 | AAS | 丁基罗丹明 B<br>GB/T 20975.20 | ICP－AES | 乙基紫分光光度法 | AAS<br>GB/T 20975.9 | ICP－AES | 磷钼蓝光度法 |

续表 5-108

| 分析单位 | Ce | Co | Ga | Hg | In | Li | Na | P |
|---|---|---|---|---|---|---|---|---|
| 中铝板带公司 | 三溴偶氮胂分光光度法 GB/T 20975.24 | AAS | 丁基罗丹明 B GB/T 20975.20 | ICP－AES | 乙基紫分光光度法 | AAS GB/T 20975.9 | ICP－AES | 磷钼蓝光度法 |

| 分析单位 | Pb | Sb | Sc | Sn | Sr | V | Zr |
|---|---|---|---|---|---|---|---|
| 郑州轻金属研究院 | 原子荧光 | ICP－AES | ICP－AES | 苯基荧光酮光度法 | ICP－AES | ICP－AES | ICP－AES |
| 北京有色金属研究总院 | ICP－AES | ICP－AES | ICP－AES | ICP－AES | ICP－AES | ICP－AES | ICP－AES |
| 上海友尼公司 | AAS GB/T 20975.11 | AAS | ICP－AES | AAS | AAS GB/T 20975.17 | AAS | ICP－AES |
| 长安集团 | ICP－AES | ICP－AES | ICP－AES | ICP－AES | ICP－AES | ICP－AES | ICP－AES |
| 重庆铝加工研究所 | AAS GB/T 20975.11 | 碘化钾光度法 GB/T 20975.23 | ICP－AES | 苯基荧光酮光度法 GB/T 20975.10 | ICP－AES | ICP－AES | 偶氮胂Ⅲ光度法 GB/T 20975.19 |
| 西南铝熔铸厂 | AAS GB/T 20975.11 | 碘化钾光度法 GB/T 20975.23 | ICP－AES | 苯基荧光酮光度法 GB/T 20975.10 | AAS GB/T 20975.17 | 苯甲酰苯胺光度法 GB/T 20975.13 | 偶氮胂Ⅲ光度法 GB/T 20975.19 |
| 西南铝技术中心 | AAS GB/T 20975.11 | 碘化钾光度法 GB/T 20975.23 | ICP－AES | AAS | AAS GB/T 20975.17 | AAS | 偶氮胂Ⅲ光度法 GB/T 20975.19 |
| 中铝板带公司 | AAS GB/T 20975.11 | 碘化钾光度法 GB/T 20975.23 | ICP－AES | 苯基荧光酮光度法 GB/T 20975.10 | AAS GB/T 20975.17 | 苯甲酰苯胺光度法 GB/T 20975.13 | 偶氮胂Ⅲ光度法 GB/T 20975.19 |

注：由于无国标或准确可靠的方法，因此各单位钠的分析结果差异较大。

b 数据处理

标样研制过程中有大量原始数据要进行数理统计处理、检验和计算。采用新研制开发出的最多可以处理40个元素的软件《StndMtrl系统》对各单位报出的数据进行处理和检验。在检验中，根据含量高低不同和实际情况选择不同的置信度（$\alpha$）（0.05或0.01），检验方法如下：

（1）数字修约：按GB8170《数字修约规则》进行，误差用收尾法。

（2）狄克逊检验：用狄克逊检验准则对各协作实验室报出的结果按平均值进行检验并取舍。检验结果全部合格。狄克逊检验结果见表5-109。

（3）正态检验：用夏皮罗－威尔克检验各组平均值的正态性，检验结果略。

c 给出标准值和不确定度

标样的合成标准偏差和定值结果分别见表5-110和表5-111。

**表5-109 标准样品狄克逊检验结果** （质量分数，%）

标样号：E6021 定值家数：8

| 分析单位及项目 | Si | Fe | Cu | Mn | Mg | Cr | Ni | Zn |
|---|---|---|---|---|---|---|---|---|
| 北京有色金属研究总院 | 0.00205 | 0.00835 | 0.00382 | 0.00086 | 0.00094 | 0.00052 | 0.00047 | 0.00075 |
| 长安汽车集团二厂 | 0.00245 | 0.00858 | 0.00340 | 0.00075 | 0.00135 | 0.00033 | 0.00064 | 0.00076 |
| 国家轻金属质检中心 | 0.00318 | 0.00782 | 0.00398 | 0.00062 | 0.00130 | 0.00016 | 0.00055 | 0.00057 |
| 上海友尼公司 | 0.00242 | 0.00808 | 0.00368 | 0.00062 | 0.00155 | 0.00025 | 0.00067 | 0.00067 |
| 西南铝合金加工研究所 | 0.00210 | 0.00798 | 0.00360 | 0.00086 | 0.00110 | 0.00042 | 0.00075 | 0.00071 |
| 西南铝技术中心 | 0.00330 | 0.00882 | 0.00478 | 0.00050 | 0.00085 | 0.00020 | 0.00070 | 0.00080 |
| 西南铝业公司熔铸厂 | 0.00165 | 0.00904 | 0.00368 | 0.00068 | 0.00092 | 0.00055 | 0.00036 | 0.00050 |
| 中铝板带公司 | 0.00330 | 0.00882 | 0.00478 | 0.00050 | 0.00085 | 0.00020 | 0.00070 | 0.00080 |
| Alfa值 | 0.050 | 0.050 | 0.050 | 0.050 | 0.050 | 0.050 | 0.050 | 0.050 |
| 临界值 | 0.608 | 0.608 | 0.608 | 0.608 | 0.608 | 0.608 | 0.608 | 0.608 |
| 分析单位及项目 | Ti | Ag | As | B | Be | Bi | Ca | Cd |
| 北京有色金属研究总院 | 0.00051 | 0.00020 | 0.00020 | 0.00060 | 0.00002 | 0.00010 | 0.00010 | 0.00010 |
| 长安汽车集团二厂 | 0.00037 | 0.00060 | 0.00032 | 0.00032 | 0.00002 | 0.00036 | 0.00001 | 0.00014 |
| 国家轻金属质检中心 | 0.00036 | 0.00058 | 0.00005 | 0.00030 | 0.00002 | 0.00046 | 0.00001 | 0.00012 |
| 上海友尼公司 | 0.00060 | 0.00020 | 0.00025 | 0.00035 | 0.00001 | 0.00025 | 0.00010 | 0.00010 |
| 西南铝合金加工研究所 | 0.00044 | 0.00052 | 0.00026 | 0.00069 | 0.00002 | 0.00040 | 0.00001 | 0.00016 |
| 西南铝技术中心 | 0.00027 | 0.00025 | 0.00060 | 0.00030 | 0.00001 | 0.00012 | 0.00010 | 0.00005 |
| 西南铝业公司熔铸厂 | 0.00045 | 0.00020 | 0.00010 | 0.00052 | 0.00001 | 0.00022 | 0.00010 | 0.00010 |
| 中铝板带公司 | 0.00027 | 0.00015 | 0.00060 | 0.00030 | 0.00001 | 0.00012 | 0.00010 | 0.00005 |
| Alfa值 | 0.050 | 0.050 | 0.050 | 0.050 | 0.050 | 0.050 | 0.050 | 0.050 |
| 临界值 | 0.608 | 0.608 | 0.608 | 0.608 | 0.608 | 0.608 | 0.608 | 0.608 |
| 分析单位及项目 | Ce | Co | Ga | Hg | In | Li | Na | P |
| 北京有色金属研究总院 | 0.000100 | 0.000100 | 0.000272 | 0.000160 | 0.000300 | 0.000200 | 0.000100 | 0.000588 |
| 长安汽车集团二厂 | 0.000132 | 0.000115 | 0.000325 | 0.000190 | 0.000160 | 0.000385 | 0.0000125 | 0.000525 |

续表 5-109

| 分析单位及项目 | Ce | Co | Ga | Hg | In | Li | Na | P |
|---|---|---|---|---|---|---|---|---|
| 国家轻金属质检中心 | 0.000100 | 0.000100 | 0.000242 | 0.000100 | 0.000300 | 0.000300 | 0.000100 | 0.000525 |
| 上海友尼公司 | 0.000125 | 0.0000500 | 0.000100 | 0.000175 | 0.000300 | 0.000250 | 0.000125 | 0.000400 |
| 西南铝合金加工研究所 | 0.000110 | 0.000130 | 0.000280 | 0.000100 | 0.000200 | 0.000350 | 0.0000100 | 0.000565 |
| 西南铝技术中心 | 0.000100 | 0.0000500 | 0.000200 | 0.000100 | 0.000575 | 0.000200 | 0.000450 | 0.000450 |
| 西南铝业公司熔铸厂 | 0.000114 | 0.000100 | 0.000370 | 0.000100 | 0.000382 | 0.000300 | 0.000200 | 0.000578 |
| 中铝板带公司 | 0.000100 | 0.0000500 | 0.000200 | 0.000100 | 0.000575 | 0.000150 | 0.000450 | 0.000450 |
| Alfa 值 | 0.050 | 0.050 | 0.050 | 0.050 | 0.050 | 0.050 | 0.050 | 0.050 |
| 临界值 | 0.608 | 0.608 | 0.608 | 0.608 | 0.608 | 0.608 | 0.608 | 0.608 |

| 分析单位及项目 | Pb | Sb | Sc | Sn | Sr | V | Zr |
|---|---|---|---|---|---|---|---|
| 北京有色金属研究总院 | 0.000100 | 0.000348 | 0.000100 | 0.000300 | 0.000100 | 0.000198 | 0.000100 |
| 长安汽车集团二厂 | 0.000398 | 0.000300 | 0.000288 | 0.000615 | 0.000138 | 0.000318 | 0.000165 |
| 国家轻金属质检中心 | 0.000200 | 0.000250 | 0.000250 | 0.000530 | 0.000100 | 0.000100 | 0.000100 |
| 上海友尼公司 | 0.000375 | 0.000275 | 0.000300 | 0.000525 | 0.000100 | 0.000225 | 0.000100 |
| 西南铝合金加工研究所 | 0.000418 | 0.000250 | 0.000198 | 0.000565 | 0.000265 | 0.000390 | 0.000180 |
| 西南铝技术中心 | 0.000200 | 0.000175 | 0.0000500 | 0.000225 | 0.0000500 | 0.0000700 | 0.0000500 |
| 西南铝业公司熔铸厂 | 0.000250 | 0.000275 | 0.000200 | 0.000350 | 0.000100 | 0.000255 | 0.000250 |
| 中铝板带公司 | 0.000225 | 0.000175 | 0.0000500 | 0.000325 | 0.0000500 | 0.0000700 | 0.0000500 |
| Alfa 值 | 0.050 | 0.050 | 0.050 | 0.050 | 0.050 | 0.050 | 0.050 |
| 临界值 | 0.608 | 0.608 | 0.608 | 0.608 | 0.608 | 0.608 | 0.608 |

标样号:E6023　　定值家数:8

| 分析单位及项目 | Si | Fe | Cu | Mn | Mg | Ni |
|---|---|---|---|---|---|---|
| 北京有色金属研究总院 | 12.095 | 0.378 | 5.006 | 1.777 | 0.0244 | 0.319 |
| 长安汽车集团二厂 | 11.860 | 0.395 | 5.015 | 1.870 | 0.0220 | 0.315 |
| 国家轻金属质检中心 | 11.930 | 0.384 | 4.990 | 1.615 | 0.0202 | 0.328 |
| 上海友尼公司 | 12.192 | 0.381 | 5.140 | 1.622 | 0.0230 | 0.326 |
| 西南铝合金加工研究所 | 12.390 | 0.391 | 5.052 | 1.722 | 0.0222 | 0.345 |
| 西南铝技术中心 | 12.518 | 0.387 | 5.140 | 1.632 | 0.0212 | 0.314 |
| 西南铝业公司熔铸厂 | 12.352 | 0.389 | 5.153 | 1.645 | 0.0220 | 0.320 |
| 中铝板带公司 | 12.818 | 0.387 | 5.140 | 1.632 | 0.0212 | 0.314 |
| Alfa 值 | 0.050 | 0.050 | 0.050 | 0.050 | 0.050 | 0.050 |
| 临界值 | 0.608 | 0.608 | 0.608 | 0.608 | 0.608 | 0.608 |

| 分析单位及项目 | Zn | Ti | Li | P | Sn | Sr |
|---|---|---|---|---|---|---|
| 北京有色金属研究总院 | 0.340 | 0.00508 | 0.0291 | 0.00408 | 0.211 | 0.0675 |
| 长安汽车集团二厂 | 0.326 | 0.00522 | 0.0464 | 0.00450 | 0.215 | 0.0580 |
| 国家轻金属质检中心 | 0.338 | 0.00525 | 0.0315 | 0.00320 | 0.203 | 0.0675 |

续表 5-109

| 分析单位及项目 | Zn | Ti | Li | P | Sn | Sr |
|---|---|---|---|---|---|---|
| 上海友尼公司 | 0.329 | 0.00530 | 0.0263 | 0.00375 | 0.222 | 0.0657 |
| 西南铝合金加工研究所 | 0.310 | 0.00470 | 0.0385 | 0.00468 | 0.214 | 0.0710 |
| 西南铝技术中心 | 0.355 | 0.00560 | 0.0307 | 0.00368 | 0.217 | 0.0602 |
| 西南铝业公司熔铸厂 | 0.328 | 0.00540 | 0.0292 | 0.00490 | 0.210 | 0.0657 |
| 中铝板带公司 | 0.355 | 0.00560 | 0.0307 | 0.00368 | 0.217 | 0.0601 |
| Alfa 值 | 0.050 | 0.050 | 0.050 | 0.050 | 0.050 | 0.050 |
| 临界值 | 0.608 | 0.608 | 0.608 | 0.608 | 0.608 | 0.608 |

标样号:E6024　　　　定值家数:8

| 分析单位及项目 | Si | Fe | Mg | Cr | Ni | Zn |
|---|---|---|---|---|---|---|
| 北京有色金属研究总院 | 0.144 | 1.138 | 4.452 | 0.214 | 1.437 | 3.924 |
| 长安汽车集团二厂 | 0.157 | 1.133 | 4.414 | 0.213 | 1.362 | 3.942 |
| 国家轻金属质检中心 | 0.164 | 1.120 | 4.454 | 0.220 | 1.457 | 3.873 |
| 上海友尼公司 | 0.156 | 1.150 | 4.522 | 0.226 | 1.395 | 3.965 |
| 西南铝合金加工研究所 | 0.153 | 1.145 | 4.398 | 0.215 | 1.405 | 3.888 |
| 西南铝技术中心 | 0.150 | 1.132 | 4.375 | 0.237 | 1.438 | 3.958 |
| 西南铝业公司熔铸厂 | 0.153 | 1.148 | 4.492 | 0.199 | 1.432 | 3.912 |
| 中铝板带公司 | 0.150 | 1.132 | 4.375 | 0.237 | 1.438 | 3.958 |
| Alfa 值 | 0.050 | 0.050 | 0.050 | 0.050 | 0.050 | 0.050 |
| 临界值 | 0.608 | 0.608 | 0.608 | 0.608 | 0.608 | 0.608 |

| 分析单位及项目 | Ti | Ag | B | Be | Li | Na |
|---|---|---|---|---|---|---|
| 北京有色金属研究总院 | 0.243 | 0.306 | 0.0239 | 0.00395 | 0.0279 | 0.00200 |
| 长安汽车集团二厂 | 0.242 | 0.347 | 0.0277 | 0.00338 | 0.0412 | 0.00185 |
| 国家轻金属质检中心 | 0.236 | 0.334 | 0.0252 | 0.00378 | 0.0289 | 0.00190 |
| 上海友尼公司 | 0.267 | 0.328 | 0.0241 | 0.00362 | 0.0249 | 0.00160 |
| 西南铝合金加工研究所 | 0.260 | 0.347 | 0.0225 | 0.00335 | 0.0365 | 0.00205 |
| 西南铝技术中心 | 0.233 | 0.326 | 0.0240 | 0.00330 | 0.0287 | 0.00235 |
| 西南铝业公司熔铸厂 | 0.250 | 0.328 | 0.0265 | 0.00365 | 0.0276 | 0.00190 |
| 中铝板带公司 | 0.233 | 0.326 | 0.0240 | 0.00330 | 0.0287 | 0.00235 |
| Alfa 值 | 0.050 | 0.050 | 0.050 | 0.050 | 0.050 | 0.050 |
| 临界值 | 0.608 | 0.608 | 0.608 | 0.608 | 0.608 | 0.608 |

标样号:E6025　　　　定值家数:8

| 分析单位及项目 | Si | Fe | Cu | Mn | Mg | Ni | Zn | Ti | As |
|---|---|---|---|---|---|---|---|---|---|
| 北京有色金属研究总院 | 1.140 | 0.186 | 0.588 | 0.768 | 0.116 | 0.0388 | 0.105 | 0.00395 | 0.0136 |
| 长安汽车集团二厂 | 1.184 | 0.176 | 0.617 | 0.760 | 0.115 | 0.0402 | 0.101 | 0.00400 | 0.0157 |
| 国家轻金属质检中心 | 1.202 | 0.180 | 0.604 | 0.768 | 0.114 | 0.0448 | 0.101 | 0.00350 | 0.0130 |

续表 5-109

| 分析单位及项目 | Si | Fe | Cu | Mn | Mg | Ni | Zn | Ti | As |
|---|---|---|---|---|---|---|---|---|---|
| 上海友尼公司 | 1.127 | 0.174 | 0.600 | 0.766 | 0.112 | 0.0388 | 0.101 | 0.00420 | 0.0196 |
| 西南铝合金加工研究所 | 1.245 | 0.175 | 0.636 | 0.770 | 0.116 | 0.0452 | 0.105 | 0.00420 | 0.0102 |
| 西南铝技术中心 | 1.080 | 0.203 | 0.595 | 0.773 | 0.113 | 0.0384 | 0.111 | 0.00355 | 0.0135 |
| 西南铝业公司熔铸厂 | 1.208 | 0.181 | 0.603 | 0.778 | 0.120 | 0.0400 | 0.108 | 0.00372 | 0.0140 |
| 中铝板带公司 | 1.080 | 0.193 | 0.595 | 0.773 | 0.113 | 0.0384 | 0.116 | 0.00355 | 0.0130 |
| Alfa 值 | 0.050 | 0.050 | 0.050 | 0.050 | 0.050 | 0.050 | 0.050 | 0.050 | 0.050 |
| 临界值 | 0.608 | 0.608 | 0.608 | 0.608 | 0.608 | 0.608 | 0.608 | 0.608 | 0.608 |

| 分析单位及项目 | Ca | Ce | Co | Ga | Hg | Sn | V | Zr |
|---|---|---|---|---|---|---|---|---|
| 北京有色金属研究总院 | 0.402 | 0.287 | 0.110 | 0.0418 | 0.402 | 6.234 | 0.148 | 0.281 |
| 长安汽车集团二厂 | 0.428 | 0.236 | 0.126 | 0.0454 | 0.428 | 5.894 | 0.153 | 0.276 |
| 国家轻金属质检中心 | 0.403 | 0.295 | 0.104 | 0.0690 | 0.403 | 6.024 | 0.149 | 0.282 |
| 上海友尼公司 | 0.410 | 0.278 | 0.113 | 0.0510 | 0.410 | 5.902 | 0.148 | 0.284 |
| 西南铝合金加工研究所 | 0.432 | 0.260 | 0.115 | 0.0630 | 0.432 | 6.000 | 0.151 | 0.270 |
| 西南铝技术中心 | 0.406 | 0.289 | 0.112 | 0.0480 | 0.406 | 5.872 | 0.153 | 0.266 |
| 西南铝业公司熔铸厂 | 0.434 | 0.284 | 0.123 | 0.0502 | 0.434 | 5.660 | 0.150 | 0.250 |
| 中铝板带公司 | 0.425 | 0.289 | 0.112 | 0.0480 | 0.425 | 5.935 | 0.153 | 0.260 |
| Alfa 值 | 0.050 | 0.050 | 0.050 | 0.050 | 0.050 | 0.050 | 0.050 | 0.050 |
| 临界值 | 0.608 | 0.608 | 0.608 | 0.608 | 0.608 | 0.608 | 0.608 | 0.608 |

标样号:E6026　　　　定值家数:8

| 分析单位及项目 | Si | Fe | Cu | Mn | Mg | Ni |
|---|---|---|---|---|---|---|
| 北京有色金属研究总院 | 0.0614 | 0.124 | 0.000398 | 0.00210 | 0.0503 | 0.00158 |
| 长安汽车集团二厂 | 0.0565 | 0.121 | 0.000450 | 0.00188 | 0.0432 | 0.00225 |
| 国家轻金属质检中心 | 0.0610 | 0.127 | 0.000418 | 0.00192 | 0.0530 | 0.00175 |
| 上海友尼公司 | 0.0446 | 0.120 | 0.000550 | 0.00205 | 0.0525 | 0.00188 |
| 西南铝合金加工研究所 | 0.0495 | 0.103 | 0.000500 | 0.00190 | 0.0420 | 0.00150 |
| 西南铝技术中心 | 0.0772 | 0.134 | 0.000675 | 0.00182 | 0.0507 | 0.00182 |
| 西南铝业公司熔铸厂 | 0.0658 | 0.126 | 0.000622 | 0.00205 | 0.0564 | 0.00175 |
| 中铝板带公司 | 0.0772 | 0.134 | 0.000675 | 0.00182 | 0.0507 | 0.00182 |
| Alfa 值 | 0.050 | 0.050 | 0.050 | 0.050 | 0.050 | 0.050 |
| 临界值 | 0.608 | 0.608 | 0.608 | 0.608 | 0.608 | 0.608 |

| 分析单位及项目 | Zn | Ti | B | Ga | Hg | In |
|---|---|---|---|---|---|---|
| 北京有色金属研究总院 | 0.00818 | 0.000565 | 0.00250 | 0.0201 | 0.000400 | 0.0499 |
| 长安汽车集团二厂 | 0.00840 | 0.000525 | 0.00232 | 0.0166 | 0.000745 | 0.0470 |
| 国家轻金属质检中心 | 0.00832 | 0.000485 | 0.00225 | 0.0164 | 0.0000067 | 0.0505 |
| 上海友尼公司 | 0.00830 | 0.000575 | 0.00218 | 0.0172 | 0.000300 | 0.0467 |

续表 5-109

| 分析单位及项目 | Zn | Ti | B | Ga | Hg | In |
|---|---|---|---|---|---|---|
| 西南铝合金加工研究所 | 0.00802 | 0.000500 | 0.00200 | 0.0168 | 0.000300 | 0.0485 |
| 西南铝技术中心 | 0.00782 | 0.000450 | 0.00198 | 0.0186 | 0.000400 | 0.0494 |
| 西南铝业公司熔铸厂 | 0.00882 | 0.000628 | 0.00205 | 0.0167 | 0.000550 | 0.0500 |
| 中铝板带公司 | 0.00782 | 0.000450 | 0.00198 | 0.0186 | 0.000400 | 0.0494 |
| Alfa 值 | 0.050 | 0.050 | 0.050 | 0.050 | 0.050 | 0.050 |
| 临界值 | 0.608 | 0.608 | 0.608 | 0.608 | 0.608 | 0.608 |

标样号:E6027　　定值家数:8

| 分析单位及项目 | Si | Fe | Cu | Mn | Mg | Ni |
|---|---|---|---|---|---|---|
| 北京有色金属研究总院 | 0.0604 | 0.119 | 0.000285 | 0.00225 | 0.0432 | 0.00172 |
| 长安汽车集团二厂 | 0.0510 | 0.117 | 0.000558 | 0.00200 | 0.0337 | 0.00200 |
| 国家轻金属质检中心 | 0.0600 | 0.124 | 0.000310 | 0.00185 | 0.0448 | 0.00185 |
| 上海友尼公司 | 0.0394 | 0.120 | 0.000450 | 0.00198 | 0.0447 | 0.00198 |
| 西南铝合金加工研究所 | 0.0530 | 0.109 | 0.000500 | 0.00200 | 0.0400 | 0.00168 |
| 西南铝技术中心 | 0.0667 | 0.129 | 0.000575 | 0.00175 | 0.0440 | 0.00192 |
| 西南铝业公司熔铸厂 | 0.0658 | 0.120 | 0.000492 | 0.00205 | 0.0483 | 0.00175 |
| 中铝板带公司 | 0.0667 | 0.129 | 0.000575 | 0.00175 | 0.0440 | 0.00192 |
| Alfa 值 | 0.050 | 0.050 | 0.050 | 0.050 | 0.050 | 0.050 |
| 临界值 | 0.608 | 0.608 | 0.608 | 0.608 | 0.608 | 0.608 |

| 分析单位及项目 | Zn | Ti | B | Ga | Hg | In |
|---|---|---|---|---|---|---|
| 北京有色金属研究总院 | 0.00752 | 0.000428 | 0.00300 | 0.0212 | 0.000600 | 0.186 |
| 长安汽车集团二厂 | 0.00815 | 0.000470 | 0.00230 | 0.0184 | 0.000632 | 0.180 |
| 国家轻金属质检中心 | 0.00785 | 0.000375 | 0.00248 | 0.0173 | 0.000450 | 0.183 |
| 上海友尼公司 | 0.00782 | 0.000325 | 0.00230 | 0.0180 | 0.000550 | 0.173 |
| 西南铝合金加工研究所 | 0.00738 | 0.000400 | 0.00210 | 0.0170 | 0.000600 | 0.178 |
| 西南铝技术中心 | 0.00748 | 0.000300 | 0.00195 | 0.0190 | 0.000700 | 0.176 |
| 西南铝业公司熔铸厂 | 0.00858 | 0.000505 | 0.00395 | 0.0174 | 0.000650 | 0.174 |
| 中铝板带公司 | 0.00748 | 0.000300 | 0.00195 | 0.0182 | 0.000575 | 0.178 |
| Alfa 值 | 0.050 | 0.050 | 0.050 | 0.050 | 0.050 | 0.050 |
| 临界值 | 0.608 | 0.608 | 0.608 | 0.608 | 0.608 | 0.608 |

标样号:E5141　　定值家数:8

| 分析单位及项目 | Si | Fe | Cu | Mn | Mg | Ni |
|---|---|---|---|---|---|---|
| 北京有色金属研究总院 | 0.0410 | 0.0884 | 0.0112 | 0.312 | 4.664 | 0.00548 |
| 长安汽车集团二厂 | 0.0456 | 0.0978 | 0.0115 | 0.307 | 4.420 | 0.00570 |
| 国家轻金属质检中心 | 0.0474 | 0.0864 | 0.0114 | 0.315 | 4.482 | 0.00582 |
| 上海友尼公司 | 0.0401 | 0.0872 | 0.0116 | 0.312 | 4.415 | 0.00602 |
| 西南铝合金加工研究所 | 0.0418 | 0.0928 | 0.0115 | 0.290 | 4.530 | 0.00538 |
| 西南铝技术中心 | 0.0418 | 0.0928 | 0.0115 | 0.290 | 4.528 | 0.00538 |
| 西南铝业公司熔铸厂 | 0.0450 | 0.0881 | 0.0110 | 0.306 | 4.345 | 0.00620 |
| 中铝板带公司 | 0.0418 | 0.0928 | 0.0115 | 0.290 | 4.528 | 0.00538 |
| Alfa 值 | 0.050 | 0.050 | 0.010 | 0.050 | 0.050 | 0.050 |
| 临界值 | 0.608 | 0.608 | 0.717 | 0.608 | 0.608 | 0.608 |

**表 5-110　标准样品合成标准偏差**

| 标样号:E6021 | | | | | |
|---|---|---|---|---|---|
| 元素 | 标准定值（质量分数）/% | 定值标准偏差/% | 块内不均方差/‰ | 块间不均方差/‰ | 合成标准偏差/% |
| Si | 0.00256 | 0.00023 | 0.0000000005082 | 0.0000000009863 | 0.00024 |
| Fe | 0.00844 | 0.00016 | 0.000000008992 | 0.00000001988 | 0.00022 * |
| Cu | 0.00396 | 0.00019 | 0.000000001249 | 0.00000001111 | 0.00020 |
| Mn | 0.000676 | 0.000051 | 0.0000000003885 | 0.0000000009870 | 0.000064 |
| Mg | 0.00111 | 0.000094 | 0.00000000008389 | 0.000000004316 | 0.00012 |
| Cr | 0.000331 | 0.000055 | 0.00000000002279 | 0.0000000001781 | 0.000057 |
| Ni | 0.000609 | 0.000048 | 0.00000000003202 | 0.0000000007410 | 0.000056 |
| Zn | 0.000698 | 0.000038 | 0.00000000003681 | 0.00000002277 | 0.000062 * |
| Ti | 0.000412 | 0.000041 | 0.00000000001721 | 0.00000000005405 | 0.000042 |
| Ag | 0.000338 | 0.00011 | 0.00000000003467 | 0.0000000001839 | 0.00012 |
| As | 0.000300 | 0.000073 | 0.2778 | 4.26 | 2.130 * |
| B | 0.000422 | 0.000056 | 0.0000000003400 | 0.000000002770 | 0.000080 |
| Be | 0.0000164 | 0.0000022 | 0.008334 | 0.07778 | 0.30 * |
| Bi | 0.000257 | 0.000050 | 0.0000000004781 | 0.0000000004546 | 0.000059 |
| Ca | 0.0000669 | 0.000017 | 0.00000000001055 | 0.0000000002532 | 0.000024 * |
| Cd | 0.000106 | 0.000014 | 0.2748 | 2.65 | 1.710 * |
| Ce | 0.000110 | 0.0000045 | 0.000000002034 | 0.00000001816 | 0.00015 * |
| Co | 0.0000869 | 0.000012 | 0.0000000001293 | 0.00000000006597 | 0.000019 * |
| Ga | 0.000249 | 0.000030 | 0.00000000001195 | 0.0000000001443 | 0.000033 |
| Hg | 0.000128 | 0.000015 | 1.07 | 11.9 | 3.601 * |
| In | 0.000349 | 0.000055 | 0.0000000003795 | 0.000000000007223 | 0.000059 |
| Li | 0.000267 | 0.000029 | 0.000000001540 | 0.0000000005321 | 0.000054 * |
| Na | 0.000181 | 0.000063 | 0.001303 | 0.01528 | 0.13 * |
| P | 0.000510 | 0.000025 | 0.0000000009186 | 0.000000005695 | 0.00086 * |
| Pb | 0.000271 | 0.000041 | 0.0000000005204 | 0.000000002801 | 0.000071 * |
| Sb | 0.000256 | 0.000021 | 0.000000002011 | 0.000000003631 | 0.000078 * |
| Sc | 0.000180 | 0.000036 | 0.000000000003389 | 0.000000000008681 | 0.000037 |
| Sn | 0.000429 | 0.000052 | 0.0000000005114 | 0.000000004018 | 0.000086 * |
| Sr | 0.000113 | 0.000025 | 0.000000000005695 | 0.0000000003556 | 0.000026 |
| V | 0.000203 | 0.000042 | 0.0000000001045 | 0.000000001202 | 0.000056 * |
| Zr | 0.000124 | 0.000025 | 0.02735 | 0.3945 | 0.65 * |

续表 5-110

标样号：E6023

| 元素 | 标准定值（质量分数）/% | 定值标准偏差/% | 块内不均方差/‰ | 块间不均方差/‰ | 合成标准偏差/% |
|---|---|---|---|---|---|
| Si | 12.269 | 0.12 | 0.0003543 | 0.01615 | 0.18 * |
| Fe | 0.386 | 0.0020 | 0.0000006498 | 0.000008564 | 0.0037 * |
| Cu | 5.080 | 0.025 | 0.005183 | 0.001789 | 0.088 * |
| Mn | 1.689 | 0.033 | 0.0002826 | 0.0005092 | 0.044 * |
| Mg | 0.0220 | 0.00045 | 0.000004736 | 0.000006682 | 0.0035 * |
| Ni | 0.323 | 0.0038 | 0.00001227 | 0.000002045 | 0.0054 * |
| Zn | 0.335 | 0.0054 | 0.000006076 | 0.00001236 | 0.0069 |
| Ti | 0.00527 | 0.00011 | 0.000000008334 | 0.00000009862 | 0.00035 * |
| Li | 0.0328 | 0.0024 | 0.00000006656 | 0.0000003388 | 0.0025 |
| P | 0.00406 | 0.00021 | 0.00000003549 | 0.00000004317 | 0.00036 * |
| Sn | 0.214 | 0.0021 | 0.000006359 | 0.000002267 | 0.0037 * |
| Sr | 0.0645 | 0.0016 | 0.0000002778 | 0.000002546 | 0.0023 * |

标样号：E6024

| 元素 | 标准定值（质量分数）/% | 定值标准偏差/% | 块内不均方差/‰ | 块间不均方差/‰ | 合成标准偏差/% |
|---|---|---|---|---|---|
| Si | 0.153 | 0.0021 | 0.000000004445 | 0.0000001493 | 0.0022 |
| Fe | 1.137 | 0.0036 | 0.000007486 | 0.00005422 | 0.0087 * |
| Mg | 4.435 | 0.020 | 0.002338 | 0.001745 | 0.067 * |
| Cr | 0.220 | 0.0046 | 0.00000001038 | 0.000009653 | 0.0056 |
| Ni | 1.420 | 0.011 | 0.00006013 | 0.00001412 | 0.014 |
| Zn | 3.928 | 0.013 | 0.00002851 | 0.0001131 | 0.018 * |
| Ti | 0.246 | 0.0045 | 0.000004748 | 0.00001974 | 0.0067 * |
| Ag | 0.330 | 0.0047 | 0.000005999 | 0.000003352 | 0.0057 |
| B | 0.0247 | 0.00059 | 0.000000005393 | 0.0000001020 | 0.00068 |
| Be | 0.00354 | 0.000087 | 0.00000000001482 | 0.000000001482 | 0.000096 |
| Li | 0.0306 | 0.0020 | 0.0000001569 | 0.000001838 | 0.0025 |
| Na | 0.00200 | 0.000090 | 0.000000003794 | 0.00000003243 | 0.00022 * |

标样号：E6025

| 元素 | 标准定值（质量分数）/% | 定值标准偏差/% | 块内不均方差/‰ | 块间不均方差/‰ | 合成标准偏差/% |
|---|---|---|---|---|---|
| Si | 1.158 | 0.022 | 0.00001779 | 0.00002063 | 0.023 |
| Fe | 0.184 | 0.0036 | 0.00000007422 | 0.000003156 | 0.0041 |
| Cu | 0.605 | 0.0054 | 0.000002542 | 0.000009227 | 0.0064 |
| Mn | 0.770 | 0.0020 | 0.00004023 | 0.000002148 | 0.0069 * |
| Mg | 0.115 | 0.00090 | 0.000007745 | 0.00001405 | 0.0048 * |

续表 5-110

| 元素 | 标准定值（质量分数）/% | 定值标准偏差/% | 块内不均方差/‰ | 块间不均方差/‰ | 合成标准偏差/% |
|---|---|---|---|---|---|
| Ni | 0.0406 | 0.00100 | 0.00000002501 | 0.0000002139 | 0.0012 |
| Zn | 0.106 | 0.0020 | 0.0000004862 | 0.00001928 | 0.0026 |
| Ti | 0.00383 | 0.00011 | 0.00000001693 | 0.000000004167 | 0.00019* |
| As | 0.0141 | 0.00096 | 0.00000002500 | 0.0000001898 | 0.0011 |
| Ca | 0.281 | 0.0038 | 0.00000005079 | 0.0000008695 | 0.0040 |
| Ce | 0.418 | 0.0048 | 0.000003947 | 0.00004578 | 0.0086* |
| Co | 0.277 | 0.0070 | 0.000005519 | 0.000003206 | 0.0076 |
| Ga | 0.114 | 0.0025 | 0.000001335 | 0.000001073 | 0.0030 |
| Hg | 0.0520 | 0.0033 | 0.000001410 | 0.000002519 | 0.0039 |
| Sn | 5.940 | 0.058 | 0.0004675 | 0.0005916 | 0.067 |
| V | 0.151 | 0.00078 | 0.000005418 | 0.00002305 | 0.0054* |
| Zr | 0.271 | 0.0043 | 0.000005910 | 0.00003443 | 0.0077* |

标样号：E6026

| 元素 | 标准定值（质量分数）/% | 定值标准偏差/% | 块内不均方差/‰ | 块间不均方差/‰ | 合成标准偏差/% |
|---|---|---|---|---|---|
| Si | 0.0616 | 0.0042 | 0.00000001953 | 0.0000001247 | 0.0043 |
| Fe | 0.124 | 0.0035 | 0.0000001542 | 0.000008195 | 0.0037 |
| Cu | 0.000536 | 0.000040 | 0.00000000006306 | 0.00000000009320 | 0.000042 |
| Mn | 0.00194 | 0.000039 | 0.000000001223 | 0.000000003317 | 0.000078* |
| Mg | 0.0498 | 0.0018 | 0.0000008638 | 0.000003151 | 0.0026* |
| Ni | 0.00179 | 0.000080 | 0.0000000004076 | 0.000000002050 | 0.000093 |
| Zn | 0.00821 | 0.00012 | 0.0000000004364 | 0.0000001158 | 0.00017* |
| Ti | 0.000522 | 0.000023 | 0.0000000002339 | 0.0000000006248 | 0.000038* |
| B | 0.00216 | 0.000068 | 0.0000000002778 | 0.000000001223 | 0.000079 |
| Ga | 0.0176 | 0.00047 | 0.000000002820 | 0.00000004142 | 0.00052 |
| Hg | 0.000388 | 0.000076 | 0.000000008912 | 0.0000001665 | 0.00018* |
| In | 0.0489 | 0.00050 | 0.0000008793 | 0.0000009159 | 0.0015* |

标样号：E6027

| 元素 | 标准定值（质量分数）/% | 定值标准偏差/% | 块内不均方差/‰ | 块间不均方差/‰ | 合成标准偏差/% |
|---|---|---|---|---|---|
| Si | 0.0579 | 0.0034 | 0.000000007514 | 0.0000001394 | 0.0035 |
| Fe | 0.121 | 0.0024 | 0.00000005079 | 0.000007570 | 0.0026 |
| Cu | 0.000468 | 0.000041 | 0.00000000001446 | 0.0000000003659 | 0.000046 |
| Mn | 0.00195 | 0.000060 | 0.0000000002291 | 0.000000004410 | 0.000091* |
| Mg | 0.0428 | 0.0016 | 0.00000004376 | 0.00000008017 | 0.0017 |

续表 5-110

| 元素 | 标准定值（质量分数）/% | 定值标准偏差/% | 块内不均方差/‰ | 块间不均方差/‰ | 合成标准偏差/% |
|---|---|---|---|---|---|
| Ni | 0.00185 | 0.000044 | 0.0000000002250 | 0.000000002953 | 0.000071 * |
| Zn | 0.00778 | 0.00015 | 0.0000000004439 | 0.0000001292 | 0.00019 |
| Ti | 0.000388 | 0.000028 | 0.00000000004042 | 0.000000002370 | 0.000033 |
| B | 0.00250 | 0.00024 | 0.0000000002474 | 0.000000005403 | 0.00026 |
| Ga | 0.0183 | 0.00048 | 0.000000001055 | 0.0000001667 | 0.00050 |
| Hg | 0.000595 | 0.000027 | 0.0000000003500 | 0.0000000006550 | 0.000042 * |
| In | 0.178 | 0.0016 | 0.000007863 | 0.000003996 | 0.0038 * |

标样号：E5141

| 元素 | 标准定值（质量分数）/% | 定值标准偏差/% | 块内不均方差/‰ | 块间不均方差/‰ | 合成标准偏差/% |
|---|---|---|---|---|---|
| Si | 0.0431 | 0.00092 | 0.000000008292 | 0.0000004313 | 0.00095 |
| Fe | 0.0908 | 0.0014 | 0.0000000003646 | 0.0000002933 | 0.0016 |
| Cu | 0.0114 | 0.000071 | 0.0000000005695 | 0.000000003250 | 0.000095 * |
| Mn | 0.303 | 0.0039 | 0.0000009056 | 0.000001806 | 0.0043 |
| Mg | 4.489 | 0.035 | 0.0002163 | 0.0004412 | 0.044 |
| Ni | 0.00567 | 0.00012 | 0.0000000003056 | 0.000000002223 | 0.00014 |
| Zn | 0.00748 | 0.000087 | 0.000000003653 | 0.000000002695 | 0.00012 * |
| Ti | 0.0374 | 0.00095 | 0.0000002171 | 0.0000004069 | 0.0013 * |
| Be | 0.00106 | 0.000017 | 0.000000000004170 | 0.0000000006778 | 0.000019 |
| Na | 0.000375 | 0.000034 | | | 0.000034 |
| Sc | 0.532 | 0.0039 | 0.00001030 | 0.00002591 | 0.0072 * |
| Zr | 0.0899 | 0.0011 | 0.000004043 | 0.000007173 | 0.0036 * |

标样号：E6262 -3

| 元素 | 标准定值（质量分数）/% | 定值标准偏差/% | 块内不均方差/‰ | 块间不均方差/‰ | 合成标准偏差/% |
|---|---|---|---|---|---|
| Si | 0.588 | 0.0021 | 0.000001305 | 0.000008091 | 0.0038 * |
| Fe | 0.554 | 0.0029 | 0.0000007223 | 0.00001811 | 0.0053 * |
| Cu | 0.318 | 0.0012 | 0.0000008903 | 0.000005306 | 0.0028 * |
| Mg | 0.893 | 0.0029 | 0.000001200 | 0.00001613 | 0.0051 * |
| Cr | 0.113 | 0.0014 | 0.00000001693 | 0.0000005612 | 0.0016 |
| Bi | 0.755 | 0.0034 | 0.000001455 | 0.00001710 | 0.0055 * |
| Pb | 0.570 | 0.0031 | 0.000001301 | 0.00001847 | 0.0055 * |

标样号：E2237

| 元素 | 标准定值（质量分数）/% | 定值标准偏差/% | 块内不均方差/‰ | 块间不均方差/‰ | 合成标准偏差/% |
|---|---|---|---|---|---|
| Si | 0.0458 | 0.00012 | 0.0000001862 | 0.0000002195 | 0.00065 * |
| Fe | 0.0908 | 0.00088 | 0.00000002778 | 0.0000005459 | 0.0012 * |
| Cu | 5.077 | 0.042 | 0.0002153 | 0.003784 | 0.076 * |

续表 5-110

| 元素 | 标准定值（质量分数）/% | 定值标准偏差/% | 块内不均方差/‰ | 块间不均方差/‰ | 合成标准偏差/% |
|---|---|---|---|---|---|
| Mn | 0.442 | 0.0041 | 0.000002574 | 0.00001084 | 0.0055 * |
| Mg | 0.0483 | 0.00055 | 0.0000001077 | 0.0000002188 | 0.00080 * |
| Zn | 0.111 | 0.0011 | 0.0000001417 | 0.0000005334 | 0.0014 |
| Ti | 0.310 | 0.0016 | 0.0000002357 | 0.000002206 | 0.0023 * |
| B | 0.0598 | 0.00049 | 0.0000001381 | 0.000004907 | 0.0023 * |
| Cd | 0.177 | 0.0016 | 0.00000007778 | 0.000002906 | 0.0024 * |
| V | 0.118 | 0.0020 | 0.000002648 | 0.000002924 | 0.0031 * |
| Zr | 0.116 | 0.00026 | 0.00000002474 | 0.0000003126 | 0.00064 * |

标样号：E2405

| 元素 | 标准定值（质量分数）/% | 定值标准偏差/% | 块内不均方差/‰ | 块间不均方差/‰ | 合成标准偏差/% |
|---|---|---|---|---|---|
| Si | 7.012 | 0.012 | 0.0003961 | 0.001078 | 0.041 * |
| Fe | 0.133 | 0.0020 | 0.00000007422 | 0.0000009778 | 0.0023 |
| Mg | 0.303 | 0.0062 | 0.000003298 | 0.000001835 | 0.0067 |
| Ti | 0.0670 | 0.00044 | 0.000000001446 | 0.0000001152 | 0.00056 |
| Sb | 0.220 | 0.0019 | 0.0000004625 | 0.00001270 | 0.0041 * |

注：1. 合成标准偏差带 * 的值，表示块内、块间方差不可忽略。
2. 合成标准偏差大于 1 的值，表示均匀性数据采用的是强度，不能作为定值的标准偏差。

**表 5-111 系列铝合金再校准光谱标准样品最终定值结果**

| 标样号 | 名称 | 化学成分（质量分数）/% | | | | | | | | | |
|---|---|---|---|---|---|---|---|---|---|---|---|
| | | Si | Fe | Cu | Mn | Mg | Cr | Ni | Zn | Ti | Ag |
| E6021 | 1 | 0.0026 | 0.0084 | 0.0040 | 0.00068 | 0.0011 | 0.00033 | 0.00061 | 0.00070 | 0.00041 | 0.00034 |
| | 2 | 0.0003 | 0.0003 | 0.0002 | 0.00007 | 0.0002 | 0.00006 | 0.00006 | 0.00007 | 0.00005 | 0.00007 |
| E6023 | 1 | 12.27 | 0.386 | 5.08 | 1.69 | 0.022 | | 0.323 | 0.335 | 0.0053 | |
| | 2 | 0.18 | 0.004 | 0.09 | 0.05 | 0.004 | | 0.006 | 0.007 | 0.0004 | |
| E6024 | 1 | 0.153 | 1.14 | | | 4.44 | 0.220 | 1.42 | 3.93 | 0.246 | 0.330 |
| | 2 | 0.003 | 0.01 | | | 0.07 | 0.006 | 0.02 | 0.02 | 0.007 | 0.006 |
| E6025 | 1 | 1.16 | 0.184 | 0.605 | 0.770 | 0.115 | | 0.041 | 0.106 | 0.0038 | |
| | 2 | 0.03 | 0.005 | 0.007 | 0.007 | 0.005 | | 0.002 | 0.003 | 0.0002 | |
| E6026 | 1 | 0.062 | 0.124 | 0.00054 | 0.0019 | 0.050 | | 0.0018 | 0.0082 | 0.00052 | |
| | 2 | 0.005 | 0.004 | 0.00005 | 0.0001 | 0.003 | | 0.0001 | 0.0002 | 0.00004 | |
| E6027 | 1 | 0.058 | 0.121 | 0.00047 | 0.0020 | 0.043 | | 0.0018 | 0.0078 | 0.00039 | |
| | 2 | 0.004 | 0.003 | 0.00005 | 0.0001 | 0.002 | | 0.0001 | 0.0002 | 0.00004 | |
| E5141 | 1 | 0.043 | 0.091 | 0.011 | 0.303 | 4.49 | | 0.0057 | 0.0075 | 0.037 | |
| | 2 | 0.001 | 0.002 | 0.001 | 0.005 | 0.05 | | 0.0002 | 0.0002 | 0.002 | |

续表 5-111

| 标样号 | 名称 | 化学成分(质量分数)/% | | | | | | | | | |
|---|---|---|---|---|---|---|---|---|---|---|---|
| | | Si | Fe | Cu | Mn | Mg | Cr | Ni | Zn | Ti | Ag |
| E6262-3 | 1 | 0.588 | 0.554 | 0.318 | | 0.893 | 0.113 | | | | |
| | 2 | 0.004 | 0.006 | 0.003 | | 0.006 | 0.002 | | | | |
| E2237 | 1 | 0.046 | 0.091 | 5.08 | 0.442 | 0.048 | | | 0.111 | 0.310 | |
| | 2 | 0.001 | 0.002 | 0.08 | 0.006 | 0.001 | | | 0.002 | 0.003 | |
| E2405 | 1 | 7.01 | 0.133 | | | 0.303 | | | | 0.067 | |
| | 2 | 0.05 | 0.003 | | | 0.007 | | | | 0.001 | |

| 标样号 | 名称 | 化学成分(质量分数)/% | | | | | | | | | |
|---|---|---|---|---|---|---|---|---|---|---|---|
| | | As | B | Be | Bi | Ca | Cd | Ce | Co | Ga | Hg |
| E6021 | 1 | 0.00030* | 0.00042 | 0.00002* | 0.00026 | 0.00007* | 0.00011* | 0.00011* | 0.00009* | 0.00025 | 0.00013* |
| | 2 | | 0.00008 | | 0.00006 | | | | | 0.00004 | |
| E6023 | 1 | | | | | | | | | | |
| | 2 | | | | | | | | | | |
| E6024 | 1 | | 0.025 | 0.0035 | | | | | | | |
| | 2 | | 0.001 | 0.0001 | | | | | | | |
| E6025 | 1 | 0.014 | | | | 0.281 | | 0.418 | 0.277 | 0.114 | 0.052 |
| | 2 | 0.002 | | | | 0.004 | | 0.009 | 0.008 | 0.003 | 0.004 |
| E6026 | 1 | | 0.0022 | | | | | | | 0.018 | 0.00039* |
| | 2 | | 0.0001 | | | | | | | 0.001 | |
| E6027 | 1 | | 0.0025 | | | | | | | 0.018 | 0.00060 |
| | 2 | | 0.0003 | | | | | | | 0.001 | 0.00005 |
| E5141 | 1 | | | 0.0011 | | | | | | | |
| | 2 | | | 0.0001 | | | | | | | |
| E6262-3 | 1 | | | | 0.755 | | | | | | |
| | 2 | | | | 0.006 | | | | | | |
| E2237 | 1 | | 0.060 | | | | 0.177 | | | | |
| | 2 | | 0.003 | | | | 0.003 | | | | |
| E2405 | 1 | | | | | | | | | | |
| | 2 | | | | | | | | | | |

| 标样号 | 名称 | 化学成分(质量分数)/% | | | | | | | | | | |
|---|---|---|---|---|---|---|---|---|---|---|---|---|
| | | In | Li | Na | P | Pb | Sb | Sc | Sn | Sr | V | Zr |
| E6021 | 1 | 0.00035* | 0.00027 | 0.00018* | 0.00051 | 0.00027 | 0.00026 | 0.00018 | 0.00043 | 0.00011 | 0.00020 | 0.00012* |
| | 2 | | 0.00006 | | 0.00009 | 0.00008 | 0.00008 | 0.00004 | 0.00009 | 0.00003 | 0.00006 | |
| E6023 | 1 | | 0.033 | | 0.0041 | | | | 0.214 | 0.064 | | |
| | 2 | | 0.003 | | 0.0004 | | | | 0.004 | 0.003 | | |
| E6024 | 1 | | 0.031 | 0.0020 | | | | | | | | |
| | 2 | | 0.003 | 0.0003 | | | | | | | | |

续表 5-111

| 标样号 | 名称 | 化学成分(质量分数)/% | | | | | | | | | | |
|---|---|---|---|---|---|---|---|---|---|---|---|---|
| | | In | Li | Na | P | Pb | Sb | Sc | Sn | Sr | V | Zr |
| E6025 | 1 | | | | | | | | 5.94 | | 0.151 | 0.271 |
| | 2 | | | | | | | | 0.007 | | 0.006 | 0.008 |
| E6026 | 1 | 0.049 | | | | | | | | | | |
| | 2 | 0.002 | | | | | | | | | | |
| E6027 | 1 | 0.178 | | | | | | | | | | |
| | 2 | 0.004 | | | | | | | | | | |
| E5141 | 1 | | | 0.00038 * | | | | 0.532 | | | | 0.090 |
| | 2 | | | | | | | 0.008 | | | | 0.004 |
| E6262 - 3 | 1 | | | | | 0.570 | | | | | | |
| | 2 | | | | | 0.006 | | | | | | |
| E2237 | 1 | | | | | | | | | | 0.118 | 0.116 |
| | 2 | | | | | | | | | | 0.004 | 0.001 |
| E2405 | 1 | | | | | | 0.220 | | | | | |
| | 2 | | | | | | 0.005 | | | | | |

注:1. 1 为标准值,2 为合成标准偏差;
2. 数据组数(n)一般为 8 组;
3. 给出参考值的原则:各单位定值结果离散度太大的元素、非正态分布的元素、不均匀的元素。
4. * 表示参考值。

## G 生产考核

用本系列铝合金再校准光谱标准样品对进口仪器(QSG750)的 31 个元素通道进行标准化校正。在仪器标准化后进行分析,其分析结果与化学结果相符(见表 5-112)。

**表 5-112 用本标样标准化分析铝合金试样的结果** (质量分数,%)

| 元素 | | Si | Fe | Cu | Mn | Mg | Zn |
|---|---|---|---|---|---|---|---|
| 1 号 | ① | 0.0021 | 0.0080 | 0.0036 | 0.00086 | 0.0011 | 0.00071 |
| | ② | 0.0024 | 0.0083 | 0.0037 | 0.00071 | 0.0012 | 0.00065 |

| 元素 | | Ti | Ni | Cr | Pb | Na | Cd |
|---|---|---|---|---|---|---|---|
| 1 号 | ① | 0.00044 | 0.00076 | 0.00043 | 0.00049 | 0.00004 | 0.00015 |
| | ② | 0.00045 | 0.00060 | 0.00039 | 0.00040 | 0.00005 | 0.00013 |

| 元素 | | Be | B | Bi | P | Ag | In | As |
|---|---|---|---|---|---|---|---|---|
| 1 号 | ① | 0.00002 | 0.00079 | 0.00040 | 0.00069 | 0.00058 | 0.00020 | 0.00026 |
| | ② | 0.00002 | 0.0006 | 0.0004 | 0.00068 | 0.00050 | 0.00017 | 0.0002 |

| 元素 | | Sb | Ca | Ce | Sn | Hg | V | Ga |
|---|---|---|---|---|---|---|---|---|
| 1 号 | ① | 0.00030 | 0.00001 | 0.00021 | 0.00066 | 0.00010 | 0.00039 | 0.00028 |
| | ② | 0.00028 | 0.00001 | 0.00020 | 0.00072 | 0.00015 | 0.00032 | 0.00026 |

续表 5-112

| 元素 | | Zr | Sr | Li | Co | Sc |
|---|---|---|---|---|---|---|
| 1号 | ① | 0.00018 | 0.00026 | 0.00055 | 0.00013 | 0.00020 |
| | ② | 0.00024 | 0.00020 | 0.00038 | 0.00016 | 0.00033 |

| 元素 | | Li | P | Sn | Sr | Mn | Cu | Si |
|---|---|---|---|---|---|---|---|---|
| 3号 | ① | 0.029 | 0.0047 | 0.21 | 0.071 | 1.72 | 5.05 | 12.19 |
| | ② | 0.028 | 0.0048 | 0.21 | 0.066 | 1.65 | 5.05 | 12.08 |

| 元素 | | Li | Be | Ag | B | Mg | Cr | Zn |
|---|---|---|---|---|---|---|---|---|
| 4号 | ① | 0.026 | 0.0034 | 0.35 | 0.24 | 4.40 | 0.22 | 3.89 |
| | ② | 0.27 | 0.0036 | 0.34 | 0.025 | 4.46 | 0.22 | 3.92 |

| 元素 | | Ca | Ce | Co | As | Sn | V | Hg | Zr |
|---|---|---|---|---|---|---|---|---|---|
| 5号 | ① | 0.24 | 0.45 | 0.26 | 0.011 | 5.91 | 0.16 | 0.060 | 0.27 |
| | ② | 0.24 | 0.43 | 0.27 | 0.013 | 5.84 | 0.14 | 0.059 | 0.28 |

| 元素 | | In | Hg | Ga | B | Mn | Fe | Si |
|---|---|---|---|---|---|---|---|---|
| 6号 | ① | 0.048 | 0.00030 | 0.017 | 0.0021 | 0.0019 | 0.11 | 0.052 |
| | ② | 0.046 | 0.00035 | 0.017 | 0.0022 | 0.0020 | 0.12 | 0.056 |

| 元素 | | Cd | B | Ti | Zr | Mn | Cu | V |
|---|---|---|---|---|---|---|---|---|
| 37号 | ① | 0.19 | 0.055 | 0.30 | 0.12 | 0.46 | 5.20 | 0.12 |
| | ② | 0.18 | 0.058 | 0.31 | 0.12 | 0.44 | 5.10 | 0.12 |

| 元素 | | Sc | Be | Mn | Na | Mg | Cu | Si |
|---|---|---|---|---|---|---|---|---|
| 41号 | ① | 0.52 | 0.0011 | 0.29 | 0.0005 | 4.50 | 0.012 | 0.042 |
| | ② | 0.51 | 0.0010 | 0.31 | 0.0004 | 4.44 | 0.011 | 0.044 |

| 元素 | | Bi | Pb | Fe | Cr | Mg | Cu | Si |
|---|---|---|---|---|---|---|---|---|
| 62号 | ① | 0.76 | 0.57 | 0.55 | 0.12 | 0.90 | 0.32 | 0.58 |
| | ② | 0.76 | 0.57 | 0.55 | 0.11 | 0.89 | 0.32 | 0.59 |

| 元素 | | Sb | Ti | Mg | Fe | Si | | |
|---|---|---|---|---|---|---|---|---|
| 405号 | ① | 0.22 | 0.066 | 0.32 | 0.14 | 6.99 | | |
| | ② | 0.22 | 0.067 | 0.30 | 0.14 | 7.00 | | |

①为光谱(QSG750 光谱仪)结果;②为化学结果。

H 比对试验

由于国内无类似标样,无法比对,国外也无相同的标样。为了考察本标样的水平,只能用本标样与进口的德国 QSG750 光谱仪安装调试时所带的标样进行比对。

(1) 均匀性比较。表 5-113 列出了本标样与进口标样均匀性比较结果。从表中可见,本标样有 19 个元素的均匀性(波动系数 *CV%*)优于德国标样,有 12 个元素接近。说明本标样均匀性比进口标样好。

(2) 所含元素个数:本标样含 31 个元素,而进口标样只含 29 个元素(无 Hg 和 Sc 元素,且 As、Ce 元素各只有一点)。

（3）所含元素范围：本标样和进口标样所含元素范围见表 5-114。

（4）进口标样中，Mn、Mg、Be、Ag、Sr、P、Bi 等 24 个元素的低标给半定量值。

（5）用途比较：进口标样只能用于调试校正仪器，而不能用于分析定值；本标样不仅能用于调试校正仪器，同时也可用于铝中非常规微量元素（P、Hg、As、Co、Bi、Na、Ca、Li、In 和 Sc 等）的分析定值。

**表 5-113　本标样与进口标样的均匀性比较结果**

| 编号 | 数据名称 | 标样成分(质量分数)/% | | | | | | | | | |
|---|---|---|---|---|---|---|---|---|---|---|---|
| | | Si | Fe | Cu | Mn | Mg | Cr | Ni | Zn | Ti | Ag |
| 进口标样 | 1 | 14 | 1.2 | 7 | 1.2 | 8 | 0.2 | 2.7 | 7 | 0.2 | 0.01 |
| | 2 | 0.48 | 1.4 | 0.50 | 15 | 0.36 | 0.69 | 0.4 | 0.56 | 1.4 | 0.52 |
| | 3 | RA18 | RA19 | RA18 | RA19 | RA19 | RA19 | RA18 | RA19 | RA19 | RA19 |
| 本标样 | 1 | 12.08 | 1.14 | 5.05 | 1.60 | 4.46 | 0.215 | 1.41 | 3.92 | 0.251 | 0.337 |
| | 2 | 0.27 | 1.2 | 0.49 | 13 | 0.26 | 2.8 | 0.93 | 0.41 | 3.4 | 0.38 |
| | 3 | E6023 | E6024 | E2237 | E6023 | E6024 | E6024 | E6024 | E6024 | E6024 | E6024 |

| 编号 | 数据名称 | 标样成分(质量分数)/% | | | | | | | | | |
|---|---|---|---|---|---|---|---|---|---|---|---|
| | | As | B | Be | Bi | Ca | Cd | Ce | Co | Ga | Hg |
| 进口标样 | 1 | 0.01 | 0.008 | 0.007 | 0.2 | 0.01 | 0.01 | 0.37 | 0.3 | 0.05 | |
| | 2 | 3.1 | 1.8 | 1.2 | 1.1 | 0.97 | 0.47 | 7.1 | 0.57 | 1.1 | |
| | 3 | RA18 | RA18 | RA19 | RA19 | RA18 | RA19 | RALCE | RA19 | RA19 | |
| 本标样 | 1 | 0.013 | 0.025 | 0.0036 | 0.756 | 0.239 | 0.180 | 0.434 | 0.271 | 0.117 | 0.059 |
| | 2 | 2.1 | 1.6 | 1.0 | 0.39 | 0.91 | 0.40 | 3.8 | 1.4 | 2.4 | 2.7 |
| | 3 | E6025 | E2237 | E6024 | E6262-3 | E6025 | E2237 | E6025 | E6025 | E6025 | E6025 |

| 编号 | 数据名称 | 标样成分(质量分数)/% | | | | | | | | | | |
|---|---|---|---|---|---|---|---|---|---|---|---|---|
| | | In | Li | Na | P | Pb | Sb | Sc | Sn | Sr | V | Zr |
| 进口标样 | 1 | 0.1 | 2.4 | 0.005 | 0.01 | 0.24 | 0.4 | | 0.26 | 0.06 | 0.1 | 0.1 |
| | 2 | 1.8 | 0.44 | 1.5 | 1.3 | 0.83 | 3.4 | | 0.80 | 1.4 | 0.72 | 0.68 |
| | 3 | RA19 | Li1 | RA18 | RA18 | RA18 | RA18 | | RA18 | RA18 | RA19 | RA19 |
| 本标样 | 1 | 0.178 | 2.52 | 0.0019 | 0.0048 | 0.572 | 0.221 | 0.514 | 5.84 | 0.066 | 0.142 | 0.282 |
| | 2 | 0.79 | 0.85 | 3.2 | 7.0 | 0.42 | 3.1 | 0.66 | 3.4 | 11 | 4.5 | 5.1 |
| | 3 | E6027 | E992 | E6024 | E6023 | E6262-3 | E2045 | E5141 | E6025 | E6023 | E6025 | E6025 |

注：1 为标准值；2 为波动系数；3 为标样号。

**表 5-114　本标样与进口标样所含元素范围比较**

| 编号 | 含量范围 | Si | Fe | Cu | Mn | Mg | Zn | Ti | Ni |
|---|---|---|---|---|---|---|---|---|---|
| 本标样 | *L*/% | $24 \times 10^{-4}$ | $83 \times 10^{-4}$ | $37 \times 10^{-4}$ | $7 \times 10^{-4}$ | $12 \times 10^{-4}$ | $6.5 \times 10^{-4}$ | $4.5 \times 10^{-4}$ | $6.0 \times 10^{-4}$ |
| | *H*/% | 12 | 1.1 | 5.1 | 1.7 | 4.6 | 3.9 | 0.31 | 1.4 |

续表 5-114

| 编号 | 含量范围 | Si | Fe | Cu | Mn | Mg | Zn | Ti | Ni |
|---|---|---|---|---|---|---|---|---|---|
| 进口标样 | L/% | $20\times10^{-4}$ | $5\times10^{-4}$ | $2\times10^{-4}$ | $<1\times10^{-4}$ | $<1\times10^{-4}$ | $<3\times10^{-4}$ | $<1\times10^{-4}$ | $<2\times10^{-4}$ |
| | H/% | 14 | 1.2 | 7 | 1.2 | 8 | 7 | 0.2 | 2.7 |
| 编号 | 含量范围 | Cr | Zr | Pb | Sn | Be | V | Sr | Ga |
| 本标样 | L/% | $3.9\times10^{-4}$ | $2.0\times10^{-4}$ | $4\times10^{-4}$ | $6\times10^{-4}$ | $0.2\times10^{-4}$ | $3\times10^{-4}$ | $2\times10^{-4}$ | $2.7\times10^{-4}$ |
| | H/% | 0.22 | 0.28 | 0.57 | 5.8 | 0.0036 | 0.14 | 0.066 | 0.12 |
| 进口标样 | L/% | $<1\times10^{-4}$ | $<1\times10^{-4}$ | $<3\times10^{-4}$ | $<3\times10^{-4}$ | $<1\times10^{-4}$ | $<2\times10^{-4}$ | $<0.3\times10^{-4}$ | $<1\times10^{-4}$ |
| | H/% | 0.2 | 0.1 | 0.24 | 0.26 | 0.007 | 0.1 | 0.06 | 0.05 |
| 编号 | 含量范围 | P | Co | Bi | B | Cd | Sb | As | Ag |
| 本标样 | L/% | $6.8\times10^{-4}$ | $1\times10^{-4}$ | $5\times10^{-4}$ | $5\times10^{-4}$ | $1.3\times10^{-4}$ | $3\times10^{-4}$ | $2\times10^{-4}$ | $5\times10^{-4}$ |
| | H/% | 0.0047 | 0.27 | 0.76 | 0.058 | 0.18 | 0.22 | 0.013 | 0.034 |
| 进口标样 | L/% | $<10\times10^{-4}$ | $<1\times10^{-4}$ | $<3\times10^{-4}$ | $<2\times10^{-4}$ | $<1\times10^{-4}$ | $<3\times10^{-4}$ | | $<1\times10^{-4}$ |
| | H/% | 0.01 | 0.3 | 0.2 | 0.008 | 0.01 | 0.4 | 0.01 | 0.2 |
| 编号 | 含量范围 | In | Ca | Li | Na | Ce | Hg | Sc | |
| 本标样 | L/% | $2.1\times10^{-4}$ | $0.1\times10^{-4}$ | $4\times10^{-4}$ | $0.5\times10^{-4}$ | $1.4\times10^{-4}$ | $1\times10^{-4}$ | $2\times10^{-4}$ | |
| | H/% | 0.18 | 0.24 | 0.035 | 0.0019 | 0.43 | 0.059 | 0.51 | |
| 进口标样 | L/% | $<10\times10^{-4}$ | $<0.1\times10^{-4}$ | $<0.2\times10^{-4}$ | $<0.1\times10^{-4}$ | | | | |
| | H/% | 0.1 | 0.01 | 2.4 | 0.005 | 0.7 | | | |

注：L 为低含量标样；H 为高含量标样。

综上所述，本标样在均匀性、定值准确性、包含元素个数及用途等主要技术经济指标上均达到或超过同类进口标样水平。

I 小结

系列铝合金再校准光谱标准样品（高低标）的研制历经三年多，通过成分设计、熔炼等 28 个主要工序，圆满完成研制任务，达到设计指标。本套标样含 31 个元素，可称在国内外铝中含元素之最。在研制过程中，发明了具有自主知识产权的 ST－BZ 除钠装置、LBBG 加钠法和异基体元素加入法（Hg、P、As 等）等铝中非常规微量元素的加入技术；补充和完善了铝中元素国标分析方法（如 As、Na、Hg、Bi、Sc、P、In、Ce 等微量元素既无国标，又无准确可靠公认的分析方法），很好地解决了本标样最终定值的问题。生产试用分析表明：本标样化学成分均匀，定值准确可靠，工作曲线啮合系数高，用此曲线分析样品，其结果与化学相符。本套标样不仅可用于光谱仪器分析铝合金中 31 个元素通道的调试，还可以作为控制样用于铝中 As、Na、Hg、Bi、Sc、P、In、Ce 等非常规微量元素的分析测定。通过比对实验，其主要技术达到国际类似标样先进水平，填补了国内没有含如此多（31 个）元素的铝合金标准样品的空白，满足了我国调试进口仪器和分析的急需，尤其是铝中非常规微量元素通道的调试和分析的急需。本标样可替代同类进口标样，可为企业节约大量外汇，经济效益、社会效益显著。本标样的研制成功，使我国铝基标样的制备水平上了一个新台阶。

## 参考文献


[1] 孝云祯,马宏声. 有色金属熔炼与铸锭[M]. 沈阳:东北大学出版社 ,1994.

[2] 变质剂对高硅铝合金组织均匀性影响研究. 重庆大学内部资料.

[3] 唐剑等. 现代铝加工生产技术丛书:铝合金熔炼与铸造技术[M]. 北京:冶金工业出版社,2009.

[4] 杨玉芳. 金属熔铸基础理论[M]. 西安冶金建筑学院 ,1990.

[5] 郭焕林,吴欣凤,郑宪. 7005 铝合金熔铸工艺研究[J],轻合金加工技术,1996(24):9 ~ 10.

[6] 周家荣. 铝合金熔铸问答[M]. 北京:冶金工业出版社,1987.

[7] Brets P E. 4th International Aluminum Lithium Conference Paris. J Journal de physique,1987.

[8] 肖亚庆. 铝加工技术实用手册[M]. 北京:冶金工业出版社,2005.

[9] 朱学纯. 新铸铝光谱标样的制备和定值分析结果[J]. 分析实验室,1996,15(4):40 ~ 43.

[10] 朱学纯. 分步调整化学成分及在铝标准样品研制中的应用[J]. 铝加工,2006 总第 170 期.

[11] 张柏清,马洪涛. 中间合金细化剂的组织及其细化性能[J]. 金属学报,2000,36(4)341 ~ 346.

[12] 5 Vives Charles. Effects of forced electromagnetic vibrations during the Solidification of aluminum alloys: Part II. Solidification in the presence of collinear variable and Materials Transactions B. 1996, 7: 457 ~ 464.

[13] LIB, AHCCCP. 1991(2), 214 ~ 216.

[14] 唐剑等. 铝合金熔铸技术的现状及发展趋势[J]. 铝加工,2001(4):19 ~ 22.

[15] 朱学纯等. DL – 18 铝光谱标准样品的研制[J]. 铝加工,1994,17(5).

[16] Banerji A Reif W Development of Al – Ti – C grain containing TiC, Metallurgical transaction A, 1986, 17A, 2127 ~ 2137.

[17] Sheet Metal Industries 1988, 65 (3): 150.

[18] Okamoto H , Phase J, Equilibria. 1991, 12(5):612 ~ 613.

[19] 张景祥等. 变形铝合金晶粒细化的进展[J]. 轻合金加工技术,2000(7).

[20] 朱学纯等. 含 31 个元素铝基光谱标准样品的制备及定值结果[J]. 铝加工,2009(1),4 ~ 11.

[21] 刘静安,张学慧. 铝合金热处理工艺与产品状态表示法[J]. 铝加工,2009(1),13 ~ 21.

[22] 朱学纯等. Al – Si 中间合金光谱标准样品研制报告. 西南铝内部资料,1999. 12.

[23] 朱学纯等. Al – Fe 中间合金光谱标准样品研制报告. 西南铝内部资料,1999. 12.

[24] 朱学纯等. Al – Mn 中间合金光谱标准样品研制报告. 西南铝内部资料,1999. 12.

[25] 朱学纯等. 系列铝合金再校准光谱标准样品研制报告. 西南铝内部资料,2010. 4.

# 6 铝合金标准样品的冷热加工技术

## 6.1 铝合金标样铸锭的均匀化热处理技术

铝合金标样铸锭同大生产中某些合金铸锭一样，生产出来后必须经过均匀化退火，保证其内部组织和化学成分的均匀性。

### 6.1.1 标样铸锭均匀化退火的目的

均匀化退火的目的是使标样铸锭中的不平衡共晶组织在基体中分布趋于均匀，过饱和固溶元素从固溶体中析出，以达到消除铸造应力、提高铸锭塑性、减小变形抗力、改善加工产品的组织和性能的目的。

### 6.1.2 均匀化退火对标样铸锭组织与性能的影响

产生非平衡结晶组织的原因是结晶时扩散过程受阻，这种组织在热力学上是亚稳定的，若将铸锭加热到一定温度，提高铸锭内能，使金属原子的热运动增强，不平衡的亚稳定组织逐渐趋于稳定组织。均匀化退火过程，实际上就是相的溶解和原子的扩散过程。空位迁移是原子在金属和合金中的主要扩散方式。

均匀化退火时，原子的扩散主要是在晶内进行的，使晶内化学成分均匀。它只能消除晶内偏析，对区域偏析影响很小。由于均匀化退火是在不平衡固相线或共晶线以下温度进行的，分布在铸锭各晶粒间的不溶物和非金属夹杂缺陷，不能通过溶解和扩散过程消除，所以，均匀化退火不能使合金中基体晶粒的形状发生明显的改变。在铸锭均匀化退火过程中，除原子的扩散外，还伴随着组织上的变化，即富集在晶粒和枝晶边界上可溶解的金属间化合物和强化相的溶解和扩散，以及过饱和固溶体的析出及扩散，从而使铸锭组织均匀，加工性能得到提高。

表 6-1 列出了不同均匀化制度对 5A06 合金标样铸锭组织和性能的影响。5A06 合金非平衡固相线温度约为 451℃，平衡固相线温度约为 540℃。

**表 6-1 不同均匀化制度对 5A06 合金组织和性能的影响**

| 项 目 | 均火温度/℃ | 保温时间/h | 第二相体积分数/% | *SR* | 力学性能 | | |
|---|---|---|---|---|---|---|---|
| | | | | | $\sigma_{0.2}$/MPa | $\sigma_b$/MPa | $\delta$/% |
| 铸 态 | | | 6.2 | 2.336 | 163 | 268 | 16.9 |
| 原工艺 | 460 ~ 475 | 24 | 2.5 | 1.049 | 165 | 276 | 13.4 |
| 试验工艺 | 485 ~ 500 | 9 | 2.1 | 1.040 | 233 | 291 | 13.6 |

注：*SR* 表示枝晶内元素偏析程度，*SR* 大，偏析程度大，*SR* = 1，表示没偏析。

### 6.1.3　均匀化退火温度及时间

6.1.3.1　温度

均匀化退火基于原子的扩散运动。根据扩散第一定律，单位时间通过单位面积的扩散物质量($J$)正比于垂直该截面 $x$ 方向上该物质的浓度梯度，即：

$$J = -D\frac{\partial c}{\partial x} \tag{6-1}$$

扩散系数 $D$ 与温度的关系可用阿累尼乌斯方程表示：

$$D = D_0 \exp(-Q/RT) \tag{6-2}$$

此式表明，温度稍有升高将使扩散过程大大加速。因此，为了加快均匀化过程，应尽可能提高均匀化退火温度。通常采用的均匀化退火温度为 0.9 ~ 0.95$T_m$，$T_m$ 表示铸锭实际开始熔化温度，它低于平衡相图上的固相线温度，见图 6-1（Ⅰ）。

有时，在低于非平衡固相线温度进行均匀化退火难以达到组织均匀化的目的，即使能达到，也往往需要很长保温时间。因此，探讨了在非平衡固相线温度以上进行均匀退化火的可能性，见图 6-1（Ⅱ）。这种在非平衡固相线温度以上但在平衡固相线温度以下的退火工艺，称为高温均匀化退火。铝合金铸锭在高温均匀化退火时，非平衡共晶在开始阶段熔化，但保温相当长时间后，液相消失，熔质元素进入固溶体中，在原来生成液相的部位(晶间及枝晶网胞间)留下显微孔穴。若铸锭氢含量不超过一定值或不产生晶间氧化，则这些显微缺陷可以修复，不会影响制品质量。2A12 及 7A04 等合金在实验室条件下进行过高温均匀化试验，证明了此种工艺的可行性。

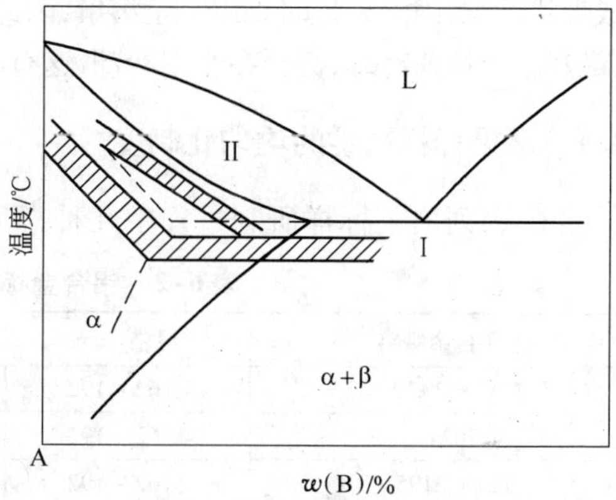


图 6-1　均匀化退火温度范围
Ⅰ—普通均匀化；Ⅱ—高温均匀化

6.1.3.2　保温时间

保温时间基本上取决于非平衡相溶解及晶内偏析消除所需的时间。由于这两个过程同时发生，故保温时间并非此两过程所需时间的代数和。实验证明，铝合金固溶体成分充分均匀化的时间仅稍长于非平衡相完全溶解的时间。多数情况下，均匀化完成时间可按非平衡相完全溶解的时间来估计。

非平衡相在固溶体中溶解的时间($t_s$)与这些相的平均厚度($m$)之间存在以下经验关系：

$$t_s = am^b \tag{6-3}$$

式中，$a$ 及 $b$ 为系数，依均匀化温度及合金成分而改变。对铝合金，指数 $b$ 为 1.5 ~ 2.5。

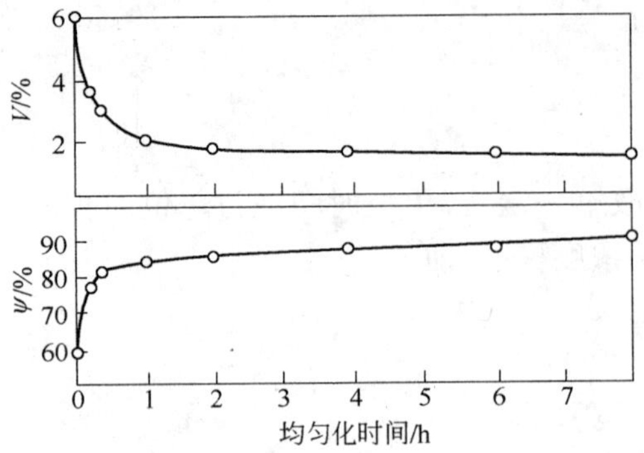


图 6-2　ϕ150 mm2A12 合金铸锭在 500℃均匀化时，溶解的过剩体积分数（V）及 100℃时面缩率（ψ）与均匀化时间的关系

随着均匀化过程的进行，晶内浓度梯度不断减小，扩散的物质量也会不断减少，从而使均匀化过程有自动减缓的倾向。图 6-2 表明，2A12 铸锭均匀化退火时，前 30 min 非平衡相减少的总量较后 7 h 的多得多。说明过分延长均匀化退火时间不但效果不大，反而会降低炉子生产能力，增加热能消耗。

#### 6.1.3.3　加热速度及冷却速度

加热速度的大小以铸锭不产生裂纹和不发生大的变形为原则。值得注意的是冷却速度。例如，有些合金冷却太快会产生淬火效应；而冷却过慢又会析出较粗大第二相，使加工时易形成带状组织，固溶处理时难以完全溶解，因此减小了时效强化效应。对生产建筑型材用 6063 合金，最好进行快速冷却，甚至在水中冷却，这有利于在阳极氧化着色处理时获得均匀的色调。

### 6.1.4　常见标样铸锭的均匀化制度

表 6-2 列出了标样研制过程中几种常见的合金铸锭均匀化退火制度。

**表 6-2　铝合金标样铸锭均匀化退火制度**

| 标样合金牌号 | 规格/mm | 铸锭种类 | 金属温度/℃ | 保温时间/h |
|---|---|---|---|---|
| 2A11、2A12 | ϕ162 ~ 192 | 实　心 | 480 ~ 495 | 8 |
| 2024 | ϕ162 ~ 192 | 实　心 | 480 ~ 495 | 8 |
| 2219、2195 | ϕ162 ~ 192 | 实　心 | 515 ~ 530 | 24 |
| 3A21、3104 | ϕ162 ~ 192 | 实　心 | 600 ~ 620 | 4 |
| 4A11、4032 及铸铝系列 | ϕ162 ~ 192 | 实　心 | 485 ~ 500 | 16 |
| 2A50、2A70、2A80 | ϕ162 ~ 192 | 实　心 | 515 ~ 530 | 12 |
| 5A02、5A06、5A70、5A71、5182 | ϕ162 ~ 192 | 实　心 | 460 ~ 475 | 24 |
| 5A66 | ϕ162 ~ 192 | 实　心 | 445 ~ 460 | 24 |
| 6063 | ϕ162 ~ 192 | 实　心 | 525 ~ 540 | 12 |
| 7A04 | ϕ162 ~ 192 | 实　心 | 450 ~ 465 | 24 |
| 7005、7075、7050 | ϕ162 ~ 192 | 实　心 | 455 ~ 470 | 24 |

## 6.2　热处理工艺对标样铸锭组织细化和成分均匀化的影响实例研究

### 6.2.1　实验目的

以铸态铝合金标样 7050 为例，研究不同热处理工艺对其组织细化和成分均匀化的影响。

### 6.2.2　实验条件和试样

（1）实验器材：金相显微镜、扫描电镜、显微硬度仪、热处理炉、XRD、DSC；

（2）试样：以铝合金 7050 为基体，向其中加入了 10 种合金元素，每种试样的标样号、所含的合金元素及含量见表6-3。

**表6-3　铸态7050合金成分**　　（质量分数,%）

| 标样号 | Si | Fe | Cu | Mn | Mg | Cr | Ni | Zn | Ti | Zr |
|---|---|---|---|---|---|---|---|---|---|---|
| E321c | 0.352 | 0.129 | 0.191 | 0.153 | 0.7 | 0.0872 | 0.137 | 6.418 | 0.071 | 0.241 |
| E324b | 0.172 | 0.556 | 1.926 | 0.657 | 1.335 | 0.237 | 0.0963 | 2.463 | 0.139 | 0.152 |
| E326c | 0.708 | 0.749 | 2.709 | 0.0467 | 3.964 | 0.318 | 0.0122 | 0.955 | 0.205 | 0.237 |
| E8022 | 0.076 | 0.037 | 1.29 | 0.0148 | 1.51 | 0.023 | 0.032 | 7.05 | 0.031 | 0.102 |
| E8024 | 0.166 | 0.231 | 0.63 | 0.08 | 2 | 0.061 | 0.111 | 6.03 | 0.075 | 0.205 |

### 6.2.3　实验原理及方法

用腐蚀液（6mL$HNO_3$ + 4mLHF + 30mL$H_2O$）对铝合金7050铸态试样进行腐蚀实验，通过观察合金的组织细化和成分均匀化情况来选定需热处理的试样。最后通过对比观察金相组织，选定8022为热处理对象，并对其分别进行了465℃×8h、465℃×16h、465℃×24h、465℃×8h+500℃×3h、465℃×24h+500℃×3h的热处理实验，热处理实验后用腐蚀液（6mL$HNO_3$ + 4mLHF + 18mLHCl + 30mL$H_2O$）对热处理态试样进行腐蚀实验，观察了合金经热处理后的组织细化和成分均匀化情况，并借助显微硬度仪、SEM、EDS、XRD和DSC对其进行进一步的观察。

### 6.2.4　实验结果

6.2.4.1　金相照片

A　铸态的金相照片

以下图片从左至右分别取自铸态铝合金7050试样的心部、中部、边部，放大倍数均为60倍。分别见图6-3～图6-10。

a　E324b横向

从图6-3中可以看到从试样心部到边部晶粒尺寸逐渐变大。此外，试样中部黑色颗粒状物质较多较大，而在心部和边部黑色颗粒状物质较小且少，黑色颗粒状物质可能是试样中的杂质。还可看到在试样的晶内和晶界出现细小弥散沉淀。

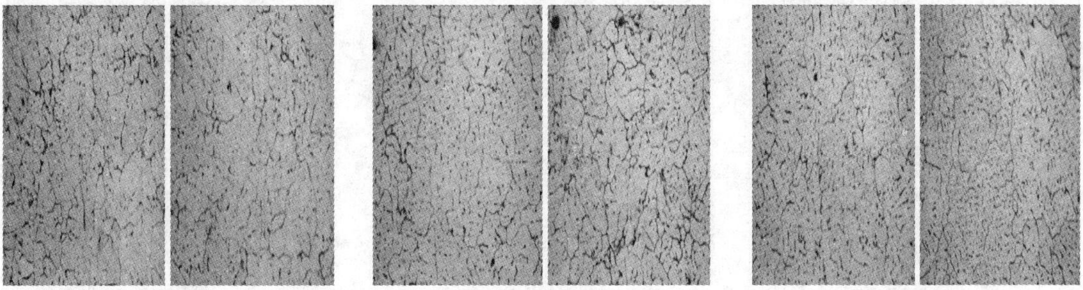

试样心部　　试样中部　　试样边部

图6-3　E324b横向铸态金相照片

b　E324b 纵向

从图 6-4 中可以看到从试样心部到边部晶粒尺寸逐渐变大并且细小的沉淀也越来越多。在心部细小弥散沉淀主要出现在晶界，而随着靠近边部细小弥散沉淀越来越集中在晶粒内部。

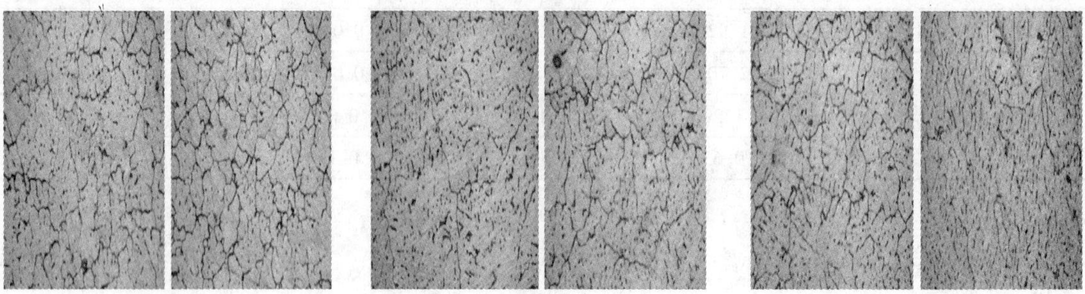

试样心部　　试样中部　　试样边部

图 6-4　E324b 纵向铸态金相照片

c　E8022 横向

从图 6-5 中可以看到在试样心部沿晶界析出了较粗的沉淀且较长，而随着靠近边部沉淀越来越细小。

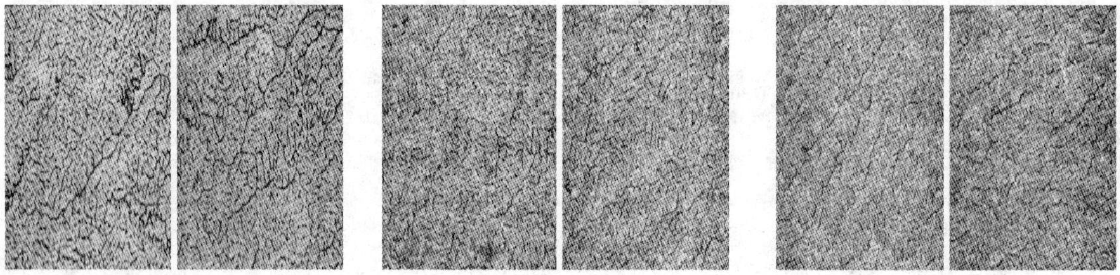

试样心部　　试样中部　　试样边部

图 6-5　E8022 横向铸态金相照片

d　E8022 纵向

从图 6-6 中可以看到在试样心部出现了较粗的山峦状的沉淀，随着靠近边部沉淀越来越细小。

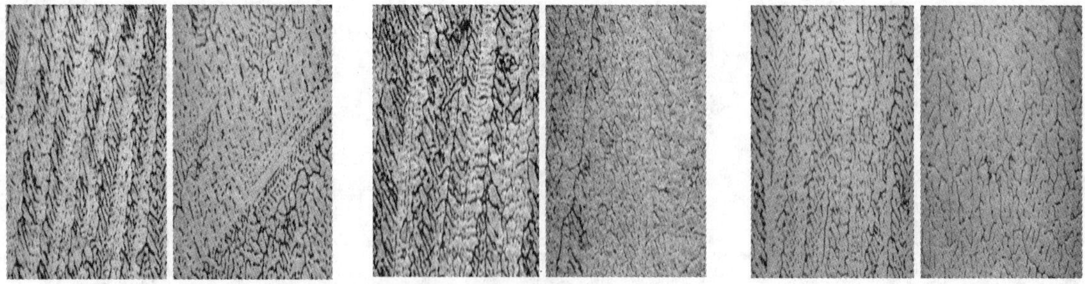

试样心部　　试样中部　　试样边部

图 6-6　E8022 纵向铸态金相照片

e E8024 横向

从图 6-7 中可以看到在试样的心部和边部黑色杂质较小，而在中部黑色杂质较多且粗大。

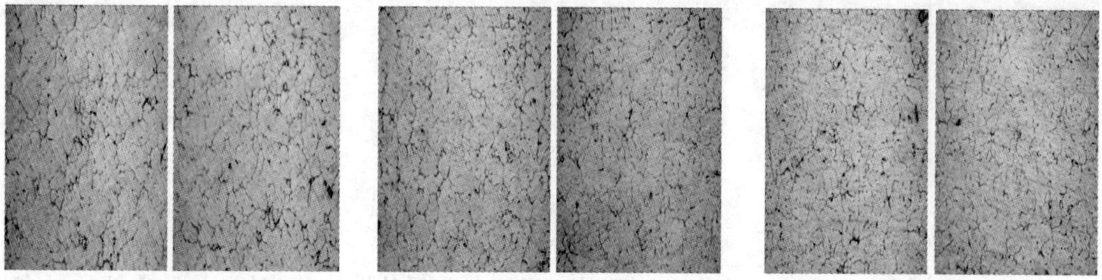

试样心部 试样中部 试样边部

图 6-7 E8024 横向铸态金相照片

f E8024 纵向

从图 6-8 中可以看到在试样中部沿晶界出现了较粗的沉淀，心部和边部晶界处的第二相较细小，并且试样心部的晶粒最细小，而边部晶粒最大。

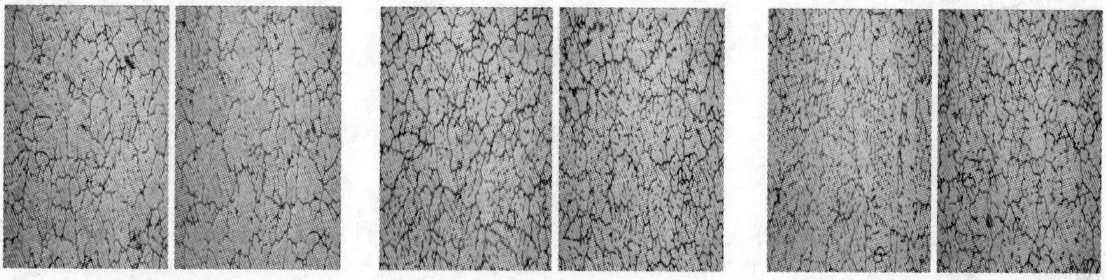

试样心部 试样中部 试样边部

图 6-8 E8024 纵向铸态金相照片

g E321c 横向

从图 6-9 中可以看到从试样的心部到边部，晶界处的第二相越来越粗大。

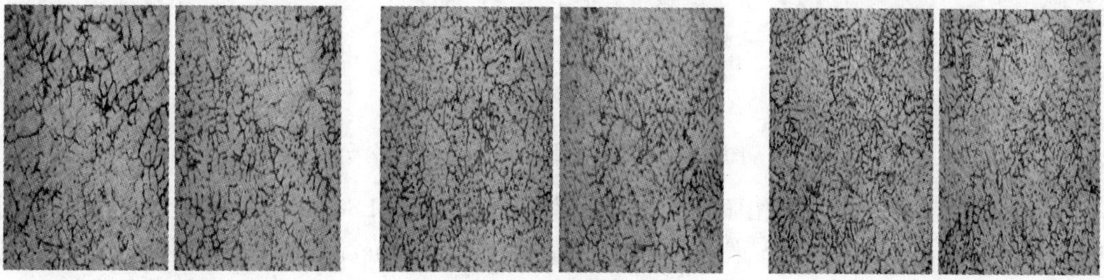

试样心部 试样中部 试样边部

图 6-9 E321c 横向铸态金相照片

h E321c 纵向

从图 6-10 中可以看到从试样的心部到边部具有明显的沿晶界第二相，并且都很粗大。

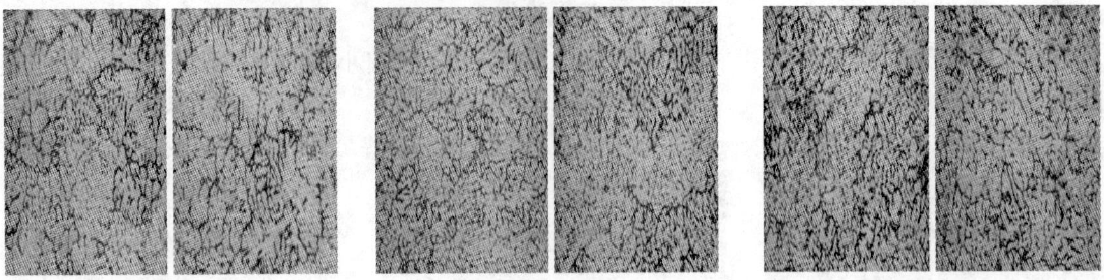

试样心部　　　　试样中部　　　　试样边部

图 6-10　E321c 纵向铸态金相照片

i　E326c 横向

从图 6-11 中可以看到从试样的心部到边部具有明显的第二相组织,并且边部的最多。

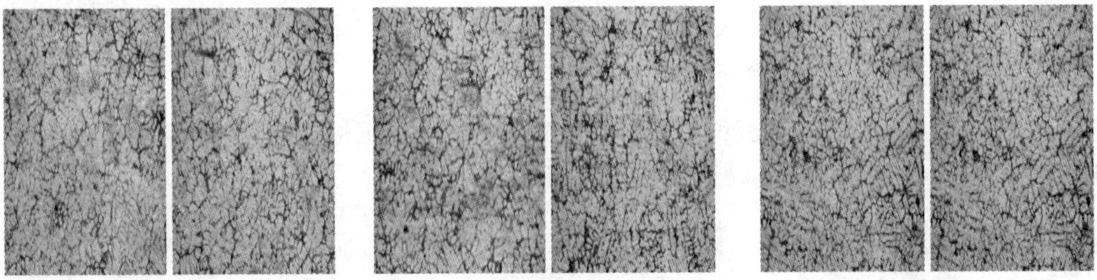

试样心部　　　　试样中部　　　　试样边部

图 6-11　E326c 横向铸态金相照片

j　E326c 纵向

从图 6-12 中可以看到在试样心部析出了黑色沉淀,并且从试样的心部到边部沉淀逐渐减少。

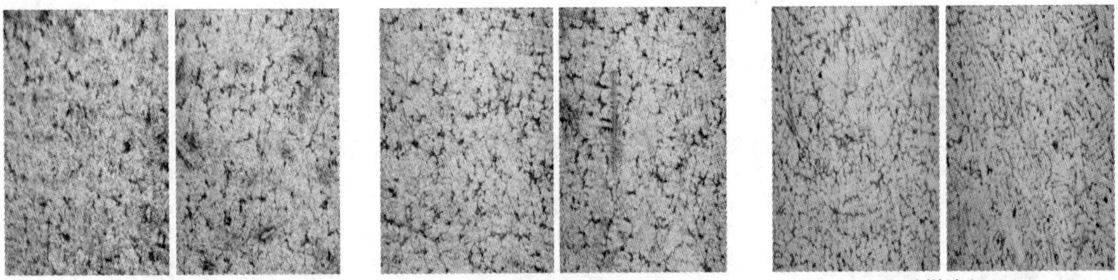

试样心部　　　　试样中部　　　　试样边部

图 6-12　E326c 纵向铸态金相照片

从铸态铝合金标样的金相照片中可以观察到:E324b 和 E8024 的组织最为均匀,晶界非常明显。试样从心部到边部晶粒尺寸逐渐变大并且细小的沉淀也越来越多,在心部细小弥散沉淀主要出现在晶界,而随着靠近边部细小弥散沉淀越来越集中在晶粒内部。E321c 和 E326c 的组织与 E324b 和 E8024 相比析出相明显增多,从金相照片中可以清楚地看见沿晶界有大量条状的第二相析出,而在晶粒内部也有很多点状的析出相。E8022 的组织与上述组织又完全不同,从试样心部的金相照片可以看到呈山峦状的析出相,但在靠近边部的过程中,这种山峦状的析出相逐渐减少,到了试样边部时已经看不见山峦状的析出相了。

B 热处理后的金相照片

从热处理后的铸态铝合金标样金相照片中可以观察到：试样 E8022 在经 465℃ ×8 h、465℃ ×16 h、465℃ ×24 h 的热处理后组织发生了明显的变化，心部全为片条状的组织，而中部和边部随着热处理时间的增加表现出了良好的规律，其中 8 h 热处理后，中部由片条状的组织逐渐向粒状的晶粒过渡，而在边部就全部变成了粒状的晶粒。而 16 h 和 24 h 热处理后，中部和边部都为片条状组织，且 24 h 热处理后的片条状组织较 16 h 热处理后的更大。说明随着保温时间的增加，组织逐渐由粒状晶粒向片条状组织过渡。而再将经 465℃ ×8 h 和 465℃ ×24 h 处理的试样做 500℃ ×3 h 的热处理实验后，发现 8 h 热处理后的粒状晶粒已经不复存在了，都变为了条状组织。而从只进行 24 h 热处理的组织来看，500℃ ×3 h 的热处理实验使片条状组织的面积发生了些许变化。

以下图片从左至右分别取自热处理态铝合金 7050 试样 E8022 的心部、中部、边部。分别见图 6-13 ~ 图 6-15。

a E8022 横向 1（465℃ ×8 h）

从图 6-13 中可以看到试样经 465℃ ×8 h 热处理后显微组织发生了明显的变化，心部全为片条状的组织，到了中部，由片条状的组织逐渐向粒状的晶粒过渡，而在边部就全部变成了粒状的晶粒。

试样心部　　试样中部　　试样边部

图 6-13 E8022 横向 8 h 热处理后金相照片

b E8022 横向 2（465℃ ×16 h）

从图 6-14 中可以看到试样经 465℃ ×16 h 热处理后心部全为片条状的组织，且片条组织较 8 h 热处理后的片条组织更大，到了中部和边部后，片条组织变得较为细小些，但是视场中出现了很多黑点，而且从中部到边部逐渐增多。

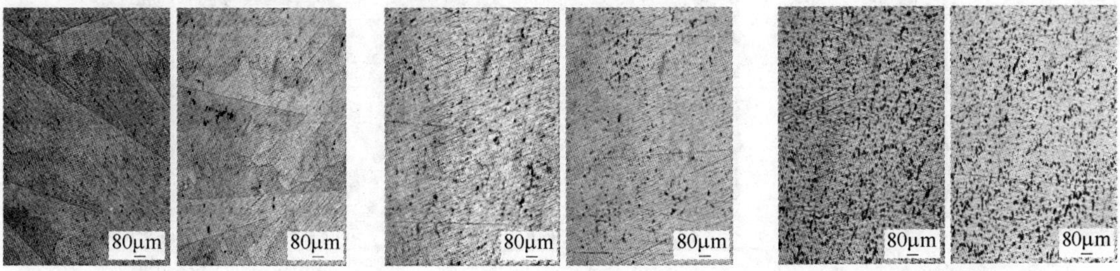


试样心部　　试样中部　　试样边部

图 6-14 E8022 横向 16 h 热处理后金相照片

c E8022 横向(465℃ ×24 h)

从图 6-15 中可以看到试样经 465℃ ×24 h 热处理后心部也全为片条状的组织,且片条组织较 16 h 热处理后的片条组织更大,到了中部后,片条组织有所变小,但是仍然较大,到了试样的边部,片条组织才真正地变得细小了些。

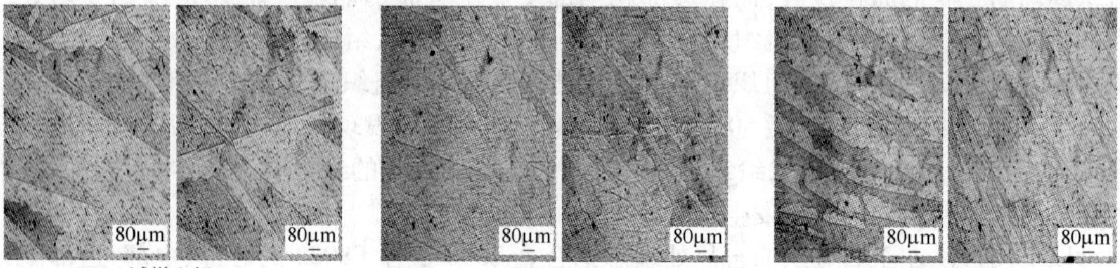


试样心部 试样中部 试样边部

图 6-15 E8022 横向 24 h 热处理后金相照片

d E8022 横向三(465℃ ×8 h + 500℃ ×3 h)

从图 6-16 中可以看到试样经 465℃ ×8 h + 500℃ ×3 h 热处理后的显微组织相对 8 h 热处理后的组织又发生了变化,心部的片条状组织变得较为细小了,而中部的组织仍是片条组织和粒状晶粒的混合,但边部不再全是粒状晶粒了,也变为了片条组织和粒状晶粒的混合。

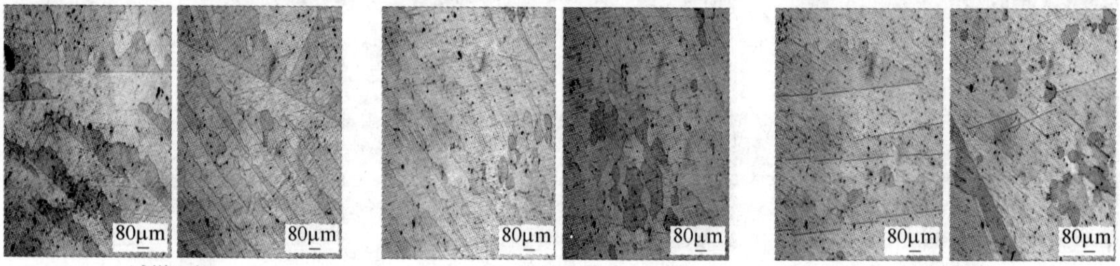


试样心部 试样中部 试样边部

图 6-16 E8022 横向(465℃ ×8 h + 500℃ ×3 h)热处理后金相照片

e E8022 横向四(465℃ ×24 h + 500℃ ×3 h)

从图 6-17 中可以看到试样经 465℃ ×24 h + 500℃ ×3 h 热处理后的显微组织相对 24 h 热处理后的组织又发生了变化,心部的片条状组织变得较为细小了,而中部的组织变化不大,但边部的片条状组织较 24 h 热处理后组织长大了。

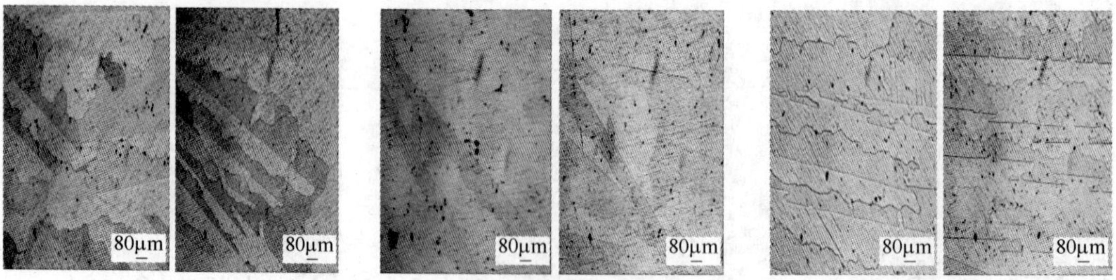


试样心部 试样中部 试样边部

图 6-17 E8022 横向(465℃ ×24 h + 500℃ ×3 h)热处理后金相照片

### 6.2.4.2　扫描电镜照片和 EDS 图谱

图 6-18 ~ 图 6-26 为样品 E8022、E324b、E321c、E326c 的扫描电镜照片和 EDS 图谱。

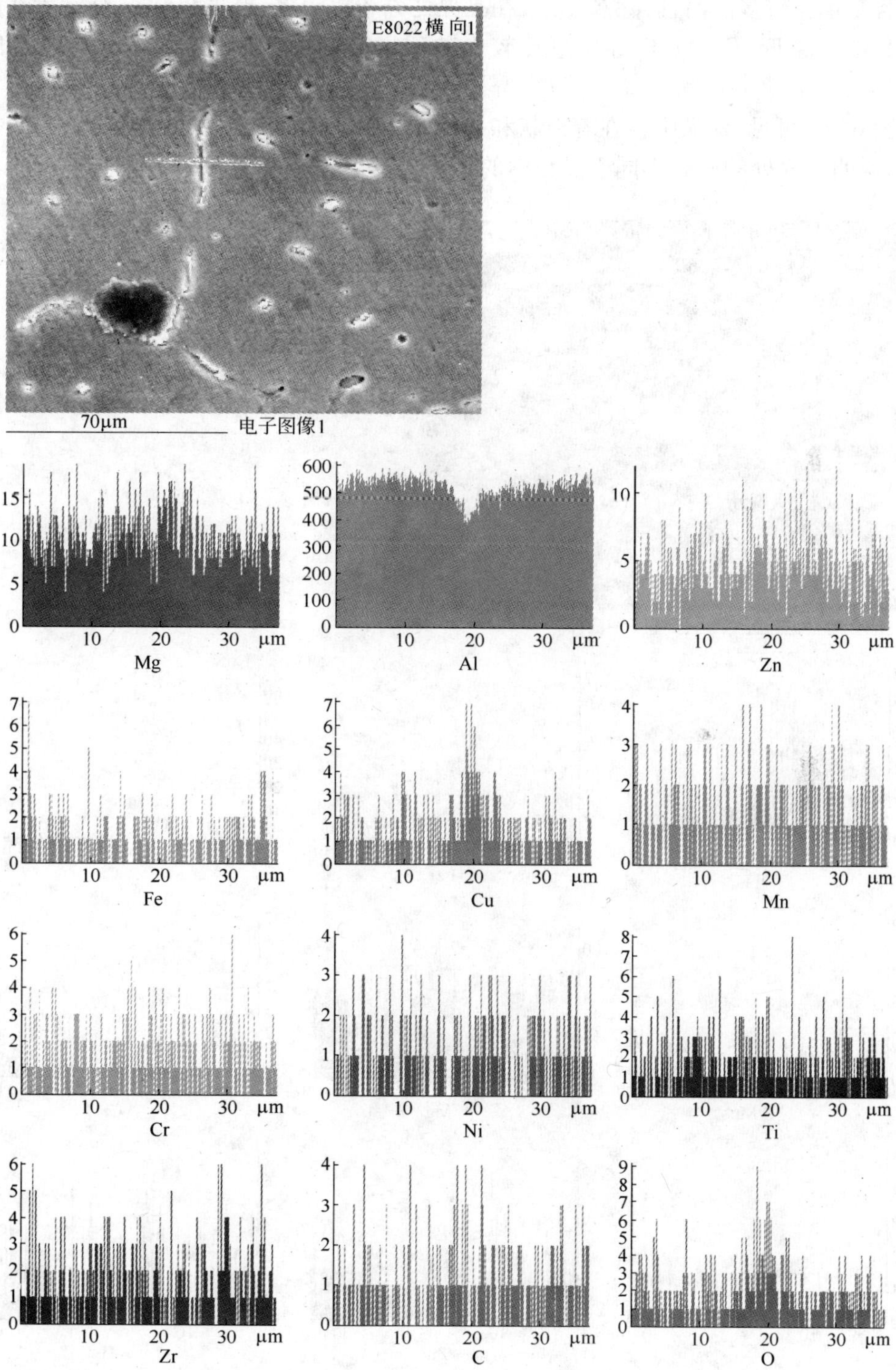


图 6-18　E8022 横向 1 扫描电镜照片和 EDS 图谱

从图 6-18 扫描照片可以看出，样品的基体中有许多条状和颗粒状的元素夹杂着，而且与基体的衬度有明显的不同。

从 EDS 分布图可以看出，Mg 和 Zn 是 Al 基体以外样品中含量最多的元素。此外，Mn 元素的含量也比较多。而且，除 Cu 元素在晶界处分布比较多、聚集明显外，O 元素在晶界处也比较集中。像 Fe、Cr、Ni、C 等含量比较少的元素，在基体和晶界处的分布还是比较均匀的。

由图 6-19 可见，样品中存在着粒状和条状元素的夹杂，晶界处和晶粒内黑白的衬底区别较大，说明晶界处的确有不同于晶粒内的多种元素存在。

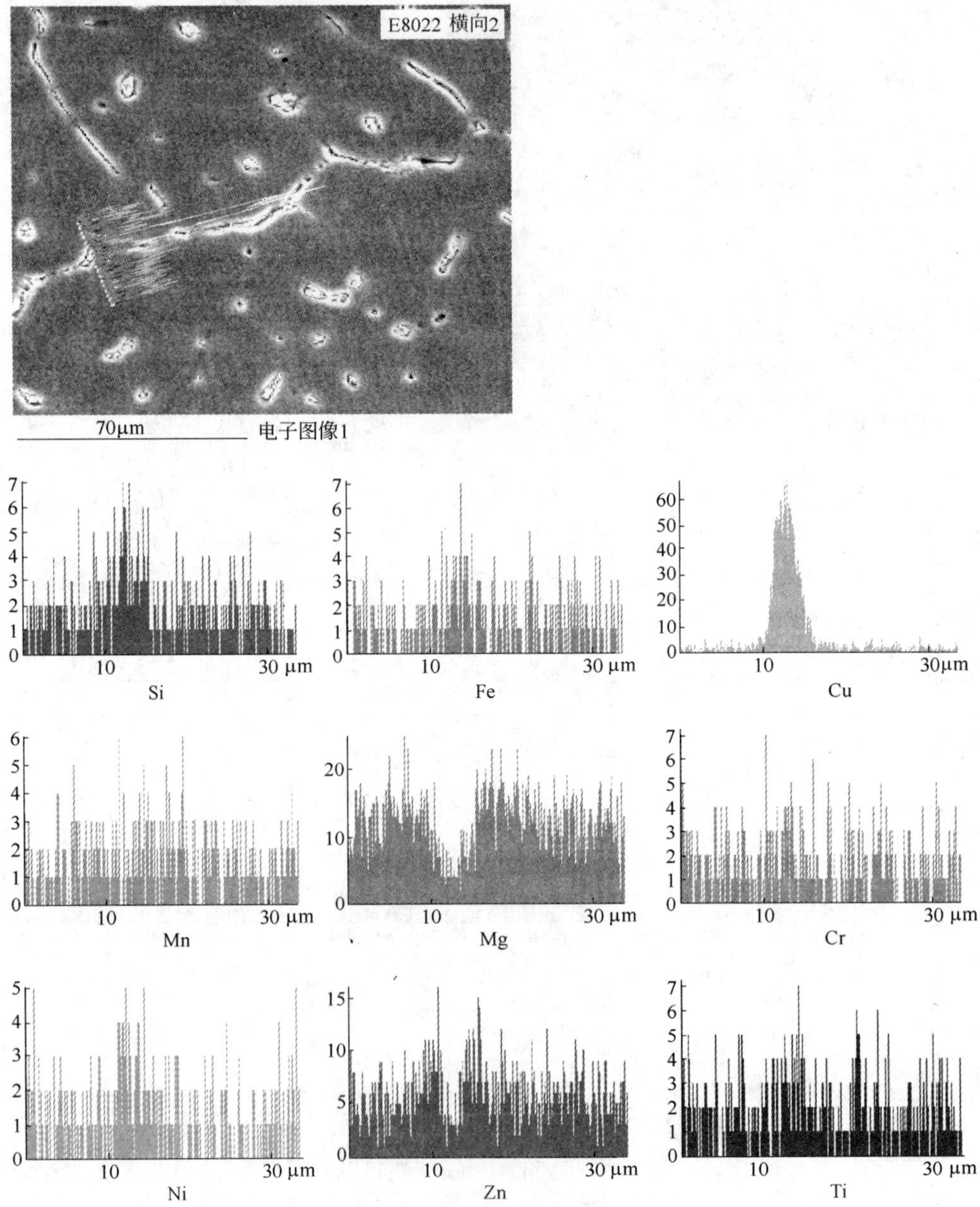


图 6-19 E8022 横向 2 扫描电镜照片和 EDS 图谱

由 EDS 图可见,晶界处 Cu 元素和 O 元素的聚集很明显,与晶粒内部有很大的差别,而且 Si 和 Ni 元素在晶粒内部和晶界处的分布也有一些不同。相反,Mg 元素和 Zn 元素在晶粒内的分布较多,而在晶界处的含量却很少。

由图 6-20 可看出,此样品中晶界是不连续出现的,还有颗粒状的夹杂相存在。这种夹杂所在的地方,扫描图样显示为白亮色。

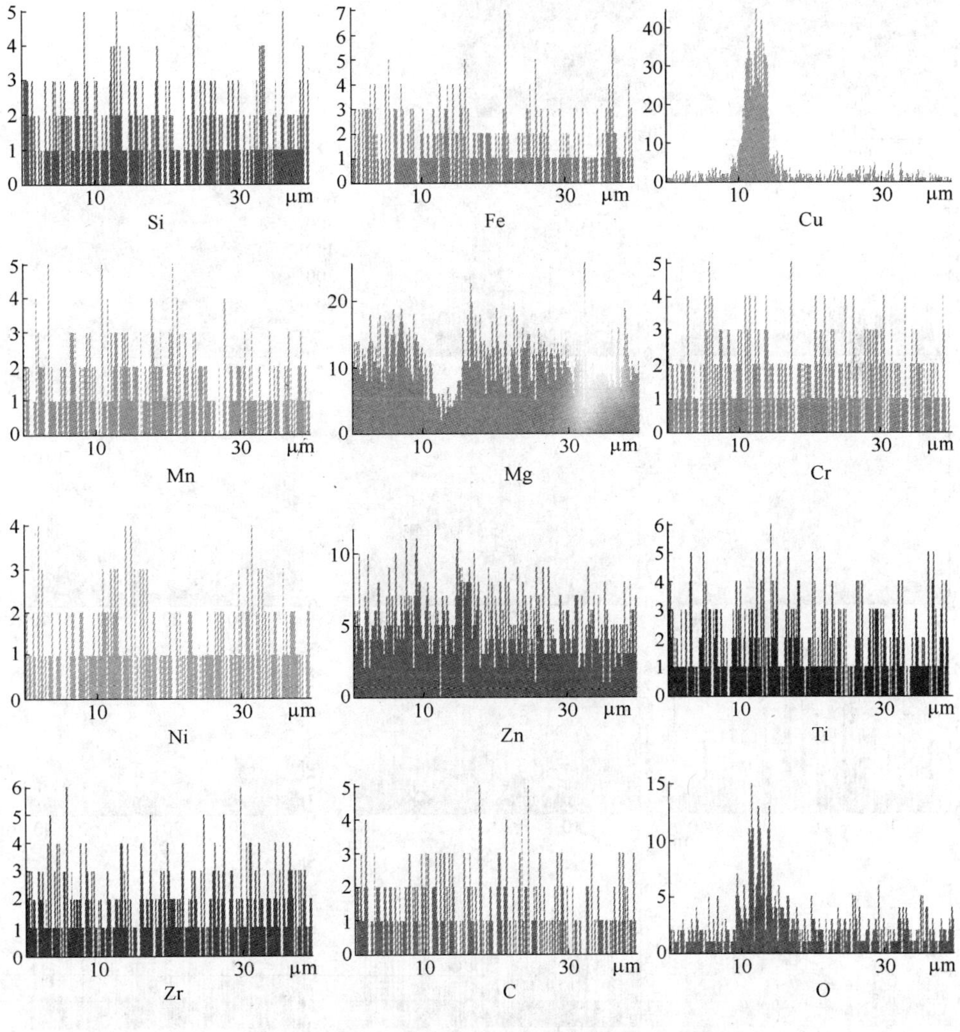


图 6-20 E8022 横向 3 扫描电镜照片和 EDS 图谱

从 EDS 分布图中可以看出,除 Cu 元素和 O 元素在晶界处的集中比较突出外,Ni 元素在晶界的聚集也表现得比较明显。而其余含量较少的 C、Zr、Cr、Mn、Zn 等元素在晶界处和晶粒内的分布并无太大的区别,基本趋向于均匀分布。

从图 6-21 可见,样品的晶界都能清晰地看出,而且连续性也比较好,只是一些晶界处由于没有其他元素的夹杂或是成分分布过少,导致了晶界与基体的衬底并无明显差别。此外,晶粒内还有少量的小孔,可能还是一些元素在此形成了夹杂相的缘故。

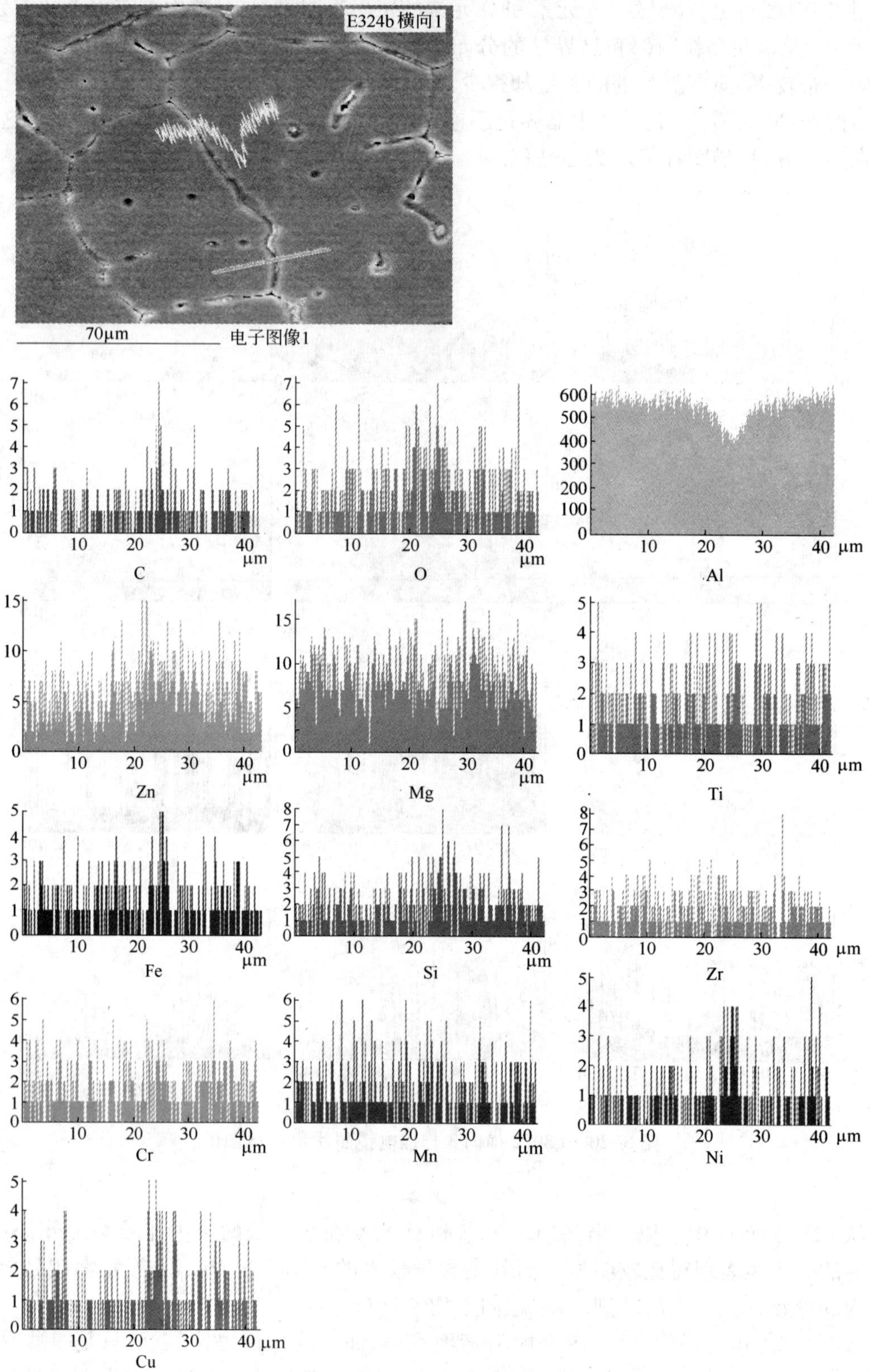


图 6-21　E324b 横向 1 扫描电镜照片和 EDS 图谱

EDS 分布图中各元素在晶界处并无明显的特征，只有 O、Zn、Si 和 Cu 元素在晶界有少量的聚集现象，而其余元素基本呈均匀分布。

从图 6-22 中可以看出，在依稀连续的晶界和晶粒内有一个近似圆形，与基体衬度不同的“夹杂”存在，其内的扫描衬度也不一样，白亮色与黑色相间分布在里面。

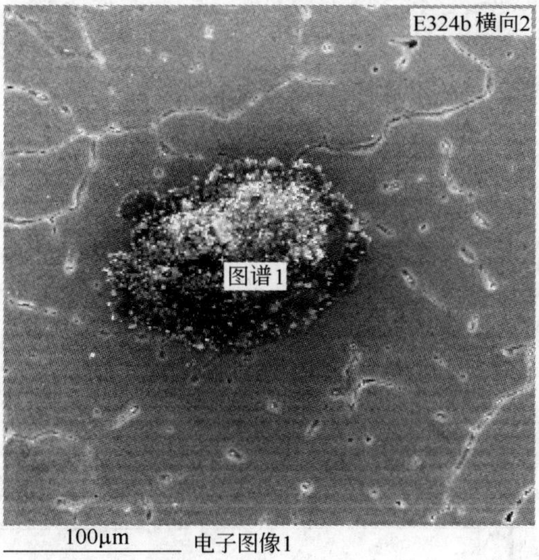


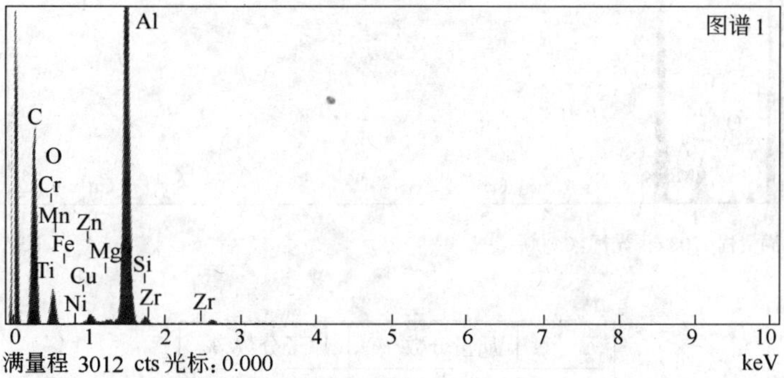


| 元　素 | 质量分数/% | 原子分数/% |
|---|---|---|
| C | 64.22 | 75.85 |
| O | 15.96 | 14.15 |
| Al | 17.87 | 9.40 |

图 6-22　E324b 横向 2 扫描电镜照片和 EDS 图谱

对其选中一小区域，并随机进行点扫描能谱分析，得出分布图和元素质量分数以及原子分数。从中可见，此区域除了含有部分 Al 基体元素外，主要含有大量的 C 元素和 O 元素，而其余元素的分布近似为零，因此，初步认为这可能并不是一种夹杂相，而是腐蚀过程中留下来的未经清除的有机物腐蚀剂。

由图 6-23 可见，样品中出现了很多小孔状的夹杂相，其边缘和基体的衬度有明显的不同,而且这些小孔深浅并不一致,有些较深,有些却好像是剥落了一点的样子。此外,该视场中还是能看得到一些连续性不是很好的晶界。

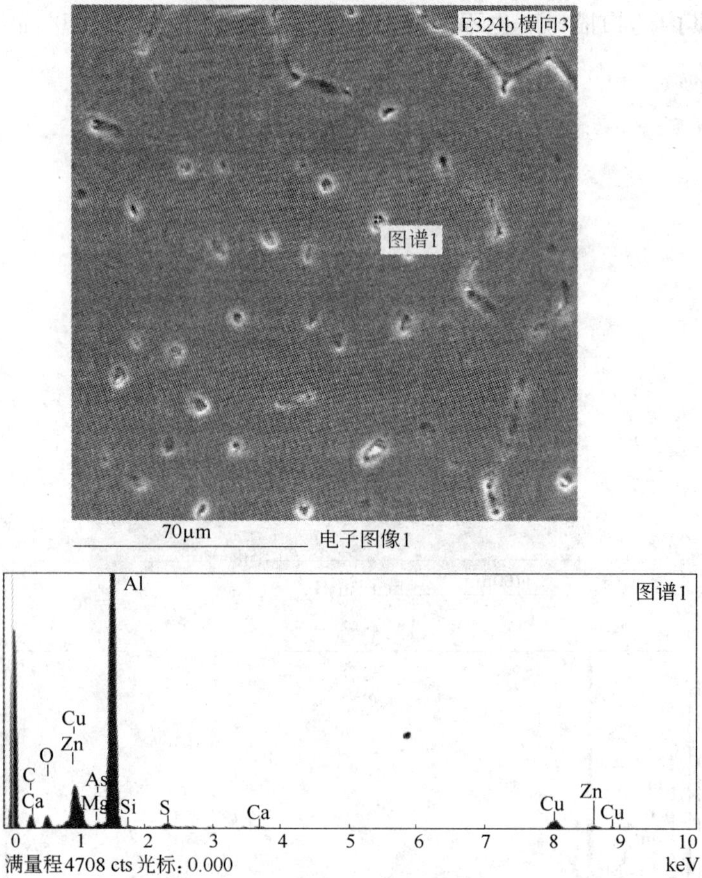


| 元　素 | 质量分数/% | 原子分数/% |
|---|---|---|
| C | 24.70 | 44.40 |
| O | 9.11 | 12.29 |
| Al | 43.40 | 34.72 |
| Cu | 13.69 | 4.65 |
| Zn | 5.88 | 1.94 |

图 6-23　E324b 横向 3 扫描电镜照片和 EDS 图谱

从 EDS 的点扫描分布表来看,样品中的小孔处除基体 Al 元素外,C 元素和 Cu 元素的含量较高,O 元素和 Zn 元素的含量也较高。因此,此处可能是一些 Cu 和 Zn 的氧化物或是一些碳化物和化合物。

从图 6-24 EDS 的点扫描分布情况来看,样品中基体所在的黑色衬底处,除了含有绝大多数的 Al 元素外,还有 Zn 元素和 C 元素,其中 Zn 元素较多,这正验证了此标样中 Zn 和 Mg 元素是含量最多的推断。

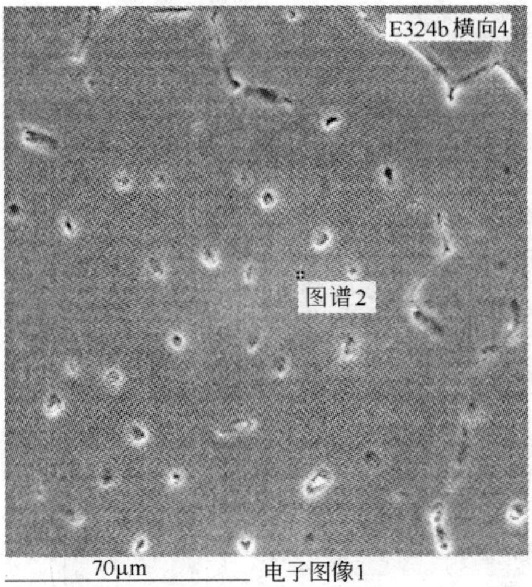


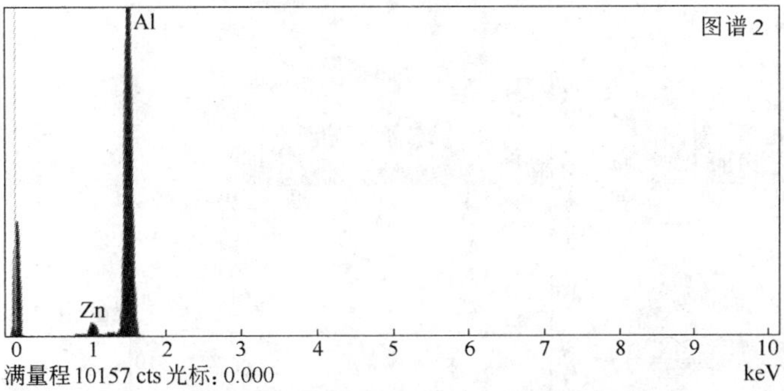


| 元　素 | 质量分数/% | 原子分数/% |
|---|---|---|
| C | 3.98 | 8.81 |
| Al | 90.20 | 88.83 |
| Zn | 5.81 | 2.36 |

图6-24　E324b横向4扫描电镜照片和EDS图谱

从图6-25中可以清晰地看到，白色晶界及在基体中呈白点状分布组织和块状白色析出相。从EDS结果可以看出：镁、铬在基体内分布较多，在晶界上相对较少；而碳、氧等杂质及锰、铁、铜、硅在晶粒内分布较少，在晶界上较多；其他如锌、钛、锆、镍的含量都较少且分布较为均匀。故分析得出白色晶界处的晶粒主要是由镁、铬固溶于铝中形成的固溶相。晶界相为由锰、铁、铜、硅、碳、氧与铝组成的复合相。

从图6-26中可以看到，大量的边缘有一层白色组织的黑色铸态枝晶，且基体存在少量小的白色颗粒及大量的腐蚀坑。从EDS分析可知：铬、锰在基体内分布较多，在黑色铸态枝晶中相对较少；而碳、氧、硅、铜在基体内分布得较少，且碳、氧、硅在黑色铸态枝晶上分布较多；其他如锌、钛、锆、锰、铁、镍的含量都较少且分布较为均匀。同时可以看出，铝在铸态枝晶白色区域出现一个较小的峰，而铜却在该区域有大的偏聚。故分析得出铸态枝晶组织附近的基体主要是由镁、铬固溶于铝中形成的固溶相；黑色铸态组织是碳、氧、硅的夹杂，而白色铸态组织为铝铜合金相。

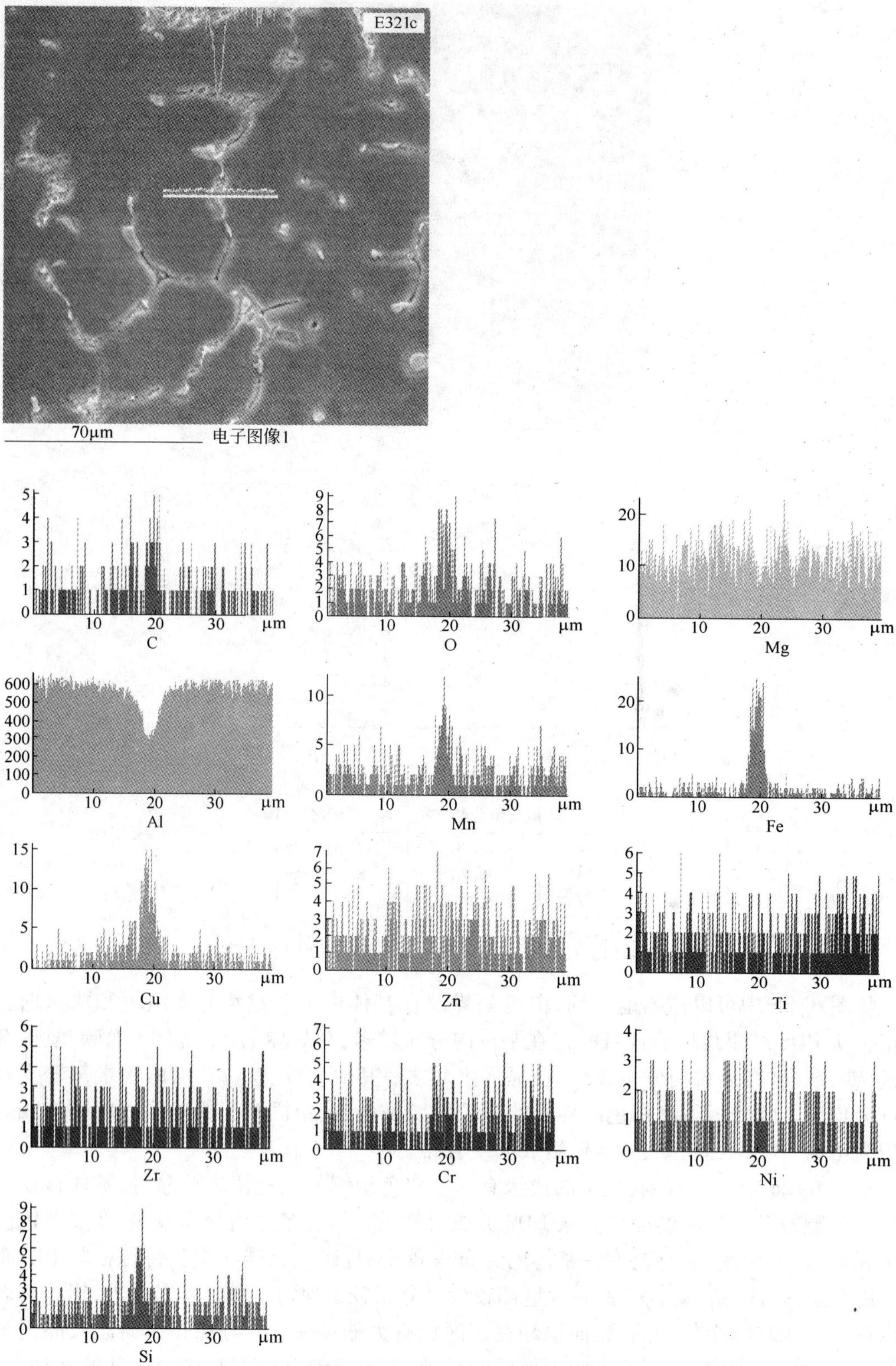


图 6-25  E321c 扫描电镜照片和 EDS 图谱

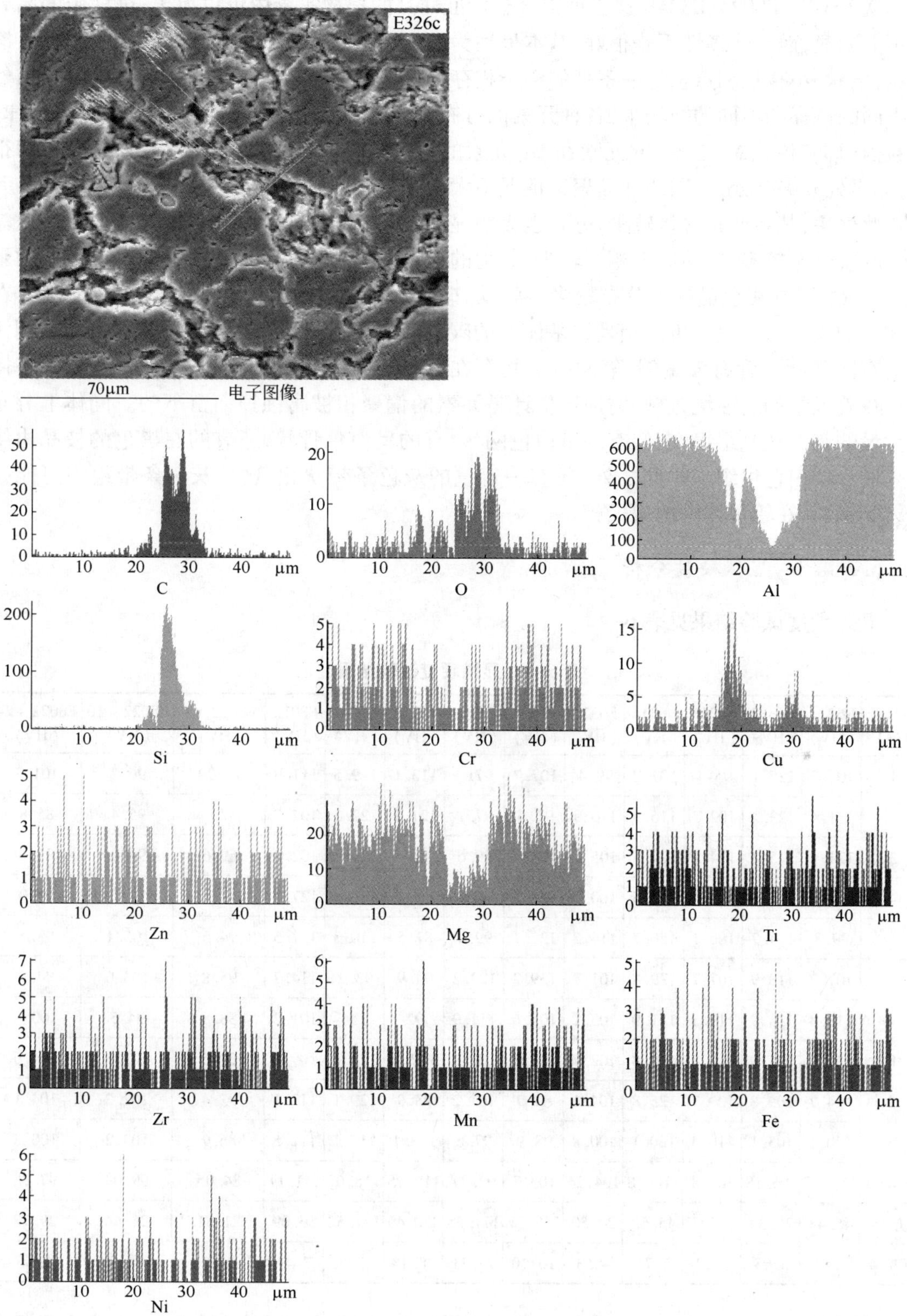


图 6-26 E326c 扫描电镜照片和 EDS 图谱

从 E8022、E8024、E324b 这三种铝合金标准样品的扫描实验中可以得出，试样中的晶界并不太明显，而且连续性不是很好，基本呈现为断断续续的状态。而且样品中有颗粒状、椭圆状、条状、小孔状和点状等一系列的夹杂相存在。从样品所做的 EDS 分布可以看出，虽然在不同的试样和不同的视场中，各种元素的分布并不一样，但总体上还是存在着一些规律。晶粒内（即基体），Al 元素、Zn 元素和 Mg 元素的含量较高。相反，它们在晶界处的分布却很少；晶界处和夹杂处，不同的样品聚集情况不太一样，相对地主要有 O、Cu、Si、Ni、Ti 和 Zr 元素在此聚集；其余元素含量较少，分布也无明显趋势，基本趋向于均匀分布。样品 E321c 晶粒内的镁分布较多，在晶界上相对较少；其他的如锌、铬基体中有的区域也会出现少量的聚集。而 铜、锌在黑色晶界上分布较多，锰、铁、硅、铜与铝在白色晶界处也形成了偏聚相；在基体上的少量白色块状析出相是铝基体上的碳、氧、铜、镍的偏聚相。另外，基体可能受到污染而有团絮状的含有大量碳、氧的有机物存在。样品 E326c 的基体主要是镁铝合金，基体上存在着大量的腐蚀坑，这些腐蚀坑估计是元素的偏聚相被腐蚀掉而留下的。同体上分布着大量的铸态枝晶组织，它们有的呈白色网状，有的呈白色骨状，还有的在黑色的枝晶边缘偏聚成一层白色组织。除此之外，还有一定量的灰色条带状相，这些灰色条带组织可能是硅、锆、铜、钛在铝基体中的偏聚相。

#### 6.2.4.3　显微硬度分析

显微硬度试验结果见表 6-4。

**表 6-4　显微硬度试验结果**

| 序号及项目 | E6311 (HV) | E6312 (HV) | E6313 (HV) | E6314 (HV) | E6315 (HV) | E8024 (HV) | E326c (HV) | E321c (HV) | E324b (HV) | E8022 (HV) | E8022 +8 (HV) | E8022 +16 (HV) | E8022 +24 (HV) |
|---|---|---|---|---|---|---|---|---|---|---|---|---|---|
| 1 | 107.7 | 125.1 | 95.4 | 107.2 | 99.4 | 107.7 | 71 | 113.1 | 119.5 | 111.9 | 71.90 | 96.2 | 101.7 |
| 2 | 111.4 | 123.2 | 102.2 | 116.5 | 110.9 | 91.6 | 97.1 | 121.9 | 122.5 | 102.7 | 72 | 95.4 | 85.8 |
| 3 | 121.9 | 115.3 | 114.2 | 122.5 | 105.1 | 103.2 | 89.6 | 135.5 | 120.1 | 102.2 | 69.6 | 96.2 | 93.6 |
| 4 | 102.2 | 111.9 | 106.6 | 119.5 | 100.3 | 95 | 90.4 | 115.3 | 112.5 | 127.1 | 82.5 | 91.2 | 94.9 |
| 5 | 99.8 | 114.7 | 106.1 | 120.7 | 114.2 | 125.1 | 99.4 | 82.5 | 110.3 | 112.5 | 94.5 | 105.1 | 98.5 |
| 6 | 107.7 | 118.9 | 107.7 | 129.8 | 101.7 | 139.2 | 123.2 | 94.9 | 93.2 | 114.7 | 95.8 | 103.6 | 94.5 |
| 7 | 110.3 | 115.9 | 119.5 | 111.9 | 103.2 | 103.6 | 111.9 | 92 | 134 | 101.2 | 88.8 | 94.5 | 100.8 |
| 8 | 115.9 | 121.9 | 110.3 | 109.8 | 102.7 | 88.8 | 100.3 | 142.3 | 128.4 | 109.2 | 89.6 | 103.3 | 104.6 |
| 9 | 114.7 | 109.8 | 120.7 | 125.8 | 104.1 | 83.9 | 107.2 | 98.9 | 129.1 | 117.1 | 92.4 | 102.2 | 104.1 |
| 10 | 120.1 | 105.1 | 110.3 | 120.1 | 100.8 | 98.9 | 97.6 | 113.1 | 117.1 | 112.5 | 86.9 | 103.2 | 100.3 |
| 平均值 | 111.17 | 116.18 | 109.3 | 118.38 | 104.24 | 103.7 | 98.77 | 110.95 | 118.67 | 111.11 | 84.05 | 99.09 | 97.88 |
| 方差 | 46.43 | 35.38 | 52.37 | 45.62 | 20.50 | 259.37 | 177.25 | 330.49 | 121.52 | 56.09 | 81.31 | 21.44 | 29.78 |
| 标准差 | 6.81 | 5.95 | 7.23 | 6.75 | 4.53 | 16.10 | 13.31 | 18.18 | 11.02 | 7.49 | 9.02 | 4.63 | 5.46 |

实验在 7050 挤压态标样和 7050 铸态标样上，从心部到边部平均选取了 10 个点做显微硬度实验，并与 7050 挤压态标样的硬度和 7050 铸态标样的硬度进行了对比。发现挤压态

的硬度波动明显小于铸态的硬度波动，而铸态中的试样 8022 在经 465℃ ×8 h、465℃ ×16 h、465℃ ×24 h 的热处理后与未经热处理的试样相比，硬度分布也发生了明显的变化。经 8 h 热处理后硬度的分布比未热处理态还要不均匀些，这从它的金相照片中也可以反映出来。而经 16 h 和 24 h 热处理后的硬度分布就要比未热处理态均匀些。

#### 6.2.4.4 XRD 图谱

由于从金相照片上发现样品的心部和边部有一些差别，所以选取试样 E324b 对其做了 XRD 图谱，分别见图 6-27 和图 6-28。

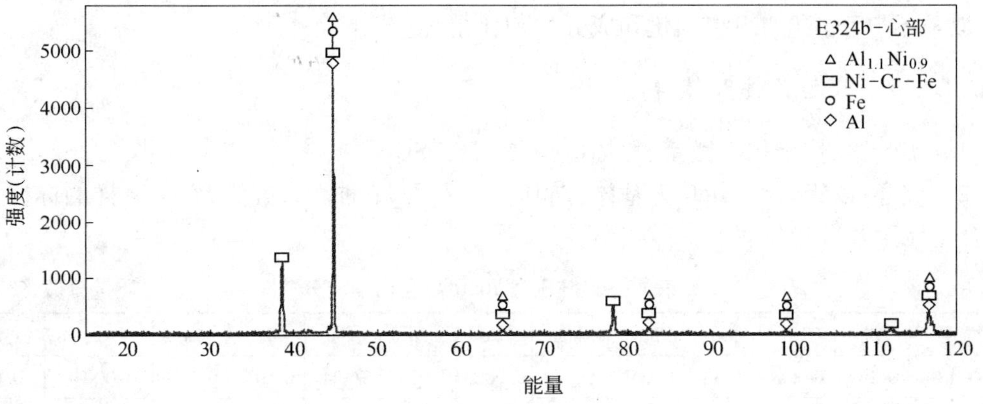


图 6-27 E324b 心部 XRD 图谱

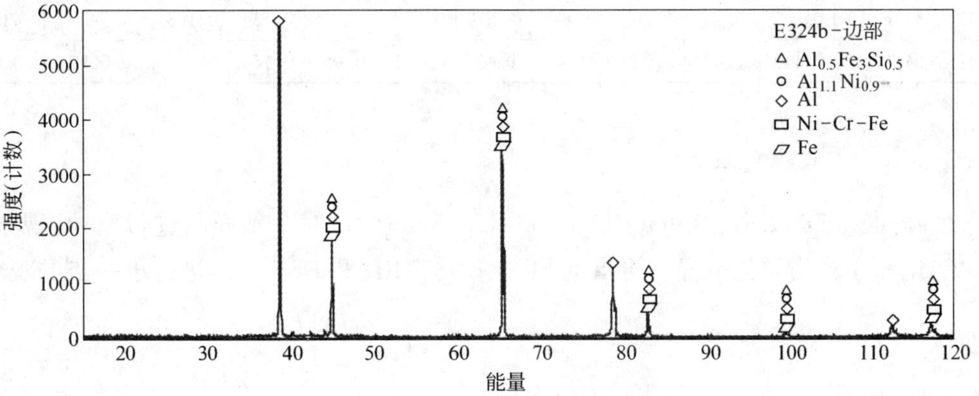


图 6-28 E324b 边部 XRD 图谱

图 6-27、图 6-28 为 E324b 的 XRD 图谱，从图中可以看出，无论是心部还是边部，都有 Al 相、Ni - Cr - Fe 相和 $Al_{1.1}Ni_{0.9}$ 相，但边部除了这三种相之外，还有 $Al_{0.5}Fe_3Si_{0.5}$ 相。

## 6.3 铝合金标样铸锭的挤压加工技术

### 6.3.1 挤压变形与铝标准样品铸锭均匀性的关系

一般铝合金标样通过挤压会沿挤压方向产生强烈的变形，通过充填、平流、紊流（倒流）三个阶段，可使标样化学成分进一步均匀。变形温度和应变速率是压力加工过程中影响流变应力的重要因素。

标样铸锭经过挤压后铸锭直径一般有两种规格，即 $\phi$62 mm 和 $\phi$45 mm。通过挤压这种强烈的变形工艺，铸锭的组织得到进一步细化，化学成分会更加均匀。这里，委托重庆大学对挤压态的合金铸锭进行了组织细化和成分均匀化试验研究。

### 6.3.2 挤压态铝合金标样的组织均匀性实验研究

#### 6.3.2.1 实验目的

以挤压态的铝合金 7050 标样为例，采用金相组织观察、SEM、EDS、XRD 和 DSC 等实验手段，观察、研究标样的组织细化和成分均匀化情况。

#### 6.3.2.2 实验条件和试样

（1）实验器材：金相显微镜、扫描电镜、XRD、DSC；

（2）试样：以铝合金 7050 为基体，向其中加入了 12 种合金元素，每种试样的标样号、所含的合金元素及含量见表 6-5。

**表 6-5 挤压态 7050 合金化学成分** （质量分数，%）

| 标样号 | Si | Fe | Cu | Mn | Mg | Cr | Ni | Zn | Ti | Zr | Ca | Na |
|---|---|---|---|---|---|---|---|---|---|---|---|---|
| E6311 | 0.147 | 0.283 | 1.83 | 0.043 | 3.17 | 0.0026 | 0.0043 | 7.24 | 0.014 | 0.019 | 0.00048 | 0.0007 |
| E6312 | 0.13 | 0.239 | 2.17 | 0.11 | 2.75 | 0.036 | 0.037 | 6.42 | 0.05 | 0.092 | 0.0023 | 0.0027 |
| E6313 | 0.082 | 0.184 | 2.95 | 0.147 | 2.11 | 0.059 | 0.062 | 5.35 | 0.086 | 0.162 | 0.00023 | 0.00008 |
| E6314 | 0.019 | 0.041 | 3.48 | 0.207 | 1.88 | 0.101 | 0.104 | 4.6 | 0.134 | 0.198 | 0.001 | 0.00014 |
| E6315 | 0.055 | 0.113 | 2.43 | 0.254 | 1.4 | 0.13 | 0.133 | 3.95 | 0.164 | 0.207 | 0.0012 | 0.0011 |

#### 6.3.2.3 实验原理及方法

通过腐蚀液（$3mLHNO_3 + 9mLHCl + 2mLHF + 5mLH_2O$）对 5 种样品进行腐蚀，观察标样的组织细化和成分均匀化情况。再借助 SEM、EDS、XRD 和 DSC 对其进行进一步的观察。

#### 6.3.2.4 实验结果

A 金相照片

从金相照片中可以观察到所有样品的组织都比较均匀，在每一个视场中所看到的组织都基本相似，没有出现特别的不同，只有 E6313 中出现了很多的枝晶，但枝晶分布也很均匀。因为是挤压后的试样，所以晶粒都显得很细小。

以下照片均为铝合金试样在金相显微镜下所拍摄的，从左至右分别为心部、中部、边部，放大倍数均为 60 倍。分别见图 6-29 ~ 图 6-34。

a E6311 横向

从图 6-29 中可以看出，低倍下基体上分布着黑色的点状物和白色的块状物，黑色的点状物心部最多，中部和边部较少，白色块状物中部较少，边部最多；而在高倍下可以看到类似于晶粒的小粒状物。

试样心部 试样中部 试样边部

图 6-29 E6311 横向挤压态金相照片

b E6312 横向

试样心部 试样中部 试样边部

图 6-30 E6312 横向挤压态金相照片

从以上的图片中可以看出，整个视场充满了黑色和白色的点状物，从心部到中部再到边部大小依次降低，但中部弥散化程度较高，表现为组织较均匀。

c E6315 横向

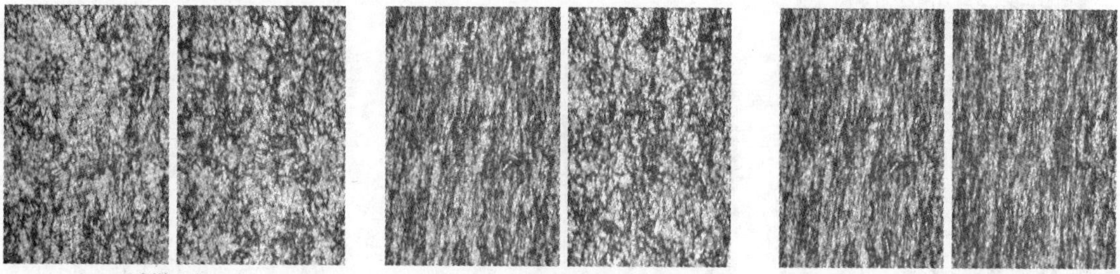

试样心部 试样中部 试样边部

图 6-31 E6315 横向挤压态金相照片

从以上的图片中可以看出，试样经腐蚀后心部的晶界比较明显，到了中部后晶界处的析出物有所增加，而且晶粒的形状不再像心部那样清晰，边部的析出物更多，且已经看不出清晰的晶粒了。

d E6311 纵向

从以上的图片中可以看出，低倍下白色基体上分布着黑色的条状物近似平行状分布，黑色条状物随着心部到边部越来越密集分布，在心部和中部黑色条状物在有些区域很密集，在有些区域却很稀疏；而在边部黑色条状物的分布基本很均匀。

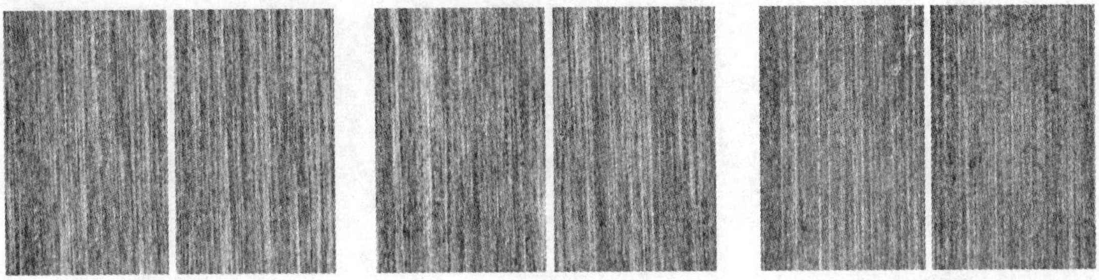

试样心部　　试样中部　　试样边部

图 6-32　E6311 纵向挤压态金相照片

e　E6312 纵向

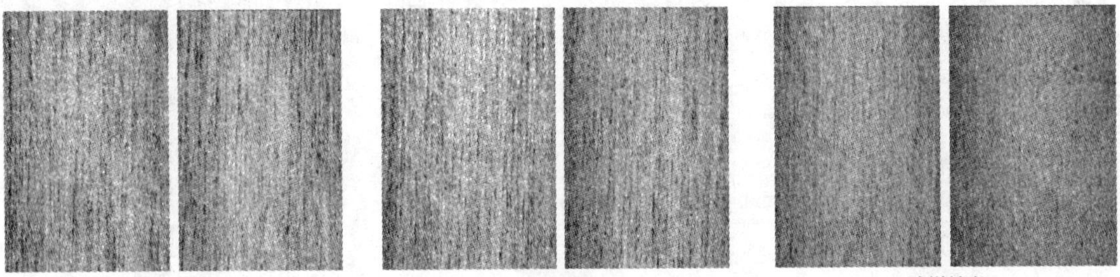

试样心部　　试样中部　　试样边部

图 6-33　E6312 纵向挤压态金相照片

从以上的图片中可以看出，在灰色基体上有白点状分布，有黑点状断续连接，呈线状分布。在心部白点状分布得较多，边部很少；黑点在心部分布多，线条状也比较明显；在边部白点和黑点分布都较少。

f　E6315 纵向

试样心部　　试样中部　　试样边部

图 6-34　E6315 纵向挤压态金相照片

从以上的图片中可以看出，基体上有黑色线条分布，在心部，黑色相分布局域性，而且有小白块分布，黑色相分布粗宽；在中部和边部，线条越来越细，而且分布较为均匀，其中边部的分布最均匀。

此外，为了对标样进行进一步的分析，研究其组织均匀性的程度，对样品分别做了 SEM 和 EDS。样品 E6311 晶粒内的镁和钠分布较多，在晶界上相对较少，而硅和铜在晶粒内分布较少,在晶界上较多,另外通过 EDS,发现样品 E6311 和 E6312 中的白色小亮块都主要是由铝、铁、铜元素组成的。E6313 中的块状物和 E6314 中没有小颗粒处元素十分相似,通过线扫描发现:块状物和没有小颗粒处铝和钠的含量明显下降,而铜和镁的含量有所增加,其他的添加元素的分布均较均匀。

从 E6315 的扫描照片上可以看出,当通过具有颗粒的区域时,铝、钠、镁的含量都明显下降,而镍、铜、铁等的含量有明显的上升。

B XRD 图谱分析

由于从金相照片上发现样品的心部和边部有一些差别,所以选取试样 E6315 对其做了 XRD 图谱,分别见图 6-35 和图 6-36。

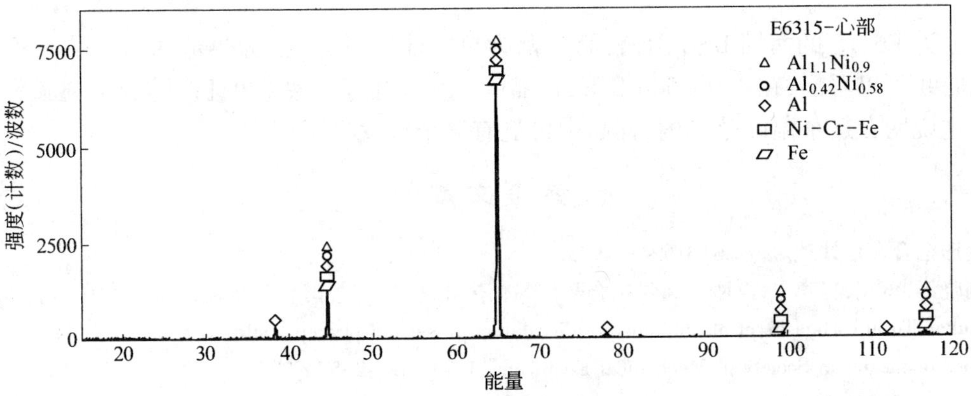


图 6-35 E6315 心部 XRD 图

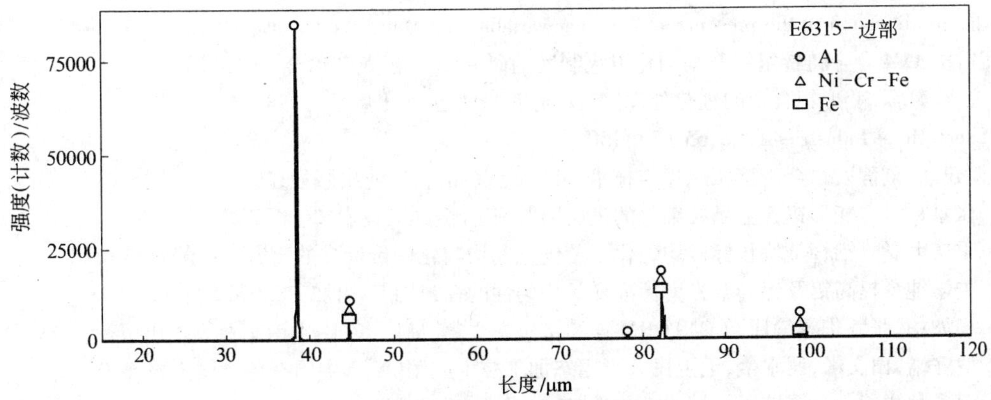


图 6-36 E6315 边部 XRD 图

从图中可以看出,无论是心部还是边部,都有 Al 相、Ni - Cr - Fe 相和 Fe 相,但心部除了这三种相之外,还有 $Al_{1.1}Ni_{0.9}$相和 $Al_{0.42}Ni_{0.58}$相。

### 6.3.2.5 DSC 图谱

除上述之外,还对样品做了 DSC 图谱分析,分别见图 6-37 和图 6-38。

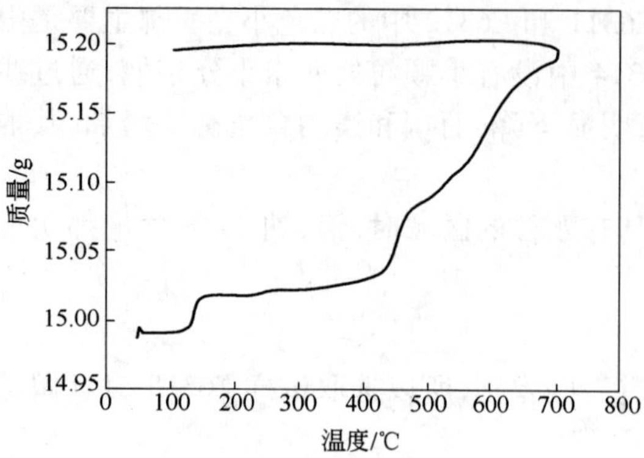


图 6-37 E6315 热重曲线

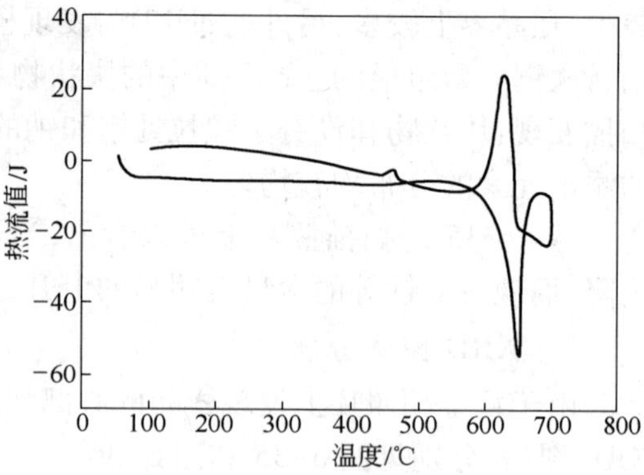


图 6-38 E6315 热流曲线

以上为 E6315 的两幅 DSC 图谱:第一幅为热重曲线;第二幅为热流曲线。从热重曲线和热流曲线可以看出,在 450 ~ 500℃下,样品的重量发生了突变,并且伴随着出现了一个热流峰。这说明在这个温度范围内,样品中可能有某个相发生了反应。

## 参 考 文 献


[1] 变形铝合金热处理规范 . GJB1694—1993.

[2] 刘晓涛,董杰,崔建忠,赵刚 . 高强铝合金均匀化热处理[N]. 中国有色金属学报 . 2003(8):909.

[3] Mukai,Toshiji,Higashi,et al. Influence of distribution of second-phaseparticles in aluminum alloys Transactions of the Japan Society of Mechanical Engineers, 1993, 10 :2350 ~ 2355.

[4] Manabu Nakai,Takehiko,etc. New aspects of development of high strength aluminum alloys for aerospace applications. Materials Science and Engineering A285 2000 :62 ~ 68.

[5] Vives Charles. Effects of forced electromagnetic vibrations during the Solidification of aluminum alloys:Part Ⅱ. Solidification in the presence of collinear variable and Materials Transactions B. 1996,7:457 ~ 464.

[6] 汪洋 . LC4 合金铸锭组织及均匀化退火制度的研究[J]. 黑龙江冶金,1998(2).

[7] 王永海等 . 变形铝合金的细化处理[M]. 北京:冶金工业出版社,1998.

[8] Sheet Metal Industries 1988,65 (3):150.

[9] 谢建新,刘静安 . 金属挤压原理与技术[M]. 北京:冶金工业出版社,2001.

[10] 张景祥等 . 变形铝合金晶粒细化的进展[J]. 轻合金加工技术,2000(7).

[11] 重庆大学 . 铝合金块状标样均匀化工艺优化和均匀化评价标准的研究 . 内部资料,2009.

[12] 朱学纯 . 提高铝及铝合金光谱标准样品均匀性的探讨[J]. 铝加工,2006 增刊,96 ~ 98.

[13] 杨如柏,张胜华等编译 . CONFORM 连续挤压译文集[M]. 长沙:中南工业大学出版社,1989.

[14] 罗守靖,田文彤,谢水生,毛卫民 . 半固态加工技术应用[N]. 中国有色金属学报,2000(6).

[15] 温景林主编 . 金属挤压与拉拔工艺学[M]. 沈阳:东北大学出版社,1996.

# 7　标准样品的数据处理技术

## 7.1　标准样品数据处理及 StndMtrl 软件系统概述

### 7.1.1　数据处理

在标样的研制复制生产过程中,要产生大量的初验数据、均匀性检验数据和定值数据,必须采用适当的数理统计方法、数据处理技术来检验和处理这些数据,以确保标样的均匀性和定值准确性及给出相关的技术指标。标样数据处理时常用的检验方法有达维特检验、T化检差法检验、极差法检验、F 法检验、狄克逊检验、夏皮罗检验、科克伦检验等。这些检验过程一般都要用接受检验的基本数据计算出中间值、统计量;设置置信度;由置信度、数据组数、每组数据个数及组数与个数产生的动量值等查表得到临界值;对统计量与临界值进行比较来得出检验结果是否合格、均匀、异常、正态、等精度等结论,最后,制作校准曲线、计算最终不确定度和标准定值,还要把各种数据归纳整理成标准的输出格式。这些检验、计算、查表比对及数据归纳整理一般都比较烦琐、非常耗时耗力,且容易出错。为此,标样研制专家和专业编程人员配合开发出了通用标样数据处理软件 StndMtrl。

### 7.1.2　StndMtrl 软件系统主要特点

StndMtrl 系统具有以下主要特点:

(1) 符合标准:本系统的执行标准有 GB/T 1500—1994《标准样品工作导则》、YS/T 409—1995《有色金属产品分析用标准样品技术规范》等。

(2) 通用性强:通过定义标样名称、标样号和标样组分等特征指标,自动建立相关的数据库,从而具有通用性。可处理的组分个数最多可达 40 个,定值家数为任意多家,均匀性检验数据为任意多组,数据位数最多可以为 18 位(整数 8 位,小数 9 位),基本上可以满足各种标样、各种组分的需求,尤其是 100% 满足铝镁合金标样的数据处理。

(3) 技术全面:包括 7 种检验方法、3 种计算和 1 种曲线绘制。7 种检验方法是达维特检验、T 化检差法检验、极差法检验、F 法检验、狄克逊检验、夏皮罗检验、科克伦检验;3 种计算是初步定值、合成标准偏差、最终定值;1 种曲线绘制是制作校准曲线。各种检验方法的临界值、常数值等都固化到了软件内部,系统会根据置信度配置值、数据组数、每组数据个数及组数和个数确定的动量值等自动选择标准比对值,即使没有数理统计和数据处理技术方面知识的人员也能用它来执行相关的检验,并帮助获得相关的知识和检验结果的运算、比对过程。

(4) 表达规范:创立了以起始位置和数据长度来把数值型数据转换成标准字符串的方法。用比较法确定值的范围、用各种修约方法(四舍五入法、四舍五入六单双法,截取法、收尾法等)确定值的保留倍数(数据精度),从而计算出标准的字符串、用作屏幕输出和打印输出。对中间值不进行修约以提高检验、计算精确度,中间值的修约位数比最终结果值的标准修约要多保留一位。

(5) 输出规范:全部采用标准的 A4 打印纸、自动折中打印或人工定义后自动运算打印。任意一个标样的各种数据(初验数据、均匀性数据、定值数据、各种检验结果、计算结果和校准曲线等)都可以按标准的验收报告格式打印出来。

(6) 高效准确:只需要把标样特征指标和各种原始数据录入到本套系统里,之后的所有工作甚至配置置信度等都可以不做人工干预就能得到检验结果。由原始数据产生的中间值、结果值、比对判断及结论等都完全由系统自动执行,保留位数多、运算速度快、结果极准确。

(7) 辅助功能:具有大量辅助功能,如可处理的组分、数据备份、恢复备份、资格定值单位、系统帮助等。提高了系统的安全性、数据的标准化和规范性。帮助操作人员解决各种数据检验疑难问题,直观看到各个数据对检验结果的贡献等。还具备数据导出功能,可以同其他工具软件如 Excl、Word 等交换数据。

总之,StndMtrl 系统具有通用性强、数据适应范围广、数据处理方法多、速度快而准确、精度高、寻找数据不合格原因直观、数据输出标准化、系统运行可靠、自动整理数据、省时省力等优点。StndMtrl 系统已经为许多标样研制单位处理了数百套(上千点)研、复制标样的数据,并且不断更新。

### 7.1.3 StndMtrl 软件系统功能方框图

StndMtrl 软件系统功能方框图如图 7-1 所示。

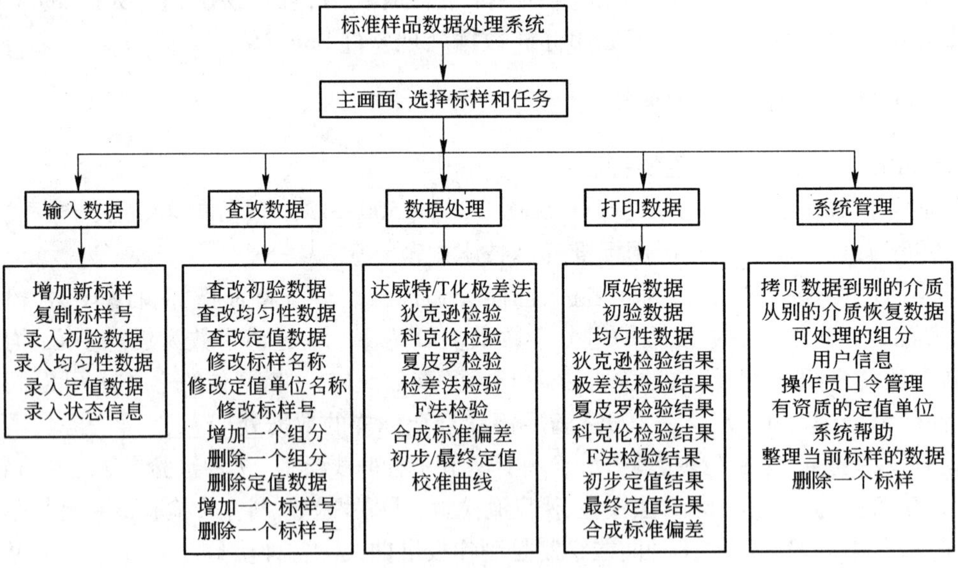


图 7-1 系统功能方框图

### 7.1.4 术语及定义

本套软件除了信息处理、计算机专业和数理统计中使用的各种术语和定义外,还用了下面的术语和定义。

（1）组分：一种物料中包含的构成成分。在铝镁标样中通常指单质元素如 Al、Mg、Si、Fe、Cu 等；在铝土分析中可以是 $Si_2O_3$；钢铁中可以是 $NO_2$ 或其他化合物；或在其他行业可以为别的物料等。

（2）确定：在正文中加了引号为“确定”，指点击确定按钮，也指点击具有相似功能的其他控件，如“录入完毕”、“是(Y)”等，对前面所做的操作“肯定”并结束这些操作。

（3）通过：在正文中加了引号“通过”，各种检验方法给出的检验结论可以是“合格”、“正态”、“等精”等等，在没有针对具体的检验方法说明检验结果时，用“通过”或“不通过”。

### 7.1.5　系统典型图示及控件

#### 7.1.5.1　典型快捷菜单

在运行系统时，常会弹出与图 7-2 所示相似的快捷菜单，点击其中的菜单条就执行相应的功能。

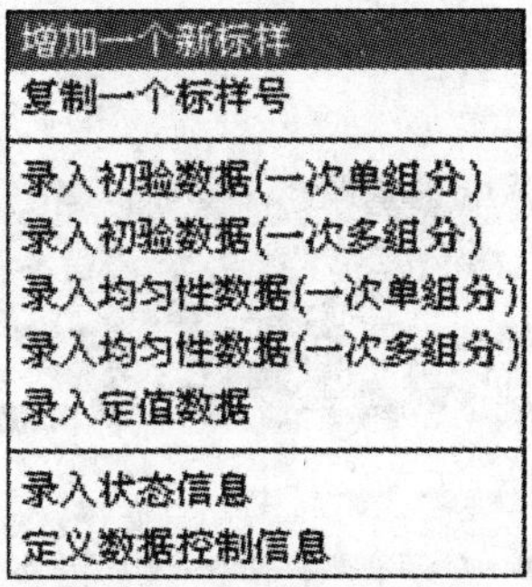


图 7-2　典型快捷菜单

#### 7.1.5.2　典型列表框及下拉列表框

要在一组值中选择一个值时，典型地示出如图 7-3 所示的列表框（左）和下拉列表框（右），下拉列表框可以展开来选择其中的值。

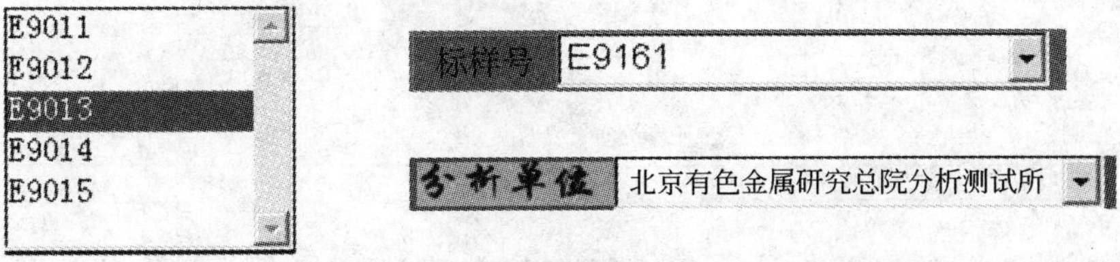


图 7-3　典型的列表框及下拉列表框

#### 7.1.5.3　典型录入框

在需要录入或修改数据时，会示出如图 7-4 所示的典型录入框，有时也称为文本框。

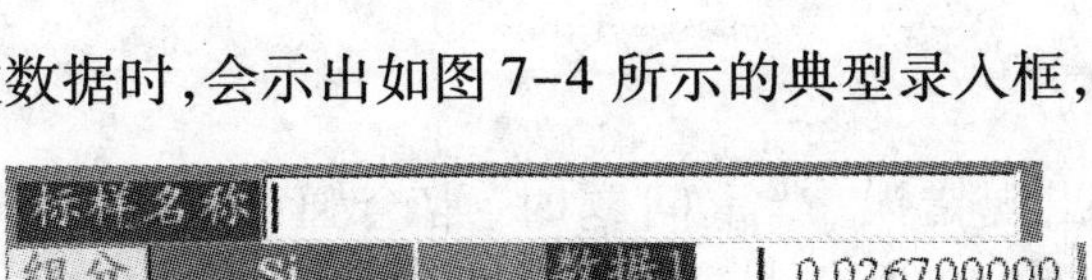


图 7-4　典型录入框

#### 7.1.5.4 典型命令按钮

命令按钮用来调用或结束某些操作。图 7-5 示出了一些典型的命令按钮。

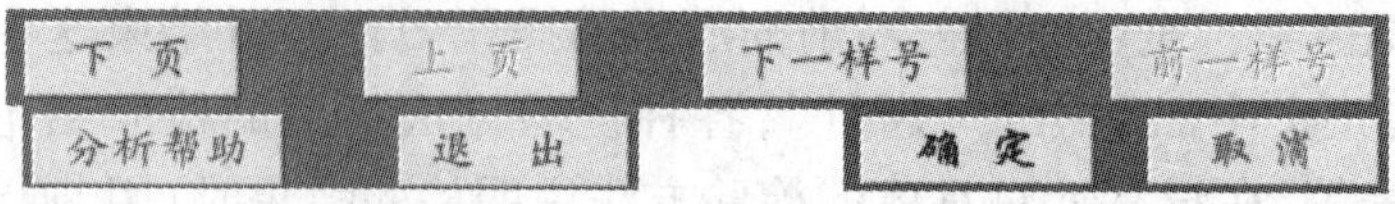


图 7-5 典型命令按钮

#### 7.1.5.5 典型录入修改画面

在需要录入或修改数据时，常会弹出与图 7-6 所示相似的数据录入或修改画面，在录入框中录入需要的数据并“确定”后，输入的值生效且禁止录入返回到调用前的状态。

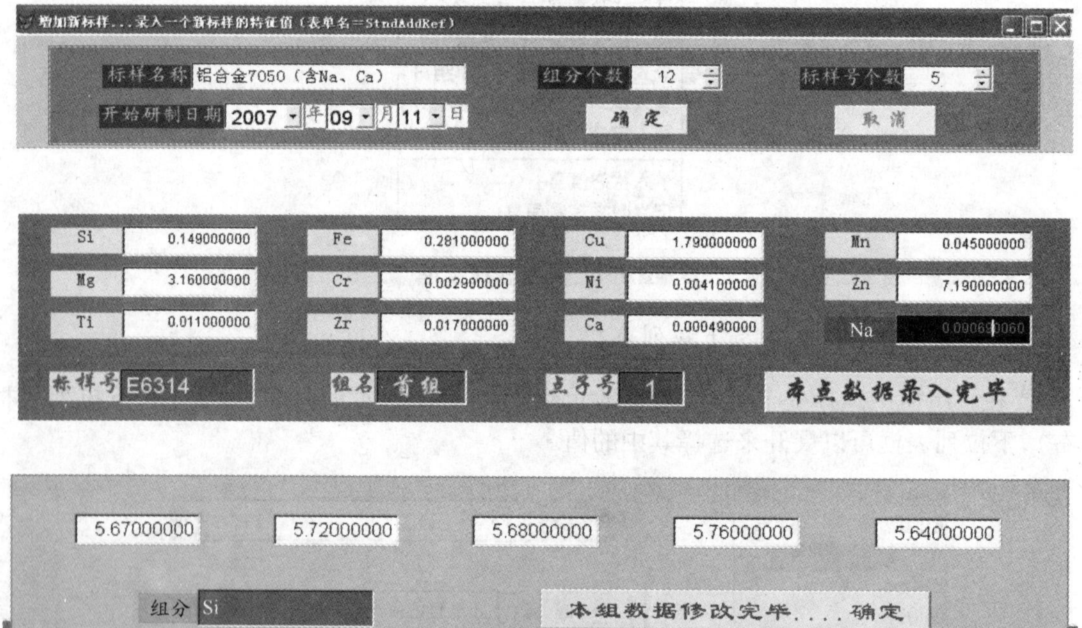


图 7-6 典型录入、修改画面

#### 7.1.5.6 典型信息框

在需要给出提示、出现错误、严重问题时，常会弹出与图 7-7 所示相似的信息框。正文中常加上标题称为“错误信息框”（上图）、操作信息框（中图）和警告信息框（下图）。

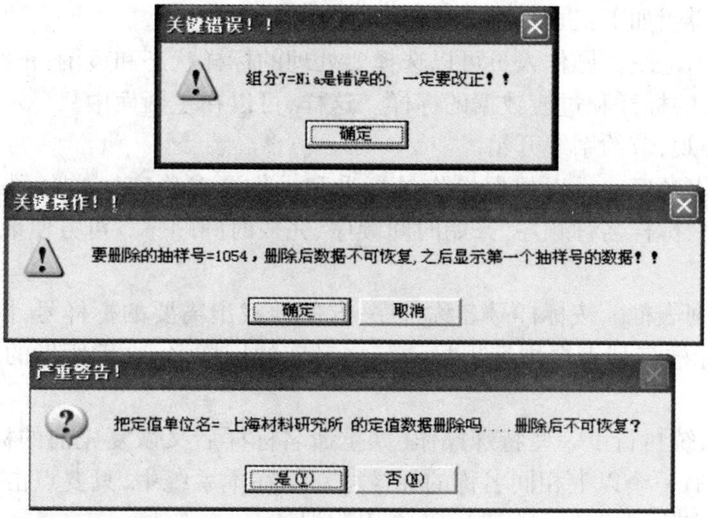


图 7-7 典型信息框

### 7.1.6 StndMtrl 软件系统主画面

StndMtrl 软件系统主画面如图 7-8 所示。

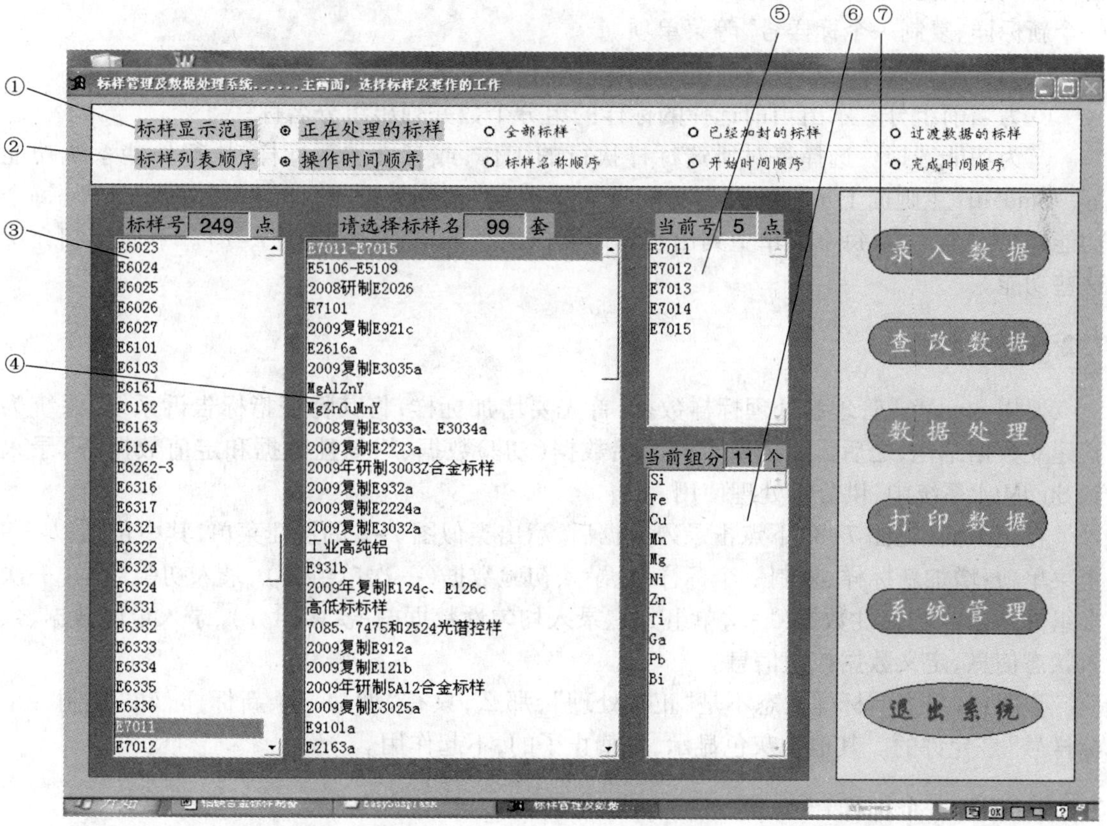


图 7-8 StndMtrl 系统主画面

图中①~⑦说明如下：

①为标样显示范围。操作人员可以选择要处理的标样状态和范围：正在处理的标样、全部标样、已经加封的标样和过渡数据的标样。这样，可以在主画面中只显示出符合条件的标样，画面更清晰美观，节约系统开销。

②为标样列表顺序。可以根据操作员喜爱和操作要求确定标样名列表框中的排列顺序：操作时间顺序、标样名称顺序、开始时间顺序、完成时间顺序。可方便地定位到自己需要的标样上。

③为标样号列表框。按标样号名称排序，方便地找出需要的标样号，同时，点击一个标样号后，立即在标样名列表框中突出显示与之对应的标样名，之后所做的工作全都针对该标样。

说明：在对系统执行了一些特殊操作（如重命名标样后又恢复先前的标样备份、合并标样等）之后，可以有一个以上相同名称的标样号。但在本系统中，只要点击一个标样号就总是能对应准确地定位到相应标样名上，不会引起混淆。

④为标样名列表框。按1、2的当前值以规定的排序列出指定范围的标样号，点击一个标样名后，同时在标样号列表框突出显示对应于该标样名的第一个标样号，之后所做的工作全都针对该标样。

说明：在标样号和标样名列表框里，点击鼠标右键，会弹出类似图7-2所示的与标样名密切相关的快捷菜单，其中包括“状态信息、更改标样名称、数据备份、删除当前标样、增加一个新标样、复制一个标样号”等菜单项。

⑤为当前标样号。示出当前所选标样的标样号个数及列出标样号名称。

⑥为当前组分。示出当前选择的标样的组分个数并列出组分名称。

⑦为功能选择。选择将对所选标样执行的工作，或者增加新标样，执行一些系统功能等。StndMtrl主画面上示出的大类功能有输入数据、查改数据、打印数据和系统管理，每个功能调出一个菜单，每个菜单上列出了具体可以执行的操作（参考图7-1）。下面详细介绍这些功能。

## 7.2 录入数据

要用StndMtrl管理和处理标样数据，首先要增加标样，将其特征指标告诉系统，系统为其建立数据结构，之后需要把所有的原始数据（初验数据、均匀性数据和定值数据等）录入到StndMtrl系统中，供分析处理使用。

在主画面（见图7-8）下点击录入数据后，示出类似图7-2的快捷菜单，其中包括以下9个菜单项：增加新标样、复制一个标样号、录入初验数据（一次单组分）、录入初验数据（一次多组分）、录入均匀性数据（一次单组分）、录入均匀性数据（一次多组分）、录入定值数据、录入状态信息、定义数据控制信息。

说明：如果当前标样状态不是“正在处理”，那么，只有“增加一个新标样”和“复制一个标样号”是允许的。其他为灰色显示，是禁止了的，不起作用。

### 7.2.1 增加一个标样

出现新标样时，首先要把标样增加到系统中。增加新标样就是定义新标样的最重要的基本属性，包括标样名、组分名称和标样号名称等。示出类似图 7-6 所示的录入画面，其中包含了标样名称、组分个数、标样号个数等。一定要在相应的录入框中准确地录入相应的信息。

(1) 标样名称。最多可以为 40 个字符。输入的字符要符合 Windows 的文件命名规则，如中间不能有 Windows 的文件名保留字符（如 &、. 、\、?、* 等）。名称中间不允许有空格，否则“确定”之后会提示错误或者在后来的执行数据处理和管理时会出错。

(2) 组分个数。最多可以为 40 个组分，输入大于 40 的值会自动转换为 40。

(3) 标样号个数。最多可以为 20 个号，输入大于 20 的值会自动转换为 20。

正确录入上面的特征参数之后，示出要求录入各个组分和各个标样号名称的录入块。

按正确的顺序输入相应的组分名称和标样号名称。正确录入并“确定”后，系统会执行一些查错处理，如输入的组分名不允许重复，组分名必须是“允许处理的组分名称”，标样号不能为空号，不允许重复等。

组分名称可以为任意大小定组合，系统会转换到标准值。录入组分为 mN 时，系统就切换到标准的 Mn，TI 会切换成 Ti 等。

系统会自动对照标准库检验录入组分的正确性。如果录入的组分名称是错误的，例如想录入 Ni，但输入值为 Nia，则会示出类似图 7-7 的错误信息框，提示【组分 Nia 是错误的，一定要修改！】。

如果新标样中含有的组分是当前标准库“允许处理的组分”中没有的值，则需要先增加该组分，参考 7.3 节。

在组分名称或标样号出现重复的情况下，例如把第一个组分录入为 Ni、第 4 个组分录入为 nI（切换后均为 Ni），也会给出类似图 7-7 的错误信息框，提示【第 1 个组分和第 4 个组分相同、均为 Ni…一定要修改！！】。

如果没有完全修改掉所有错误，则不许“确定”，以防止错误信息进入到系统中。

录入完全正确并“确定”之后，返回到系统主画面。这个新增加的标样就作为当前选择的标样，显示在主画面标样列表框的第一列上。

说明：在主画面下的标样号和标样名称列表框中，点击鼠标右键，会弹出类似图 7-2 所示的与标样名密切相关的快捷菜单，其中包括“状态信息、更改标样名称、数据备份、删除当前标样、增加一个新标样、复制一个标样号”等菜单项。可以在该菜单里选择“增加一个新标样”来增加标样，后面的操作内容完全同上。

说明：当执行系统管理中“从别的介质恢复数据”功能时，如果恢复的标样数据是当前系统中没有的标样，也会增加一个“新标样”。

### 7.2.2 复制一个标样号

一个批次的标样号使用完后，需要复制它们，复制的标样要求具有前批次标样的“继承性”。在本软件系统中，采用“复制标样号”功能来实现。

在“录入数据”菜单或标样号（名）右击快捷菜单中选择“复制一个标样号”，示出复制画面。其中包含了下拉列表框和新标样号提示。

在旧标样号中选择要复制的标样号，新标样号中自动显示出新的标样号名称（不许录入也不能修改），“确定”后自动生成一个具有新标样号的标样名称。该标样名称只含有一个新的标样号。

说明:本套软件参考执行相应的国家标样编号标准,复制时依次后随英文字母表的小写字母,首次复制时在原编号上后随英文字母小写 a,二次复制时,后随小写字母 b、依此类推。如最初研制的标样号为 E413、第一次复制时标样号为 E413a、第二次复制为 E413b 等。

### 7.2.3 录入初验数据

在铝镁合金标样研、复制过程中,在铸造出标样铸锭后,要先检查其横向、纵向的偏析情况。把接受检查的代表铸锭首尾两端的试片各一块取点进行光谱分析,每块从中心向边缘各取5点,每点值为二次火花过程的平均结果。这样得到首尾组各5个数据共10个数据。这些数据称为初验数据。只有在初验"通过"之后才转入到后续的标样制作和处理。

可以按初验数据的原始组织方式,选择一次单组分和一次多组分录入方式,以方便快捷地录入。

(1) 一次单个组分录入:示出一个录入表单,包含以下控件:标样号列表框、确定录入按钮、标样号提示框、组分名提示框,首组5个数据录入框、尾组数据的5个录入框和本套数据录入完毕按钮。在标样号列表框中列出了所有标样号和当前的录入状态(已录入、未录入),点击一个未录入状态的标样号时,激活确定录入按钮。"确定"后,激活首尾组数据录入数据控件。一次录入完一个组分的所有10个数据,"确定",显示同标样号下一个元素的录入数据框,循环录入次数为组分个数。

(2) 一次多个组分录入:示出一个录入表单,包含以下控件:标样号列表框、确定录入按钮、标样号提示框、首尾组提示框,点子号(1~5点)、每个组分的数据录入框和本点数据录入完毕按钮。在标样号列表框中列出了所有标样号和当前的录入状态(已录入、未录入),点击一个未录入状态的标样号时,激活确定录入按钮。"确定"后,激活首组第一点的每个组分的数据录入框。一次录入完一个点的全部组分的数据,"确定",转到下一点。首组5点录入后,变为尾组第1点,尾组5点录入后就结束录入。循环录入每点数据,共循环10次。

录入时系统没有判断所录入数据的合理性,系统会按照一套默认的有效数位要求和修约规则对录入的数据进行修约。

### 7.2.4 录入均匀性数据

对标样铸锭锯切随机抽样光谱分析,铝镁合金标样的抽样块数至少为15块。每块标准是激发3点,有连续激发和交替激发两种方式。为了消除漂移和光源波动影响及其他一些不确定因素的影响,最好采用交替激发。这样得到多组均匀性数据,用以检查标样的均匀性。

可以按均匀性数据的原始组织方式,选择一次单组分录入和一次多组分录入方式。

(1) 一次单组分录入:在连续激发时,一组的数据是在一起的,有些人工整理后的数据也可能要一组数据在一起,最好采用一次单组分录入。一组数据的值几乎都接近,录入速度快。

示出一个录入表单,包含以下控件:标样号列表框、已录入抽样号列表框、抽样号录入框、确定录入按钮、一组数据的三个录入框、标样号提示框、组分名提示框,抽样号提示框、本组数据录入完毕按钮。点击标样号列表框,已录入抽样号列表框就列出了给该标样号已经录入的数据的抽样号。在抽样号录入框里输入的录入数据的抽样号、"确定"。如果选择的标样号(如 E9011)和录入的抽样号(如 1173)组合已经存在,则示出类似图 7-7 的操作信息框,提示【标样号"E9011"的抽样号"1173"已经录入…只能修改!!】。录入新抽样号并"确定"后,激活数据录入控件。一次录入一个抽样号的 3 个数据,"确定"后,允许选择新的标样和录入新的抽样号来继续录入别组数据。

(2)一次多个组分录入:在循环激发时,一个抽样号的 3 个数据出现在多个地方,采用这种录入方式速度快,不必在别的地方去找寻一个组分的其他数据。

示出一个录入表单,包含以下控件:标样号列表框、已录入抽样号列表框、抽样号录入框、组内号录入框、确定录入按钮、各个组分的数据录入框、标样号提示框、组分名提示框,抽样号提示框、组内号提示框、本组数据录入完毕按钮。点击标样号列表框,已录入抽样号列表框就列出了给该标样号已经录入的数据的抽样号。在抽样号和组内点号录入框中输入抽样号和组内号(1~3)、"确定"。如果选择的标样号(如 E9014)和录入的抽样号(如 2169)及组内点号(如 2)组合已经存在,则示出类似图 7-7 的操作信息框,提示【标样号"E9014"的抽样号"2169"的第"2"点已经录入…只能修改!!】。录入新抽样号和组内点号并"确定"后,激活数据录入控件。一次录入一个抽样号的当前点所有组分的值,"确定"后,允许选择新的标样和录入新的抽样号和组内点号来继续录入别的数据。

录入时系统没有判断所录入数据的合理性,系统会按照一套默认的有效位数和数据修约规则对录入的数据进行修约。

### 7.2.5 录入定值数据

在均匀性检验"通过"后,生产出定值铝镁屑,让有资质的定值单位定值。必须把各家返回的定值数据录入到 StndMtrl 系统里。

示出各家协作定值数据的录入画面,包括以下控件:标样名称提示框、定值单位名下拉列表框、已录入定值单位列表框、确定按钮、标样号提示框、组分名列表框、一个组分四个数据的录入框、本组数据录入完毕按钮。

录入新单位的数据时,首先要求在"定值单位名"下拉列表框中选择定值单位的名称(不允许录入,以保证数据的规范性),"确定"后才能录入数据。

要求协作定值单位必须是能准确定值的资格单位。如果在该下拉列表框中找不到要求的单位,就要求在系统管理中的"有资质的定值单位"中增加该单位,参考 7.6.7 节。

录入数据时,依次显示出当前要求录入的标样号和组分名称,录入一个组分的 4 个值后点击本组数据录入完毕,转到录入下一组分。一个单位的数据录入完毕,可以选择别的单位继续录入或者点击"取消"钮来返回到主画面。

录入时系统没有判断录入的数据的合理性,系统会按照一套默认的有效位数要求和修约规则对录入的数据进行修约,同时,计算出一组的平均值和标准偏差,供其他分析方法调用。

### 7.2.6 录入状态信息

在 StndMtrl 系统中,把标样的当前状态分为三类:正在处理、已经加封和过渡数据。

在新增一个标样和复制一个标样号时，产生的标样为正在处理状态。在一个标样处理结束之后，最好将状态修改为已经加封。对于一些被合并的、未完成而要求保留信息的标样，最好将状态修改为过渡数据。

定义当前状态的画面主要包括以下控件：初验数据录入状态列表框、均匀性数据录入状态列表框、定值数据的录入状态列表框和一些下拉列表框。点击录入按钮来从状态下拉列表框选择当前状态。点击录入开始日期按钮和录入结束日期按钮会激活相应的录入块，录入需要的值。

如果把一个标样的状态定义为“已经加封”，则不能再修改该标样的所有的数据，但可以查看、处理和输出数据。

录入标样开始日期和结束日期的目的是起一个档案作用，便于资料的“溯源”。开始日期默认值为在 StndMtrl 增加新标样的日期，结束日期默认值为加封时的日期。

## 7.3　查改数据

在主画面（见图 7-7）中点击“查改数据”，会示出类似图 7-2 的快捷菜单，该菜单内包括以下菜单项：“查改初验数据、查改均匀性数据、查改定值数据、修改标样名称、修改定值单位名、修改标样号、增加一个组分、删除一个组分、删除定值数据、增加一个标样号、删除一个标样号”（参考图 7-1），点击菜单项来执行进入相应的查看、修改工作。

修改数据会引起标样的特征指标或各种数据发生变化，因此，在修改了数据之后，一定要重新执行与所修改数据相关的所有工作。如修改（删除）了定值数据，就要重新执行狄克逊检验、夏皮罗检验、科克伦检验、合成标准偏差、初步/最终定值等，以更新相应的检验计算结果。

### 7.3.1　查改初验数据

示出查改初验数据的表单，示出了以下控件：标样名称提示框、标样号下拉列表框、组号提示框，数据 + 包括达威特检验 + 包括 T 化极差法检验结果的列表框、修改数据按钮、组号和标样号选择按钮等。

图 7-9 示出了查改初验数据的列表框。对铝镁合金标样而言，列表框中示出的第一列结果（R/S 列）指达威特检验结果，说明标样铸锭径向均匀性。第二列结果（To 列）为 T 化极差法检验结果，说明铸锭的纵向均匀性。

| 序号 | 组分 | 数据1 | 数据2 | 数据3 | 数据4 | 数据5 | R/S | D结果 | T0 | To结果 |
|---|---|---|---|---|---|---|---|---|---|---|
| 1 | Si | 1.202 | 1.180 | 1.202 | 1.194 | 1.203 | 2.360 | 合格 | 1.538 | 合格 |
| 2 | Fe | 0.136 | 0.126 | 0.129 | 0.127 | 0.133 | 2.380 | 合格 | 1.564 | 合格 |
| 3 | Cu | 0.234 | 0.232 | 0.236 | 0.235 | 0.234 | 2.700 | 合格 | 1.561 | 合格 |
| 4 | Mn | 0.967 | 0.932 | 0.946 | 0.922 | 0.974 | 2.340 | 合格 | 1.572 | 合格 |
| 5 | Mg | 0.0362 | 0.0363 | 0.0368 | 0.0366 | 0.0337 | 2.450 | 合格 | 1.796 | 合格 |
| 6 | Zn | 2.060 | 2.057 | 2.090 | 2.071 | 2.047 | 2.620 | 合格 | 1.571 | 合格 |
| 7 | Ti | 0.108 | 0.106 | 0.106 | 0.103 | 0.114 | 2.680 | 合格 | 1.618 | 合格 |
| 8 | Ni | 0.0291 | 0.0288 | 0.0294 | 0.0292 | 0.0280 | 2.560 | 合格 | 1.627 | 合格 |

图 7-9　查改初验数据的列表框

起始显示第一个标样号的第一组数据。利用表单底部命令框上的“首组数据”按钮、“尾组数据”按钮、“前一样号”按钮和“下一样号”按钮以及表单上部的标样号下拉列表框，可以定位到需要标样号和组数上。

列表框示出了组分名称、各个组分的数据，点击该框的某行，就定位到某个组分上，图中突出显示的是 Si，表明当前定位到组分 Si 上，点击修改按钮就修改 Si 的数据。

点击画面下部的“修改数据”钮，在画面底部弹出类似图 7-5 所示的修改块，可以修改相应的数据。修改数据并“确定”后，更新列表框、修改后的数据和新的 R/S 值，To 值、检验结果。通常检验结果会随着数据的修改而发生变化。

说明：如果当前标样状态不为“正在处理”，则只能查看数据，“修改数据”按钮是禁止了的。

### 7.3.2　查改均匀性数据

查改均匀性数据的表单中示出了以下控件：标样名称提示框、标样号下拉列表框、组数提示框、抽样号下拉列表框、组分 + 数据 + 平均值 + 极差值列表框、修改数据按钮、修改抽样号按钮、删除抽样号按钮和标样号选择按钮等。

图 7-10 示出了查改均匀数据的列表框。列表框中示出了组分名称、一个点的三个数据、平均值和极差值。

| 序号 | 组分 | 数据1 | 数据2 | 数据3 | 平均值 | 极差值 |
|---|---|---|---|---|---|---|
| 1 | Si | 1.190 | 1.201 | 1.205 | 1.1990 | 0.015 |
| 2 | Fe | 0.110 | 0.112 | 0.114 | 0.1120 | 0.00400 |
| 3 | Cu | 0.241 | 0.235 | 0.237 | 0.2380 | 0.00600 |
| 4 | Mn | 0.912 | 0.908 | 0.911 | 0.9100 | 0.004 |
| 5 | Mg | 0.0349 | 0.0346 | 0.0351 | 0.03490 | 0.0005 |
| 6 | Zn | 1.986 | 1.991 | 2.002 | 1.9930 | 0.0160 |
| 7 | Ti | 0.112 | 0.111 | 0.114 | 0.1120 | 0.003 |
| 8 | Ni | 0.0311 | 0.0312 | 0.0315 | 0.03130 | 0.0004 |

图 7-10　查改均匀数据的列表框

首先示出第一个标样号的第一次抽样号的数据。

用标样号和抽样号下拉列表框来选择标样号和抽样号，列表框中的数据会自动更新到新选择上。也可用下面的“下一样号”和“前一样号”来定位标样号。点击中部数据列表框的任意一行来定位到某个组分上。

点击“修改数据”钮，就激活表单下部类似图 7-5 所示的修改部分，可以修改数据。“确定”后，列表框数据自动更新成修改后的数据。

点击“修改抽样号”按钮，表单上的所有控件都变为禁止状态，只有抽样号框是活动的，而且是可以录入数据状态。在该框中输入要改至的号，按回车即可。如果录入的抽样号在本标样号中已经存在，则会给出提示，不允许修改。

点击“删除本抽样号” 按钮，在画面的正中给出类似图下面的提示框。提示“要删除的抽样号 + 抽样号名，删除后数据不能恢复，之后显示第一个抽样号的数据!!”点击信息框中的“确定”按钮来删除该标样号。不删除则点击“取消”按钮。

说明：如果当前标样状态不是“正在处理”，则只能查看数据，“修改数据”按钮是禁止了的。

### 7.3.3　查改定值数据

如果发现录入的定值错误或者复查了定值数据时，就要修改定值数据。

修改定值数据的表单中示出以下控件：标样名称提示框、定值单位下拉列表框、标样号下拉列表框、组分 + 数据 + 平均值 + 标准偏差列表框、修改数据按钮、标样号选择按钮及数据修改框等。

图 7-11 示出了查改定值数据的列表框。列表框中示出了组分名称、一个组分的四个数据、平均值和标准偏差值。

| 序号 | 组分 | 数据1 | 数据2 | 数据3 | 数据4 | 平均值 | 标准偏差 |
|---|---|---|---|---|---|---|---|
| 1 | Si | 1.208 | 1.209 | 1.210 | 1.210 | 1.209 | 0.001 |
| 2 | Fe | 0.150 | 0.152 | 0.150 | 0.151 | 0.151 | 0.001 |
| 3 | Cu | 0.234 | 0.234 | 0.233 | 0.233 | 0.234 | 0.001 |
| 4 | Mn | 0.981 | 0.982 | 0.981 | 0.983 | 0.982 | 0.001 |
| 5 | Mg | 0.0316 | 0.0313 | 0.0309 | 0.0311 | 0.0312 | 0.0003 |
| 6 | Zn | 2.049 | 2.041 | 2.056 | 2.049 | 2.049 | 0.007 |
| 7 | Ti | 0.107 | 0.106 | 0.103 | 0.102 | 0.104 | 0.003 |
| 8 | Ni | 0.0269 | 0.0272 | 0.0270 | 0.0269 | 0.0270 | 0.0002 |

图 7-11　查改定值数据的列表框

通过定值单位和标样号下拉列表框来选择数据源，点击数据列表框中要修改的组分行，再点击“修改数据”钮，画面下部的修改部分就变为允许。修改数据，之后点击“确定”钮，录入部分变为禁止。

说明：数据列表框中个别数据可能后随星号（ * ），表明该值异常，也用于帮助确定要修改的数据。

如果当前标样状态不为“正在处理”，则只能查看数据，“修改数据”按钮是禁止了的。

### 7.3.4　修改标样名称

修改标样名称表单很简洁，示出以下控件：当前标样名提示框、输入新名称录入框、确定按钮和退出按钮。

在新的标样名录入框里输入新的名称并“确定”。如果新的名称与旧的名称不同，就示出类似图 7-7 所示的操作信息框。例如，当前标样名为“2009 年研制 3003Z 合金标样”、新标样名为“2013 年复制的 3003Z 合金标样”，信息框里会询问【把标样名“2009 研制 3003Z 合金标样”更改为“2013 年复制 3003Z 合金标样”吗？】。点击信息框中的“确定”钮就修改，“取消”钮就放弃操作。

修改标样名后，在主画面（见图 7-8）下的标样名列表自动更新。如果是按名称排序的，排列顺序也可能会发生变化。

即使当前标样不是“正在处理状态”，仍然可以修改标样名称。如在研制结束后，加封了当前标样，而后国家颁布的证书与系统中的名称不同时，就要用该更名功能。

### 7.3.5　修改定值单位名

修改定值单位名表单示出以下控件：标样名提示框、已经录入数据的定值单位列表框，当前定值单位提示框、新单位名下拉列表框、确定按钮和取消按钮。

在表单中部的已经录入数据的定值单位列表框中选择要修改的单位，然后在新单位名下拉列表框中选择要改至的单位名并"确定"之后，会示出类似图7-7所示的警告信息框。例如，当前定值单位是"东北轻合金"，新单位名下拉列表框选择为"抚顺铝厂中心试验室"，点击修改按钮后，信息框中会询问【将定值单位"东北轻合金"更改为"抚顺铝厂中心试验室"吗?】。点击信息框中的"确定"钮就修改，"取消"钮就放弃操作。

说明：如果新单位名"下拉列表框"中找不到要修改至的单位名，则请执行系统管理中"有资质的定值单位"操作，增加该单位。参考7.6.7节。

### 7.3.6 修改标样号

修改标样号表单示出以下控件：标样名称提示框、当前标样号列表框、新排序标样号列表框提示框、当前标样号提示框，新标样号录入框、确定按钮和取消按钮、添加按钮、移除按钮和重新排序按钮。

在当前标样号列表框中选择要修改的标样号，在新的标样号文本框中输入新的名称，"确定"之后，会示出类似图7-7所示的警告信息框。例如，当前标样号为E4143b、新标样号录入值为"E4145c"，点击修改按钮后，信息框里会询问【把标样号"4143b"更改为新标样号"E4145c"吗?】。点击信息框中的"确定"钮就修改，"取消"钮就放弃操作。

点击当前标样号列表框，可以把当前标样号添加到新顺序标样号列表框中，点击新顺序列表框可以把新标样号移除，这样在新顺序列表框中构成新的标样号顺序。在新顺序列表框添加了所有的标样号后，会激活"重新排列标样号"按钮，点击该按钮，就能实现新的顺序。在格式输出和数据显示时起着很大的作用。

### 7.3.7 增加一个组分

增加一个组分画面示出以下控件：标样名称提示框、当前组分列表框、新增组分下拉列表框、确定按钮和取消按钮。

在新增组分下拉列表框中选择要添加的组分、"确定"之后会示出类似图7-7所示的警告信息框。例如，要把组分 $Al_2O_3$ 添加到前标样里，信息框里会询问【把新组分"$Al_2O_3$"增加到当前标样中吗?】。点击信息框里的"确定"钮就修改，"取消"钮就放弃操作。

说明：只能在新增组分下拉列表框中选择新组分，不能输入。如果在下拉列表框中找不到需要增加的组分，则需要先在"系统管理→可处理的组分"中增加新组分，再返回来就可以找到了。

检查组分名称和标样名称，再点击信息框中的"确定"钮或"取消"钮。

如果"确定"，则给当前标样增加组分并关闭，返回到主画面。可以在主画面中间部分给出的特征值中看到刚才增加的组分。

### 7.3.8 删除一个组分

删除一个组分表单示出以下控件：标样名称提示框、当前组分列表框、删除按钮和退出按钮。

点击当前组分列表框选择要删除的组分，之后点击确定。

删除组分会引起该组分的数据完全丢失,因此,是极其关键的操作。在当前组分列表框中选择要删除的组分并“确定”之后,会示出类似图 7-7 所示的警告信息框。例如,要从 2009 年研制 3003Z 合金删除组分“Mg”,信息框中会询问【要删除标样“2009 年研制 3003Z 合金标样”的组分“Mg”吗?】。点击信息框中的“确定”钮就删除,“取消”钮不删除。

### 7.3.9 删除一家定值数据

删除一个组分表单示出以下控件:标样名称提示框、定值单位名称列表框、删除按钮和退出按钮。

点击定值单位列表框选择要删除的定值单位,之后点击“删除”按钮。

删除一个定值单位会引起与该单位相关的所有数据完全丢失,是极其关键的操作。在点击“删除”按钮后,会示出类似图 7-7 所示的警告信息框。例如,要从 2009 年研制 3003Z 合金删除上海材料研究所的定值数据,信息框中会询问【把定值单位名“上海材料研究所”的定值数据从标样名“2009 年研制 3003Z 合金标样”中删除吗…删除后不可恢复?】。点击信息框中的“是(Y)”钮就删除,“取消”钮就放弃操作。

说明:删除一家定值单位之后,必须重新执行与“定值数据”相关的所有检验,如狄克逊检验、夏皮罗检验、科克伦检验、合成标准偏差、初步/最终定值等,以更新相应的检验计算结果。

### 7.3.10 增加一个标样号

增加一个标样号表单示出以下控件:标样名称提示框、标样号列表框、要增加的标样号录入框、确定按钮和退出按钮。

在要增加的标样号录入框中输入新的标样号,“确定”之后,会示出类似图 7-7 所示的警告信息框。例如,要在 2009 年研制 3003Z 合金里增加标样号“E9017”,信息框中会询问【把标样号“E9017”增加到标样名“2009 年研制 3003Z 合金标样”吗?】。点击信息框中的“是(Y)”钮就增加,“取消”钮就放弃操作。

说明:新增加的标样号总是排列在最后,如果要想改动其位置,则可参考 7.3.6 节的修改标样号,对标样号重新排序。

### 7.3.11 删除一个标样号

删除一个标样号表单示出以下控件:标样名称提示框、当前标样号列表框、要删除的标样号提示框、删除按钮和退出按钮。

在当前标样号列表框中选择要删除的标样号,并“确定”。

删除一个标样号会引起该标样号的数据完全丢失,因此,是极其关键的操作,故在“确定”之后,会示出类似图 7-7 所示的警告信息框。例如,要从 2009 年研制 3003Z 合金删除标样号 E9014,信息框中会询问【从标样名“2009 年研制 3003Z 合金标样”中删除标样号“E9014”吗…删除后不可恢复?】。点击信息框中的“确定”钮就删除,“取消”钮就不删除。

## 7.4 数据处理

在主画面(见图 7-8)中点击“数据处理”,会示出类似图 7-2 所示的快捷菜单,该菜单中包括“达威特/T 化极差法、狄克逊检验、科克伦检验、夏皮罗检验、检差法检验、F 法检验、合成标准偏差、初步/最终定值、校准曲线”(参考图7-1)等菜单项,点击菜单条来执行进入相应的数据处理。

下面详细介绍每种方法的作用、理论基础、检验实例、软件实现。

## 7.4.1 达威特、T化极差法检验

在铝镁合金标样研制、复制过程中,为了确保标样的质量,减少对不合格铸锭的后续处理量,需对制备出的标样铸锭进行初步检验,初验包括金相组织检验和铸锭成分偏析检验。

金相组织检验通过金相试片的金相低倍照片来肉眼检验,确定铸锭组织是否致密、均匀,是否有气孔、疏松和夹杂等缺陷,不在本软件系统完成。

把用于检查的试片按规程取点进行光谱分析,每号从中心向边缘各取5点,每点值为二次火花过程的平均结果。用5点间成分差异的大小表示铸锭径向成分偏析程度(达威特检验),用铸锭首、尾试片各自5点平均值之差的大小表示铸锭纵向偏析程度(T化极差法检验)。

### 7.4.1.1 理论基础

A 达威特检验

达威特(Darvid)检验对单次多个分析值之间做比较,确定一组数据是否合格。在标样研制过程中,用于铸锭的初步检验,确定径向是否均匀。达威特检验公式如下:

$$R/S > \mathrm{d}\alpha n \quad 不合格(不均匀)$$
$$R/S \leqslant \mathrm{d}\alpha n \quad 合格(均匀) \tag{7-1}$$

式中

$$R = X_{max} - X_{min}$$

$$S = \sqrt{\frac{\sum_{i=1}^{n}(\overline{X} - X_i)^2}{n-1}}$$

$\alpha$——置信度,可选值为0.05和0.01;

$n$——一组内的数据个数;

$\mathrm{d}\alpha n$——达维特检验临界值表(表7-1)的查表值。

表7-1 达维特检验临界值(d$\alpha n$)

| 数据个数 $n$ | $\alpha$=0.05 | $\alpha$=0.01 | 数据个数 $n$ | $\alpha$=0.05 | $\alpha$=0.01 |
|---|---|---|---|---|---|
| 3 | 1.99 | 2.00 | 14 | 4.09 | 4.34 |
| 4 | 2.429 | 2.455 | 15 | 4.17 | 4.44 |
| 5 | 2.753 | 2.083 | 16 | 4.24 | 4.52 |
| 6 | 3.012 | 3.095 | 17 | 4.331 | 4.60 |
| 7 | 3.222 | 3.338 | 18 | 4.37 | 4.57 |
| 8 | 3.399 | 3.543 | 19 | 4.43 | 4.74 |
| 9 | 3.552 | 3.720 | 20 | 4.49 | 4.80 |
| 10 | 3.685 | 3.875 | 25 | 4.71 | 5.06 |
| 11 | 3.80 | 4.012 | 30 | 4.80 | 5.26 |
| 12 | 3.91 | 4.134 | 35 | 5.04 | 5.42 |
| 13 | 4.00 | 4.244 | | | |

B　T化极差法

T化极差，是指极差值 $R$ 与标准偏差值之比。

T化极差法用于检验多组分析结果平均值之间的一致性。在标样研制中，用来检验铸锭首组与尾组的一致性，即检验铸锭的轴向偏析。

统计量计算公式：
$$t_0=\frac{|\overline{X}_1-\overline{X}_2|}{\sqrt{S_1^2+S_2^2}}\sqrt{n} \tag{7-2}$$

式中　$\overline{X}_1,\overline{X}_2$——分别为两组数据的平均值；

$S_1,S_2$——分别为两组数据的标准偏差；

$n$——取点数（$n=5$）。

T化极差法检验公式：

$$t_0>t_{\alpha\cdot\nu}\quad 不合格$$
$$t_0\leqslant t_{\alpha\cdot\nu}\quad 合格 \tag{7-3}$$

式中，$t_{\alpha\cdot\nu}$由置信度 $\alpha$ 和自由度 $\nu$ 决定的统计常数，由查表确定，见表7-2。

**表7-2　T化极差法临界值（$t_{\alpha\cdot\nu}$）**

| 自由度 | 双侧 $\alpha$ | | | 自由度 | 双侧 $\alpha$ | | |
|---|---|---|---|---|---|---|---|
| $\nu=m\times(n-1)$ | 0.10 | 0.05 | 0.01 | $\nu=m\times(n-1)$ | 0.10 | 0.05 | 0.01 |
| 1 | 6.314 | 12.71 | 63.66 | 17 | 1.740 | 2.110 | 2.898 |
| 2 | 2.920 | 4.303 | 9.925 | 18 | 1.734 | 2.101 | 2.878 |
| 3 | 2.353 | 3.182 | 5.841 | 19 | 1.729 | 2.093 | 2.861 |
| 4 | 2.132 | 2.776 | 4.604 | 20 | 1.725 | 2.086 | 2.845 |
| 5 | 2.015 | 2.571 | 4.032 | 21 | 1.721 | 2.080 | 2.831 |
| 6 | 1.943 | 2.447 | 3.707 | 22 | 1.717 | 2.074 | 2.819 |
| 7 | 1.895 | 2.365 | 3.499 | 23 | 1.714 | 2.060 | 2.807 |
| 8 | 1.860 | 2.306 | 3.355 | 24 | 1.711 | 2.064 | 2.797 |
| 9 | 1.833 | 2.262 | 3.250 | 25 | 1.708 | 2.060 | 2.787 |
| 10 | 1.812 | 2.228 | 3.169 | 26 | 1.705 | 2.056 | 2.779 |
| 11 | 1.796 | 2.201 | 3.106 | 27 | 1.703 | 2.052 | 2.771 |
| 12 | 1.782 | 2.179 | 3.055 | 28 | 1.701 | 2.048 | 2.763 |
| 13 | 1.771 | 2.160 | 3.012 | 29 | 1.699 | 2.045 | 2.756 |
| 14 | 1.761 | 2.145 | 2.977 | 30 | 1.697 | 2.042 | 2.750 |
| 15 | 1.753 | 2.131 | 2.947 | ∞ | 1.645 | 1.960 | 2.576 |
| 16 | 1.764 | 2.120 | 2.921 | 单侧 $\alpha$ | 0.05 | 0.025 | 0.005 |

7.4.1.2　达威特检验实例

2009年研制3003Z合金标样、E9011标样号的Zn的首组数据，大小顺序排列后的结果如下：2.047、2.057、2.060、2.071、2.090。

$$R = X_{max} - X_{min} = 2.090 - 2.047 = 0.043$$

$$S = \sqrt{\frac{\sum_{i=1}^{n} (\overline{X} - X_i)^2}{n-1}} = 0.016386$$

$$R/S = 0.043/0.016386 = 2.62$$

查表得：$\alpha = 0.05$，$n = 5$ 时，$d\alpha n = 2.753$

故 $R/S < d\alpha n$ 数据是合格的，即首块试样偏析检验合格，径向是均匀的。

同一标样号的 Zn 的尾组数据，大小顺序排列后的结果如下：2.078、2.086、2.086、2.088、2.123。

$$R = X_{max} - X_{min} = 2.123 - 2.078 = 0.045$$

$$S = \sqrt{\frac{\sum_{i=1}^{n} (\overline{X} - X_i)^2}{n-1}} = 0.024324$$

$$R/S = 0.045/0.024324 = 1.850$$

查表得：$\alpha = 0.05$，$n = 5$ 时，$d\alpha n = 2.753$

故：$R/S < d\alpha n$ 数据是合格的，即尾块试样径向是均匀的。

前面两组数据的平均值：

$$X_1 = 2.065; X_2 = 2.0922; S_1 = 0.016386; S_2 = 0.0024324; n = 10$$

$$t_0 = \frac{|\overline{X}_1 - \overline{X}_2|}{\sqrt{S_1^2 + S_2^2}} \sqrt{n} = 1.571$$

置信度 $\alpha = 0.05$，$\nu = m \times (n-1) = 2 \times (5-1) = 8$，查表临界值 $t_{\alpha \cdot \nu} = 2.306$

因统计量小于临界值，故数据是合格的，即表明铸锭无纵向偏析。

7.4.1.3 软件实现

按 7.2.3 节录入初验数据。执行检验时由软件内部自动执行运算、查表和对比，并给出结果。检验时示出一个达威特、T 化极差法检验表单，该表单包含以下控件：标样名称提示框、标样号下拉列表框、组号提示框、达威特检验临界值（2.753）和 T 化极差法临界值（2.306）、数据 + 包括达威特检验 + 包括 T 化极差法检验结果的列表框、组号和标样号选择按钮、帮助按钮等。

图 7-12 示出了本检验列表框（E9011 的首组），其中列出了接受检验的数据和统计量、临界值及检验结果。该框中突出显示的一行 Zn 值就是前面讲述的实例数据。点击某一组分行，该行就突出显示。

对铝镁合金标样而言，列表框里示出的第一列结果（$R/S$ 列）指达威特检验结果，说明标样铸锭径向均匀性。第二列结果（To 列）为 T 化极差法检验结果，说明铸锭的纵向均匀性。从图中可以看出，前面检验实例中的标样号 E9011 的组分 Zn 的数据及 $R/S$ 计算值及检验结果与突出显示行相同。

| 序号 | 组分 | 数据1 | 数据2 | 数据3 | 数据4 | 数据5 | R/S | D结果 | T0 | T0结果 |
|---|---|---|---|---|---|---|---|---|---|---|
| 1 | Si | 1.202 | 1.180 | 1.202 | 1.194 | 1.203 | 2.360 | 合格 | 1.538 | 合格 |
| 2 | Fe | 0.136 | 0.126 | 0.129 | 0.127 | 0.133 | 2.380 | 合格 | 1.564 | 合格 |
| 3 | Cu | 0.234 | 0.232 | 0.236 | 0.235 | 0.234 | 2.700 | 合格 | 1.561 | 合格 |
| 4 | Mn | 0.967 | 0.932 | 0.946 | 0.922 | 0.974 | 2.340 | 合格 | 1.572 | 合格 |
| 5 | Mg | 0.0362 | 0.0363 | 0.0368 | 0.0366 | 0.0337 | 2.450 | 合格 | 1.796 | 合格 |
| 6 | Zn | 2.060 | 2.057 | 2.090 | 2.071 | 2.047 | 2.620 | 合格 | 1.571 | 合格 |
| 7 | Ti | 0.108 | 0.106 | 0.106 | 0.103 | 0.114 | 2.680 | 合格 | 1.618 | 合格 |
| 8 | Ni | 0.0291 | 0.0288 | 0.0294 | 0.0292 | 0.0280 | 2.560 | 合格 | 1.627 | 合格 |

图 7-12 达威特检验表单的检验列表框

首先示出第一个标样号的第一组(首组)检验数据。用标样号定位命令按钮和标样号下拉列表框来定位到要求的标样号上,用“前组数据”按钮、“下组数据”按钮来定位到要求的组上。如果在图 7-12 所示画面下点击“下组数据”按钮,上图中突出显示的行就会变为:

| | | | | | | | | | | |
|---|---|---|---|---|---|---|---|---|---|---|
| 6 | Zn | 2.086 | 2.073 | 2.079 | 2.078 | 2.081 | 1.850 | 合格 | 1.571 | 合格 |

点击表单里的“检验帮助”按钮,会示出一个帮助画面,详细示出了接受检验的数据、检验方法和计算过程及结果等。

## 7.4.2 狄克逊检验

在标样铸锭初验合格之后,执行一些均匀化处理、挤压、锯切过程之后,要取样定值。要检验各家定值单位返回的定值结果是否异常,如果异常则需要复查。当然,异常值未必肯定是错误的,必须结合技术原因的分析再下结论,特别是新的分析项目或分析方法不成熟的项目更是如此。在 StndMtrl 系统中,用狄克逊(Dixon)法检验数据是否异常。

### 7.4.2.1 理论基础

根据一组内数据个数($n$)的不同,划分为以下几个段进行检验,分别计算低侧统计量和高侧统计量,取两个统计量中较大的值,与临界值相比较。如果低侧统计量超过临界值,则表明最小的值是异常值。如果高侧统计量超过临界值,则表明最大的值是异常值。

狄克逊检验与测量次数(即一组内的数据个数)有关。不同的测量次数可能采用不同的检验公式:

(1) $n=3\sim7$

低侧统计量:$D_1=\dfrac{x_{(2)}-x_{(1)}}{x_{(n)}-x_{(1)}}$  高侧统计量:$D_n=\dfrac{x_{(n)}-x_{(n-1)}}{x_{(n)}-x_{(1)}}$

(2) $n=8\sim10$

低侧可疑时:$D_1=\dfrac{x_{(2)}-x_{(1)}}{x_{(n-1)}-x_{(1)}}$  高侧可疑时:$D_n=\dfrac{x_{(n)}-x_{(n-1)}}{x_{(n)}-x_{(2)}}$

(3) $n=11\sim13$

低侧可疑时:$D_1=\dfrac{x_{(3)}-x_{(1)}}{x_{(n-1)}-x_{(1)}}$  高侧可疑时:$D_n=\dfrac{x_{(n)}-x_{(n-2)}}{x_{(n)}-x_{(2)}}$

(4) $n=14\sim30$

低侧可疑时：$D_1=\dfrac{x_{(3)}-x_{(1)}}{x_{(n-2)}-x_{(1)}}$　　高侧可疑时：$D_n=\dfrac{x_{(n)}-x_{(n-2)}}{x_{(n)}-x_{(3)}}$

一组数据的个数少于3个，则不允许执行狄克逊检验。

将一组内的数据从小到大排列：$x_{(1)}\leqslant x_{(2)}\leqslant\cdots\leqslant x_{(n-1)}\leqslant x_{(n)}$。

根据数据个数，用上面对应的公式计算出低侧统计量 $D_1$ 和高侧统计量 $D_n$，并查出临界值 $D(\alpha,n)$。

取 $D_1$ 和 $D_n$ 两者中大的一个值与临界值比较，如果大于临界值：$D_1$ 大时，则 $x_{(1)}$ 为异常值；$D_n$ 大时，$x_{(n)}$ 为异常值。

#### 7.4.2.2 检验实例

**[例 7-1]** 一家定值单位的数据

2009 年研制 3003Z 合金标样、E9011 标样号、组分 Ti、北京有色金属研究总院分析测试所的 4 个定值数据按大小顺序排列为：0.102、0.103、0.106 和 0.132。0.132 是为了检验验证而录入的错误值。

计算低侧统计量：$D_1=\dfrac{x_{(2)}-x_{(1)}}{x_{(n)}-x_{(1)}}=\dfrac{0.103-0.102}{0.132-0.102}=\dfrac{0.001}{0.030}=0.033$

计算高侧统计量：$D_n=\dfrac{x_{(n)}-x_{(n-1)}}{x_{(n)}-x_{(1)}}=\dfrac{0.132-0.106}{0.132-0.102}=\dfrac{0.026}{0.030}=0.867$

置信度 $\alpha=0.050$，数据个数 4，查表 7-3 得到临界值 $D(\alpha,n)=0.829$

**表 7-3 狄克逊检验临界值 $D(\alpha,n)$**

| 数据个数 $n$ | 置信度 $\alpha$ | | 数据个数 $n$ | 置信度 $\alpha$ | |
|---|---|---|---|---|---|
| | 0.05 | 0.01 | | 0.05 | 0.01 |
| 3 | 0.970 | 0.994 | 22 | 0.468 | 0.544 |
| 4 | 0.829 | 0.926 | 23 | 0.459 | 0.535 |
| 5 | 0.710 | 0.821 | 24 | 0.451 | 0.526 |
| 6 | 0.628 | 0.740 | 25 | 0.443 | 0.517 |
| 7 | 0.569 | 0.680 | 26 | 0.436 | 0.510 |
| 8 | 0.608 | 0.717 | 27 | 0.429 | 0.502 |
| 9 | 0.564 | 0.672 | 28 | 0.423 | 0.495 |
| 10 | 0.530 | 0.635 | 29 | 0.417 | 0.489 |
| 11 | 0.502 | 0.605 | 30 | 0.412 | 0.483 |
| 12 | 0.479 | 0.579 | 31 | 0.407 | 0.477 |
| 13 | 0.611 | 0.697 | 32 | 0.402 | 0.472 |
| 14 | 0.586 | 0.670 | 33 | 0.397 | 0.467 |
| 15 | 0.565 | 0.647 | 34 | 0.393 | 0.462 |
| 16 | 0.546 | 0.627 | 35 | 0.388 | 0.458 |
| 17 | 0.529 | 0.610 | 36 | 0.384 | 0.454 |
| 18 | 0.514 | 0.594 | 37 | 0.381 | 0.450 |
| 19 | 0.501 | 0.580 | 38 | 0.377 | 0.446 |
| 20 | 0.489 | 0.567 | 39 | 0.374 | 0.442 |
| 21 | 0.478 | 0.555 | 40 | 0.371 | 0.438 |

因为 $D_n > D_1$，且 $D_n > D(\alpha,n)$，所以 $D_n = 0.132$ 是异常值。一般要求复查该值或者是否为录入错误。

复查后 0.132 的值确定为 0.109，再检验时结果如下：

计算低侧统计量：$D_1 = \dfrac{x_{(2)} - x_{(1)}}{x_{(n)} - x_{(1)}} = \dfrac{0.103 - 0.102}{0.109 - 0.102} = \dfrac{0.001}{0.007} = 0.143$

计算高侧统计量：$D_n = \dfrac{x_{(n)} - x_{(n-1)}}{x_{(n)} - x_{(1)}} = \dfrac{0.109 - 0.106}{0.109 - 0.102} = \dfrac{0.003}{0.007} = 0.429$

置信度 $\alpha = 0.050$，数据个数为 4，查表 7-3 得到临界值 $D(\alpha,n) = 0.829$

虽然 $D_n > D_1$，但 $D_n \leqslant D(\alpha,n)$，所以 $D_n = 0.109$，不是异常值。

[**例 7-2**] 各定值单位的平均值

2009 年研制 3003Z 合金标样、E9011 标样号、元素 Si 的各家定值平均值如表 7-4 所示。

**表 7-4 E9011 标样号、元素 Si 的各家定值结果**

| 定 值 单 位 | 数据 1 | 数据 2 | 数据 3 | 数据 4 | 平均值 |
|---|---|---|---|---|---|
| 北京有色金属研究总院分析测试所 | 1.208 | 1.209 | 1.212 | 1.210 | 1.209 |
| 长安汽车集团二厂 | 1.212 | 1.184 | 1.200 | 1.193 | 1.197 |
| 国家轻金属质检中心 | 1.201 | 1.192 | 1.209 | 1.182 | 1.196 |
| 山东冶金研究院 | 1.170 | 1.177 | 1.184 | 1.172 | 1.176 |
| 上海材料研究所 | 1.273 | 1.279 | 1.277 | 1.281 | 1.278 |
| 西南铝技术中心 | 1.215 | 1.224 | 1.1 | 1.203 | 1.210 |
| 西南铝业公司熔铸厂 | 1.187 | 1.184 | 1.171 | 1.181 | 1.181 |
| 众标公司 | 1.208 | 1.231 | 1.212 | 1.223 | 1.218 |

对各家平均值按大小顺序排列：1.176、1.181、1.196、1.197、1.209、1.210、1.218、1.278。

数据个数为 8 时，采用下面的公式计算统计量：

低侧统计量：$D_1 = \dfrac{x_{(2)} - x_{(1)}}{x_{(n-1)} - x_{(1)}} = \dfrac{1.181 - 1.176}{1.218 - 1.176} = \dfrac{0.005}{0.042} = 0.119$

高侧可疑时：$D_n = \dfrac{x_{(n)} - x_{(n-1)}}{x_{(n)} - x_{(2)}} = \dfrac{1.278 - 1.218}{1.278 - 1.181} = \dfrac{0.060}{0.097} = 0.619$

置信度 $\alpha = 0.050$，数据个数为 8，查表 7-3 得到临界值 $D(\alpha,n) = 0.608$

因为 $D_n > D_1$，且 $D_n > D(\alpha,n)$，所以 $D_n = 1.278$ 是异常值。要求该单位复查。

复查结果为 1.221、1.225、1.231、1.232，平均值 1.227。再次检验：

低侧统计量：$D_1 = \dfrac{x_{(2)} - x_{(1)}}{x_{(n-1)} - x_{(1)}} = \dfrac{1.181 - 1.176}{1.218 - 1.176} = \dfrac{0.005}{0.042} = 0.119$

高侧可疑时：$D_n=\dfrac{x_{(n)}-x_{(n-1)}}{x_{(n)}-x_{(2)}}=\dfrac{1.227-1.218}{1.227-1.181}=\dfrac{0.009}{0.046}=0.19565$

置信度 $\alpha=0.050$，数据个数为 8，查表 7-3 得临界值 $D(\alpha,n)=0.608$

虽然 $D_n>D_1$，但 $D_n\leqslant D(\alpha,n)$，所以 $D_n=1.232$，不是异常值。

#### 7.4.2.3 软件实现

##### A 一家定值数据的检验

在开发 StndMtrl 系统时，已经将计算公式和狄克逊临界值表存入到了标准库里。

执行狄克逊检验，依次取出每个定值单位、标样号和组分的值，计算高、低侧统计量，取出 Alfa 值配置值和确定的数据个数，查找出临界值。如果确定一个值是异常的，则在显示时尾随星号。

首先示出一家定值单位的 4 个数据检验表单，该表单包括以下控件：标样名称提示框、定值单位下拉列表框、标样号下拉列表框、组分 + 数据 + Alfa + 临界值列表框、标样号定位按钮、Alfa 配置按钮、帮助按钮框等。

图 7-13 示出了狄克逊检验的列表框，从中可以看出前面例 1 中所述的 Ti 元素的第一个数据后随有星号，表明该数据是异常的。

| 序号 | 组分 | 数据1 | 数据2 | 数据3 | 数据4 | Alfa值 | 临界值 |
|---|---|---|---|---|---|---|---|
| 1 | Si | 1.208 | 1.209 | 1.210 | 1.210 | 0.050 | 0.829 |
| 2 | Fe | 0.150 | 0.152 | 0.150 | 0.151 | 0.050 | 0.829 |
| 3 | Cu | 0.234 | 0.234 | 0.233 | 0.233 | 0.050 | 0.829 |
| 4 | Mn | 0.981 | 0.982 | 0.981 | 0.983 | 0.050 | 0.829 |
| 5 | Mg | 0.0316 | 0.0313 | 0.0309 | 0.0311 | 0.050 | 0.829 |
| 6 | Zn | 2.049 | 2.041 | 2.056 | 2.049 | 0.050 | 0.829 |
| 7 | Ti | 0.132* | 0.106 | 0.103 | 0.102 | 0.050 | 0.829 |
| 8 | Ni | 0.0269 | 0.0272 | 0.0270 | 0.0269 | 0.050 | 0.829 |

图 7-13 狄克逊检验列表框（一家定值单位的数据）

通过定值单位下拉列表框、标样号下拉列表框和“下一样号”按钮、“前一样号”按钮可以定位到需要的数据上。

点击数据列表框中的某行来选择组分。

特殊情况说明，在一家定值的 4 个数据中，如果三个值相同，第 4 个值不管与这三个值如何接近，狄克逊检验也会认为它是异常的。但在实际中，完全处于化学差范围内，应当认为是正常的。

例如，有 4 个数据：3.98、3.98、3.98、3.99。用本系统检验时 3.99 是异常值，但是，完全有理由确定它是正常值。

配置 Alfa：狄克逊检验与测量次数和显著性水平（置信度 $\alpha$）联系起来，故判定异常与否与 $\alpha$ 的配置有关。点击检验表单底行上的按钮“配置 Alfa”，示出一个“配置 Alfa”表单，其中包含以下控件：标样名称提示框、定值单位提示框、标样号提示框、组分名提示框、当前 Alfa 值、包含“设置 Alfa 值为 0.05”和“设置 Alfa 值为 0.01”两个选项的选项按钮组、确定按钮和取消按钮。在选项组框中选择要求的 Alfa 值。

例如:把上面异常的 Ti 元素的 $\alpha$ 值设置为 0.01,“确定”后返回到检验表单,可以看出列表框里突出显示的 Ti 行上的值显示如下:

| | | | | | | | |
|---|---|---|---|---|---|---|---|
| 7 | Ti | 0.132 | 0.106 | 0.103 | 0.102 | 0.010 | 0.926 |

可以看出,Alfa 值变成了 0.10、临界值变成了 0.926,同时 0.132 后面没有了 * 号,表明不是异常值了,这是因为其高侧统计量 0.867 小于临界值 0.926 的缘故。当然,Alfa 的配置需要由成分范围及其他一些技术因素来确定。

B　各定值数据平均值的检验

如果定值单位达到 3 家以上,在狄克逊检验表单的“定值单位”下拉列表框里,最后项会是“各组平均值”。

选择“各组平均值”,示出的狄克逊检验表单有所不同,其中包括了一家定值单位数据的检验全部控件,还包括前一页按钮、下一页按钮和页码提示框,并且检验数据列表框变为图 7-14 所示。

| 分析单位名称及项目 | Si | Fe | Cu | Mn | Mg | Zn | Ti |
|---|---|---|---|---|---|---|---|
| 北京有色金属研究总院 | 1.209 | 0.151 | 0.234 | 0.982 | 0.0312 | 2.049 | 0.105 |
| 长安汽车集团二厂 | 1.197 | 0.146 | 0.237 | 0.977 | 0.0330 | 2.000 | 0.112 |
| 国家轻金属质检中心 | 1.196 | 0.145 | 0.230 | 0.972 | 0.0325 | 2.032 | 0.105 |
| 山东冶金研究院 | 1.176 | 0.154 | 0.238 | 0.977 | 0.0322 | 1.955 | 0.114 |
| 上海材料研究所 | 1.278* | 0.156 | 0.235 | 0.976 | 0.0282 | 2.004 | 0.110 |
| 西南铝技术中心 | 1.210 | 0.154 | 0.240 | 0.973 | 0.0332 | 1.955 | 0.110 |
| 西南铝业公司熔铸厂 | 1.181 | 0.158 | 0.239 | 0.976 | 0.0356 | 2.038 | 0.113 |
| 众标公司 | 1.218 | 0.145 | 0.228 | 0.977 | 0.0317 | 2.002 | 0.114 |
| Alfa值 | 0.050 | 0.050 | 0.050 | 0.050 | 0.050 | 0.050 | 0.050 |
| 临界值 | 0.608 | 0.608 | 0.608 | 0.608 | 0.608 | 0.608 | 0.608 |

图 7-14　狄克逊检验列表框(各组平均值:Si-Alfa = 0.050)

从图中可以看出,上面实例部分“[例 7-2]各定值单位的平均值”中的上海材料研究所的 Si 值 1.278 后随有星号,表明该元素的该值是异常值。

由于一个页面只能显示 7 个组分,当标样含的组分较多时,要显示多页。可以用“下页”和“上页”按钮来翻页,定位到要求的页面上,查看到需要的组分信息。

可以用“下一标样号”、“前一标样号”和“标样号”下拉列表框来选择需要的标样号。

配置 Alfa:狄克逊检验与定值家数和显著性水平(置信度 $\alpha$)联系起来,可以根据组分含量和其他技术因素来配置置信度 Alfa 值。点击“配置 Alfa”按钮,示出配置“Alfa”表单。该表单包含以下控件:组分名称列表框、组分名提示框、当前 Alfa 值提示框、包含“设置 Alfa 值为 0.05”和“设置 Alfa 值为 0.01”两个选项的选项按钮组、确定按钮和取消按钮。在列表框里选择要配置的组分,在选项组框中选择要求的 Alfa 值。

例如,把 E9011 各组平均值的 Si 元素 Alfa 值设置为 0.01,“确定”后返回到各家平均值狄克逊检验表单。图 7-14 所示的列表框变为图 7-15 所示列表框。

从图 7-15 可以看出,Si 竖向列中 Alfa 值变为了 0.010、临界值变为了 0.717,而上海材料研究所的值 1.278 后面没有了星号,表明该值不再是异常值了。这是因为高侧统计量

| 分析单位名称及项目 | Si | Fe | Cu | Mn | Mg | Zn | Ti |
|---|---|---|---|---|---|---|---|
| 北京有色金属研究总院 | 1.209 | 0.151 | 0.234 | 0.982 | 0.0312 | 2.049 | 0.105 |
| 长安汽车集团二厂 | 1.197 | 0.146 | 0.237 | 0.977 | 0.0330 | 2.000 | 0.112 |
| 国家轻金属质检中心 | 1.196 | 0.145 | 0.230 | 0.972 | 0.0325 | 2.032 | 0.105 |
| 山东冶金研究院 | 1.176 | 0.154 | 0.238 | 0.977 | 0.0322 | 1.955 | 0.114 |
| 上海材料研究所 | 1.278 | 0.156 | 0.235 | 0.976 | 0.0282 | 2.004 | 0.110 |
| 西南铝技术中心 | 1.210 | 0.154 | 0.240 | 0.973 | 0.0332 | 1.955 | 0.110 |
| 西南铝业公司熔铸厂 | 1.181 | 0.158 | 0.239 | 0.976 | 0.0356 | 2.038 | 0.113 |
| 众标公司 | 1.218 | 0.145 | 0.228 | 0.977 | 0.0317 | 2.002 | 0.114 |
| Alfa值 | 0.010 | 0.050 | 0.050 | 0.050 | 0.050 | 0.050 | 0.050 |
| 临界值 | 0.717 | 0.608 | 0.608 | 0.608 | 0.608 | 0.608 | 0.608 |

图 7-15　狄克逊检验列表框(各组平均值:Si-Alfa = 0.010)

0.619 大于先前的临界值 0.608(Alfa = 0.050)而小于当前的临界值 0.717(Alfa = 0.010)的缘故。

一般情况下,发现一个单位的组平均值是异常值时,要求复查。例如,E9011 的上海材料研究所的 Si 的复查结果为 1.221、1.225、1.231、1.233,平均值为 1.228。在修改定值数据中修改后,再次检验时,数据列表框部分突出显示的上海材料研究所的 Si 平均值从 1.278 变为 1.228,把 Alfa 恢复到先前的 0.050 后,不再是异常值了。

检验帮助:在检验画面下点击底部的“检验帮助”,会示出一个帮助画面。其中示出了检验公式、检验说明以及当前元素的具体检验计算过程及结果。便于分析原因,解释分析疑难,也可打印出来作为学习资料。

### 7.4.3　科克伦检验

需要测量各家定值单位的各组数据是否等精度。如果某组数据不是等精度的,则该组数据是可疑数据,需要复查或执行技术分析,以确定这组数据的取舍。用科克伦(Cochrane)准则执行等精度检验。

#### 7.4.3.1　检验基础

计算出每家定值单位一组数据的标准偏差 $S$。每家定值单位出一组数据,共有 $m$ 组,标准偏差表达到 $S_1, S_2, \cdots, S_m$。

用下面的公式计算统计量:

$$C = S_{\max}^2 / \sum_{i=1}^{m} S_i^2 \tag{7-4}$$

式中　$S_{\max}$——$m$ 组数据中的最大值。

对于给定的显著性水平(置信度 Alfa),查表得出科克伦临界值 $C(\alpha, m, n)$,$n$ 是多数实验室给出的数据个数,在标样定值时,一般一家单位给一个组分出 4 个数,即 $n = 4$。如果统计量 $C \leqslant C(\alpha, m, n)$,则表明无可疑数据组;若统计量 $C \geqslant C(\alpha, m, n)$,则表明最大方差组数据是可疑数据组,必要时应舍去。表 7-5 列出了科克伦准则临界值。

在实际应用中,一般把 $C > C \leqslant C(0.01, m, n)$ 的最大方差组数据弃去,而对 $C > C \leqslant C(0.05, m, n)$ 的最大方差组数据进行认真研究后决定取舍。

**表 7–5　科克伦准则临界值 $C(\alpha,m,n)$**

| $\alpha$ | $m$ \ $V$ | 1 | 2 | 3 | 4 | 5 | 6 | 7 | 8 | 9 | 10 | 16 | ∞ |
|---|---|---|---|---|---|---|---|---|---|---|---|---|---|
| 0.01 | 2 | 0.9999 | 0.9950 | 0.9794 | 0.9586 | 0.9373 | 0.9172 | 0.8998 | 0.8823 | 0.8674 | 0.8539 | 0.7949 | 0.5000 |
| | 3 | 0.9933 | 0.9423 | 0.8831 | 0.8335 | 0.7933 | 0.7606 | 0.7335 | 0.7107 | 0.6912 | 0.6743 | 0.6059 | 0.3333 |
| | 4 | 0.9676 | 0.8643 | 0.7814 | 0.7112 | 0.6771 | 0.6410 | 0.6129 | 0.5897 | 0.5702 | 0.5536 | 0.4884 | 0.2500 |
| | 5 | 0.9279 | 0.7885 | 0.6957 | 0.6323 | 0.5875 | 0.5531 | 0.5259 | 0.5037 | 0.4854 | 0.4697 | 0.4094 | 0.2000 |
| | 6 | 0.8828 | 0.7218 | 0.6258 | 0.5635 | — | 0.4866 | 0.4608 | 0.4101 | 0.4229 | 0.4084 | 0.3529 | 0.1667 |
| | 7 | 0.8376 | 0.6644 | 0.4585 | 0.5080 | 0.4659 | 0.4347 | 0.4105 | 0.3911 | 0.3751 | 0.3616 | 0.3105 | 0.1429 |
| | 8 | 0.7945 | 0.6152 | 0.5209 | 0.4627 | 0.4226 | 0.3932 | 0.3704 | 0.3522 | 0.3373 | 0.3248 | 0.2979 | 0.1250 |
| | 9 | 0.7544 | 0.5727 | 0.4810 | 0.4251 | 0.3870 | 0.3592 | 0.3378 | 0.3207 | 0.3067 | 0.2950 | 0.2514 | 0.1111 |
| | 10 | 0.7175 | 0.5358 | 0.4469 | 0.3934 | 0.3572 | 0.3308 | 0.3106 | 0.2945 | 0.2813 | 0.2704 | 0.2297 | 0.1000 |
| | 12 | 0.6528 | 0.4751 | 0.3919 | 0.3428 | 0.3099 | 0.2861 | 0.2680 | 0.2535 | 0.2419 | 0.2320 | 0.1961 | 0.0833 |
| | 15 | 0.5747 | 0.4069 | 0.3317 | 0.2882 | 0.2593 | 0.2386 | 0.2228 | 0.2104 | 0.2002 | 0.1918 | 0.1612 | 0.0667 |
| | 20 | 0.4799 | 0.3297 | 0.2654 | 0.2288 | 0.2048 | 0.1877 | 0.1748 | 0.1646 | 0.1567 | 0.1501 | 0.1248 | 0.0500 |
| 0.05 | 2 | 0.9985 | 0.9750 | 0.9392 | 0.9057 | 0.8772 | 0.8534 | 0.8332 | 0.8159 | 0.8010 | 0.7880 | 0.7341 | 0.5000 |
| | 3 | 0.9669 | 0.8709 | 0.7977 | 0.7457 | 0.771 | 0.6771 | 0.6530 | 0.6333 | 0.6167 | 0.6025 | 0.5466 | 0.3333 |
| | 4 | 0.9065 | 0.7679 | 0.6841 | 0.6287 | 0.5895 | 0.5598 | 0.5365 | 0.5175 | 0.5017 | 0.4884 | 0.4366 | 0.2500 |
| | 5 | 0.8412 | 0.6838 | 0.5981 | 0.5441 | 0.5065 | 0.4783 | 0.4564 | 0.4387 | 0.4241 | 0.4118 | 0.3615 | 0.2000 |
| | 6 | 0.7808 | 0.6161 | 0.5321 | 0.4803 | 0.4447 | 0.4184 | 0.3980 | 0.3817 | 0.3682 | 0.3568 | 0.3135 | 0.1667 |
| | 7 | 0.7271 | 0.5612 | 0.4800 | 0.4307 | 0.3974 | 0.3726 | 0.3535 | 0.3384 | 0.3259 | 0.3154 | 0.2756 | 0.1429 |
| | 8 | 0.6798 | 0.5157 | 0.4377 | 0.3910 | 0.3595 | 0.3362 | 0.3185 | 0.3043 | 0.2926 | 0.2829 | 0.2462 | 0.1250 |
| | 9 | 0.6385 | 0.4775 | 0.4027 | 0.3584 | 0.3286 | 0.3067 | 0.2901 | 0.2768 | 0.2659 | 0.2568 | 0.2226 | 0.1111 |
| | 10 | 0.6020 | 0.4450 | 0.3733 | 0.3311 | 0.3029 | 0.2823 | 0.2666 | 0.2541 | 0.2439 | 0.2353 | 0.2032 | 0.1000 |
| | 12 | 0.5410 | 0.3924 | 0.3264 | 0.2880 | 0.2624 | 0.2439 | 0.2299 | 0.2187 | 0.2098 | 0.2022 | 0.1737 | 0.0333 |
| | 15 | 0.4709 | 0.3346 | 0.2728 | 0.2410 | 0.2195 | 0.2034 | 0.1911 | 0.1815 | 0.1736 | 0.1671 | 0.1429 | 0.0667 |
| | 20 | 0.3894 | 0.2705 | 0.2205 | 0.1921 | 0.1735 | 0.1602 | 0.1501 | 0.1422 | 0.1357 | 0.1303 | 0.1108 | 0.0500 |

注：$\alpha$ 为显著性水平；$m$ 为实验数据组数；$n$ 为一组数据的测量次数，$V=n-1$。

### 7.4.3.2　检验实例

2009 年研制 3003Z 合金标样、E9011 标样号、元素 Mn 的各家定值平均值见表 7–6。

**表 7–6　E9011 标样号、元素 Mn 的各家定值结果**

| 定 值 单 位 | 数据 1 | 数据 2 | 数据 3 | 数据 4 | 标 准 偏 差 |
|---|---|---|---|---|---|
| 北京有色金属研究总院 | 0.983 | 0.982 | 0.981 | 0.983 | 0.001 |
| 长安汽车集团二厂 | 0.975 | 0.978 | 0.982 | 0.974 | 0.004 |
| 国家轻金属质检中心 | 0.968 | 0.976 | 0.976 | 0.968 | 0.005 |
| 山东冶金研究院 | 0.979 | 0.972 | 0.977 | 0.980 | 0.004 |
| 上海材料研究所 | 0.969 | 0.976 | 0.974 | 0.984 | 0.007 |
| 西南铝技术中心 | 0.972 | 0.976 | 0.976 | 0.969 | 0.004 |
| 西南铝业公司熔铸厂 | 0.973 | 0.988 | 0.963 | 0.978 | 0.011 |
| 众标公司 | 0.977 | 0.980 | 0.975 | 0.977 | 0.003 |

西南铝业公司熔铸厂组数据标准偏差最大：$S_{max}=0.011$、$S_{max}^2=0.000121$

8 家定值单位(8 组)数据标准偏差的平方和等于 0.000252。

$C=0.000121/0.000252=0.4802$

查表，$C(0.05,8,3)=0.4377$

因为 $C>C\ (0.05,8,3)$

所以，各组数据是不等精度的。

如果取用置信度为 0.01，则查表临界值为 $C\ (0.01,8,3)=0.5209$，这时：

因为 $C<C(0.01,8,3)$，所以各组数据是等精度的，这是降低了检验要求的缘故。

通过上述检验，标准偏差最大的西南铝业公司熔铸厂的一组数据是可疑值，但要用分析技术原因或复查来确定是否要舍弃该组值。

#### 7.4.3.3 软件实现

StndMtrl 系统取出各家定值数据，计算出标准偏差。然后，用科克伦公式计算出统计量。已经把科克伦临界值表固化到了软件系统中，会根据定值家数(即数据组数)、每家的数据个数和置信度设置找出相应的临界值。比较统计量和临界值后给出是不等精度的结论。

执行科克伦检验时，系统进行一系列的运算和确定参数后，示出科克伦检验表单。在该表单中包括以下控件：标样名称提示框、标样号下拉列表框、数据组数、每组数据个数、检验列表框、相关数据表格、“前一标样号”按钮、“下一标样号”、配置 Alfa 按钮、检验帮助按钮等。

缺省显示为第一个标样号的数据，可以用“前一标样号”按钮、“下一标样号”按钮和标样号下拉列表框来定位到需要的标样号上。

检验列表框中示出了一个组分的名称、最大标准方差、组方差平方和、比值、Alfa 值、比较常数和结论。如图 7-16 所示。

| 序号 | 组分 | 最大标差平方 | 组标差平方和 | 比值 | Alfa | 比较常数 | 结论 |
|---|---|---|---|---|---|---|---|
| 1 | Si | 0.00014400 | 0.00056700 | 0.2540 | 0.05 | 0.4377 | 等精度 |
| 2 | Fe | 0.00002500 | 0.00008200 | 0.3049 | 0.05 | 0.4377 | 等精度 |
| 3 | Cu | 0.00003600 | 0.00008500 | 0.4235 | 0.05 | 0.4377 | 等精度 |
| 4 | Mn | 0.00012100 | 0.00024400 | 0.4959 | 0.05 | 0.4377 | 不等精 |
| 5 | Mg | 0.00000081 | 0.00000245 | 0.3306 | 0.05 | 0.4377 | 等精度 |
| 6 | Ni | 0.00000081 | 0.00000193 | 0.4197 | 0.05 | 0.4377 | 等精度 |
| 7 | Zn | 0.00270400 | 0.00355800 | 0.7600 | 0.05 | 0.4377 | 不等精 |
| 8 | Ti | 0.00000900 | 0.00002000 | 0.4500 | 0.05 | 0.4377 | 不等精 |

图 7-16 科克伦检验数据列表框

从图中可以看出，前面实例里的 E9011 标样号、元素 Mn 的检验结果在置信度为 0.05 时，是不等精度的。

配置 Alfa：科克伦检验的临界值与数据量(数据组数、每组数据个数)和置信度(Alfa)相关。Alfa 的默认值为 0.05，但在该置信度下检验不合格时，可能要用 0.01 的值置信度来检验，以确定数据取舍的理由。

点击科克伦检验表单底部的“配置 Alfa”按钮，示出一个的 Alfa 配置块。在该块中包括的控件有标样号提示框、组分名称提示框、当前 Alfa 值提示框、包含“设置 Alfa 值为 0.05”和“设置 Alfa 值为 0.01”两个选项的选项按钮组、确定按钮和取消按钮。在选项组框中选择要求的 Alfa 值并“确定”生效。

例如，对照上面的检验实例，把标样号 E9011、组分 Mn 的 Alfa 值配置为 0.01，“确定”之后，系统会重新查表，更新临界值和检验结果，返回到前面的检验主画面，图 7-16 所示列表框突出显示的 Mn 行变为下面的显示：

| | | | | | | | |
|---|---|---|---|---|---|---|---|
| 4 | Mn | 0.00012100 | 0.00024400 | 0.49590 | 0.01 | 0.5209 | 等精度 |

从更新后的数据列表框可见，突出显示的 Mn 的一行的置信度变为 0.01，比较常数变为了 0.5209，检验结果是等精度的了。

### 7.4.4　夏皮罗检验

大量的实践经验证明，分析定值的测量值要服从或近似服从正态分布，才是合理的值。如果一组数据不是正态或近似正态分布的，则需要进行技术分析，通过复查数据、取舍最大最小值来实现正态分布。或者在定值时只能给出参考值。

在 StndMtrl 软件系统中，采用夏皮罗 - 威尔克（Shapiro-Wilk）法来检验数据的正态性。

#### 7.4.4.1　理论基础

将测量数据按大小顺序排列。计算统计量：

$$W = \left\{ \sum \alpha K[x_{n+1-K} - x_K] \right\}^2 / \sum_{i=1}^{n} (x_i - \bar{x})^2$$

式中　$n$ = 测量次数；

$K = n/2$（当 $n$ 为偶数时）；

$K = (n-1)/2$（当 $n$ 为奇数时）；

$\alpha K$ 为与 $n$ 和 $K$ 有关的特定值，由查表得出。

该统计量的判据：当 $W > W(n,p)$ 时，接受检验的测定数据为正态分布。

$W(n,p)$ 是与测量次数 $n$ 及置信概率 $p$ 有关的数值，由查表得出。

本方法适用于测量次数小于 50 次的情况。

StndMtrl 软件中的判定：$p$ 为 0.95 和 0.99 两种情况：

当 $W > W(n,0.95)$ 时，正态分布；

当 $W > W(n,0.99)$ 时，似正态分布。

否则，则为非正态分布。

#### 7.4.4.2　检验实例

3003Z 合金标样、E9014 标样号、元素 Ti 的各家定值结果列于表 7-7。

**表 7-7 E9014 标样号、元素 Ti 的各家定值结果**

| 定值单位 | 数据 1 | 数据 2 | 数据 3 | 数据 4 | 平 均 |
|---|---|---|---|---|---|
| 北京有色金属研究总院 | 0.0541 | 0.0550 | 0.0541 | 0.0539 | 0.0543 |
| 长安汽车集团二厂 | 0.0540 | 0.0550 | 0.0540 | 0.0550 | 0.0545 |
| 国家轻金属质检中心 | 0.0516 | 0.0510 | 0.0518 | 0.0521 | 0.0516 |
| 山东冶金研究院 | 0.0536 | 0.0544 | 0.0532 | 0.0548 | 0.054 |
| 上海材料研究所 | 0.0529 | 0.0534 | 0.0532 | 0.0538 | 0.0531 |
| 西南铝技术中心 | 0.0540 | 0.0537 | 0.0539 | 0.0504 | 0.0539 |
| 西南铝业公司熔铸厂 | 0.0542 | 0.0546 | 0.055 | 0.0540 | 0.0544 |
| 众标公司 | 0.0545 | 0.0515 | 0.0545 | 0.0541 | 0.0544 |

夏皮罗检验统计量的分子为表累加值的平方，累加值的计算过程及结果见表 7-8。

**表 7-8 夏皮罗检验统计量的分子计算过程**

| $K$ | $X-K$ | $X$ | $A$ | 计算值 | 累加值 |
|---|---|---|---|---|---|
| 1 | 0.0516 | 0.0545 | 0.6052 | 0.00175508 | 0.1755080 |
| 2 | 0.0531 | 0.0544 | 0.3164 | 0.00041320 | 0.00216640 |
| 3 | 0.0539 | 0.0544 | 0.1743 | 0.00008715 | 0.002253550 |
| 4 | 0.0540 | 0.0543 | 0.0581 | 0.000016830 | 0.002270380 |
| 统计量分子：$0.002270380^2=0.000005154625$ | | | | | |

夏皮罗检验统计量的分母计算过程见表 7-9，总平均值 $\bar{x}=0.053775$。

**表 7-9 夏皮罗检验统计量的分母计算过程**

| 定值单位 | 各家定值平均值 | 定值方差 | 方差和 |
|---|---|---|---|
| 国家轻金属质检中心 | 0.0516 | 0.000004730625 | 0.000004730625 |
| 上海材料研究所 | 0.0531 | 0.000000455625 | 0.000005186250 |
| 西南铝技术中心 | 0.0539 | 0.000000015625 | 0.000005201875 |
| 山东冶金研究院 | 0.054 | 0.0000000050625 | 0.000005252500 |
| 北京有色金属研究总院 | 0.0543 | 0.000000275625 | 0.000005528125 |
| 西南铝业公司熔铸厂 | 0.0544 | 0.000000390625 | 0.000005918750 |
| 众标公司 | 0.0544 | 0.000000390625 | 0.000006309375 |
| 长安汽车集团二厂 | 0.0545 | 0.000000525625 | 0.000006835000 |

夏皮罗检验统计量 $W=0.000005154625/0.000006835000=0.755$。

查表得出 0.95 常数时的临界值为 0.818，0.99 常数时的临界值为 0.749，可见，统计量大于 0.99 常数量的临界值但小于 0.95 常数时的临界值，故检验结果为近似正态分布。

### 7.4.4.3 软件实现

执行夏皮罗检验时，StndMtrl 系统取出各个标样号的各家定值数据，计算出各家的平均值和总平均值，确定出定值家数，然后，计算统计量，自动找出固化在系统中的临界值。将统计量与查表临界值相比较，如果小于 0.99 常数时的临界值，则为正态分布；如果大于 0.95 常数时的临界值，则为非正态分布。如果介于两者之间，则为近似正态分布。然后生成标准格式的列表框显示值。

执行检验时，系统经过一系列的运算、产生显示值等后示出夏皮罗检验表单，其中包括以下控件：标样名称提示框、标样号下拉列表框、数据组数、显示页码、检验列表框、上页按钮、下页按钮、"前一标样号"按钮、"下一标样号"、检验帮助按钮等。

在表单中间的检验列表框中示出了接受检验的数据和相关数据及检验结果，如图 7-17 所示。

| 分析单位名称及项目 | Si | Fe | Cu | Mn | Mg | Zn | Ti |
|---|---|---|---|---|---|---|---|
| 西南铝业公司熔铸厂 | 0.519 | 0.695 | 0.0750 | 1.870 | 0.0750 | 1.205 | 0.0544 |
| 山东冶金研究院 | 0.539 | 0.699 | 0.0731 | 1.941 | 0.0721 | 1.160 | 0.0540 |
| 上海材料研究所 | 0.554 | 0.694 | 0.0726 | 1.924 | 0.0707 | 1.237 | 0.0531 |
| 西南铝技术中心 | 0.556 | 0.686 | 0.0738 | 1.912 | 0.0696 | 1.200 | 0.0539 |
| 长安汽车集团二厂 | 0.555 | 0.676 | 0.0775 | 1.833 | 0.0730 | 1.211 | 0.0545 |
| 北京有色金属研究总院 | 0.560 | 0.686 | 0.0710 | 1.894 | 0.0723 | 1.218 | 0.0543 |
| 国家轻金属质检中心 | 0.556 | 0.676 | 0.0745 | 1.900 | 0.0750 | 1.176 | 0.0516 |
| 众标公司 | 0.546 | 0.685 | 0.0720 | 1.886 | 0.0743 | 1.214 | 0.0544 |
| 0.95 常数 | 0.818 | 0.818 | 0.818 | 0.818 | 0.818 | 0.818 | 0.818 |
| 0.99 常数 | 0.749 | 0.749 | 0.749 | 0.749 | 0.749 | 0.749 | 0.749 |
| 计算系数值 | 0.798 | 0.916 | 0.968 | 0.975 | 0.934 | 0.945 | 0.755 |
| 检验结果 | 似正态 | 正 态 | 正 态 | 正 态 | 正 态 | 正 态 | 似正态 |

图 7-17 夏皮罗检验数据列表框(各组平均值)

首先示出的是第一个标样号，之后可以用画面底部命令栏中的"下一样号"按钮、"前一样号"按钮来定位到需要的标样号上，也可以用上部的标样号下拉列表框来直接转到某一标样号上。

图 7-17 示出的为 E9014 标样号的检验情况。从列表框最右面一列可以看出前面实例的 Ti 元素的各家定值和计算的统计量、0.95 常数时的临界值、0.99 常数时的临界值以及检验结果。

当组分个数较多时，需要分页显示，可以用"下页"钮、"上页"钮来翻到需要的页面上，看到要求组分的检验结果。

点击底行有"分析帮助"按钮，示出如图 7-18 所示的帮助画面。

图中示出了检验公式、接受检验的值、检验计算过程、中间运算值、查表值及检验结果等。可以增大对检验结果的可信度、可以排除最大值或最小值来重新检验，直观找出非正态分布的原因，也可以作为学习资料。

"数据处理"菜单中有"夏皮罗检验"和"夏皮罗检验(单个值)"两个菜单条。前一检验取用的是各个单位的定值平均值，即前面讲述的实例和显示的画面。后一检验是取用所有的数据(每个单位 4 个结果值，8 家定值时为 32 个数据)执行夏皮罗检验。其方法、表现形式完全相同，只是数据量不同。

一般说来，各组平均值与单个定值的夏皮罗检验结果是相同的，但检验结果也可能存在差异。

手工计算时，都对各组平均值进行夏皮罗检验，基本不对也难以对各个定值进行夏皮罗

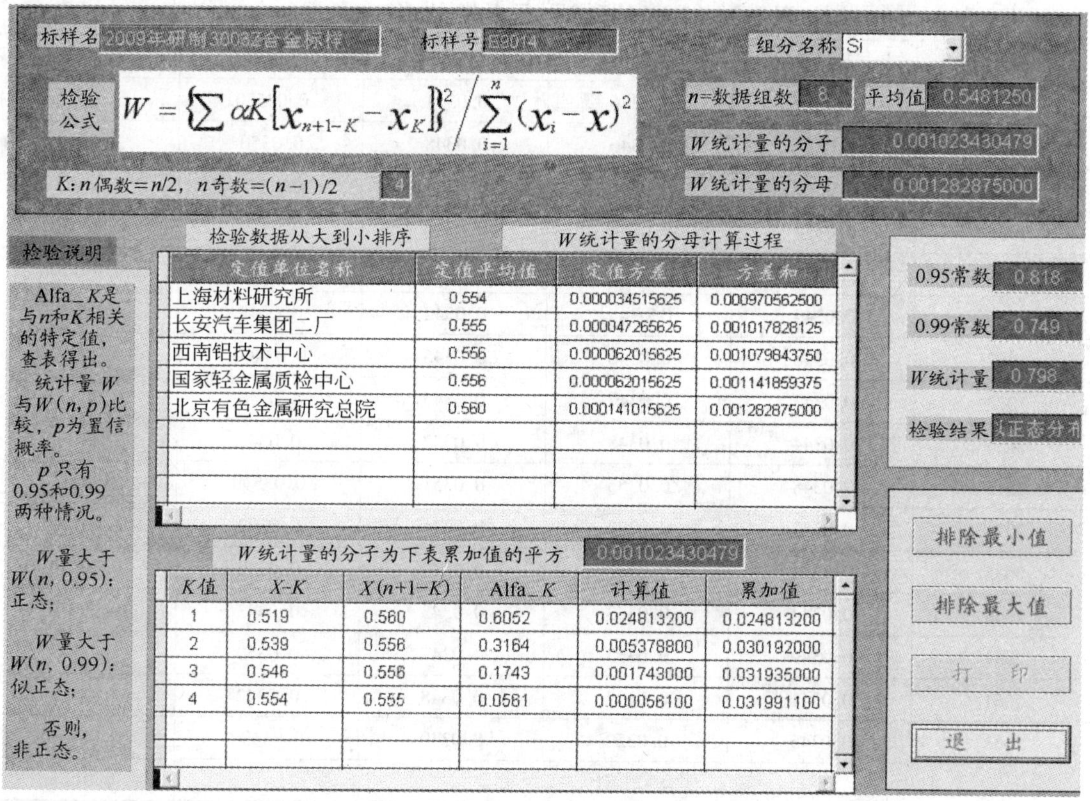


图 7-18 夏皮罗检验帮助表单

检验。

### 7.4.5 极差法检验

标样化学成分必须均匀。根据 GB/T15000 和 YS/T409—1998 规定，在 StndMtrl 系统中，可以采用极差法方差法检验。

#### 7.4.5.1 理论基础

极差法检验公式如下：

若 $R_0 \leqslant A \times R$，则总体均匀；若 $R_0 > A \times R$，则总体不均匀。

$$\bar{R}=\bar{X}_{\max}-\bar{X}_{\min};R=\sum Y_i/m$$

式中 $\bar{X}_{\max}$——样品的最大组内平均值；

$\bar{X}_{\min}$——样品的最小组内平均值；

$R$——各样品的组内极差平均值；

$A$——与抽样数($m$)、每次火花次数($n$)及置信度($\alpha$)有关的常数。

#### 7.4.5.2 检验实例

2009 年研制的 3003Z 合金标样、标样号 E9011、组分 Mg 的 16 组均匀性数据见表 7-10。

表 7-10 E9014 标样号、元素 Ti 的均匀性数据

| 抽样号 | 数据1 | 数据2 | 数据3 | 平均值 | 极差值 |
|---|---|---|---|---|---|
| 1011 | 0.0369 | 0.0346 | 0.0351 | 0.03550 | 0.0023 |
| 1023 | 0.0355 | 0.0346 | 0.0348 | 0.0350 | 0.0009 |
| 1029 | 0.0349 | 0.0346 | 0.0351 | 0.0349 | 0.0005 |
| 1046 | 0.0354 | 0.0348 | 0.0346 | 0.0349 | 0.00080 |
| 1054 | 0.0348 | 0.034 | 0.0353 | 0.0347 | 0.00130 |
| 1060 | 0.0343 | 0.0345 | 0.0342 | 0.0343 | 0.00030 |
| 1067 | 0.0348 | 0.0346 | 0.0345 | 0.03460 | 0.00030 |
| 1073 | 0.0343 | 0.0347 | 0.0343 | 0.0344 | 0.00040 |
| 2005 | 0.0344 | 0.0348 | 0.0337 | 0.0343 | 0.0011 |
| 2015 | 0.0348 | 0.0355 | 0.0351 | 0.03510 | 0.0007 |
| 2024 | 0.0343 | 0.0342 | 0.0341 | 0.0342 | 0.000200 |
| 2035 | 0.0341 | 0.0340 | 0.0340 | 0.0340 | 0.00010 |
| 2045 | 0.0344 | 0.0343 | 0.0343 | 0.0343 | 0.00010 |
| 2051 | 0.0349 | 0.0353 | 0.0347 | 0.0350 | 0.0006 |
| 2061 | 0.0341 | 0.0337 | 0.0348 | 0.0342 | 0.0011 |
| 2068 | 0.0345 | 0.0352 | 0.0349 | 0.03490 | 0.00070 |
| 合　计 | | | | | 0.0114 |

各组平均值的极差值：抽样号 2025 的平均值最小，$X_{min}=0.034$；抽样号 1011 的平均值最大，$X_{max}=0.355$，$R_0=X_{max}-X_{min}=0.0355-0.034=0.0015$。

各组极差值的总和为 0.0114，平均值为 $R=0.0114/16=0.0007125$。

查表得：数据组数为 16、组内数据个数为 3、显著性水平为 0.05 时，临界值 $A=1.79$。

因此：$R\times A=0.0007125\times 1.790=0.0013$。

可见，$R_0>R\times A$，故该元素极差法检验是不合格的。

### 7.4.5.3 软件实现

按标样号和组分取出接受检验的各组数据，计算出每组数据的平均值和极差值。找出平均值里的最大值和最小值，计算出 $R_0$，计算出极差值的平均值 $R$，根据数据组数和组内数据个数，在固化于系统内的临界值表中找出常数 $A$。然后比较 $R\times A$ 值和 $R_0$ 值，从而得出是否合格的结论。并生成格式化的信息，显示出极差法的检验表单，其中包括以下控件：标样名称提示框、标样号下拉列表框、数据组数提示框、每组数据个数提示框、对检验结果贡献最大值显示块、Alfa 值配置块、检验列表框、上页按钮、下页按钮、“前一标样号”按钮、“下一标样号”、检验帮助按钮等。图 7-19 示出了检验列表框和贡献最大的数据块等。

首先示出的是第一个标样号，之后可以用底部命令栏中的“下一样号”按钮、“前一样号”按钮、标样号下拉列表框来定位到需要的标样号上。

从图 7-19 可以看出，左面列表框中列出了接受检验的元素的检验情况，右面上部给出了对检验结果“贡献最大的数据”。

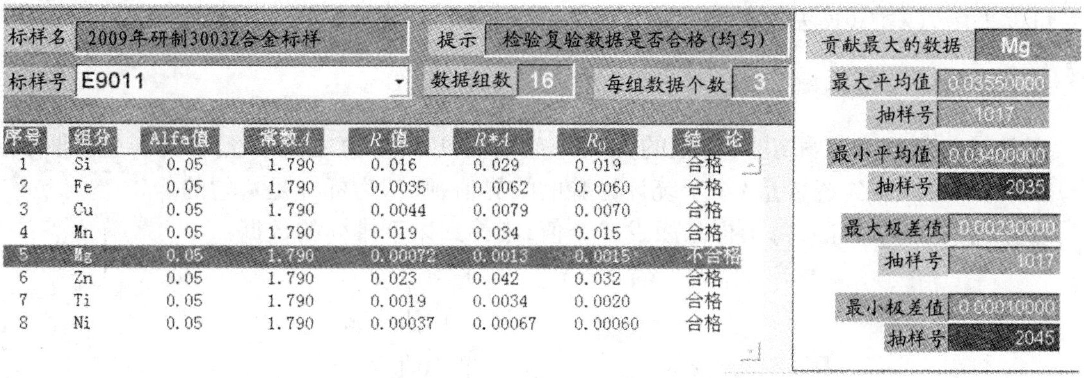


图 7-19 极差法检验表单(局部)

检验列表框中的突出显示栏为前面实例中的 Mg 组分情况,该栏示出了与检验有关的主要信息:Alfa 值、常数 $A$、$R$ 值和 $R_0$ 值及检验结果。可以看出,与前面讲述的实例情况完全相同。

配置 Alfa:极差法检验的常数 $A$ 与数据量(数据组数、每组数据个数)和置信度(Alfa)相关。Alfa 的默认值为 0.05,可以配置为其他的值(0.01 或 0.10)。

极差法检验直接在检验表单上示出 Alfa 配置块,其中示出了当前配置的 Alfa 值,点击"配置 Alfa"按钮,会激活该配置块,以选择不同的 Alfa 值。

例如,将图 7-19 中 E9011 的 Mg 元素的 Alfa 值选择为 0.10,检验列表框部分中 Mg 组分突出显示行变为下面行所示:

| | | | | | | | |
|---|---|---|---|---|---|---|---|
| 5 | Mg | 0.01 | 2.103 | 0.00072 | 0.0015 | 0.0015 | 合格 |

可见,Alfa 列变为 0.01、常数 $A$ 变为 2.103、$R\times A$ 变为 0.0015,检验结果为合格。可以看出,先前不合格的 Mg,在改变 Alfa 后变为合格了。这是因为 Alfa 变为 0.01 时的要求没有 0.05 时严格,临界值常数值增大,从 $A=1.79$ 变为了 2.103,从而使 $R\times A=0.0015$,大于等于了 $R_0$ 值,从而变为合格的了。

从检验表单的"贡献最大的数据" 部分可以看出,最可能引起 Mg 不合格的抽样号是 1011、2045 和 2041。复查数据发现,抽样号 1011 的第一个数据 0.0369 应当为 0.0349,是录入错误引起的。修改该值后,重新检验,并把 Alfa 值选择到 0.05,检验结果如下面行所示。突出显示的一条表明,Mg 的检验结果是合格的。

| | | | | | | | |
|---|---|---|---|---|---|---|---|
| 5 | Mg | 0.05 | 1.790 | 0.00060 | 0.0011 | 0.0011 | 合格 |

点击"帮助"按钮,示出一个帮助画面:其中包括一个各组平均值(从大到小排列)表格、组内极差值(从大到小排列)表格、与检验相关的各个值及中间计算结果、结论等。

从图中可以直观地看到接受检验的数据(以平均值大小排序和组内极差值排序)、中间过程数据、检验关键值、查表值及检验结果等。

### 7.4.6 F 法检验

标样化学成分必须均匀。根据 GB/T15000 和 YS/T409—1998 规定,在 StndMtrl 系统

中，可以采用方差法(F 法)检验。

#### 7.4.6.1 理论基础

F 法通过组间方差和组内方差的比较来确定各组测量值之间有无系统误差(即方差法)。如果二者之比(统计量)小于统计检验的临界值，则认为标样是均匀的。

设抽取了 $m$ 个样品，每个样品激发 $n$ 个值，则得到以下排列的数据：

$$x_{11}, x_{12}, x_{13}, \cdots, x_{1n} \quad \text{平均值为 } \bar{x}_1$$

$$x_{21}, x_{22}, x_{23}, \cdots, x_{2n} \quad \text{平均值为 } \bar{x}_2$$

$$x_{m1}, x_{m2}, x_{m3}, \cdots, x_{mn} \quad \text{平均值为 } \bar{x}_m$$

设

$$\bar{\bar{x}} = \sum_{i=1}^{m} \bar{x}_i / m$$

$$N = \sum_{i=1}^{m} n_i$$

组间平方和：

$$Q_1 = \sum_{i=1}^{m} n_i (\bar{x}_i - \bar{\bar{x}})^2$$

组内平方和：

$$Q_1 = \sum_{i=1}^{m} \sum_{j=1}^{n} (x_{ij} - \bar{x}_i)^2$$

$$v_1 = m - 1$$

$$v_2 = N - m$$

计算统计量 $F$：

$$F = \frac{Q_1}{v_1} / \frac{Q_2}{v_2}$$

根据自由度($v_1, v_2$)及给定的显著性水平 $\alpha$，查出 F 法检验的临界值 $F_\alpha$。比较统计量和临界值，如果 $F < F_\alpha$，则认为组内与组间无明显差异，样品是均匀的。如果 $F \geqslant F_\alpha$，则怀疑各组间存在系统误差，即样品之间存在差异，是不均匀的。

#### 7.4.6.2 检验实例

2009 年研制的 3003Z 合金标样、标样号 E9011、组分 Zn 的均匀性数据见表 7-11。

**表 7-11 标样号 E9011、组分 Zn 的均匀性数据**

| 抽样号 | 数据 1 | 数据 2 | 数据 3 | 平均值 |
|---|---|---|---|---|
| 1011 | 1.986 | 1.991 | 2.002 | 1.993 |
| 1017 | 1.983 | 1.979 | 2.001 | 1.988 |
| 1023 | 1.995 | 2.009 | 1.994 | 1.999 |
| 1046 | 2.000 | 1.990 | 1.980 | 1.990 |
| 1054 | 1.987 | 1.994 | 1.998 | 1.993 |
| 1060 | 1.979 | 1.980 | 1.968 | 1.976 |
| 1067 | 1.970 | 1.970 | 1.980 | 1.973 |
| 1073 | 1.971 | 1.982 | 1.987 | 1.980 |

续表 7-11

| 抽样号 | 数据1 | 数据2 | 数据3 | 平均值 |
|---|---|---|---|---|
| 2005 | 1.987 | 2.001 | 1.978 | 1.989 |
| 2015 | 1.970 | 1.990 | 1.983 | 1.981 |
| 2024 | 1.974 | 1.997 | 1.997 | 1.989 |
| 2035 | 1.963 | 1.991 | 1.989 | 1.981 |
| 2045 | 1.965 | 1.979 | 41.983 | 1.976 |
| 2051 | 1.968 | 1.986 | 2.018 | 1.991 |
| 2061 | 1.995 | 1.977 | 1.991 | 1.988 |
| 2068 | 1.988 | 2.025 | 2.001 | 2.005 |

从表中数据算出总的平均值$\bar{\bar{x}} = 1.987$

$Q_1 = 0.0033988$、$v_1 = 14$；$Q_2 = 0.004489$、$v_2 = 30$

$F = 1.62$

查表得出，$F0.05(14,30) = 2.04$

因为，$F < F0.05(15,32)$，所以，E9011 的 Zn 元素含量是均匀的。

#### 7.4.6.3 软件实现

示出如图 7-20 所示的检验画面。

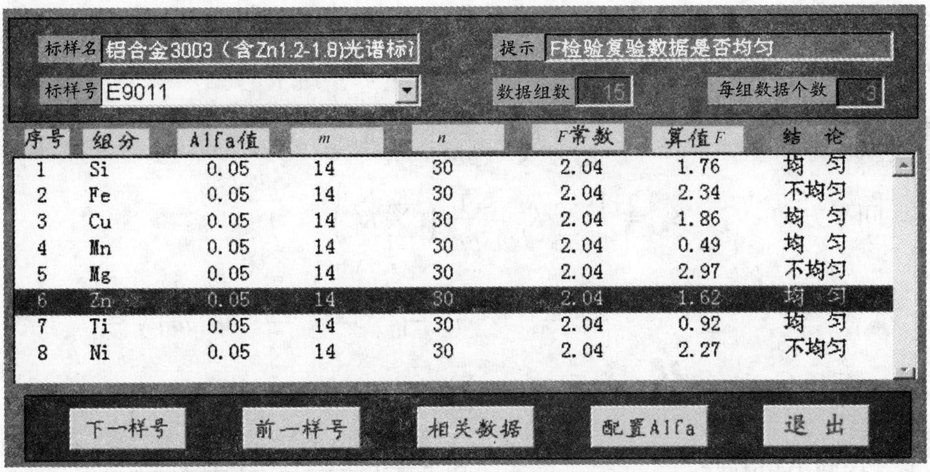


图 7-20 F 法检验表单

先示出的是第一个标样号，之后可以用底部命令栏中的“下一样号”钮、“前一样号”钮来定位到需要的标样号上，也可以用上部的标样号下拉列表框来直接转到某一标样号上。

**相关数据**

点击“相关数据”钮，在画面中部弹出一个显示相关数据的列表框。由此可以找出数据“不均匀”的原因。

点击“查看完毕”钮关闭该查看块。

点击检验画面下部的“配置 Alfa”按钮，示出相应的 Alfa 配置块。该块中包括的控件有组分名称提示框、当前 Alfa 值提示框、包含“设置 Alfa 值为 0.05”和“设置 Alfa 值为 0.01”两个选项的选项按钮组、确定按钮和取消按钮。在选项组框里选择要求的 Alfa 值。如果选择了新值并选择“确定”，系统就自动找出新的临界值，确定新的检验结果、更新的检验画面。

说明：首次执行 F 法检验时，系统自动给每个组分配置 0.05 的 Alfa 值，并以该值确定出检验结果。

### 7.4.7 合成标准偏差计算

光谱标准物质的不确定度主要包括：定值分析产生的不确定度（定值标准偏差 $S$）；块状标样间的不均匀性产生的不确定度（$S_L$）；块状标样的不同部位（块状标样内）产生的不确定度（$S_W$）。在给出标样的属性值时要给出合成标准偏差（也称总的不确定度）。

#### 7.4.7.1 理论基础

各个分量的计算公式如下：

$$S = \sqrt{\frac{\sum_{i=1}^{n}(\bar{X} - X_i)^2}{n-1}}$$

式中 $\bar{X}$——各定值单位的组平均值的总平均值；

$X_i$——定值单位的组平均值；

$n$——定值家数。

块内平方和 $$S_A = \frac{1}{m}\sum_{i=1}^{n}K_i^2 - \frac{1}{nm}\left(\sum_{i=1}^{n}K_i^2\right)$$

块间平方和 $$S_B = \frac{1}{n}\sum_{j=1}^{m}K_j^2 - \frac{1}{nm}\left(\sum_{j=1}^{m}K_j^2\right)$$

试验误差平方和 $$S_E = \sum_{i=1}^{n}\sum_{j=1}^{m}X_{ij}^2 - \frac{1}{m}\sum_{i=1}^{n}K_i^2 - \frac{1}{n}\sum_{j=1}^{m}K_j^2 + \frac{1}{nm}\left(\sum_{i=1}^{n}K_i\right)^2$$

式中 $K_i = \sum_{j=1}^{m}X_{ij}$ $K_j = \sum_{i=1}^{n}X_{ij}$ $\sum_{i=1}^{n}K_i = \sum_{j=1}^{m}K_j$

块间不均方差 $$S_L^2 = \frac{1}{n}\left[\frac{S_B}{m-1} - \frac{S_E}{(m-1)(n-1)}\right]$$

块内不均方差 $$S_W^2 = \frac{1}{m}\left[\frac{S_A}{n-1} - \frac{S_E}{(m-1)(n-1)}\right]$$

总的不确定度（合成标准偏差） $$S_{总} = \sqrt{S^2 + S_L^2 + S_W^2}$$

#### 7.4.7.2 检验实例

2009 年研制的 3003Z 合金标样、标样号 E9011、组分 Zn 的均匀性数据见表 7-11，各家定值数据见表 7-12。

表 7-12 E9014 标样号、元素 Z 的各家定值结果

| 定值单位 | 数据1 | 数据2 | 数据3 | 数据4 | 平均值 |
|---|---|---|---|---|---|
| 北京有色金属研究总院 | 2.049 | 2.041 | 2.056 | 2.049 | 2.049 |
| 长安汽车集团二厂 | 2.001 | 2.006 | 1.994 | 1.997 | 2.000 |
| 国家轻金属质检中心 | 2.043 | 2.099 | 2.001 | 1.983 | 2.032 |
| 山东冶金科学研究院 | 1.947 | 1.954 | 1.959 | 1.961 | 1.955 |
| 上海材料研究所 | 2.011 | 2.000 | 2.010 | 1.995 | 2.004 |
| 西南铝技术中心 | 1.980 | 1.960 | 1.940 | 1.940 | 1.955 |
| 西南铝熔铸厂 | 2.040 | 2.059 | 2.027 | 2.027 | 2.038 |
| 济南众标科技公司 | 2.001 | 2.003 | 1.996 | 2.008 | 2.002 |

用上面的公式计算,得到以下结果:

定值标准偏差: $S=0.013$

定值方差:0.000169

块内平方和:$S_A=0.001131$

块间平方和:$S_B=0.003397$

试验误差平方和:$S_E=0.003631$

块间不均方差: $S_L^2=0.00003515$

块内不均方差: $S_W^2=0.00002775$

合成标准偏差: $S_{总}=\sqrt{S^2+S_L^2+S_W^2}$

$$=\sqrt{0.000169+0.0003515+0.00002775}=\sqrt{0.0002319}=0.016$$

### 7.4.7.3 软件实现

按标样号和组分取出接受检验的相关各均匀性数据和定值数据,计算出每个元素的相关中间值和结果值,并生成格式化的信息,显示出合成标准偏差计算表单。该表单中包括以下控件:标样名称提示框、显示的组分范围下拉列表框、标样号下拉列表框、计算数据表格、标样号定位按钮、分析帮助按钮等。图 7-21 示出了计算画面中的计算数据表格。

| 序号 | 组分名称 | 定值结果 | 定值标准偏差 | 块内不均匀方差 | 块间不均匀方差 | 合成标准偏差 |
|---|---|---|---|---|---|---|
| 1 | Si | 1.202 | 0.0063 | 0.000002752 | 0.00002104 | 0.0080 |
| 2 | Fe | 0.151 | 0.0019 | 0.000001467 | 0.000001947 | 0.0027* |
| 3 | Cu | 0.235 | 0.0016 | 0.000002785 | 0.000003229 | 0.0030* |
| 4 | Mn | 0.976 | 0.0011 | 0.00004432 | 0.00002982 | 0.0087* |
| 5 | Mg | 0.0322 | 0.00074 | 0.000000001378 | 0.0000007640 | 0.00080 |
| 6 | Zn | 2.004 | 0.013 | 0.00002890 | 0.00004063 | 0.016 |
| 7 | Ti | 0.110 | 0.0014 | 0.0000007260 | 0.0000005926 | 0.0017 |
| 8 | Ni | 0.0267 | 0.00051 | 0.000000001912 | 0.0000002074 | 0.00054 |

图 7-21 合成标准偏差计算画面的计算数据表格

首先示出的是第一个标样号，之后可以用底部命令栏中的“下一标样号”按钮、“前一标样号”按钮来定位到需要的标样号上，也可以用上部的标样号下拉列表框来直接转到某一标样号上。

从图中可以看出每个组分的合成标准偏差情况。如果合成标准偏差值后随 * 号，则表明块内、块间方差不可忽略。有时会出现 999.999 的值，这表明块间方差大于块内方差（块内方差为负，多半是均匀性数据严重错误引起的）。

要想知道详细的检验情况和相关的数据，可以点击分析帮助按钮，示出如图 7-22 所示的帮助画面。

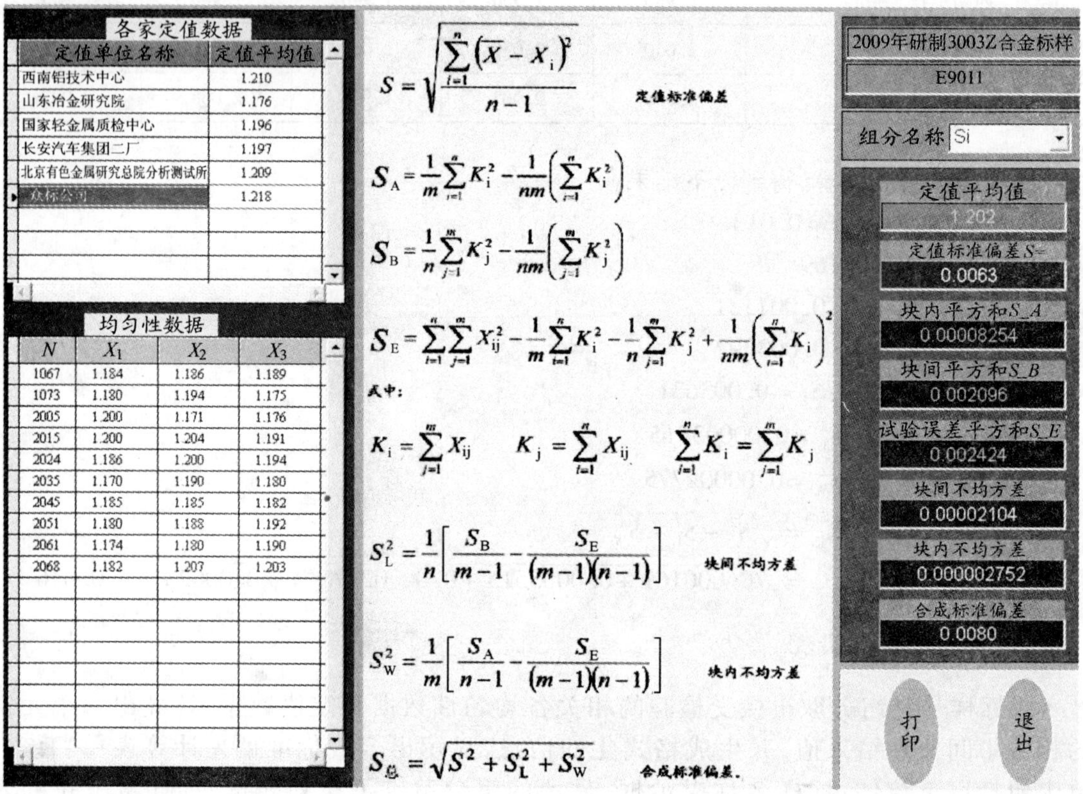


图 7-22 合成标准偏差帮助表单

从图中可以看出参与计算的定值数据和均匀性数据、具体的计算公式和中间计算结果以及最终的合成标准偏差。

在组分名称下拉列表框中，可以选择具体的组分名称。在该图中，选择的是 E9011 标样号的 Zn 元素，与前面的分析实例对应，结果也与前面讲述的相同。

### 7.4.8 初步/最终定值计算

在执行了“异常值”检验、“等精度”检验、“正态性”检验、“均匀性”检验和计算出“合成标准偏差”后，可以进行标样的初步/最终定值计算。

在不剔除任何数据的情况下，初步定值为当前库中各个定值数据的平均值。最终定值为研制人员根据各种检验结果和考虑各种系统因素后给出的定值，示出如图 7-23 所示的画面（与初步定值可能有很小的差异）。

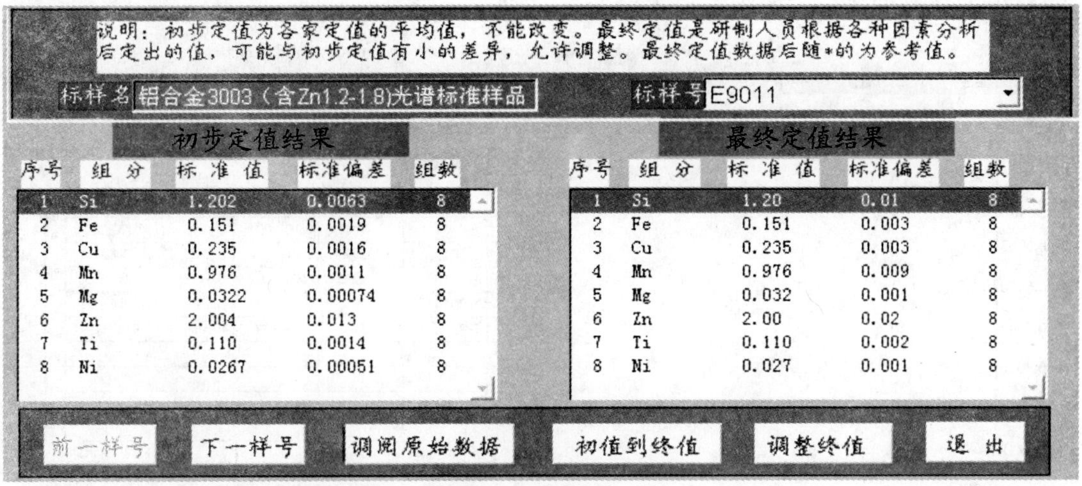


| 序号 | 组 分 | 标 准 值 | 标准偏差 | 组数 |
|---|---|---|---|---|
| 1 | Si | 1.202 | 0.0063 | 8 |
| 2 | Fe | 0.151 | 0.0019 | 8 |
| 3 | Cu | 0.235 | 0.0016 | 8 |
| 4 | Mn | 0.976 | 0.0011 | 8 |
| 5 | Mg | 0.0322 | 0.00074 | 8 |
| 6 | Zn | 2.004 | 0.013 | 8 |
| 7 | Ti | 0.110 | 0.0014 | 8 |
| 8 | Ni | 0.0267 | 0.00051 | 8 |

| 序号 | 组 分 | 标 准 值 | 标准偏差 | 组数 |
|---|---|---|---|---|
| 1 | Si | 1.20 | 0.01 | 8 |
| 2 | Fe | 0.151 | 0.003 | 8 |
| 3 | Cu | 0.235 | 0.003 | 8 |
| 4 | Mn | 0.976 | 0.009 | 8 |
| 5 | Mg | 0.032 | 0.001 | 8 |
| 6 | Zn | 2.00 | 0.02 | 8 |
| 7 | Ti | 0.110 | 0.002 | 8 |
| 8 | Ni | 0.027 | 0.001 | 8 |

图 7-23 初步/最终定值结果

只要标样没有加封，初步定值就按当前库中的数据重新产生。而最终定值可以由用户自己修改。

通过前一标样号按钮、下一标样号按钮、标样号下拉列表框定位到要求的标样号上，点击数据列表框来对应到需要的组分上。

点击调阅原始数据按钮，示出如图 7-24 所示的定值数据查阅表单，可以看到各家单位的定值情况。

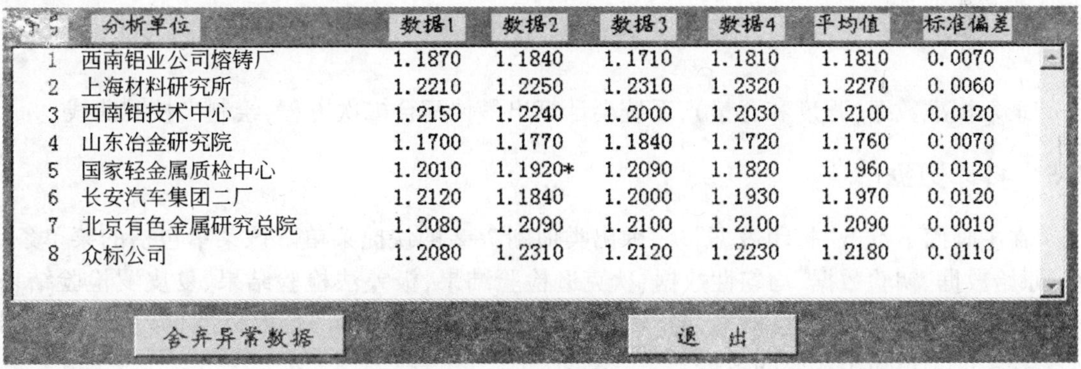


| 序号 | 分析单位 | 数据1 | 数据2 | 数据3 | 数据4 | 平均值 | 标准偏差 |
|---|---|---|---|---|---|---|---|
| 1 | 西南铝业公司熔铸厂 | 1.1870 | 1.1840 | 1.1710 | 1.1810 | 1.1810 | 0.0070 |
| 2 | 上海材料研究所 | 1.2210 | 1.2250 | 1.2310 | 1.2320 | 1.2270 | 0.0060 |
| 3 | 西南铝技术中心 | 1.2150 | 1.2240 | 1.2000 | 1.2030 | 1.2100 | 0.0120 |
| 4 | 山东冶金研究院 | 1.1700 | 1.1770 | 1.1840 | 1.1720 | 1.1760 | 0.0070 |
| 5 | 国家轻金属质检中心 | 1.2010 | 1.1920* | 1.2090 | 1.1820 | 1.1960 | 0.0120 |
| 6 | 长安汽车集团二厂 | 1.2120 | 1.1840 | 1.2000 | 1.1930 | 1.1970 | 0.0120 |
| 7 | 北京有色金属研究总院 | 1.2080 | 1.2090 | 1.2100 | 1.2100 | 1.2090 | 0.0010 |
| 8 | 众标公司 | 1.2080 | 1.2310 | 1.2120 | 1.2230 | 1.2180 | 0.0110 |

图 7-24 初步/最终定值结果的原始数据

点击“初值到终值”命令按钮，会示出类似图 7-7 的警告信息框，询问“把最终定值结果更换为初步定值结果，先前对最终定值结果所做的调整将作废?”，点击框内的确定和取消按钮来做出选择。

点击“调整终值”按钮，会示出一个最终定值调整块，该块包括以下控件：组分名称提示框、最终定值录入框、标准偏差录入框、数据组数录入框和一个“调整完毕…确定”按钮。在录入框中录入要求的数据后，点击“确定”钮生效。

### 7.4.9 校准曲线

校准曲线画面见图 7-25。

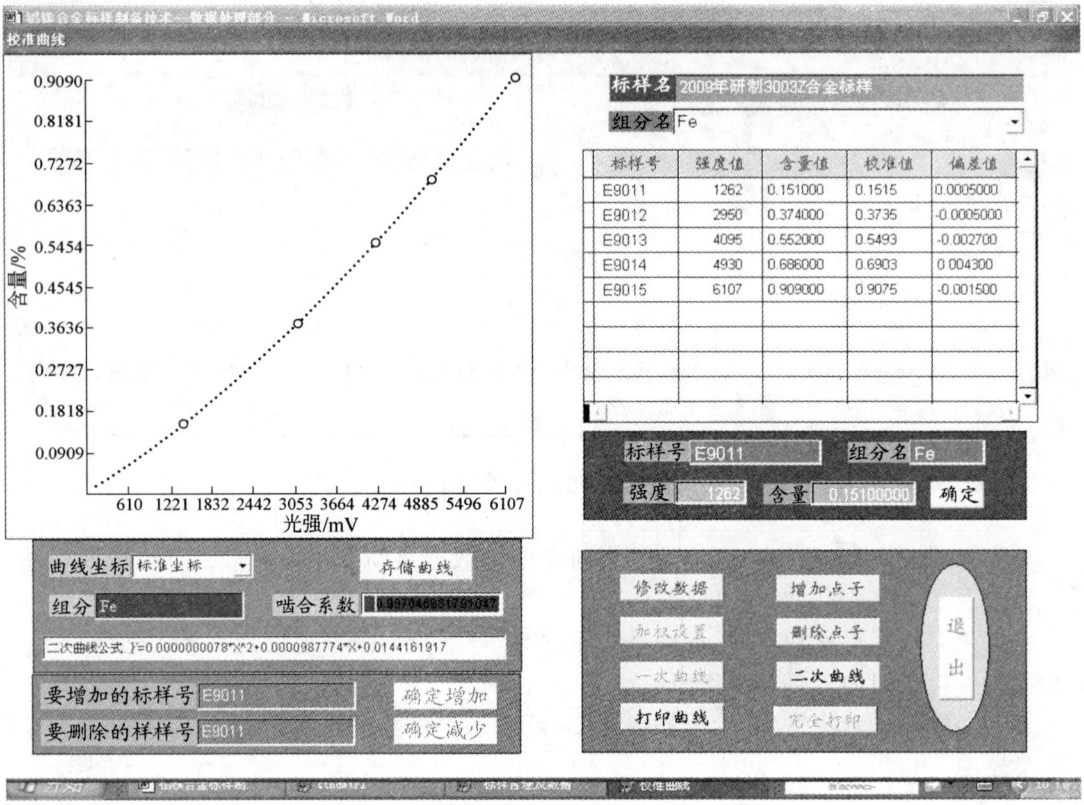


图 7-25 校准曲线

录入校准数据(强度和含量),系统会计算出最佳配合二次方程,绘制出校准曲线。

## 7.5 打印数据

在主画面下点击“打印数据”块,弹出类似图 7-2 的快捷菜单。该菜单包括的菜单条目有:原始数据、初验数据、均匀性数据、狄克逊检验结果、极差法检验结果、夏皮罗检验结果、科克伦检验结果、F 法检验结果、初步定值结果、最终定值结果、合成标准偏差、导出数据。点击提示的菜单输出相应的数据。

本系统的所有数据都采用标准的 A4 纸打印,通过自动运算、折衷配置、人工配置等手段确定每页的打印量和总的打印页数。输出的数据可以直接作为各种相关证书、登记注册资料、开发报告、研制报告、复制报告等的资料。还可以导出到 Excl、Word 文本格式,与其他程序共享或在别的系统进行下步处理和加工。

### 7.5.1 标准打印画面

除了导出数据之外,打印任意数据时,系统先从库中取出相关的数据,计算每行、每页的打印数据量、产生出标准打印格式的数据、执行诸如分栏、分页等任务，之后，示出一个标准打印表单，其中包括以下控件：标样名称提示框、打印表名提示框、纸张提示框、打印总页数提示框、打印份数选择钮、打印页号选择钮、预览按钮、打印按钮以及参数设置块。

(1) 打印份数：可以一次打印多份。

(2) 打印页号：当总的打印页数为多页时，可以抽打其中的任意一页。

(3) 预览和打印：预览画面与打印结果相同。

(4) 参数配置块：其中包含以下控件：选择每页小表个数、选择研制报告表号、选择研制表名类别、研制报告首页编号等。

(5) 选择每页小表个数：一般情况下，按标样号、定值单位、首尾组数据等把标样数据划分为一个一个的小表格打印，StndMtrl 系统采用折衷打印法，即自动判断打印量的多少，计算出“最佳”的 A4 打印纸页数，调用相应的打印模块执行打印。如果用户要强制设置一页的打印小表个数，可以在该框中输入要求的值即可。由于数据的组合从理论上讲是无穷多的，StndMtrl 系统只设计了 95% 以上现行标准可能出现的组合情况执行折衷打印。

(6) 选择研制报告表号：一般会把本套系统的数据、检验结果等直接作为研制报告的内容，给打印的数据规定相应的表号，在研制报告里引用即可。当该表号为 0 时，没有表号，否则打印输出“表 1、附表一”等字样。

(7) 研制报告表名类别：当打印出的表提供在正文中时，以“表 1、表 2”等的方式体现，在最后提供为附件时，以“附件一、附件二”等的方式体现。用该控件选择“表”或“附件”。

(8) 研制报告首页编号：提供要打印数据的第一页在报告中的页号。如果该处的值为 0，不在底部打印页号。

### 7.5.2 打印样张

图 7-26 示出了标准的打印样张。

### 7.5.3 导出数据

在打印菜单中选择“导出数据”时，会弹出类似图 7-2 所示的快捷菜单。该菜单包括的菜单条有：狄克逊检验结果、极差法检验结果、夏皮罗检验结果、科克伦检验结果、F 法检验结果、初步定值结果、最终定值结果、合成标准偏差。点击提示的菜单条把相应的数据导出到 Excl 或 Text。要特别注意：只有在完全录入并处理了相关的数据之后，才允许把导出的数据作为正式的资料。否则，会出现各处的数据不相符合的错误。

如果导出为 Excel 文件，可以进行以下两种处理：

(1) 在 Excel 中直接生成最终资料。

(2) 在 Word 中处理：打开 Excel 表之后，复制所有的内容。在 Word 中粘贴，成生一个没有线框的表格。选择该表之后，点击“表格属性”→“转换”→表格转成文本；再点击“表格属性”→“转换”→“文本转换成表格”。形成一个封闭式表格。加上表头，拆分各个小表，对 Word 表进行美化处理即可。

如果导出为文件，可以直接复制→粘贴到相应的软件或由其他软件导入即可。

**表 3 标准样品极差法检验结果**

标样名称:StndMtrlDeao

研制单位:大冶有色设计研究院有限公司

数据类型:均匀性数据的极差法检验结果

数据页码:第 1/1 页

标样号:E4121 数据组数:16

| 数据名称 | Si | Fe | Cu | Mn | Mg | Zn | Ti | Ni | Zr | Y |
|---|---|---|---|---|---|---|---|---|---|---|
| Alfa 值 | 0.05 | 0.05 | 0.05 | 0.05 | 0.05 | 0.05 | 0.05 | 0.05 | 0.05 | 0.01 |
| 常数 $A$ | 1.790 | 1.790 | 1.790 | 1.790 | 1.790 | 1.790 | 1.790 | 1.790 | 1.790 | 2.103 |
| $R$ | 0.0037 | 0.0084 | 0.037 | 0.0048 | 0.00029 | 0.0011 | 0.00020 | 0.00063 | 0.00050 | 0.00039 |
| $R \times A$ | 0.0067 | 0.015 | 0.067 | 0.0086 | 0.00051 | 0.0020 | 0.00035 | 0.0012 | 0.00090 | 0.00081 |
| $R_0$ | 0.0050 | 0.0080 | 0.067 | 0.0060 | 0.00017 | 0.0020 | 0.00030 | 0.00083 | 0.00060 | 0.00070 |
| 检验结果 | 合格 | 合格 | 合格 | 合格 | 合格 | 合格 | 合格 | 合格 | 合格 | 合格 |

标样号:E4122 数据组数:16

| 数据名称 | Si | Fe | Cu | Mn | Mg | Zn | Ti | Ni | Zr | Y |
|---|---|---|---|---|---|---|---|---|---|---|
| Alfa 值 | 0.05 | 0.05 | 0.05 | 0.05 | 0.05 | 0.05 | 0.05 | 0.05 | 0.05 | 0.05 |
| 常数 $A$ | 1.790 | 1.790 | 1.790 | 1.790 | 1.790 | 1.790 | 1.790 | 1.790 | 1.790 | 1.790 |
| $R$ | 0.0027 | 0.0071 | 0.082 | 0.0067 | 0.0012 | 0.0021 | 0.0017 | 0.00057 | 0.0022 | 0.0021 |
| $R \times A$ | 0.0049 | 0.013 | 0.15 | 0.012 | 0.0021 | 0.0038 | 0.0029 | 0.0011 | 0.0040 | 0.0036 |
| $R_0$ | 0.0048 | 0.0070 | 0.085 | 0.0083 | 0.0016 | 0.0038 | 0.0015 | 0.00040 | 0.0018 | 0.0023 |
| 检验结果 | 合格 | 合格 | 合格 | 合格 | 合格 | 合格 | 合格 | 合格 | 合格 | 合格 |

标样号:E4123 数据组数:15

| 数据名称 | Si | Fe | Cu | Mn | Mg | Zn | Ti | Ni | Zr | Y |
|---|---|---|---|---|---|---|---|---|---|---|
| Alfa 值 | 0.05 | 0.05 | 0.05 | 0.05 | 0.05 | 0.05 | 0.05 | 0.05 | 0.05 | 0.05 |
| 常数 $A$ | 1.777 | 1.777 | 1.777 | 1.777 | 1.777 | 1.777 | 1.777 | 1.777 | 1.777 | 1.777 |
| $R$ | 0.0019 | 0.0049 | 0.074 | 0.0052 | 0.00087 | 0.0028 | 0.0066 | 0.0011 | 0.0024 | 0.0066 |
| $R \times A$ | 0.0034 | 0.0087 | 0.14 | 0.0092 | 0.0016 | 0.0049 | 0.012 | 0.0020 | 0.0042 | 0.012 |
| $R_0$ | 0.0027 | 0.0066 | 0.060 | 0.0064 | 0.0010 | 0.0030 | 0.012 | 0.0014 | 0.0040 | 0.0080 |
| 检验结果 | 合格 | 合格 | 合格 | 合格 | 合格 | 合格 | 合格 | 合格 | 合格 | 合格 |

标样号:E4124 数据组数:15

| 数据名称 | Si | Fe | Cu | Mn | Mg | Zn | Ti | Ni | Zr | Y |
|---|---|---|---|---|---|---|---|---|---|---|
| Alfa 值 | 0.05 | 0.05 | 0.05 | 0.05 | 0.05 | 0.05 | 0.05 | 0.05 | 0.05 | 0.05 |
| 常数 $A$ | 1.777 | 1.777 | 1.777 | 1.777 | 1.777 | 1.777 | 1.777 | 1.777 | 1.777 | 1.777 |
| $R$ | 0.0016 | 0.0036 | 0.076 | 0.0018 | 0.00080 | 0.0042 | 0.0062 | 0.00074 | 0.013 | 0.0047 |
| $R \times A$ | 0.0028 | 0.0063 | 0.14 | 0.0033 | 0.0015 | 0.0074 | 0.012 | 0.0014 | 0.023 | 0.0084 |
| $R_0$ | 0.0020 | 0.0038 | 0.12 | 0.0027 | 0.0010 | 0.0066 | 0.011 | 0.00074 | 0.017 | 0.0074 |
| 检验结果 | 合格 | 合格 | 合格 | 合格 | 合格 | 合格 | 合格 | 合格 | 合格 | 合格 |

标样号:E4125 数据组数:16

| 数据名称 | Si | Fe | Cu | Mn | Mg | Zn | Ti | Ni | Zr | Y |
|---|---|---|---|---|---|---|---|---|---|---|
| Alfa 值 | 0.05 | 0.05 | 0.05 | 0.05 | 0.05 | 0.05 | 0.05 | 0.05 | 0.05 | 0.05 |
| 常数 $A$ | 1.790 | 1.790 | 1.790 | 1.790 | 1.790 | 1.790 | 1.790 | 1.790 | 1.790 | 1.790 |
| $R$ | 0.0014 | 0.0015 | 0.12 | 0.0011 | 0.0015 | 0.0027 | 0.0099 | 0.0017 | 0.0075 | 0.0061 |
| $R \times A$ | 0.0024 | 0.0027 | 0.21 | 0.0020 | 0.0026 | 0.0049 | 0.018 | 0.0031 | 0.014 | 0.011 |
| $R_0$ | 0.0020 | 0.0026 | 0.20 | 0.0010 | 0.0020 | 0.0048 | 0.011 | 0.0020 | 0.0094 | 0.0088 |
| 检验结果 | 合格 | 合格 | 合格 | 合格 | 合格 | 合格 | 合格 | 合格 | 合格 | 合格 |

图 7-26 StndMtrl 标准打印样张

## 7.6　系统管理

在主画面下点击“系统管理”,弹出与图7-2所示相似的快捷菜单。该菜单包括的菜单条有:拷贝数据到别的介质、从别的介质恢复数据、可处理的组分、用户信息、操作员口令管理、有资质的定值单位、系统帮助、整理当前标样数据、删除一个标样。

### 7.6.1　拷贝数据到别的介质

StndMtrl 系统提供了数据备份和恢复备份功能,以保证数据不丢失和可以在不同的机器上共享数据。在对标样数据做了改动之后,就应当作备份。

点击“拷贝数据到别的介质”后,在系统主画面的右面弹出下一个拷贝框。该框包括以下控件:目标文件夹下拉列表框、标样名称提示框、提示信息框、拷贝按钮等。在目标文件夹下拉列表框里选择要拷贝到的介质,在主画面的标样名列表框中选择要备份的标样,会自动显示在拷贝框的标样名称提示框中,“确定”后会把与所选标样相关的全部信息拷贝到备份介质上。

如果已经存在备份文件夹且有了其他标样的备份,则会将所选项标样的数据添加到该文件夹内。要是已经存在所选标样的备份,则复写相关信息。

如果拷贝不成功或提示其他的信息,需要检查存储介质的完好性和是否可写(如有的光驱就不可写,不能直接备份到其上面)。

说明:用户一定要用该功能做好数据的备份工作,以防数据丢失。建议用 U 盘作备份并/或网络发送放置到别的计算机、存储介质上或者刻成光盘。如果总是在同台机器的硬盘上作备份,在计算机损坏(硬盘损坏)时,将丢失所有数据。

拷贝框中还提示了“D 盘上不复写的备份”,可以点击它来作出“即时备份”,会在 D 盘上生成一个“标样数据”文件夹,里面再以生成“标样数据”后随系统日期的文件夹,如当前日期为2009年11月23日,就生成“标样数据20091123”文件夹,并把当前标样的数据拷贝到里面。这种备份方式耗费磁盘空间,但可以“追溯”当时时间数据。有经验的用户可以体会到其好处。

### 7.6.2　从别的介质恢复数据

如果系统损坏后重装系统、数据受到破坏,在别的装有标样数据处理系统的机器上使用另一台机器上的标样信息等,可以用该功能将前面“拷贝数据到别的介质”所作的备份恢复到当前系统里。

StndMtrl 系统会自动搜索计算机系统上所有设备上的 StndMtrlBckp 文件夹。如果没有备份文件夹,就示出与图7-7所示相似的提示信息框,提示出信息“当前计算机系统上没有标样数据的备份文件,不能恢复,插入新的备份介质重试!!”。

找到了备份文件夹之后,会示出一个恢复数据表单,在该表单中包括以下控件:备份文件夹下拉列表框、可以恢复的标样名称列表框、恢复按钮等。

在备份文件下拉列表框中选择备份文件的位置,之后会在标样名列表框中显示该备份位置的所有备份标样名称。点击标样名列表框中的一个名称,激活恢复按钮,可以按该钮恢复备份。

如果要恢复的标样已经存在于当前 StndMtrl 系统中，则会示出与图 7-7 所示相似的警告信息框，提醒用户（时间随具体而定）“当前数据的最后一次修改日期是 12/18/2008、时间是 05:45:12:PM；备份数据的最后一次修改时间是 07/01/2009、时间是 02:50:50PM。小心确定：一定要用备份数据复写当前数据吗?”。一定要小心，如果备份时间比当前系统的时间新，一般可以直接恢复，否则，是有意识要用旧的数据复写新的数据。

恢复完成后，“退出”返回到主画面后，最后恢复的标样名为突出显示，表明为当前标样。如果是按时间顺序排序，则有列在第一个位置上。

### 7.6.3 允许处理的组分

为了做到处理信息的规范化，本系统只允许处理其标准库中已经存在的组分。执行允许处理的组分功能时，示出一个管理表单，该表单包括以下控件：分成 9 列的当前允许处理组分的列表框、当前组分名称提示录入框、中文叫法提示录入框、英文名称提示录入框、增加组分按钮、修改组分按钮等。

标准版本的允许处理组分为元素周期表中的所有元素，对铝镁合金标样单质元素的数据处理已经足够了。

如果要处理当前 StndMtrl 系统中没有包含的组分，则要先添加到系统标准库中。之后，在“新增标样”模块、“增加一个组分” 模块中，才能录入或找到要求的组分。

点击“增加组分”钮或“修改组分”按钮之后，底部的“组分名称”、“中文叫法”和“英文名称”文本框变为允许录入。且隐藏命令栏，弹出“确定”、“取消”按钮。输入相应信息，“确定”按钮变为活动的。之后“确定”按钮存储或“取消”返回。

例如，分析铝土时，要分析 $Si_2O_3$，先在本管理模块中增加组分名称“$Si_2O_3$”、中文叫法“三氧化二硅”、英文名称“$Si_2O_3$”，确定后，本系统就能处理 $Si_2O_3$ 的信息了。

### 7.6.4 用户信息

完全是信息性的，弹出一个与用户信息相关的画面，主要包括用户名全称、首次使用人员、日期、使用方式等在安装时提供的信息。这些信息与版权有关。在打印输出时会在表头的研制单位中打印出用户名全称，以强化信息和资料所有者的标识。

### 7.6.5 操作员口令管理

一般性的辅助功能，信息性管理。由系统管理员确定操作员及操作员的级别，主要用于溯源和资料制作。

### 7.6.6 有资质的定值单位

当然，标样的定值必须是有资质的分析实验室或单位部门。为了保证数据的规范化，在录入标样的定值数据时，只能选择有资质的定值单位。如果系统中没有该单位，则需要将该单位的信息增加到系统中。

执行“有资质的定值单位”时，示出一个管理画面，所包含的控件有：定值单位名及相关信息表格、录入各种信息（编号、单位名全称、单位名简称、联系人、联系电话、地址、邮编、Email 等）的提示录入框、增加/修改/删除按钮等。可以对定值单位执行增、删、改操作。

### 7.6.7 系统帮助

示出系统帮助表单,其中包含一个帮助题目列表框和帮助信息显示框。点击帮助题目后在信息显示框中示出相应的帮助信息。这些信息有助于了解操作方法、检验原理、疑难解决等。

完全是信息性的,但对于使用 StndMtrl 系统非常实用。

### 7.6.8 数据库整理

自动对当前选择的标样名的数据进行检验和整理。对于一些操作失误、掉电或磁盘损坏引起的数据丢失有一定的修复作用。

最好采用恢复功能来恢复数据。

### 7.6.9 删除一个标样

示出一个删除标样表单,其中包含提示信息框、要删除的标样名录入框、开始删除按钮等。在要删除的标样名录入框中准确地录入标样名称后,点击开始删除按钮,会示出类似图 7-7 所示的警告信息框,如要删除"复制纯铝标样",则会提示【一定要删除"复制纯铝标样"吗…删除后不可恢复?】慎重考虑之后选择"确定"删除、"取消"删除。

删除标样是极其关键的操作,因此,不像备份时那样把主画面标样名列表框中的名称直接显示到"要删除的样名称"录入框中,不过,可以对照左面的标样名列表框准确地录入。

如果输入的标样名在当前系统中不存在,则会提示用户输入错误并来执行删除。

说明:删除标样后的数据是不可恢复的。即使要真正删除标样,也最好先作出该标样的备份,放到别的介质上或刻光盘,以防数据丢失。

由于 StndMtrl 系统理论可以管理的标样个数不受限制,并且把标样状态划分为正在处理的标样、全部标样、已经加封的标样和过渡数据等几类,在主画面显示可以选择显示这些类别,因此,强烈推荐尽量不要删除标样,而是利用更名、更改状态等和在主画面下选择显示类别来"隐藏"它们,在需要时再调用它们。这样可以防止数据丢失,工作具有连贯性,数据具有溯源性等。

## 参考文献

[1] 美国铝业协会. 铝标准与数据. 重庆国际信息咨询中心(内部资料),1996.
[2] 易传江,朱学纯. 通用标样数据处理软件(StndMtrl)的开发应用[J]. 铝加工,2006 增刊,106~108.
[3] 周复元编. 化学分析误差理论与数据处理简介. 鞍钢钢研所内部资料,1980,12~14.
[4] 张景中编. 计算机应用[M],成都:成都科学技术出版社,2007.
[5] 全浩主编. 标准物质及其应用技术. 1990.
[6] 韩永志主编. 标准物质技术. 1998.
[7] 柯瑞华. 光谱分析冶金块状标准物质标准值的不确定度评述[C]. 有色金属标准样品工作会议交流文集,2001.
[8] 朱学纯编. 分析结果的数据处理方法,西南铝内部资料,1987.

# 下篇

# 镁合金标准样品制备技术及其应用

# 8 绪　论

## 8.1 中国镁及镁合金牌号、命名及化学成分

### 8.1.1 镁及镁合金牌号

我国的镁合金牌号由两个汉语拼音和阿拉伯数字组成，前面汉语拼音将镁合金分为变形镁合金（MB）、铸造镁合金（ZM）、压铸镁合金（YM）和航空镁合金。例如，1 号铸造镁合金为 ZM1，2 号变形镁合金为 MB2，5 号压铸镁合金为 YM5，5 号航空铸造镁合金为 ZM－5。表 8－1 和表 8－2 分别列出了国产变形镁及镁合金与铸造镁合金的牌号。

**表 8－1　国产变形镁及镁合金的牌号和主要成分**（GB/T5153—2003）

| 合金代号 | 主要成分（质量分数）/% | | | | | | 杂质（不高于）（质量分数）/% | | | | | | |
|---|---|---|---|---|---|---|---|---|---|---|---|---|---|
| | Al | Mn | Zn | Ce | Zr | Mg | Al | Cu | Ni | Zn | Si | Be | 其他杂质 |
| 一号镁合金 MB1 | — | 1.3～2.5 | — | — | — | 余量 | 0.3 | 0.05 | 0.01 | 0.3 | 0.15 | 0.02 | 0.2 |
| 二号镁合金 MB2 | 3.0～4.0 | 0.15～0.5 | 0.2～0.8 | — | — | 余量 | — | 0.05 | 0.005 | — | 0.15 | 0.02 | 0.3 |
| 三号镁合金 MB3 | 3.5～4.5 | 0.3～0.6 | 0.8～1.4 | — | — | 余量 | — | 0.05 | 0.005 | — | 0.15 | 0.02 | 0.3 |
| 五号镁合金 MB5 | 5.5～7.0 | 0.15～0.5 | 0.5～1.5 | — | — | 余量 | — | 0.05 | 0.005 | — | 0.15 | 0.02 | 0.3 |
| 六号镁合金 MB6 | 5.0～7.0 | 0.2～0.5 | 2.0～3.0 | — | — | 余量 | — | 0.05 | 0.005 | — | 0.15 | 0.02 | 0.3 |
| 七号镁合金 MB7 | 7.8～9.2 | 0.15～0.5 | 0.2～0.8 | — | — | 余量 | — | 0.05 | 0.005 | — | 0.15 | 0.02 | 0.3 |
| 八号镁合金 MB8 | — | 1.5～2.5 | — | 0.15～0.35 | — | 余量 | 0.3 | 0.05 | 0.01 | 0.3 | 0.15 | 0.02 | 0.3 |
| 十五号镁合金 MB15 | — | — | 5.0～6.0 | — | 0.3～0.9 | 余量 | 0.06 | 0.05 | 0.005 | 0.1（Mn） | 0.05 | 0.02 | 0.3 |

**表 8－2　国产铸造镁合金的牌号和主要化学成分**（GB1177—1999）

| 合金代号 | 化学成分（质量分数）/% | | | | | | | | | | |
|---|---|---|---|---|---|---|---|---|---|---|---|
| | Al | Mn | Si | Zn | RE | Zr | Ag | Fe | Cu | Ni | 杂质总量 |
| ZM1 ZMgZn5Zr | | | | 3.5～5.5 | — | 0.5～1.0 | — | | 0.10 | 0.01 | 0.30 |

续表 8-2

| 合金代号 | 化学成分(质量分数)/% | | | | | | | | | | |
|---|---|---|---|---|---|---|---|---|---|---|---|
| | Al | Mn | Si | Zn | RE | Zr | Ag | Fe | Cu | Ni | 杂质总量 |
| ZM2<br>ZMgZn4RE1Zr | | | | 3.5 ~ 5.0 | 0.75 ~ 1.75 | 0.5 ~ 1.0 | — | | 0.10 | 0.01 | 0.30 |
| ZM3<br>ZMgRE3ZnZr | | | | 0.2 ~ 0.7 | 2.4 ~ 4.0 | 0.4 ~ 1.0 | | | 0.10 | 0.01 | 0.30 |
| ZM4<br>ZMgRE3Zn2Zr | | | | 2.0 ~ 3.0 | 2.5 ~ 4.0 | 0.5 ~ 1.0 | | | 0.10 | 0.01 | 0.30 |
| ZM5<br>ZMgAl8Zn | 7.5 ~ 9.0 | 0.15 ~ 0.5 | 0.30 | 0.2 ~ 0.8 | — | — | — | 0.06 | 0.20 | 0.01 | 0.50 |
| ZM6<br>ZMgRE2ZnZr | | | | 0.2 ~ 0.7 | 2.0 ~ 2.8 | 0.4 ~ 1.0 | | | 0.10 | 0.01 | 0.30 |
| ZM7<br>ZMgZn8AgZr | | | | 7.5 ~ 9.0 | — | 0.5 ~ 1.0 | 0.6 ~ 1.2 | | 0.10 | 0.01 | 0.30 |
| ZM10<br>ZMgAl10Zn | 9.0 ~ 10.2 | 0.1 ~ 0.5 | 0.30 | 0.6 ~ 1.2 | — | — | — | 0.06 | 0.20 | 0.01 | 0.50 |

## 8.1.2　镁及镁合金命名

根据 GB/T5153—2003,变形镁及镁合金牌号的命名规则如下:

(1) 纯镁牌号以 Mg 加数字的形式表示,Mg 后的数字表示含镁的质量分数;

(2) 镁合金的牌号以英文字母加数字再加英文字母的形式表示。前面的英文字母是其主要的合金组成元素代号(元素代号应符合表 8-3 的规定),其后的数字表示其最主要的合金组成元素的大致含量,最后面的英文字母为标识代号,用以标识各具体组成元素相异或元素含微量差别的不同合金。GB/T5153—2003 镁合金牌号命名法示例分别见图 8-1 和图 8-2。

**表 8-3　镁合金牌号中的元素代号**

| 元素代号 | 元素名称 | 元素代号 | 元素名称 |
|---|---|---|---|
| A | 铝 | M | 锰 |
| B | 铋 | N | 镍 |
| C | 铜 | P | 铅 |
| D | 镉 | Q | 银 |
| E | 混合稀土 | R | 铬 |
| F | 铁 | S | 硅 |
| G | 钙 | T | 锡 |
| H | 钍 | W | 钇 |
| K | 锆 | Y | 锑 |
| L | 锂 | Z | 锌 |

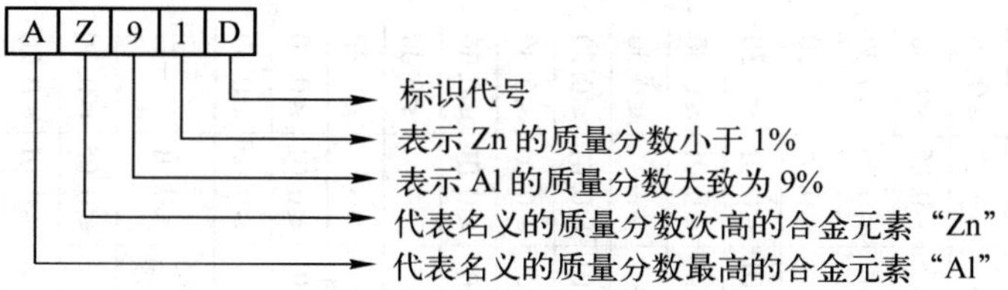


图 8-1 镁合金牌号命名示例 1

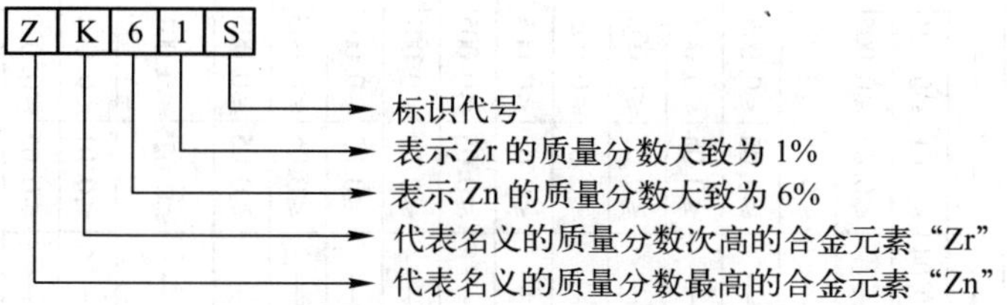


图 8-2 镁合金牌号命名示例 2

中国变形镁及镁合金牌号旧的编号（GB/T5153—1985）与新的编号（GB/T5153—2003）对照如表 8-4 所示。

**表 8-4 我国镁合金新、旧牌号对照**

| 新牌号 | 旧牌号 |
|---|---|
| M2M | MB1 |
| AZ40M | MB2 |
| AZ41M | MB3 |
| AZ61M | MB5 |
| AZ62M | MB6 |
| AZ80M | MB7 |
| MK20M | MB8 |
| ZK61M | MB15 |
| Mg99. 50 | Mg1 |
| Mg99. 0 | Mg2 |

### 8. 1. 3 镁及镁合金化学成分

按照 GB/T5153—2003 规定的镁及镁合金的化学成分列于表 8-5，其仲裁分析按 GB/T13728 规定的方法进行。

铸造镁合金的牌号命名及化学成分详见 GB1177—1999。

镁及镁合金的状态代号与铝及铝合金的大致相同，也可采用 ASTM 的状态代号。

近年来，我国仿制或直接使用了一些 ASTM 的镁合金牌号，表 8-6 为中国镁合金牌号与美国镁合金牌号对照表。

**表 8-5 我国变形镁及镁合金的化学成分（GB/T5153—2003）**

| 合金组别 | 牌号 | 对应 ISO3116 的数字牌号 | 化学成分（质量分数）/% | | | | | | | | | | | | | 其他元素② | |
|---|---|---|---|---|---|---|---|---|---|---|---|---|---|---|---|---|---|
| | | | Mg | Al | Zn | Mn | Ce | Zr | Si | Fe | Ca | Cu | Ni | Ti | Be | 单个 | 总计 |
| 纯 Mg | Mg99.95 | — | ≥99.95 | ≤0.01 | — | ≤0.004 | — | — | ≤0.005 | ≤0.003 | — | — | ≤0.001 | ≤0.01 | — | ≤0.005 | ≤0.05 |
| | Mg99.50① | — | ≥99.50 | — | — | — | — | — | — | — | — | — | — | — | — | — | ≤0.50 |
| | Mg99.00① | — | ≥99.00 | — | — | — | — | — | — | — | — | — | — | — | — | — | ≤0.10 |
| MgAlZn | AZ31B | — | 余量 | 2.5～3.5 | 0.60～1.4 | 0.20～1.0 | — | — | ≤0.08 | ≤0.003 | ≤0.04 | ≤0.01 | ≤0.001 | — | — | ≤0.05 | ≤0.30 |
| | AZ31S | ISO-WD21150 | 余量 | 2.4～3.6 | 0.50～1.5 | 0.15～0.40 | — | — | ≤0.10 | ≤0.005 | — | ≤0.05 | ≤0.005 | — | — | ≤0.05 | ≤0.30 |
| | AZ31T | ISO-WD21151 | 余量 | 2.4～3.6 | 0.50～1.5 | 0.05～0.40 | — | — | ≤0.10 | ≤0.05 | — | ≤0.05 | ≤0.005 | — | — | ≤0.05 | ≤0.30 |
| | AZ40M | — | 余量 | 3.0～4.0 | 0.20～0.80 | 0.15～0.50 | — | — | ≤0.10 | ≤0.05 | — | ≤0.05 | ≤0.005 | — | ≤0.01 | ≤0.01 | ≤0.30 |
| | AZ41M | — | 余量 | 3.7～4.7 | 0.80～1.4 | 0.30～0.60 | — | — | ≤0.10 | ≤0.05 | — | ≤0.05 | ≤0.005 | — | ≤0.01 | ≤0.01 | ≤0.30 |
| | AZ61A | — | 余量 | 5.8～7.2 | 0.40～1.5 | 0.15～0.50 | — | — | ≤0.10 | ≤0.005 | — | ≤0.05 | ≤0.005 | — | — | — | ≤0.30 |
| | AZ61M | — | 余量 | 5.5～7.0 | 0.50～1.5 | 0.15～0.50 | — | — | ≤0.10 | ≤0.05 | — | ≤0.05 | ≤0.005 | — | ≤0.01 | ≤0.01 | ≤0.30 |
| | AZ61S | ISO-WD21160 | 余量 | 5.5～6.5 | 0.50～1.5 | 0.15～0.40 | — | — | ≤0.10 | ≤0.005 | — | ≤0.05 | ≤0.005 | — | — | ≤0.05 | ≤0.30 |
| | AZ62M | — | 余量 | 5.0～7.0 | 2.0～3.0 | 0.20～0.50 | — | — | ≤0.10 | ≤0.05 | — | ≤0.05 | ≤0.005 | — | ≤0.01 | ≤0.01 | ≤0.30 |
| | AZ63B | — | 余量 | 5.3～6.7 | 2.5～3.5 | 0.15～0.60 | — | — | ≤0.08 | ≤0.003 | — | ≤0.01 | ≤0.001 | — | — | — | ≤0.30 |
| | AZ80A | — | 余量 | 7.8～9.2 | 0.20～0.80 | 0.12～0.50 | — | — | ≤0.10 | ≤0.005 | — | ≤0.05 | ≤0.005 | — | — | — | ≤0.30 |
| | AZ80M | — | 余量 | 7.8～9.2 | 0.20～0.80 | 0.15～0.50 | — | — | ≤0.10 | ≤0.05 | — | ≤0.05 | ≤0.005 | — | ≤0.01 | ≤0.01 | ≤0.30 |
| | AZ80S | ISO-WD21170 | 余量 | 7.8～9.2 | 0.20～0.80 | 0.12～0.40 | — | — | ≤0.10 | ≤0.005 | — | ≤0.05 | ≤0.005 | — | — | ≤0.05 | ≤0.30 |
| | AZ91D | — | 余量 | 8.5～9.5 | 0.45～0.90 | 0.17～0.40 | — | — | ≤0.08 | ≤0.004 | — | ≤0.025 | ≤0.001 | — | 0.0005<br>0.003 | ≤0.01 | — |
| MgMn | M1C | — | 余量 | ≤0.01 | — | 0.50～1.3 | — | — | ≤0.05 | ≤0.01 | — | ≤0.01 | ≤0.001 | — | — | ≤0.05 | ≤0.30 |
| | M2M | — | 余量 | ≤0.20 | ≤0.30 | 1.3～2.5 | — | — | ≤0.10 | ≤0.05 | — | ≤0.05 | ≤0.007 | — | ≤0.01 | ≤0.01 | ≤0.20 |
| | M2S | ISO-WD43150 | 余量 | — | — | 1.2～2.0 | — | — | ≤0.10 | — | — | ≤0.05 | ≤0.01 | — | — | ≤0.05 | ≤0.30 |
| MgZnZr | ZK61M | — | 余量 | ≤0.05 | 5.0～6.0 | ≤0.10 | — | 0.30～0.90 | ≤0.05 | ≤0.05 | — | ≤0.05 | ≤0.005 | — | ≤0.01 | ≤0.01 | ≤0.30 |
| | ZK61S | ISO-WD3260 | 余量 | — | 4.8～6.2 | — | — | 0.45～0.80 | — | — | — | — | — | — | — | ≤0.05 | ≤0.30 |
| MgMnRE | MF20M | — | 余量 | ≤0.20 | ≤0.30 | 1.3～2.2 | 0.15～0.35 | — | ≤0.10 | ≤0.05 | — | ≤0.05 | ≤0.007 | — | ≤0.01 | ≤0.01 | ≤0.30 |

① Mg99.50、Mg99.00 的镁含量（质量分数）=100%－（Fe+Si）含量（质量分数）－除 Fe、Si 之外的所有含量（质量分数）≥0.01% 的杂质元素的含量（质量分数）之和。

② 其他元素指在本表表头中列出了元素符号，但在本表中却未规定极限数值含量的元素。

**表 8-6 中国镁合金牌号与美国镁合金牌号对比** （质量分数,%）

| 种 类 | 系 列 | 中国 | 美国 | Al | Mn | Zn | 其 他 |
|---|---|---|---|---|---|---|---|
| 变形镁合金 | Mg - Mn | M2M | M1 | 0.20 | 1.30 ~ 2.50 | 0.3 | — |
| | | MK20M | M2 | 0.20 | 1.30 ~ 2.20 | 0.3 | 0.15 ~ 0.35Ce |
| | Mg - Al - Zn | AZ40M | AZ31 | 3.0 ~ 4.0 | 0.15 ~ 0.50 | 0.2 ~ 0.8 | |
| | | AZ41M | — | 3.7 ~ 4.7 | 0.30 ~ 0.60 | 0.8 ~ 1.4 | |
| | | AZ61M | AZ61 | 5.5 ~ 7.0 | 0.15 ~ 0.50 | 0.5 ~ 1.5 | |
| | | AZ62M | AZ63 | 5.0 ~ 7.0 | 0.20 ~ 0.50 | 2.0 ~ 3.0 | |
| | | AZ80M | AZ80 | 7.8 ~ 9.2 | 0.15 ~ 0.50 | 0.2 ~ 0.8 | |
| | Mg - Zn - Zr | ZK61M | ZK60 | 0.05 | 0.10 | 5.0 ~ 6.0 | 0.30 ~ 0.9Zr |
| 铸造镁合金 | Mg - Zn - Zr | ZM - 1 | ZK51A | — | — | 3.5 ~ 5.5 | 0.5 ~ 1.0Zr |
| | | ZM - 2 | ZE41A | — | 0.7 ~ 1.7RE | 3.5 ~ 5.0 | 0.5 ~ 1.0Zr |
| | | ZM - 4 | EZ33 | | 2.5 ~ 4.0RE | 2.0 ~ 3.0 | 0.5 ~ 1.0Zr |
| | | ZM - 8 | ZE63 | | 2.0 ~ 3.0RE | 5.5 ~ 6.5 | 0.5 ~ 1.0Zr |
| | Mg - RE - Zr | ZM - 3 | — | | 2.5 ~ 4.0RE | 0.2 ~ 0.7 | 0.3 ~ 1.0Zr |
| | | ZM - 6 | — | — | 2.0 ~ 2.8RE | 0.2 ~ 0.7 | 0.4 ~ 1.0Zr |
| | Mg - Al - Zn | ZM - 5 | AZ81A | 7.5 ~ 9.0 | 0.2 ~ 0.8 | 0.15 ~ 0.5 | |

## 8.1.4 世界各国主要镁合金牌号状态与化学成分对照

世界各主要工业发达国家都有自己的镁合金牌号、状态和化学成分标准及命名体系，分别列于 ISO、ASTM、EN、DIN、BS、NF、JIS、ГОСТ 与 GB 标准中。表 8-7 举例列出了俄罗斯（前苏联）部分工业镁合金的牌号和化学成分。表 8-8 列出了几个主要工业发达国家部分镁合金相近牌号对照。

**表 8-7 前苏联部分工业镁合金的牌号和化学组成**

| 合金牌号 | 合金系 | 主要元素化学组成（质量分数）/% | | | | | |
|---|---|---|---|---|---|---|---|
| | | Al | Zn | Mn | Si | Ce | Mg |
| 铸造合金 | | | | | | | |
| MJI1 | Mg - Si | — | — | — | 1.0 ~ 1.5 | — | 余量 |
| MJI2 | Mg - Mn | — | — | 1.0 ~ 2.0 | — | — | 余量 |
| MJI3 | Mg - Al - Zn | 2.5 ~ 3.5 | 0.5 ~ 1.5 | 0.15 ~ 0.5 | — | — | 余量 |
| MJI4 | Mg - Al - Zn | 5.0 ~ 7.0 | 2.0 ~ 3.0 | 0.15 ~ 0.5 | — | — | 余量 |
| MJI5 | Mg - Al - Zn | 7.5 ~ 9.3 | 0.2 ~ 0.8 | 0.15 ~ 0.58 | — | — | 余量 |
| MJI6 | Mg - Al - Zn | 9.0 ~ 11.0 | 2.0 以下 | 0.1 ~ 0.5 | — | — | 余量 |
| 变形合金 | | | | | | | |
| MA1 | Mg - Mn | — | — | — | — | — | 余量 |
| MA2 | Mg - Al - Zn | 3.0 ~ 4.0 | 0.2 ~ 0.8 | 1.3 ~ 2.5 | — | — | 余量 |
| MA3 | Mg - Al - Zn | 5.5 ~ 7.0 | 0.5 ~ 1.5 | 0.15 ~ 0.5 | — | — | 余量 |
| MA4 | Mg - Al - Zn | 6.5 ~ 8.0 | 2.5 ~ 3.5 | 0.15 ~ 0.5 | — | — | 余量 |
| MA5 | Mg - Al - Zn | 7.8 ~ 9.2 | 0.2 ~ 0.8 | 0.15 ~ 0.5 | — | — | 余量 |
| MA8 | Mg - Mn - Ce | — | — | 1.5 ~ 2.5 | — | 0.1 ~ 0.5 | 余量 |

**表 8-8 几个主要国家部分镁合金相近牌号对照**

| 中国(GB) | 美国(ASTM) | 英国(BS) | 德国(DIN) | 日本(JIS) | 前苏联(ГОСТ) | 法国(NF) |
|---|---|---|---|---|---|---|
| 变形镁合金 | | | | | | |
| M2M | M1A | MAG101 | MgMn2 | — | MA1 | G-M2 |
| AZ40M | AZ31B | MAG111 | MgAl3Zn | — | MA2 | — |
| AZ41M | — | — | — | — | MA2-1 | — |
| AZ61M | AZ61A | MAG121 | MgA16Zn | AZ61A | MA3 | — |
| AZ62M | AZ63A | — | MgAl6Zn3 | — | MA4 | — |
| AZ80M | AZ80A | — | MgAl8Zn3 | — | MA5 | — |
| MK20M | — | — | — | — | MA8 | — |
| MB14 | — | — | — | — | BM17 | — |
| ZK61M | ZK60A | MAG161 | MgZn6Zr | — | BM65-1 | — |
| 铸造镁合金 | | | | | | |
| ZM5 | AZ81A | MAG1 | G-MgAl8Zn1 | — | MΛ5 | GA8Z |
| | AZ91C | 3L122 | G-MgAl9Zn1 | | | GA9Z |
| ZM10 | AM100A | MAG3 | G-MgAl9Zn1 | — | MΛ6 | GA9Z |
| | | 3L125 | | | | |

## 8.2 镁及镁合金熔炼与铸造的特点

镁合金的熔点不高，热容量较小，在空气中加热和过热时易燃烧；在熔融状态下无熔剂保护时，则可猛烈燃烧。因此，镁合金在炼铸过程中必须始终在熔剂或保护性气氛下进行。熔铸质量的好坏，在很大程度上取决于熔剂的质量和熔体保护的好坏。

镁氧化时释放出大量的热，镁的热容和导热性较小，MgO 疏松多孔，无保护作用，因而氧化处附近的熔体易于局部过热，且会促进镁的氧化燃烧。镁合金除强烈氧化外，遇水则会急剧地分解而引起爆炸，还能与氮形成氮化镁夹杂。氢能大量溶于镁中，在熔炼温度不超过900℃时，吸氢能力增加不大，铸锭凝固时氢会大量析出，使铸锭产生气孔并促进疏松。多数合金元素的熔点和密度均比镁高，易于产生密度偏析，故一次熔炼难以得到成分均匀的镁合金锭。有时采用预制镁合金再重熔的方法。为防止污染合金，熔炼镁合金时不宜用一般硅砖作炉衬。

由于镁合金对杂质也很敏感，如镍、铍含量分别超过 0.03% 及 0.01% 时，铸锭便易热裂，并降低耐蚀性。对熔剂要求很严格，要有较大的密度和适当的黏度，能很好地润湿炉衬。在熔炼过程中熔剂会不断下沉，因而要陆续添加新熔剂，使整个熔池覆盖好且不冒火燃烧。在个别地方出现氧化燃烧时，应及时撒上熔剂以扑灭它。用 Ar、$Cl_2$、$CCl_4$ 去气精炼时，吹气时间不宜过长，否则会粗化晶粒。用 $N_2$ 气吹炼时可能形成氮化镁，温度不宜过高。镁合金的流动性较小，应稍提高浇温。但浇温过高会使形成疏松的倾向增大。铸锭时要注意熔体保护和漏镁放炮。浇温和浇速过高，易产生漏镁和中心热裂；但浇温浇速过低，则易形成冷隔、气孔和粗大金属间化合物等。

此外，由于镁合金密度小，黏度大，一些溶解度小而密度较大的合金元素不易溶解完全，常随熔剂沉于炉底，或随熔剂悬浮于熔体中成为夹杂。因此，镁合金中常出现金属夹杂、熔剂夹杂及氧化夹杂。

归纳起来,镁合金的熔铸技术具有以下特点:

(1) 镁的化学活性很强烈,在熔态下,极易和氧、氮及水汽发生化学作用。在熔体表面如不严加保护,接近800℃时就很快氧化燃烧。为减少烧损、保证生产安全以及金属质量,在整个熔铸过程中,熔体始终用熔剂加以保护,避免与炉气和空气中的氧、氮及水汽接触。因此,给工艺带来了许多问题,如大量熔盐给产品质量、人身健康和安全生产带来不少麻烦。

(2) 除个别几个组元(如Cd、Zn、Al、Ag、Li等)外,其他组元在镁中的溶解度都非常小;此外,在难熔组元间又易形成高熔点化合物而沉析,因此在工艺上加入很困难。由于铁难溶于镁中,故在镁合金的熔铸过程中,可使用不加任何涂层的铁制工具。

(3) 在有些镁合金铸锭中,易于发生局部晶粒大小悬殊现象。同时晶粒尺寸较大,易于出现柱状晶和扇形晶,严重影响压力加工性能和制品的力学性能。因此,对不同合金要采取相应的变质处理方法来细化晶粒,并适当改变晶粒形状。近年来,采用电磁搅动液穴中熔体的方法,对晶粒细化有良好的效果。

由于镁合金晶粒粗化倾向较大,对镁合金铸锭晶粒的尺寸大小和形状原则上不作严格要求。

(4) 镁合金的氧化夹杂、熔剂夹渣和气体溶解度远比铝合金多。因此,需要进行净化处理。目前,在我国多采用熔剂精炼法,有些国家也采用气体精炼法,并研发了一些新的净化技术。

镁合金的净化剂都是沉降型的,这一点不同于铝合金和其他有色金属,这就给工艺和制品质量带来许多麻烦。因此,在净化后需要有充分的静置时间。在炉底还需另设排渣口,扒底渣的工序亦不容忽视。

在整个熔铸过程中,需要使用大量的熔剂,同时外加大量的化工材料(加入组元和变质处理用),它们的质量好坏,直接影响合金质量,为此,对熔剂和熔盐应有严格要求。

(5) [H]对镁合金也有一定影响。除了能影响含锆镁合金中锆的溶解度外,当氢含量超过某一限量(16 $cm^3$/100 g 镁)时,将在铸锭上出现不同程度的显微气孔。因此,对氢含量也不应忽视。

(6) 由于镁合金热含量较低,当加入高熔点组元或批量较大的化工材料时,将使熔体温度降低较大。所以,镁合金的熔炼温度应比铝合金高。

熔体过热会使晶粒粗化,而且产生氧化、氮化及热裂纹倾向性等,随着过热温度的提高趋于严重。因此,在工艺中应尽量避免熔体过热。

在镁-铝系合金中有金属过热细化晶粒的效应。但用这种方法细化晶粒将引起其他缺陷,效果不好。同时细化效应时间也是短暂的,熔体停留时间稍长则晶粒又复粗化。

(7) 镁合金远比铝合金熔炼工艺复杂,但在研究方面却比铝合金差。因此,许多机理问题还有待确证。如熔盐性质、净化机理、变质处理等重要工艺,在机理方面许多还只是些假说,有些尚未经确证。

(8) 镁合金的安全技术问题是很重要的。熔盐大多有潮解性,化工材料大多有结晶水。在工艺过程中,液态金属直接遇水就会产生飞溅性爆炸,务必严加注意。此外,对有害气体和粉尘都应妥善处理。

(9) 金属组元和金属镁本身以及加入组元所用的大多数化工材料,都是昂贵稀缺的。在工艺过程中烧损较大,实收率较低,严重影响制品的经济效果。

影响实收率的因素很多，如加入方法及操作、批量、熔体温度以及拌加混合盐的数量和质量等，这些都要严加注意。最近引进的一些新熔剂，可减少锆和铈的烧损。如用2号熔剂，MK20M合金中铈的损失为16.3%，而用5号熔剂时，其烧损只有1.2%。又如ZK61M合金，用2号熔剂时锆的损失为16.3%，而用新的5号熔剂时，就几乎没有损失。同时新熔剂还基本消除了MK20M合金的熔剂夹渣废品。

（10）为了保证镁合金制品具有良好而均匀的性能，对铸锭的致密度和成分区域偏析也应重视。

（11）镁合金的热裂纹倾向较大，因此铸造时的结晶速度不宜过高。但结晶速度较小时，又将促进金属中间化合物的形成和发展。可见，热裂纹和金属中间化合物在工艺上有矛盾，这也是工艺复杂和困难的原因所在。必须全面考虑，适当选择。

但由于镁合金的弹性模量（$E=45000$ MPa）比铝合金（$E=72000$ MPa）小得多，因此，镁合金铸锭的内应力远小于铝合金，其冷裂纹倾向性要比铝合金小得多。

## 8.3 镁及镁合金标准样品国内外的发展概况

### 8.3.1 国内镁及镁合金标准样品发展概况

在2000年以前，国内市场基本没有镁及镁合金标准样品出售。企业和院所所用镁及镁合金标准样品主要依赖进口，价格十分昂贵，且不能完全适合我国镁合金材料生产和研发的需要。目前，我国虽已有42种镁及镁合金标准样品，可替代同类进口标样，基本满足了国内镁材生产、研发的急需，但由于镁材的研究和开发时间不长，与发达国家相比还有很大差距，许多镁合金尚待研究和开发。因此必须不断地研制出新的标准样品，以满足新型镁材的需要。

2000年以后，根据全国标准样品技术委员会的计划安排，国内组织了西南铝等有色金属标准样品定点研制单位进行了镁及镁合金标准样品研制工作。西南铝现已研制出了纯镁、MgAlZn、MgAlMn、MgAlSi、MgZnREZr（MgZnZr）、MgZnCu和控制样等标准样品（见表8-9）。

**表8-9  西南铝研制的部分镁及镁合金标准样品成分**

| 标样名称 | 标样编号 | 标样成分（质量分数）/% | | | | | | | | | | | |
|---|---|---|---|---|---|---|---|---|---|---|---|---|---|
| | | Si | Fe | Cu | Mn | Ni | Zn | Al | Be | Ce | Zr | Ti | Pb |
| MgAlMn系 | E2621 | 0.034 | 0.039* | 0.0029 | 0.92 | 0.0012 | 0.056 | 6.10 | 0.0020* | | | | |
| | E2622 | 0.173 | 0.0089 | 0.0081 | 0.338 | 0.0008 | 0.237 | 2.55 | 0.0009 | | | | |
| | E2624 | 0.27 | 0.015 | 0.020 | 0.182 | 0.0015* | 0.171 | 7.33 | 0.00015 | | | | |
| | E2625 | 0.286 | 0.016* | 0.020 | 0.428 | 0.0068* | 0.271 | 6.29 | 0.0010* | | | | |
| | E2626 | 0.241 | 0.025 | 0.013 | 0.65* | 0.0025 | 0.106 | 4.56 | 0.0009 | | | | |
| | E2627 | 0.065 | 0.0049 | 0.010 | 0.130 | 0.010 | 0.492 | 1.36 | 0.0033 | | | | |
| MgAlZn系 | E2600 | 0.026 | 0.0025 | 0.0024* | 0.016 | 0.0006 | 0.0069* | 5.81 | 0.00007 | | | | |
| | E2611 | 0.024 | 0.0042 | 0.0036 | 0.077 | 0.0010 | 3.81 | 4.68 | 0.00009 | | | | |
| | E2612 | 0.097 | 0.013 | 0.087 | 0.339 | 0.0045 | 2.99 | 7.18 | 0.00044 | | | | |
| | E2613 | 0.28 | 0.023 | 0.164 | 0.231 | 0.013* | 1.94 | 6.96 | 0.0010 | | | | |
| | E2615 | 0.176 | 0.020* | 0.295 | 0.68* | 0.018 | 0.217 | 11.52 | 0.0023* | | | | |
| | E2616 | 0.41 | 0.039 | 0.0097 | 0.61 | 0.0035 | 1.00 | 9.07 | 0.0030 | | | | |

续表 8-9

| 标样名称 | 标样编号 | 标样成分(质量分数)/% | | | | | | | | | | | |
|---|---|---|---|---|---|---|---|---|---|---|---|---|---|
| | | Si | Fe | Cu | Mn | Ni | Zn | Al | Be | Ce | Zr | Ti | Pb |
| MgAlSi 系 | E2631 | 0.54 | 0.0070 | 0.0084 | 0.59 | 0.0012 | 0.102 | 3.69 | 0.00011 | | | | |
| | E2632 | 1.54 | 0.0077 | 0.0016 | 0.095 | 0.0012 | 0.128 | 5.82 | 0.00018 | | | | |
| | E2633 | 0.68 | 0.0034 * | 0.016 | 0.50 * | 0.0013 * | 0.339 | 1.09 | 0.0005 * | | | | |
| | E2634 | 1.22 | 0.022 | 0.103 | 0.33 | 0.0038 | 0.25 | 4.37 | 0.0009 | | | | |
| | E2635 | 1.83 | 0.033 | 0.039 | 0.23 | 0.014 | 0.152 | 2.58 | 0.0012 | | | | |
| MgZnREZr 系 | E5121 | 0.0058 | 0.0028 | 0.0091 | 0.149 | 0.0010 | 5.45 | | | 0.141 | 0.0053 | | |
| | E5122 | 0.0050 | 0.0029 | 0.054 | 0.096 | 0.0081 | 4.40 | | | 1.02 | 0.080 | | |
| | E5123 | 0.0050 | 0.0035 | 0.067 | 0.067 | 0.0010 | 3.53 | | | 1.28 | 0.048 | | |
| | E5124 | 0.0031 | 0.0037 | 0.051 | 0.062 | 0.085 | 2.67 | | | 1.39 | 0.029 | | |
| | E5125 | 0.014 | 0.0047 | 0.130 | 0.219 | 0.0053 | 1.44 | | | 1.56 | 0.011 | | |
| | E5126 | | | | | | 4.41 | | | 3.10 | 1.51 ~ 0.95 | | |
| | E5127 | | | | | | 4.59 | | | 3.30 | 0.075 | | |
| | E5128 | | | | | | 3.52 | | | 4.21 | 0.644 | | |
| | E5129 | | | | | | 4.37 | | | 3.37 | 0.806 | | |
| MgZnZr 系 | E5111 | 0.0020 | | 0.017 | | 0.0033 | 4.64 | | | | 0.16 | | |
| | E5112 | 0.0015 | | 0.026 | | 0.0019 | 6.15 | | | | 0.20 | | |
| | E5113 | 0.0028 | | 0.083 | | 0.026 | 5.96 | | | | 0.39 | | |
| MgZnCu 系 | E5131 | 0.025 | 0.011 | 1.47 | 1.00 | 0.0022 | 6.93 | 0.050 | | | | | |
| | E5133 | 0.130 | 0.019 | 2.47 | 0.584 | 0.051 | 5.74 | 0.21 | | | | | |
| | E5135 | 0.200 | 0.014 | 3.67 | 0.132 | 0.0025 | 4.67 | 0.118 | | | | | |
| 控制样 | AZ61 | 0.103 | 0.0105 | 0.036 | 0.422 | 0.0048 | 1.08 | 6.48 | | | | | |
| | AZ31 | 0.052 | 0.0056 | 0.017 | 0.440 | 0.0013 | 0.873 | 2.76 | | | | | |
| | AZ42 | 0.026 | 0.0044 | 0.020 | 0.079 | 0.0015 | 0.321 | 3.30 | | 1.32 | | | |
| 纯镁 | E4131 | 0.0108 | 0.0028 | 0.0012 | 0.0169 | 0.00035 | 0.0113 | 0.0107 | | | | 0.00027 | 0.0052 |
| | E4132 | 0.062 | 0.027 | 0.0077 | 0.085 | 0.0107 | 0.047 | 0.531 | | | | 0.00018 | 0.037 |
| | E4133 | 0.023 | 0.0083 | 0.0087 | 0.0189 | 0.0021 | 0.0119 | 0.0168 | | | | 0.000062 | 0.0067 |
| | E4134 | 0.034 | 0.0069 | 0.0141 | 0.023 | 0.0044 | 0.0193 | 0.262 | | | | 0.0012 | 0.0125 |
| | E4135 | 0.0063 | 0.0022 | 0.00063 | 0.0060 | 0.00033 | 0.0079 | 0.0059 | | | | 0.000072 | 0.0020 |
| | E4136 | 0.020 | 0.020 | 0.025 | 0.148 | 0.0052 | 0.025 | 1.06 | | | | 0.0025 | 0.0181 |
| | E4137 | 0.030 | 0.0055 | 0.0039 | 0.0169 | 0.0013 | 0.0131 | 0.0082 | | | | 0.000096 | 0.0067 |

| 标样名称 | 标样编号 | 标样成分(质量分数)/% |
|---|---|---|
| | | Sr |
| Mg – Sr | E6321 | 0.0014 |
| | E6321 | 0.015 |
| | E6321 | 0.0066 |
| | E6321 | 0.028 |

续表 8-9

| 标 样 名 称 | 标 样 编 号 | 标样成分(质量分数)/% |
|---|---|---|
| | | Nd |
| Mg - Nd | E6331 | 0.429 |
| | E6331 | 0.710 |
| | E6331 | 2.28 |
| | E6331 | 2.60 |
| | E6331 | 3.55 |
| | E6331 | 3.38 |
| 标 样 名 称 | 标 样 编 号 | 标样成分(质量分数)/% |
| | | Y |
| Mg - Y | E6341 | 0.527 |
| | E6341 | 1.78 |
| | E6341 | 2.02 |
| | E6341 | 3.52 |
| | E6341 | 4.36 |
| | E6341 | 6.69 |

注：* 为参考值。

### 8.3.2 国外镁及镁合金标准样品发展概况

#### 8.3.2.1 国外镁合金发展状况

国外对于镁及其合金的研究开发较早，目前镁及其合金材料的开发及应用已进入比较成熟的阶段，并已达到产业化的工业规模，其中北美是镁及其合金材料用量最多的地区。

近年来，随着油价的不断上涨，作为镁合金的主要应用产业的汽车工业，对镁合金应用的需求也在增长，导致世界范围内的镁合金应用的竞争更趋激烈，并有对中国进行合围的趋势。可以预见，无论镁金属的供应基础怎样变化，传统的最终用户市场仍然是汽车工业，汽车工业仍然是可以依靠的推动世界镁工业产量增长的主要工业。为减轻汽车自重，利用镁合金高强度重量比的固有优势，镁及镁合金将在汽车上用作结构和非结构件。镁在汽车非结构件上的应用包括变速箱外壳、传动箱外壳、阀和凸轮轴外壳、离合器罩、电机罩、发电机外壳、进气支管和油盘。在汽车结构件上的应用包括方向盘、仪表盘横梁、离合器支架、方向盘轴结构和气袋外壳。

世界汽车工业对镁的消费量还在迅速增长，在汽车工业应用的新型镁合金的研发和汽车用镁合金部件及其生产技术方面，科学研究都在进行之中，世界上各大汽车公司都在不断减轻汽车自重、提高汽车性能方面下工夫。镁及镁合金材料是汽车工业的最佳选择。此外，由于镁合金在手动工具上具有突出的轻质、减振效果，因此目前镁合金在国外电动工具的应用上也如火如荼，包括各种射钉枪、打磨机、电钻、割草机、电动剪刀等众多品种。国外许多电动工具制造商都把镁合金部件作为一大卖点，并在显著位置标注“Magnesium”字样。

由于镁合金的发展潜力和应用优势明显，镁合金的研究和应用受到美、德、澳、日等发达国家和地区的高度重视，均相继出台了各自的镁研究计划，投资数十亿美元，实施大型的综合性攻关。

美国汽车联盟(USCAR)与能源部(COE)共同合作提出了"PNGV"(新一代交通工具)的研究计划,斥巨资用于镁合金在汽车上应用的研究开发。

德国联邦科技教育部实施了"MADICA"(镁压铸)联合攻关计划 。该计划联合了德国60余家企业、6所大学及研究所,已累计投资上亿欧元,进行镁合金在汽车上应用的研究。另外,由德国科学技术协会牵头,德国还启动了由德国克劳斯塔大学和汉诺威大学负责组织实施的、欧洲最大的镁合金与镁合金压铸的项目——"SFB 390"项目,项目金额超过5300万欧元,主要目标是研究镁合金在结构件中的应用。

日本则由教育、科学、运动和文化厅联合资助国内知名高校,组织了9个镁合金研究组,并在汽车和3C产品等应用领域取得了重大进展。

加拿大联邦政府及魁北克省与海德鲁公司共同投资1140万加元,成立了一个新的镁研究中心,旨在通过优化设计、工艺及材质,获得具有优良性能的镁合金压铸零部件,从而进一步拓宽镁合金的应用。在政府的参与下,加拿大镁合金的开发应用得到了突飞猛进的发展。

此外,挪威、以色列、乌克兰、意大利、瑞士、澳大利亚、瑞典等国也在镁及合金的开发应用方面做了大量的工作,并取得了不少的成果。

#### 8.3.2.2 国外镁合金标准样品发展状况

由于国外镁合金材料研究开发较早,相应标准样品的研究也较早。美国和前苏联是两个相对开发镁合金标准样品较为齐全的国家,在标准样品的研究上做了大量的基础性工作。从变形镁合金标准样品到铸造镁合金标准样品,从M1A、AZ31B、AZ61A、AZ63A、AZ80A、ZK60A到AZ81A、AZ91C、AM100A,几乎覆盖了目前国内所有的镁合金材料。由于技术封锁的缘故,市面上仅能买到纯镁、Mg-Al-Mn、Mg-Al-Zn、Mg-Al-Si、Mg-Zn-Re等几个系列的镁合金标准样品,且多为进口仪器自带。

从数据库的检索结果来看,国外各种期刊杂志并未过多涉及镁合金标准样品的内容,更没有详细的研究内容。但可以肯定的是,随着汽车行业的高速发展,世界各国对镁合金材料的应用开发将达到一个新的高度,各种新型镁合金标准样品作为一种与之配套的特殊产品必将取得突飞猛进的发展。

## 参考文献


[1] 刘菊英,冉学臣. 铸造镁合金光谱标准物质的研制[J]. 冶金分析,2008,28(10),78~81.

[2] 李纪辰. MB26稀土镁合金化学标准物质的研制[J]. 材料工程,1994(12),15~17.

[3] Development of chemical certified reference material of MB26 rare-earth magnesium alloy, December 01, 1994.

[4] Magnesium and titanium alloy reference materials, January 01, 1993.

[5] 朱学纯,章宗和. 我国镁及镁合金标准样品的现状及发展前景[J]. 铝加工,2006增刊,104~105.

[6] GB/T5153—2003.

[7] 王锰等. 轻金属加工手册(上、下册)[M]. 北京:冶金工业出版社,1980.

[8] 朱学纯,章宗和. 镁及镁合金光谱标准样品的制备及定值结果[J]. 中国镁业,2003(5).

[9] 徐河,刘静安等. 镁合金制备与加工技术[M]. 北京:冶金工业出版社,2007.

[10] 阿韦德西安等. 镁及镁合金专业手册. 洛阳有色金属加工设计院编译(内部资料),2001.

# 9　镁及镁合金标准样品制备的技术基础

## 9.1　镁合金标准样品的定义及分类

### 9.1.1　镁合金标准样品的定义

镁及镁合金材料具有重量轻、比强度高，铸造成形性好、阻尼吸振降噪性能优越、电磁屏蔽能力强、机加工和表面装饰性能好、易于回收利用等优点，使得镁及镁合金作为21世纪的新一代节能环保绿色轻质工程材料，备受世界各国的重视。这种新材料在汽车、摩托车、电子、航空、航天及军品等领域有广阔的应用前景，成为替代铝合金、钢铁和工程塑料的重要选材。我国十分重视镁及镁合金新材料的研究和开发，已把此项研究列为“九五”、“十五”和“十一五”规划重点项目。

镁合金标准样品是一种特殊功能的镁合金材料，主要用于镁及镁合金的化学成分的检测，仪器的调试、校准，分析方法的评定和商检等。镁合金标准样品是通过熔炼、铸造、挤压、均匀化、化学成分分析等特种工艺技术制备的，具有一种或多种化学成分均匀、定制准确、并赋有确定的化学成分含量的镁合金材料。镁合金标准样品最关键的两个特点：一是各元素（包括主元素、微量元素和杂质元素）化学成分分布均匀；二是各元素（包括主元素、微量元素和杂质元素）化学成分定值准确。

### 9.1.2　镁合金标准样品的分类

#### 9.1.2.1　分类的原则

镁合金标准样品分类的方法很多，从不同角度有不同的分类。本书是根据以下原则对镁合金标准样品进行分类的：

（1）主要考虑与镁合金产品标准配套，为推进产品标准化服务；

（2）含元素的多少（合金的复杂程度）；

（3）第三元素干扰和基体效应情况；

（4）满足特殊产品的特殊需要；

#### 9.1.2.2　镁合金标准样品的分类

按照GB/T5153—2003和GB1177—1999，中国镁合金主要分为变形镁合金（MB）和铸造镁合金（ZM）。镁合金标准样品的分类与此类似。铸造镁合金和变形镁合金的化学成分分别见表9-1和表9-2。

表 9–1　铸造镁合金标准样品分类

| 系　列 | 要求分析和控制的元素 | 系　列 | 要求分析和控制的元素 |
|---|---|---|---|
| 纯　镁 | Fe、Si、Ni、Cu、Al、Mn、Zn、Ti、Pb | MgZnRE(Ce)Zr | Zn、Mn、Si、Fe、Cu、Ni、Zr、Ce |
| MgAlZn | Al、Zn、Mn、Si、Fe、Cu、Ni、Be | MgRE(Nd)AgZr | Zn、Mn、Si、Fe、Cu、Ni、Zr、Nd、Ag |
| MgAlMn | Al、Zn、Mn、Si、Fe、Cu、Ni、Be | MgYRE(Nd)Zr | Zn、Mn、Fe、Si、Cu、Ni、Zr、Nd、Y、Li |
| MgAlSi | Al、Zn、Mn、Si、Fe、Cu、Ni、Be | MgAlZnY | Al、Zn、Y |
| MgZnCu | Zn、Mn、Si、Cu、Ni | MgZnCuMnY | Zn、Cu、Mn、Y |
| MgZnZr | Zn、Si、Cu、Ni、Zr | MgZnZrY | Zn、Zr、Y |
| MgZr | Zn、Si、Cu、Ni、Zr | | |

表 9–2　变形镁合金标准样品分类

| 系　列 | 要求分析和控制的元素 | 系　列 | 要求分析和控制的元素 |
|---|---|---|---|
| 纯　镁 | Fe、Si、Ni、Cu、Al、Mn、Zn、Ti、Pb | MgMnCe | Al、Zn、Mn、Si、Cu、Ni、Be、Ce |
| MgMn | Al、Zn、Mn、Si、Cu、Ni、Be | MgZnZr | Al、Zn、Mn、Si、Cu、Ni、Zr、Be |
| MgAlMn | Al、Zn、Mn、Si、Fe、Cu、Ni | | |

## 9.2　镁合金标准样品的总体设计方案

### 9.2.1　镁合金标准样品的关键技术指标及对制备工艺的要求

#### 9.2.1.1　镁合金标准样品的主要技术指标

(1) 均匀性：金相组织致密宏观均匀，化学成分均匀（包括主元素和杂质元素）；
(2) 准确性：所含各元素（包括主元素和杂质元素）给出的标准值必须准确；
(3) 含量范围：所含各元素（包括主元素和杂质元素）要完全覆盖产品标准；
(4) 工作曲线拟合系数（$PCT$,%）：$PCT$ = 99.0% ~99.9%；
(5) 稳定性：镁合金标准样品经氧化上色等工艺处理后，有效期一般在 5 年以上；
(6) 溯源性：镁合金标准样品可溯源到其基准物质。

#### 9.2.1.2　制备工艺的要求

由于镁及镁合金化学活性强，以及安全技术等方面的要求，决定了镁及镁合金标样研制难度比铝及铝合金标样研制难度大得多，同时镁合金标准样品的特殊用途和关键技术指标也决定了对标样制备工艺的要求十分严格。制备镁及镁合金标样铸锭与生产合金铸锭不同，研制标样要比生产镁合金标样铸锭难得多。第一，生产合金铸锭只对主元素进行调整，杂质元素一般是半定量符合标准要求即可；而制备镁标样铸锭无论主元素还是杂质元素都必须严格控制且达到设计要求（尤其是某些特殊元素及不溶或微溶于镁中的元素）；第二，标样铸锭的成分要求严格，每点各元素控制范围很窄，成分的调整是非常精细的工作，要反复调整多次才能达到要求；第三，特殊微量元素（如 Fe、Be、Ni、Ti、Pb 等）的加入和调整更加困难。如果制备标样铸锭像生产普通产品那样，一次全部元素都加入，进行调整，则在精调时，有些密度小、熔点低的元素就会严重烧损，有些元素还会因其他元素的加入而增加，很难制备出全部元素尤其是易烧损元素和杂质元素全部符合设计要求的铸锭。

9.2.1.3  镁合金标准样品的制备难点

制备镁及镁合金标准样品的主要技术难点如下：

(1) 标样铸锭熔炼难。合金主要成分易产生偏析现象，其中 Mn、Zn 和 Zr 等元素表现最为显著，且当含量增高时，偏析程度更加严重；有些微量杂质元素（如 Fe、Si 及 Be）难以加进去，尤其是 Be 的实收率很难掌握；元素之间共沉作用严重，如 Mn 和 Fe 形成不溶于镁的化合物而下沉，当 Mn、Al 和 Si 存在时，Zr 不易加入，有 Zn 存在时，Si 不易加入等；此外稀土元素在镁中的性质极难掌握，烧损、实收率难以准确控制。

(2) 化学成分均匀难。作为标样，无论是主元素还是杂质元素，都要求所含元素成分均匀。而镁及镁合金偏析、成分不均现象要比铝及铝合金严重得多。在整个标样研制过程中，很多工序与标样均匀性有关。

(3) 铸造难。铸出表面光滑、内部无气孔与夹杂的合格铸锭是研制标样的第一道也是最关键工序之一。

(4) 由于镁中含气量高，操作不当，极易产生气孔和熔剂夹渣、金属夹渣和高熔点化合物等。

(5) 准确定值难。镁及镁合金化学分析方法正在修订之中，原方法不能完全覆盖各元素含量范围，尤其是 Si、Fe、Cu、Be 以及稀土元素的分析方法有待进一步实验研究确定。

(6) 安全技术问题。镁的化学活性很强烈，在熔融状态，极易和氧、氮及水发生化学作用。在熔体表面如不严加保护，接近 800℃ 就很快氧化燃烧。在工艺流程中，液态金属直接遇水就产生飞溅性爆炸，务必严加注意。此外，有害气体和粉尘都应妥善处理。

(7) 标准样品表面防氧化、防腐蚀问题。由于镁及镁合金表面极易氧化、腐蚀，因此，研制出的镁及镁合金标样必须进行表面防氧化、防腐处理，才能确保在有效期内保证特性值不变化。

(8) 另外，镁合金远比铝合金熔炼工艺复杂，许多机理问题还有待确证。如熔盐性质、净化机理、变质处理等重要工艺，都还需做深入研究和探讨，这也增加了镁合金标样研制的难度。

### 9.2.2  制备镁合金标准样品的工艺流程

工艺流程是：市场调研→成分设计→小样试验→工具、材料、设备的准备→安全措施→熔炼→炉前分析→调整成分→再取样分析→成分精调→Ar 精炼（10 min）→静置（60 min）→铸造（$\phi$192 mm）→切取试片→车皮（$\phi$168 mm）→标样铸锭检验（初验）→均匀化处理→挤压（$\phi$45 mm）→锯切（$\phi$45 mm × 40 mm）→打印迹→氧化上色→均匀性检验→加工外委样品（注意防止氧化）→分析定值→汇总结果→复查→数据处理→给出标准值→工作曲线检查→生产考核→撰写研制报告、编制证书→鉴定通过等 32 个主要工序，最终完成研制任务。在研制过程中，每转到下道工序之前都必须经过严格检查合格后方可转入下道工序，以确保标样研制质量。最后研制出的标样尺寸为 $\phi$42 mm × 35 mm，表面呈金黄色。

## 9.3  镁合金标准样品的均匀性及均匀性检验

### 9.3.1  镁合金标准样品的均匀性

(1) 镁合金标准样品主要用于镁合金化学成分的确定。镁合金标准样品有颗粒状和圆柱状,颗粒状标样一般用于常规化学分析,颗粒状化学标样很细小,又经过混匀过筛,只要称样量足够,其均匀性是可以满足化学分析对标样的要求的。圆柱状标样主要用于仪器分析,即用标样制作工作曲线,再根据工作曲线确定未知样品各元素的含量。

(2) 由于镁合金标准样品的均匀性对于标样具有量值的确定和传递功能,因此对其均匀性要求非常严格。镁合金标准样品是一种特殊功能金属材料,作为一种金属材料,微观组织均匀是不可能的,但是仪器在每一个分析工作面(激发斑点)之间化学成分差别微小还是应该且必须做到的。镁合金标准样品的均匀性是指在宏观上,即标样组织均匀性和各元素化学成分差异性,尤其是化学成分的均匀性至关重要,制备出的镁合金标准样品的均匀性必须满足仪器分析对标准样品均匀性的要求,即不大于各元素化学分析允许差的一半。

(3) 镁合金高倍晶粒度分析结果表明,在均匀化处理前镁合金晶粒一般为 50 ~ 100 μm,经均匀化后晶粒一般为 120 ~ 250 μm(见表 9-3)。

**表 9-3 各种镁合金晶粒检测结果**

| 合金种类 | 均热前晶粒尺寸/μm | 均热后晶粒尺寸/μm |
|---|---|---|
| 纯镁系列 | 50 ~ 80 | 170 |
| Mg - Al 系列 | 50 ~ 100 | 130 |
| Mg - Zn - Re(Zr)系列 | 80 ~ 120 | 250 |
| Mg - Zn - Cu 系列 | 80 ~ 100 | 220 |
| Mg - Sr(Nd、Y)系列 | 60 ~ 100 | 150 |

国家标准规定的镁合金单个晶粒度尺寸要求:一级小于 180 μm,二级小于 700 μm。均匀化前、后的合金晶粒度大小变化不大。

光谱分析仪器激发斑点一般为 5 ~ 7 mm/个,每个激发斑点包含 20 ~ 140 个晶粒。一般要求每个激发斑点包含 80 ~ 100 个晶粒,才能平均掉由于晶粒大小不同引起的分析误差。根据三分之一法的原则,一般标样的均匀性要求不大于仪器分析方法误差的三分之一,则认为标样是均匀的。

### 9.3.2 镁合金标准样品的均匀性检验方法

镁合金标准样品的均匀性检验分为成分偏析检验、金相组织检验和均匀性检验三种。成分偏析检验、金相组织检验是过程检验,主要检查标样铸锭的成分偏析和金相组织情况,均匀性检验则是检查制备出的标样均匀性合格与否。检验方法与铝合金相同,见 2.3.2 节。在此不再赘述。

#### 9.3.2.1 铸锭偏析检验

为确保标样的组织和化学成分的均匀性,对制备出的标样铸锭必须进行成分偏析(纵向、横向)检验。只有经过检验标样铸锭无径向、纵向化学成分偏析后,才能进入下道工序。

#### 9.3.2.2 铸锭金相组织检验

为了保证制备出的标样铸锭质量,必须进行金相高、低倍检查。

(1) 低倍检查:用肉眼(或放大 10 倍以下)检查铸锭有无裂纹、气孔、夹杂、疏松等缺陷;

(2) 高倍检查:用50倍以上放大镜检查铸锭有无过烧、组织致密及晶粒度大小等情况。

9.3.2.3 标准样品的均匀性检验

标准样品的均匀性检验是对最后制备出的标样进行总均匀性检查。根据GB/T15000《标准样品工作导则》和YS/409—1998《有色金属产品分析用标准样品技术规范》规定均匀性检查方法有两种:极差法和F法。

## 9.4 镁合金标准样品铸锭制备技术

### 9.4.1 制备镁合金标准样品铸锭的特点

一般来说,加工普通镁及镁合金铸锭必须经过成分设计、熔炼、调整化学成分、搅拌和铸造等多道工序才能完成。制备普通镁及镁合金铸锭,要解决生产普通镁合金熔炼和铸造遇到的问题(见8.2节):

(1) 镁的化学活性很强,在熔态下,极易和氧、氮及水汽发生化学作用;镁合金的氧化夹杂、熔剂夹渣和气体溶解度远比铝合金多;

(2) 金属组元和金属镁本身以及加入组元所用的大多数化工材料,在工艺过程中烧损较大,实收率较低;

(3) 铸锭的疏松和成分区域偏析严重;

(4) 镁合金的热裂纹倾向较大;

(5) 镁合金的安全技术问题,大多数熔盐都有潮解性,液态金属直接遇水就产生飞溅性爆炸,务必严加注意。此外,有害气体和粉尘都应妥善处理等。

而制备镁及镁合金标样铸锭与生产普通镁及镁合金铸锭不同,研制镁及镁合金标样铸锭要比生产镁及镁合金铸锭难得多、复杂得多。其主要特点如下:

(1) 生产镁及镁合金铸锭只对主元素(3~4个)进行调整,杂质元素一般是半定量符合标准要求即可;而制备镁及镁合金标样铸锭无论主元素还是杂质元素(8~10个)都要进行调整控制。

镁合金在熔炼过程中容易受周围环境介质的影响,进而影响合金质量,导致合金中出现气孔、夹杂等缺陷。因此,需要对镁合金熔体进行净化处理。通常可以从正确使用熔剂、加强熔体表面的保护和对熔体进行充分的净化处理等三个方面进行控制。然而,除气、除夹杂物和变质处理,虽可对镁合金熔体进行净化,但是,也会把镁及镁合金标样中需要的元素变成炉渣、夹杂除掉。因此,既要保证标样铸锭无气孔、无夹杂、化学成分均匀,又要保证标样中所要求的元素(主元素和杂质元素),尤其是杂质元素都能达到设计要求,这正是镁标样铸锭的难点和关键所在。

(2) 镁及镁合金标样铸锭中各元素相互影响、相互共沉的损失严重。

镁合金中常见的几种相互排除的组元如表9-4所示。

表9-4 镁合金中常见的几种元素相互排除的组元

| 沉降剂 | Mn | Zr | Be | Ti | Co |
|---|---|---|---|---|---|
| 去掉的元素 | Fe | Fe、Al、Si、P、Be、Mn、Ni | Fe、Zr | Fe、Si | Ni |

1）含 Zr 的镁合金应严格限制 Si、Al、Mn 杂质的含量。当 Si、Al、Mn 含量各超过 0.1% 时，合金中的 Zr 元素含量将大为降低。实验结果如下：

① 当含 Mn 量为 0.1% ~0.5% 时，合金中的 Zr 含量可减少为原来的 1/3；

② 当含 Al 量为 0.1% ~0.5% 时，合金中的 Zr 含量可减少为原来的 1/11；

③ 当含 Si 量为 0.1% ~0.5% 时，合金中的 Zr 含量可减少为原来的 1/60。

2）当镁合金含 Ti 时，可以除掉熔体中的 Fe 和 Si。如 MB3 用低质量的氯化钛（$TiCl_3$ + $TiCl_2$）和 Mg－Ti 中间合金（含钛 24%）处理后，可将合金中的铁和硅含量由 0.01% Fe、0.01% Si，分别降低到 0.002% Fe、0.001% Si。

3）Mg－Al－Zn－Y 标样中，铝与钇达到一定含量时，相互降低。当 Al 大于 5.5% 时，Y 最高只能加到 1.5%，铝与钇形成稳定化合物沉入炉底，使得 Al、Y 再高就加不进去了。

（3）锆在镁合金中的特殊作用：Zr 既是镁合金中的主元素，又是晶粒细化剂。锆对 Mg－Zn 系、Mg－RE 等合金具有明显的晶粒细化作用，是目前镁合金熔炼中较常用的晶粒细化剂。但是要指出，含 Zr 镁合金熔炼比较困难，如果操作不当，则合金容易出现高熔点夹杂。另外，Zr 和 Al 易形成稳定的化合物（$Al_3Zr$）而造成 Zr 和 Al 的损失，所以 Mg－Al 系合金中不能用 Zr 细化晶粒。

（4）镁合金中熔剂的作用。由于在熔炼过程中，需要不断地把熔剂撒到金属表面，熔剂熔化后进入金属。表面熔剂熔化后，逐渐向金属中渗透，这无疑给金属增加了外来杂质，同时，标样中已调控好的元素尤其是杂质元素、微量元素就有可能与熔剂一起沉入炉底，而使得这些已经调控好的杂质元素、微量元素受到损失。这一点，在镁标样研制中特别要注意。

（5）锆的加入法。在熔炼各类镁合金标样中，熔炼 Mg－Al 合金标样的工艺简单，其价格低，综合性能好。而熔炼 Mg－Zr 合金标样就比较难，如何加 Zr，是生产含 Zr 镁合金标样的主要问题。也就是说，解决了镁标样加锆问题就解决了大批新型镁合金标样研制的主要问题，如高强的 Mg－Zn－Zr 系，耐热的 Mg－RE－Zr 和 Mg－Th－Zr 系等标样，高强和耐热的 Mg－Ag－Nd－Zr 系以及综合性能优异的 Mg－Y－Zr 系等标样。镁标样加锆的主要困难在于：

1）锆熔点高（1850℃）、密度大（6.5），而镁的熔点为 651℃，密度为 1.74。因此加入镁液中的锆呈固态时，难以溶解；加之锆与镁液密度差大，易于形成沉淀或密度偏析。

2）锆在镁合金熔体中溶解度小，在镁液中为 0.6%，在镁锆合金液中小于 1%，这就造成既难以把锆加入镁液形成合金，也难以制造成成分均匀的 Mg－Zr 中间合金。

3）锆的化学性很强，高温易和大气或炉气中的 $O_2$、$N_2$、$H_2$、$CO_2$、CO 反应，生成不溶化合物（ZrO、ZrN、$ZrH_2$、ZrC），并在坩埚底部沉淀，使锆损耗增加。

4）许多元素阻碍加锆，镁液中 Fe、Al、Si、Mn、Co、Ni、Sb、P、H 等均能和锆形成不溶化合物（$Fe_2Zr$、$Al_3Zr$、$SiZr_2$ 等），并在坩埚底部沉淀，因而降低了合金熔体中锆的含量。

由于以上几个方面的原因，对含锆镁合金标样熔炼工艺要求很严格。例如可溶锆量分总锆量和溶解锆量的控制，其中溶解锆量是有效锆，但在熔炼时，必须保证足够的总锆量。镁合金加锆的方法很多，包括化合物加锆、混合盐加锆、中间合金加锆等，其中加锆盐的处理温度较高，处理不便，并且反应残留物会留在熔体中，降低镁合金的腐蚀性；而加中间合金较好，使用方便，非金属夹杂少，合金化效果好，但是制造中间合金仍然存在上述问题。

### 9.4.2 镁标样中各元素的加入方法

镁及镁合金标准样品中各元素加入方法见表9-5。

**表9-5 镁及镁合金标样各元素的加入方法**

| 序号 | 元素 | 加入物质 | 加入方法 | 备注 |
|---|---|---|---|---|
| 1 | Zr | Mg-30%Zr | 扒渣后,在800~820℃时加入并充分搅拌。Zr实收率只有20%~30%。当Al、Si、Mn各大于0.1%时,将大大降低Zr的实收率。Zr与许多元素易共沉造渣 | Zr在炉中停留时间长,损失严重,时间短了熔化溶解不充分,易偏析。当Mn、Si、Al存在时,Zr损失严重,尽量减少Mn、Si、Al的含量 |
| 2 | Ce | Mg-10%Ce或纯Ce | 出炉前,760~780℃加入Mg-Ce或Ce,充分搅拌后取样分析 | Ce烧损严重,不能在炉中停留时间过长 |
| 3 | Fe | 用铁粉加入或Mg-Fe加入 | 在900℃以上分2~3次以7~10倍的设计量加入,每次加入后要充分搅拌。Fe实收率只有14%左右 | 在高温下可提高Fe在Mg中的溶解度,在熔制Fe含量高的标样时,其他元素含量要控制在下限 |
| 4 | Si | 用结晶硅或Mg-Si(含5%~10%Si)加入 | 在加入铁粉充分搅拌后,加入结晶硅块,充分搅拌,补料时用Mg-Si中间合金加入 | 当含Zr时,大大降低Si的溶解度 |
| 5 | Zn | 用纯Zn | 随炉料一起加入。注意搅拌防止锌沉底 | |
| 6 | Ni | 自制Mg-5.0% Ni中间合金 | 在加入Mg-Si搅拌后加入Mg-Ni | |
| 7 | Mn | 自制Mg-6.0% Mn中间合金 | Mg-Mn与镁锭一起加入,实收率在90%以上 | |
| 8 | Cu | 用Cu板或自制Mg-5.0% Cu中间合金 | 与Mg-Ni一起加入 | |
| 9 | Y | 用Mg-25%Y加入 | 在其他元素加入后、Zr加入前,加入Mg-Y。加入后必须充分搅拌 | Y实收率不易控制,与其他元素存在有关。Y的实收率约44%~84% |
| 10 | Nd | 用Mg-25%Nd加入 | 在760~780℃时加入Mg-25%Nd | |
| 11 | Pb | 用纯金属铅加入 | 把纯金属铅加工成小块置于样勺中,再把装有纯金属铅的样勺加入镁液中,待金属铅熔化后倒入炉中。然后充分搅拌,防止纯金属铅沉底 | 纯金属铅在镁中溶解度极低且不均匀。原生镁锭要求Pb不大于0.001% |
| 12 | Ti | 用Al-4%Ti加入,也可用$TiO_2$、冰晶石加入 | 在需要调整Ti时,加入Al-4%Ti。Ti在镁中溶解度很低且均匀性很差 | 原生镁锭要求Ti不大于0.001% |
| 13 | Be | 用Al-4%Be加入,也可用铍氟酸钠 | 待其他元素调整好后加入Mg-4%Be。铍的实收率很低、易烧损,加入后搅拌均匀即可铸造。如果要求不含铝时,需加入铍氟酸钠 | |
| 14 | Al | 用高纯铝加入 | 把高纯铝切成小块加入镁液中,然后充分搅拌 | |
| 15 | Ag | 用纯金属银加入 | 把纯金属银加工成小条置于样勺中,再把装有纯金属银的样勺加入镁液中,待金属银熔化后倒入炉中。然后充分搅拌,防止纯金属银沉底 | |
| 16 | Ca | Mg-30%Ca | 待其他元素调整好后加入Mg-30%Ca。钙的实收率很低、易烧损,加入后搅拌均匀即可铸造 | 把开箱没用完的Mg-30%Ca用双层塑料袋封好并置于铁桶中盖严 |

加入方法的几点补充说明:

(1) 不含Zr镁合金和含Zr镁合金:由于Zr在镁合金中具有特殊作用,通常把镁合金分为不含Zr镁合金和含Zr镁合金。在含Zr镁合金标样中,Zr既是镁合金的组元,如MgZr、MgZnZr,又是沉降剂(净化剂),可与许多金属(如Fe、Al、Si、P、Be、Mn、Ni、Y等)共沉炉底成渣,具有纯化镁合金的作用;同时,又有可能与熔剂共沉炉底成渣。由于Zr的特殊作用,给含Zr的镁合金,尤其是含Zr的镁合金的标样熔炼带来极大的困难。

(2) Zr的加入法:用Mg-30%Zr,在其他元素调整好并扒渣后,在800~820℃时,把称好的Mg-30%Zr放入钟罩中,再把钟罩置于液面下2~3cm,时间约3~4min,待Mg-Zr熔化后再倒入镁液中,进行充分搅拌。Zr实收率只有20%~30%。当Al、Si、Mn各大于0.1%时,将大大降低Zr的实收率。Zr与许多元素易共沉造渣。

(3) Fe的加入:Fe是镁中的有害元素,Fe在铝中溶解度很低,当有Zr存在时,Fe更难加入。当标样中必须配制Fe元素时,用铁粉加入或Mg-Fe加入,在900℃以上温度,分2~3次以7~10倍的设计量加入,每次加入后要充分搅拌。炉中温度越高,Fe的实收率也越高。在熔炼含Fe量高的标样时,其他元素含量要控制在下限,否则Fe与Mn、Zr等元素形成高熔点化合物造渣沉入炉底。

### 9.4.3 分步调整化学成分法在镁标样研制中的应用

#### 9.4.3.1 分步调整化学成分方法在镁合金标准样品研制过程中的应用

在2.4.1.2小节已对分步调整化学成分法进行了阐述,这里只着重阐述分步调整化学成分法在镁标样研制中的应用。根据镁标样中各元素的理化性质,分几步加入和调整各元素,直到各元素全部达到设计成分为止。具体操作方法如下:

第一步:先调整以中间合金形态加入的熔点较高、密度较大、难挥发和含量较高的元素,如Mg-Al-Si中的Si、Mg-Zn-Cu中的Cu、Mg-Al-Mn中的Mn等。

第二步:调整纯金属形态且密度较大的元素(如Zn、Al等),并微调第一步已经调整过的元素(精调)。

第三步:调整熔点较低,密度较大的元素(如Ce、Ca、Ag等),并微调第二步已经调整过的元素(精调)。

第四步:调整Y、Nd等。

第五步:调整Zr元素,如Mg-Zn-Zr中的Zr。

第六步:调整Be、Pb、Ti等微量元素。

#### 9.4.3.2 采用分步调整化学成分方法的几点说明

(1) 进行下一步调整的元素不能对以前调整好的元素成分有明显的影响。

(2) 各元素先后调整顺序:各元素调整顺序与各元素加入顺序相同,先加入先调整,后加入后调整。

(3) 各元素加入和调整顺序与其理化性质(熔点、密度、化学活性、沸点、挥发性及在镁中的溶解度)有关,各元素理化性质决定了各种二元镁合金的固溶度极限。各种二元镁合金固溶度极限见表9-6。各元素加入和调整顺序与加入方法(含加入物质形态)有关,各元素加入方法见表9-5。

(4) 各个元素在镁中的溶解作用可用元素与镁的合金相图来确定。通常与镁形成易熔共晶的元素易溶解;与镁形成包晶转变的,特别是熔点相差大的元素难以溶解。一般分为三种情况:一是Zn、Al、Ce等元素较易溶解在镁中;二是Si、Fe、Mn等元素溶解很慢,需要较长时间才能完全溶解;三是Y、Nd、Zr等元素很难在镁中溶解,必须以中间合金加入。

(5) 镁标样中各元素间共沉作用很严重,加入顺序很重要。有的元素要等加入且搅拌均匀后,方可加入下一种元素。如加Y、Zr前,其他元素要加入且搅拌均匀。

(6) Fe等元素在镁中溶解度很低且不稳定,加入条件又苛刻,不易精确调整,可按计算加入。

(7) 最后调整时,要兼顾对前面调整的各元素进行微调。

(8) 调整化学成分是根据炉前取样结果进行补料或冲洗,原则上只补料,不冲淡,尤其是精确调整时更应如此。

(9) 要有合适的内控标样(如没有,则要制备),供制定炉前分析规程用。

(10) 具体分几步,要根据各种标样所含的元素多少、理化性质和实际情况等综合考虑。

**表9-6　二元镁合金固溶度极限**　(%)

| 元素 | 原子分数 | 质量分数 | 体系 | 元素 | 原子分数 | 质量分数 | 体系 |
|---|---|---|---|---|---|---|---|
| 锂 | 17.0 | 5.5 | 共晶体 | 钪 | -15 | -24.5 | 包晶体 |
| 铝 | 11.6 | 12.7 | 共晶体 | 铅 | 7.75 | 41.9 | 共晶体 |
| 银 | 3.8 | 15.0 | 共晶体 | 铥 | 36.3 | 31.8 | 共晶体 |
| 钇 | 3.35 | 12.4 | 共晶体 | 铽 | 4.6 | 24.0 | 共晶体 |
| 锌 | 2.4 | 6.2 | 共晶体 | 锡 | 3.35 | 14.5 | 共晶体 |
| 钕 | -0.1 | -0.6 | 共晶体 | 镓 | 3.1 | 8.4 | 共晶体 |
| 锆 | 1.0 | 3.8 | 包晶体 | 镱 | 1.2 | 8.0 | 共晶体 |
| 锰 | 1.0 | 2.2 | 包晶体 | 铋 | 1.1 | 8.9 | 共晶体 |
| 钍 | 0.52 | 4.75 | 共晶体 | 钙 | 0.82 | 1.35 | 共晶体 |
| 铈 | 0.1 | 0.5 | 共晶体 | 钐 | -1.0 | -6.4 | 共晶体 |
| 镉 | 100 | 100 | 全固溶 | 金 | 0.1 | 0.8 | 共晶体 |
| 铟 | 19.4 | 53.2 | 包晶体 | 钛 | 0.1 | 0.2 | 包晶体 |
| 铊 | 15.4 | 60.5 | 共晶体 | | | | |

#### 9.4.3.3　分步调整化学成分方法的应用举例

A　调整Mg-Al-Si标样化学成分

第一步:调整Si、Mn元素的化学成分。把镁锭和Mg-Si、Mg-Mn中间合金按成分下限加入,待熔化后取样分析,根据分析结果补料、再取样分析,直至符合要求。

第二步:调整Al、Zn和Cu精调第一步的Si、Mn元素。按设计成分下限加入Al、Zn和Cu,取样分析,补料再分析,直至符合要求。

第三步:调整Fe和精调第一、二两步的各元素。先把炉温升至850℃以上,按7~10倍的量加入Mg-Fe中间合金(或还原铁粉),分2~3批加入,充分搅拌,铁粉均匀分布于镁液中。取样分析，补料再分析，直至符合要求。

第四步：调整微量元素 Ni 和 Be 及精调前三步各元素化学成分。加 Mg - Ni，Al - Be，取样分析，补料再分析，直至各元素全达到设计要求。至此，完成了标样铸锭的制备工作。需注意，用 Al - Be 调整 Be 时，要考虑 Al 的增量。

B　调整 Mg - Zn - Ce - Zr 标样化学成分

第一步：调整主元素 Zn 的化学成分。待镁锭熔化后，经搅拌扒渣测温后，加入纯 Zn，取样分析，补料再分析，直至符合要求。

第二步：调整 Ce 元素。用 Mg - Ce 或金属 Ce 加入并调整，取样分析，补料再分析，直至符合要求。

第三步：调整 Zr 元素。用 Mg - Zr 中间合金加入并调整，取样分析，补料再分析，直至符合要求。

### 9.4.4　化学成分控制技术

#### 9.4.4.1　内控样的制备

作为镁合金标样铸锭，它对各元素要求比一般镁合金产品严得多，对于一般镁合金产品，要求主元素在标准控制范围内，杂质为半定量（小于某一值）即为合格。而镁合金标样铸锭对各元素都要求准确定量，同时每个号中各元素的控制范围也比一般镁合金产品窄得多。为了精确控制标样每号各元素化学成分，首先要制备一些内控标样，然后用这些标样校对工作曲线，建立光谱分析方法，进行标样铸锭化学成分的调整和控制。这些标样可以从生产中挑选，也可以用小坩埚制备。

#### 9.4.4.2　建立光谱分析方法

把制备好的内控标样委托化学分析，给出准确的含量，用这些标样校对工作曲线，建立光谱分析方法，进行标样铸锭化学成分的调整和控制。此项工作必须由具有丰富经验的专业技术人员进行。

#### 9.4.4.3　用基准曲线法分析镁标样中特殊元素的含量

方法原理见 2.4.1.3 小节。

下面用一镁合金标样实例具体说明基准曲线法在分析镁标样中特殊元素含量的情况。在制备新型镁合金标样 Mg - Zn - Zr - Y 过程中，根据基准曲线法原理，预制了内控标样作为标称标样，用 Mg - Y 中间合金标样（E6341 ~ E6345）制作钇的工作曲线。再依据基准曲线法的基本公式和标称标样、空白标样作出的数据，绘制出分析曲线，最后计算出未知样品 Y 元素的含量。

这里用基准曲线法对 Mg - Zn - Zr - Y 标样的 Y 元素进行分析试验。根据其含量范围及现有条件，选用 Mg - Y 中间合金标样（E6341 ~ E6345）制作钇的工作曲线。

具体数据结果如下：

（1）基准曲线的制作。仪器设备：QSG750 型光电直读仪；二元合金标样：Mg - Y 合金标样（E6341 ~ E6345），内控标样作为标称标样（K9165），用 99.98% 纯镁锭作为空白标样（001）。每样每次打弧两次，得到两个读数，重复三次，共有 6 个读数，取平均值。最后以读

数 $Y-C$ 为坐标画曲线,即为基准曲线。

(2) 绘制分析曲线。

(3) 用空白标样 001 号、用小坩埚制备标称标样(K9165),K9165 的 Y 化学定值结果为 3.77%。用与基准曲线相同的条件进行打弧并记录读数,每次得到两个读数取平均值。

根据公式算出对应 $C_1=0.5$,$C_2=1.0$,$C_3=1.5$ 各浓度的读数,然后把这 3 点画在 $Y-C$ 坐标上,最后把($C_1,Y_1$),($C_2,Y_2$),($C_3,Y_3$),($C_B,Y_B$),($C_N,Y_N$) 共 5 点连成曲线,即为分析曲线。

### 9.4.5 特殊的熔炼铸造装备

#### 9.4.5.1 工具

搅拌耙子、样勺、渣刀、精炼器等全部采用不锈钢制作,并喷刷高温涂料。

#### 9.4.5.2 原辅材料

镁锭:Mg-1、Mg-2;铝锭:高纯铝锭(4 个 95%);硅:结晶硅、Mg-Si 中间合金(专用);锰:锰添加剂、Al-Mn 中间合金(用高纯铝制备);铁:铁添加剂、Al-Fe 中间合金;铜:Al-Cu 中间合金;锌:纯锌锭;镍:Al-Ni 中间合金;铍:Al-Be 中间合金;Zr: Al-Zr 中间合金;Mg-Sr、Mg-Nd、Mg-Y 中间合金。

#### 9.4.5.3 熔炼炉

A 自制石墨坩埚熔炉

通过铁坩埚和石墨坩埚的比较实验发现铁坩埚在熔炼过程中会增加铁的含量。于是在做一些常规镁合金标样时,选择石墨坩埚作为熔炼炉,并对其进行了改造。

在坩埚下面约 1/4 ~ 1/3 镁液处开设流眼,并把流槽固定在坩埚上(用自攻螺丝把流槽固定,但注意螺丝不能把坩埚穿透)。为安全起见,再把坩埚小心放入不锈钢板和内衬为耐材制成的外罩内。如图 9-1 所示。

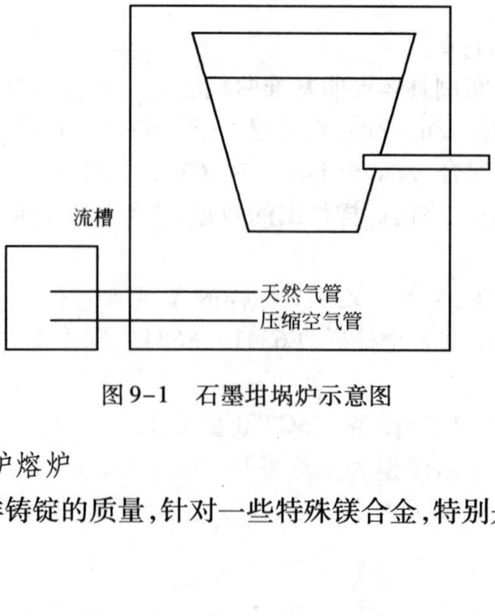


图 9-1 石墨坩埚炉示意图

B SL 系列气体保护熔炉

为了提高镁合金标样铸锭的质量,针对一些特殊镁合金,特别是含 Zr、Ce 等元素的镁合金，采用先进的SL系列气体保护镁合金熔炉进行熔炼。SL系列气体保护熔炉浇铸单元构成如图9-2所示。该熔炉是在国家"十五"计划期间"镁合金应用及产业化"重大项目的指导下，为满足国内镁合金冷室压铸生产对镁合金连续熔炼的需求，由重庆大学机械工程学院和常州华晨机械制造有限公司联合开发的。该熔炼炉拥有三项专利，采用镁合金专用符合钢板焊接双室坩埚和高品质热电阻加热实现镁合金低成本熔化，安全炉体结构确保无重大安全隐患。同时，本系统还配备了$SF_6$（或$SO_2$）和$N_2$保护气体数控混合系统，为镁熔池提供稳定可靠的气体保护。

主要技术指标有：

（1）熔炉尺寸：熔化浇铸炉1125 mm×1010 mm×975 mm；控制柜600 mm×1650 mm×1900 mm；

（2）坩埚容量：120 kg；

（3）熔化效率：60 kg/h；

（4）熔炉功率：≤60 kW·h；

（5）熔炉保温精度：≤±5℃；

（6）气体保护浓度：$SF_6$为0.10%～0.50%；$N_2$为99.8%～99.0%；

（7）保护气体流量控制范围：$SF_6$为0.001～1.0 L/min；$N_2$为0.1～50 L/min。

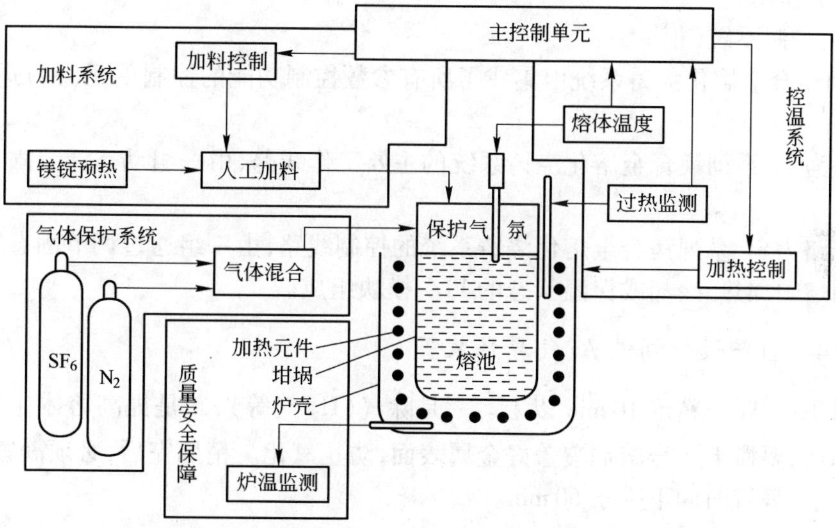


图9-2　SL系列气体保护镁合金熔炉的构成

从功能角度看，SL系列熔炉可细分为表9-7列出的几个子系统。

**表9-7　SL系列压铸镁合金熔化浇铸单元部件**

| 子系统名称 | 组成部件 | 功能 |
| --- | --- | --- |
| 加料系统 | 加料口 | 平稳添加镁锭 |
| 熔化保温系统 | 炉体、加热元件、坩埚、炉盖、PLC | 镁锭熔化及熔体温度控制 |
| 混合气体保护系统 | 保护气体混合器、气体分布器及连接管线 | 向熔炉的镁合金熔池连续提供混合保护气体，确保熔化浇铸安全进行 |

C　压铸镁合金熔化浇铸单元各子系统的工作原理

a　加料系统

该系统由炉盖和炉盖上特殊设计的加料口构成。

该熔炉采用在炉盖上搁置镁合金锭的方法，经济地实现镁合金锭加热前的预热。当镁合金锭预热到100℃以上时，即可打开炉盖上的加料口，将镁合金锭垂直、低速、稳定、无飞溅地缓慢放入镁合金坩埚中，随即关闭加料口。

b　熔化保温系统

该熔炉采用自动控制程序自主设计的PLC模块和镶嵌在炉体中的高品质电阻加热元件对复合钢板焊接双室坩埚内的镁合金进行加热和熔化保温，获得具有压铸需要浇铸温度和洁净度的镁合金熔体。

为准确监测熔炉工作状态，系统在熔化室又配备了一只插入坩埚熔体内的特种材料热电偶。为了确保熔炉工作在安全的温度范围内，还在炉膛内设置了一只监控热电偶，确保熔炉工作最高温度的实时监测和灵活控制。

c　保护气体混合及分布系统

来自自动保护气体混合装置的混合保护气体通过耐腐蚀的柔性管线输入位于炉盖和坩埚之间的“保护气体分布器”。然后通过后者均匀、稳定地分布到镁合金熔池上方，对整个熔池起到保护作用。

d　中央控制系统(柜)

SL系列镁合金熔化浇铸系统由集成了所有参数控制功能的控制单元(柜)进行检测、调整和控制。

主线路为SL系列镁合金熔化浇铸系统的主要工作线路，由一组动态调节固态继电器控制组成。

控制线路为SL系列镁合金熔化浇铸系统的控制线路，由一组通过调节固态继电器导通电压来控制熔炉加热、冷却或保温状态的PLC模块组成。

#### 9.4.5.4　自行设计制造Ar气精炼装置

精炼时采用Ar气精炼10 min以上。一是除气($H_2$气等)，二是提高熔体化学成分的均匀性。精炼后，要撒上2号熔剂覆盖好金属表面，防止氧化。精炼完后，必须静置，使得熔渣等下沉到炉底，静置时间不少于60 min。

#### 9.4.5.5　$SF_6$熔体保护气氛装置

熔炼时采用$SF_6$保护气氛。它是一种人工制备的无毒气体，在镁合金标样铸锭制备过程中也是一种非常有效的保护气氛，能显著降低熔炼损耗。大量实验研究表明：含0.01% $SF_6$的混合气体可有效保护熔体。在实际操作中，一般采用的是空气和$SF_6$的混合气体，不仅能有效降低熔炼炉的损耗，还可防止熔体表面的氧化。

此外，为了有效保护熔体表面，熔剂的使用也是很讲究的。其基本作用是在熔体表面造成一化学抑制层或绝缘层来防止熔体氧化，并去除熔体中固态和气态的非金属夹杂物。要选择比镁的氧化亲和性更强的物质来作镁合金的熔剂。最好是用碱金属和碱土金属的氯化盐和氟化盐，其中也包括氧化镁和某些惰性氧化物。所用的熔剂可分为两个类型：流动的和黏稠的，即覆盖用的熔剂和精炼用的熔剂。在此选用 2 号熔剂，其中含有 $MgCl_2$、KCl、BaCl 及 CaF，可同时很好起到覆盖和精炼的作用。

### 9.4.6　水冷式半连续铸造法

镁合金标准样品的铸锭质量与铸造方法的关系很大。镁合金的铸造方法有铁模铸造、水冷模铸造和半连续铸造。与前两者相比，水冷式半连续铸造具有很大的优势：第一，它的结晶速度快，提高了铸锭的晶内结构，减少了化学成分的区域偏析，提高了铸锭的力学性能；第二，由于改善了金属熔铸系统，减少了氧化夹杂和金属杂质，提高了金属的纯净度；第三，合理的结晶顺序性，提高了铸锭的致密度，并使铸锭中心部位减少了疏松。

为此，采用石墨漏斗分液、半连续铸造技术进行铸造，并在铸造时在流槽结晶器上方撒上新保护剂（硫黄粉加硼酸按 1∶1 的比例配制），以防止镁液表面氧化烧损。同时注意要覆盖熔体全部表面，并要不断撒入，以保护被破坏的表面。取样时，也要撒些保护剂在样勺和试样表面上。用新的保护剂替代硫黄粉有以下优点：保护效果好，无明火；气味小，安全性好；可推广到流槽、结晶器和取样保护等。新的保护剂配制简单、易操作，把硫黄粉和硼酸称好后，按 1∶1 混匀碾成面，烘干装入瓶中封好备用。

在水冷式半连续铸造法浇铸镁标样铸锭时，常常会有熔剂夹杂、氧化夹杂和金属杂质等扒到结晶器壁上，使得铸锭移动不畅或不移动而产生废品。为了减少熔剂夹杂、氧化夹杂和金属杂质等扒到结晶器壁上，减少标样铸锭废品的产生，可采用环壁除渣法来有效地达到此目的。环壁除渣法就是用一个专用的不锈钢小勺，不断地舀出结晶器镁液中的熔剂夹杂、氧化夹杂和金属杂质，保持结晶器中镁液纯净度。铸造时，可在结晶器中适量地撒一些新保护剂，以防止镁液的烧损和氧化。

### 9.4.7　镁合金标样中金属杂质去除技术

在镁标样熔炼过程中，对于某些金属杂质元素超标，整炉冲淡或报废损失太大，可以采用以下技术把多余的金属杂质去除掉：

（1）金属杂质 K、Na 的去除：一般在熔体中，K、Na 为碱金属，其金属活性比镁强，通过置换反应，可把镁液中的 K、Na 变成炉渣。

（2）金属杂质 Fe 的去除：镁中微量的 Mn 对镁的各种用途、性质的影响很小，因此可不考虑去除 Mn。而杂质 Fe 是最有害的元素，必须去除。去除 Fe 的方法是向熔剂中加入添加剂，添加剂的种类有海绵钛、四氯化钛、锆、氧化锆、铍以及硼和硼的化合物等。

1）用海绵钛除铁：镁中的铁除了结晶镁带入之外，还有容器与精炼工具被腐蚀后溶解的，而且铁在镁中的溶解度又随温度的增高而增大。在一般精炼条件下，除铁是比较困难的。用海绵钛除铁有较好的效果，这是因为海绵钛有很强的吸附性，并生成密度较大的结合体在镁液中沉降。其反应为：

$$Ti + (Mg + x) \longrightarrow Mg + (Ti + x) \qquad (9\text{-}1)$$

式中，$x$ 为杂质金属铁与其他金属杂质。

用四氯化钛（$TiCl_4$）精炼除铁，其机理基本与海绵钛除铁一样，但所用的设备和过程比海绵钛除铁复杂一些。

用海绵钛除铁，采用的熔剂成分为 $MgCl_2$ · KCl83%、$BaCl_2$8%、NaCl5%、$CaF_2$3%。海绵

钛的添加量可控制在 0.05% ~0.5%，在加 $CaF_2$ 熔剂精炼 3 min 后，加入钛粉进行搅拌精炼，在 740℃时恒温、静置 20 min，可获得如表 9-8 所示的数值。

**表 9-8 海绵钛加入量和精镁中 Fe、Ti 含量的关系**

| 精镁中 Fe 与 Ti 的含量(质量分数)/% | 海绵钛加入量/% | | | | |
|---|---|---|---|---|---|
| | 0.05 | 0.01(0.1) | 0.2 | 0.3 | 0.4 |
| Fe | 0.0031 | 0.0027 | 0.0016 | 0.0014 | 0.0015 |
| Ti | 0.0089 | 0.013 | 0.019 | 0.022 | 0.033 |

从表中数值可看出，随着海绵钛加入量的增加，精镁中铁的含量下降，但精镁中钛的含量却随钛加入量的增加而增加。静置对熔剂精炼中所有杂质的沉降具有重要意义。静置温度高，熔剂黏度小，熔镁密度小，流动性好，钛铁结合体沉降快。但是铁与钛随着温度的升高，其溶解度也升高。实践证明，用海绵钛除铁后，在 720℃温度下静置，此时精镁中钛与铁的含量最低。

2）用硼化物除铁：硼化物及其衍生盐的种类很多，常见的有 $B_2O_3$、$H_3BO_3$、$Na_2B_4O_7 \cdot H_2O$ 等。关于硼化物和铁的结合机理目前尚不明确。$B_2O_3$ 和 $Na_2B_4O_7$ 是难熔的盐，其熔点都高于 1000℃，但在熔体中有被镁置换的可能。用 $B_2O_3$ 除铁，随 $B_2O_3$ 添加量的增加，精镁中铁含量显著降低。与 $B_2O_3$ 除铁相比，用 $Na_2B_4O_7$ 除铁效果不如 $B_2O_3$。

3）用锆、氧化锆除铁：用锆除铁是使锆与镁形成合金，并使晶粒细化，还起到抵消铁含量的作用。氧化锆（ZrO）首先是被还原成金属锆，和直接加锆除铁的作用一样，其添加量为镁量的 0.05%。其缺点是 Zr 或 ZrO 的成本太高。

### 9.4.8 晶粒细化处理技术

晶粒细化是提高镁合金标准样品性能的重要途径。镁合金晶粒越细小，其力学性能和塑性加工性能越好。尽管标准样品对这两个性能指标要求并不严格，但是，镁合金标样铸锭经过晶粒细化处理后金属间化合物会更细小，化学成分也会分布更加均匀，从而缩短均匀化处理时间，或者至少可以提高均匀化处理效率。

在镁合金的熔炼过程中，细化晶粒的方法有两类，即变质处理和强外场作用。前者的机理是在合金液中加入高熔点物质，形成大量的核质点，以促进熔体的行核结晶，获得晶粒微细的组织。由于条件的限制，在标样的研制过程中，一般采用的是变质处理技术。

#### 9.4.8.1 $C_2Cl_6$ 变质剂处理技术

$C_2Cl_6$ 是镁合金熔炼中最常用的变质剂之一，可以同时收到除气和细化晶粒的双重效果。在制备 Mg－Al 系和 AZ31、AZ61 等标准样品时，采用了变质剂，晶粒尺寸可由 280 μm 下降到 120 μm，抗拉强度也得到明显提高。此外，如果采用 $C_2Cl_6$ 和其他变质剂进行复合变质处理，效果更好。此法正在试验当中。

#### 9.4.8.2 Zr 变质剂处理技术

锆对 Mg－Zn、Mg－RE、Mg－Ca 系等合金具有明显的晶粒细化作用。理论研究表明：镁锆合金的晶粒细化效果主要来自于固溶于镁中的锆，而没有固溶的那部分锆只有约 30%

的晶粒细化作用。

在标样的制备过程中,根据不同的镁合金性质,加入不同的变质剂,以起到细化晶粒的作用,同时也可部分提高熔体化学成分的均匀性。

### 9.4.9 镁合金氧化上色技术

由于镁合金表面易腐蚀,研制出的标样要经过氧化上色才能长期保存。经过小样试验,采用化学法氧化上色对镁标样进行表面氧化上色。镁合金氧化上色工艺流程参数见表9-9。

**表9-9 镁合金氧化上色工艺流程参数**

| 工 序 | 工序名称 | 溶 液 | | 处理条件 | |
|---|---|---|---|---|---|
| | | 组 成 | 含量/$g \cdot L^{-1}$ | 温度/℃ | 时间/min |
| 1 | 装 料 | | | | |
| 2 | 热水洗 | | | >40 | |
| 3 | 化学除油 | 磷酸钠<br>苛性钠<br>硅酸钠 | 40~60<br>5~20<br>20~35 | 60~80 | 7~15 |
| 4 | 热水洗 | | | >40 | |
| 5 | 冷水洗 | | | | |
| 6 | 酸洗 | 硝 酸 | 8~15 | 室温 | 0.2~1 |
| 7 | 冷水洗 | | | | |
| 8 | 水 洗 | 硝酸钠<br>铬酐 | 5~8<br>80~100 | 室温 | 5~15 |
| 9 | 冷水洗 | | | | |
| 10 | 热水洗 | | | >40 | |
| 11 | 氧化处理 | 重铬酸钾<br>铬酐<br>硫酸铵<br>醋酸(60%) | 80~140<br>1~3<br>2~5<br>10~20 | 60~75 | 0.5~1 |
| 12 | 冷水洗 | | | | |
| 13 | 热水洗 | | | >40 | |
| 14 | 干 燥 | | | | |
| 15 | 检 查 | | | | |

几点说明:

(1) 装料时,必须保证制品与料架很好接触,接触面越小越好。整个操作过程中不准用带油的手套接触制品表面。

(2) 局部氧化采用手工操作:先用酒精棉球把要氧化之处擦洗干净,再用蘸有氧化液棉球于室温下反复在无膜处涂抹,直至生成均匀的氧化膜。再用蒸馏水冲洗残余氧化液,最后用脱脂棉擦净、干燥。

(3) 由于成分不同,所用添加剂也不同,最后颜色也有很大不同。最后氧化上色颜色有两种,以金黄色为主,个别为黑色(MgAlZn 系)。

(4) 对配方进行了调整,并加入了特殊添加剂,可在常温下进行操作,减少环境污染。

## 9.5 提高标样均匀性的技术

### 9.5.1 先进的工艺是研制化学成分均匀的光谱标样的关键

光谱标准样品（标样）的均匀性是光谱标样最关键的技术指标之一。均匀性的好坏直接影响光谱分析结果的准确性。在GB/T15000《标准样品工作导则》和YS/T409《有色金属产品分析用标准样品技术规范》中，都对光谱标样的均匀性做了具体规定。下面结合镁及镁合金光谱标样的研制，阐述提高镁及镁合金光谱标样质量的具体措施。

对一般镁合金而言，研制光谱标样需要经过以下工序：市场调研→成分设计→工具、材料准备→熔炼→调整成分（不合格重新调整）→铸造（$\phi$162 mm）→去头、尾后切取试片（外委、初验、金相）铸锭检验（不合格再去头、尾后取试片）→初步定值→均匀化处理（过烧报废或待处理）→车皮→挤压加工（$\phi$62 mm）→去掉料头、尾→锯切（$\phi$62 mm × 30 mm）→均匀性检验（不合格回炉或采取措施）→外委定值→汇总数据→数据处理→定值→工作曲线检查→生产考核→撰写研制报告→鉴定通过。

在光谱标样研制的主要工序中，与均匀性有关的工序有成分设计、熔炼、铸造、变质处理、调整成分、切取试片、铸锭检验、均匀化处理、车皮、挤压加工、锯切、均匀性检验和数据处理等。

### 9.5.2 提高标样均匀性的措施

由于镁合金标样中各元素理化性质不同，因此需要区别对待，采取不同措施加以解决。在研制标样过程中，采用以下先进技术和工艺，以减少偏析，提高均匀性：

（1）铸造时采用水冷式半连续铸造法，加大冷却速度，阻止结晶过程中晶粒粗大：适当减小铸锭直径，增加冷却水压力，增加速度等。

（2）增加标样铸锭和挤压棒的去头、切尾长度，以减少密度过高、过低元素的偏析。一般产品去头、尾100～150 mm，而标样铸锭至少去200 mm，最多去500 mm。

（3）车皮：为了解决某些元素（Zr等）径向偏析问题，把铸锭表面车掉10 mm。这样既可除掉铸锭表面氧化皮、夹杂，又可提高均匀性。

（4）特殊镁合金采用晶粒细化技术：通过$C_2Cl_6$和Zr变质处理技术，使其晶粒细小，组织致密。

（5）标样铸锭均匀化处理技术：采用半连续铸造法浇铸的铸锭一般存在晶粒粗大、残存内应力和成分偏析问题。在共晶温度以下（$0.9 \sim 0.95T_M$）进行均匀化处理，一是通过高温加热可达到相的溶解和原子热扩散，减少成分偏析，而且可消除内应力，提高加工性能，为通过挤压工序做好准备。

（6）挤压技术：铸造出的标样铸锭要经过油压挤压机挤压成$\phi$42 mm棒材。通过挤压工序研制出的标样经过了大变形量挤压，可把粗大晶粒挤碎，使标样化学成分更加均匀，减少头、尾和径向偏析。

（7）各元素合理的加入方法是保证标样均匀性的重要条件。

光谱标准样品的各元素含量要按设计成分加入镁中是十分困难的，尤其是杂质元素更难。其一是有些杂质在镁中属有害杂质，一般镁合金中不加入，故具体加入方法研究得不多,因此无资料可借鉴;二是有些杂质在镁中溶解度很低,很难加入;其三是用于配制个别元素的原材料难以选到(如 Sr、Nd、Y)等等。

## 9.6 镁合金标准样品铸锭的缺陷及防止方法

### 9.6.1 镁合金标样铸造的裂纹倾向性

镁合金标样铸锭和铝合金铸锭一样,经常出现的裂纹有两种类型,即热裂纹和冷裂纹。在镁合金中,热裂纹倾向性较大,而冷裂纹只在 MB8 和 MB7 合金铸锭中发生,且亦少见。

在结晶温度区间内收缩困难是造成热裂纹的首要因素。合金在给定条件下,一切能缩小脆性区温度范围、减小脆性温度区内收缩困难的因素都有利于减小热裂纹倾向性(简称热脆性)。

一种合金的热裂纹倾向性大小可根据其脆性区内 $\delta(\%)$ 和线收缩 $\varepsilon(\%)$ 的大小来判断。即根据温度 - $\delta(\%)$ 关系图,可以明确知道,其脆性区大小和该区内 $\delta(\%)$ 的高低有关。

当脆性温区内的 $\delta(\%)$ 小于 0.5% 时,统称脆性区,而 $\delta(\%)$ 小于 0.3% 时,这时热裂纹倾向性极大,故称危险脆性温区,当 $\delta(\%)$ 高于 0.5% 时,热裂纹倾向性很小,几乎不产生热裂纹。当脆性区内的 $\delta(\%)=0$ 时,称为绝对脆性区,这时裂纹是难以避免的。因此,合金固液区内塑性 $\delta(\%)$ 的大小是衡量一个合金热脆性大小的重要指标。

合金脆性温区的上限等于或小于固液区的上限,其下限则和固液区的下限相重合,有时甚至低于其下限。

影响裂纹倾向性的因素有以下几个方面。

#### 9.6.1.1 化学成分(包括变质剂)

实验证明,一切能使晶粒细化的因素,都会降低给定合金脆性区的上限,相对缩小了脆性区的温度范围。因为晶粒愈细,愈趋近等轴晶,则愈有利于晶间形变,减少结晶时的收缩阻力。例如,在镁合金(Mg + 4.5% Zn)中,加入 0.8% Zr 后,其固相线由 617K 提高到 823K,脆性区减少了 479K,可见变质剂 Zr 既细化了晶粒又将脆性区缩小为原来的 1/25。如果在此合金中再加入 1% La,其固液区的伸长率 $\delta(\%)$ 提高到 0.7%。这样,合金就不会产生热裂纹,可见化学成分对热裂纹的影响是如此之大。Mg - Zn - Zr 系合金的温度 - $\delta(\%)$ 关系见图 9-3。

由图 9-3 可见,在 Mg + 4.5% Zn 合金中加入变质剂 Zr 后,不但减小了脆性区,同时降低了固液区内的线收缩和提高了固液区内的塑性 $\delta(\%)$,这三者都有利于消除热裂纹。

另外,在 Mg + 4.5% Zn + 0.8% Zr 合金中,再加入 1% La,它使固液区内的 $\delta(\%)$ 由原来的 0.2% 提高到 0.7%,使它变成了无脆性温区的合金。La 的作用就在于它急剧地增大了合金中的共晶量。凡是增大共晶量的组元,都会提高固液区内的塑性。因此,影响合金的热脆性,尤其是加入少量的组元就可增加更多共晶量的,将对合金热脆性有明显的减小。增大共晶量,它直接影响晶界液膜的厚度。晶界液膜愈厚,愈便于晶间形变而不受阻,也就是液膜愈厚愈适应晶间形变。另外,随共晶量的增大,将大大改善补缩条件和裂纹改善条件。

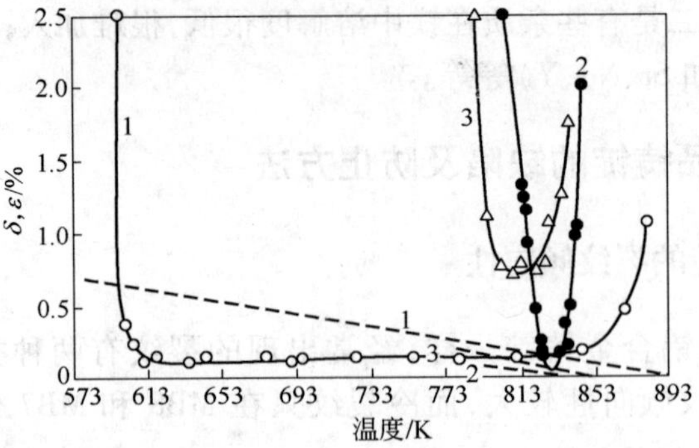


图 9-3　Mg - Zn - Zr 系合金结晶温区内温度与塑性的关系(虚线为 ε,%);
1—Mg + 4.5% Zn;2—Mg + 4.5% Zn + 0.8% Zr; 3—Mg + 4.5% Zn + 0.8% Zr + 1% La

共晶量和裂纹倾向并不是简单的直线关系,当共晶量小于某一极限时,裂纹倾向性小;当增加到某一范围时,裂纹倾向性极大;如再继续增加时,则裂纹倾向性又逐渐变小,一直到零。显然,共晶量在数量上有一个区间,在此区间内裂纹倾向性最大。将这个区的共晶量称为"临界共晶量"。避开临界共晶量,则可避开裂纹峰。

同一系的合金,其固液区性质相差很大,Mg - Zn 系合金结晶温区内温度与塑性的关系见图 9-4。

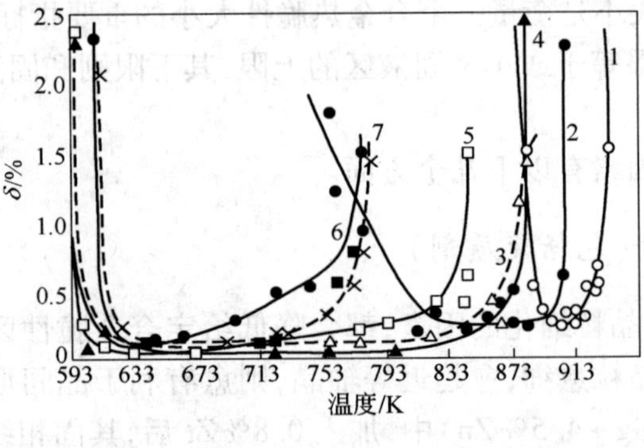


图 9-4　Mg - Zn 系合金结晶温区内温度与塑性的关系
1—含 1% Zn;2—含 3.0% Zn;3—含 4.5% Zn;4—含 6% Zn;5—含 8% Zn; 6—含 12% Zn; 7—含 14% Zn

### 9.6.1.2　工艺因素

A　结晶速度的影响

不同冷却速度对镁合金脆性温区大小及在该区内 δ(%)的影响见图 9-5。由图可见,铸锭结晶时,随冷却速度的加大,脆性温区的范围减小,且固液区的塑性 δ(%)提高,有利于减少热裂纹。

B　熔体过热和晶粒粗化对热裂纹的影响

铸锭的晶粒粗细将影响脆性温区的大小,晶粒粗化者,其脆性温区范围较大。当合金熔体过热时,将使晶粒粗化,因此,也将使脆性温区加大。

另外,晶粒形状也对脆性温区和固液区内 δ(%)的大小有影响。柱状晶者不但脆性区较大,且其固液区内的塑性也较低。

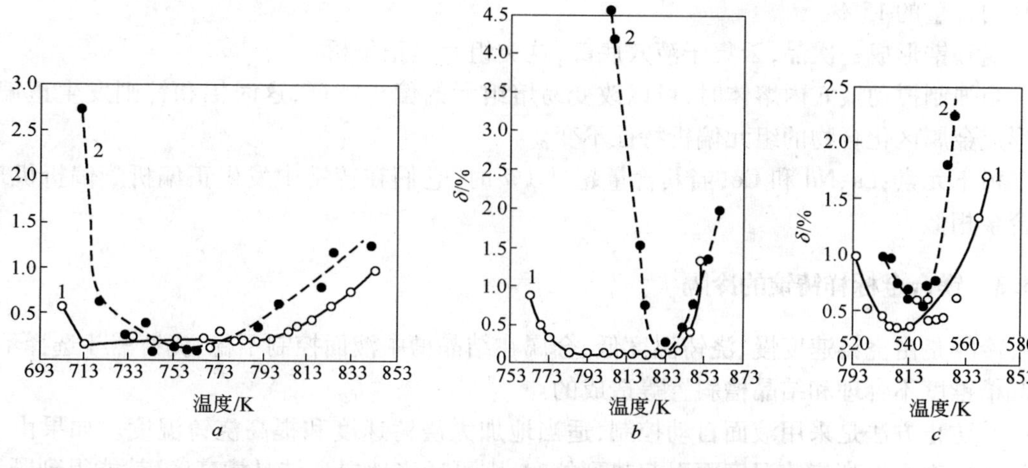


图9-5　冷却速度对镁合金结晶温区温度与塑性的关系

*a*—Mg－8.0%Al－0.5%Zn－0.3%Mn；*b*—Mg－4.5%Zn－0.8%Zr；*c*—Mg－4.55%Zn－0.8%Zr－1%La

1—结晶时慢冷；2—结晶时快冷

熔体过热使晶粒粗化，实质上影响脆性区的大小和固液区内的塑性δ(%)。这一点在铝合金固溶区性质图中有充分说明。

C　浇铸工艺参数对热裂纹的影响

浇铸速度、浇铸温度、水冷强度和铸锭的形状及尺寸，都直接影响铸锭的结晶速度。而结晶速度的大小直接影响铸锭的应力、脆性区间和固液区内δ(%)的大小。

在镁合金浇铸时，若增大浇铸速度时，就不应当同时增大冷却强度。若二者同时不适当地增大，将增大热裂纹倾向性。

镁合金热裂纹倾向性较大，其裂纹的分布形式主要与工艺条件有关。有些合金如MB15合金扁锭，需要在冷却带调整冷却量，来适应合金铸造性。镁合金扁锭中，常见的裂纹形式有表面裂纹和发状裂纹，都属于热裂纹。由于成因不同，其解决方法也不同。

### 9.6.2　镁合金标样铸锭的偏析

镁合金铸锭中成分的偏析和铝合金相似，也可以分为晶内偏析和区域偏析（或称带偏析）两种。

#### 9.6.2.1　晶内偏析

枝晶内的化学成分不均匀性称为晶内偏析，在镁合金中如Mg－Zn－Zr系，其枝晶轴均含有更多的难熔组元锆。晶内偏析可通过组织均匀化来减少或消除，晶内偏析程度的大小取决于结晶速度和成分均布系数。

#### 9.6.2.2　区域偏析

合金锭各部分化学成分不均匀性称为区域偏析，在镁合金中，区域偏析有两类，即易熔组元反偏析和形成金属间化合物组元的正偏析。

含铝和锌的镁合金锭中，此二元素经常是呈反偏析。其反偏析值一般不超过合金化组元平均含量的15%。

锰和锆形成一次晶，云集于液穴底部，这类组元呈正偏析。

当强制搅动液穴内熔体时，可以改变易熔组元的偏析特征，这时铝和锌则发生正偏析，而形成金属区化合物的组元偏析特征不变。

稀土元素：La、Nd和Ce，当其含量超过1%时，它们在铸锭中发生正偏析。偏析机理和铝合金相似。

### 9.6.3 镁合金标样铸锭的冷隔

冷隔是由浇铸速度慢、浇铸温度低、金属在结晶槽中液面控制不稳、浇铸漏斗选择不当、结晶槽锥度不合理和结晶槽斜置等造成的。

其防止方法是采用液面自动控制，适当地加大浇铸速度和提高浇铸温度。如果由于增大浇铸速度和提高浇铸温度而引起热裂纹时，则可适当地提高结晶槽高度，就能得到既无冷隔又无裂纹的镁合金锭。或者增大结晶槽锥度，以减少合金锭表皮导热来防止产生冷隔。

### 9.6.4 镁合金标样铸锭的夹杂

镁合金的夹杂主要是氧化物夹杂和熔剂夹渣。

#### 9.6.4.1 氧化夹杂

氧化夹杂主要是MgO、MgO·MgS和金属间化合物，它在试片断口上呈球状物。

镁合金熔炼过程中因生成氧化物而造成的夹杂，主要是由炉料不清洁，熔剂不干燥，精炼作用不完全，浇铸前的静置时间不够以及熔炼操作不当等引起的；浇铸过程中因形成氧化物而造成的夹杂，主要是由浇铸系统设计不合理，浇铸时合金剧烈氧化或产生涡流以及浇铸操作不当等引起的；铸型本身的原因也会引起夹杂，主要是由砂型及型芯烘烤不良，保护剂不足，合型后停放时间过长，型砂过湿，砂型捣得太实等引起的。铸件氧化夹杂主要是以断口呈深灰、黑和浅黄色而不规则的点或小块状存在于铸件内部，外形上呈薄片、皱皮或团絮状。有时还带有少量的熔剂，薄壁铸件则常露于表面。

防止这种夹杂出现的方法是生产中保持炉料清洁、熔剂干燥、精炼彻底、充分静置并避免氧化和燃烧；正确设计浇铸系统，采用过滤器，启动要平稳，正确浇铸，浇铸时不断撒硫黄、硼酸防护剂或用气体作为保护气氛；造型操作要正确，控制型砂水分，砂芯要干透，控制好合型时间。

#### 9.6.4.2 熔剂夹渣

镁合金熔炼过程中造成的熔剂夹渣，主要原因是违反精炼和静置的规定；熔剂的成分、配制、保管不当；未遵守浇包在坩埚中舀取金属熔体的规定而将熔剂搅入熔体内，坩埚中剩留的合金熔体过少；浇包未洗涤干净，洗涤熔剂的使用次数太多，以及温度太低；浇铸系统设计不良等。

熔剂夹渣主要表现为大块熔剂夹杂在铸件内呈水滴状，常与熔渣同时出现；细小熔剂夹渣呈分散状，经过一段时间后在铸件表面上或断口上呈暗色斑点；表面上的大块熔剂夹杂在出型后呈暗褐色，而细小熔剂则难以被发现；熔剂夹渣一般分布在浇铸系统和内浇道附近或铸件下部;机加工暴露出熔剂的表面在空气中停留一段时间后呈暗色斑点,然后在斑点上出现白色粉末("长毛")。

防止熔剂夹杂的方法是应遵守合金的熔炼规范和浇包在坩埚中舀取合金熔体的规定,两次舀取熔体之间的时间间隔不少于4 min;使用合格的熔剂并定期检查;浇铸前仔细清除坩埚周围边缘和可提式坩埚浇嘴上的熔剂;吊出坩埚时要平稳,坩埚中要剩留规定比例的合金熔体;熔剂坩埚的温度不低于1053K,浇包和工具洗净后要滴净所有的熔剂;采用合理的浇铸系统。

熔剂夹渣是镁合金中危险的隐患,它可能成为制品断裂的根源。

### 9.6.5 镁合金标样铸锭中间化合物

金属间化合物的产生机理和铝合金相似。金属间化合物的相组成,因合金不同而异。在MB8合金中主要是$\beta$(Mn)一次晶,基体中可以溶解总和为2%的铁和铝。

MB8合金中,在金属间化合物聚集处,其锰含量比基体高2.5~7倍。影响MB8合金中金属间化合物一次晶的工艺因素有浇铸温度、冷却条件、配料成分,以及锰含量等,其中以锰含量多少影响较大。锰含量的临界值是1.55%,在配料成分上希望合金中的杂质铁和铝均在0.2%以下。

必须指出,铁在MB8合金中基本的存在形式是进入含锰金属间化合物(呈固溶体)。只有当铁含量大于其临界值0.02%时才出现个别的$FeAl_3$相。当合金中的铁小于0.005%时,从未发现形成含铁的金属间化合物。

在金属间化合物聚集处,妨碍阳极氧化,同时含氧化铁有遭受腐蚀的危险。

在Mg-Zn-Zr系合金中,其化合物的主要成分为锆和锌。在化合物中,经确定含有0.01%~0.19%Zr。当锆在5%以上时,形成的化合物为ZnZr,它为四方形结构,当含锌量少时,则形成$Zn_2Zr_3$。实际上,在工业生产中铸锭从未发现过Zn、Zr化合物。

镁合金中化合物的鉴定皆通过断口检验,其标准按有关规定执行。

镁合金锭必须切除浇口和底部,并锯切成符合生产要求尺寸的坯料,再经车、铣把合金锭表面的缺陷清除,以便进行外观检查和压力加工。

## 9.7 镁合金标样数据处理技术

该技术与铝合金标样数据处理技术相同,在此不再赘述。

## 参考文献

[1] 朱学纯,章宗和.我国镁及镁合金标准样品的现状及发展前景[J].铝技工,2006增刊.
[2] 彭学福.西南铝业镁合金标样与国际标样对比分析[J].铝技工,2006增刊.
[3] 黄启德.镁合金市场趋势及工业应用前景[J].金属工业,2000(1),74~79.
[4] 李晓敏.压铸镁合金在汽车中的应用及其发展前景[J].世界有色金属,2001(9),16~18.
[5] 吕宜振等.镁合金在汽车上的应用现状[J].材料.工艺.设备,1999(10),28~31.
[6] 彭晓东等.轻合金在汽车上的应用[J].机械工厂材料,1999(5),24~26.
[7] 曾小勤.镁合金应用新进展[J].铸造,1998(11),39~40.
[8] 张津,章宗和等.镁合金及应用[M].北京:化学工业出版社,2004.
[9] Henmann F and Jones H. The Statue and potertial of rapid solidification of magnesium alloys in rapidly so-

lidified alloys and their mechanical and magnetic properties. In Guess B C. Polk D E. and Taud A I ed. Materials Research Society. Pittsburgh;1986,83～96

[10] Edgar R L. Global Overview on Demand and Applications, International Congress Magress Magnesium Alloys and Their Applications. Weinheim;Munich. 2000. 3

[11] GB/T15000. 1—1994 标准样品工作导则.

[12] ISO5725:1994,测量方法各结果的准确度(正确度和精密度).

[13] ASTM 标准 E691:1991,采用实验室间合作研究确定检测方法精密度.

[14] JJF 1059—1999,测量不确定评定与表示.

[15] GB/T 8170—1987,数值修约规则.

[16] SL 系列气体保护镁合金熔化炉用户手册. 重庆硕龙科技有限公司(内部资料),2007.

# 10 镁合金标准样品的制备技术

## 10.1 原生镁锭标准样品铸锭的制备技术

### 10.1.1 原生镁锭成分设计技术

#### 10.1.1.1 设计原则

（1）满足 GB/T3499—2003《原生镁锭》标准的要求；

（2）上下限含量受到国内现有原材料制约，因此允许实际含量与设计值会有一定差距；

（3）由于原生镁锭（普镁、精镁）标准包括范围很大，点子少了难以覆盖住，故本标样设计 7 点（含高、低标）；

（4）受成分调整制约（Pb、Ti 等元素无法进行炉前分析），因此只能按计算加入。

#### 10.1.1.2 设计成分

根据上述设计原则，本标样设计成分如表 10-1 所示。

**表 10-1 原生镁锭标样设计成分** （质量分数，%）

| 标样号 | Si | Fe | Cu | Mn | Ni | Al | Pb | Ti | Zn |
|---|---|---|---|---|---|---|---|---|---|
| E4131 | 0.010 ± 0.001 | 0.003 ± 0.0003 | 0.0010 ± 0.0002 | 0.015 ± 0.002 | 0.0004 ± 0.0001 | 0.010 ± 0.001 | 0.0040 ± 0.001 | 0.0003 ± 0.0001 | 0.010 ± 0.001 |
| E4132 | 0.060 ± 0.005 | 0.030 ± 0.003 | 0.007 ± 0.001 | 0.10 ± 0.01 | 0.010 ± 0.001 | — | 0.040 ± 0.005 | 0.0002 ± 0.00005 | 0.050 ± 0.003 |
| E4133 | 0.020 ± 0.003 | 0.010 ± 0.002 | 0.010 ± 0.001 | 0.020 ± 0.002 | 0.002 ± 0.0005 | 0.015 ± 0.002 | 0.010 ± 0.003 | — | |
| E4134 | 0.040 ± 0.005 | 0.007 ± 0.001 | 0.015 ± 0.002 | 0.025 ± 0.002 | 0.004 ± 0.0005 | 0.25 ± 0.01 | 0.015 ± 0.003 | 0.001 ± 0.005 | 0.020 ± 0.002 |
| E4135 | 0.002 ± 0.001 | 0.002 ± 0.0002 | 0.0005 ± 0.0001 | 0.005 ± 0.001 | 0.0003 ± 0.0001 | 0.005 ± 0.001 | 0.0020 ± 0.0001 | — | 0.007 ± 0.001 |
| E4136 | 0.015 ± 0.003 | 0.020 ± 0.002 | 0.025 ± 0.002 | 0.15 ± 0.01 | 0.005 ± 0.0005 | — | 0.020 ± 0.005 | 0.0025 ± 0.0005 | 0.025 ± 0.002 |
| E4137 | 0.030 ± 0.003 | 0.005 ± 0.001 | 0.005 ± 0.001 | — | 0.0015 ± 0.0002 | 0.010 ± 0.002 | 0.006 ± 0.001 | 0.0001 ± 0.00005 | 0.015 ± 0.002 |

### 10.1.2 均匀化标样铸锭制备

#### 10.1.2.1 主要技术指标

本标样主要技术指标如下：

(1) 每套7点：含Si、Fe、Cu、Mn、Ni、Zn、Al、Pb和Ti，共9个元素；

(2) 均匀性：极差法检验合格；

(3) 定值准确性($S$)：$2S\leqslant$化学允许差；

(4) 工作曲线啮合系数($PCT$)：$PCT\geqslant0.995$；

(5) 有效点数($Q$)：$Q\geqslant4$；

(6) 稳定性(有效期$T$)：$T=5$年；

(7) 尺寸(单点)：$\phi$42 mm × 35 mm。

#### 10.1.2.2 主要技术难点

由于镁化学活性强及安全技术等原因，决定了镁及镁合金标样研制难度比铝标样大得多。本标样主要技术难点如下：

(1) 标样铸锭制备难：研制出符合设计要求的、化学成分均匀的标样铸锭是本标样研制的第一步，也是最关键的一步。铸锭易产生夹渣，有些元素实收率变化很大，难以控制，尤其是微量元素Pb、Ti、Ni等元素，很难加入镁中，而且Fe、Ti、Mn、Pb等易偏析。

(2) 化学成分调整难：由于无合适的标样，无法制定炉前分析规程，给调整标样铸锭化学成分带来很大困难。另外，Pb、Zn、Ti(一般不要求)三个元素，原重熔用镁锭不要求分析。而新标准原生镁锭标准中增加了Pb、Zn、Ti三个元素。

(3) 分析定值难：GB/T13748.1～13748.10《镁及镁合金化学分析方法》中无Ti、Pb二元素分析方法，而且本标样中Al、Mn、Cu、Ni、Zn含量低于镁及镁合金化学分析方法规定的下限，这给准确定值带来很大难度。

(4) 原材料选择难：现有镁锭中杂质偏高，难以满足本标样设计要求。

(5) 安全技术问题：镁的化学活性很强，在熔融状态，极易和氧、氮及水发生化学作用。在熔体表面如不严加保护，接近800℃时就很快氧化燃烧。在工艺流程中，液态金属直接遇水就会产生飞溅性爆炸，务必严加注意。此外，有害气体和粉尘都应妥善处理。

(6) 纯镁标样表面防氧化、防腐蚀问题也是一个难点。

#### 10.1.2.3 攻关措施

为了解决上述技术难点问题，研制出化学成分均匀、定值准确、工作曲线啮合系数好的纯镁标准样品，采取以下攻关措施：

(1) 小样试验。通过Pb、Ti等元素加入方法研究，找出合适加入方法及实收率等。

(2) 选择原材料并合理搭配。一般普镁锭中Pb、Zn、Ti等杂质不分析，杂质含量高低相差很多，有的接近本标样下限，必须认真挑选才能满足要求。为此，必须事先对高纯镁锭、普镁锭进行全分析并做好标记，为标样铸锭配料计算提供依据。

(3) 制定炉前分析规程。首先在小样试验时，有计划配制内控样；然后进行条件试验，找出最佳分析条件,制定临时分析规程,为研制标样铸锭做好必要的准备。

(4) 合理搭配,精心计算,以满足标样设计要求。

(5) 用 Ar 精炼 10 min,然后静置 40 min,除气、除渣。

(6) 采用化学氧化上色新工艺对标样进行表面处理,以防止氧化腐蚀等。

(7) 采用半连续铸造新技术制备标样铸锭。

(8) 采取相应的安全保护措施。

所有的原辅材料必须干净和干燥,有锈蚀的材料必须预先清理干净;所有的熔剂均容易吸收水分,必须保持干燥,并保持在密闭的容器中;取样模、工具和任何与熔融镁接触的其他物件均需完全干燥和预热;必须避免熔融镁与氧化铁相接触,否则会造成危险;加工的镁屑见明火即燃,要注意保存、单放;操作人员劳保用品佩戴齐全(含面罩、防火服等);要备好 2 号熔剂、铁铲等防火器材并置于方便之处。

#### 10.1.2.4　主要研制程序

主要研制工序同 9.2.2 节。

### 10.1.3　标样均匀性检验

#### 10.1.3.1　标样铸锭检验(初验)

为了确保标样的质量,需对制备出的标样铸锭进行检验(初验),初验包括金相组织检验和铸锭偏析检验。

A　铸锭金相组织检验

金相试片低倍检验结果表明,铸锭组织致密、均匀,无气孔、疏松和夹杂等缺陷。如图 10-1 所示。

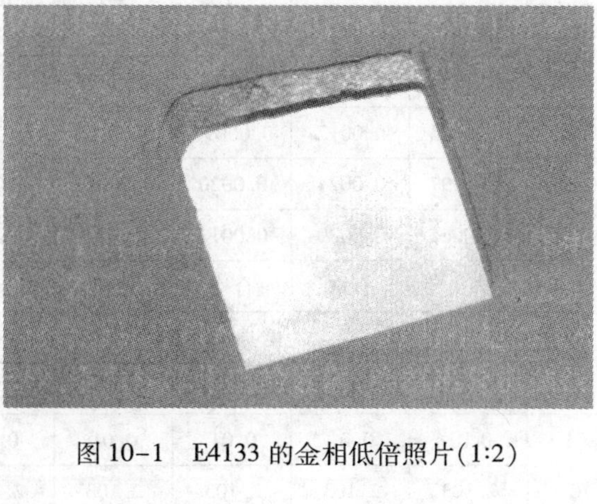

图 10-1　E4133 的金相低倍照片(1:2)

B　铸锭成分偏析检验

检验方法与铝合金相同,见 2.3.2 节。

#### 10.1.3.2　标样均匀性检验

检验方法与铝合金相同。见 2.3.2 节。

均匀性检验结果见表10-2。从表10-2可见,各元素全部合格。

**表10-2 原生镁锭极差法检验结果** （质量分数,%）

标样号:E4131 数据组数:16

| 数据名称 | Si | Fe | Cu | Mn | Zn | Ti | Ni | Al | Pb |
|---|---|---|---|---|---|---|---|---|---|
| Alfa值 | 0.05 | 0.05 | 0.01 | 0.05 | 0.05 | 0.05 | 0.05 | 0.05 | 0.05 |
| 常数$A$ | 1.790 | 1.790 | 2.103 | 1.790 | 1.790 | 1.790 | 1.790 | 1.790 | 1.790 |
| $R$ | 0.0014 | 0.0011 | 0.00019 | 0.0014 | 0.00075 | 0.000036 | 0.000052 | 0.00044 | 0.00047 |
| $R\times A$ | 0.0025 | 0.0020 | 0.00039 | 0.0024 | 0.0014 | 0.000064 | 0.000092 | 0.00078 | 0.00083 |
| $R_0$ | 0.0022 | 0.0020 | 0.00028 | 0.0024 | 0.0012 | 0.000058 | 0.00053 | 0.00028 | 0.00070 |
| 检验结果 | 合格 | 合格 | 合格 | 合格 | 合格 | 合格 | 合格 | 合格 | 合格 |

标样号:E4132 数据组数:16

| 数据名称 | Si | Fe | Cu | Mn | Zn | Ti | Ni | Al | Pb |
|---|---|---|---|---|---|---|---|---|---|
| Alfa值 | 0.01 | 0.01 | 0.01 | 0.01 | 0.01 | 0.01 | 0.01 | 0.05 | 0.01 |
| 常数$A$ | 2.103 | 2.103 | 2.103 | 2.103 | 2.103 | 2.103 | 2.103 | 2.103 | 2.103 |
| $R$ | 0.0047 | 0.0027 | 0.00037 | 0.0044 | 0.0025 | 0.00028 | 0.0011 | 0.014 | 0.0064 |
| $R\times A$ | 0.0099 | 0.0056 | 0.00078 | 0.0091 | 0.0053 | 0.00059 | 0.0023 | 0.025 | 0.014 |
| $R_0$ | 0.0095 | 0.0040 | 0.00070 | 0.0074 | 0.0038 | 0.00039 | 0.0019 | 0.0070 | 0.014 |
| 检验结果 | 合格 | 合格 | 合格 | 合格 | 合格 | 合格 | 合格 | 合格 | 合格 |

标样号:E4133 数据组数:16

| 数据名称 | Si | Fe | Cu | Mn | Zn | Ti | Ni | Al | Pb |
|---|---|---|---|---|---|---|---|---|---|
| Alfa值 | 0.01 | 0.01 | 0.01 | 0.01 | 0.01 | 0.01 | 0.01 | 0.05 | 0.01 |
| 常数$A$ | 2.103 | 2.103 | 2.103 | 2.103 | 2.103 | 2.103 | 2.103 | 2.103 | 2.103 |
| $R$ | 0.0016 | 0.0015 | 0.00046 | 0.0012 | 0.00094 | 0.00025 | 0.0011 | 0.00065 | 0.00043 |
| $R\times A$ | 0.0033 | 0.0031 | 0.00097 | 0.0024 | 0.0020 | 0.00051 | 0.0023 | 0.0014 | 0.00090 |
| $R_0$ | 0.0024 | 0.0028 | 0.00064 | 0.0020 | 0.0013 | 0.00039 | 0.0020 | 0.00090 | 0.00030 |
| 检验结果 | 合格 | 合格 | 合格 | 合格 | 合格 | 合格 | 合格 | 合格 | 合格 |

标样号:E4134 数据组数:16

| 数据名称 | Si | Fe | Cu | Mn | Zn | Ti | Ni | Al | Pb |
|---|---|---|---|---|---|---|---|---|---|
| Alfa值 | 0.01 | 0.01 | 0.01 | 0.01 | 0.01 | 0.01 | 0.01 | 0.05 | 0.01 |
| 常数$A$ | 2.103 | 2.103 | 2.103 | 2.103 | 2.103 | 2.103 | 2.103 | 1.790 | 2.103 |
| $R$ | 0.0017 | 0.0011 | 0.00075 | 0.00094 | 0.0010 | 0.00024 | 0.00070 | 0.031 | 0.0015 |
| $R\times A$ | 0.0035 | 0.0023 | 0.0016 | 0.0020 | 0.0022 | 0.00049 | 0.0015 | 0.055 | 0.0031 |
| $R_0$ | 0.0026 | 0.0020 | 0.0010 | 0.0014 | 0.0017 | 0.00027 | 0.0015 | 0.020 | 0.0016 |
| 检验结果 | 合格 | 合格 | 合格 | 合格 | 合格 | 合格 | 合格 | 合格 | 合格 |

续表 10-2

| 标样号:E4135 | | | | | 数据组数:16 | | | | |
|---|---|---|---|---|---|---|---|---|---|
| 数据名称 | Si | Fe | Cu | Mn | Zn | Ti | Ni | Al | Pb |
| Alfa 值 | 0.05 | 0.05 | 0.05 | 0.05 | 0.05 | 0.05 | 0.01 | 0.05 | 0.01 |
| 常数 $A$ | 1.777 | 1.777 | 1.777 | 1.777 | 1.777 | 1.777 | 2.095 | 2.095 | 2.095 |
| $R$ | 0.00090 | 0.00067 | 0.00015 | 0.00044 | 0.0016 | 0.00013 | 0.00067 | 0.00023 | 0.00011 |
| $R\times A$ | 0.0017 | 0.0012 | 0.00026 | 0.00078 | 0.0027 | 0.00023 | 0.0015 | 0.00048 | 0.00024 |
| $R_0$ | 0.0015 | 0.00084 | 0.00023 | 0.00058 | 0.0020 | 0.00015 | 0.00079 | 0.00010 | 0.00019 |
| 检验结果 | 合格 | 合格 | 合格 | 合格 | 合格 | 合格 | 合格 | 合格 | 合格 |
| 标样号:E4136 | | | | | 数据组数:16 | | | | |
| 数据名称 | Si | Fe | Cu | Mn | Zn | Ti | Ni | Al | Pb |
| Alfa 值 | 0.01 | 0.01 | 0.01 | 0.05 | 0.01 | 0.01 | 0.01 | 0.05 | 0.01 |
| 常数 $A$ | 2.103 | 2.103 | 2.103 | 2.103 | 2.103 | 2.103 | 2.103 | 1.790 | 2.103 |
| $R$ | 0.0017 | 0.0019 | 0.0017 | 0.012 | 0.0015 | 0.00049 | 0.00047 | 0.084 | 0.00055 |
| $R\times A$ | 0.0035 | 0.0040 | 0.0036 | 0.022 | 0.0032 | 0.0011 | 0.00099 | 0.16 | 0.0012 |
| $R_0$ | 0.0034 | 0.0037 | 0.0034 | 0.010 | 0.0018 | 0.00037 | 0.00076 | 0.14 | 0.00034 |
| 检验结果 | 合格 | 合格 | 合格 | 合格 | 合格 | 合格 | 合格 | 合格 | 合格 |
| 标样号:E4137 | | | | | 数据组数:16 | | | | |
| 数据名称 | Si | Fe | Cu | Mn | Zn | Ti | Ni | Al | Pb |
| Alfa 值 | 0.01 | 0.01 | 0.01 | 0.01 | 0.01 | 0.01 | 0.01 | 0.05 | 0.01 |
| 常数 $A$ | 2.095 | 2.095 | 2.095 | 2.095 | 2.095 | 2.095 | 2.095 | 1.777 | 2.095 |
| $R$ | 0.0017 | 0.00064 | 0.00014 | 0.0011 | 0.0013 | 0.00002 | 0.00086 | 0.00055 | 0.00041 |
| $R\times A$ | 0.0036 | 0.0014 | 0.00080 | 0.0023 | 0.0027 | 0.00005 | 0.0019 | 0.00098 | 0.00086 |
| $R_0$ | 0.0030 | 0.00096 | 0.00023 | 0.0020 | 0.0018 | 0.00003 | 0.0014 | 0.00061 | 0.00030 |
| 检验结果 | 合格 | 合格 | 合格 | 合格 | 合格 | 合格 | 合格 | 合格 | 合格 |

### 10.1.4 定值和数据处理

#### 10.1.4.1 多个试验室协作定值

标样的最终定值是标样的最关键指标之一,定值必须准确可靠。根据 GB/T15000 和 YS/T409 规定,委托国家轻金属质量监督检验中心等 8 个单位协作分析定值,各试验室分析方法见表 10-3。

#### 10.1.4.2 数据处理

数据处理技术同铝合金。检验方法如下:

(1) 数字修约:按 GB8170《数字修约规则》进行,误差用收尾法。

(2) 狄克逊检验:用狄克逊检验准则对各协作实验室报出的结果按平均值进行检验并取舍。检验结果全部合格(个别元素虽为异常值,但符合正态,故没舍弃)。狄克逊检验结果见表 10-4。

(3) 正态检验:用夏皮罗-威尔克检验各组平均值的正态性。检验结果见表10-5。从表中可见全部元素均为正态和似正态。

**表10-3 各单位分析方法**

| 分析单位及项目 | Si | Fe | Cu | Mn | Al | Zn | Ti | Ni | Pb |
|---|---|---|---|---|---|---|---|---|---|
| 郑州轻金属研究院 | 硅钼蓝光度法 | ICP-AES | ICP-AES | ICP-AES | ICP-AES | ICP-AES | ICP-AES | ICP-AES | ICP-AES |
| 北京有色金属研究总院 | 硅钼蓝光度法 | ICP-AES | ICP-AES | ICP-AES | ICP-AES | ICP-AES | ICP-AES | ICP-MS | ICP-AES |
| 抚顺铝厂 | 硅钼蓝光度法 | 邻二氮杂菲光度法 | 新亚铜灵光度法 | 高碘酸钾光度法 | 铬天青S光度法 | AAS | 二安替比林甲烷光度法 | AAS | AAS |
| 长安汽车集团公司 | ICP-AES | ICP-AES | ICP-AES | ICP-AES | ICP-AES | ICP-AES | ICP-AES | ICP-AES | ICP-AES |
| 上海材料研究所 | 硅钼蓝光度法 | 邻菲罗啉光度法 | ICP-AES | ICP-AES | ICP-AES | ICP-AES | ICP-AES | ICP-AES | ICP-AES |
| 西南铝熔铸厂 | 硅钼蓝光度法 | 邻菲罗啉光度法 | GB/T13748.8光度法 | 高碘酸钾光度法 | 铬天青S光度法 | AAS | 二安替比林甲烷光度法 | 丁二酮肟光度法 | AAS |
| 西南铝技术中心 | 硅钼蓝光度法 | 邻菲罗啉光度法 | 滴定法 | AAS | 铬天青S光度法 | AAS | 二安替比林甲烷光度法 | 丁二酮肟光度法 | AAS |
| 山东冶金研究院 | 硅钼蓝光度法 | 邻菲罗啉光度法 | AAS | 高碘酸光度法 | 铬天青S光度法 | AAS | 二安替比林甲烷光度法 | 丁二酮肟光度法 | AAS |

**表10-4 原生镁锭狄克逊检验结果** (质量分数,%)

标样号:E4131

| 分析单位及项目 | Si | Fe | Cu | Mn | Zn | Ti | Ni | Al | Pb |
|---|---|---|---|---|---|---|---|---|---|
| 北京有色金属研究总院 | 0.00965 | 0.00305 | 0.00109 | 0.01645 | 0.01260 |  | 0.000153 | 0.01035 | 0.00532 |
| 长安汽车集团公司 | 0.00997 | 0.00292 | 0.00131 | 0.01572 | 0.01080 | 0.000305 | 0.000429 | 0.01050 | 0.00532 |
| 抚顺铝厂 | 0.01215 | 0.00255 | 0.00121 | 0.01732 | 0.01047 | 0.000224 | 0.000175 | 0.01140 | 0.00567 |
| 国家轻金属质检中心 | 0.01087 | 0.00280 | 0.00110 | 0.01685 | 0.01237 | 0.000207 | 0.000220 | 0.01012 | 0.00547 |
| 西南铝熔铸厂 | 0.00931 | 0.00278 | 0.00126 | 0.01807 | 0.01210 | 0.000312 | 0.000185 | 0.01112 | 0.00487 |
| 山东冶金研究院 | 0.01175 | 0.00292 | 0.00119 | 0.01717 | 0.01055 | 0.000292 | 0.000515 | 0.01005 | 0.00528 |
| 上海材料研究所 | 0.01015 | 0.00306 | 0.00131 | 0.01675 | 0.01087 | 0.000305 | 0.000472 | 0.01047 | 0.00539 |
| 西南铝技术中心 | 0.01225 | 0.00275 | 0.00107 | 0.01730 | 0.01100 | 0.000232 | 0.000330 | 0.01135 | 0.00465 |
| Alfa值 | 0.050 | 0.050 | 0.050 | 0.050 | 0.050 | 0.050 | 0.050 | 0.050 | 0.050 |
| 临界值 | 0.608 | 0.608 | 0.608 | 0.608 | 0.608 | 0.608 | 0.608 | 0.608 | 0.608 |

标样号:E4132

| 分析单位及项目 | Si | Fe | Cu | Mn | Zn | Ti | Ni | Al | Pb |
|---|---|---|---|---|---|---|---|---|---|
| 北京有色金属研究总院 | 0.06705 | 0.02747 | 0.007412 | 0.08760 | 0.04370 | 0.000212 | 0.01080 | 0.4990 | 0.03432 |
| 长安汽车集团公司 | 0.06497 | 0.02610 | 0.007705 | 0.07947 | 0.05315 | 0.000202 | 0.01155 | 0.5320 | 0.03877 |
| 抚顺铝厂 | 0.06857 | 0.02960 | 0.007172 | 0.08992 | 0.04730 | 0.000237 | 0.01030 | 0.5510 | 0.03842 |
| 国家轻金属质检中心 | 0.06252 | 0.02735 | 0.007270 | 0.08517 | 0.05145 | 0.000165 | 0.01082 | 0.5378 | 0.03885 |
| 西南铝熔铸厂 | 0.06025 | 0.02595 | 0.008437 | 0.08797 | 0.04937 | 0.000195 | 0.01047 | 0.5055 | 0.03690 |

续表 10-4

| 分析单位及项目 | Si | Fe | Cu | Mn | Zn | Ti | Ni | Al | Pb |
|---|---|---|---|---|---|---|---|---|---|
| 山东冶金研究院 | 0.06545 | 0.02577 | 0.007317 | 0.08727 | 0.04512 | 0.000580 | 0.01030 | 0.5677 | 0.03867 |
| 上海材料研究所 | 0.05525 | 0.02535 | 0.008505 | 0.08035 | 0.04480 | 0.000175 | 0.01125 | 0.5220 | 0.03707 |
| 西南铝技术中心 | 0.05517 | 0.02887 | 0.008000 | 0.08697 | 0.04382 | 0.000190 | 0.01045 | 0.5360 | 0.03750 |
| Alfa 值 | 0.050 | 0.050 | 0.050 | 0.050 | 0.050 | 0.050 | 0.050 | 0.050 | 0.050 |
| 临界值 | 0.608 | 0.608 | 0.608 | 0.608 | 0.608 | 0.608 | 0.608 | 0.608 | 0.608 |

标样号:E4133

| 分析单位及项目 | Si | Fe | Cu | Mn | Zn | Ti | Ni | Al | Pb |
|---|---|---|---|---|---|---|---|---|---|
| 北京有色金属研究总院 | 0.02617 | 0.008317 | 0.008632 | 0.01877 | 0.01202 |  | 0.002202 | 0.01727 | 0.00635 |
| 长安汽车集团公司 | 0.02247 | 0.008395 | 0.008627 | 0.01757 | 0.01285 | 0.0000645 | 0.002175 | 0.01585 | 0.00675 |
| 抚顺铝厂 | 0.02510 | 0.008132 | 0.008820 | 0.01945 | 0.01120 | 0.0000607 | 0.002020 | 0.01700 | 0.00725 |
| 国家轻金属质检中心 | 0.02327 | 0.008470 | 0.008600 | 0.01867 | 0.01295 | 0.0000670 | 0.002200 | 0.01517 | 0.00702 |
| 西南铝熔铸厂 | 0.02110 | 0.008200 | 0.008845 | 0.02067 | 0.01357 | 0.0000922 | 0.002117 | 0.01840 | 0.00628 |
| 山东冶金研究院 | 0.02202 | 0.007895 | 0.008987 | 0.01915 | 0.01095 | 0.0000550 | 0.002007 | 0.01475 | 0.00678 |
| 上海材料研究所 | 0.02277 | 0.008495 | 0.008632 | 0.01830 | 0.01062 | 0.0000565 | 0.002205 | 0.01637 | 0.00690 |
| 西南铝技术中心 | 0.02102 | 0.008420 | 0.008850 | 0.01900 | 0.01127 | 0.0000420 | 0.002050 | 0.01950 | 0.00655 |
| Alfa 值 | 0.050 | 0.050 | 0.050 | 0.050 | 0.050 | 0.050 | 0.050 | 0.050 | 0.050 |
| 临界值 | 0.608 | 0.608 | 0.608 | 0.608 | 0.608 | 0.608 | 0.608 | 0.608 | 0.608 |

标样号:E4134

| 分析单位及项目 | Si | Fe | Cu | Mn | Zn | Ti | Ni | Al | Pb |
|---|---|---|---|---|---|---|---|---|---|
| 北京有色金属研究总院 | 0.03697 | 0.006857 | 0.01305 | 0.02295 | 0.01835 | 0.00127 | 0.004375 | 0.2515 | 0.01162 |
| 长安汽车集团公司 | 0.03175 | 0.006835 | 0.01292 | 0.02182 | 0.02132 | 0.00136 | 0.004277 | 0.2370 | 0.01212 |
| 抚顺铝厂 | 0.03885 | 0.006975 | 0.01345 | 0.02357 | 0.01830 | 0.00123 | 0.004700 | 0.2577 | 0.01347 |
| 国家轻金属质检中心 | 0.03685 | 0.007020 | 0.01400 | 0.02310 | 0.02087 | 0.00069 | 0.004720 | 0.2722 | 0.01322 |
| 西南铝熔铸厂 | 0.03030 | 0.007000 | 0.01502 | 0.02512 | 0.02097 | 0.00147 | 0.004425 | 0.2670 | 0.01230 |
| 山东冶金研究院 | 0.03492 | 0.006627 | 0.01407 | 0.02327 | 0.01872 | 0.00090 | 0.004480 | 0.2945 | 0.01380 |
| 上海材料研究所 | 0.03295 | 0.006702 | 0.01517 | 0.02267 | 0.01767 | 0.00136 | 0.004370 | 0.2580 | 0.01195 |
| 西南铝技术中心 | 0.03097 | 0.007020 | 0.01500 | 0.02370 | 0.01797 | 0.00115 | 0.004170 | 0.2570 | 0.01187 |
| Alfa 值 | 0.050 | 0.050 | 0.050 | 0.050 | 0.050 | 0.050 | 0.050 | 0.050 | 0.050 |
| 临界值 | 0.608 | 0.608 | 0.608 | 0.608 | 0.608 | 0.608 | 0.608 | 0.608 | 0.608 |

标样号:E4135

| 分析单位及项目 | Si | Fe | Cu | Mn | Zn | Ti | Ni | Al | Pb |
|---|---|---|---|---|---|---|---|---|---|
| 北京有色金属研究总院 | 0.00595 | 0.001982 | 0.000538 | 0.006355 | 0.00817 |  | 0.000203 | 0.006722 | 0.00200 |
| 长安汽车集团公司 | 0.00572 | 0.002467 | 0.000652 | 0.005712 | 0.00809 | 0.0000427 | 0.000404 | 0.005765 | 0.00212 |
| 抚顺铝厂 | 0.00714 | 0.002007 | 0.00533 | 0.006200 | 0.00677 | 0.0000305 | 0.000197 | 0.005527 | 0.00202 |
| 国家轻金属质检中心 | 0.00680 | 0.002100 | 0.000520 | 0.005950 | 0.00852 | 0.0000300 | 0.000320 | 0.006020 | 0.00205 |
| 西南铝熔铸厂 | 0.00549 | 0.002522 | 0.000697 | 0.005950 | 0.00817 | 0.0000180 | 0.000424 | 0.006627 | 0.00180 |

续表 10-4

| 分析单位及项目 | Si | Fe | Cu | Mn | Zn | Ti | Ni | Al | Pb |
|---|---|---|---|---|---|---|---|---|---|
| 山东冶金研究院 | 0.00569 | 0.002335 | 0.000650 | 0.005833 | 0.00756 | 0.0000116 | 0.000255 | 0.004700 | 0.00198 |
| 上海材料研究所 | 0.00671 | 0.002477 | 0.00690 | 0.006007 | 0.00808 | 0.0000675 | 0.000475 | 0.005240 | 0.00207 |
| 西南铝技术中心 | 0.00690 | 0.002150 | 0.00675 | 0.005850 | 0.00817 | 0.0000370 | 0.000355 | 0.006350 | 0.00213 |
| Alfa 值 | 0.050 | 0.050 | 0.050 | 0.050 | 0.050 | 0.050 | 0.050 | 0.050 | 0.050 |
| 临界值 | 0.608 | 0.608 | 0.608 | 0.608 | 0.608 | 0.608 | 0.608 | 0.608 | 0.608 |

标样号:E4136

| 分析单位及项目 | Si | Fe | Cu | Mn | Zn | Ti | Ni | Al | Pb |
|---|---|---|---|---|---|---|---|---|---|
| 北京有色金属研究总院 | 0.02157 | 0.02087 | 0.02585 | 0.1469 | 0.02300 | 0.002962 | 0.005425 | 1.0050 | 0.01552 |
| 长安汽车集团公司 | 0.01867 | 0.01952 | 0.02410 | 0.1487 | 0.02767 | 0.002655 | 0.004807 | 1.0520 | 0.01670 |
| 抚顺铝厂 | 0.02175 | 0.02125 | 0.02472 | 0.1510 | 0.02407 | 0.003085 | 0.005220 | 1.0782 | 0.01942 |
| 国家轻金属质检中心 | 0.02060 | 0.02045 | 0.02522 | 0.1452 | 0.02777 | 0.001550 | 0.005207 | 1.0667 | 0.01877 |
| 西南铝熔铸厂 | 0.01815 | 0.01922 | 0.02527 | 0.1540 | 0.02652 | 0.002850 | 0.005270 | 1.1220 | 0.01957 |
| 山东冶金研究院 | 0.02032 | 0.01975 | 0.02467 | 0.1487 | 0.02315 | 0.001257 | 0.005035 | 1.0940 | 0.01887 |
| 上海材料研究所 | 0.02262 | 0.01862 | 0.02722 | 0.1467 | 0.02380 | 0.003350 | 0.005530 | 1.0297 | 0.01662 |
| 西南铝技术中心 | 0.01862 | 0.02145 | 0.02700 | 0.1412 | 0.02452 | 0.002770 | 0.004820 | 1.0487 | 0.01950 |
| Alfa 值 | 0.050 | 0.050 | 0.050 | 0.050 | 0.050 | 0.050 | 0.050 | 0.050 | 0.050 |
| 临界值 | 0.608 | 0.608 | 0.608 | 0.608 | 0.608 | 0.608 | 0.608 | 0.608 | 0.608 |

标样号:E4137

| 分析单位及项目 | Si | Fe | Cu | Mn | Zn | Ti | Ni | Al | Pb |
|---|---|---|---|---|---|---|---|---|---|
| 北京有色金属研究总院 | 0.03437 | 0.005892 | 0.003812 | 0.01655 | 0.01312 | 0.0000882 | 0.00123 | 0.007967 | 0.00647 |
| 长安汽车集团公司 | 0.02942 | 0.005640 | 0.003535 | 0.01640 | 0.01300 | 0.0000562 | 0.00141 | 0.007545 | 0.00654 |
| 抚顺铝厂 | 0.03327 | 0.005192 | 0.003622 | 0.01747 | 0.01265 | 0.0000487 | 0.00117 | 0.007515 | 0.00697 |
| 国家轻金属质检中心 | 0.03095 | 0.005700 | 0.003770 | 0.01657 | 0.01470 | 0.0000870 | 0.00130 | 0.009020 | 0.00685 |
| 西南铝熔铸厂 | 0.02947 | 0.005825 | 0.004000 | 0.01680 | 0.01435 | 0.000197 | 0.00152 | 0.008720 | 0.00672 |
| 山东冶金研究院 | 0.02987 | 0.005120 | 0.003800 | 0.01717 | 0.01242 | 0.0000565 | 0.00145 | 0.007500 | 0.00713 |
| 上海材料研究所 | 0.02822 | 0.005667 | 0.004616 | 0.01625 | 0.01130 | 0.000192 | 0.00146 | 0.007810 | 0.00674 |
| 西南铝技术中心 | 0.02707 | 0.005420 | 0.004400 | 0.01767 | 0.01295 | 0.0000450 | 0.00120 | 0.009650 | 0.00615 |
| Alfa 值 | 0.050 | 0.050 | 0.050 | 0.050 | 0.050 | 0.050 | 0.050 | 0.050 | 0.050 |
| 临界值 | 0.608 | 0.608 | 0.608 | 0.608 | 0.608 | 0.608 | 0.608 | 0.608 | 0.608 |

**表 10-5 原生镁锭夏皮罗检验结果** （质量分数,%）

标样号:E4131

| 分析单位及项目 | Si | Fe | Cu | Mn | Zn | Ti | Ni | Al | Pb |
|---|---|---|---|---|---|---|---|---|---|
| 长安汽车集团公司 | 0.00997 | 0.002917 | 0.001310 | 0.01572 | 0.01087 | 0.000305 | 0.000429 | 0.01050 | 0.005322 |
| 西南铝熔铸厂 | 0.00981 | 0.002775 | 0.001262 | 0.01807 | 0.01210 | 0.000312 | 0.000485 | 0.01112 | 0.004865 |
| 北京有色金属研究总院 | 0.00965 | 0.003047 | 0.001086 | 0.01654 | 0.01260 | | 0.0000153 | 0.01035 | 0.005320 |

续表 10-5

| 分析单位及项目 | Si | Fe | Cu | Mn | Zn | Ti | Ni | Al | Pb |
|---|---|---|---|---|---|---|---|---|---|
| 抚顺铝厂 | 0.01215 | 0.002545 | 0.001210 | 0.01732 | 0.01047 | 0.000224 | 0.000175 | 0.01140 | 0.005670 |
| 国家轻金属质检中心 | 0.01087 | 0.000280 | 0.001100 | 0.01685 | 0.01237 | 0.000207 | 0.000220 | 0.01012 | 0.005470 |
| 西南铝技术中心 | 0.01225 | 0.002750 | 0.001070 | 0.01730 | 0.01100 | 0.000232 | 0.000330 | 0.01135 | 0.004650 |
| 上海材料研究所 | 0.01015 | 0.003060 | 0.001310 | 0.01675 | 0.01087 | 0.000305 | 0.000472 | 0.01047 | 0.005385 |
| 山东冶金研究院 | 0.01175 | 0.002920 | 0.001190 | 0.01717 | 0.01055 | 0.000292 | 0.000515 | 0.01005 | 0.005280 |
| 0.95 常数 | 0.818 | 0.818 | 0.818 | 0.818 | 0.818 | 0.818 | 0.818 | 0.818 | 0.818 |
| 0.99 常数 | 0.749 | 0.749 | 0.749 | 0.749 | 0.749 | 0.730 | 0.749 | 0.749 | 0.749 |
| 计算系数值 | 1.14 | 1.21 | 0.965 | 1.15 | 0.898 | 0.824 | 1.13 | 0.896 | 0.900 |
| 检验结果 | 正态 | 正态 | 正态 | 正态 | 正态 | 正态 | 正态 | 正态 | 正态 |

标样号:E4132

| 分析单位及项目 | Si | Fe | Cu | Mn | Zn | Ti | Ni | Al | Pb |
|---|---|---|---|---|---|---|---|---|---|
| 长安汽车集团公司 | 0.06497 | 0.02610 | 0.00771 | 0.07947 | 0.05315 | 0.000202 | 0.01155 | 0.5320 | 0.03847 |
| 国家轻金属质检中心 | 0.06252 | 0.02735 | 0.00727 | 0.08517 | 0.05145 | 0.000165 | 0.01082 | 0.5387 | 0.03885 |
| 西南铝技术中心 | 0.05517 | 0.02887 | 0.00800 | 0.06697 | 0.04382 | 0.000190 | 0.01045 | 0.5360 | 0.03750 |
| 山东冶金研究院 | 0.06545 | 0.02577 | 0.00732 | 0.08727 | 0.04512 | 0.000058 | 0.01030 | 0.5677 | 0.03867 |
| 北京有色金属研究总院 | 0.06705 | 0.02747 | 0.00741 | 0.08760 | 0.04370 | 0.000212 | 0.01060 | 0.4990 | 0.03432 |
| 抚顺铝厂 | 0.06857 | 0.02960 | 0.00717 | 0.08992 | 0.04730 | 0.000237 | 0.01030 | 0.5510 | 0.03842 |
| 西南铝熔铸厂 | 0.06025 | 0.02595 | 0.00844 | 0.08797 | 0.04937 | 0.000195 | 0.01047 | 0.5055 | 0.03690 |
| 上海材料研究所 | 0.05525 | 0.02535 | 0.00851 | 0.08035 | 0.04480 | 0.000175 | 0.01125 | 0.5220 | 0.03707 |
| 0.95 常数 | 0.818 | 0.818 | 0.818 | 0.818 | 0.818 | 0.818 | 0.818 | 0.818 | 0.818 |
| 0.99 常数 | 0.749 | 0.749 | 0.749 | 0.749 | 0.749 | 0.730 | 0.749 | 0.749 | 0.749 |
| 计算系数值 | 1.08 | 1.22 | 1.08 | 0.886 | 1.12 | 0.846 | 1.16 | 1.04 | 1.05 |
| 检验结果 | 正态 | 正态 | 正态 | 正态 | 正态 | 正态 | 正态 | 正态 | 正态 |

标样号:E4133

| 分析单位及项目 | Si | Fe | Cu | Mn | Zn | Ti | Ni | Al | Pb |
|---|---|---|---|---|---|---|---|---|---|
| 国家轻金属质检中心 | 0.02327 | 0.00847 | 0.00860 | 0.01867 | 0.01295 | 0.000067 | 0.00220 | 0.01517 | 0.00702 |
| 北京有色金属研究总院 | 0.02617 | 0.00832 | 0.00863 | 0.01877 | 0.01202 | | 0.00220 | 0.01727 | 0.00635 |
| 西南铝技术中心 | 0.02102 | 0.00842 | 0.00885 | 0.01900 | 0.01127 | 0.000042 | 0.00205 | 0.01950 | 0.00656 |
| 上海材料研究所 | 0.02277 | 0.00850 | 0.00863 | 0.01830 | 0.01062 | 0.000057 | 0.00221 | 0.01637 | 0.00690 |
| 抚顺铝厂 | 0.02510 | 0.00813 | 0.00882 | 0.01947 | 0.01120 | 0.000061 | 0.00202 | 0.01700 | 0.00725 |
| 长安汽车集团公司 | 0.02247 | 0.00840 | 0.00863 | 0.01757 | 0.01285 | 0.000065 | 0.00218 | 0.01585 | 0.00675 |
| 山东冶金研究院 | 0.02202 | 0.00790 | 0.00899 | 0.01915 | 0.01095 | 0.000055 | 0.00201 | 0.01475 | 0.00678 |
| 西南铝熔铸厂 | 0.02110 | 0.00820 | 0.00885 | 0.02067 | 0.01357 | 0.000092 | 0.00212 | 0.01840 | 0.00628 |
| 0.95 常数 | 0.818 | 0.818 | 0.818 | 0.818 | 0.818 | 0.818 | 0.818 | 0.818 | 0.818 |
| 0.99 常数 | 0.749 | 0.749 | 0.749 | 0.749 | 0.749 | 0.730 | 0.749 | 0.749 | 0.749 |
| 计算系数值 | 0.974 | 1.04 | 1.37 | 1.06 | 1.18 | 0.914 | 1.09 | 1.12 | 1.01 |
| 检验结果 | 正态 | 正态 | 正态 | 正态 | 正态 | 正态 | 正态 | 正态 | 正态 |

续表 10-5

标样号：E4134

| 分析单位及项目 | Si | Fe | Cu | Mn | Zn | Ti | Ni | Al | Pb |
|---|---|---|---|---|---|---|---|---|---|
| 国家轻金属质检中心 | 0.03097 | 0.00702 | 0.0150 | 0.0237 | 0.01797 | 0.00115 | 0.00417 | 0.2570 | 0.01187 |
| 北京有色金属研究总院 | 0.03685 | 0.00702 | 0.0140 | 0.0231 | 0.02087 | 0.00069 | 0.00472 | 0.2722 | 0.01332 |
| 西南铝技术中心 | 0.03175 | 0.00684 | 0.0129 | 0.0218 | 0.02132 | 0.00136 | 0.00428 | 0.2370 | 0.01212 |
| 上海材料研究所 | 0.03885 | 0.00698 | 0.0135 | 0.0236 | 0.01830 | 0.00123 | 0.00470 | 0.2577 | 0.01347 |
| 抚顺铝厂 | 0.03030 | 0.00700 | 0.0150 | 0.0251 | 0.02097 | 0.00147 | 0.00443 | 0.2670 | 0.01230 |
| 长安汽车集团公司 | 0.03295 | 0.00670 | 0.0152 | 0.0227 | 0.01767 | 0.00136 | 0.00437 | 0.2580 | 0.01195 |
| 山东冶金研究院 | 0.03697 | 0.00686 | 0.0131 | 0.0230 | 0.01835 | 0.00127 | 0.00438 | 0.2515 | 0.01162 |
| 西南铝熔铸厂 | 0.03492 | 0.00663 | 0.0141 | 0.0233 | 0.01872 | 0.00090 | 0.00448 | 0.2945 | 0.01380 |
| 0.95 常数 | 0.818 | 0.818 | 0.818 | 0.818 | 0.818 | 0.818 | 0.818 | 0.818 | 0.818 |
| 0.99 常数 | 0.749 | 0.749 | 0.749 | 0.749 | 0.749 | 0.730 | 0.749 | 0.749 | 0.749 |
| 计算系数值 | 1.17 | 1.16 | 0.920 | 1.01 | 0.910 | 0.957 | 1.03 | 0.946 | 0.950 |
| 检验结果 | 正态 | 正态 | 正态 | 正态 | 正态 | 正态 | 正态 | 正态 | 正态 |

标样号：E4135

| 分析单位及项目 | Si | Fe | Cu | Mn | Zn | Ti | Ni | Al | Pb |
|---|---|---|---|---|---|---|---|---|---|
| 国家轻金属质检中心 | 0.00680 | 0.00210 | 0.000520 | 0.00595 | 0.00852 | 0.000030 | 0.000320 | 0.00602 | 0.00205 |
| 北京有色金属研究总院 | 0.00595 | 0.00198 | 0.000638 | 0.00636 | 0.00817 |  | 0.000203 | 0.00672 | 0.00200 |
| 山东冶金研究院 | 0.00569 | 0.00234 | 0.00650 | 0.00583 | 0.00746 | 0.000116 | 0.000255 | 0.00470 | 0.00198 |
| 西南铝技术中心 | 0.00690 | 0.00215 | 0.00675 | 0.00585 | 0.00817 | 0.000037 | 0.000355 | 0.00635 | 0.00213 |
| 长安汽车集团公司 | 0.00572 | 0.00247 | 0.000652 | 0.00571 | 0.00809 | 0.00043 | 0.000404 | 0.00577 | 0.00212 |
| 抚顺铝厂 | 0.00714 | 0.00201 | 0.000533 | 0.00620 | 0.00677 | 0.00031 | 0.000197 | 0.00553 | 0.00202 |
| 上海材料研究所 | 0.00671 | 0.00248 | 0.000690 | 0.00601 | 0.00808 | 0.000675 | 0.000475 | 0.00524 | 0.00207 |
| 西南铝熔铸厂 | 0.00549 | 0.00252 | 0.000697 | 0.00595 | 0.00817 | 0.000180 | 0.000424 | 0.00663 | 0.00180 |
| 0.95 常数 | 0.818 | 0.818 | 0.818 | 0.818 | 0.818 | 0.818 | 0.818 | 0.818 | 0.818 |
| 0.99 常数 | 0.749 | 0.749 | 0.749 | 0.749 | 0.749 | 0.730 | 0.749 | 0.749 | 0.749 |
| 计算系数值 | 1.33 | 1.20 | 0.831 | 0.940 | 0.850 | 0.798 | 1.06 | 1.10 | 0.992 |
| 检验结果 | 正态 | 正态 | 正态 | 正态 | 正态 | 正态 | 正态 | 正态 | 正态 |

标样号：E4136

| 分析单位及项目 | Si | Fe | Cu | Mn | Zn | Ti | Ni | Al | Pb |
|---|---|---|---|---|---|---|---|---|---|
| 国家轻金属质检中心 | 0.02050 | 0.02045 | 0.02522 | 0.1452 | 0.02777 | 0.00155 | 0.00527 | 1.0667 | 0.01877 |
| 上海材料研究所 | 0.02260 | 0.01862 | 0.02722 | 0.1467 | 0.02380 | 0.00335 | 0.00553 | 1.0297 | 0.01682 |
| 北京有色金属研究总院 | 0.02157 | 0.02087 | 0.02585 | 0.1469 | 0.02300 | 0.00296 | 0.00542 | 1.0050 | 0.01552 |
| 西南铝技术中心 | 0.01862 | 0.02145 | 0.02700 | 0.1412 | 0.02452 | 0.00277 | 0.00482 | 1.0487 | 0.01950 |
| 长安汽车集团公司 | 0.01857 | 0.01952 | 0.02410 | 0.1487 | 0.02767 | 0.00266 | 0.00481 | 1.0520 | 0.01670 |
| 抚顺铝厂 | 0.02175 | 0.02125 | 0.02472 | 0.1510 | 0.02407 | 0.00309 | 0.00522 | 1.0782 | 0.01942 |
| 山东冶金研究院 | 0.02032 | 0.01975 | 0.02467 | 0.1487 | 0.02315 | 0.00126 | 0.00504 | 1.0940 | 0.01887 |
| 西南铝熔铸厂 | 0.01815 | 0.01922 | 0.02527 | 0.1540 | 0.02652 | 0.00285 | 0.00521 | 1.1220 | 0.01957 |

续表 10-5

| 分析单位及项目 | Si | Fe | Cu | Mn | Zn | Ti | Ni | Al | Pb |
|---|---|---|---|---|---|---|---|---|---|
| 0.95 常数 | 0.818 | 0.818 | 0.818 | 0.818 | 0.818 | 0.818 | 0.818 | 0.818 | 0.818 |
| 0.99 常数 | 0.749 | 0.749 | 0.749 | 0.749 | 0.749 | 0.730 | 0.749 | 0.749 | 0.749 |
| 计算系数值 | 0.985 | 1.22 | 0.932 | 1.16 | 0.941 | 0.875 | 0.955 | 1.15 | 0.863 |
| 检验结果 | 正态 | 正态 | 正态 | 正态 | 正态 | 正态 | 正态 | 正态 | 正态 |

标样号:E4137

| 分析单位及项目 | Si | Fe | Cu | Mn | Zn | Ti | Ni | Al | Pb |
|---|---|---|---|---|---|---|---|---|---|
| 长安汽车集团公司 | 0.02942 | 0.00564 | 0.00354 | 0.01640 | 0.01300 | 0.0000562 | 0.00141 | 0.00755 | 0.00654 |
| 抚顺铝厂 | 0.03327 | 0.00519 | 0.00362 | 0.01747 | 0.01265 | 0.0000487 | 0.00117 | 0.00752 | 0.00697 |
| 西南铝熔铸厂 | 0.02947 | 0.00583 | 0.00400 | 0.01680 | 0.01435 | 0.000197 | 0.00152 | 0.00872 | 0.00672 |
| 山东冶金研究院 | 0.02987 | 0.00512 | 0.00380 | 0.01717 | 0.01242 | 0.0000565 | 0.00145 | 0.00750 | 0.00713 |
| 上海材料研究所 | 0.02822 | 0.00567 | 0.00461 | 0.01625 | 0.01130 | 0.000192 | 0.00146 | 0.00781 | 0.00674 |
| 西南铝技术中心 | 0.02707 | 0.00542 | 0.00440 | 0.01767 | 0.01295 | 0.0000450 | 0.00120 | 0.00965 | 0.00615 |
| 北京有色金属研究总院 | 0.03437 | 0.00589 | 0.00381 | 0.01655 | 0.01312 | 0.0000882 | 0.00123 | 0.00797 | 0.00647 |
| 国家轻金属质检中心 | 0.03095 | 0.00570 | 0.00377 | 0.01657 | 0.01470 | 0.0000870 | 0.00130 | 0.00902 | 0.00685 |
| 0.95 常数 | 0.818 | 0.818 | 0.818 | 0.818 | 0.818 | 0.818 | 0.818 | 0.818 | 0.818 |
| 0.99 常数 | 0.749 | 0.749 | 0.749 | 0.749 | 0.749 | 0.730 | 0.749 | 0.749 | 0.749 |
| 计算系数值 | 1.00 | 0.945 | 0.896 | 1.08 | 0.960 | 0.930 | 1.23 | 0.925 | 1.00 |
| 检验结果 | 正态 | 正态 | 正态 | 正态 | 正态 | 正态 | 正态 | 正态 | 正态 |

### 10.1.4.3　给出标准值和合成标准偏差(不确定度)

本标样的标准值、标准偏差(或不确定度)见表 10-6。

**表 10-6　原生镁锭标准值及标准偏差**　　(质量分数,%)

| 标样号 | 数据名称 | Si | Fe | Cu | Mn | Zn | Ti | Ni | Al | Pb |
|---|---|---|---|---|---|---|---|---|---|---|
| 数据组数:8 | | | | | | | | | | |
| E4131 | 标准值 | 0.0108 | 0.0028 | 0.0012 | 0.0169 | 0.0113 | 0.00027 | 0.00035 | 0.0107 | 0.0052 |
| | 标准偏差 | 0.0005 | 0.0005 | 0.0001 | 0.0006 | 0.0005 | 0.00003 | 0.00006 | 0.0003 | 0.0002 |
| E4132 | 标准值 | 0.062 | 0.027 | 0.0077 | 0.085 | 0.047 | 0.00018* | 0.0107 | 0.531* | 0.037 |
| | 标准偏差 | 0.004 | 0.001 | 0.0003 | 0.002 | 0.002 | | 0.0004 | | 0.002 |
| E4133 | 标准值 | 0.023 | 0.0083 | 0.0087 | 0.0189 | 0.0119 | | 0.0021 | 0.0168 | 0.0067* |
| | 标准偏差 | 0.001 | 0.0007 | 0.0002 | 0.0007 | 0.0006 | | 0.0005 | 0.0006 | |
| E4134 | 标准值 | 0.034 | 0.0069 | 0.0141 | 0.023 | 0.0193 | 0.0012 | 0.0044 | 0.262 | 0.0125 |
| | 标准偏差 | 0.002 | 0.0004 | 0.0006 | 0.001 | 0.0006 | 0.0002 | 0.0005 | 0.009 | 0.0007 |
| E4135 | 标准值 | 0.0063 | 0.0022 | 0.00063 | 0.0060 | 0.0079 | | 0.00033* | 0.0059 | 0.0020 |
| | 标准偏差 | 0.0005 | 0.0003 | 0.00007 | 0.0002 | 0.0005 | | | 0.0003 | 0.0001 |

续表 10-6

| 标样号 | 数据名称 | Si | Fe | Cu | Mn | Zn | Ti | Ni | Al | Pb |
|---|---|---|---|---|---|---|---|---|---|---|
| E4136 | 标准值 | 0.020 | 0.020 | 0.025 | 0.148 | 0.025 | 0.0025 | 0.0052 | 1.06 * | 0.0181 |
| | 标准偏差 | 0.001 | 0.001 | 0.001 | 0.005 | 0.001 | 0.0003 | 0.0003 | | 0.0006 |
| E4137 | 标准值 | 0.030 | 0.0055 | 0.0039 | 0.0169 | 0.0131 | 0.00010 * | 0.0013 | 0.0082 | 0.0067 |
| | 标准偏差 | 0.002 | 0.0002 | 0.0002 | 0.0007 | 0.0007 | | 0.0003 | 0.0004 | 0.0002 |

注:标准偏差为合成标准偏差:$S = \sqrt{S_O^2 + S_L^2 + S_W^2}$;

* 为参考值。

### 10.1.5 试用情况报告

为了检验本标样适用情况,委托镁业公司进行试用。

#### 10.1.5.1 工作曲线检查

随机抽取 4 套标样,用 ARL4460 进口光谱仪选择最佳条件进行激发测量其强度,以平均强度与含量制作工作曲线,其啮合系数均在 99.5% 以上,满足设计要求和光谱分析对标样的实际需要。具体啮合系数见表 10-7。

**表 10-7 原生镁锭标样工作曲线啮合系数(*PCT*)**

| 元 素 | Si | Fe | Cu | Mn | Zn | Ti | Ni | Al | Pb |
|---|---|---|---|---|---|---|---|---|---|
| 波长/nm | 251.6 | 371.9 | 324.7 | 403.4 | 330.2 | 337.2 | 352.4 | 396.1 | 368.3 |
| *PCT*/% | 99.927 | 99.983 | 99.985 | 99.985 | 99.975 | 99.785 | 99.969 | 100.00 | 99.966 |

#### 10.1.5.2 生产考核

用上述工作曲线进行生产试分析,共分析 3 个样品,其结果与化学分析结果相符。详见表 10-8。

**表 10-8 生产考核结果** (质量分数,%)

| 样品号 | Si | Fe | Cu | Mn | Zn | Ti | Ni | Al | Pb | 备 注 |
|---|---|---|---|---|---|---|---|---|---|---|
| 4 - 11 | 0.012 | 0.0029 | 0.0012 | 0.017 | 0.010 | 0.00027 | 0.00037 | 0.011 | 0.0054 | 光 谱 |
| | 0.011 | 0.0028 | 0.0012 | 0.017 | 0.011 | 0.00027 | 0.00035 | 0.011 | 0.0052 | 化 学 |
| 4 - 33 | 0.024 | 0.0082 | 0.0089 | 0.018 | 0.011 | 0.00015 | 0.0020 | 0.016 | 0.0066 | 光 谱 |
| | 0.023 | 0.0083 | 0.0089 | 0.019 | 0.012 | 0.00013 | 0.0021 | 0.016 | 0.0067 | 化 学 |
| 4 - 55 | 0.0061 | 0.0021 | 0.00064 | 0.060 | 0.0076 | 0.0026 | 0.00034 | 0.0058 | 0.0020 | 光 谱 |
| | 0.0063 | 0.0022 | 0.00063 | 0.060 | 0.0079 | 0.0025 | 0.00033 | 0.0059 | 0.0020 | 化 学 |

注:1. "光谱"为镁业(ARL4460 光谱仪)分析结果;"化学"为研制单位化学分析结果。

2. 为了对全部元素进行考核,生产考核样品是从标样铸锭上制取的。

### 10.1.6 比对实验

为了考察标样的水平,将本标样与进口标样进行比对实验,使用 ARL4460 光谱仪。

10.1.6.1　啮合系数比较

啮合系数比较见表 10-9。

**表 10-9　啮合系数比较**

| 元　素 | Si | Fe | Cu | Mn | Zn | Ti | Ni | Al | Pb | 备　注 |
|---|---|---|---|---|---|---|---|---|---|---|
| 波长/nm | 251.6 | 371.9 | 324.7 | 403.4 | 330.2 | 337.2 | 352.4 | 396.1 | 368.3 | |
| *PCT*/% | 99.927 | 99.983 | 99.985 | 99.985 | 99.975 | 99.785 | 99.969 | 100.00 | 99.966 | 本标样 |
| | 99.972 | 99.756 | 99.987 | 99.973 | 99.335 | 99.988 | 99.956 | 99.968 | 99.951 | 瑞士标样 |

从表 10-9 可见，Fe、Mn、Zn、Ni、Al 和 Pb 等 6 个元素啮合系数比进口标样好，Ti、Cu、Si 等 3 个元素接近进口标样。

10.1.6.2　均匀性比较

均匀性比较见表 10-10。

**表 10-10　均匀性比较(10 次结果)**

| 元　素 | Si | Fc | Cu | Mn | Zn | Ti | Ni | Al | Pb | 备　注 |
|---|---|---|---|---|---|---|---|---|---|---|
| 本标样(E4134) | 0.034 | 0.0069 | 0.014 | 0.023 | 0.019 | 0.0012 | 0.0044 | 0.262 | 0.012 | 含量(质量分数)/% |
| | 2.9 | 2.4 | 0.50 | 1.1 | 1.6 | 21 | 1.7 | 0.40 | 2.3 | *SD*/% |
| 进口标样(A036769) | 0.0086 | 0.0108 | 0.0229 | 0.0003 | 0.0005 | 0.0001 | 0.021 | 0.687 | 0.081 | 含量(质量分数)/% |
| | 3.2 | 3.0 | 0.9 | 1.2 | 1.8 | 22 | 2.0 | 0.45 | 1.0 | *SD*/% |

注：A036769 为调试仪器带的进口控样。

从均匀性比对结果可见，本标样的 Si、Fe、Cu、Mn、Zn、Ni 和 Al 等 7 个元素均匀性比进口标样好，Pb 不如进口标样。

比对结果表明，本标样的啮合系数和均匀性等主要技术指标均达到或超过进口标样水平。

## 10.2　Mg－Al 系列标准样品的制备

### 10.2.1　Mg－Al 系列标准样品概述

Mg－Al 标样包含了三个系列镁合金标样，即 Mg－Al－Zn、Mg－Al－Mn、Mg－Al－Si。这三个系列合金标样在镁合金材料中应用非常广泛，主要用于航空航天新材料及汽摩零部件材料的化学成分控制，市场需求大。

### 10.2.2　Mg－Al 系列标准样品成分设计技术

10.2.2.1　设计原则

(1) 符合 GB/T2002《铸造镁合金锭》标准中 Mg－Al－Zn、Mg－Al－Mn 和 Mg－Al－Si 化学成分的要求及国际标准 ISO16220—2000《Magnesium and magnesium alloys －Magnesium alloy ingot sand castings》中对 Mg－Al－Zn、Mg－Al－Mn 和 Mg－Al－Si 化学成分的要求。

(2) 考虑到镁及镁合金标样易偏析、杂质元素不易加入等情况，各系列按 5 ~6 点设计，保证有效点在 4 点以上。

(3) 由于各系列包括多种不同的合金，各合金成分有一定差异，尤其杂质差异很大，如 Ni、Si、Fe、Cu 等。因此在设计成分时范围较大，允许各点间间距有一定变化。

#### 10.2.2.2　设计成分

根据标样成分设计原则，本标样各系列设计成分范围见表 10-11。

**表 10-11　成分设计范围**　（质量分数，%）

| 标样系列 | 元素 | Si | Fe | Cu | Mn | Ni | Zn | Al | Be |
|---|---|---|---|---|---|---|---|---|---|
| Mg - Al - Zn | 1 | 0.25 | 0.0025 | 0.0035 | 0.015 | 0.0005 | 0.008 | 4.50 | 0.0001 |
| | 2 | 0.40 | 0.040 | 0.30 | 0.70 | 0.015 | 3.8 | 11.5 | 0.003 |
| Mg - Al - Mn | 1 | 0.030 | 0.005 | 0.003 | 0.10 | 0.0008 | 0.05 | 1.5 | 0.001 |
| | 2 | 0.30 | 0.04 | 0.02 | 0.90 | 0.01 | 0.50 | 7.5 | 0.003 |
| Mg - Al - Si | 1 | 0.50 | 0.003 | 0.001 | 0.09 | 0.001 | 0.1 | 1.0 | 0.0001 |
| | 2 | 1.8 | 0.03 | 0.10 | 0.60 | 0.015 | 0.35 | 4.5 | 0.003 |

注：1 为上限含量；2 为下限含量。

### 10.2.3　均匀化标样铸锭制备

#### 10.2.3.1　主要技术指标

(1) Mg - Al 系列：由 Mg - Al - Mn、Mg - Al - Zn 和 Mg - Al - Si 三个系列组成。
(2) 每个系列有 5 ~6 种(点)，含 Si、Fe、Cu、Mn、Ni、Zn、Al 和 Be 等 8 个元素；
(3) 有效点数：每个系列各元素有效点数不小于 4，即 $Q \geqslant 4$；
(4) 均匀性：按 GB/T15000 极差法检验合格；
(5) 标准曲线($S$)：$S \leqslant$ 化学允许差；
(6) 工作曲线啮合系数($PCT$)：$PCT \geqslant 0.990$；
(7) 稳定性：$T = 5$ 年(有效期)；
(8) 外观、尺寸：单块为 $\phi 45$ mm × 25 mm，且表面氧化上色金黄色(或黑色)。

#### 10.2.3.2　主要技术难点及攻关措施

难点与措施同原生镁锭类似，见 10.1.3 节。

#### 10.2.3.3　标样铸锭的制备过程

研制程序同 9.2.2 节。

A　熔炼

首先把天然气坩埚炉预热至 400 ~500℃，在坩埚底部撒上约炉料 1% 的 2 号熔剂，然后加入 Mg - Al、Mg - Si、高精铝、铝中间合金，升温熔化，待熔化后加锰剂（加锰剂要焖 30 min)，最后加 Zn、Al - Be 等。加入后进行搅拌（二次，每次间隔 10 min)。上述工作完成后，间隔 2～3 min 扒渣、取双样分析，根据分析结果调整成分（或补料），补料一般用中间合金和纯金属，不用锰剂、结晶硅等。调整成分时，要注意易烧损元素（Be 等）的烧损和实收率等情况。

B　精炼和静置

镁合金必须精炼。精炼作用一是除气（$H_2$气等），二是提高均匀性。化学成分达到要求后，用 Ar 气精炼 10 min 以上。精炼后，要撒上 2 号熔剂覆盖好金属表面，防止氧化。精炼完后，必须静置，使得熔渣等下沉到炉底。本标样静置时间不少于 60 min。

C　铸造

静置完后，采用石墨漏斗分液、半连续铸造技术进行铸造。在流槽结晶器上方撒上保护剂（S 粉、2 号熔剂），以防止镁液表面氧化烧损。注意要覆盖全部表面，并要不断撒入，以保护被破坏的表面。取样时，也要撒些硫黄粉在样勺和试样表面上。本标样的熔铸情况列于表 10-12。

D　均匀化、车皮等

标样铸锭经检验合格后，进行车皮和均匀化热处理，以提高标样的均匀性和加工性能。均匀化条件见表 10-13。

**表 10-12　标样熔铸情况**

| 序号 | 标样号 | 熔炼炉 | 熔炼和铸造情况（铸造参数：水压 $P$/MPa，速度 $V$/m·min$^{-1}$，温度 $T$/℃） | 备　注 |
|---|---|---|---|---|
| 1 | E2623 | 铁坩埚 | 铝铺底，Fe 高，无法满足要求。没精炼，没静置，2 号熔剂 + S 保护 | 侧表面有熔渣、Fe 不均 |
| 2 | E2624 | 300 号石墨坩埚 | 铝铺底，用 Mg 专用精炼剂（500 g）、2 号熔剂 + S 保护 | 尾部有熔渣之类 |
| 3 | E2621 | 300 号石墨坩埚 | 铝铺底，加 Mn 剂，没精炼，没静置，2 号熔剂 + S 保护 | 有气孔，边部多，Fe、Ni 不均 |
| 4 | E2611 | 300 号石墨坩埚 | Ar 精炼 5 min，静置 20 min，2 号熔剂 + S 保护，铝铺底 | 气孔又多又大 |
| 5 | E2611（回炉） | 300 号石墨坩埚 | 铝铺底，没精炼，静置 50 min，2 号熔剂 + S 保护 | 无气孔 |
| 6 | E2612 | 300 号石墨坩埚 | 铝铺底，2 号熔剂 + S 保护，没精炼，没静置 | 全是气孔 |
| 7 | E2613 | 300 号石墨坩埚 | 铝铺底，加入 Mn 剂，2 号熔剂 + S 保护，没精炼，没静置 | 全是气孔 |
| 8 | E2612（补） | 300 号石墨坩埚 | 没铺底、Ar 精炼 10 min，静置 60 min，2 号熔剂覆盖和保护，$P$(0.085)，$V$(50)，$T$(800) | 无气孔 |
| 9 | E2613（回炉） | 300 号石墨坩埚 | 没铺底、只用 2 号熔剂覆盖和保护，精炼 10 min，静置 60 min，$P$(0.08)，$V$(50)，$T$(710) | 无气孔 |
| 10 | E2614 | 300 号石墨坩埚 | 没铺底、只用 2 号熔剂覆盖和保护，精炼 10 min，静置 60 min，$P$(0.08)，$V$(50)，$T$(760) | 无气孔、铁不均、侧表面有熔渣 |
| 11 | E2624 | 300 号石墨坩埚 | 没铺底、只用 2 号熔剂覆盖和保护，精炼 10 min，静置 60 min，$P$(0.08)，$V$(50)，$T$(750) | 侧面有夹杂，尾部有气孔，侧表面有熔渣 |
| 12 | E2625 | 300 号石墨坩埚 | 没铺底，只用 2 号熔剂覆盖和保护，精炼 10 min，静置 60 min，$P$(0.08)，$V$(70)，$T$(750) | Fe、Ni、Be 不均 |
| 13 | E2634 | 300 号石墨坩埚 | 没铺底，2 号熔剂覆盖和保护，精炼 10 min，静置 60 min；加 Mn 剂，$P$(0.08)，$V$(70)，$T$(850) | 无气孔 |

续表 10-12

| 序号 | 标样号 | 熔炼炉 | 熔炼和铸造情况（铸造参数：水压 $P$/MPa，速度 $V$/m·min$^{-1}$，温度 $T$/℃） | 备　注 |
|---|---|---|---|---|
| 14 | E2631 | 300 号石墨坩埚 | 没铺底，用专用的 Al－Mn 加 Mn，只用 2 号熔剂覆盖和保护，$P$(0.08)，$V$(50)，$T$(710)，精炼 10 min，静置 60 min | 无气孔 |
| 15 | E2615 | 300 号石墨坩埚 | 没铺底，Al 高、Mn 高，只用 2 号熔剂覆盖和保护，$P$(0.08)，$V$(70)，$T$(750)，Al 高，流动性好，要降低速度（主），降低温度（次），精炼 10 min，静置 60 min | 通心裂纹，Fe、Mn 不均 |
| 16 | E2615（回炉） | 300 号石墨坩埚 | 没铺底，只用 2 号熔剂覆盖和保护，精炼 10 min，静置 60 min，$P$(0.09)，$V$(60)，$T$(780) | Mn、Fe 均匀性差些，没裂 |
| 17 | E2621 | 300 号石墨坩埚 | 没铺底，2 号熔剂覆盖和保护，精炼 10 min，静置 60 min，$P$(0.08)，$V$(65)，$T$(800) | Be 为 0.0020%，侧表面有熔渣，Fe 不均 |
| 18 | E2632 | 300 号石墨坩埚 | 没铺底，2 号熔剂覆盖和保护，精炼 10 min，静置 60 min，$P$(0.08)，$V$(75)，$T$(750) | 无气孔 |
| 19 | E2600 | 300 号石墨坩埚 | 没铺铝，精炼 8 min，静置 40 min（精炼、静置不够），$P$(0.08)，$V$(75)，$T$(760) | 尾部边缘有几个气孔，侧面有熔渣 |
| 20 | E2633 | 300 号石墨坩埚 | 铸造机故障 | 放废 |
| 21 | E2633（回炉） | 300 号石墨坩埚 | 没铺铝，加 Mn 剂，2 号熔剂覆盖和保护，精炼 10 min，静置 60 min，$P$(0.08)，$V$(75)，$T$(850) | Mn 不均 |
| 22 | E2622 | 300 号石墨坩埚 | 没铺铝，只用 2 号熔剂覆盖和保护，精炼 10 min，静置 60 min，$P$(0.08)，$V$(75)，$T$(850～880) | 铸锭光滑、无气孔 |
| 23 | R2635 | 300 号石墨坩埚 | 没铺底，只用 2 号熔剂覆盖和保护，精炼 10 min，静置 60 min，$P$(0.08)，$V$(75)，$T$(885) | $T$ 高些，不易形成 Fe、Mn 化合物，铸锭质量好，径向、纵向也均匀些 |
| 24 | E2616 | 300 号石墨坩埚 | 没铺底，坩埚烧坏 | 放废 |
| 25 | E2616（回炉） | 用新石墨坩埚 | 没铺底，加大 Be 加入量，Al－Be 在精炼前加，减少烧损，只用 2 号熔剂覆盖和保护，$P$(0.08)，$V$(75)，$T$(885) | 铸造机故障；放废 |
| 26 | E2616（补） | 用新石墨坩埚 | 没铺底，只用 2 号熔剂覆盖和保护，Al－Be 的 Be 实收率只有 26.7%，$P$(0.08)，$V$(55)，$T$(870)，精炼 10 min，静置 60 min，加 Al－Si、Al－Mn 中间合金 | 尾部表皮有些拉裂（要去掉） |
| 27 | E2626 | 用新石墨坩埚 | 没铺底，只用 2 号熔剂覆盖和保护，精炼 10 min，静置 60 min，$P$(0.08)，$V$(60)，$T$(850)，用专用 Al－Si、Al－Mn 中间合金加入 | Al－Be 不均，Be 在 Al 中实收率很低，而且加入 Al－Be 量又太少，因此使用 Be 难以控制到设计要求 |
| 28 | E2627 | 用新石墨坩埚 | 没铺底，只用 2 号熔剂覆盖和保护，精炼 10 min，静置 60 min，$P$(0.08)，$V$(60)，$T$(870)，用专用 Al－Si、Al－Mn 中间合金加入 | Be 达 0.0033%，且较均匀 |

注：1. 熔炼炉：石墨坩埚比铁坩埚好些。用铁坩埚则 Fe 会增高，而无法保证下限点，但石墨没有铁坚固，寿命要短些。

2. 铸造时，可以不用纯铝铺底（开始头 6 炉铝铺底，主要是从安全出发，防止开头铸造时镁遇水发生危险）。只要精心操作，不用铝铺底也可以。

3. 铸造时，用半连续铸造比铁模好些。铁模加工困难、易渗水等，且铸锭缩孔很深，冷却效果也不好，易产生化学成分偏析。
4. 铸造最佳参数为：$T=870\sim890$℃，$P=0.08\sim0.085$ MPa，$V=60\sim75$ mm/min（含铝高时，速度降至下限）。
5. 熔剂覆盖和保护：金属熔化后，要用2号熔剂把金属表面完全覆盖，在整个过程中直到铸造完都要覆盖好。在补料、搅拌等操作破坏表面熔剂后，要及时撒入2号熔剂覆盖好。铸造时，也要在流槽和结晶器中液体表面上不断撒上2号熔剂保护镁表面，以免氧化烧损。也可在流槽和结晶器上面撒硫黄粉保护铸造，但硫黄粉气味太刺鼻，在取样时，还是在样勺和样模的液体表面上撒硫黄粉为好。
6. 配制Mn时，加Al－Mn中间合金比加Mn剂好，一是易均匀，二是时间短（E2631和E2633就是一个例证）。如加Mn剂，最好早些加入且至少经过1 h，否则偏析严重，且引起Fe不均，可能是Mn、Fe形成化合物所致。

**表10-13　镁标样铸锭均匀化条件**

| 合　格 | 均火温度/℃ | 保温时间/h |
|---|---|---|
| MgAlZn<br>MgAlMn<br>MgAlSi | 385～395 | 12 |

### E　挤压、锯切

经均匀化、车皮后的标样锭要用20MN油压挤压机挤压成$\phi45$ mm的棒，最后锯切成$\phi45$ mm×25 mm的标样并打上印迹。挤压条件如表10-14所示。各号挤压情况如表10-15所示。

**表10-14　镁标样挤压条件**

| 镁　标　样 | 挤压筒尺寸/mm×mm | 加热温度/℃ | 挤压速度/m·min$^{-1}$ |
|---|---|---|---|
| MgAlZn | $\phi170\times45$ | 300 | 0.4～0.5 |
| MgAlMn | | | 0.3～0.4 |
| MgAlSi | | | 0.19～0.20 |

**表10-15　各号挤压情况**

| 挤压序号 | 挤压标样号 | 挤压棒长度/mm | 成品流出速度/m·min$^{-1}$ | 说　明 |
|---|---|---|---|---|
| 1 | E2614 | 5000 | 0.4～0.5 | 开始速度快（0.6 m/min）有一节（1.2 m）有蛇皮管状裂纹，调整后正常 |
| 2 | E2623 | 3800 | 0.4 | 表面光滑 |
| 3 | E2611 | 4520 | 0.4 | 表面光滑 |
| 4 | E2612 | 4200 | 0.4 | 表面光滑 |
| 5 | E2613 | 5200 | 0.4 | 表面光滑 |
| 6 | E2615 | 4300 | 0.4 | 表面光滑 |
| 7 | E2616 | 6300 | 0.4 | 表面光滑 |
| 8 | E2600 | 4430 | 0.4～0.5 | |
| 9 | E2621 | 3720 | 0.4 | 表面起皮（在一条线上），不影响使用 |
| 10 | E2622 | 5450 | 0.4 | 表面光滑 |
| 11 | E2624 | 5800 | 0.4 | 表面光滑 |
| 12 | E2625 | 5160 | 0.4 | 表面光滑 |
| 13 | E2626 | 6340 | 0.4 | 表面光滑 |
| 14 | E2627 | 6700 | 0.4 | 表面光滑 |

续表 10-15

| 挤压序号 | 挤压标样号 | 挤压棒长度/mm | 成品流出速度 /m · min$^{-1}$ | 说　明 |
|---|---|---|---|---|
| 15 | E2631 | 4840 | 0.4 | 表面光滑 |
| 16 | E2632 | 4340 | 0.4 | 表面光滑 |
| 17 | E2633 | 4330 | 0.4 | 表面裂纹，不太深，可用 |
| 18 | E2634 | 4600 | 0.3 | 表面光滑 |
| 19 | E2635 | 4700 | 0.19 | 表面裂纹（鱼皮裂纹比 E2633 浅些） |

几点说明：

（1）挤压筒最低温度为400℃（极限）。

（2）高 Zn 的 MgAlZn 挤压棒要好些，高 Si 的 MgAlSi 个别号（E2633、E2635）表面有微裂纹，高 Mn 的 MgAlMn 表面不如 MgAlZn 光滑，无裂纹。

（3）镁合金挤压速度一般要比铝合金慢得多。

F　氧化上色

氧化上色同 9.4.9 节“镁合金氧化上色技术”。

G　安全保障措施

在镁标样制备全过程都要注意防火、防爆。为此，采取以下安全保障措施：

（1）所有的废料必须干净和干燥，有锈蚀的材料必须预先清理干净。

（2）所有的熔剂均容易吸收水分，必须保持干燥，并保存在气密的容器中。

（3）取样模、工具和任何与熔融镁接触的其他物件均需完全干燥和预热。

（4）必须避免熔融镁与氧化铁相接触，否则会造成危险。

（5）加工的镁屑见明火即燃，要注意保存、单放。

（6）操作人员劳保用品佩戴齐全（含面罩、防火服等）。

（7）要备好 2 号熔剂、铁铲等防火器材，并置于方便取用之处。

### 10.2.4　标样均匀性检验

标样的均匀性检验方法同 10.1.4 节。

三个系列镁合金标样均匀性检验结果分别如表 10-16、表 10-17、表 10-18 所示。检验结果表明只有 2 个元素不合格，其余 134 个元素全部合格。对不合格的元素（E2615 的 Mn 和 E2635 的 Fe）给参考值。

**表 10-16　MgAlZn 极差法检验结果**　　（质量分数，%）

| 标样号：E2600 | | | | 数据组数：16 | | | | |
|---|---|---|---|---|---|---|---|---|
| 元　素 | Si | Fe | Cu | Mn | Ni | Al | Zn | Be |
| α 置信度 | 0.010 | 0.010 | 0.010 | 0.010 | 0.010 | 0.010 | 0.010 | 0.010 |
| 常数 $A$ | 2.103 | 2.103 | 2.103 | 2.103 | 2.103 | 1.790 | 2.103 | 2.103 |
| $R_0$ | 0.0040 | 0.00060 | 0.00037 | 0.0048 | 0.00070 | 0.12 | 0.00060 | 0 |
| $R \times A$ | 0.0078 | 0.00082 | 0.00073 | 0.0079 | 0.0013 | 0.15 | 0.0011 | 0 |
| 检验结果 | 合格 | 合格 | 合格 | 合格 | 合格 | 合格 | 合格 | 合格 |

续表 10-16

| 标样号:E2611 | | | | 数据组数:16 | | | | |
|---|---|---|---|---|---|---|---|---|
| 元 素 | Si | Fe | Cu | Mn | Ni | Al | Zn | Be |
| α 置信度 | 0.010 | 0.010 | 0.010 | 0.010 | 0.010 | 0.010 | 0.010 | 0.010 |
| 常数 $A$ | 2.103 | 2.103 | 2.103 | 1.790 | 2.103 | 1.790 | 1.790 | 2.103 |
| $R_0$ | 0.0063 | 0.00023 | 0.00036 | 0.0066 | 0.00063 | 0.077 | 0.17 | 0 |
| $R\times A$ | 0.0063 | 0.00023 | 0.00066 | 0.0100 | 0.0013 | 0.078 | 0.21 | 0 |
| 检验结果 | 合格 | 合格 | 合格 | 合格 | 合格 | 合格 | 合格 | 合格 |
| 标样号:E2612 | | | | 数据组数:16 | | | | |
| 元 素 | Si | Fe | Cu | Mn | Ni | Al | Zn | Be |
| α 置信度 | 0.050 | 0.010 | 0.010 | 0.050 | 0.010 | 0.050 | 0.050 | 0.10 |
| 常数 $A$ | 1.790 | 2.103 | 2.103 | 1.790 | 2.103 | 1.790 | 1.790 | 2.103 |
| $R_0$ | 0.0050 | 0.00080 | 0.0018 | 0.017 | 0.0016 | 0.080 | 0.15 | 0 |
| $R\times A$ | 0.0092 | 0.0017 | 0.0037 | 0.032 | 0.0021 | 0.16 | 0.23 | 0 |
| 检验结果 | 合格 | 合格 | 合格 | 合格 | 合格 | 合格 | 合格 | 合格 |
| 标样号:E2613 | | | | 数据组数:16 | | | | |
| 元 素 | Si | Fe | Cu | Mn | Ni | Al | Zn | Be |
| α 置信度 | 0.050 | 0.010 | 0.050 | 0.050 | 0.010 | 0.050 | 0.050 | 0.010 |
| 常数 $A$ | 1.790 | 2.103 | 1.790 | 1.790 | 2.103 | 1.790 | 1.790 | 2.103 |
| $R_0$ | 0.0050 | 0.0034 | 0.0040 | 0.013 | 0.0014 | 0.067 | 0.097 | 0.00013 |
| $R\times A$ | 0.012 | 0.0050 | 0.0049 | 0.020 | 0.0019 | 0.13 | 0.13 | 0.00019 |
| 检验结果 | 合格 | 合格 | 合格 | 合格 | 合格 | 合格 | 合格 | 合格 |
| 标样号:E2615 | | | | 数据组数:16 | | | | |
| 元 素 | Si | Fe | Cu | Mn | Ni | Al | Zn | Be |
| α 置信度 | 0.050 | 0.010 | 0.050 | 0.050 | 0.010 | 0.050 | 0.050 | 0.010 |
| 常数 $A$ | 1.790 | 2.103 | 1.790 | 1.790 | 2.103 | 1.790 | 1.790 | 2.103 |
| $R_0$ | 0.016 | 0.015 | 0.010 | 0.18 | 0.0014 | 0.15 | 0.0040 | 0.00056 |
| $R\times A$ | 0.016 | 0.020 | 0.011 | 0.14 | 0.0028 | 0.17 | 0.0070 | 0.00066 |
| 检验结果 | 合格 | 合格 | 合格 | 合格 | 不合格 | 合格 | 合格 | 合格 |
| 标样号:E2616 | | | | 数据组数:16 | | | | |
| 元 素 | Si | Fe | Cu | Mn | Ni | Al | Zn | Be |
| α 置信度 | 0.050 | 0.010 | 0.010 | 0.050 | 0.010 | 0.050 | 0.050 | 0.010 |
| 常数 $A$ | 1.790 | 2.103 | 2.103 | 1.790 | 2.103 | 1.790 | 1.790 | 2.103 |
| $R_0$ | 0.019 | 0.0051 | 0.00047 | 0.047 | 0.0015 | 0.15 | 0.048 | 0.00050 |
| $R\times A$ | 0.022 | 0.0053 | 0.00089 | 0.049 | 0.0023 | 0.22 | 0.050 | 0.00057 |
| 检验结果 | 合格 | 合格 | 合格 | 合格 | 合格 | 合格 | 合格 | 合格 |

注:$R$ = 各组极差平均值,$R_0$ = 组最大平均值与最小平均值之差,如 $R_0 \leqslant R\times A$,样品均匀,否则不均匀。

**表 10-17 MgAlMn 极差法检验结果** （质量分数,%）

标样号:E2621 数据组数:16

| 元 素 | Si | Fe | Cu | Mn | Ni | Zn | Al | Be |
|---|---|---|---|---|---|---|---|---|
| α 置信度 | 0.010 | 0.010 | 0.010 | 0.050 | 0.010 | 0.010 | 0.050 | 0.010 |
| 常数 $A$ | 2.103 | 2.103 | 2.103 | 1.790 | 2.103 | 1.790 | 1.790 | 2.103 |
| $R_0$ | 0.0040 | 0.0017 | 0.00020 | 0.063 | 0.00096 | 0.0010 | 0.068 | 0.00017 |
| $R\times A$ | 0.0072 | 0.0018 | 0.00022 | 0.079 | 0.0014 | 0.0012 | 0.015 | 0.00024 |
| 检验结果 | 合格 | 合格 | 合格 | 合格 | 合格 | 合格 | 合格 | 合格 |

标样号:E2622 数据组数:16

| 元 素 | Si | Fe | Cu | Mn | Ni | Zn | Al | Be |
|---|---|---|---|---|---|---|---|---|
| α 置信度 | 0.050 | 0.010 | 0.010 | 0.050 | 0.010 | 0.050 | 0.050 | 0.010 |
| 常数 $A$ | 1.790 | 2.103 | 2.103 | 1.790 | 2.103 | 1.790 | 1.790 | 2.103 |
| $R_0$ | 0.0046 | 0.00060 | 0.00040 | 0.012 | 0.00093 | 0.0033 | 0.038 | 0.00020 |
| $R\times A$ | 0.0079 | 0.0013 | 0.00062 | 0.014 | 0.0018 | 0.0039 | 0.065 | 0.00027 |
| 检验结果 | 合格 | 合格 | 合格 | 合格 | 合格 | 合格 | 合格 | 合格 |

标样号:E2624 数据组数:16

| 元 素 | Si | Fe | Cu | Mn | Ni | Zn | Al | Be |
|---|---|---|---|---|---|---|---|---|
| α 置信度 | 0.050 | 0.010 | 0.010 | 0.050 | 0.010 | 0.050 | 0.050 | 0.010 |
| 常数 $A$ | 1.790 | 2.103 | 2.103 | 1.790 | 2.103 | 1.790 | 1.790 | 2.103 |
| $R_0$ | 0.013 | 0.0031 | 0.00097 | 0.011 | 0.00076 | 0.0024 | 0.087 | 0 |
| $R\times A$ | 0.016 | 0.0038 | 0.0018 | 0.019 | 0.0023 | 0.0069 | 0.14 | 0 |
| 检验结果 | 合格 | 合格 | 合格 | 合格 | 合格 | 合格 | 合格 | 合格 |

标样号:E2625 数据组数:16

| 元 素 | Si | Fe | Cu | Mn | Ni | Zn | Al | Be |
|---|---|---|---|---|---|---|---|---|
| α 置信度 | 0.050 | 0.010 | 0.010 | 0.050 | 0.010 | 0.050 | 0.050 | 0.010 |
| 常数 $A$ | 1.790 | 2.103 | 2.103 | 1.790 | 2.103 | 1.790 | 1.790 | 2.103 |
| $R_0$ | 0.00973 | 0.0015 | 0.00067 | 0.028 | 0.0014 | 0.0074 | 0.075 | 0.00013 |
| $R\times A$ | 0.013 | 0.0024 | 0.0011 | 0.037 | 0.0020 | 0.013 | 0.095 | 0.00014 |
| 检验结果 | 合格 | 合格 | 合格 | 合格 | 合格 | 合格 | 合格 | 合格 |

标样号:E2626 数据组数:16

| 元 素 | Si | Fe | Cu | Mn | Ni | Zn | Al | Be |
|---|---|---|---|---|---|---|---|---|
| α 置信度 | 0.050 | 0.010 | 0.010 | 0.050 | 0.010 | 0.010 | 0.050 | 0.010 |
| 常数 $A$ | 1.790 | 2.103 | 2.103 | 1.790 | 2.103 | 2.103 | 1.790 | 2.103 |
| $R_0$ | 0.0073 | 0.0039 | 0.00033 | 0.040 | 0.00070 | 0.0024 | 0.057 | 0.00013 |
| $R\times A$ | 0.011 | 0.0043 | 0.00078 | 0.041 | 0.0014 | 0.0028 | 0.12 | 0.00014 |
| 检验结果 | 合格 | 合格 | 合格 | 合格 | 合格 | 合格 | 合格 | 合格 |

续表 10-17

| 标样号:E2627 | 数据组数:16 | | | | | | | |
|---|---|---|---|---|---|---|---|---|
| 元　素 | Si | Fe | Cu | Mn | Ni | Zn | Al | Be |
| α 置信度 | 0.010 | 0.010 | 0.010 | 0.050 | 0.010 | 0.050 | 0.050 | 0.010 |
| 常数 $A$ | 2.103 | 2.103 | 2.103 | 1.790 | 2.103 | 1.790 | 1.790 | 2.103 |
| $R_0$ | 0.0067 | 0.0014 | 0.00040 | 0.0074 | 0.0014 | 0.013 | 0.035 | 0.00073 |
| $R \times A$ | 0.0093 | 0.0018 | 0.00072 | 0.011 | 0.0021 | 0.017 | 0.061 | 0.0012 |
| 检验结果 | 合格 | 合格 | 合格 | 合格 | 合格 | 合格 | 合格 | 合格 |

注:$R$ = 各组极差平均值;$R_0$ = 组最大平均值与最小平均值之差,如 $R_0 \leqslant R \times A$,样品均匀,否则不均匀。

**表 10-18　MgAlSi 极差法检验结果**　（质量分数,%）

| 标样号:E2631 | 数据组数:16 | | | | | | | |
|---|---|---|---|---|---|---|---|---|
| 元　素 | Si | Fe | Cu | Mn | Ni | Zn | Al | Be |
| α 置信度 | 0.050 | 0.010 | 0.010 | 0.050 | 0.010 | 0.010 | 0.050 | 0.010 |
| 常数 $A$ | 1.790 | 2.103 | 2.103 | 1.790 | 2.103 | 2.103 | 1.790 | 2.103 |
| $R_0$ | 0.021 | 0.0011 | 0.00076 | 0.024 | 0.00033 | 0.0096 | 0.24 | 0 |
| $R \times A$ | 0.024 | 0.0013 | 0.00100 | 0.044 | 0.00045 | 0.012 | 0.25 | 0 |
| 检验结果 | 合格 | 合格 | 合格 | 合格 | 合格 | 合格 | 合格 | 合格 |
| 标样号:E2632 | 数据组数:16 | | | | | | | |
| 元　素 | Si | Fe | Cu | Mn | Ni | Zn | Al | Be |
| α 置信度 | 0.050 | 0.010 | 0.010 | 0.050 | 0.010 | 0.050 | 0.050 | 0.010 |
| 常数 $A$ | 1.790 | 2.103 | 2.103 | 1.790 | 2.103 | 1.790 | 1.790 | 2.103 |
| $R_0$ | 0.15 | 0.0013 | 0.00073 | 0.0090 | 0.00037 | 0.012 | 0.26 | 0 |
| $R \times A$ | 0.17 | 0.0018 | 0.00089 | 0.014 | 0.00040 | 0.013 | 0.27 | 0 |
| 检验结果 | 合格 | 合格 | 合格 | 合格 | 合格 | 合格 | 合格 | 合格 |
| 标样号:E2633 | 数据组数:16 | | | | | | | |
| 元　素 | Si | Fe | Cu | Mn | Ni | Zn | Al | Be |
| α 置信度 | 0.050 | 0.10 | 0.010 | 0.050 | 0.010 | 0.050 | 0.050 | 0.010 |
| 常数 $A$ | 1.790 | 2.103 | 2.103 | 1.790 | 2.103 | 1.790 | 1.790 | 2.103 |
| $R_0$ | 0.033 | 0.0014 | 0.0016 | 0.069 | 0.00047 | 0.0046 | 0.12 | 0.0016 |
| $R \times A$ | 0.033 | 0.0017 | 0.0018 | 0.085 | 0.00048 | 0.0053 | 0.12 | 0.0031 |
| 检验结果 | 合格 | 合格 | 合格 | 合格 | 合格 | 合格 | 合格 | 合格 |
| 标样号:E2634 | 数据组数:16 | | | | | | | |
| 元　素 | Si | Fe | Cu | Mn | Ni | Zn | Al | Be |
| α 置信度 | 0.050 | 0.010 | 0.050 | 0.050 | 0.010 | 0.050 | 0.050 | 0.010 |
| 常数 $A$ | 1.790 | 2.103 | 1.790 | 1.790 | 2.103 | 1.790 | 1.790 | 2.103 |
| $R_0$ | 0.076 | 0.0039 | 0.015 | 0.049 | 0.00037 | 0.014 | 0.20 | 0.00020 |
| $R \times A$ | 0.079 | 0.0044 | 0.017 | 0.051 | 0.00048 | 0.015 | 0.23 | 0.00026 |
| 检验结果 | 合格 | 合格 | 合格 | 合格 | 合格 | 合格 | 合格 | 合格 |

续表 10-18

| 标样号:E2635 | | | | 数据组数:16 | | | | |
|---|---|---|---|---|---|---|---|---|
| 元 素 | Si | Fe | Cu | Mn | Ni | Zn | Al | Be |
| α 置信度 | 0.050 | 0.010 | 0.010 | 0.010 | 0.010 | 0.050 | 0.050 | 0.010 |
| 常数 $A$ | 1.790 | 2.103 | 2.103 | 2.103 | 2.103 | 1.790 | 1.790 | 2.103 |
| $R_0$ | 0.16 | 0.011 | 0.0043 | 0.028 | 0.00050 | 0.014 | 0.22 | 0.00034 |
| $R\times A$ | 0.16 | 0.0060 | 0.0057 | 0.030 | 0.00054 | 0.014 | 0.22 | 0.00041 |
| 检验结果 | 合格 | 不合格 | 合格 | 合格 | 合格 | 合格 | 合格 | 合格 |

注:$R$ 为各组极差平均值;$R_0$ 为组最大平均值与最小平均值之差,如 $R_0\leqslant R\times A$,则样品均匀,否则不均匀。

## 10.2.5 定值和数据处理

### 10.2.5.1 多个试验室协作定值

标样的最终定值是标样的最关键指标之一,定值必须准确可靠。根据 GB/T15000 和 YS/T409 规定,邀请国家轻金属质量监督检验中心等 8 个单位协作分析定值,每个试验室报出一组 4 个数据,研制单位报出 2 组,共 9 组数据。分析方法见表 10-19。

**表 10-19 镁合金标样分析方法**

| 元素 | 定值方法 | | | | | | | |
|---|---|---|---|---|---|---|---|---|
| | 郑州轻金属研究院 | 长安汽车集团一厂 | 长安汽车集团二厂 | 北京有色金属研究总院 | 西南铝技术中心 | 上海材料研究所 | 抚顺铝厂 | 西南铝加工厂 |
| Si | GB/T13748.6—1992 | ICP-AES | GB/T13748.6—1992 | GB/T13748.6—1992 | GB/T13748.6—1992 | GB/T13749.6—1992 | GB/T13748.6—1992 | GB/T13748.6—1992 |
| Fe | GB/T13748.5—1992 | ICP-AES | 邻菲罗啉光度法 | 邻菲罗啉光度法 | AAS | ICP-AES | GB/T13748.5—1992 | GB/T13748.5—1992 |
| Cu | GB/T13748.8—1992 | ICP-AES | AAS | ICP-AES | AAS | ICP-AES | GB/T13748.8—1992 | GB/T13748.8—1992、AAS |
| Mn | GB/T13748.2—1992 | ICP-AES | GB/T13748.2—1992 | ICP-AES | AAS | ICP-AES | GB/T13748.2—1992 | GB/T13748.2—1992、AAS |
| Zn | GB/T13748.10—1992 | ICP-AES | AAS | ICP-AES | AAS | ICP-AES | GB/T13748.10—1992 | GB/T13748.10—1992 |
| Ni | GB/T13748.9—1992 | ICP-AES | AAS | ICP-AES | GB/T13748.9—1992 | ICP-AES | GB/T13748.9—1992 | GB/T13748.9—1992 |
| Al | GB/T13748.1—1992 | ICP-AES | 氟盐取代 EDTA 滴定法 | ICP-AES | 滴定法 | GB/T13749.1—1992、滴定法 | GB/T13748.1—1992 | 络合滴定 |
| Be | GB/T13748.7—1992 | ICP-AES | GB/T13749.7—1992 | ICP-AES | — | GB/T13748.7—1992、ICP-AES | GB/T13748.7—1992 | GB/T13748.7—1992 |

### 10.2.5.2 数据处理

数据处理方法同铝合金。

### 10.2.5.3 标准值和标准偏差

三个系列标样的标准值和标准偏差分别见表 10-20、表 10-21、表 10-22。

**表 10-20 MgAlZn 系标准值和标准偏差** （质量分数,%）

数据组数:9

| 标样号 | 特征量 | Si | Fe | Cu | Mn | Ni | Zn | Al | Be |
|---|---|---|---|---|---|---|---|---|---|
| E2600 | 标准值 | 0.026 | 0.0025 | 0.0024* | 0.016 | 0.0006 | 0.0069* | 5.81 | 0.00007 |
| | 标准偏差 | 0.002 | 0.0003 | | 0.002 | 0.0003 | | 0.05 | 0.00003 |
| E2611 | 标准值 | 0.024 | 0.0042 | 0.0036 | 0.077 | 0.0010 | 3.76 | 4.68 | 0.00009 |
| | 标准偏差 | 0.003 | 0.0004 | 0.0002 | 0.003 | 0.0001 | 0.08 | 0.04 | 0.00003 |
| E2612 | 标准值 | 0.097 | 0.013 | 0.087 | 0.339 | 0.0045 | 2.99 | 7.18 | 0.00044 |
| | 标准偏差 | 0.005 | 0.001 | 0.004 | 0.009 | 0.0004 | 0.08 | 0.05 | 0.00006 |
| E2613 | 标准值 | 0.28 | 0.023 | 0.164 | 0.231 | 0.013* | 1.94 | 6.96 | 0.0010 |
| | 标准偏差 | 0.02 | 0.001 | 0.004 | 0.005 | | 0.02 | 0.03 | 0.0002 |
| E2615 | 标准值 | 0.176 | 0.020* | 0.295 | 0.68* | 0.018 | 0.217 | 11.52 | 0.0023* |
| | 标准偏差 | 0.009 | | 0.004 | | 0.001 | 0.003 | 0.08 | |
| E2616 | 标准值 | 0.43 | 0.039 | 0.0098 | 0.61 | 0.0036 | 0.98 | 9.07 | 0.0029 |
| | 标准偏差 | 0.03 | 0.002 | 0.0003 | 0.02 | 0.0003 | 0.02 | 0.05 | 0.0004 |

注：*为参考值。

**表 10-21 MgAlMn 系标准值和标准偏差** （质量分数,%）

数据组数:9

| 标样号 | 特征量 | Si | Fe | Cu | Mn | Ni | Zn | Al | Be |
|---|---|---|---|---|---|---|---|---|---|
| E2621 | 标准值 | 0.034 | 0.039* | 0.0029 | 0.92 | 0.0012 | 0.057 | 6.10 | 0.0020 |
| | 标准偏差 | 0.002 | | 0.0002 | 0.02 | 0.0004 | 0.002 | 0.04 | |
| E2622 | 标准值 | 0.173 | 0.0089 | 0.0081 | 0.338 | 0.0008 | 0.237 | 2.55 | 0.0009 |
| | 标准偏差 | 0.005 | 0.0004 | 0.0002 | 0.005 | 0.0002 | 0.003 | 0.04 | 0.0002 |
| E2624 | 标准值 | 0.27 | 0.015 | 0.020 | 0.182 | 0.0015* | 0.171 | 7.33 | 0.00015 |
| | 标准偏差 | 0.02 | 0.001 | 0.001 | 0.005 | | 0.004 | 0.04 | 0.00003 |
| E2625 | 标准值 | 0.286 | 0.016* | 0.020 | 0.428 | 0.0068* | 0.271 | 6.29 | 0.0010* |
| | 标准偏差 | 0.009 | | 0.001 | 0.006 | | 0.004 | 0.03 | |
| E2626 | 标准值 | 0.239 | 0.025 | 0.013 | 0.65* | 0.0025 | 0.105 | 4.57 | 0.0009 |
| | 标准偏差 | 0.007 | 0.002 | 0.001 | | 0.0003 | 0.003 | 0.05 | 0.0002 |
| E2627 | 标准值 | 0.065 | 0.0049 | 0.010 | 0.130 | 0.010 | 0.492 | 1.36 | 0.0033 |
| | 标准偏差 | 0.003 | 0.0006 | 0.001 | 0.005 | 0.001 | 0.006 | 0.02 | 0.0005 |

注：*为参考值。

**表 10-22 MgAlSi 系标准值和标准偏差** （质量分数,%）

数据组数:9

| 标样号 | 特征量 | Si | Fe | Cu | Mn | Ni | Zn | Al | Be |
|---|---|---|---|---|---|---|---|---|---|
| E2631 | 标准值 | 0.54 | 0.0070 | 0.0082 | 0.59 | 0.0012 | 0.102 | 3.69 | 0.00011 |
| | 标准偏差 | 0.02 | 0.0003 | 0.0003 | 0.02 | 0.0002 | 0.004 | 0.06<br>9 | 0.00003 |
| E2632 | 标准值 | 1.54 | 0.0077 | 0.0016 | 0.095 | 0.0012 | 0.128 | 5.82 | 0.00018 |
| | 标准偏差 | 0.08 | 0.0006 | 0.0002 | 0.004 | 0.0002 | 0.007 | 0.06 | 0.00004 |
| E2633 | 标准值 | 0.68 | 0.0034* | 0.016 | 0.50* | 0.0013* | 0.339 | 1.09 | 0.0005* |
| | 标准偏差 | 0.04 | | 0.001 | | | 0.008 | 0.05 | |
| E2634 | 标准值 | 1.22 | 0.022 | 0.103 | 0.34 | 0.0038 | 0.24 | 4.37 | 0.0009 |
| | 标准偏差 | 0.05 | 0.002 | 0.006 | 0.02 | 0.0002 | 0.02 | 0.05 | 0.0002 |
| E2635 | 标准值 | 1.83 | 0.033 | 0.039 | 0.24 | 0.014 | 0.152 | 2.58 | 0.0012 |
| | 标准偏差 | 0.07 | 0.004 | 0.002 | 0.02 | 0.001 | 0.005 | 0.07 | 0.0002 |

注：*为参考值。

### 10.2.6 试用情况报告

#### 10.2.6.1 工作曲线检查

为了检验本标样适用情况，随机抽取 5 套，用进口光谱仪（DV4、E982）选最佳条件进行激发测量其强度，用含量与平均强度绘制工作曲线。其啮合系数均在 99% 以上，满足设计要求和光谱分析对标样的实际需要。具体啮合系数见表 10-23。

表 10-23 镁标样工作曲线啮合系数

| 元素 | | Si | Fe | Cu | Mn | Ni | Zn | Al | Be |
|---|---|---|---|---|---|---|---|---|---|
| 波长/nm | | 288.1 | 259.9 | 324.7 | 293.3 | 341.4 | 330.2 | 256.7 | 313.0 |
| *PCT*/% | MgAlZn | 99.95 | 99.93 | 99.93 | 99.84 | 99.71 | 99.96 | 99.80 | 99.96 |
| | MgAlMn | 99.53 | 98.63 | 99.79 | 99.19 | 99.13 | 99.93 | 99.93 | 99.98 |
| | MgAlSi | 98.84 | 99.69 | 99.98 | 99.98 | 99.91 | 99.96 | 99.38 | 99.69 |

#### 10.2.6.2 实用分析

用本标样绘制工作曲线，进行生产样品分析，其分析结果与化学仲裁相符。分析实例见表 10-24。

表 10-24 分析实例

| 仪器型号 | 试样编号 | 元素含量（质量分数）/% | | | | | | | |
|---|---|---|---|---|---|---|---|---|---|
| | | Si | Fe | Cu | Mn | Ni | Zn | Al | Be |
| E982 | 627 | 0.061 | 0.0050 | 0.011 | 0.12 | 0.009 | 0.47 | 1.36 | 0.0031 |
| 化学 | | 0.065 | 0.0049 | 0.010 | 0.13 | 0.010 | 0.49 | 1.36 | 0.0033 |
| E982 | 612 | 0.097 | 0.014 | 0.095 | 0.39 | 0.006 | 3.08 | 7.30 | 0.0004 |
| 化学 | | 0.097 | 0.013 | 0.087 | 0.34 | 0.005 | 2.99 | 7.18 | 0.0004 |
| E982 | 622 | 0.18 | 0.0087 | 0.0082 | 0.34 | 0.0010 | 0.23 | 2.53 | 0.0008 |
| 化学 | | 0.17 | 0.0089 | 0.0081 | 0.34 | 0.0008 | 0.24 | 2.55 | 0.0009 |
| E982 | 632 | 1.43 | 0.0074 | 0.0015 | 0.11 | 0.0012 | 0.11 | 5.89 | 0.00013 |
| 化学 | | 1.54 | 0.0077 | 0.0016 | 0.10 | 0.0012 | 0.12 | 5.82 | 0.00018 |
| E982 | 626 | 0.23 | 0.024 | 0.013 | 0.63 | 0.002 | 0.09 | 4.44 | 0.0008 |
| 化学 | | 0.24 | 0.025 | 0.013 | 0.65 | 0.002 | 0.10 | 4.57 | 0.0009 |

### 10.2.7 比对实验

为了考察本标样的水平，将本标样与国内外类似标样进行比对实验。

#### 10.2.7.1 均匀性比对

从本标样三个系列中，每个系列随机抽出 3 个号与国内外类似标样同时在 E982 光谱仪上激发，每个样激发 10 点，同时计算其波动系数（标样均匀性），其结果见表 10-25。

**表 10-25 本标样与国内标样均匀性比较**

| 标样号 | 元素 | Si | Fe | Cu | Mn | Ni | Zn | Al | Be |
|---|---|---|---|---|---|---|---|---|---|
| E2611 | 1 | 0.024 | 0.0042 | 0.0036 | 0.077 | 0.001 | 3.81 | 4.68 | 0.0009 |
| | 2 | 16 | 7.5 | 15 | 18 | 28 | 0.87 | 0.92 | 6.8 |
| E2612 | 1 | 0.097 | 0.013 | 0.087 | 0.339 | 0.0045 | 2.99 | 7.18 | 0.00044 |
| | 2 | 4.2 | 3.5 | 1.6 | 4.5 | 6.1 | 3.3 | 1.1 | 2.2 |
| E2626 | 1 | 0.239 | 0.025 | 0.013 | 0.65 | 0.0025 | 0.105 | 4.57 | 0.0009 |
| | 2 | 1.3 | 4.8 | 2.4 | 3.9 | 18 | 3.2 | 0.66 | 5.3 |
| E2627 | 1 | 0.065 | 0.0049 | 0.010 | 0.130 | 0.010 | 0.492 | 1.36 | 0.0033 |
| | 2 | 7.0 | 3.2 | 5.4 | 4.1 | 6.1 | 2.2 | 2.1 | 11 |
| E2622 | 1 | 0.173 | 0.0089 | 0.0081 | 0.338 | 0.0008 | 0.237 | 2.55 | 0.0009 |
| | 2 | 1.7 | 3.9 | 2.1 | 3.8 | 25 | 1.6 | 1.3 | 9.0 |
| E2634 | 1 | 1.22 | 0.022 | 0.103 | 0.33 | 0.014 | 0.152 | 2.58 | 0.0012 |
| | 2 | 0.92 | 2.3 | 1.3 | 1.8 | 23 | | 1.2 | 4.6 |
| 国内 1-1 | 1 | 0.113 | 0.017 | 0.012 | 0.159 | 0.0005 | 0.162 | 12.63 | 0.00084 |
| | 2 | 6.0 | 3.1 | 4.9 | 6.3 | 60 | 3.4 | 1.4 | 18 |
| 国内 5-1 | 1 | 0.0079 | 0.0077 | 0.029 | 0.453 | 0.0054 | 1.22 | 3.1 | 0.0002 |
| | 2 | 79 | 8.5 | 6.7 | 7.4 | 37 | 2.1 | 3.3 | 31 |

注:1 为元素含量(质量分数),%;2 为波动系数,%。

结论:从比较结果可见,Al、Be、Ni、Mn、Si、Zn 等都比国内类似成分的标样均匀。

### 10.2.7.2 啮合系数比较

从本标样中,每个系列抽取一套与国内标样在相同条件下制作工作曲线,计算啮合系数并做比较。啮合系数见表 10-26。

**表 10-26 啮合系数比较** (%)

| 元素 | | Si | Fe | Cu | Mn | Zn | Ni | Al | Be |
|---|---|---|---|---|---|---|---|---|---|
| 波长/nm | | 288.1 | 259.9 | 324.7 | 293.3 | 330.2 | 341.4 | 256.7 | 313.0 |
| 本标样 | MgAlZn | 99.947 | 99.934 | 99.927 | 99.839 | 99.962 | 99.706 | 99.800 | 99.958 |
| | MgAlMn | 99.526 | 98.630 | 99.790 | 99.194 | 99.928 | 99.134 | 99.928 | 99.979 |
| | MgAlSi | 98.845 | 99.688 | 99.981 | 99.985 | 99.955 | 99.911 | 99.379 | 99.689 |
| 国内标样 | | 50.000 | 98.288 | 99.409 | 99.660 | 99.844 | 97.530 | 99.925 | 98.696 |

结论:从比较结果可见,本标样啮合系数都明显高于国内标样。

### 10.2.7.3 含量范围

含量范围宽,适用系列多,见表 10-27。

表 10-27 国内外 Mg-Al 标样比较 （质量分数，%）

| 标样比较 | 含量 | Si | Fe | Cu | Mn | Ni | Zn | Al | Be |
|---|---|---|---|---|---|---|---|---|---|
| 本标样 | 低 | 0.024 | 0.0025 | 0.0019 | 0.019 | 0.0006 | 0.0069 | 1.09 | 0.00007 |
| | 高 | 1.83 | 0.039 | 0.295 | 0.92 | 0.018 | 3.81 | 11.52 | 0.0033 |
| 国内标样 | 低 | 0.0078 | 0.0082 | 0.0097 | 0.043 | 0.0011 | 0.15 | 3.9 | 0.00033 |
| | 高 | 0.060 | 0.041 | 0.033 | 0.79 | 0.011 | 1.25 | 12.95 | 0.0018 |
| 国外标样 | 低 | 0.01 | 0.01 | 0.01 | 0.005 | 0.001 | 0.1 | 3.0 | — |
| | 高 | 0.3 | 0.05 | 0.15 | 0.6 | 0.1 | 1.5 | 10.5 | |

注：低表示低点含量；高表示最高点含量。

结论：从标样最低点含量和最高点含量范围比较结果可见，本标样大部分元素含量范围都大于国外类似标样。

10.2.7.4 适用性范围广

国内现有标样因 Si、Ni 点子离散度太大，Si 无高含量点子，且无 Be，因此不能完全满足 MgAl（MgAlZn、MgAlMn、MgAlSi）系列分析的需要。只有本标样既能满足国内产品，又能满足国际产品对类似镁合金标样的需要。另外，从 Brammer Standard Company，INC. 和 MBH 公司产品目录中，只能查到 MgAlZn 和 MgAlMn 标样，而查不到 MgAlSi 标样，而且国外标样不含 Be，所以 MgAlSi 标样处于国际领先水平。

## 10.3 Mg-Zn-Ce-Zr 标准样品铸锭的制备

### 10.3.1 Mg-Zn-Ce-Zr 标样概述

Mg-Zn-Ce-Zr 是一种含 Ce、Zr 等元素的特殊镁合金标样，研制难度较大。其合金材料用于航空航天等高科技领域。

### 10.3.2 Mg-Zn-Ce-Zr 成分设计技术

10.3.2.1 设计原则

（1）满足 GB/T19078—2003《镁合金锭中 MgZnCeZr、MgZnZr 产品标准》的要求；

（2）由于镁合金中各元素相互共沉十分严重，因此必须考虑多点子方可满足要求。

（3）含 Zr 的高点子，不得含 Al、Si 和 Mn。

（4）由于有 Zr、Fe、Si 难以配制，对 Fe、Si 的高含量点子另外补配的。

（5）考虑各元素匹配等因素，点子少了难以保证各元素均匀分布，达到设计要求，故本标样设计了 12 点。

10.3.2.2 设计成分

镁合金中各元素相互共沉作用很复杂，难以控制，使得各元素调整十分困难。由于后加的元素破坏了以前已调整好的元素，有时会出现前面已调整好的元素还要重新调整，尤其是 Si、Fe、Zr 等元素相互共沉损失非常严重。因此，设计成分时，只能按照产品标准设计本标样的成分范围。

根据上述设计原则，本标样设计成分范围如表 10-28 所示。

**表 10-28　MgZnCeZr、MgZnZr 标样设计成分范围**

| 元　素 | | Si | Fe | Cu | Mn | Ni | Zn | Ce | Zr |
|---|---|---|---|---|---|---|---|---|---|
| MgZnCeZr 标准范围(质量分数)/% | | ≤0.01 | ≤0.01 | ≤0.03 | ≤0.15 | ≤0.005 | 2.0~4.8 | 1.0~3.9 | 0.3~1.0 |
| MgZnZr 标准范围(质量分数)/% | | ≤0.01 | | ≤0.03 | | ≤0.01 | 3.8~6.3 | | |
| 本标样设计成分(质量分数)/% | 低 | 0.002 | 0.003 | 0.01 | 0.05 | 0.001 | 1.5 | 0.8 | 0.20 |
| | 高 | 0.025 | 0.011 | 0.14 | 0.20 | 0.08 | 7.0 | 4.2 | 1.0 |

注:表中空格为该元素不设计成分,为了保证其他元素达到设计要求。

## 10.3.3　均匀化标样铸锭制备

### 10.3.3.1　主要技术指标

本标样主要技术指标如下:

(1) 每套有 12 点:含 Si、Fe、Cu、Mn、Zn、Zr、Ce 和 Ni,共 8 个元素;

(2) 均匀性:极差法检验合格;

(3) 定值准确性($S$):$2S\leqslant$化学允许差;

(4) 工作曲线啮合系数($PCT$):$PCT\geqslant0.99$;

(5) 有效点数($Q$):$Q\geqslant4$(对于 Cu、Mn、Zn、Ce、Zr、Ni);

(6) 稳定性(有效期 $T$):$T=5$ 年;

(7) 尺寸(单点):$\phi45\,\text{mm}\times40\,\text{mm}$。

### 10.3.3.2　主要技术难点

(1) 标样铸锭制备难:研制出符合设计要求的、各元素化学成分匹配、均匀分布的标样铸锭是本标样研制的第一步,也是最关键的一步。铸锭易产生熔剂夹渣、氧化夹渣、金属中间化合物等,有些元素相互作用,对实收率、均匀性影响很大,难以控制。Ce、Zr 等元素不易加入,实收率不易控制,配料比难以掌握。杂质元素 Fe、Si 加不进去,尤其在有 Zr、Ce 等元素存在的情况下,更难加入。实收率极低且不易控制;元素之间有共沉作用,Mn 和 Fe 形成不溶于镁的化合物而容易下沉;Mn 存在时,Zr 不易加入;有 Zn 存在时,Si 加入更难。含 Zr 的镁合金中,当 Al、Si、Mn 含量各超过 0.1% 时,将大大降低 Zr 的含量。

(2) 化学成分调整难:由于无合适的标样,现国内无含 Zr、Ce 元素的标准样品,给调整标样铸锭化学成分带来很大困难。

(3) 分析定值难:$w(\text{Si})<0.05\%$、$w(\text{Fe})<0.01\%$很难分析,准确度和灵敏度也难以满足标样的要求。

(4) 金属材料缺乏:无镁的中间合金(Mg-Mn、Mg-Si、Mg-Cu、Mg-Ni),自制这些中间合金或用金属 Mn、Si、Cu 和 Ni 是很难的,这将加大标样铸锭的熔炼难度。

(5) 各元素的加入方法,尤其是 Zr、Ce 和 Fe、Si、Ni 等杂质元素很难达到设计成分要求。

(6) Zr、Ce 在炉中停留时间长了,损失严重,特别是 Zr 达到数十倍的损失。互为沉降剂,相互共沉作用非常严重,Mg-Zn-Ce-Zr 比纯镁及 Mg-Al 合金严重得多,这也大大增加了本标样各元素成分调整难度。

#### 10.3.3.3　主要攻关措施

（1）小样试验：通过小坩埚试验，找出 Zr、Ce 等元素加入的新方法、最佳工艺参数及各元素相互影响规律；同时制备出含 Zr、Ce 的内控样，供炉前调整标样铸锭成分用。

（2）自制 Mg－Mn、Mg－Si、Mg－Ni 等中间合金，供配料调整成分用；

（3）为减少 Zr、Ce 损失，对于 Zr、Ce 高含量点子，不精炼，只静置，很好地解决了 Zr、Ce 高含量点子难以制备的问题。

（4）通过试验，确定了 Mg－Zn－Ce－Zr 标样各元素加入的新方法。为确保本标样各元素均匀分布且达到设计要求，采用的各元素加入的新方法见表 10–29。

（5）采用新工艺，减少熔体在炉中的停留时间，防止各元素之间的共沉损失以及合理匹配各元素的设计成分，以解决 Zr、Ce 的高含量点子难以制备的问题。

（6）对 Fe、Si 等在 Mg 中难以溶解的元素，且受 Zr 的共沉影响，采用适当增加点子的方法，以保证有效点数。

（7）合理匹配各元素设计成分，尽量减少因共沉作用而降低某些元素的损失，表 10–30 列出几种互相排除、互为沉降剂的组元。

（8）对于高含量 Zr、Ce 标样号，不配制 Mn、Si 等元素，只设计 Zn、Zr、Ce 等元素，并调整好成分后，静置 20 min 即出炉。

（9）对制备好的标样进行氧化上色，防止表面氧化腐蚀。

（10）采用了具有自主知识产权的 RDHB 除渣法和双层安全炉、水冷式半连续铸造技术，很好地解决了拉裂、夹渣等问题，保证了标样铸锭质量。

**表 10–29　Mg－Zn－Ce－Zr 标样各元素加入的新方法**

| 序号 | 元素 | 加入物质 | 加入方法 | 备注 |
|---|---|---|---|---|
| 1 | Zr | Mg－30% Zr | 扒渣后，在 800～820℃ 时加入，充分搅拌，不精炼，静置 20 min 后出炉。Zr 实收率只有 20%～30% | Zr 在炉中停留时间长，损失严重。当 Mn、Si、Al 存在时，Zr 损失严重，尽量减少 Mn、Si、Al 的含量 |
| 2 | Ce | Mg－10% Ce 或纯 Ce | 出炉前，760～780℃ 加入 Mg－Ce 或 Ce，充分搅拌后取样分析 | Ce 烧损严重 |
| 3 | Fe | 用铁粉加入 | 在 900℃ 以上分 2～3 次以 7～10 倍的设计量加入，每次加入后要充分搅拌。Fe 实收率只有 14% 左右 | 在高温下可提高 Fe 在 Mg 中的溶解度，在熔制含 Fe 含量高的标样时，其他元素含量要控制在下限 |
| 4 | Si | 用结晶硅或 Mg－Si 加入 | 在加入铁粉充分搅拌后，加入结晶硅块，充分搅拌，补料时用 Mg－Si 中间合金加入 | 当含 Zr 时，大大降低 Si 的溶解度 |
| 5 | Zn | 用纯 Zn | 随炉料一起加入 | |
| 6 | Ni | 自制 Mg－5.0% Ni 中间合金 | 在加入 Mg－Si 搅拌后加入 Mg－Ni | |
| 7 | Mn | 自制 Mg－6.0% Mn 中间合金 | Mg－Mn 与镁锭一起加入，实收率在 90% 以上 | |
| 8 | Cu | 用 Cu 板或自制 Mg－5.0% Cu 中间合金 | 与 Mg－Ni 一起加入 | |

**表 10-30 几种互相排除、互为沉降剂的组元**

| 沉降剂 | Mn | Zr | Be | Ti |
|---|---|---|---|---|
| 去掉的元素 | Fe | Fe、Al、Si、P、Be、Mn、Ni | Fe、Zr | Fe、Si |

#### 10.3.3.4 标样铸锭的制备过程

同 9.2.2 节。

### 10.3.4 标样均匀性检验

标样的均匀性检验方法同 10.1.4 节。均匀性检验结果见表 10-31。

**表 10-31 极差法检验结果** (质量分数,%)

| 标样号:E5126 | | 数据组数:16 | | 标样号:E5128 | | 数据组数:16 | |
|---|---|---|---|---|---|---|---|
| 元　　素 | Zn | Ce | Zr | 元　　素 | Zn | Ce | Zr |
| $\alpha$ 置信度 | 0.05 | 0.05 | 0.05 | $\alpha$ 置信度 | 0.05 | 0.05 | 0.05 |
| 常数 $A$ | 1.790 | 1.790 | 1.790 | 常数 $A$ | 1.790 | 1.790 | 1.790 |
| $R$ | 0.080 | 0.100 | 0.590 | $R$ | 0.050 | 0.055 | 0.071 |
| $R\times A$ | 0.15 | 0.18 | 1.04 | $R\times A$ | 0.090 | 0.097 | 0.13 |
| $R_0$ | 0.15 | 0.12 | 1.19 | $R_0$ | 0.077 | 0.096 | 0.11 |
| 检验结果 | 合格 | 合格 | 合格 | 检验结果 | 合格 | 合格 | 合格 |
| 标样号:E5129 | | 数据组数:16 | | 标样号:E5111 | | 数据组数:16 | |
| 元　　素 | Zn | Ce | Zr | 元　　素 | Zn | Zr | |
| $\alpha$ 置信度 | 0.05 | 0.05 | 0.05 | $\alpha$ 置信度 | 0.05 | 0.05 | |
| 常数 $A$ | 1.790 | 1.790 | 1.790 | 常数 $A$ | 1.790 | 1.790 | |
| $R$ | 0.074 | 0.055 | 0.057 | $R$ | 0.078 | 0.041 | |
| $R\times A$ | 0.14 | 0.099 | 0.11 | $R\times A$ | 0.14 | 0.072 | |
| $R_0$ | 0.14 | 0.097 | 0.086 | $R_0$ | 0.13 | 0.066 | |
| 检验结果 | 合格 | 合格 | 合格 | 检验结果 | 合格 | 合格 | |

| 标样号:E5112 | | | | 数据组数:16 | |
|---|---|---|---|---|---|
| 元　　素 | Si | Cu | Ni | Zn | Zr |
| $\alpha$ 置信度 | 0.05 | 0.05 | 0.05 | 0.05 | 0.05 |
| 、常数 $A$ | 1.790 | 1.790 | 1.790 | 1.790 | 1.790 |
| $R$ | 0.00081 | 0.00082 | 0.00033 | 0.14 | 0.012 |
| $R\times A$ | 0.0015 | 0.0015 | 0.00059 | 0.25 | 0.022 |
| $R_0$ | 0.0014 | 0.0014 | 0.00044 | 0.21 | 0.019 |
| 检验结果 | 合格 | 合格 | 合格 | 合格 | 合格 |

续表 10-31

| 标样号:E5113 | | | | | 数据组数:16 |
|---|---|---|---|---|---|
| 元　素 | Si | Cu | Ni | Zn | Zr |
| α 置信度 | 0.05 | 0.05 | 0.05 | 0.05 | 0.05 |
| 常数 $A$ | 1.802 | 1.802 | 1.802 | 1.802 | 1.802 |
| $R$ | 0.00068 | 0.0017 | 0.00051 | 0.095 | 0.024 |
| $R\times A$ | 0.0013 | 0.0030 | 0.00092 | 0.18 | 0.043 |
| $R_0$ | 0.0013 | 0.0023 | 0.00084 | 0.17 | 0.041 |
| 检验结果 | 合格 | 合格 | 合格 | 合格 | 合格 |

| 标样号:E5131 | | | | | | 数据组数:16 |
|---|---|---|---|---|---|---|
| 元　素 | Si | Fe | Cu | Mn | Ni | Zn |
| α 置信度 | 0.05 | 0.05 | 0.05 | 0.05 | 0.05 | 0.05 |
| 常数 $A$ | 1.790 | 1.790 | 1.790 | 1.790 | 1.790 | 1.790 |
| $R$ | 0.0013 | 0.00082 | 0.035 | 0.024 | 0.00024 | 0.18 |
| $R\times A$ | 0.0024 | 0.0015 | 0.063 | 0.042 | 0.00042 | 0.31 |
| $R_0$ | 0.0024 | 0.0013 | 0.055 | 0.034 | 0.00039 | 0.25 |
| 检验结果 | 合格 | 合格 | 合格 | 合格 | 合格 | 合格 |

## 10.3.5 定值和数据处理

### 10.3.5.1 多个试验室协作定值

各试验室分析方法见表 10-32。

**表 10-32 MgZnZr(Ce)系列合金标准样品各元素分析方法**

| 分析单位 | Si | Fe | Cu | Mn | Zn | Ni | Ce | Zr |
|---|---|---|---|---|---|---|---|---|
| 郑州轻金属研究总院 | 硅钼蓝光度法 | 邻二氮杂菲光度法 | ICP - AES | ICP - AES | AAS | ICP - AES | ICP - AES | ICP - AES |
| 北京有色金属研究总院 | 硅钼蓝光度法 | ICP - AES | ICP - AES | ICP - AES | ICP - AES | ICP - AES | ICP - AES | ICP - MS |
| 抚顺铝厂 | 硅钼蓝光度法 | 邻二氮杂菲光度法 | 新亚铜灵光度法 | 高碘酸钾光度法 | AAS | AAS | 三溴偶氮胂 | 二甲苯酚橙光度法 |
| 长安汽车集团公司 | ICP - AES | ICP - AES | ICP - AES | ICP - AES | ICP - AES | ICP - AES | ICP - AES | ICP - AES |
| 上海材料研究所 | ICP - AES | ICP - AES | ICP - AES | ICP - AES | ICP - AES | ICP - AES | ICP - AES | ICP - AES |
| 西南铝熔铸厂 | 硅钼蓝光度法 | AAS 邻二氮杂菲光度法 | AAS 新亚铜灵光度法 | 高碘酸钾光度法 | AAS 滴定 | 丁二酮肟光度法 | 三溴偶氮胂 | 二甲苯酚橙光度法 |
| 西南铝技术中心 | 硅钼蓝光度法 | AAS 邻二氮杂菲光度法 | AAS 新亚铜灵光度法 | 高碘酸钾光度法 | AAS 滴定 | 丁二酮肟光度法 | 三溴偶氮胂 | 二甲苯酚橙光度法 |
| 山东冶金研究院 | 硅钼蓝光度法 | ICP - AES | GB/T13748.8 | AAS | ICP - AES | ICP - AES | ICP - AES | ICP - AES |

### 10.3.5.2 数据处理

检验方法同铝合金。狄克逊检验结果见表10-33,夏皮罗－威尔克检验结果见表10-34。

**表10-33 狄克逊检验结果**

标样号:E5121

| 分析单位及项目 | Fe | Cu | Mn | Ni | Zn | Ce |
|---|---|---|---|---|---|---|
| 北京有色金属研究总院 | 0.00222 | 0.00890 | 0.153 | 0.00099 | 5.546 | 0.143 |
| 长安汽车集团公司 | 0.00358 | 0.0103 | 0.152 | 0.00101 | 5.533 | 0.156 |
| 抚顺铝厂 | 0.00246 | 0.00803 | 0.153 | 0.00094 | 5.674 | 0.164 |
| 国家轻金属质检中心 | 0.00242 | 0.00890 | 0.150 | 0.00099 | 5.615 | 0.146 |
| 山东冶金研究院 | 0.00256 | 0.00909 | 0.151 | 0.00098 | 5.643 | 0.143 |
| 上海材料研究所 | 0.00240 | 0.0106 | 0.146 | 0.00103 | 5.475 | 0.146 |
| 西南铝技术中心 | 0.00290 | 0.00840 | 0.144 | 0.00104 | 5.640 | 0.160 |
| 西南铝熔铸厂 | 0.00318 | 0.00902 | 0.152 | 0.00101 | 5.590 | 0.139 |
| Alfa值 | 0.050 | 0.050 | 0.050 | 0.050 | 0.050 | 0.050 |
| 临界值 | 0.608 | 0.608 | 0.608 | 0.608 | 0.608 | 0.608 |

标样号:E5122

| 分析单位及项目 | Si | Fe | Cu | Mn | Ni | Zn | Ce |
|---|---|---|---|---|---|---|---|
| 北京有色金属研究总院 | 0.0056 | 0.0021 | 0.0553 | 0.0947 | 0.00095 | 4.450 | 0.815 |
| 长安汽车集团公司 | 0.0061 | 0.0037 | 0.0510 | 0.0950 | 0.00089 | 4.449 | 0.820 |
| 抚顺铝厂 | 0.0053 | 0.0027 | 0.0550 | 0.0919 | 0.00098 | 4.716 | 0.839 |
| 国家轻金属质检中心 | 0.0059 | 0.0025 | 0.0570 | 0.0920 | 0.00087 | 4.651 | 0.812 |
| 山东冶金研究院 | 0.0057 | 0.0030 | 0.0557 | 0.0935 | 0.00086 | 4.776 | 0.823 |
| 上海材料研究所 | 0.0057 | 0.0034 | 0.0509 | 0.0908 | 0.00088 | 4.516 | 0.830 |
| 西南铝技术中心 | 0.0053 | 0.0043 | 0.0556 | 0.0946 | 0.00085 | 4.570 | 0.845 |
| 西南铝熔铸厂 | 0.0051 | 0.0046 | 0.0501 | 0.0948 | 0.00092 | 4.450 | 0.828 |
| Alfa值 | 0.050 | 0.050 | 0.050 | 0.050 | 0.050 | 0.050 | 0.050 |
| 临界值 | 0.608 | 0.608 | 0.608 | 0.608 | 0.608 | 0.608 | 0.608 |

标样号:E5123

| 分析单位及项目 | Si | Fe | Cu | Mn | Ni | Zn | Ce |
|---|---|---|---|---|---|---|---|
| 北京有色金属研究总院 | 0.0048 | 0.0045 | 0.0696 | 0.0679 | 0.00109 | 3.604 | 1.332 |
| 长安汽车集团公司 | 0.0043 | 0.0050 | 0.0647 | 0.0669 | 0.00101 | 3.634 | 1.355 |
| 抚顺铝厂 | 0.0048 | 0.0036 | 0.0697 | 0.0662 | 0.00110 | 3.677 | 1.342 |
| 国家轻金属质检中心 | 0.0049 | 0.0036 | 0.0685 | 0.0662 | 0.00102 | 3.648 | 1.220 |
| 山东冶金研究院 | 0.0048 | 0.0029 | 0.0685 | 0.0682 | 0.00100 | 3.624 | 1.215 |
| 上海材料研究所 | 0.0047 | 0.0035 | 0.0666 | 0.0669 | 0.00116 | 3.615 | 1.177 |
| 西南铝技术中心 | 0.0045 | 0.0048 | 0.0678 | 0.0678 | 0.00117 | 3.600 | 1.432 |
| 西南铝熔铸厂 | 0.0047 | 0.0046 | 0.0673 | 0.0649 | 0.00100 | 3.630 | 1.150 |
| Alfa值 | 0.050 | 0.050 | 0.050 | 0.050 | 0.050 | 0.050 | 0.050 |
| 临界值 | 0.608 | 0.608 | 0.608 | 0.608 | 0.608 | 0.608 | 0.608 |

续表 10-33

| 标样号:E5124 | | | | | |
|---|---|---|---|---|---|
| 分析单位及项目 | Cu | Mn | Ni | Zn | Ce |
| 北京有色金属研究总院 | 0.0523 | 0.0646 | 0.0815 | 2.573 | 1.48 |
| 长安汽车集团公司 | 0.0481 | 0.0623 | 0.0834 | 2.659 | 1.57 |
| 抚顺铝厂 | 0.0512 | 0.0597 | 0.0865 | 2.720 | 1.51 |
| 国家轻金属质检中心 | 0.0542 | 0.0612 | 0.0840 | 2.725 | 1.37 |
| 山东冶金研究院 | 0.0530 | 0.0622 | 0.0831 | 2.727 | 1.34 |
| 上海材料研究所 | 0.0496 | 0.0603 | 0.0882 | 2.668 | 1.50 |
| 西南铝技术中心 | 0.0516 | 0.0614 | 0.0829 | 2.700 | 1.63 |
| 西南铝熔铸厂 | 0.0498 | 0.0619 | 0.0841 | 2.730 | 1.37 |
| Alfa 值 | 0.050 | 0.050 | 0.050 | 0.050 | 0.050 |
| 临界值 | 0.608 | 0.608 | 0.608 | 0.608 | 0.608 |

| 标样号:E5125 | | | | | |
|---|---|---|---|---|---|
| 分析单位及项目 | Cu | Mn | Ni | Zn | Ce |
| 北京有色金属研究总院 | 0.129 | 0.213 | 0.0047 | 1.394 | 1.560 |
| 长安汽车集团公司 | 0.138 | 0.213 | 0.0046 | 1.428 | 1.560 |
| 抚顺铝厂 | 0.129 | 0.214 | 0.0054 | 1.565 | 1.666 |
| 国家轻金属质检中心 | 0.134 | 0.216 | 0.0056 | 1.470 | 1.510 |
| 山东冶金研究院 | 0.132 | 0.211 | 0.0047 | 1.520 | 1.498 |
| 上海材料研究所 | 0.134 | 0.217 | 0.0047 | 1.419 | 1.447 |
| 西南铝技术中心 | 0.130 | 0.214 | 0.0050 | 1.480 | 1.650 |
| 西南铝熔铸厂 | 0.137 | 0.219 | 0.0054 | 1.410 | 1.430 |
| Alfa 值 | 0.050 | 0.050 | 0.050 | 0.050 | 0.050 |
| 临界值 | 0.608 | 0.608 | 0.608 | 0.608 | 0.608 |

| 标样号:E5126 | | | | 标样号:E5128 | | | |
|---|---|---|---|---|---|---|---|
| 分析单位及项目 | Zn | Ce | Zr | 分析单位及项目 | Zn | Ce | Zr |
| 北京有色金属研究总院 | 4.38 | 2.75 | 1.05 | 北京有色金属研究总院 | 3.54 | 4.16 | 0.634 |
| 长安汽车集团公司 | 4.36 | 2.81 | 1.02 | 长安汽车集团公司 | 3.46 | 4.12 | 0.637 |
| 抚顺铝厂 | 4.35 | 2.78 | 1.00 | 抚顺铝厂 | 3.52 | 4.17 | 0.634 |
| 国家轻金属质检中心 | 4.36 | 2.77 | 1.05 | 国家轻金属质检中心 | 3.55 | 4.15 | 0.650 |
| 山东冶金研究院 | 4.31 | 2.83 | 0.952 | 山东冶金研究院 | 3.56 | 4.13 | 0.619 |
| 上海材料研究所 | 4.44 | 2.86 | 1.13 | 上海材料研究所 | 3.44 | 4.10 | 0.626 |
| 西南铝技术中心 | 4.24 | 2.72 | 0.99 | 西南铝技术中心 | 3.54 | 4.23 | 0.624 |
| 西南铝熔铸厂 | 4.41 | 2.77 | 1.05 | 西南铝熔铸厂 | 3.58 | 4.23 | 0.640 |
| Alfa 值 | 0.050 | 0.050 | 0.050 | Alfa 值 | 0.050 | 0.050 | 0.050 |
| 临界值 | 0.608 | 0.608 | 0.608 | 临界值 | 0.608 | 0.608 | 0.608 |

续表 10-33

| 标样号:E5129 | | | | 标样号:E5111 | | |
|---|---|---|---|---|---|---|
| 分析单位及项目 | Zn | Ce | Zr | 分析单位及项目 | Zn | Zr |
| 北京有色金属研究总院 | 4.38 | 3.38 | 0.808 | 北京有色金属研究总院 | 4.65 | 0.173 |
| 长安汽车集团公司 | 4.36 | 3.35 | 0.805 | 长安汽车集团公司 | 4.68 | 0.166 |
| 抚顺铝厂 | 4.34 | 3.37 | 0.802 | 抚顺铝厂 | 4.73 | 0.170 |
| 国家轻金属质检中心 | 4.39 | 3.35 | 0.811 | 国家轻金属质检中心 | 4.77 | 0.164 |
| 山东冶金研究院 | 4.40 | 3.34 | 0.792 | 山东冶金研究院 | 4.67 | 0.161 |
| 上海材料研究所 | 4.33 | 3.36 | 0.818 | 上海材料研究所 | 4.69 | 0.168 |
| 西南铝技术中心 | 4.36 | 3.40 | 0.798 | 西南铝技术中心 | 4.81 | 0.166 |
| 西南铝熔铸厂 | 4.38 | 3.36 | 0.812 | 西南铝熔铸厂 | 4.70 | 0.164 |
| Alfa 值 | 0.050 | 0.050 | 0.050 | Alfa 值 | 0.050 | 0.050 |
| 临界值 | 0.608 | 0.608 | 0.608 | 临界值 | 0.608 | 0.608 |

| 标样号:E5112 | | | | 标样号:E5113 | | | |
|---|---|---|---|---|---|---|---|
| 分析单位及项目 | Si | Zn | Zr | 分析单位及项目 | Ni | Zn | Zr |
| 北京有色金属研究总院 | 0.0016 | 6.16 | 0.178 | 北京有色金属研究总院 | 0.0241 | 6.100 | 0.335 |
| 长安汽车集团公司 | 0.0017 | 6.17 | 0.203 | 长安汽车集团公司 | 0.0228 | 6.078 | 0.332 |
| 抚顺铝厂 | 0.0015 | 6.14 | 0.174 | 抚顺铝厂 | 0.0278 | 6.124 | 0.385 |
| 国家轻金属质检中心 | 0.0012 | 6.14 | 0.213 | 国家轻金属质检中心 | 0.0255 | 6.090 | 0.388 |
| 山东冶金研究院 | 0.0015 | 6.13 | 0.202 | 山东冶金研究院 | 0.0266 | 6.001 | 0.364 |
| 上海材料研究所 | 0.0017 | 6.18 | 0.182 | 上海材料研究所 | 0.0226 | 6.089 | 0.337 |
| 西南铝技术中心 | 0.0015 | 6.16 | 0.214 | 西南铝技术中心 | 0.0223 | 6.150 | 0.377 |
| 西南铝熔铸厂 | 0.0014 | 6.13 | 0.213 | 西南铝熔铸厂 | 0.0250 | 5.990 | 0.378 |
| Alfa 值 | 0.050 | 0.050 | 0.050 | Alfa 值 | 0.050 | 0.050 | 0.050 |
| 临界值 | 0.608 | 0.608 | 0.608 | 临界值 | 0.608 | 0.608 | 0.608 |

| 标样号:E5131 | | | |
|---|---|---|---|
| 分析单位及项目 | Si | Fe | Zn |
| 北京有色金属研究总院 | 0.0268 | 0.0110 | 7.00 |
| 长安汽车集团公司 | 0.0244 | 0.00995 | 7.05 |
| 抚顺铝厂 | 0.0250 | 0.0107 | 7.02 |
| 国家轻金属质检中心 | 0.0251 | 0.0101 | 7.02 |
| 山东冶金研究院 | 0.0250 | 0.0116 | 7.03 |
| 上海材料研究所 | 0.0265 | 0.00880 | 7.03 |
| 西南铝技术中心 | 0.0247 | 0.0114 | 7.01 |
| 西南铝熔铸厂 | 0.0246 | 0.0107 | 7.02 |
| Alfa 值 | 0.050 | 0.050 | 0.050 |
| 临界值 | 0.608 | 0.608 | 0.608 |

**表 10-34 夏皮罗检验结果**

标样号:E5121

| 分析单位及项目 | Si | Fe | Cu | Mn | Ni | Zn | Ce |
|---|---|---|---|---|---|---|---|
| 抚顺铝厂 | 0 | 0.00246 | 0.00803 | 0.153 | 0.00094 | 5.674 | 0.164 |
| 国家轻金属质检中心 | 0 | 0.00242 | 0.00890 | 0.150 | 0.00099 | 5.615 | 0.146 |
| 西南铝熔铸厂 | 0 | 0.00318 | 0.00902 | 0.152 | 0.00101 | 5.590 | 0.139 |
| 上海材料研究所 | 0 | 0.00240 | 0.0106 | 0.146 | 0.00103 | 5.475 | 0.146 |
| 北京有色金属研究总院 | 0 | 0.00222 | 0.00890 | 0.153 | 0.00099 | 5.546 | 0.143 |
| 山东冶金研究院 | 0 | 0.00256 | 0.00909 | 0.151 | 0.00098 | 5.643 | 0.143 |
| 长安汽车集团公司 | 0 | 0.00290 | 0.0084 | 0.144 | 0.00104 | 5.640 | 0.160 |
| 西南铝技术中心 | 0 | 0.00358 | 0.0103 | 0.152 | 0.00101 | 5.533 | 0.156 |
| 0.95 常数 | 0.818 | 0.818 | 0.818 | 0.818 | 0.818 | 0.818 | 0.818 |
| 0.99 常数 | 0.749 | 0.749 | 0.749 | 0.749 | 0.749 | 0.749 | 0.749 |
| 计算系数值 | 0.904 | 0.965 | 0.892 | 0.937 | 1.18 | 0.949 | 0.904 |
| 检验结果 | 正态 | 正态 | 正态 | 正态 | 正态 | 正态 | 正态 |

标样号:E5122

| 分析单位及项目 | Si | Fe | Cu | Mn | Ni | Zn | Ce |
|---|---|---|---|---|---|---|---|
| 国家轻金属质检中心 | 0.00587 | 0.00252 | 0.0570 | 0.0920 | 0.00087 | 4.651 | 0.812 |
| 山东冶金研究院 | 0.00567 | 0.00304 | 0.0557 | 0.0935 | 0.00085 | 4.776 | 0.823 |
| 西南铝技术中心 | 0.00530 | 0.00430 | 0.0556 | 0.0946 | 0.00086 | 4.570 | 0.845 |
| 上海材料研究所 | 0.00570 | 0.00337 | 0.0509 | 0.0908 | 0.00092 | 4.516 | 0.830 |
| 西南铝熔铸厂 | 0.00510 | 0.00461 | 0.0501 | 0.0948 | 0.00098 | 4.450 | 0.828 |
| 抚顺铝厂 | 0.00526 | 0.00269 | 0.0550 | 0.0919 | 0.00088 | 4.716 | 0.839 |
| 长安汽车集团公司 | 0.00610 | 0.00374 | 0.0510 | 0.0950 | 0.00089 | 4.499 | 0.828 |
| 北京有色金属研究总院 | 0.00560 | 0.00210 | 0.0553 | 0.0947 | 0.00095 | 4.450 | 0.815 |
| 0.95 常数 | 0.818 | 0.818 | 0.818 | 0.818 | 0.818 | 0.818 | 0.818 |
| 0.99 常数 | 0.749 | 0.749 | 0.749 | 0.749 | 0.749 | 0.749 | 0.749 |
| 计算系数值 | 0.969 | 1.11 | 0.873 | 1.11 | 0.952 | 1.09 | 1.13 |
| 检验结果 | 正态 | 正态 | 正态 | 正态 | 正态 | 正态 | 正态 |

标样号:E5123

| 分析单位及项目 | Si | Fe | Cu | Mn | Ni | Zn | Ce |
|---|---|---|---|---|---|---|---|
| 国家轻金属质检中心 | 0.0047 | 0.00461 | 0.0673 | 0.0649 | 0.00100 | 3.630 | 1.15 |
| 山东冶金研究院 | 0.0049 | 0.00357 | 0.0685 | 0.0662 | 0.00102 | 3.648 | 1.22 |
| 西南铝技术中心 | 0.0048 | 0.00364 | 0.0697 | 0.0662 | 0.00110 | 3.677 | 1.34 |
| 上海材料研究所 | 0.0048 | 0.00450 | 0.0696 | 0.0679 | 0.00109 | 3.604 | 1.33 |
| 西南铝熔铸厂 | 0.0047 | 0.00351 | 0.0666 | 0.0669 | 0.00116 | 3.615 | 1.18 |
| 抚顺铝厂 | 0.0043 | 0.00496 | 0.0647 | 0.0669 | 0.00101 | 3.634 | 1.36 |
| 长安汽车集团公司 | 0.0048 | 0.00290 | 0.0685 | 0.0682 | 0.00100 | 3.624 | 1.22 |
| 北京有色金属研究总院 | 0.0045 | 0.00480 | 0.0678 | 0.0678 | 0.00117 | 3.600 | 1.43 |
| 0.95 常数 | 0.818 | 0.818 | 0.818 | 0.818 | 0.818 | 0.818 | 0.818 |
| 0.99 常数 | 0.749 | 0.749 | 0.749 | 0.749 | 0.749 | 0.749 | 0.749 |
| 计算系数值 | 0.965 | 1.19 | 1.10 | 0.946 | 1.14 | 1.02 | 1.37 |
| 检验结果 | 正态 | 正态 | 正态 | 正态 | 正态 | 正态 | 正态 |

续表 10-34

| 标样号:E5124 | | | | | |
|---|---|---|---|---|---|
| 分析单位及项目 | Cu | Mn | Ni | Zn | Ce |
| 抚顺铝厂 | 0.512 | 0.0597 | 0.0865 | 2.720 | 1.508 |
| 国家轻金属质检中心 | 0.0542 | 0.0612 | 0.0840 | 2.725 | 1.368 |
| 山东冶金研究院 | 0.0530 | 0.0622 | 0.0831 | 2.727 | 1.341 |
| 西南铝技术中心 | 0.0516 | 0.0614 | 0.0829 | 2.700 | 1.630 |
| 西南铝熔铸厂 | 0.0498 | 0.0619 | 0.0841 | 2.730 | 1.370 |
| 北京有色金属研究总院 | 0.0523 | 0.0646 | 0.0815 | 2.573 | 1.480 |
| 长安汽车集团公司 | 0.0481 | 0.0623 | 0.0834 | 2.659 | 1.570 |
| 上海材料研究所 | 0.0496 | 0.0603 | 0.0882 | 2.668 | 1.500 |
| 0.95 常数 | 0.818 | 0.818 | 0.818 | 0.818 | 0.818 |
| 0.99 常数 | 0.749 | 0.749 | 0.749 | 0.749 | 0.749 |
| 计算系数值 | 1.05 | 1.07 | 1.01 | 0.901 | 1.15 |
| 检验结果 | 正态 | 正态 | 正态 | 正态 | 正态 |

| 标样号:E5125 | | | | | |
|---|---|---|---|---|---|
| 分析单位及项目 | Cu | Mn | Ni | Zn | Ce |
| 抚顺铝厂 | 0.129 | 0.213 | 0.0047 | 1.394 | 1.560 |
| 国家轻金属质检中心 | 0.138 | 0.213 | 0.0046 | 1.428 | 1.560 |
| 山东冶金研究院 | 0.129 | 0.214 | 0.0054 | 1.565 | 1.666 |
| 西南铝技术中心 | 0.134 | 0.216 | 0.0056 | 1.470 | 1.510 |
| 西南铝熔铸厂 | 0.132 | 0.211 | 0.0047 | 1.520 | 1.498 |
| 北京有色金属研究总院 | 0.134 | 0.217 | 0.0047 | 1.419 | 1.447 |
| 长安汽车集团公司 | 0.129 | 0.214 | 0.0050 | 1.480 | 1.650 |
| 上海材料研究所 | 0.137 | 0.219 | 0.0054 | 1.410 | 1.430 |
| 0.95 常数 | 0.818 | 0.818 | 0.818 | 0.818 | 0.818 |
| 0.99 常数 | 0.749 | 0.749 | 0.749 | 0.749 | 0.749 |
| 计算系数值 | 1.06 | 0.959 | 1.12 | 1.20 | 1.15 |
| 检验结果 | 正态 | 正态 | 正态 | 正态 | 正态 |

| 标样号:E5126 | | | |
|---|---|---|---|
| 分析单位及项目 | Zn | Ce | Zr |
| 抚顺铝厂 | 4.41 | 2.77 | 1.06 |
| 国家轻金属质检中心 | 4.31 | 2.83 | 0.952 |
| 山东冶金研究院 | 4.44 | 2.86 | 1.13 |
| 西南铝技术中心 | 4.24 | 2.77 | 0.99 |
| 西南铝熔铸厂 | 4.36 | 2.72 | 1.05 |
| 北京有色金属研究总院 | 4.38 | 2.75 | 1.05 |
| 长安汽车集团公司 | 4.35 | 2.78 | 1.00 |
| 上海材料研究所 | 4.36 | 2.81 | 1.02 |
| 0.95 常数 | 0.818 | 0.818 | 0.818 |
| 0.99 常数 | 0.749 | 0.749 | 0.749 |
| 计算系数值 | 0.947 | 1.08 | 1.16 |
| 检验结果 | 正态 | 正态 | 正态 |

| 标样号:E5128 | | | |
|---|---|---|---|
| 分析单位及项目 | Zn | Ce | Zr |
| 抚顺铝厂 | 3.54 | 4.23 | 0.624 |
| 国家轻金属质检中心 | 3.52 | 4.16 | 0.634 |
| 山东冶金研究院 | 3.54 | 4.17 | 0.634 |
| 西南铝技术中心 | 3.55 | 4.15 | 0.650 |
| 西南铝熔铸厂 | 3.46 | 4.12 | 0.637 |
| 北京有色金属研究总院 | 3.58 | 4.23 | 0.640 |
| 长安汽车集团公司 | 3.44 | 4.10 | 0.626 |
| 上海材料研究所 | 3.56 | 4.13 | 0.619 |
| 0.95 常数 | 0.818 | 0.818 | 0.818 |
| 0.99 常数 | 0.749 | 0.749 | 0.749 |
| 计算系数值 | 0.930 | 1.02 | 0.972 |
| 检验结果 | 正态 | 正态 | 正态 |

续表 10-34

| 标样号:E5129 | | | | 标样号:E5111 | | |
|---|---|---|---|---|---|---|
| 分析单位及项目 | Zn | Ce | Zr | 分析单位及项目 | Zn | Zr |
| 抚顺铝厂 | 4.38 | 3.38 | 0.808 | 抚顺铝厂 | 4.655 | 0.173 |
| 国家轻金属质检中心 | 4.36 | 3.35 | 0.805 | 国家轻金属质检中心 | 4.680 | 0.166 |
| 山东冶金研究院 | 4.34 | 3.37 | 0.802 | 山东冶金研究院 | 4.730 | 0.170 |
| 西南铝技术中心 | 4.33 | 3.36 | 0.818 | 西南铝技术中心 | 4.769 | 0.164 |
| 西南铝熔铸厂 | 4.36 | 3.40 | 0.798 | 西南铝熔铸厂 | 4.671 | 0.161 |
| 北京有色金属研究总院 | 4.40 | 3.34 | 0.792 | 北京有色金属研究总院 | 4.690 | 0.168 |
| 长安汽车集团公司 | 4.38 | 3.36 | 0.812 | 长安汽车集团公司 | 4.700 | 0.164 |
| 上海材料研究所 | 4.39 | 3.35 | 0.811 | 上海材料研究所 | 4.810 | 0.166 |
| 0.95 常数 | 0.818 | 0.818 | 0.818 | 0.95 常数 | 0.818 | 0.818 |
| 0.99 常数 | 0.749 | 0.749 | 0.749 | 0.99 常数 | 0.749 | 0.749 |
| 计算系数值 | 1.24 | 1.02 | 1.13 | 计算系数值 | 1.01 | 0.972 |
| 检验结果 | 正态 | 正态 | 正态 | 检验结果 | 正态 | 正态 |

| 标样号:E5112 | | | | 标样号:E5113 | | | |
|---|---|---|---|---|---|---|---|
| 分析单位及项目 | Si | Zn | Zr | 分析单位及项目 | Ni | Zn | Zr |
| 抚顺铝厂 | 0.0016 | 6.161 | 0.178 | 抚顺铝厂 | 0.0241 | 6.100 | 0.335 |
| 国家轻金属质检中心 | 0.0017 | 6.170 | 0.203 | 国家轻金属质检中心 | 0.0278 | 6.124 | 0.385 |
| 山东冶金研究院 | 0.0012 | 6.137 | 0.213 | 山东冶金研究院 | 0.0266 | 6.001 | 0.364 |
| 西南铝技术中心 | 0.0015 | 6.134 | 0.202 | 西南铝技术中心 | 0.0223 | 6.150 | 0.377 |
| 西南铝熔铸厂 | 0.0015 | 6.160 | 0.214 | 西南铝熔铸厂 | 0.0250 | 5.990 | 0.378 |
| 北京有色金属研究总院 | 0.0014 | 6.130 | 0.213 | 北京有色金属研究总院 | 0.0255 | 6.090 | 0.388 |
| 长安汽车集团公司 | 0.0015 | 6.140 | 0.174 | 长安汽车集团公司 | 0.0228 | 6.078 | 0.332 |
| 上海材料研究所 | 0.0017 | 6.184 | 0.182 | 上海材料研究所 | 0.0263 | 6.089 | 0.337 |
| 0.95 常数 | 0.818 | 0.818 | 0.818 | 0.95 常数 | 0.818 | 0.818 | 0.818 |
| 0.99 常数 | 0.749 | 0.749 | 0.749 | 0.99 常数 | 0.749 | 0.749 | 0.749 |
| 计算系数值 | 0.953 | 1.30 | 0.862 | 计算系数值 | 1.07 | 0.905 | 1.02 |
| 检验结果 | 正态 | 正态 | 正态 | 检验结果 | 正态 | 正态 | 正态 |

| 标样号:E5131 | | | |
|---|---|---|---|
| 分析单位及项目 | Si | Fe | Zn |
| 抚顺铝厂 | 0.0251 | 0.0101 | 7.02 |
| 国家轻金属质检中心 | 0.0250 | 0.0107 | 7.02 |
| 山东冶金研究院 | 0.0250 | 0.0116 | 7.03 |
| 西南铝技术中心 | 0.0265 | 0.0088 | 7.03 |
| 西南铝熔铸厂 | 0.0247 | 0.0114 | 7.01 |
| 北京有色金属研究总院 | 0.0244 | 0.0099 | 7.05 |
| 长安汽车集团公司 | 0.0268 | 0.0110 | 7.00 |

续表 10-34

| 分析单位及项目 | Si | Fe | Zn |
|---|---|---|---|
| 上海材料研究所 | 0.0246 | 0.0107 | 7.02 |
| 0.95 常数 | 0.818 | 0.818 | 0.818 |
| 0.99 常数 | 0.749 | 0.749 | 0.749 |
| 计算系数值 | 0.812 | 0.950 | 1.04 |
| 检验结果 | 正态 | 正态 | 正态 |

### 10.3.5.3　给出标准值和合成标准偏差(不确定度)

标样的标准值、定值标准偏差及块内不均方差、块间不均方差结果见表 10-35。根据计算结果和修约规则,最后给出的标准值和标准偏差见表 10-36。

**表 10-35　标准样品标准值及合成标准偏差**

标样号:E5121

| 元　素 | 标　准　值 | 定值标准偏差 | 块间不均方差 | 块内不均方差 | 合成标准偏差 |
|---|---|---|---|---|---|
| Fe | 0.0027 | 0.00017 | 0.000000008 | 0.000000002 | 0.00020 |
| Cu | 0.0092 | 0.00031 | 0.000000023 | | 0.00035 |
| Mn | 0.150 | 0.0013 | 0.00000055 | 0.000000083 | 0.0016 |
| Ni | 0.0010 | 0.000012 | 0.000000004 | 0.000000003 | 0.000083 |
| Zn | 5.59 | 0.024 | 0.0014 | 0.00022 | 0.047 |
| Ce | 0.159 | 0.0033 | 0.0000048 | 0.00000090 | 0.0041 |

标样号:E5122

| 元　素 | 标　准　值 | 定值标准偏差 | 块间不均方差 | 块内不均方差 | 合成标准偏差 |
|---|---|---|---|---|---|
| Si | 0.0056 | 0.00012 | 0.00000054 | 0.000000010 | 0.00076 |
| Fe | 0.0033 | 0.00032 | 0.000000004 | | 0.00033 |
| Cu | 0.054 | 0.00096 | 0.000000088 | 0.000000003 | 0.0011 |
| Mn | 0.093 | 0.00058 | 0.00000028 | 0.000000031 | 0.00081 |
| Ni | 0.00090 | 0.000017 | 0.000000002 | | 0.000057 |
| Zn | 4.58 | 0.044 | 0.00012 | 0.00016 | 0.048 |
| Ce | 0.826 | 0.0041 | 0.000037 | 0.0000022 | 0.0048 |

标样号:E5123

| 元　素 | 标　准　值 | 定值标准偏差 | 块间不均方差 | 块内不均方差 | 合成标准偏差 |
|---|---|---|---|---|---|
| Si | 0.0047 | 0.000075 | 0.00000019 | 0.000000002 | 0.00045 |
| Fe | 0.0041 | 0.00027 | 0.000000037 | 0.000000008 | 0.00035 |
| Cu | 0.068 | 0.00059 | 0.00000016 | 0.000000003 | 0.00072 |
| Mn | 0.067 | 0.00039 | 0.00000014 | 0.000000081 | 0.00062 |
| Ni | 0.0011 | 0.000028 | 0.000000006 | 0.000000001 | 0.000090 |
| Zn | 3.63 | 0.0088 | 0.00018 | 0.0000098 | 0.017 |
| Ce | 1.28 | 0.036 | 0.000051 | 0.000040 | 0.038 |

续表 10-35

标样号:E5124

| 元　素 | 标　准　值 | 定值标准偏差 | 块间不均方差 | 块内不均方差 | 合成标准偏差 |
|---|---|---|---|---|---|
| Cu | 0.051 | 0.00071 | 0.000000059 | | 0.00076 |
| Mn | 0.062 | 0.00053 | 0.000000079 | | 0.00061 |
| Ni | 0.084 | 0.00076 | 0.000000017 | | 0.00078 |
| Zn | 2.69 | 0.020 | 0.000081 | 0.00016 | 0.026 |
| Ce | 1.47 | 0.037 | 0.00017 | 0.0000098 | 0.040 |

标样号:E5125

| 元　素 | 标　准　值 | 定值标准偏差 | 块间不均方差 | 块内不均方差 | 合成标准偏差 |
|---|---|---|---|---|---|
| Cu | 0.133 | 0.0013 | 0.00000027 | 0.000000098 | 0.0015 |
| Mn | 0.214 | 0.00089 | 0.0000036 | 0.00000042 | 0.0022 |
| Ni | 0.0050 | 0.00015 | | 0.000000001 | 0.00016 |
| Zn | 1.46 | 0.021 | 0.00013 | 0.000014 | 0.025 |
| Ce | 1.54 | 0.031 | 0.000052 | 0.000038 | 0.033 |

标样号:E5126

| 元　素 | 标　准　值 | 定值标准偏差 | 块间不均方差 | 块内不均方差 | 合成标准偏差 |
|---|---|---|---|---|---|
| Zn | 2.36 | 0.021 | 0.0011 | 0.000025 | 0.040 |
| Ce | 2.79 | 0.016 | 0.00055 | 0.00014 | 0.031 |
| Zr | 1.09 | 0.020 | 0.14 | 0.0053 | 0.39 |

标样号:E5128

| 元　素 | 标　准　值 | 定值标准偏差 | 块间不均方差 | 块内不均方差 | 合成标准偏差 |
|---|---|---|---|---|---|
| Zn | 3.52 | 0.018 | 0.0027 | 0.0000043 | 0.025 |
| Ce | 4.16 | 0.017 | 0.00054 | 0.00018 | 0.032 |
| Zr | 0.633 | 0.0035 | 0.000076 | 0.000026 | 0.011 |

标样号:E5129

| 元　素 | 标　准　值 | 定值标准偏差 | 块间不均方差 | 块内不均方差 | 合成标准偏差 |
|---|---|---|---|---|---|
| Zn | 4.37 | 0.0090 | 0.00082 | 0.000053 | 0.031 |
| Ce | 3.37 | 0.0075 | 0.00058 | 0.00020 | 0.029 |
| Zr | 0.806 | 0.0030 | 0.00066 | 0.000031 | 0.027 |

标样号:E5111

| 元　素 | 标　准　值 | 定值标准偏差 | 块间不均方差 | 块内不均方差 | 合成标准偏差 |
|---|---|---|---|---|---|
| Zn | 4.71 | 0.02 | 0.0011 | 0.00012 | 0.041 |
| Zr | 0.166 | 0.0014 | 0.000083 | 0.000051 | 0.012 |

标样号:E5112

| 元　素 | 标　准　值 | 定值标准偏差 | 块间不均方差 | 块内不均方差 | 合成标准偏差 |
|---|---|---|---|---|---|
| Zn | 6.15 | 0.0070 | 0.0020 | 0.0012 | 0.057 |
| Zr | 0.197 | 0.0060 | 0.000020 | 0.0000021 | 0.0077 |

续表 10-35

| 标样号:E5113 | | | | | |
|---|---|---|---|---|---|
| 元　素 | 标　准　值 | 定值标准偏差 | 块间不均方差 | 块内不均方差 | 合成标准偏差 |
| Ni | 0.025 | 0.00068 | 0.000000004 | 0.000000002 | 0.00069 |
| Zn | 6.08 | 0.02 | 0.0015 | 0.00066 | 0.051 |
| Zr | 0.362 | 0.0084 | 0.00011 | 0.000014 | 0.014 |
| **标样号:E5131** | | | | | |
| 元　素 | 标　准　值 | 定值标准偏差 | 块间不均方差 | 块内不均方差 | 合成标准偏差 |
| Si | 0.025 | 0.00032 | 0.00000024 | 0.000000003 | 0.00059 |
| Fe | 0.0106 | 0.00032 | 0.000000034 | 0.000000002 | 0.00038 |
| Zn | 7.02 | 0.0058 | 0.0016 | 0.00066 | 0.048 |

**表 10-36　MgZnCeZr/MgZnZr 标样标准定值及标准偏差**　（质量分数,%）

数据组数:8

| 标　样　号 | 特征量 | Si | Fe | Cu | Mn | Ni | Zn | Ce | Zr |
|---|---|---|---|---|---|---|---|---|---|
| E5121 | 标准值<br>标准偏差 | 0.0060<br>0.0008 | 00027<br>0.0002 | 0.0092<br>0.0007 | 0.150<br>0.002 | 0.0010<br>0.0001 | 5.59<br>0.07 | 0.149<br>0.005 | |
| E5122 | 标准值<br>标准偏差 | 0.0056* | 0.0033<br>0.0004 | 0.054<br>0.001 | 0.093<br>0.001 | 0.00090<br>0.00006 | 4.58<br>0.05 | 0.826<br>0.005 | |
| E5123 | 标准值<br>标准偏差 | 0.0047* | 0.0041<br>0.0006 | 0.068<br>0.001 | 0.067<br>0.001 | 0.0011<br>0.0001 | 3.63<br>0.02 | 1.28<br>0.04 | |
| E5124 | 标准值<br>标准偏差 | | | 0.051<br>0.001 | 0.062<br>0.001 | 0.084<br>0.001 | 2.69<br>0.03 | 1.47<br>0.07 | |
| E5125 | 标准值<br>标准偏差 | | | 0.133<br>0.002 | 0.214<br>0.003 | 0.0050<br>0.0002 | 1.46<br>0.03 | 1.54<br>0.04 | |
| E5126 | 标准值<br>标准偏差 | | | | | | 4.36<br>0.04 | 2.79<br>0.04 | 1.03* |
| E5128 | 标准值<br>标准偏差 | | | | | | 3.52<br>0.03 | 4.16<br>0.04 | 0.63<br>0.02 |
| E5129 | 标准值<br>标准偏差 | | | | | | 4.37<br>0.04 | 3.37<br>0.03 | 0.81<br>0.03 |
| E5111 | 标准值<br>标准偏差 | 0.0068<br>0.0003 | | 0.018<br>0.004 | | 0.0033<br>0.0002 | 4.71<br>0.05 | | 0.17<br>0.02 |
| E5112 | 标准值<br>标准偏差 | 0.0015<br>0.0003 | | 0.026<br>0.001 | | 0.0018<br>0.0001 | 6.15<br>0.06 | | 0.197<br>0.008 |
| E5113 | 标准值<br>标准偏差 | 0.0075<br>0.0004 | | 0.084<br>0.001 | | 0.025<br>0.001 | 6.08<br>0.06 | | 0.36<br>0.02 |
| E5131 | 标准值<br>标准偏差 | 0.025<br>0.001 | 0.011<br>0.001 | 1.520<br>0.02 | 0.995<br>0.003 | 0.0021<br>0.0002 | 7.02<br>0.08 | | |

注：* 为参考值。

## 10.3.6 生产考核

表 10–37 列出了生产考核结果。

**表 10–37 生产考核结果** （质量分数,%）

| 样品号 | Zn | Mn | Cu | Ni | Ce | Zr | Fe | Si | 备注 |
|---|---|---|---|---|---|---|---|---|---|
| 01 – 123 | 3.59 | 0.067 | 0.068 | 0.0012 | 1.30 | 1.05 | 0.0039 | 0.0043 | 光谱 |
| | 3.63 | 0.067 | 0.068 | 0.0011 | 1.28 | 1.03 | 0.0041 | 0.0047 | 化学 |
| 02 – 128 | 3.54 | | | | 4.15 | 0.64 | | | 光谱 |
| | 3.52 | | | | 4.16 | 0.63 | | | 化学 |
| ZK60 – 3 | 5.48 | | | | | 0.51 | | | 光谱 |
| | 5.50 | | | | | 0.53 | | | 化学 |
| ZK60A – 1 | 5.80 | | | | | 0.31 | | | 光谱 |
| | 5.75 | | | | | 0.34 | | | 化学 |
| ZK60A – 2 | 5.55 | | | | | 0.34 | | | 光谱 |
| | 5.58 | | | | | 0.36 | | | 化学 |

注:化学结果为研制单位化学分析结果。

从生产考核结果来看,光谱分析结果与化学结果接近,完全可满足生产需求。

## 10.3.7 比对实验

由于国内无 MgZnCeZr 标样,无法比对。国外也无相同标样。为了考察本标样的水平,用德国 OBF 公司调试仪器用的类似标样进行比对。

### 10.3.7.1 啮合系数(*PCT*)比较

使用德国 OBF 公司的 QSJ 750 光谱仪,采用最佳分析条件。从啮合系数比较可见,Fe、Cu、Ni、Ce、Zr 五个元素啮合系数优于进口标样,Si、Mn、Zn 三个元素与进口标样接近,见表 10–38。

**表 10–38 啮合系数(*PCT*)比较**

| 元素 | | Si | Fe | Cu | Mn | Zn | Ni | Ce | Zr |
|---|---|---|---|---|---|---|---|---|---|
| 波长/nm | | 251.6 | 238.2 ×2 | 324.7 | 293.3 | 418.0 | 352.4 | 413.7 | 349.6 |
| *PCT*/% | 1 | 99.963 | 99.918 | 100.00 | 99.985 | 99.972 | 100.00 | 99.995 | 99.977 |
| | 2 | 99.986 | 99.578 | 99.969 | 99.988 | 99.999 | 98.316 | 99.974 | 94.173 |

注:1 为本标样工作曲线的啮合系数(*PCT*);
2 为仪器用进口标样制作工作曲线的啮合系数(*PCT*)。

### 10.3.7.2 均匀性比较

为了进行均匀性比对,从本标样中选取与进口标样化学成分接近的 2 个号,用最佳分析条件进行测定,每样激发 10 次,计算出相对标准偏差(波动系数),用波动系数表示标样均匀性。从波动系数比较结果可见,本标样中 Zn、Zr、Mn、Cu、Si、Ce 六个元素优于进口标样,

Fe、Ni 两个元素接近进口标样。具体结果见表 10-39。

**表 10-39　波动系数对比**

| 元素 | | Zn | Ce | Zr | Mn | Ni | Cu | Fe | Si | 备注 |
|---|---|---|---|---|---|---|---|---|---|---|
| 本标样 | E5182 | 3.52 | 4.16 | 0.63 | 0.012 | 0.0013 | 0.0020 | 0.0030 | — | 含量(质量分数)/% |
| | | 1.1 | 1.1 | 3.4 | 26 | 11 | 2.08 | 6.4 | — | 波动系数/% |
| | E5112 | 6.15 | — | 0.20 | 0.034 | 0.0021 | 0.027 | 0.0048 | 0.0015 | 含量(质量分数)/% |
| | | 0.97 | — | 2.4 | 11 | 4.00 | 2.6 | 5.2 | 11 | 波动系数/% |
| 进口标样 | RMG15/1 | 2.95 | — | — | 0.236 | 0.047 | 0.286 | 0.007 | — | 含量(质量分数)/% |
| | | 1.2 | — | — | 26 | 4.6 | 2.3 | 36 | — | 波动系数/% |
| | RMG16/1 | 0.042 | 2.35 | 0.262 | 0.014 | 0.0091 | 0.0059 | 0.0057 | 0.0014 | 含量(质量分数)/% |
| | | 4.9 | 2.7 | 3.9 | 31 | 3.9 | 3.8 | 4.0 | 25 | 波动系数/% |

上述比对结果表明,本标样总体水平达到甚至超过进口标样水平。

## 10.4　Mg－Sr、Mg－Nd、Mg－Y 标准样品的制备

### 10.4.1　Mg－Sr、Mg－Nd、Mg－Y 标样概述

Mg－Sr、Mg－Nd、Mg－Y 是一种含 Sr、Nd、Y 等元素的特殊镁合金标样,研制难度较大。其合金材料用于航空航天等特殊领域。

### 10.4.2　Mg－Sr、Mg－Nd、Mg－Y 成分设计技术

本标样设计成分范围如表 10-40 所示。

**表 10-40　Mg－Sr、Mg－Nd、Mg－Y 标准样品设计成分**　(质量分数,%)

| | | | | | | |
|---|---|---|---|---|---|---|
| Mg－Sr 标样 Sr | E6321 | E6322 | E6323 | E6324 | — | — |
| | 0.002±0.001 | 0.015±0.003 | 0.008±0.002 | 0.025±0.005 | — | — |
| Mg－Nd 标样 Nd | E6331 | E6332 | E6333 | E6334 | E6335 | E6336 |
| | 0.40±0.1 | 0.90±0.2 | 2.0±0.3 | 2.6±0.3 | 3.8±0.4 | 3.2±0.3 |
| Mg－Y 标样 Y | E6341 | E6342 | E6343 | E6344 | E6345 | E6346 |
| | 0.5±0.1 | 1.5±0.3 | 2.0±0.3 | 3.5±0.4 | 4.50±0.4 | 6.2±0.5 |

注:由于 Sr 等元素实收率变化大,难以控制,因此在研制过程中对设计成分进行调整。

### 10.4.3　均匀化标样铸锭制备

#### 10.4.3.1　主要技术指标

本标样包括 Mg－Sr、Mg－Nd、Mg－Y 三个系列,主要技术指标如下:

(1) 每套有 4～6 点:含量范围 Mg－Sr 的 Sr＝0.003%～0.020%;Mg－Nd 的 Nd＝0.50%～3.50%;Mg－Y 的 Y＝0.40%～6.0%。

(2) 均匀性:极差法检验合格。

(3) 定值准确性($S$):$2S \leqslant$ 化学允许差。

（4）工作曲线啮合系数（$PCT$）：$PCT \geqslant 0.990$。

（5）有效点数（$Q$）：$Q \geqslant 4$。

（6）稳定性（有效期 $T$）：$T = 5$ 年。

（7）尺寸（单点）：$\phi(40 \sim 45)\,\mathrm{mm} \times 30\,\mathrm{mm}$。

#### 10.4.3.2 主要技术难点

镁中含 Sr、Nd 和 Y 等元素的标样，国内未研制过，国外也很少见，无资料借鉴。Sr、Nd 和 Y 三元素与其他元素相互影响、共沉严重，Sr 易烧损，Nd 和 Y 易偏析等，这些因素大大增加了本标样的研制难度。归纳起来，研制 Mg - Sr、Mg - Nd 和 Mg - Y 三个系列标准样品的主要技术难点如下：

（1）标样铸锭制备难。制备出符合设计要求的、各元素化学成分匹配、均匀分布的标样铸锭是本标样研制的第一步，也是最关键的一步。铸锭易产生熔剂夹渣、氧化夹渣、金属中间化合物等，工艺参数（温度、水压和速度等）对铸锭成形率、均匀性影响很大。Sr、Nd 和 Y 等元素不易加入，Sr 烧损严重，实收率低且不稳定、难以控制，配料比也难以掌握。

（2）化学成分调整难。由于无含 Sr、Nd 和 Y 的标样，因此无法建立相应的炉前分析规程，给准确调整标样铸锭的化学成分带来很大困难。

（3）Sr、Nd 和 Y 等元素分析定值难。目前，镁中 Sr、Nd 和 Y 三个元素，既无国标方法，又没有公认的准确可靠的定值方法，这给标样最终定值带来很大困难。

#### 10.4.3.3 攻关措施

为了解决上述技术难点问题，研制出化学成分均匀、定值准确的标样，采取以下攻关措施：

（1）小样试验。通过小坩埚实验，找出 Sr、Nd、Y 元素的加入方法和实收率、摸索出最佳工艺参数及各元素相互影响规律；同时制备出含 Sr、Nd、Y 元素的内控样，供炉前调整标样铸锭成分用。

（2）用 Mg - Sr、Mg - Nd、Mg - Y 等镁中间合金配料和调整成分。

（3）用自制的双层熔炼炉熔炼，用水冷式半连续铸造机铸造。

（4）通过试验，确定标样各元素加入方法和覆盖技术。

（5）进行分析方法研究和试验，提出分析镁中 Sr、Nd 和 Y 三元素准确可靠的定值方法。

（6）用氩气精炼。自制氩气精炼装置。

（7）对制备好的标样进行氧化上色，防止表面氧化腐蚀。

（8）铸造时，采用热顶环壁除渣法，大幅度提高铸锭成形率。

#### 10.4.3.4 主要研制程序

主要研制程序同 9.2.2 节。

### 10.4.4 标样均匀性检验

标样的均匀性检验方法同 10.1.4 节。三个系列标样均匀性检验全部合格，其结果分别见表10-41、表10-42、表10-43。

**表10-41 Mg－Sr标样极差法检验结果** （质量分数,%）

| 标样号 | E6321 | E6322 | E6323 | E6324 |
|---|---|---|---|---|
| 元 素 | Sr | Sr | Sr | Sr |
| $\alpha$ 置信度 | 0.05 | 0.05 | 0.05 | 0.05 |
| 常数 $A$ | 1.790 | 1.790 | 1.790 | 1.790 |
| $R$ | 0.00081 | 0.0011 | 0.00065 | 0.0018 |
| $R\times A$ | 0.0015 | 0.0019 | 0.0012 | 0.0032 |
| $R_0$ | 0.0015 | 0.0038 | 0.0018 | 0.0026 |
| 检验结果 | 合格 | 不合格 | 不合格 | 合格 |

**表10-42 Mg－Nd标样极差法检验结果** （质量分数,%）

| 标样号 | E6331 | E6332 | E6333 | E6334 | E6335 | E6336 |
|---|---|---|---|---|---|---|
| 元 素 | Nd | Nd | Nd | Nd | Nd | Nd |
| $\alpha$ 置信度 | 0.05 | 0.05 | 0.05 | 0.05 | 0.05 | 0.05 |
| 常数 $A$ | 1.790 | 1.790 | 1.790 | 1.790 | 1.790 | 1.790 |
| $R$ | 0.017 | 0.015 | 0.13 | 0.14 | 0.14 | 0.14 |
| $R\times A$ | 0.0031 | 0.027 | 0.22 | 0.25 | 0.24 | 0.24 |
| $R_0$ | 0.020 | 0.020 | 0.20 | 0.20 | 0.20 | 0.23 |
| 检验结果 | 合格 | 不合格 | 不合格 | 合格 | | 合格 |

**表10-43 Mg－Y标样极差法检验结果** （质量分数,%）

| 标样号 | E6341 | E6342 | E6343 | E6344 | E6345 | E6346 |
|---|---|---|---|---|---|---|
| 元 素 | Y | Y | Y | Y | Y | Y |
| $\alpha$ 置信度 | 0.05 | 0.05 | 0.05 | 0.05 | 0.05 | 0.05 |
| 常数 $A$ | 1.790 | 1.790 | 1.790 | 1.790 | 1.790 | 1.790 |
| $R$ | 0.047 | 0.039 | 0.058 | 0.098 | 0.13 | 0.11 |
| $R\times A$ | 0.084 | 0.070 | 0.11 | 0.18 | 0.22 | 0.20 |
| $R_0$ | 0.041 | 0.069 | 0.077 | 0.18 | 0.23 | 0.19 |
| 检验结果 | 合格 | 不合格 | 不合格 | 合格 | 合格 | 合格 |

### 10.4.5 定值和数据处理

10.4.5.1 多个试验室协作定值

各试验室分析方法见表10-44。

**表 10-44 Mg－Sr、Mg－Nd、Mg－Y 三个系列合金标准样品分析方法**

| 单位名称 | | 北京有色金属研究总院 | 东北轻合金加工厂 | 抚顺铝厂 | 国家轻金属质检中心 | 山东冶金研究院 | 上海材料研究所 | 西南铝研究所 | 西南铝熔铸厂 |
|---|---|---|---|---|---|---|---|---|---|
| 系列 | Mg－Sr 的 Sr | ICP－AES | ICP－AES | ICP－AES | ICP－AES | ICP－AES | ICP－AES | ICP－AES | AAS |
| | Mg－Nd 的 Nd | ICP－AES | ICP－AES | ICP－AES | ICP－AES | ICP－AES | ICP－AES | ICP－AES | 三溴偶氮胂 |
| | Mg－Y 的 Y | ICP－AES | ICP－AES | ICP－AES | ICP－AES | ICP－AES | ICP－AES | ICP－AES | ICP－AES |

## 10.4.5.2 数据处理

检验方法同铝合金。狄克逊检验结果见表 10-45，夏皮罗－威尔克检验结果见表 10-46。

**表 10-45 Mg－Si 标样狄克逊检验结果**

| 标样号 | E6321 | E6322 | E6323 | E6324 |
|---|---|---|---|---|
| 元素 | Sr | Sr | Sr | Sr |
| 北京有色金属研究总院 | 0.00130 | 0.0150 | 0.00644 | 0.0262 |
| 长安汽车集团公司 | 0.00125 | 0.0150 | 0.00670 | 0.0285 |
| 东北轻合金加工厂 | 0.00130 | 0.0157 | 0.00621 | 0.0282 |
| 国家轻金属质检中心 | 0.00131 | 0.0155 | 0.00692 | 0.0281 |
| 山东冶金研究院 | 0.00151 | 0.0153 | 0.00708 | 0.0276 |
| 上海材料研究所 | 0.00138 | 0.0150 | 0.00678 | 0.0269 |
| 西南铝技术中心 | 0.00151 | 0.0158 | 0.00702 | 0.0287 |
| 西南铝熔铸厂 | 0.00185 | 0.0162 | 0.00630 | 0.0286 |
| Alfa 值 | 0.050 | 0.050 | 0.050 | 0.050 |
| 临界值 | 0.608 | 0.608 | 0.608 | 0.608 |

| 标样号 | E6331 | E6332 | E6333 | E6334 | E6335 | E6336 |
|---|---|---|---|---|---|---|
| 元素 | Nd | Nd | Nd | Nd | Nd | Nd |
| 北京有色金属研究总院 | 0.442 | 0.718 | 2.339 | 2.694 | 3.682 | 3.509 |
| 长安汽车集团公司 | 0.425 | 0.700 | 2.245 | 2.558 | 3.486 | 3.304 |
| 东北轻合金加工厂 | 0.420 | 0.703 | 2.180 | 2.508 | 3.398 | 3.282 |
| 国家轻金属质检中心 | 0.433 | 0.709 | 2.127 | 2.393 | 3.392 | 3.281 |
| 山东冶金研究院 | 0.426 | 0.706 | 2.204 | 2.531 | 3.402 | 3.310 |
| 上海材料研究所 | 0.429 | 0.718 | 2.351 | 2.668 | 3.649 | 3.454 |
| 西南铝技术中心 | 0.430 | 0.728 | 2.498 | 2.852 | 3.862 | 3.518 |
| 西南铝熔铸厂 | 0.426 | 0.698 | 2.195 | 2.408 | 3.378 | 3.310 |
| Alfa 值 | 0.050 | 0.050 | 0.050 | 0.050 | 0.050 | 0.050 |
| 临界值 | 0.608 | 0.608 | 0.608 | 0.608 | 0.608 | 0.608 |

续表 10-45

| 标样号 | E6341 | E6342 | E6343 | E6344 | E6345 | E6346 |
|---|---|---|---|---|---|---|
| 元素 | Y | Y | Y | Y | Y | Y |
| 北京有色金属研究总院 | 0.528 | 1.782 | 2.042 | 3.317 | 4.322 | 6.883 |
| 长安汽车集团公司 | 0.527 | 1.776 | 2.030 | 3.601 | 4.222 | 6.784 |
| 东北轻合金加工厂 | 0.524 | 1.748 | 2.004 | 3.508 | 4.255 | 6.470 |
| 国家轻金属质检中心 | 0.518 | 1.744 | 1.978 | 3.527 | 4.230 | 6.547 |
| 山东冶金研究院 | 0.530 | 1.745 | 2.004 | 3.463 | 4.269 | 6.830 |
| 上海材料研究所 | 0.529 | 1.835 | 2.014 | 3.561 | 4.371 | 6.764 |
| 西南铝技术中心 | 0.535 | 1.812 | 2.055 | 3.650 | 4.401 | 6.572 |
| Alfa 值 | 0.050 | 0.050 | 0.050 | 0.050 | 0.050 | 0.050 |
| 临界值 | 0.608 | 0.608 | 0.608 | 0.608 | 0.608 | 0.608 |

**表 10-46 Mg-Sr 标样夏皮罗检验结果** （质量分数,%）

| 标样号 | E6321 | E6322 | E6323 | E6324 |
|---|---|---|---|---|
| 元素 | Sr | Sr | Sr | Sr |
| 北京有色金属研究总院 | 0.00130 | 0.0150 | 0.00644 | 0.0262 |
| 长安汽车集团公司 | 0.00125 | 0.0150 | 0.00620 | 0.0285 |
| 东北轻合金加工厂 | 0.00130 | 0.0157 | 0.00621 | 0.0282 |
| 国家轻金属质检中心 | 0.00131 | 0.0155 | 0.00692 | 0.0281 |
| 山东冶金研究院 | 0.00151 | 0.0153 | 0.00708 | 0.0276 |
| 上海材料研究所 | 0.00138 | 0.0150 | 0.00678 | 0.0269 |
| 西南铝技术中心 | 0.00152 | 0.0158 | 0.00702 | 0.0287 |
| 西南铝熔铸厂 | 0.00185 | 0.0162 | 0.00630 | 0.0286 |
| 0.95 常数 | 0.818 | 0.818 | 0.818 | 0.818 |
| 0.99 常数 | 0.749 | 0.749 | 0.749 | 0.749 |
| 计算系数值 | 0.818 | 0.898 | 0.869 | 0.878 |
| 检验结果 | 似正态 | 正态 | 正态 | 正态 |

| 标样号 | E6331 | E6332 | E6333 | E6334 | E6335 | E6336 |
|---|---|---|---|---|---|---|
| 元素 | Nd | Nd | Nd | Nd | Nd | Nd |
| 北京有色金属研究总院 | 0.442 | 0.718 | 2.339 | 2.694 | 3.682 | 3.509 |
| 长安汽车集团公司 | 0.425 | 0.700 | 2.245 | 2.558 | 3.486 | 3.304 |
| 东北轻合金加工厂 | 0.420 | 0.703 | 2.180 | 2.508 | 3.398 | 3.282 |
| 国家轻金属质检中心 | 0.433 | 0.709 | 2.127 | 2.393 | 3.392 | 3.281 |
| 山东冶金研究院 | 0.426 | 0.706 | 2.204 | 2.531 | 3.402 | 3.310 |
| 上海材料研究所 | 0.429 | 0.718 | 2.351 | 2.668 | 3.649 | 3.454 |
| 西南铝技术中心 | 0.430 | 0.728 | 2.498 | 2.852 | 3.862 | 3.518 |
| 西南铝熔铸厂 | 0.426 | 0.698 | 2.195 | 2.408 | 3.378 | 3.310 |
| 0.95 常数 | 0.818 | 0.818 | 0.818 | 0.818 | 0.818 | 0.818 |
| 0.99 常数 | 0.749 | 0.749 | 0.749 | 0.749 | 0.749 | 0.749 |
| 计算系数值 | 0.729 | 0.900 | 0.915 | 0.946 | 0.833 | 0.867 |
| 检验结果 | 正态 | 正态 | 正态 | 正态 | 正态 | 正态 |

续表 10-46

| 标 样 号 | E6341 | E6342 | E6343 | E6344 | E6345 | E6346 |
|---|---|---|---|---|---|---|
| 元 素 | Y | Y | Y | Y | Y | Y |
| 北京有色金属研究总院 | 0.528 | 1.782 | 2.042 | 3.317 | 4.322 | 6.883 |
| 长安汽车集团公司 | 0.527 | 1.776 | 2.030 | 3.601 | 4.222 | 6.784 |
| 东北轻合金加工厂 | 0.524 | 1.748 | 2.004 | 3.508 | 4.255 | 6.470 |
| 国家轻金属质检中心 | 0.518 | 1.744 | 1.978 | 3.527 | 4.230 | 6.547 |
| 山东冶金研究院 | 0.530 | 1.745 | 2.004 | 3.463 | 4.269 | 6.830 |
| 上海材料研究所 | 0.529 | 1.835 | 2.014 | 3.561 | 4.371 | 6.764 |
| 西南铝技术中心 | 0.535 | 1.812 | 2.055 | 3.650 | 4.401 | 6.572 |
| 0.95 常数 | 0.803 | 0.803 | 0.803 | 0.803 | 0.803 | 0.803 |
| 0.99 常数 | 0.730 | 0.730 | 0.730 | 0.730 | 0.730 | 0.730 |
| 计算系数值 | 0.963 | 0.884 | 0.974 | 0.946 | 0.907 | 0.904 |
| 检验结果 | 正态 | 正态 | 正态 | 正态 | 正态 | 正态 |

#### 10.4.5.3 给出标准值和合成标准偏差(不确定度)

本标样的最终定值结果,见表 10-47。

**表 10-47 Mg - Sr、Mg - Nd、Mg - Y 光谱标准样品最终定值结果** (质量分数,%)

| 数据组数:8 | | | | | | | |
|---|---|---|---|---|---|---|---|
| Mg - Sr 标样 Sr | 标样号 | E6321 | E6322 | E6323 | E6324 | | |
| | 标准值 | 0.0014 | 0.015 | 0.0066 | 0.028 | | |
| | 标准偏差 | 0.0001 | 0.001 | 0.0002 | 0.001 | | |
| 标样 Nd Mg - Nd | 标样号 | E6331 | E6332 | E6333 | E6334 | E6335 | E6336 |
| | 标准值 | 0.429 | 0.710 | 2.28 | 2.60 | 3.55 | 3.38 |
| | 标准偏差 | 0.006 | 0.02 | 0.05 | 0.06 | 0.07 | 0.07 |
| Mg - Y 标样 Y | 标样号 | E6341 | E6342 | E6343 | E6344 | E6345 | E6346 |
| | 标准值 | 0.527 | 1.78 | 2.02 | 3.52 | 4.36 | 6.69 |
| | 标准偏差 | 0.02 | 0.02 | 0.01 | 0.05 | 0.05 | 0.07 |

### 10.4.6 试用情况报告

#### 10.4.6.1 工作曲线检查

随机抽取三套标样,用进口光谱仪(DV - 4、QSG - 750),选择最佳分析条件制作工作曲线,考核其呈线性和各点分布情况。工作曲线啮合系数见表 10-48。表 10-48 表明该 Mg - Sr、Mg - Nd 和 Mg - Y 三个系列标样中的 Sr、Nd 和 Y 工作曲线啮合系数高,各点分布均匀,都达到设计要求。

表 10-48 Mg-Sr、Mg-Nd 和 Mg-Y 工作曲线吻合系数

| 合金系列 | Mg-Sr 的 Sr | Mg-Nd 的 Nd | Mg-Y 的 Y |
|---|---|---|---|
| 波长/nm | 460.73 | 430.30 | 467.48 |
| 标样号 | E6321-E6326 | E6331-E6336 | E6341-E6346 |
| *PCT*/% | 99.995 | 99.916 | 99.970 |

10.4.6.2 生产考核

为了检查本标样试用情况用上面制作的工作曲线对 Mg-Sr、Mg-Nd 和 Mg-Y 样品中的 Sr、Nd 和 Y 进行分析，其分析结果与化学结果相符（见表 10-49）。

表 10-49 生产考核结果

| 合金系列 | Mg-Sr 的 Sr | | | Mg-Nd 的 Nd | | | Mg-Y 的 Y | | |
|---|---|---|---|---|---|---|---|---|---|
| 试样号 | S-1 | S-2 | S-3 | N-1 | N-2 | N-3 | Y-1 | Y-2 | Y-3 |
| 光谱结果/% | 0.0018 | 0.016 | 0.0058 | 0.44 | 0.68 | 2.31 | 0.53 | 1.75 | 2.06 |
| 化学结果/% | 0.0020 | 0.016 | 0.0062 | 0.43 | 0.71 | 2.28 | 0.53 | 1.78 | 2.02 |

## 10.5 镁合金标准样品的分析定值方法

镁合金标准样品分析定值的各项准则与铝合金类似，这里不再赘述。基本准则仍然参照 GB/T15000《标准样品工作导则》和 YS/T409—1998《有色金属产品分析用标准样品技术规范》执行。采用多家单位协作定值方式，基本分析方法参照国标 GB/T13748—2005 或其他可靠的分析方法执行。这里仅对镁合金中常规元素的分析方法原理进行简单介绍。镁合金中通常含有 Al、Si、Fe、Cu、Mn、Ni、Zn、Ti、Zr 等常规元素以及 Sn、Li、Ca、Pb、Be、Ag、Ce、Y、Nd、Sr 等非常规元素。

### 10.5.1 铝元素的分析定值方法

10.5.1.1 8-羟基喹啉分光光度法

试样用盐酸溶解，在 pH 值为 9.5 的碳酸铵溶液中，以硫代乙醇酸作掩蔽剂，用苯萃取铝与苯甲酰苯生成的沉淀，用稀盐酸反萃取，使铝与干扰元素分离，在 pH 值为 4.8 的乙酸-乙酸钠缓冲溶液中用 8-羟基喹啉显色，在分光光度计波长 390 nm 处测量其吸光度。

10.5.1.2 铬天青 S-氯化十四烷基吡啶分光光度法

试样用盐酸溶解，用抗坏血酸和邻二氮杂菲掩蔽 Fe、Cu 等，在 pH 值为 5.8 的乙酸-乙酸钠缓冲溶液存在下，加入铬天青 S-氯化十四烷基吡啶与 Al 生成蓝绿色络合物，在分光光度计波长 625 nm 处测量其吸光度。

10.5.1.3 8-羟基喹啉重量法

试样用盐酸和硝酸溶解，在还原性乙酸介质中，用苯甲酸铵沉淀铝，过滤分离，用盐酸、酒石酸溶解苯甲酸沉淀，在乙酸铵缓冲溶液介质中，用8-羟基喹啉沉淀铝，将沉淀过滤、洗净，干燥后称重。

### 10.5.2 锡元素的分析定值方法

试样用硝酸分解，在氯化铵存在下，加入铁盐，用氢氧化钠溶液调节溶液 pH 值为 7~8 共沉淀锡分离镁，然后用硫酸溶解沉淀。在硫酸-柠檬酸介质中，锡与邻苯二酚紫和溴化十六烷基三甲铵形成绿色络合物，在分光光度计波长 662 nm 处测量其吸光度。铁的干扰用抗坏血酸还原至低价消除。

### 10.5.3 锰元素的分析定值方法

10.5.3.1 镁合金中含 Zr、Re、Th、Ag 等元素时锰的测定

试样以硫酸溶解，在氟硼酸以及硝酸存在下，用高锰酸钾将二价锰氧化至七价。在分光光度计波长 545 nm 处测量其吸光度。

10.5.3.2 镁合金中不含 Zr、Re、Th、Ag 等元素时锰的测定

试样以硫酸溶解，硝酸氧化，在磷酸存在下，用高锰酸钾将二价锰氧化至七价。在分光光度计波长 525 nm 处测量其吸光度。

10.5.3.3 原生镁锭中锰含量的测定

试样以硫酸溶解，硝酸氧化，在磷酸存在下，用高锰酸钾将二价锰氧化至七价。在分光光度计波长 525 nm 处测量其吸光度。

### 10.5.4 锆元素的分析定值方法

试样用盐酸和氢氟酸分解，加入高氯酸除去氟离子，以高氯酸调整酸度，加入二甲酚橙与锆生成红色络合物，在分光光度计波长 535 nm 处测量其吸光度。

### 10.5.5 稀土元素的分析定值方法

试样用盐酸溶解，用氨水沉淀锆，在氨介质中用癸二酸初步沉淀稀土元素，溶解两种沉淀物，以稀土草酸盐的形式再沉淀。灼烧稀土元素的氧化物并称重。

### 10.5.6 铁元素的分析定值方法

试样用盐酸溶解，用盐酸羟胺还原铁，在 pH 值为 3.5~4.5 乙酸盐缓冲介质中，二价铁离子与邻二氮杂菲显色，锌的干扰加入过量的邻二氮杂菲消除，锆的影响通过延长显色时间消除，在分光光度计波长 535 nm 处测量其吸光度。

### 10.5.7　硅元素的分析定值方法

试样用溴水－硫酸溶解，氟化钾络合硅。在 pH 值为 1.0～1.5 时，硅与钼酸铵形成硅钼黄杂多酸，在酒石酸存在下的高酸度介质中用抗坏血酸还原为硅钼黄，在分光光度计波长 810 nm 处测量其吸光度。

### 10.5.8　铍元素的分析定值方法

试样以盐酸溶解，以乙二胺四乙酸二钠和酒石酸为掩蔽剂，在 pH 值为 9.6 的溶液中，铍与依莱铬氰蓝 R、溴化十六烷基三甲基胺形成三元络合物。在分光光度计波长 558 nm 处测量其吸光度。

### 10.5.9　铜元素的分析定值方法

#### 10.5.9.1　低含量铜的测定

试样用盐酸、过氧化氢溶解，用柠檬酸钠掩蔽三价铁，加入盐酸羟胺将二价铜还原至一价铜，调节酸度至 pH 值为 5，铜与 2，9－二甲基 1，10－二氮杂菲生成的黄色络合物，以三氯甲烷萃取，在分光光度计波长 460 nm 处测量其吸光度。

#### 10.5.9.2　高含量铜的测定

试样用盐酸、过氧化氢溶解，在柠檬酸铵存在下，用盐酸羟胺将二价铜还原至一价铜，调节酸度至 pH 值为 5，一价铜与新亚铜灵生成 1∶2 的黄色络合物，在分光光度计波长 455 nm 处测量其吸光度。

### 10.5.10　镍元素的分析定值方法

试样用盐酸和硝酸溶解，以盐酸羟胺、柠檬酸和硫脲为掩蔽剂，用三氯甲烷萃取镍与丁二酮肟生成的络合物。然后用稀盐酸反萃取，使镍进入水相。用溴水氧化并在氨性溶液中加入丁二酮肟显色，在分光光度计波长 445 nm 处测量其吸光度。

### 10.5.11　锌元素的分析定值方法

#### 10.5.11.1　火焰原子吸收光谱法

试样用盐酸、过氧化氢和氢氟酸溶解，以空气－乙炔贫燃性火焰，在原子吸收光谱仪波长 213.9 nm 处测量其吸光度。

#### 10.5.11.2　PAN 分光光度法

试样用盐酸、过氧化氢溶解，用三正锌胺萃取，以硝酸钾－碘化钾混合液将锌反萃取入水相。pH 值在 10 左右，用三氯甲烷萃取 PAN 与锌的有色络合物，在分光光度计波长 550 nm 处测量其吸光度。

### 10.5.12 钛元素的分析定值方法

试样用盐酸、过氧化氢溶解，在抗坏血酸存在下，在 0.5 ~ 2.0 mol/L 的盐酸介质中，六价钛与二安替比林甲烷生成黄色络合物，在分光光度计波长 390 nm 处测量其吸光度。

### 10.5.13 钇元素的分析定值方法

试样用盐酸、过氧化氢溶解，在盐酸介质中，将试液导入氩气等离子体火焰中，并以此作为光源，在电感耦合等离子体光谱仪 224.3nm 处进行测量。

### 10.5.14 银元素的分析定值方法

试样用硝酸溶解，在低酸性溶液中，加入硫脲络合银，在原子吸收光谱仪波长 328.1 nm 处，用空气－乙炔贫燃性火焰测量。

## 参 考 文 献

[1] 徐目瑶主编. 镁冶金学[M]. 北京:冶金工业出版社,1993.
[2] 徐目瑶主编. 中国有色金属学会第三届轻金属冶金学术会议资料[C]. 中南工业大学,1995.
[3] 邱竹贤主编. 冶金学[M]. 沈阳:东北大学出版社,1998.
[4] 杨重愚. 轻金属冶金学[M]. 北京:冶金工业出版社,2002.
[5] Michael M Avedesian, Baker H. ASM Speciality Handbook Magnesium and Magnesium Alloy. Ohio, ASM International Materials Park,1999.
[6] 20 Norsk Hydro Databank Norsk Hydro Research Center Porsgrum,1996.
[7] Ficara P, Chin E, Walker T, et al. A Novel Commercial Process for the Primary Production of Magnesium, CIM Bulletin,1998,(4),75 ~ 80.
[8] Wilson. Clifford B. Modern production process for magnesium. Light Metals; Processdings of sessions, TMS Annual Meeting(Warrendale, Pennsylvania) Feb. 4 ~ 8,1996.
[9] Polmear I J. Light Metals, Metallurgy of the Light Metals, Edward Arnold. London,1995:204.
[10] 刘正,张奎,曾小勤著. 镁基轻质合金理论基础及其应用[M]. 北京:机械工业出版社,2002.
[11] 张诗昌,段汉桥,蔡启舟等. 主要合金元素对镁合金组织和性能的影响[J]. 铸造,2001,50(6):310 ~ 314.
[12] Dable A K, Lee Y C, Nave M D, Schaffer P L, St John K D H. Development of the As－cast Microstructure in Magnesium Aluminium Alloys Journal of Light Metals,2001,(1):61 ~ 72.
[13] 严炎祥,姚敏,用 SF6 混合气体保护镁合金溶液[J],特种铸造及有色合金,1996(4):41 ~ 43.
[14] Fruehling J W. Proerctive Atmospheres for Melting Magnesium Alloys AFS Trans,1969 ,159 ~ 164.
[15] Doersam Horst. Magnesium Metlting. Casting and Remelting Equipment in Foundries. Magnesium Industry,2001(3),29 ~ 35.
[16] 曾小勤,翟春泉,王渠东等. 镁合金锭品质控制[J]. 特种铸造及有色合金,2000(2):40 ~ 42.
[17] Coulling S L, Leontis T E. Improved Protection of Molten Magnesium with Air/$CO_2$/$SF_6$ Gas Mixtures, Light Metals,1980(6):997 ~ 1009.
[18] 郑来苏. 铸造合金及熔炼[M]. 西安:西北工业大学出版社,1994.
[19] 陈存中. 有色金属熔炼与铸锭[M]. 北京:冶金工业出版社,1987.

[20] Flemtings M C. Behavior of metal alloys in the semi-solid state. Metallurgical Transactions, 1991, 22B (6), 269 ~ 293.

[21] 佐藤英一郎. 镁合金的熔炼[J]. 新材料, 1999(10):1 ~ 9.

[22] 许并社, 李照明编著. 镁冶炼与镁合金熔炼工艺[M]. 北京:化学工业出版社, 2006.

[23] 徐日瑶主编. 有色金属提取冶金手册——镁[M]. 北京:冶金工业出版社, 1992.

[24] 轻金属材料加工手册编写组. 轻金属材料加工手册[M]. 北京:冶金工业出版社, 1992.

[25] 陆树荪等. 有色铸造合金及熔炼[M]. 北京:国防工业出版社, 1983.

[26] 朱学纯. MgZnCeZr/MgZnZr 光谱样品研制报告. 西南铝内部资料, 2006.

[27] 朱学纯. Mg - Sr、Mg - Y、Mg - Nd 光谱样品研制报告. 西南铝内部资料, 2008.

# 冶金工业出版社部分图书推荐

| 书　名 | 定价(元) |
|---|---|
| 铝加工技术实用手册 | 248.00 |
| 铝合金熔铸生产技术问答 | 49.00 |
| 铝合金熔炼与铸造技术 | 32.00 |
| 铝合金连续铸轧和连铸连轧技术 | 36.00 |
| 铝合金热轧及热连轧技术 | 30.00 |
| 铝合金中厚板生产技术 | 38.00 |
| 铝合金冷轧及薄板生产技术 | 32.00 |
| 铝合金挤压工模具技术 | 35.00 |
| 铝箔生产技术 | 28.00 |
| 铝合金特种管、型材生产技术 | 36.00 |
| 铝合金材料组织与金相图谱 | 120.00 |
| 铝及铝合金粉材生产技术 | 28.00 |
| 铝合金型材表面处理技术 | 39.00 |
| 铝合金生产安全及环保技术 | 29.00 |
| 金属板材精密裁切100问 | 20.00 |
| 特种金属材料及其加工技术 | 36.00 |
| 钛冶金 | 69.00 |
| 大型铝合金型材挤压技术与工模具优化设计 | 29.00 |
| 铝型材挤压模具设计、制造、使用及维修 | 43.00 |
| 镁合金制备与加工技术 | 128.00 |
| 半固态镁合金铸轧成形技术 | 26.00 |
| 铜加工技术实用手册 | 268.00 |
| 铜加工生产技术问答 | 69.00 |
| 铜水(气)管及管接件生产、使用技术 | 28.00 |
| 铜加工产品性能检测技术 | 36.00 |
| 冷凝管生产技术 | 29.00 |
| 铜及铜合金挤压生产技术 | 35.00 |
| 铜及铜合金熔炼与铸造技术 | 28.00 |
| 铜合金管及不锈钢管 | 20.00 |
| 现代铜盘管生产技术 | 26.00 |
| 高性能铜合金及其加工技术 | 29.00 |
| 薄板坯连铸连轧钢的组织性能控制 | 79.00 |
| 彩色涂层钢板生产工艺与装备技术 | 69.00 |
| 连续挤压技术及其应用 | 26.00 |
| 金属挤压理论与技术 | 25.00 |
| 金属塑性变形的实验方法 | 28.00 |
| 复合材料液态挤压 | 25.00 |